빛과 수의 시대 2

빛과 수의 시대 2

빛과 수의 시대 2

전기·자기·양자로 다시 쓴 우주의 법칙 —— 고의관 지음

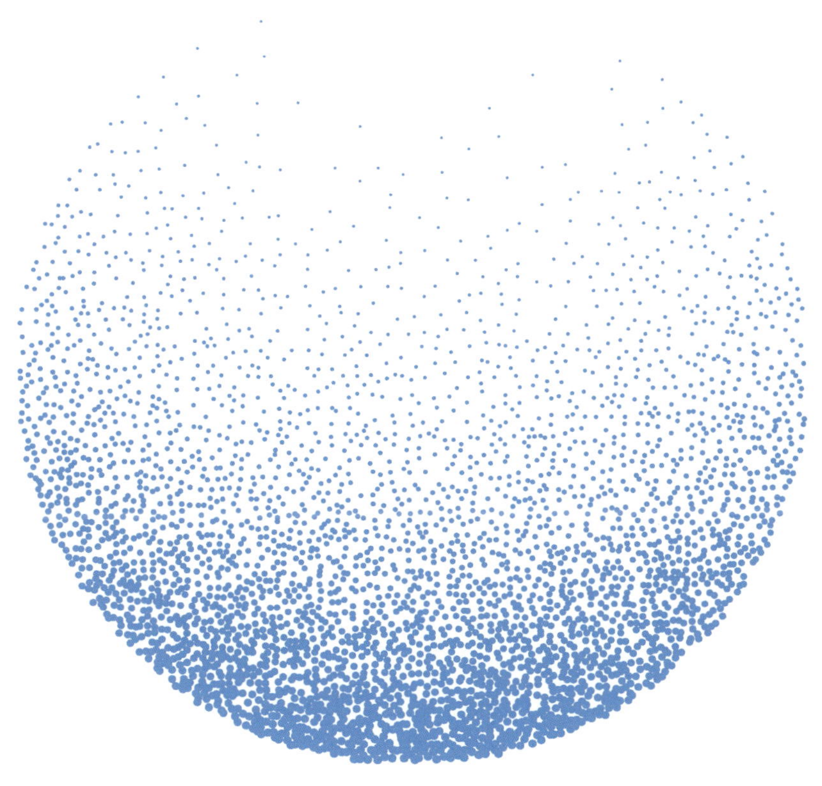

궁리
KungRee

　스마트폰과 MRI, 방사능 치료 등 우리가 지금 누리고 있는 문명 발전에 가장 혁혁한 공헌을 하였고 미래에도 그 위세가 꺾이지 않을, 그래서 인간에게 가장 많은 영향을 미치는 학문은 무엇일까? 우리 주변의 물체들부터 지구 밖의 우주 그리고 눈으로 볼 수 없는 원자의 세계까지 모든 만물의 이치를 탐구하는 물리학이 바로 그것이다. 물리학은 과학의 근간을 이루면서 동시에 미래를 주도할 최전선의 학문임에도 어렵다는 인식이 강하다.

　왜 사람들은 물리학을 어려워할까? 학문의 특성상 자연 현상을 실험으로 재현하여 확인하는 과정이 필요하지만 직접적인 체험 없이 주로 책으로만 접하기 때문에 공감하기 어렵다는 점을 들 수 있다. 그리고 무엇보다 물리학이 수학이라는 언어를 사용한다는 점일 것이다. 수학 자체도 이해하기 쉽지 않은데 수학으로 소통하는 물리학을 배우는 것은 더더욱 만만치 않다. 이런 연유로 전공서적이 아닌 교양서적들은 대부분 수식을 최대한 배제하고 서술되지만 이때 물리학은 영혼 없는 육체처럼 공허하기 그지없다. 자신의 존재를 주장할 언어가 없으니 그 본질을 설명하는 데 한계가 있는 것이다.

　물리학 서적을 쓰기로 마음먹은 저자의 입장에서 이런 문제점을 어떻게 극복할 수 있을까 고민을 거듭했고, 다음의 세 가지 틀을 마련했다.

첫 번째는 정공법이다. 수학을 떼어놓고 물리학 책을 쓰지 않겠다는 것이다. 그래서 이 책은 수학적인 내용을 많이 포함하고 있어 결코 쉽지 않다. 그럼에도 그런 길을 걷기로 한 것은 뉴턴과 아인슈타인 이후 최고의 천재라 인정받는 물리학자 리처드 파인만이 남긴 명언이 힘이 되었기 때문이다.

"수학을 알지 못하는 사람들은 자연의 아름다움, 궁극의 아름다움에 도달한 느낌을 갖기 힘들 것이다. 자연을 배우고 싶다면, 자연을 정말로 이해하고 싶다면, 자연이 말하고 있는 언어를 이해할 필요가 있다."

실제 수학과 물리학은 떼려야 뗄 수 없는 관계이다. 과거로 거슬러가서 보더라도 두 학문은 각자의 길을 걸어가다가도 연합전선을 형성하여 인류에게 주어진 숙원의 문제를 해결하는 데 앞장섰다.

고대부터 수학은 곡선의 길이 혹은 곡선으로 둘러싸인 넓이, 곡면으로 구성된 부피 등, 곡선으로 얽힌 문제가 해결되지 않아 발전 속도가 매우 더뎠다. 몇 가지 곡선 문제를 기발한 방법으로 풀어냈지만 보편적인 방법은 아니었기에 제한적으로 쓰일 수밖에 없었다. 한편 물리학 역시 무거운 물체가 먼저 떨어진다는 등, 잘못된 개념으로 채워진 아리스토텔레스의 운동론이 근 2,000년간 지배한 탓에 인류 지성의 발전이 지연되었다. 그러다가 르네상스 시대를 거치며 인간의 지성이 조금씩 깨어나면서 물체가 왜 땅으로 떨어지는지, 달이나 화성 같은 행성이 왜 타원 궤도로 운동하는지 등이 밝혀지면서 자연 현상에 대한 지식이 조금씩 축적되기 시작하였다.

1600년대 아이작 뉴턴은 "사과는 떨어지는데 달은 왜 지구로 떨어지지 않을까?"라는 의문을 품었다. 인류가 탄생한 이후 큰 변화 없이 수만 년 동안 거의 정체기를 걸어왔던 문명을, 이후 500년이라는 짧은 시간에 혁명적인 변화를 이끈 단초를 제공한, 인류 역사상 가장 위대한 의문이 바로 뉴턴의 이 질문이다. 뉴턴은 이 의문을 해결하기 위해 수학의 필요성을 절감했다. 그리고 수학에서의 곡선과 물리학에서의 운동은 놀랍게도 공통적인 문제였음을 위대한 의문을 통해 깨닫게 되었고, 뉴턴은 자신보다 앞선 시대의 거인들이 이뤄낸 업적과 그만의 천재적인 능력을 발휘하여 미적분을 만들어낼 수 있었다. 미적분의 위력은 너무도 대단해서 힘의 법칙과 동기화되어 타원 궤도 등 우주 만물의 운동을 설명하는 데 결정적 공헌을 하였다.

미적분을 장착한 수학은 벡터와 미분기하학 그리고 행렬 등 다양한 이론을 탄생시켰고, 2,000년간 지지부진하며 정체기를 걸었던 물리학 역시 미적분의 도움으로 전자기학, 열역학 등 자연의 여러 비밀을 밝히는 이론을 만들어낼 수 있었다. 그러던 두 학문은 아인슈타인의 휘어진 공간을 해석함에 있어 미분기하학이라는 수학의 도움으로 중력의 근원적인 본질을 밝혀낸 인류 최고의 걸작인 일반 상대성 이론을 완성시킬 수 있었다. 이후 물리학은 수학 분야 행렬의 도움을 받아 양자세계를 설명하는 하이젠베르크의 행렬역학의 탄생을 불러일으켰다.

　이렇게 수학의 도움을 받아 폭발적인 발전을 이룬 물리학을 수학 없이 이해할 수 있다는 것은 어불성설이다. 고차원의 수학은 아니더라도 최소한의 기본적인 수학, 바로 핵심 중의 핵심이라 할 수 있는 미적분 정도는 제대로 알아둘 필요가 있다. 수학에서도 당연하지만 물리학에서도 미적분은 매우 중요하다. 뉴턴의 힘의 법칙, 맥스웰의 전자기 방정식, 아인슈타인의 중력방정식, 양자역학의 파동방정식의 공통점이 무엇일까? 바로 미적분의 언어로 쓰인 미분방정식이다. 물리학은 어떤 현상을 미분방정식으로 세우고 방정식의 해를 통해 자연을 이해하는 방식을 보통 취한다. 이런 기교를 이용하는 이유는 미분방정식이 지나온 과거를 알 수 있게 하고 아직 오지 않은 미래의 예측을 가능케 하는 가공할 잠재력이 있기 때문이다. 그래서 미분방정식은 비단 물리학이라는 학문적 영역에만 국한하지 않는다. 인구의 변화, 돈의 흐름 등 사회 전반적인 문제를 해결하는 데 가장 우선적으로 활용된다. 미적분이 이처럼 광범위하게 사용되는 이유는 수천 년간 축적된 인간의 지혜가 담긴 인류 최고의 정신적 산물이기 때문이다.

　그렇다고 이 책의 목표가 독자들에게 미적분을 정확히 이해시키고 물리학 이론의 활용 능력을 배양하기 위함이 아님을 분명히 해둔다. 수식 하나가 추가될 때마다 책을 읽는 독자의 수가 급감한다는 속설 아닌 속설이 있지만 주저 없이 수식을 사용하기로 마음먹은 이유는 이어질 두 번째, 세 번째의 틀 때문이다.

　이 책의 두 번째 틀은 바로 주어진 정보로부터 문제 해결로 나아가기 위한 지혜가 어떻게 발현되는지를 역사적 맥락에 따라 서술하는 것이다.

저자는 물리학을 전공해서 박사 학위까지 취득했는데도 솔직히 물리에 자신이 없었다. 물리학보다는 물리학의 언어인 수학 실력이 뛰어나다는 자신감으로 학업을 이어나갔지만 마음속에서는 뭔가 부족하다는 생각을 떨칠 수 없었다. 나중에 이런 느낌을 받게 된 결정적 이유가 교육과정에 있다는 것을 깨달았다.

새로운 물리 현상을 접할 때 왜 이런 현상이 일어나는지를 해석하려면 앞서 정리한 이론들을 바탕으로 활발하고 다양한 담론을 통해 새로운 이론을 형성해나가는 것이 바람직하다. 시대의 맥락을 무시하고서 법칙이나 수식이 지닌 물리적 의미를 이해하기가 참으로 어려운 경우가 많다. 하나의 예를 든다면 양자역학에서 불확정성 원리는 당시 물리학계를 혼돈으로 몰아넣어 마침내 역사에 남을 만한 아인슈타인과 보어 두 천재의 격렬한 논쟁을 야기하였고, 결국 현 시대의 모든 문명 발전의 초석이 되는 양자역학의 완성을 이끌어냈다. 하지만 불확정성 원리의 탄생 배경이나 이후 벌어진 두 천재의 논쟁에 대해 접하지 않은 채 배웠던 나는 고민 없이 단순히 식으로만 불확정성 원리를 이해했을 뿐 식에 담긴 진정한 함의를 인지하지 못했다.

이런 폐단은 교과과정 전반에 나타난다. 학교 교육은 이미 이뤄진 결과를 우리 머릿속에 집어넣기를 반복하면서 더 이상의 의구심이 싹틀 기회를 빼앗고 있다. 그리고 정형화된 방식으로 습득하게 된 지식은 지혜로 잘 발현되지 않는다. 선행학습이 대표적인 예이다. 시행착오보다는 답에 이르는 길만 배우는 학생은 시험에서 바로 효과를 볼 수 있지만 학년이 올라가면서 창의성을 잃고 오직 정답에 길들여져 문제 해결 능력이 부족해지고 결국엔 수학 과목을 포기하게 된다.

물리학이나 수학을 조금이나마 더 잘 이해하기 위해서는 그 역사를 배워야 한다. 특히 역사 속에 숨어 있는 지혜를 볼줄 알아야 한다. 단순하게 어떤 위인들의 생애와 업적이 나열된 이야기가 아니라 그들이 의문점을 해결하기 위해 어떤 고뇌를 하였고 어떻게 방법을 고안해냈는지에 대한 과정을 통찰해야 한다. 이것이 저자가 물리학을 전공하면서 얻은 교훈이다. 완성된 학문의 이론을 처음부터 익히는 것보다 그 이론이 탄생하던 당시의 역사적 맥락과 함께 배웠으면 어땠을까 하는 아쉬움, 그리고 교육과정도 그렇게 바뀌었으면 하는 소망, 이러한 복합적 경험들이 쌓여 이 책을 오랫동안 쓸 수 있었다.

이 책의 세 번째 틀은 시각화이다. 아무리 글로 잘 설명해도 그림 하나가 훨씬 나을 때가 있다. 속담에도 "백문이 불여일견"이라는 말이 있지 않은가! 추상적인 수식보다 그림으로 설명 가능한 것은 그림으로 표현하려고 애썼다. 데카르트가 만든 좌표계가 따로 연구되어왔던 대수학과 기하학을 하나의 공간에서 만나게 하면서 미적분과 해석학 탄생의 밑거름이 되었다는 것을 굳이 강조하지 않더라도 시각화가 얼마나 중요한지는 누구나 공감하시리라. 그래서 이 책에서도 수식의 남용을 막기 위해 상당히 많은 양의 그림이 포함되어 있다. 모든 그림이 그렇지는 않지만 현상을 설명하는 데에 최대한 수식을 절제하면서 시각화라는 정보에 함축적으로 담기 위해 고심을 많이 했다.

이 책은 이렇게 수학으로만 물리 문제를 해결하려 했던 지난날 저자의 우매한 공부 방식을 후회하고 시대적 맥락에 맞춰 물리학자들이 함께 써내려간 지혜의 역사를 소개하려고 한다. 파인만의 조언을 받아 최소한 기본적인 미적분 정도의 수학을 사용하였다. 어리숙했던 개인기로 모든 것을 해결하려다 경기를 망친 축구 선수가 어느새 체력 문제로 개인 기량은 쇠퇴했지만 성숙해진 모습으로 필드 위의 모든 움직임을 조망하면서 경기를 조율하는 지휘자의 능력을 지니게 된 것처럼 이제는 물리를 어떻게 접해야 할지 조금이나마 깨달은 한 물리학 박사가 자신의 경험을 바탕으로 독자들께 전하는 미적분과 물리학 책이라고 이 책을 보아주시면 좋겠다.

고의관

　이 책은 총 20부로 구성된 상당히 방대한 양이라 두 권으로 나누게 되었다. 아마도 분량에 압도되실 수도 있겠지만, 미적분을 포함하여 고전역학, 전자기학, 상대성이론, 열역학, 양자역학 등 물리학의 각 분야를 설명하는 데 보통 책 한 권 이상이 소요된다는 점을 감안하면, 오히려 두 권이라는 분량은 상대적으로 가뿐하게 느껴질 수도 있다. 많은 주제를 다루었지만 기초적인 미적분과 그것으로 해결이 가능한 수준에서 물리학의 지혜를 충실하게 담으려 노력했다.

　1부는 2,000년간 지속되었던 아리스토텔레스 운동론의 틀을 깨뜨리고 마침내 잠들어 있던 인간의 지성이 깨어나면서 갈릴레이와 케플러 등이 지상과 천상에서 펼쳐지는 운동의 비밀을 어떻게 찾아내는지로부터 시작된다. 특히 케플러의 법칙 중 하나인 행성의 궤도가 타원임을 입증해가는 그 역사적 과정을 커다란 이야기의 기둥으로 삼았다. 아울러 2부에서는 데카르트를 거쳐 운동의 본질인 관성의 진정한 의미를 깨우친 뉴턴이 보편적 규칙인 힘의 법칙을 발견하는 이야기를 담았다. 3부는 우주를 움직이는 근원이 대칭이고 또한 대칭에는 반드시 보존되는 물리량이 있다는 뇌터의 정리로부터 에너지보존과 운동량보존 등을 살펴본다.

　4부부터 물체의 운동은 곧 변화를 다루는 것이기에 이에 적합한 수학의 필요성을 절감한 뉴턴이 수학의 꽃인 미적분을 어떻게 만들어내는지를 보여준다. 이를 위해 먼저 미적분이 인간의 지혜의 산물이라면 이것을 담을 실재하는 육체에 해당하는 함수를 알기 위해 4부에서는 변덕스러운 소수에 숨어 있는 규칙을 가우스가 찾아내 수학의 언어로 표현하는 것으로부터 함수의 의미를 알아본다.

5부에서는 곡선을 정복하기 위한 수학자들의 여정이 시작된다. 특히 가장 완벽한 대칭이자 곡선의 대표 주자인 원의 넓이와 원주율을 계산해내는 아르키메데스가 등장한다. 그리고 그가 은연중에 사용한 불가분량의 개념은 카발리에리의 원리의 탄생을 이끌어내며 분할과 조립이 곡선 문제의 해결책으로 등장한다. 이후 분할과 조립은 미적분의 본질에 해당하는 무한소를 창안하였다.

6부에서 무한소가 미적분의 유전자가 되어 미적분의 완성을 이끌며 동시에 곡선과 문제를 정복하게 되는 과정을 뉴턴의 운동학적인 시각에서 다루었다. 그런데 미적분은 뉴턴 외에도 라이프니츠가 또 다른 창시자로 인정받고 있다. 뉴턴이 힘의 역학 관계로 미적분을 창안했다면 라이프니츠는 기호, 즉 수학의 식으로 미적분을 만들어냈다.

7부는 뉴턴이 아닌 라이프니츠의 관점에서 미적분을 들여다본다. 수학의 기호는 많은 사람들의 고뇌와 지혜가 함축되어 있고, 기호가 스스로 진화하여 새로운 이론의 탄생의 씨앗이 될 수 있다는 것을 보여준다. 이러한 수학 기호의 중요성을 알리며 파인만이 수학의 언어로 물리학을 이해해야 한다는 주장에 공감할 수 있을 것이다.

힘의 법칙으로 행성의 궤도가 타원임을 입증하기 위해 그리고 나아가 2권에서 전개될 물리학의 내용을 이해하기 위해 필요한 미적분을 실제적으로 활용하는 미분방정식에 대한 내용이 전개된다. 미적분이 찬양받을 수밖에 없도록 하는 존재이자 실제적 활용의 정점인 미분방정식의 의미를 깨달으면서 우리가 왜 미적분과 물리학을 배워야 하는지를 알게 될 것이다.

이를 위해 8부는 함수를 미분하는 방법을 익히고, 9부와 10부는 각각 삼각함수와 지수 및 로그함수의 미분과 적분 방법에 대해 알아본다. 그리고 11부에서 빗방울의 운동방정식과 토끼의 번식 과정을 미분방정식으로 표현하여 빗방울의 운동과 토끼의 개체 수 변화를 해석하면서 미분방정식의 강력한 힘을 느낄 수 있다.

미적분이 수학의 꽃이라면 미적분학으로 이뤄낸 최고봉의 이론이라 할 수 있는 테일러급수가 12부에서 13부까지 이어진다. 12부는 이 급수가 탄생하기 이전의 역사적 배경을 통해 테일러급수의 본질적 의미를 이해하고, 13부에서 본격적으로 테일러급수를 익히고 활용해 수학 분야의 난제인 바젤 문제의 해법과 '과학의 아버지' 갈릴레이가 던진 화두인 단진자 운동의 해석을 다룬다.

2권은 미적분이라는 무기와 물리학의 역사와 궤를 같이하여 전자기학, 상대성이론, 열역학과 양자역학에 대한 소개로, 이를 위해 자석이 왜 자력을 가지는지에 대한 수수께끼를 해결하는 것을 큰 주제로 삼아 이야기를 끌고 간다. 새로운 이야기의 시작인 14부는 오래 묵혀두었던 행성이 타원 궤도라는 사실을 미적분과 뉴턴의 중력 법칙이 지닌 아주 기본적인 사실만을 가지고 마법처럼 해결하는 천재 물리학자 파인만의 기법의 도움을 받아 입증한다.

15부부터 본격적으로 이어질 물리학은 그동안 행성의 궤도가 타원임을 입증하려는 것처럼 스토리텔링을 이끌 소재로 자석의 비밀을 이야기의 기둥으로 삼아 전개된다. 15부는 실험으로 밝혀진 전기와 자기의 여러 현상과 특히 실험의 제왕으로 군림하게 된 패러데이의 전자기 유도 등 전기와 자기의 성질에 대해 살펴본다. 16부에서는 이와 같은 전자기 현상을 수학의 언어로 구현하기 위해 상상이 가능한 모형으로 전자기 현상을 구체화하여 전자기의 모든 현상들의 설명이 가능한 4개의 방정식을 이끌어낸 천재 맥스웰의 뇌를 들여다본다.

17부는 아인슈타인이 전 우주의 현상을 시간과 공간이라는 매개체로 해석한 특수 상대성 이론과 일반 상대성 이론을 다룬다. 18부는 자연계에서 일어나는 모든 변화의 방향을 결정한다는 엔트로피에 대해 열역학적 관점과 특히 양자 시대의 개막에 커다란 밑거름이 된 볼츠만의 해석을 비교하면서 엔트로피의 의미를 들여다본다. 그리고 물리학의 최첨단인 양자역학을 총 2부에 걸쳐 살펴본다.

19부는 플랑크가 열어젖힌 양자의 세계에서 보이는 기이한 현상과 이를 모형화하여 해석하기 위한 여러 물리학자들의 분투를 그려낸다. 그리고 20부는 양자 현상을 하나의 이론으로 묶은 하이젠베르크의 행렬역학과 슈뢰딩거의 파동역학, 그리고 체계가 잡히지 않아 실타래처럼 얽힌 여러 양자역학의 해석을 정리하여 체계를 잡은 코펜하겐 해석을 둘러싼 보어와 아인슈타인의 논쟁을 통해 양자역학의 개념을 이해하고, 마침내 맨 마지막 장은 자석의 비밀을 이해하며 긴 여정을 마치게 된다.

16부 맥스웰 방정식

17부 상대론에 관하여

파인만의 잃어버린 강의

양자전기역학의 창시자로 뉴턴, 아인슈타인 이후 최고의 천재로 불리는 파인만

43장 극좌표

작도 가능한 정다각형은?

잠시 미적분에서 벗어나 다른 수학 이야기를 하고자 한다. 바로 작도이다. 자와 컴퍼스만을 이용하여 누구나 어린 시절 여러 도형을 그렸던 경험이 있을 것이다.

다시 그 시절로 돌아가서 정다각형 작도를 시도해보자. 변의 수가 늘수록 작도하기가 어려워지긴 하겠지만 조금만 노력하면 정삼각형이나 정사각형, 나아가 정육각형과 정팔각형 등을 충분히 작도할 수 있으리라. 그런데 정오각형, 정칠각형과 정구각형은 잘 작도가 되지 않는다. 그럼에도 포기하지 않고 다양한 시도를 거듭하다가 어느 시점에 이르러 혹시 정오각형과 정칠각형의 작도는 불가능할 거라는 의구심이 싹트게 된다. 이유는 알기 힘들지만 5와 7이 소수이기 때문이지 않을까 여기면서 말이다. 하지만 소수가 아닌 정구각형은 쉽게 작도가 가능할 것으로 판단됨에도 만만치가 않다. 숱한 시도를 거듭하다 결국 포기하게 되지만 자신이 방법을 몰라서 그렇지 해결책은 있을 것으로 확신한다.

그러나 이런 생각은 틀렸다. 실상은 정칠각형과 정구각형의 작도가 불가능하고, 정오각형의 작도가 가능하다. 오히려 정오각형의 작도가 가능하다는 사실보다 정구각형의 작도가 불가능하다는 것에 의아심이 들 정도다. 어쨌든 정다각형이라고 해서 모두 작도가 가능한 것은 아니다. 아래의 수들은 작도 가능한 정n각형의 n을 나열한 것이다.

〈식 14.1〉 3, 4, 5, 6, 8, 10, 12, 15, 16, 17, 20, 24, 30, 32, 34, 40, 48, 51, 60, 64, 68, 80, 85, 96, …

　이외에도 작도 가능한 정다각형은 무한히 존재한다. 이때 몇 가지 호기심이 생겨난다. 먼저 작도 가능한 정다각형 각각의 작도법이다. 특히 흥미를 끄는 것은 정오각형이나 정17각형으로 이들을 어떻게 작도할지 궁금증이 인다. 또 어떤 정다각형이 작도가 가능하고 불가능한지의 이유에 대한 호기심이다. 하지만 자제하자. 이들에 대해 구체적으로 들어가면 또 다른 긴 이야기의 시작이 되기에 여기에서 멈추도록 하겠다. 그래서 질문을 최소화하여 오직 작도 가능한 다각형의 수들로 이뤄진 〈식 12.1〉의 수열을 보고 96 다음에 어떤 수들이 연결될지에 대해서만 이야기하고 싶다. 아이큐 검사에서 흔히 접하는 문제의 유형이므로 누구나 도전할 수 있다.
　수의 패턴만 찾아내면 쉽게 알아내리라 기대할 수도 있지만 그것을 찾아내는 일이 의외로 만만치는 않다. 이렇게 우리의 머리를 어지럽히게 만드는 이유는 소수에서 찾을 수 있다. 정칠각형부터 시작해서 11, 13, 19, 23, 29, … 등은 작도 불가능한 소수들이다. 그런데 3, 5, 17은 소수임에도 작도가 가능하다.
　일단 눈에 들어오는 패턴부터 하나씩 뜯어보겠다. 제일 쉽게 찾아낼 수 있는 규칙은 작도 가능한 n에 2를 곱하여 이뤄진 수들이다. 가령 3에 2를 순차적으로 곱한 수들인 6, 12, 24, 48, 96 등은 모두 작도 가능하다. 5와 17도 2를 곱한 10, 20, 40, 80과 34, 68의 수들이 여기에 해당한다. 2를 곱해 나가는 규칙이 성립하는 이유는 각의 이등분의 작도가 가능하다는 점에서 쉽게 이해할 수 있다.

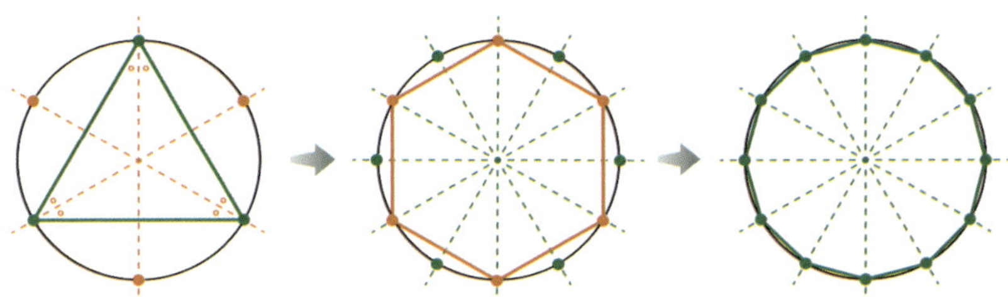

▲ **그림 14.2** 정삼각형 각각의 각의 이등분선이 원과 만나는 점들로 정6각형을 작도하고, 마찬가지로 정6각형의 각을 이등분하여 정12각형을 작도

눈에 들어오는 또 하나의 패턴은 3, 5, 17들의 소수들의 곱으로 이뤄진 수인 $15(=3\times5)$, $51(=3\times17)$, $85(=5\times17)$가 작도 가능한 n에 해당한다. 분명 또 다른 작도 가능한 소수를 찾아내면 이런 곱의 방식으로 작도 가능한 수들을 더 많이 찾아낼 수 있으리라. 하지만 특이하게도 이들 소수의 거듭제곱으로 이뤄진 수들인 3^2, 3^3, 3^4, 5^2이나 2×3^2, 3×5^2 등은 작도가 불가능하다. 예외적으로 2의 거듭제곱꼴로 이뤄진 $12(=2^2\times3)$, $40(=2^3\times5)$ 등의 정다각형의 작도는 가능하다. 물론 그 이유 역시 각의 이등분의 작도가 가능하기 때문으로, 아마도 각의 2등분선의 작도만 가능하지 각의 3등분이나 5등분, 7등분 등의 작도가 불가능한 데서 비롯되지 않았나 유추할 수 있다.

지금까지 알아낸 패턴만으로 〈식 14.1〉에 나열된 수들의 표현이 모두 가능하다는 점에서 수열의 규칙을 모두 찾아냈다고 할 수 있겠다. 하지만 결정적인 하나가 빠져 있다. 무엇일까? 그것은 다름 아닌 위의 규칙으로 수들을 양성하기 위한 씨앗인 작도 가능한 소수들을 뽑아낼 수 있어야 한다는 것이다. 각의 이등분선과 함께 작도 가능한 수만 찾아내면 수의 흐름이 완벽히 이해가 된다. 따라서 가장 결정적인 열쇠는 소수라는 것까지는 직감적으로 알 수 있지만 도대체 어떤 소수가 가능한지에 대해서는 주어진 정보만으로는 알기가 매우 어렵다. 작도 가능한 소수만을 끄집어낼 수 있는 핀셋의 정체는 무엇일까?

수수께끼 같은 핀셋의 정체를 찾아낸 이가 정17각형의 작도 방법을 찾아낸 가우스이다. 1796년, 20세의 젊은 나이에 증명했다. 다만 가우스가 직접 정17각형을 작도한 것은 아니고, 일련의 수학적 논리에 의해 정17각형이 눈금 없는 자와 컴퍼스만으로 작도 가능하다는 것을 증명해 보인 것이다. 가우스가 어떤 수학적 논리로 증명했는지는 생략하고 결론만 살핀다면 n이 페르마 소수[*]에 해당하는 정n각형이 작도가 가능하다는 것을 알아냈다. 페르마 소수는 $2^{2^m}+1$ 꼴의 수로 4장에서 선보였던 메르센 수들과 함께 소수를 찾아내는 도구로 역할을 한다. m의 값에 순서대로 0, 1, 2, 3, 4를 대입할 때 각각 3, 5, 17, 257, 65537의 값이므로 정257각형과 정65537각형의 작도도 가능하다는 의미이다. 그런데 정말 이들의 정다각형의 작도가 가능할까? 정오각형 작도만 해도 호락호락하지 않다. 한 단계 더 나아가 가우스가 찾아낸 정17각형의 작도법을 보면 정신을 혼란스럽게 만들 정도이다. 그런 어려운 일을 완성해서인지 가우스는 아르키메데스처럼 자신의 묘비에 정17각형을 새겨 달라고 요청하기도 했다. 하지만 정17각형이 육안으로 자세히 보지

---

[*] 페르마(1601~1665)는 $2^{2^m}+1$의 꼴로 된 수는 모두 소수일 것이라고 추측했다. 하지만 페르마가 제안한 이 가설은 메르센의 수와 같은 운명을 걷게 되었다. 오일러가 $n=5$일 때의 4294967297이 641×6700417로 소인수 분해되므로 페르마 수가 항상 소수라는 주장에 어긋나는 반례를 찾아냈다.

않고서는 원과 혼동할 우려가 있어 대신 17개의 점으로 된 별을 새겨 넣었다.

정17각형 작도는 복잡해도 그럭저럭 따라갈 수 있지만 정257각형이나 정65537각형은 어떻게 될까? 작도가 가능하다지만 작도법을 찾아낼 수 있을까? 1832년에 F. J. 리시로와 슈베덴바인은 정257각형을, 독일의 요한 구스타프 헤르메스는 10년 동안 조사해 1894년에 200페이지에 달하는 정65537각형의 작도법을 밝혀냈다고 한다.* 어떻게 찾아낸 것일까? 분명 감히 엄두도 내기 힘든 작업이겠지만 명확하게 이들을 작도하는 규칙이 존재하기에 샛길로 빠지지 않고 목적지까지 갈 수 있었다.

그런데 정구각형은 왜 작도가 불가능한 것일까? 직감적으로 정구각형은 삼각형을 작도하고 각각의 각을 3등분하여 작도할 수 있을 것 같다. 이제 문제의 핵심은 각의 3분 작도법이다. 각의 3등분 작도법을 찾기 위한 문제는 기하학이 발달되던 고대 시절부터 수학자들의 초미의 관심사 중의 하나였지만 수많은 세월 동안 해결을 못 하였다. 숱한 세월이 흐른 뒤 수학자들 앞에 의외의 결과가 나타났다. 프랑스의 수학자 피에르 방첼이 1837년에 60°를 3등분하는 작도가 불가능함을 증명한 후, 에바리스트 갈루아(1811~1832)가 창안한 갈루아 이론**에 의해 일반적인 각의 3등분의 작도법은 존재하지 않는 것으로 결론이 난 것이다. 그러니까 각을 3등분하는 작도법 자체가 존재하지 않는다는 이유 때문에 정삼각형의 각들을 각각 3등분해야 가능한 정구각형의 작도가 불가능한 것이다. 오랫동안

---

* Hermes, Johann Gustav (1894). "Ueber die Teilung des Kreises in 65537 gleiche Teile". 《Nachrichten von der Gesellschaft der Wissenschaften zu Gottingen, Mathematisch-Physikalische Klasse》(독일어, 출처: 위키백과)

** 대칭성을 바탕으로 군(群)에 관련한 이론으로 추상대수학의 한 분야이다.

많은 수학자들이 도전했던 각의 3등분 문제는 갈루아에 의해 종지부를 찍게 되었다.

그럼에도 각의 3등분 작도법을 자신이 찾아냈다고 주장하는 사람들이 최근까지도 나타나는데, 이들을 소위 '3등분가'라고 하며 영어권에서는 '트라이섹터(trisector)'라는 은어로 불린다. 지구가 평평하다고 지금도 주장하는 사람들과 같은 부류이다. 각의 3등분 작도가 불가능하다는 것이 증명된 초기에는 심사위원들이 트라이섹터들의 주장에 담긴 오류를 친절하게 찾아내서 지적을 해주었지만, 끊임없이 계속되는 그들의 주장에 요즘은 더 이상 거들떠보지도 않고 바로 휴지통에 넣어버리고 있다.

너무 많은 의혹만 제기하여 뭔가 목에 걸린 것 같은 불편함만 남은 채 작도 이야기를 마무리 지으려 하니 아쉽기는 하다. 그런데 내가 작도에 대한 내용을 이번 장의 서두에 꺼낸 이유는 다음 주제인 극좌표에 대한 글을 적기 위함이었다.

극좌표는 곡선의 놀이터

각의 3등분 문제에 아르키메데스도 참여했었다. 당시 각의 3등분이 불가하다는 것이 증명되어 있지 않은 상황이었지만 천부적인 재능을 가진 그는 몇 차례 도전한 후, 아마 작도로는 각의 3등분이 불가능함을 직감적으로 깨우쳤으리라. 그래서 우회적인 방법으로 해결하였다.

하나의 바늘을 가진 아주 이상한 시계가 있다. 이 시계는 정상적인 방향이 아닌 반대방향으로 회전할 뿐더러 바늘의 길이가 회전각

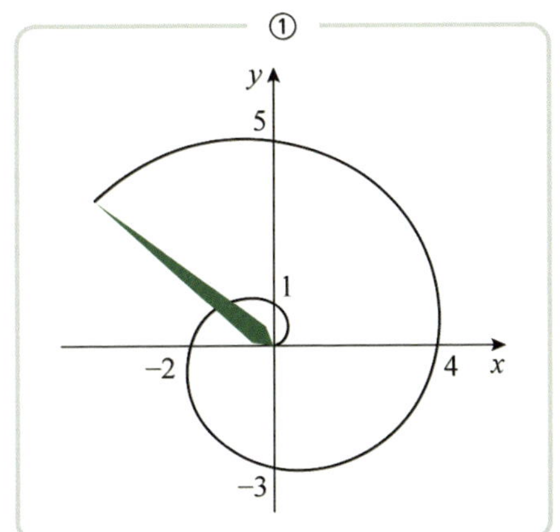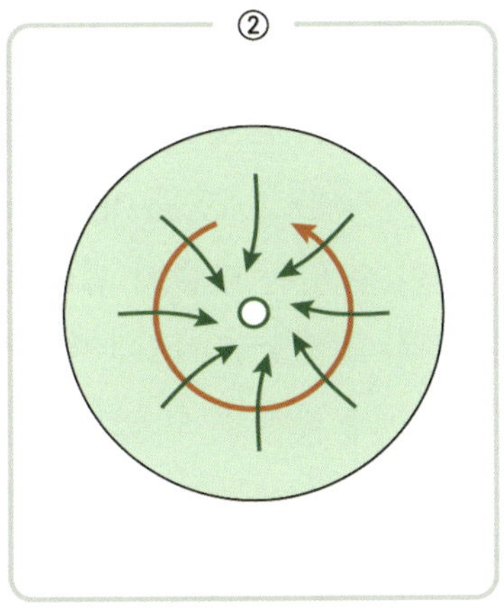

▲ **그림 14.3** ① 아르키메데스의 나선, ② 배수로로 빠지는 물의 흐름

에 비례하여 일정한 속도로 길어진다. 상상 속에만 존재 가능한 이 시계 바늘 끝의 자취가 그리는 곡선은 어떤 모양일까?

머릿속으로 그려보자. 시작할 때 바늘의 길이가 0이라 하고 회전하는 각도에 비례하여 길어진다고 했으므로, 90° 회전할 때 길이를 1로 잡으면 180°일 때는 2,270°에서는 3,360°로 한 바퀴 회전할 때에는 4의 길이가 된다. 이후에도 계속 회전할 것이므로 바늘의 길이는 끝없이 길어지게 된다.

바늘의 끝이 그리는 궤적은 아르키메데스의 나선으로 알려진 〈그림 4.3〉의 ①과 같은 소용돌이 모양이다. 이런 소용돌이는 우리를 감싸는 자연계에 많이 존재한다. 8장에서 다뤘지만 대표적으로 욕조 혹은 세면대의 배수구를 따라 흘러내려가는 물은 그림 ②와 같이 전향력에 의해 항상 오른쪽 방향으로 휘어지게 되어 전체적으로 반시계방향으로 물이 소용돌이치면서 빠진다. 물론 남반구에서는 반대로 시계방향이다. 전향력이 소용돌이를 발생시키는 또 하나의 대표적인 자연 현상이 태풍이다. 상승기류가 수증기를 잔뜩 함유하는 공기를 위로 올리면서 중심부의 기압이 낮아지고, 이에 따라 중심 쪽으로 계속 유입되는 주변의 공기가 전향력으로 오른쪽으로 휘어지면서 소용돌이를 만들게 되는 것이다. 이외에도 냇가에서 발견할 수 있는 다슬기 껍데기, 2개의 사슬이 나선형 모양으로 서로를 휘감고 있는 DNA에 이르기까지 소용돌이 모양은 자연계 곳곳에서 쉽게 찾아낼 수 있다.

소용돌이는 무질서하게 보일 수도 있지만 배수구로 빠져나가는 물의 소용돌이가 전향력에 의해 일정한 패턴을 이루는 것처럼 분명한 규칙이 존재하므로 수학의 언어로 분석이 가능하다. 하지만 무턱대고 도전하면 커다란 장벽에 부딪힌다.

가장 우선적인 것이 소용돌이 모양의 나선형 곡선을 함수로 구현해야 한다. 그런데 xy 좌표계에 도시된 〈그림 14.3〉 ①의 나선형을 함수로 표현할 길이 상당히 난감하다. x와 y의 관계식을 못 구할 것은 아니겠지만 꽤나 복잡하리라는 것을 직감한다. 비단 아르키메데스의 나선만의 문제가 아니다. 태양 주위를 공전하는 행성처럼 직선이 아닌 곡선의 궤도를 움직이는 운동을 x와 y의 관계식으로 표현하는 것은 커다란 문젯거리이다. 실제 타원의 궤도는 $x^2/a^2 + y^2/b^2 = 1$이므로 뉴턴의 힘의 법칙에서 행성의 운동방정식의 해가 타원의 식임을 입증하는 것으로 타원의 궤도의 증명이 끝이 난다. 하지만 이 식을 유도하는 것은 혀를 내두를 정도로 복잡해져 어디서부터 손을 대야 할지 불가능한 지경에 이르게 된다. 결론적으로 xy의 직교좌표계는 곡선의 운동을 해석하는 데 전혀 맞지 않는 좌표계이다. 곡선을 해석하는 최적화된 좌표계를 고안해낼 필요가 있다.

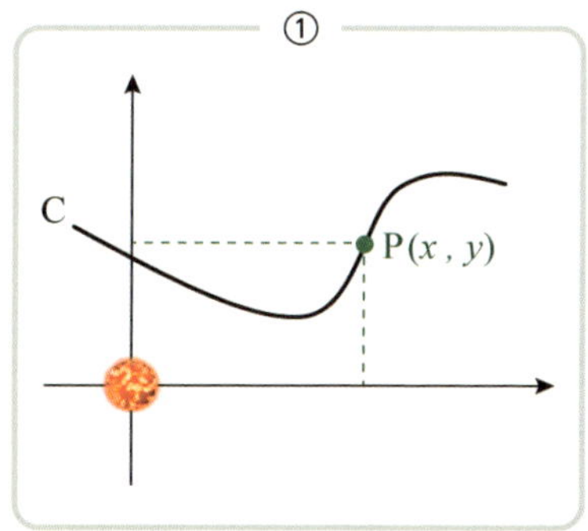
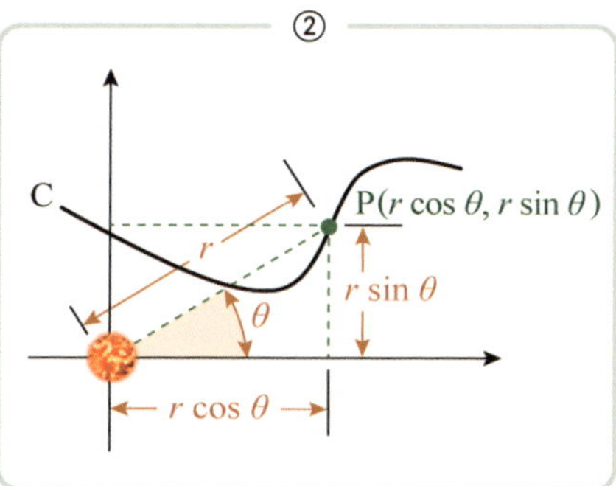

▲ **그림 14.4** ① 직각좌표계의 원점에 태양이 위치하고, 곡선 C를 따라 운동하는 행성의 어느 지점 P는 x와 y의 두 변수로 표현한다. ② 같은 지점 P를 극좌표에서 표현할 때는 태양과의 거리 r과 x축과 이룬 각도 θ로 나타낸다.

　같은 점 P이지만 위의 그림 ②와 같이 위치를 표현하는 좌표계가 극좌표이고 우리가 찾고자 하는 좌표계이다. 직각좌표계에서 x와 y의 두 변수가 필요하듯 극좌표 역시 거리 r과 각도 θ의 두 변수로 하나의 점을 표현한다. 또한 극좌표의 정의로부터 '9부'에서 다뤘던 삼각함수가 매우 중요한 역할을 할 것임을 바로 알 수 있다. 점 P의 위치를 x와 y의 두 변수로 나타내는 직각좌표계와 r과 θ의 두 변수로 표현하는 극좌표계는 삼각법을 통해 $x = r\cos\theta$, $y = r\sin\theta$ 으로 서로 대응된다.

　극좌표가 곡선을 다루는 데 얼마나 유용한지는 기존의 xy 좌표계로 엄두가 나지 않는 〈그림 14.3〉 ①의 아르키메데스의 나선 방정식을 극좌표에서 표현할 때 얼마나 단순하고 우아한지를 보면 실감하게 된다. 바로 극좌표에서의 나선형 방정식을 적으면 단순히 $r = a\theta$ (a는 상수)이다. 너무도 간단한 식이라 '정말 저 식이 나선형 방정식이라고?' 의심이 들 정도다. a는 시계 바늘의 성장속도를 나타내는 고정된 상수이고, 변수인 r과 θ에 초점을 맞추어 각도에 따라 반지름이 증가한다고 생각해보라.

나선형의 곡선이 극좌표에서 r과 θ의 함수로 간단하게 표현이 가능하듯 극좌표는 곡선에 꼭 맞는 옷이다. 그런데 우리가 라디안이 아닌 육십분법에 적응되어 있듯이 이제 처음 접하는 극좌표는 낯설게만 느껴진다. 그렇지만 극복해야 한다. 파티에 갈 때 평상복을 입고 간다면 아마 출입구에서 쫓겨날지 모른다. 설혹 입장했어도 남성은 여성에게, 여성은 남성에게 전혀 이목을 끌지 못한 채 쓸쓸히 구석에 자리 잡고 퇴장할 수도 있다. 곡선이 활동할 장소는 평상시 잘 입지 않는 연회복을 입고 찾아갈 극좌표라는 무대이다.

극좌표에 익숙해지는 최고의 방법은 당연히 여러 곡선의 그래프를 그려가면서 경험치를 살리는 것이다. 그런데 xy의 직교좌표계와는 달리 극좌표에서 곡선을 직접 손으로 그리는 것은 어려운 측면이 있다. 따라서 차선책으로 컴퓨터의 도움을 받아 경험을 살리는 것도 괜찮을 듯하다. 극좌표에서 함수의 개형을 그려낼 수 있는 사이트는 인터넷에서 여럿 존재하는데 아래의 하트 모양과 타원의 그래프도 그러한 사이트의 도움을 받아 그린 그래프이다.[*] 여러분들도 직접 수식을 대입하면서 다양한 곡선의 향연을 느껴보시라.

〈그림 14.5〉의 오른쪽 그림이 극좌표에서 타원의 방정식이다. 뉴턴의 목적이기도 하고 이 책의 가장 중요한 주제이기도 한 행성의 궤도가 타원임을 입증하는 것은 극좌표에서 행성의 운동방정식을 풀어서 위와 같은 타원 방정식을 유도함으로써 막을 내리게 된다.

이번 절에서 제시되었던 문제로 돌아가서 아르키메데스는 나선의 곡선을 이용하여 각의 3등분을 해결하였다. 그런데 나선은 작도

---

[*] Desmos (http://www.desmos.com/calculator), Geogebra (http://www.geogebra.org /graphing), Mathway (http://www.mathway.com/Graph)

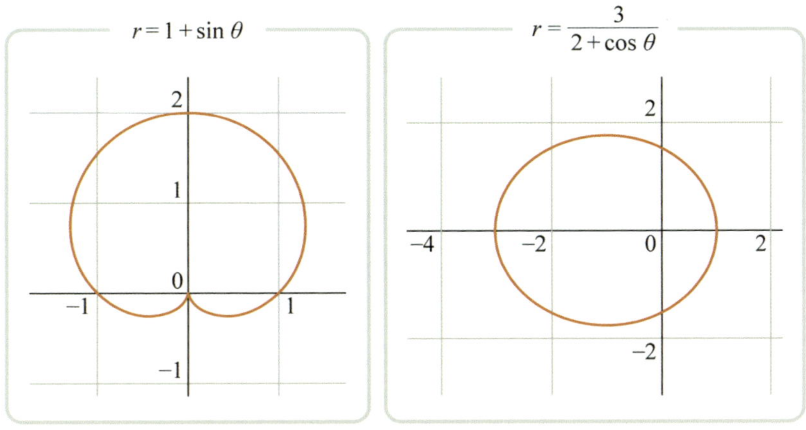

▲ **그림 14.5** 극좌표에서 하트 모양과 타원의 방정식

로 그릴 수 있는 도형이 아니기에 작도를 통한 각의 3등분을 해결하였다고 오해하지 마시라. 흔히 알려진 각의 3등분이 불가능하다는 것은 작도로 해결할 수 없는 문제라는 것이지 작도가 아닌 우회적인 방법으로는 충분히 해결이 가능하다.

굵은 검은색의 직선으로 구성된 ∠AOB를 3등분하기 위해 선분 OA의 3등분점 P와 Q를 작도로 찾아낸다.* 그리고 원점을 중심으로 2개의 점 P와 Q를 지나는 원이 점 A를 지나는 아르키메데스 나선과 만나는 점 P′과 Q′를 찾는다. 이때 나선 위의 점을 지나는 원의 반지름은 각도에 비례하므로 점 A, P′와 Q′를 지나는 3개의 원의 반지름의 길이가 1:2:3이므로 각도도 같은 비율이다. 따라서 ∠AOB를 3등분하는 직선은 바로 원점 O에서 P′와 Q′를 잇는 붉은색의 두 직선이다.

---

* 각을 3등분하는 작도법은 없지만 선분을 3등분하는 작도는 충분히 가능하다.

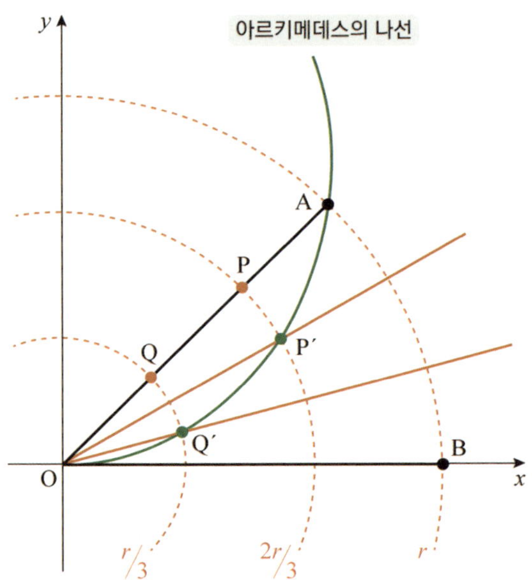

▲ 그림 14.6 아르키메데스 나선을 이용하여 ∠AOB를 3등분하는 방법

극좌표에서 속도의 표현

모든 곡선의 고향은 원이라 할 수 있다. 그러니까 원이 분화되어 진화된 형태가 곡선이다. 이런 곡선을 다루기 위해 만들어진 극좌표는 당연히 원의 속성을 그대로 담지하고 있다. 하나의 점을 표현할 때 보더라도 원점을 중심으로 하는 원을 기초로 거리와 각도로 나타내지 않았던가. 속도도 원을 기초로 표현된다.

xy 좌표계에서 벡터인 속도 $\vec{v}$는 위의 그림 ①처럼 기준이 되는 x축과 y축 두 방향의 벡터 $\vec{v}_x (= dx/dt)$와 $\vec{v}_y (= dy/dt)$의 합으로 분해된다는 것은 이제 우리의 뇌에 자리 잡혀 있다. 극좌표에서도

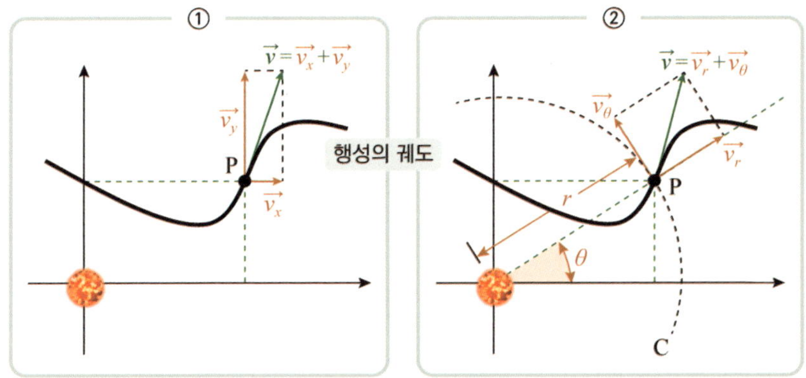

▲ **그림 14.7** 궤도의 접선 방향의 속도 $\vec{v}$는 ① xy 좌표계에서 x축의 성분 $\vec{v_x}$와 y축의 $\vec{v_y}$로 분해한 두 벡터의 합 $\vec{v} = \vec{v_x} + \vec{v_y}$로 나타낸다. ② 극좌표에서는 원점과 점 P를 잇는 직선 방향의 $\vec{v_r}$와 원 C의 접선 방향의 성분 $\vec{v_\theta}$로 분해된 두 벡터의 합 $\vec{v} = \vec{v_r} + \vec{v_\theta}$로 표현한다.

속도 $\vec{v}$는 두 성분으로 분해한다. 직교좌표계와 다른 점은 그림 ②와 같이 원점을 중심으로 하면서 점 P를 지나는 원 C를 기초로, 원점에서 점 P를 향하는 방향의 성분 $\vec{v_r}$와 원 C의 접선 성분 $\vec{v_\theta}$로 분해한다. 이것이 중요하다. 속도가 되었든 가속도가 되었든 극좌표에서 벡터는 항상 원점에서 벡터의 시점을 향하는 직선 방향과 원의 접선 방향의 두 성분으로 분해한다. 원의 중심에서 직선의 방향으로 분해된 $\vec{v_r}$는 길이의 단위인 r의 방향에 대한 속도이므로 dr/dt이다. 위치에 따라 방향은 달라지겠지만 거리를 미분한 것이 속도이므로 당연한 꼴이다. 이렇게 직선 방향의 속도를 선속도라 부른다고 하였다. 그런 점에서 xy 좌표계에서 속도 $\vec{v_x}$와 $\vec{v_y}$ 역시 선속도이다. 직선으로 운동하는 속도를 선속도라 부르는 것과 대비하여 원의 궤도를 따라 운동하는 속도가 각속도이다. 이 내용은 23장 푸코의 진자에서 이야기한 바가 있었기에 새로울 것은 없다. dt

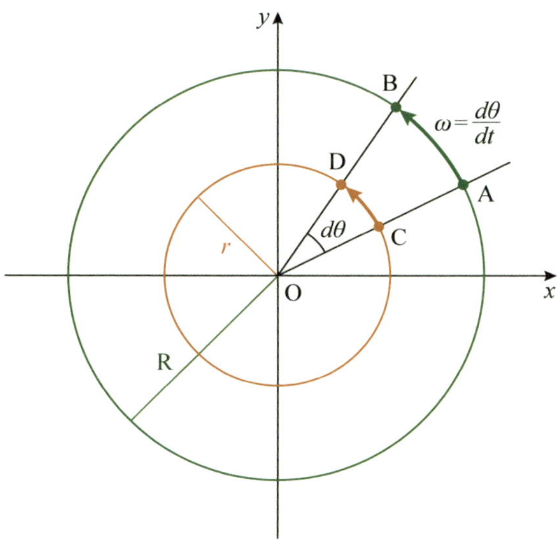

▲ **그림 14.8** 시간의 변화량 dt에 대해 초록색의 원의 궤도를 따라 A에서 B로, 붉은색의 원의 궤도를 따라 C에서 D로 이동하였을 때

의 시간 동안에 $d\theta$의 각의 변화가 일어났다면 각도의 시간변화율 $d\theta/dt$가 각속도로 보통 ω(오메가)라는 그리스문자로 표현한다.

그림에서 초록색의 원의 궤도를 회전하는 운동이건 붉은색의 원이건 dt의 시간 동안에 같은 각의 변화 $d\theta$를 겪었으므로 각도의 시간변화율인 각속도 $\omega\,(=d\theta/dt)$는 동일하다. 그런데 ω는 같지만 dt 동안 움직인 거리는 각각 $Rd\theta$와 $rd\theta$로 확실히 차이가 있다. 반지름이 클수록 같은 각속도에서 움직인 거리가 더 큰 것이다. 그리고 관성의 본질을 생각할 때 운동의 방향, 즉 속도는 접선 방향이므로 실제적인 속도는 반지름과 각속도 $\omega\,(=d\theta/dt)$를 곱한 값으로 C 지점에서는 $r\omega$ 그리고 A의 지점에서는 $R\omega$이다.

구심 가속도

완전한 원운동을 할 때 반지름의 변화가 없으므로 속도 v_r은 0으로 원의 접선 방향의 속도 v_θ의 성분만 존재한다. 하지만 원운동이 아닌 일반적인 곡선의 운동은 선속도와 각속도가 모두 존재한다. 타원의 궤도로 운동하는 행성만 보더라도 태양에서의 거리가 시시각각 변한다는 점에서 선속도와 각속도가 서로 조화를 이루며 운동함을 뜻한다. 즉, 아무리 복잡한 형태의 곡선운동이라도 두 성분으로 분해하여 해석하는 것이 정확하게 기술할 수 있는 길이다.

원 위를 달리는 사고 실험을 통해서 원의 궤도를 운동하는 물체의 각속도는 일정해야 하고 원의 중심 쪽으로 잡아당기는 힘이 존재했다. 일정한 각속도라는 점에서 속도의 시간변화율이 없으므로 힘이 존재하지 않는 것으로 해석되지만 운동의 가장 근본적인 본질인 관성에 위배된다는 사실로부터 힘이 존재할 수밖에 없음을 알수 있었다. 이 사실로 7장의 〈그림 2.18〉에서 가속도의 존재를 끄집어낼 수 있었다. 뉴턴이 관성을 운동의 제1의 법칙으로 삼은 이유가 직선과 다른 원운동을 해석하기 위한 깊은 고뇌에서 얻은 통찰에서 나온 결론이었다. 이제 〈그림 2.18〉에 미적분의 색채를 입혀 더 해석학적으로 분석해보겠다.

붉은 원형의 점선 안의 그림은 점 A와 B의 두 지점에서 크기는 같지만 방향이 다른 속도 $\vec{v}_A$와 $\vec{v}_B$로 발생한 속도의 변화 $\overrightarrow{\Delta v}$를 도시하였다. 두 속도의 크기가 같으므로 v로 놓고, 붉은색 삼각형에서 삼각비를 이용하면 속도 변화 $\overrightarrow{\Delta v}$의 크기 Δv가 아래의 식과 같음을 어렵지 않게 이끌어낼 수 있다.

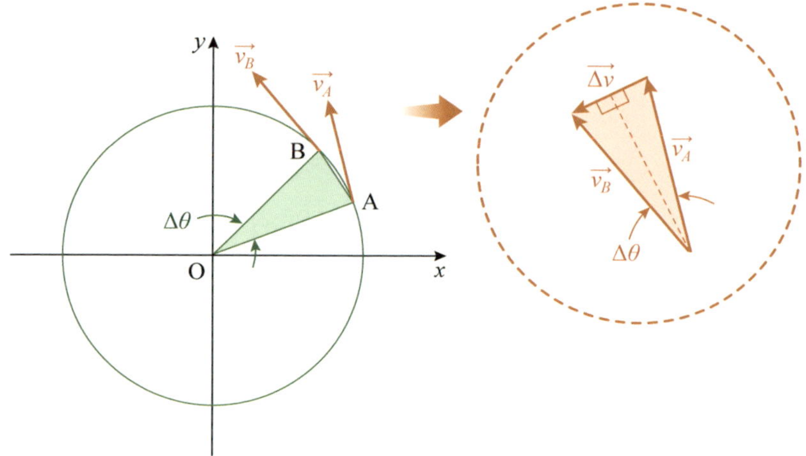

▲ **그림 14.9** $\Delta\theta$의 작은 각도로 원을 조각내고, 점 A와 B에서 속도의 크기는 같지만 방향이 다르므로 각각 $\vec{v_A}$와 $\vec{v_B}$라 놓겠다. 이 2개의 속도를 변으로 만들어진 붉은색 점선의 원 안에 있는 붉은색 삼각형에서 위에 있는 변이 속도의 변화량 $\vec{\Delta v}$이다.

$$\Delta v = 2v\sin(\Delta\theta/2)$$

위의 식에 미적분의 유전자를 심어보겠다. $\Delta\theta$와 Δv는 Δt의 시간 동안에 발생한 각도와 속도의 변화량이라 할 때 Δt 시간 동안 움직인 거리인 호 $\overset{\frown}{AB}$의 길이는 $r\Delta\theta$이다. 그런데 호 $\overset{\frown}{AB}$의 길이는 속도 v로 Δt시간 움직인 길이이기도 하므로 $v\Delta t$이기도 하다. 즉 $r\Delta\theta = v\Delta t$ 혹은 $\Delta t = r\Delta\theta/v$인 것이다. 이 관계식으로 위의 식의 좌변은 Δt로, 우변은 $r\Delta\theta/v$로 각각 나눈다고 식에 영향을 주지 않는다.

$$\frac{\Delta v}{\Delta t} = \frac{v^2}{r} \times \frac{\sin(\Delta\theta/2)}{\Delta\theta/2}$$

이제 Δt에 미적분의 유전자를 심어 무한소로 탈바꿈시키면 Δt는 dt가 되어 한없이 0으로 접근하는 무한소가 되어 좌변은 dv/dt, 즉 가속도 a이다. 특별히 원운동에서의 가속도이므로 구심 가속도라 부르며 방향은 원의 중심을 향한다. 한편 Δt가 무한소가 되면 $\Delta \theta$ 역시 무한소가 되므로 0으로 한없이 접근하게 된다.

$$a = \lim_{\Delta t \to 0} \frac{\Delta v}{\Delta t} = \frac{v^2}{r} \times \lim_{\Delta \theta \to 0} \frac{\sin(\Delta \theta/2)}{\Delta \theta/2}$$

위의 식의 우변의 극한값만 구하면 구심 가속도를 정확하게 알 수가 있다. 그런데 이 극한값은 39장에서 해결하였듯이 1이다. 그리고 속도 v는 $r\omega$이므로 구심 가속도 a는 아래의 식처럼 두 가지 형태로 나타낼 수 있다.

$$\langle \text{식 } 14.10 \rangle \quad a = \frac{v^2}{r} \ \text{ 혹은 } \ a = r\omega^2$$

관성계와 비관성계

관성력

    2명의 관측자가 질량 M 의 트럭과 질량 m의 자동차에 각각 탑승하고 있다. 이왕이면 트럭에 탑승한 관측자를 갈릴레이, 자동차에 탑승한 관측자를 뉴턴이라 칭하자. 그리고 트럭은 정지해 있고 자동차만 일정한 가속도 a로 가속하고 있다. 갈릴레이의 눈에는 뉴턴이 $f = ma$의 힘을 받으며 가속하고 있다. 그런데 뉴턴의 시각에서는 자신이 정지하는 것처럼 판단이 되어 오히려 트럭이 가속하며 멀어져 가는 것으로 보인다. 트럭의 질량을 M, 가속도의 방향은 반대이지만 크기는 같아 $-a$가 되므로 갈릴레이가 탑승한 트럭은 $F=-Ma$의 힘을 받고 있는 것이다.

▲ 그림 14.11 갈릴레이가 바라보았을 때 뉴턴이 탄 자동차는 힘 ma을 받고 있고, 반대로 뉴턴의 눈에서는 방향이 반대인 $-Ma$의 힘이 갈릴레이가 탑승한 트럭에 가해지고 있다.

갈릴레이가 위치한 좌표계에서 보는 뉴턴의 운동은 우리에게도 충분히 납득이 간다. 자동차가 자체적으로 힘을 내면서 속도를 증가시키고 있기 때문이다. 하지만 자동차를 타고 운동하는 뉴턴의 좌표계에서는 멀쩡히 서 있는 트럭이 힘을 받고 있다는 해석이 맞다.

이 상황을 뉴턴의 운동법칙에서 들여다보겠다. 아마 꼼꼼히 들여다본 사람이라면 한 가지 의문스러운 점이 있었을 것이다. 가속도가 없는 정지 혹은 일정한 속도로 움직인다는 관성의 법칙은 가속도의 법칙 $f = ma$에서 가속도 $a = 0$인 특수한 하나의 경우로, 뉴턴의 제2법칙에 이미 충분히 담겨 있다. 어찌 보면 군더더기와 같아 관성의 법칙은 빼더라도 크게 문제될 것이 없는 것으로 보인다. 그럼에도 관성을 별도로, 그것도 제1법칙으로 뉴턴이 내세웠다. 왜 그랬을까?

뉴턴이 관성의 법칙을 제1의 법칙으로 정한 진정한 또 하나의 함의가 있다. 그것은 정지 상태를 유지하거나 일정한 속도로 움직이는 관성이 정상적으로 작동되는 세상을 기준계로 삼기 위함이다. 그러니까 제2법칙인 가속도의 법칙과 제3법칙인 작용반작용의 법칙으로 물체의 운동 해석이 가능한 세계를 먼저 구축하기 위한 것으로, 물리에서는 이런 기준계를 '관성계'라 명명한다. 따라서 〈그림 14.12〉에서 갈릴레이는 관성기준계에 있고, 가속되는 자동차 안에 탑승한 뉴턴은 비관성계에 위치한 상태이다. 갈릴레이가 위치한 관성계에서는 뉴턴의 운동법칙을 마음대로 사용해도 아무런 문제가 없다.

하지만 비관성계에 위치한 뉴턴은 물체의 운동을 자신의 운동법칙으로 해석이 되지 않는다. 자신이 정지하였다는 것을 기준으로 삼았을 때 버스를 뒤로 멀어지게 하는 힘을 어떻게 설명해야 한단 말인가? 이것을 가능하게 하기 위해서 관성의 법칙을 정의한 것이다. 운동의 기술이 불가한 비관성계의 세계를 자신의 운동법칙이 적용될 수 있는 관성계로 옮겨서 운동을 해석하자는 의도가 관성을 제1의 법칙으로 세운 진정한 이유가 된다. 따라서 비관성계인 뉴턴의 좌표계를 가상의 힘을 도입하여 관성계로 바꾸라는 명령서가 관성이라는 제1법칙이다. 뉴턴이 탑승한 오픈카에서 머리 위로 공을 던져 다시 받는 상황을 다시 생각해보자.

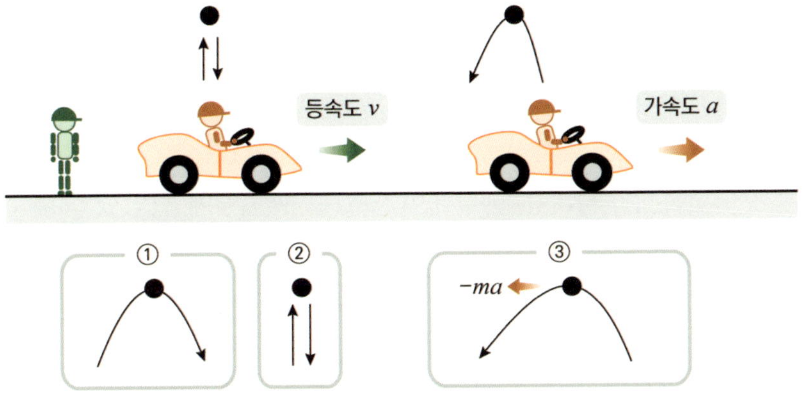

▲ 그림 14.12 자동차에 탑승한 뉴턴이 등속도로 운동하면서 위로 공을 던졌을 때 ①은 밖에 서 있는 갈릴레이가 보는 공의 포물선 궤적이고, ②는 자동차에 탑승한 뉴턴이 보는 공의 궤적이다. 반면 가속하는 자동차에서 던져진 공의 궤적은 갈릴레이의 눈에는 여전히 ①과 같은 포물선의 궤적이지만, 뉴턴의 눈에는 ③과 같이 서서히 멀어지는 운동을 한다.

등속도 운동하는 뉴턴이 위로 던진 공은 자동차와 같은 속도이므로 정지한 갈릴레이가 보는 공의 궤적은 그림 ①의 포물선의 궤적으로 보인다. 한편 일정한 속도로 움직이지만 자신이 정지하고 있다고 생각하는 뉴턴의 눈에는 공이 자신의 머리 위로 똑바로 올라가 그대로 낙하하는 그림 ②의 운동 궤적이다. 갈릴레이나 뉴턴 모두 공의 운동은 다르게 보이지만 각각의 입장에서 힘의 법칙으로 공의 운동을 설명하는 데 아무런 문제가 없다. 기준은 다르지만 모두 관성계에 위치하고 있기 때문이다.

하지만 자동차가 가속할 때는 다르다. 관성계에 위치한 갈릴레이는 전과 동일하게 공이 그림 ①의 포물선 궤적을 그리겠지만, 뉴턴은 전과 달리 자신의 손에 공이 돌아오지 않는다. 왜냐하면 뉴턴의 손에 있던 공은 비관성계에 놓여 있지만 손에서 떠난 순간 차에서 벗어났기 때문에 더 이상 자동차에 의한 힘을 받지 않는 관성계로 진입한 것이다. 그래서 여전히 비관성계에 있는 뉴턴의 눈에는 공이 중력과 자신이 받고 있는 힘과 동일하지만 반대방향의 가속도 $-a$를 가지도록 하는 힘을 받는 것으로 보인다. 그래서 사과가 〈그림 14.12〉의 ③과 같은 운동 궤적으로 멀어져간다. 반면 뉴턴의 손에서 떠난 순간, 사과는 갈릴레이가 있는 관성계에 진입했기 때문에, 갈릴레이는 사과가 ①과 같은 포물선의 궤적을 그린다.

비관성계에 위치한 관찰자인 뉴턴의 착각(?)에 의해 마치 공이 힘을 받아 움직이는 것처럼 보이도록 하는 힘, 그래서 '겉보기 힘'이라고 불리는 이 힘을 물리학에서는 '관성력'이라고 부른다. 오픈카에 타고 있는 뉴턴에게는 모든 물체가 중력가속도 g와 자동차에 의한 $-a$의 가속도를 가하는 2개의 힘이 존재하는 비관성계의 세계이다.

그런데 이렇게 존재하지 않는 힘인 관성력으로 운동을 기술하는 것에 매우 불편함을 느낀 물리학자가 있었다. 그는 다름 아닌 뉴턴역학을 무너뜨린 또 한 명의 천재 물리학자 아인슈타인이다. 그가 왜 불만을 가졌는지에 대한 구체적인 이유, 그리고 그 불만을 해소하는 과정에서 인류사 최고의 업적으로 칭하는 일반 상대성 이론을 어떻게 창안했는지에 대한 자세한 내용은 '17부 아인슈타인의 상대론'에서 이야기하겠다.

원심력은 관성력이다

관성계와 비관성계라는 용어를 사용하지 않았지만 이미 우리는 실제 사례를 다뤘었다. 전향력이라는 가상의 힘으로 단진자의 운동을 해석하여 지구의 자전을 증명하였던 푸코의 추가 바로 그러하다. 즉, 전향력이 관성력에 해당한다. 진자의 운동을 해석하기 위해 존재하지 않는 힘인 전향력을 도입했다는 것은 지구 역시 비관성계라는 사실을 말하는 것이다. 실제 우리가 살고 있는 지구는 자전과 공전으로 끊임없이 힘을 받는 비관성계의 세계이다. 지구 밖 우주에 위치한 와트니가 관성계인 것이다. 하지만 전 우주로 확장하면 와트니가 있는 곳도 비관성계에 해당한다. 태양계 역시 회전하기 때문이다.

사실상 가상의 힘을 필요로 하지 않은 관성계는 존재하지 않는다. 우주에 존재하는 모든 물체가 상호작용하고 있기에 어느 곳이건 외부의 힘의 영향을 받기 때문이다. 한 마디로 절대좌표계는 없다. 그렇다면 관성계가 존재하지 않으므로 뉴턴의 힘의 법칙을 사용할 수 있는 곳은 존재하지 않다는 결론에 도달한다. 그런 이유가 뉴턴이 위대한 통찰로 관성의 법칙을 운동의 가장 중요한 본질로 삼은 이유이다. 절대 좌표계, 즉 절대 기준이 없으므로 우리 자신이 아무렇게나 정할 수 있다는 자유가 부여된다. 지금 여러분이 책을 읽는 그곳을 기준점으로 해도, 와트니가 있는 곳을 기준으로 해도 상관없다. 대신 그 기준점이 되는 비관성계를 관성이라는 제1법칙을 만족하도록 꾸며야 한다. 힘의 법칙으로 물체의 운동을 설명할 수 있기 위해서는 말이다. 관성의 법칙은 측정의 기준이 되는 비관성계를 관성의 법칙이 작동되는 관성계로 꾸미라는 명령인 것이다.

비관성계를 관성계로 바꾸는 것은 간단하다. 가상의 힘인 관성력이 존재하는 것으로 운동을 해석하면 된다. 자동차를 타고 있는 뉴턴은 모든 물체가 실제의 힘인 중력 외로 $-a$의 가속을 받는 두 가지 힘이 존재하는 세계이다. 같은 방법으로 지구를 관성계로 바꾸기 위해서는 지구의 자전으로 도입할 수밖에 없었던, 가상의 힘인 전향력이라는 관성력을 포함하여 운동을 해석하면 된다.

그런데 지구는 또 하나의 겉보기힘을 필요로 한다. 바로 원심력이다. 자동차가 회전할 때 바깥으로 밀려나가려는 힘, 비올 때 우산을 빙글빙글 돌리면 빗방울이 밖으로 튀어나가게 하는 힘, 중력의 존재를 인지하지 못했던 시대에 지구의 자전으로 사람들을 지구 밖으로 튀어나가게 할 것이라는 힘, 그래서 지동설을 받아들이지 못하게 만들었던 힘이다. 질량 m의 자동차가 속도 v로 직선의 도로를 달리고 있다가 곡선의 도로를 만났음에도 속도를 줄이지 않고 유지한 채 회전하는 사고 실험을 상상하자.

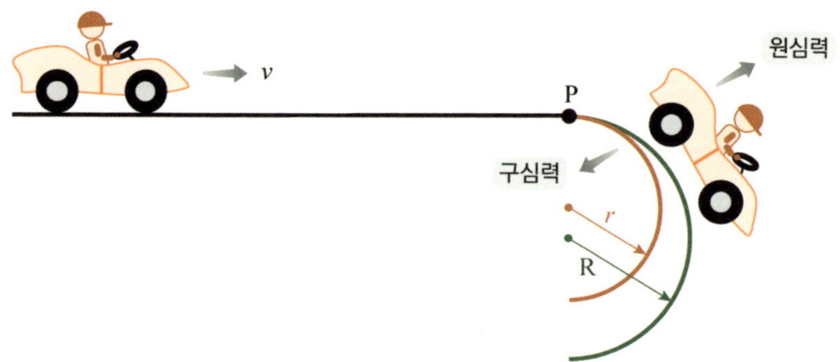

▲ 그림 14.13 속도 v로 달리는 자동차가 P 지점에서 반경 r로 회전했을 때의 구심력은 mv^2/r이고, 반경 R일 때의 구심력은 mv^2/R이다.

외부에서 바라볼 때 자동차는 구심력을 받고 회전한다. 하지만 자동차 안에 탑승한 관찰자는 자신이 정지한 상태라 판단하므로 구심력과 반대방향의 원심력을 받는 세상이다. 자동차가 회전하기 위해 존재하는 구심력이 아닌 겉보기힘인 원심력이 존재하는 힘의 세상에서 물체의 운동을 바라보게 된다. 그래서 운전자가 자동차 밖의 물체의 운동을 뉴턴의 힘의 법칙으로 설명하기 위해서는 겉보기힘, 즉 관성력인 원심력의 존재를 기본적으로 인정하고 운동을 해석해야 한다.

직선에서 곡선의 궤도로 바뀔 때 속도의 변화가 없다고 하였으므로 직선으로 달리던 자동차의 선속도 v가 그대로 유지된 채 회전운동하게 된다. 따라서 〈식 14.10〉의 구심 가속도는 회전 반경의 반지름 r에 반비례하는 mv^2/r이므로 r이 작을수록 더 큰 구심 가속도가 발생한다. 그래서 반지름이 작은 곡선을 따라 급회전할수록 원심력이 더 크게 작용되어 전복될 위험성이 높아진다.

지구 자전에 의한 원심력은 위의 경우와는 반대로 회전 반경의 반지름에 비례한다. 푸코의 진자에서 이미 다뤘지만 지구는 자전축을 중심으로 회전하므로 어느 위치이건 각속도 ω는 같다. 극지방이건 적도이건 우리나라이건 항상 각속도는 ω이다. 달리는 자동차에서는 속도 v가 일정하였지만 지구 자전에서는 각속도가 일정하다는 차이가 있다. 그래서 같은 〈식 14.10〉에서 각속도가 일정할 때 구심 가속도는 반지름 r에 비례하는 $r\omega^2$이므로 가장 반경이 큰 적도에서 원심력이 가장 크게 작용하게 된다.

만약 중력이 없다면 천동설을 믿었던 시대의 사람들이 믿었던 것처럼 회전으로 발생한 원심력으로 우리는 지구 밖으로 튀어나갈 것이다. 하지만 그런 일이 발생하지 않는다는 것은 중력의 크기가

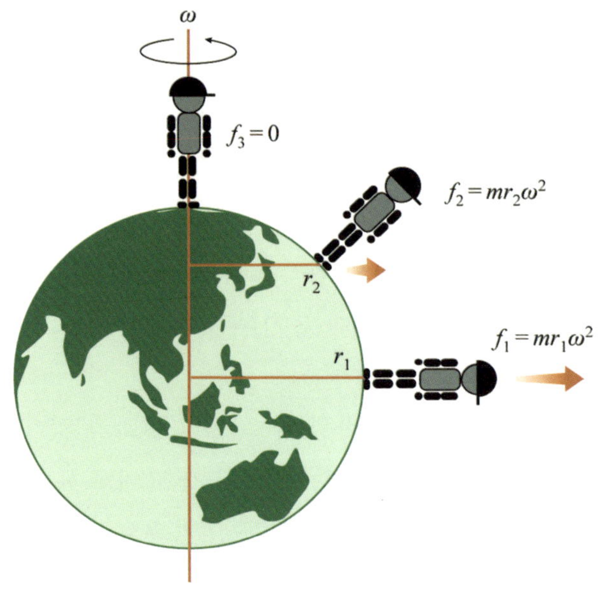

▲ 그림 14.14 지구의 어느 지점이건 각속도 ω는 동일하다. 따라서 적도에 있는 사람에게 작용하는 원심력은 $mr_1\omega^2$이고, 극지방은 제자리에서 회전하여 반지름이 0이므로 원심력은 0이다.

원심력보다 훨씬 크기 때문이다. 실제 지구 자전에 의한 원심력의 크기는 적도에서의 반지름 r과 24시간 동안 지구가 한 바퀴 회전한다는 사실로 각속도 ω를 구할 수 있으므로 구심 가속도 $r\omega^2$을 이용해 간단하게 계산해낼 수 있다. 이렇게 얻어진 구심 가속도는 중력 가속도 9.8m/sec^2보다 매우 작은 값인 대략 0.03m/sec^2이다. 비록 지구 위의 비관성계에 있지만 원심력의 효과는 미미하여 사실상 중력의 효과만으로 충분히 지상에서의 운동을 기술함에 무리가 없음을 알 수 있다. 그런데 구심 가속도 $r\omega^2$이라는 수식에서 발칙한 상상 하나를 할 수 있다. 지구의 자전 각속도 ω가 매우 커져 어느 순간 원심력이 중력을 이기게 되면 어떻게 될까? 정말로 고대 사람들이 지동설을 받아들이지 못하게 하였던 우려가 현실이 된다. 하지만 극지방의 사람들은 안심해도 좋다. 제아무리 자전속도가 증가하더라도 반지름이 0이라 원심력이 생길 수 없기 때문이다.

관성질량

뉴턴의 저서 《프린키피아》에서 질량은 밀도와 부피의 곱으로 정의했다. 그런데 밀도에서 질량이 정의되기 위해서는 우선적으로 밀도가 결정되어야 하는데, 밀도의 정의를 보면 질량을 부피로 나눈 것으로 되어 있다. 질량이 제대로 정의되지 않으면 규명할 수 없는 물리량이다. 완전히 자기 순환적인 모순에 빠져 있는 정의의 체계라 볼 수 있다. 뉴턴이 자신의 이론을 펼친 《프린키피아》에서 제일 먼저 각 용어에 대한 면밀한 정의로부터 시작하였는데 가장 핵심이라 할 수 있는 질량의 정의가 굉장히 모호하다는 점에서 책이 출간된 직후부터 이 정의는 논란의 대상이 되었다.

무중력 상태의 우주선 안에서 와트니가 자신이 만든 장치로 물체의 질량을 측정하려 하고 있다. 장치는 정지된 물체에 힘 F를 일정한 T초의 시간 동안 가한다. 마치 입김으로 불어서 정지된 물체를 운동시킨다고 생각해도 되겠다. 이 실험에서 두 가지 사실을 바로 알아낼 수 있다. 먼저 정지된 관성 상태에 있던 물체는 장치에 의해 가속을 받다가 T초 후에는 등속도 운동의 관성으로 되돌아오게 된다. 또 한 가지는 무거울수록 이 속도가 낮을 것이라는 점이다. 이런 두 가지 점에 착안하면 물체가 장치로부터 얻은 후의 속도를 측정하면 가속도의 크기를 구할 수 있다.

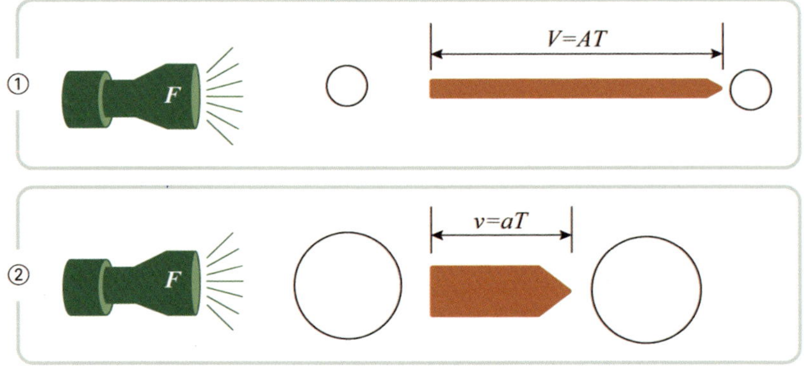

▲ 그림 14.15 같은 힘 F를 같은 시간 T 동안 가하는 장치를 통과한 이후 등속도 운동하는 두 물체

위의 그림의 ①의 물체가 ②보다 10배 빠른 속도로 측정되었다고 하자. 당연히 ①의 가속도가 10배 더 크다. 이때 두 물체에 가해진 힘 F는 동일하므로 뉴턴의 힘의 법칙 $F=ma$에 따라 ①의 질량이 B의 질량의 1/10에 해당한다는 사실을 말해준다. 이와 같은 방법으로 구하는 질량을 관성질량이라 부른다. 관성이라는 단어의 의미를 살리면서 물체가 실체적 현상인 운동을 변화시키려는 외부의 힘에 대해 관성을 유지하기 위해 얼마나 저항하는 정도를 수량으로 표시한 것이 곧 질량인 것이다.

그런데 와트니가 가진 장치로는 물체마다 질량의 비율을 알아낼 수는 있지만 각각의 질량을 수치화하지는 못한다. 이것을 위해서는 기준이 필요하다. 도량법이라고 불리는 작업인데, 기준이 되는 하나의 물체의 질량을 1kg으로 정해줌으로써 다른 물체의 질량을 와트니의 방법을 통해 질량의 비율로 결정하는 것이다. 이런 기준은 국제도량형총회*에서 결정하게 된다. 이 총회에서 결정한 1kg의

---

* 국제도량형총회(國際度量衡總會, 영어: General Conference on Weights and Measures)는 1875년 미터조약 체결에 따라서 국제단위계(SI 단위계)를 유지하기 위해 만들어진 3개 기구 중 하나로 4년 또는 6년마다 파리에서 개최된다.

질량의 기준은 시대에 따라 변천을 거듭하게 되는데 1889년의 경우에 백금 90%, 이리듐 10%의 합금으로 가로와 세로가 각각 3.9cm로 제조된 원기둥을 1kg으로 결정했다. 하지만 각 나라에 배포하기 위해 완벽하게 동일하게 제작하는 문제와 오랜 세월에 걸쳐 내부의 물리적 특성의 변화로 아주 작은 값이지만 달라지는 질량의 변화[*]를 기준으로 잡기에는 미흡한 점이 있다고 판단하여 2018년 11월 16일 제26차 국제도량형총회에서 1kg의 질량을 변하지 않는 물리상수인 플랑크상수, 빛의 속도 등을 이용하여 재정의하게 되었다.[**]

그런데 질량이면 질량이지 왜 관성질량이라고 한 것일까? 대충 눈치 채셨겠지만 또 다른 질량의 정의가 있기에 두 질량을 구분하기 위함이다. 17부에서 질량의 또 다른 정의를 살펴보기로 하고 대신 질량이라는 단어의 어원을 잠시 살펴보고 넘어가겠다. 질량은 일본 강점기 시절을 거치면서 일본이 사용하던 한자 용어를 그대로 우리나라의 말로 옮기면서 사용되었다. 일제의 흔적이 남아 있다고 볼 수도 있지만 같은 한자권의 나라에서 그들이 만들어낸 용어 이상으로 의미를 담아내는 새로운 단어를 찾기는 매우 힘들다. 그러면 일본은 어떻게 이 단어를 만들어냈을까?

에도 막부 시절 일본은 유럽과의 접촉을 금지하였지만 네덜란드와의 교류만은 허가하면서 유럽의 학문, 기술, 문화 등이 전파되었다. 이때 네덜란드 서적이 많이 유입되면서부터 일본에는 '난학(蘭學)' 붐이 일어났다. '난학'은 네덜란드 서적을 통해 서양을 연구하

---

[*] 수십 마이크로그램이 변화

[**] "킬로그램은 kg을 그 기호로 하며 질량에 관한 SI 단위이다. 플랑크 상수 h를 kg·m^2/sec와 동등한 J·sec 단위로 표기할 때 $6.62607015 \times 10^{-34}$의 고정값을 취하도록 정의되며, 여기서 미터와 초는 c(빛의 속도)와 $\Delta \nu_{\mathrm{Cs}}$(세슘원자 기저상태의 초미세구조 천이 주파수)에 의하여 정의되다."(출처: 위키백과)

는 학문으로 일본 사람들이 네덜란드의 다른 이름인 '홀랜드'를 한자로 '화란(和蘭)'이라 불렀기에 생겨난 용어였다. 그때 이 작업에 매달리면서 참여한 인물 중 한 명인 미우라 바이엔(1723~1789)이 네덜란드어로 'kwaliteit(영어로는 quality)'를 性(성)으로, hoeveelheil(영어로 quantity)를 量(량)으로, substantie(영어로 substance)를 質(질)로 번역하였고, materie(영어로 matter)는 2개의 한자를 결합하여 物質(물질)로, massa(영어로 mass)는 質量(질량)으로, lichaam(영어로 body)는 物體(물체)로 제안하여 지금까지 이 용어들을 사용하게 되었다.[*]

---

[*] 이 단락의 내용은 《물리학과 첨단기술》 2018년 5월 27권에 실린 '뉴턴 물리학의 동아시아 전파'(김재영)에 실린 내용에서 발췌했다.

위치에너지

뉴턴이 사고 실험을 한 포탄의 운동인 7장의 〈그림 2.18〉에서 발사된 포탄의 속도가 작으면 언젠가는 땅으로 떨어지지만 충분한 속도를 가지고 발사된 포탄은 발사된 위치로 다시 돌아와 완벽한 원의 궤도로 공전한다고 하였다. 그럼 어느 정도의 속도여야 원운동이 가능할까? 굉장히 어려운 문제라 생각될 수 있겠지만 〈식 14.10〉의 원운동의 구심 가속도가 지구가 당기는 중력과 같을 때 포탄이 원 궤도를 회전하게 된다는 사실로 어렵지 않게 계산해낼 수 있다.

$$\langle \text{식 } 14.16 \rangle \quad \frac{GM}{R^2} = \frac{v^2}{R}, \quad \therefore v = \sqrt{\frac{GM}{R}}$$

중력상수 $G = 6.673 \times 10^{-11} \text{N·m}^2/\text{kg}^2$, 지구의 질량 $M = 5.98 \times 10^{24}\text{kg}$, 지구의 반지름 $R = 6.37 \times 10^6\text{m}$의 값을 대입하여 v를 구하면 약 8km/sec이다. 지상에서 이 속도로 포탄을 발사했을 때 원운동을 한다. 물론 빗방울의 낙하 속도를 현저히 떨어뜨리는 공기의 존재 때문에 현실적으로는 불가능하지만 말이다.

마찬가지 방법으로 지구 궤도를 공전하는 운동을 하는 달의 속도도 구할 수 있다. 달이 지구 반지름의 60배 떨어져 있으므로 위의 식에서 R 대신 60R로 바꿔 계산하면 달의 공전 속도는 1km/sec이다. 포탄과 비교하면 작은 값이지만 시간당 3,600km를 날아가므로 엄청난 속도로 공전하고 있다.

원형 궤도를 가능하게 하는 속도 8km/sec 이상으로 발사된 포탄은 어떤 운동을 할까? 지구 주위를 회전할까 아니면 지구 밖으로 벗어날까? 직감에만 의존하여 답을 유추한다면 중력이 포탄을 벗어나지 못하게 잡아둘 것이라 타원 운동을 할 것이리라 예측이 가능하고 실제로도 그러하다. 그런데 포탄의 속도를 더욱 증가시키면 어떻게 될까? 포탄의 발사속도를 크게 할수록 더욱 납작해진 형태의 타원 궤도가 형성될 것이고, 언젠가는 지구의 중력권에서 완전히 벗어날 수 있는 힘을 얻게 되리라. 이렇게 지구의 중력을 이겨내고 영원히 돌아오지 못하게 만들어내는 최소의 속도를 탈출속도라한다. 포탄이 지구를 벗어나는 데 필요한 최소한의 속도인 탈출속도

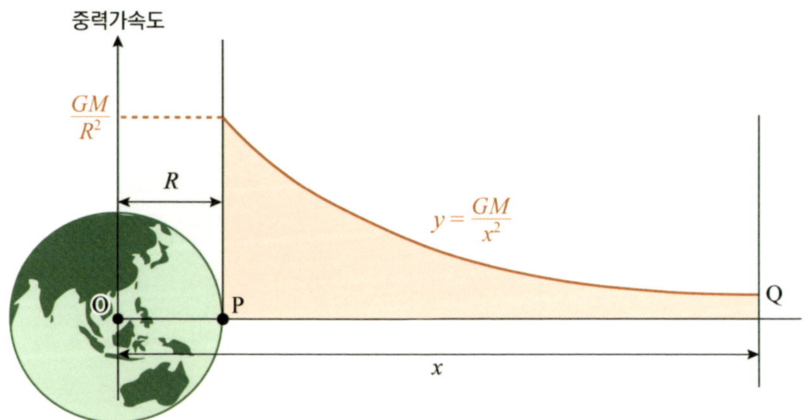

▲ 그림 14.17 지구를 질량 M의 질점으로 볼 때 거리 중심에서 거리 $x\,(> R)$만큼 떨어진 위치에서 중력가속도는 GM/x^2이다.

는 운동에너지와 위치에너지의 합이 일정하다는 에너지 보존법칙으로 구할 수 있다. 먼저 위치에너지를 구하는 것부터 시작하겠다.

〈그림 4.17〉의 붉은색 곡선이 거리 x의 함수인 중력가속도 GM/x^2이다. 거리가 멀어질수록 중력이 현저히 감소하게 된다. 그러면 지구의 중심 O에서 거리 r에 위치한 점 Q의 위치에너지는 얼마일까? 혹시 거리 r과 그 지점에서의 중력 GM/r^2을 곱한 GM/r이라고 생각하면 너무도 순진하다. 에너지가 일이고 일은 힘과 거리의 곱이었다는 사실을 떠올리면 '너무도 단순하게 생각했구나' 하고 자책할지도 모른다. 이렇게 생각하게 된 근원은 지상에서 위치에너지를 구할 때 질량 m의 물질에 작용하는 중력 mg와 높이 h의 곱 mgh로 구하였던 과정에서 오는 착각이다. 지구의 중심에서 r의 거리에 위치한 점 Q의 위치에너지를 구하는 정확한 방법은 지구 표면의 점 P에서 Q까지 질량 m의 물체를 이동하는 데 소요된 일로, 그림에서 중력가속도의 함수 GM/x^2의 곡선 아래인 붉은색 영역의 넓이에 해당한다. 이를 적분으로 계산하면 아래와 같다.

〈식 14.18〉

$$E = \int_{R}^{r} \frac{GMm}{x^2} dr = \left[-\frac{GMm}{x} \right]_{R}^{r} = GMm\left(\frac{1}{R} - \frac{1}{r} \right)$$

거리의 함수로 표현된 위치에너지는 물체가 지구로부터 충분히 떨어져 있을 때, 즉 r이 엄청나게 큰 값일 때 $1/r$은 0에 가깝게 되므로 위치에너지는 GMm/R의 값에 수렴하게 된다. 반대로 지구에 가까워질 때, 즉 r이 R에 가까울 때의 위치에너지는 0에 수렴하게 된다. 이런 특성을 지닌 위치에너지의 개형은 〈그림 4.19〉와 같다.

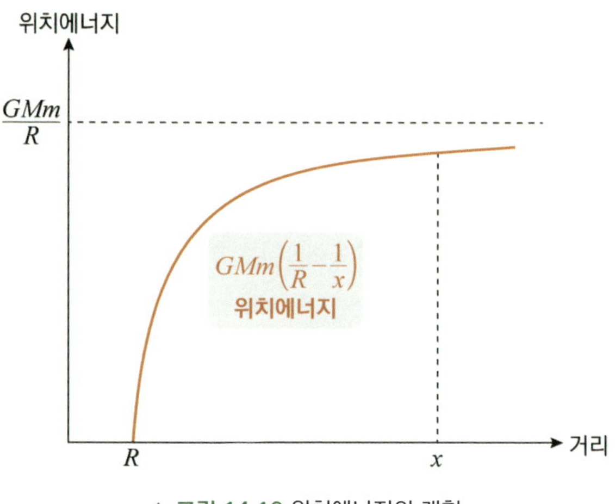

▲ 그림 14.19 위치에너지의 개형

지상에서의 위치에너지가 거의 0이어야 한다는 의미인데 왜 지상에서는 단순하게 중력 mg와 높이 h의 곱 mgh가 위치에너지일까? 이 의문점은 높이 h가 지구의 반지름 R에 비해 턱없이 낮은 수치에서 비롯된 결과이다.

지상에서 h의 높이는 〈식 14.18〉에서 r이 곧 $R+h$이다. 이때 $1/(R+h)$는 테일러급수 공식에 의해 다음의 급수로 표현이 된다.

〈식 14.20〉

$$\frac{1}{R+h}=\frac{1}{R(1+h/R)}=\frac{1}{R}\left(1-\frac{h}{R}+\left(\frac{h}{R}\right)^{2}-\left(\frac{h}{R}\right)^{3}+\cdots\right)$$

그런데 $h \ll R$이므로 이차항 이상을 무시할 수 있게 되어 지상에서 h의 높이의 위치에너지는 〈식 14.18〉과 〈식 14.20〉으로부터 다음과 같이 계산된다.

$$GMm\left(\frac{1}{R} - \frac{1}{R+h}\right) \approx GMm\left(\frac{1}{R} - \frac{1}{R} + \frac{h}{R^2}\right) = \frac{GM}{R^2}mh$$

이때 GM/R^2은 상수이고 곧 지상에서의 중력가속도 g에 해당하므로 높이 h에서의 위치에너지는 mgh로 정리된다. 결론적으로 지상에서의 높이는 지구의 반지름과 비교하여 현저하게 적은 값이라 중력가속도가 거리의 함수가 아닌 일정한 상수가 되어서 단순하게 위치에너지를 구할 수 있었던 것이다.

탈출속도

지구에서 어느 정도 충분히 떨어진 거리 r에 정지한 상태로 위치한 질량 m이 지구의 중력을 받고 지구로 향하는 상황을 생각하자. 이때 물체의 위치에너지는 〈식 14.18〉이고 운동에너지는 정지하고 있으므로 0이다. 에너지 보존이라는 우주의 절대적인 진리에 의해 두 에너지의 합은 항상 일정하므로, 물체는 중력의 영향으로 서서히 지구를 향하게 되면서 줄어든 위치에너지만큼 운동에너지도 바뀌게 된다.

물체는 〈그림 14.21〉처럼 에너지 보존법칙에 따라 P와 Q 지점을 왕복 운동하는 주기 운동을 하게 된다. 여기서 착각할 수 있는 또 하나는 거리 x가 용수철이나 진자의 운동처럼 $\sin$함수로 생각할 수 있지만 그렇지 않다. 거리의 해가 삼각함수가 되기 위해서는 $d^2x/dt^2 = -x$라는 형태의 미분방정식일 때만 그렇고 지금의 경우는 우변이 $-1/x^2$이기 때문이다. 물론 이 경우의 미분방정식의 해도 구할 수는 있다.

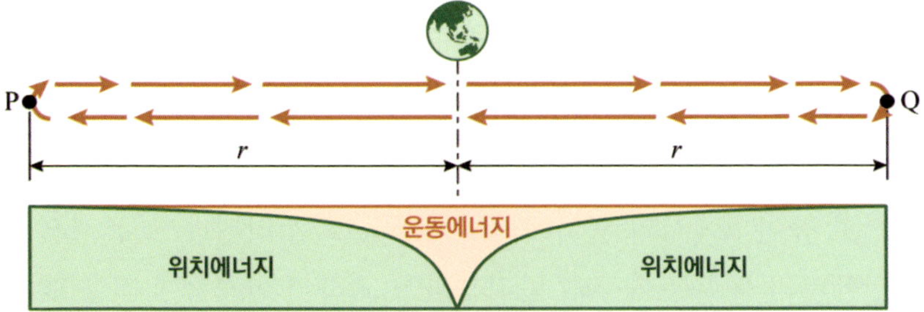

▲ **그림 14.21** 정지한 물체가 P 지점에서 중력의 영향으로 서서히 가속하게 된다. 지구에 가까워질수록 운동에너지는 최대에 가까워지는 반면 위치에너지는 줄어든다. 지구를 스쳐 지나간 후에는 반대로 지구의 중력으로 속도가 서서히 감소하여 정확히 지구에서 같은 거리만큼 떨어진 Q 지점에서 운동에너지가 0이 되고, 다시 지구 쪽으로 방향을 튼다.

이제 아주 극단적인 사례로 물체가 무한한 위치에 놓였을 때를 상상해보자. 즉 물체가 무한한 위치에서 지구를 향하여 출발한 것이다. 위의 그림처럼 지구에 가까워지면서 위치에너지가 운동에너지로 바뀌고 마침내 지구를 지나 반대 방향으로 운동하게 된다. 그리고 반대의 경로를 밟게 되는데 이 물체의 출발할 때의 위치가 무한하였으므로 지구를 지난 후 무한의 거리만큼 멀어지게 된다. 그러니까 지구로 돌아오지 않는 것이다. 바로 이 상황이 지구를 탈출할 수 있는 최소한의 조건이다. 지구에 도착하였을 때 무한한 거리에 놓였을 때의 물체가 지닌 위치에너지가 모두 운동에너지로 전환되었을 것이므로, 지구에서 발사되는 포탄이 이 운동에너지이면 지구에서 탈출하게 된다는 것이다. 이때의 속도가 탈출속도이다.

무한의 거리 $r \to \infty$ 에서 위치에너지는 〈식 14.18〉로부터 GMm/R 이다. 그리고 지구에 도착했을 때 위치에너지는 모두 운동에너지 $mv^2/2$ 로 전환될 것이므로, 2개의 값을 같게 하는 속도가 바로 구하고자 하는 탈출속도에 해당한다.

$$\langle \text{식 } 14.22 \rangle \quad v = \sqrt{\dfrac{2GM}{R}}$$

포탄이 지구를 완전히 벗어나기 위한 탈출속도의 결과는 원의 궤도가 되기 위한 속도인 〈식 14.16〉과 비교하였을 때 $\sqrt{2}$ 배 더 큰 값이다. 원의 궤도의 속도가 8km/sec이므로 탈출속도는 $\sqrt{2}$ 를 곱한 약 11.2km/sec임을 알 수 있겠다.

각운동량의 보존

뇌터의 정리로부터 공간의 대칭에서 운동량 보존의 법칙이, 시간의 대칭에서 에너지 보존의 법칙이 성립함을 다뤘다. 그리고 중요한 대칭이 하나 더 있으니 바로 회전 대칭이다. 당연히 뇌터의 정리에 의해 대칭의 왕인 원의 속성을 그대로 담지하고 있는 회전 대칭에도 보존되는 물리량이 존재한다. 무엇일까?

줄에 매달려 회전하고 있는 물체에 우리가 얻어맞는 사고 실험을 진행해보자. 질량과 속도의 곱인 운동량의 의미를 다뤘을 때와 비슷한 사고 실험인데 이번에는 회전이 들어가서 좀 더 짜릿한 실험이 될 것 같다.

회전하는 물체가 우리 몸에 가할 충격의 크기를 생각하는 사고 실험으로 충격량은 막대기에 매달린 물체의 질량 m, 각진동수 ω, 막대기의 길이 r이 주요 변수로 작동될 것임을 이해할 수 있겠다. 질량이 2배가 되는 ①과 각진동수가 2개가 되는 ②는 기준이 되는 붉은색 상자와 비교할 때 분명하게 충격이 더 커진다는 것은 너무도 당연하다. 이때 가하는 충격은 몇 배나 커지게 될까? 운동량에서

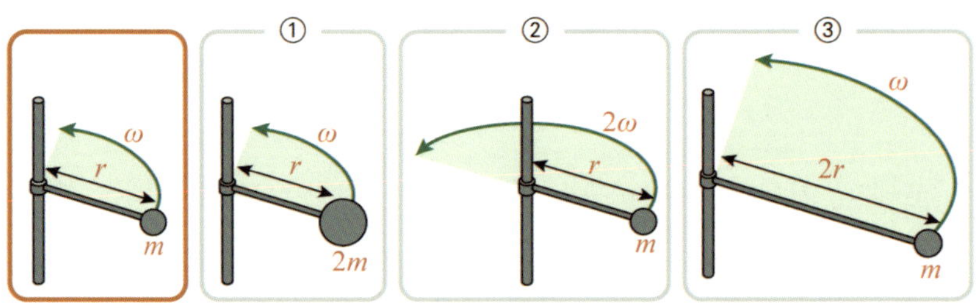

▲ **그림 14.23** 붉은색 박스 안의 질량 m의 물체가 반경 r과 각진동수 ω로 회전하면서 가하는 충격량을 기준으로 삼아, ① 질량이 2배인 $2m$의 물체가 같은 각진동수로 회전할 때, ② 질량은 같지만 각진동수가 2배인 2ω일 때, ③ 질량은 같은 m이지만 반경이 두 배인 $2r$일 때.

의 사고 실험의 경험을 이 실험에 대입하면 두 경우 모두 2배가 될 것임을 바로 알 수 있다. 그러니까 ①과 ②의 충격량은 동일하다. 충격량은 질량 m과 각진동수 ω에 비례한다는 결론을 얻을 수 있다.

그런데 반경은 다르다. 위의 그림 ②와 ③을 비교하였을 때 어떤 것이 우리에게 가하는 충격은 무엇이 더 강할까? 헷갈리므로 직접 실험으로 확인해야 알 것도 같지만 부상의 위험도가 크므로 최대한 머리를 굴려 상상하자. ③이 더 강할 거라는 예상이 들지 않을까? 그랬다면 사고의 실험은 옳은 길을 간 것이다. 실제 우리에게 가하는 충격량은 ③이 ②보다 2배 더 크다.

기준이 되는 붉은색 상자, 그림 ②와 ③의 세 경우에서 막대기가 휩쓸고 지나가는 초록색 영역의 넓이에 초점을 맞춰보자. 기준이 되는 상자 안의 초록색 영역의 넓이를 1이라 하면 각진동수가 2배인 ②에가 만들어내는 초록색의 넓이는 2이다. 반면 반지름이 2배인 ③의 초록색의 넓이는 4이다. 같은 물체를 기준으로 하였을 때 충격량은 막대기가 휩쓸고 가는 넓이에 절대적으로 관계된다. 이렇게 회전하는 물체가 가하는 충격량을 물리학에서는 각운동량이라 정의하고 있고, 수식으로는 다음과 같다.

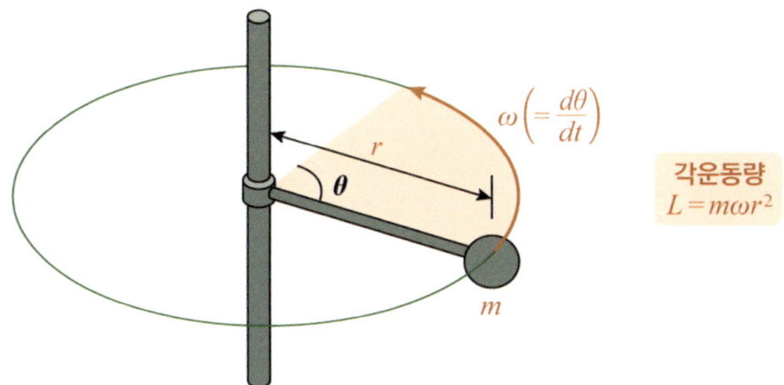

▲ **그림 14.24** 회전하는 물체가 지닌 운동량이 각운동량 L로, 질량 m과 각진동수 ω에 비례하고, 반지름의 제곱 r^2에 비례한 $L = mr^2\omega$이다..

각속도 v는 반경 r과 각진동수 ω를 곱한 $v = r\omega$이므로 각운동량 L은 mrv이기도 하다. 정리하면 아래와 같다.

⟨식 14.25⟩ $L = mr^2\omega = mrv$

각운동량이 뇌터의 이론에 따라 회전 대칭에서 보존되는 물리량이다. 즉, 각운동량 보존이라는 물리법칙이 성립한다. 각운동량 보존이 되는지를 확인할 수 있는 좋은 사례는 피겨스케이팅에서 찾아볼 수 있다. 피겨 선수가 우아하게 팔을 벌리고 회전하다가 오므리면 특별한 힘이 가하지 않았음에도 빠르게 회전하는 것을 보았을 것이다. 이런 현상이 가능한 이유가 바로 각운동량이 보존하기 때문이다

달과 지구가 멀어지는 이유 역시 각운동량 보존에 따른 현상이다. 달의 인력으로 지구의 자전 속도가 감소하며 하루의 길이가 길어진다는 점은 충분히 이해가 되지만 달이 지구로부터 멀어지는 것까지는 설명이 부족했다. 자전 속도의 감소는 지구가 회전하는 각

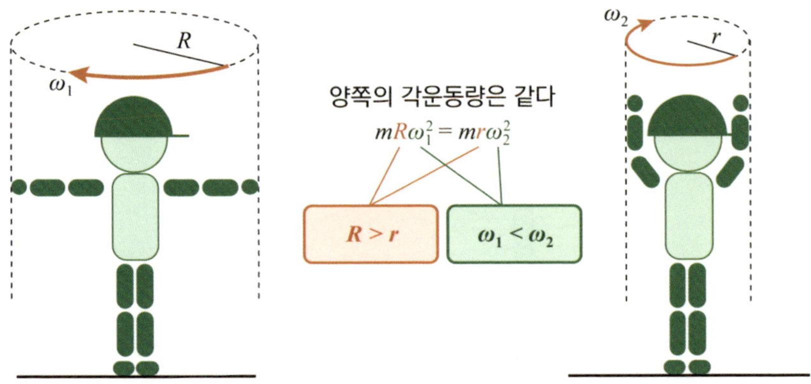

▲ **그림 14.26** 반경 R로 회전하다가 반경 r로 회전하더라도 각운동량은 동일하다. 줄어든 반지름만큼 각속도가 보상되어 ω_2가 ω_1보다 더 커져 회전이 빨라진다.

진동수가 작아졌다는 것으로 지구의 각운동량이 손실되었음을 뜻한다. 하지만 각운동량 보존법칙이라는 우주의 커다란 법칙으로 감소된 지구의 각운동량은 이 현상을 발생시킨 원인의 주범(?)인 달이 빼앗아 간 것이다. 즉, 지구가 잃어버린 각운동량은 달이 지구를 공전하는 데 필요한 각운동량으로 전이되어 달과 지구 사이의 거리를 미세하게 증가시키고 있는 것이다.

파인만의 잃어버린 강의

행성의 궤도

케플러가 찾아낸 행성의 법칙은 엄청난 통찰을 바탕으로 얻어낸 위대한 발견이지만 논리적인 설명까지는 이루지 못했다. 그럴 수밖에 없던 것이 이 법칙을 발표하던 1609년의 수학으로는 불가능하기 때문이었다. 이후 뉴턴이 중력과 힘의 법칙을 통해 완벽하게 해석하면서 케플러의 법칙은 공증을 받을 수 있었다. 이때 사용되었던 수학의 언어가 기하학과 미적분이다. 특히 미적분은 뉴턴 자신이 운동을 설명할 수 있는 수학 언어의 부족을 절감하고 천재적 기재로 만들어낸 언어이다.

행성의 운동을 미적분으로 분석하여 이해하는 과정은 미적분학을 배우는 현 시대의 학생들에게도 미적분을 제대로 이해할 수 있는 기회의 장이자 탄생의 배경을 비롯하여 미적분의 본질을 탐구하고 천재들의 지혜를 배우는 최고의 보물창고이다. 그렇기에 이 책에서 케플러의 행성운동법칙을 미적분으로 해결하는 것을 줄거리의 큰 기둥으로 삼아 이 시점까지 쉼 없이 달려왔고, 마침내 케플러의 법칙을 입증할 시점에 다다랐다.

하지만 아직도 부족하다. 미적분학에 익숙하지 않은 분들에게는 케플러 법칙의 유도 과정은 솔직히 쉽지 않다. 교양 수준을 살짝 넘는 수준에서 미적분을 소개하는 이 책의 내용만으로 뚜렷한 한계에 부딪힌다. 그렇다고 엄청난 미적분의 수준을 요하는 것도 아니다. 문제는 숙달이다. 미적분을 잘하느냐 못하느냐의 절대적 구분 역시 언어의 시각에 따라 얼마나 많이 사용했느냐이다. 이 책에서 소개한 내용만으로 케플러의 법칙을 쫓아가는 데 무리는 없을 수도 있겠지만 아직 소화되지 않은 분들의 눈에 비치는 증명의 과정은 완전히 다른 세계이다. 그래서 부득이하게 행성이 타원의 궤도임을 미적분으로 증명하는 과정은 다른 전문 서적으로 확인하는 것으로 넘기겠다.

"약속과 다르지 않은가?" 이렇게 불만이 생겨날 수 있다. 이해된다. 행성의 궤도가 타원임을 미적분으로 입증하는 과정을 기둥으로 삼아 여기까지 왔는데 다른 책에서 확인하라는 것은 책임 회피나 마찬가지이기 때문이다. 하지만 내가 이런 결정을 내릴 수 있었던 것은 뉴턴과 아인슈타인 이후 인류 최고의 천재물리학자로 칭송받는 또 한 명의 불세출의 천재 파인만이 있었기에 가능했다. 그는 뉴턴이 밝혀낸 힘과 중력의 법칙에 가장 기본적인 미적분의 유전자를 이식하여 갑작스레 하늘에서 결과가 뚝 떨어지는 경이로운 마술로 행성의 궤도가 타원임을 보였다. 그가 사용한 미적분은 실제로 아주 고급 기술을 활용하며 기교를 부리는 것이 아닌 가장 기본적인 본질에 기초한 것이다.

파인만의 잃어버린 강의

파인만은 앞서 두 차례 등장하였지만 그의 소개를 미룬 바 있다. 파인만은 고등학교 시절 이미 미적분학은 물론 삼각함수, 고등 대수, 해석 기하학 등을 독학했고, 스스로 수학기호들을 고안하여 사용할 정도로 수학에서 천부적인 두각을 보였다. 타고난 머리와 어린 시절 아버지와 함께했던 패턴 공부 등을 통해 입체적으로 사고할 수 있었던 그는 관습을 따르지 않고 직관을 중시하는 사고방식을 가지게 되었다. 그러한 그의 능력의 결실이 전자기장의 성질 및 상호작용 등을 양자역학의 입장에서 설명하는 양자전기역학이다. 1965년에 노벨 물리학상을 그에게 선사한 양자전기역학이 더욱 극찬 받을 수밖에 없었던 이유는 이해하기 힘든 복잡한 수식으로 나타내는 자연의 현상을 직관적으로 쉽게 알아볼 수 있도록 도식으로 표현이 가능하도록 하는 '파인만 다이어그램'을 고안하였다는 점이다. 이 업적은 물리학계에 혁명적인 사건이었을 뿐더러 이후 많은 물리학도들이 양자전기역학을 배울 때 절대적으로 알아야 할 존재가 되었다.

1957년 소련*의 스푸트니크 발사 성공은 미국에게 엄청난 충격을 주었다. 소련이 탄도 미사일 발사용으로 개발된 R−7 로켓에 탑재되어 발사한 세계 최초의 인공위성인 스푸트니크의 성공은 소련 국민에게 용기를 불어넣었을 뿐더러 전 인류적 관점에서 보더라도 우주시대를 여는 기념비적인 대사건으로 추앙받을 일이었다. 하지만 소련과 냉전 중이었던 미국의 입장에서는 엄청난 충격이었다. 미사일에 핵탄두를 장착하여 공격을 할 수 있다는 사실을 반증하였기에 엄청난 공포와 위기감을 조성하였다.

사실 미국을 더욱 초라하게 만든 가장 큰 이유는 모든 분야에서 세계 제1의 국가라고 자부하던 자존심에 커다란 생채기를 냈기 때

---

* '소비에트 연방'을 줄인 말로 현재의 국가명은 러시아

문이었다. 미국은 바로 대책을 서둘렀다. 어떻게 하면 우주 경쟁에서 세계 최고의 자리를 차지할 것인가? 미국은 그들의 잃어버린 자존심을 빠르게 회복하는 최선의 길이 교육이라 여겼고, 특히 2차 세계대전의 종식을 앞당기게 한 원자폭탄의 개발에 가장 큰 기여를 한 물리학이 자신들의 목적을 이루기 위한 가장 중요한 학문이라는 결론을 얻었다. 미국은 바로 행동에 돌입하였다. MIT 대학을 중심으로 고등학교와 대학교의 교육방식을 개혁하기 위한 논의가 시작되었고, 칼텍 대학*에서도 기초물리학 교과과정의 개편을 추진하였다. 이때 그 중심에 섰던 인물이 파인만이었다.

그가 이런 국가적 중책을 맡을 수 있었던 것은 자연과 우주의 아름다움 속에 숨어 있는 복잡한 물리법칙을 독창적인 아이디어와 탁월한 비유로 명쾌하게 풀어내는 마술사로 평가받고 있었기 때문이다. 미국의 계획을 달성하는 데 가장 최적의 인물이었던 것이다.

국가적 중책을 맡은 그가 학생들에게 진행한 물리학 강의는 기대 이상이었다. 칼텍의 대학생들에게는 세상 어디에서도 얻을 수 없는 지상 최고의 선물이었다. 그렇다보니 타 대학에서도 그를 초청하여 강의를 듣고 싶어 안달이 났다. 애초에 그는 강의 내용을 교재로 출판할 계획이 없었으나, 이러한 타교 학생들의 강력한 요청과 출판업계의 관심이 뜨겁게 모아져 《파인만의 물리학 강의》라는 제목의 책으로 출판되면서 타교 학생들도 간접적으로나마 그의 강연을 접할 수 있게 되었다. 시대를 초월하여 물리학을 전공하는 현재의 물리학도들에게도 최고의 교재로 통하는 《파인만의 물리학 강의》는 최근에 인터넷에서 무료로 다운로드가 가능하여 누구나

---

* 캘리포니아 공과대학교(California Institute of Technology)으로 줄여서 칼텍(Caltech)이라 부른다.

충분히 만끽할 수 있다.[*]

물론 아무리 쉽게 설명되어 있어도 물리학은 물리학이다. 이 학문을 전공하지 않은 사람들에게는 어렵다. 그래서 그의 강의가 얼마나 대단하였는지 짐작이 가지 않는 것은 너무도 당연하다. 하지만 이 책을 읽고 있는 독자들은 이번 장에서 간접적으로 경험할 수 있다.

그의 강의 모두가 《파인만의 물리학 강의》에 포함되지는 않았다. 특히 1964년 3월 13일 '태양 주위의 행성들의 움직임'이라는 제목의 초청 강연 내용은 미발표된 채 책상 한쪽에 묻혀 있었다. 나중에 이를 발견한 칼텍의 고고학자 주디스 구스타인이 남편 데이비드와 함께 《파인만의 잃어버린 강의》[**]라는 제목으로 출판하여 그의 강의 내용을 세상에 알리게 되었다. 이 책에는 행성의 궤도가 타원이라는 사실을 입증함에 있어서 복잡한 수식을 최대한 절제하며 한 폭의 그림과 같은 탁월한 비유로 '역시, 파인만'이라는 찬사를 자연스레 불러일으킬 만큼 그의 천재성이 유감없이 발휘된 강의의 내용으로 채워져 있다. 수학적 기계의 의존도를 최소화하고 미적분의 본질에 충실하며 중력이 행성과 태양 사이의 거리의 제곱에 반비례한다는 사실만으로 행성이 타원 궤도를 형성함을 그만의 독창성으로 설명해 나갔다. 그는 강의 중에 다음과 같은 말을 남겼다.

저는 기본적(elementary)이라고 불리는 물리적 사실을 입증할 것이다. 하지만 기본적인 사실이라고 해서 이해하기 쉽다는 것

---

* https://www.feynmanlectures.caltech.edu/
** David L. Goodstein and Judith R. Goodstein, 《Feynman's Lost Lecture: The Motion of Planets Around the Sun》, Engineering & Science/No. 3 (1996).

은 아니고, 또 따라가기 어려운 단계도 있다. 기본적인 것은 최소한의 정보로 무한한 지혜로 이뤄진 것이기 때문이다.[*]

행성의 궤도가 타원임을 입증하는 과정에서 사용될 파인만이 말한 '기본적인 사실'은 그의 말처럼 최소한의 정보를 지혜로 통합한 결정체이다. 뉴턴이 관성이라는 가장 기본적인 운동의 본질을 통해 우주의 운동을 설명하는 힘의 법칙이 도출되었듯 기본적인 사실은 통찰이라는 사고의 과정을 거쳐서 얻게 된 과실인 것이다. 하지만 파인만이 기본적인 것이어도 따라가기 어려운 부분이 있다고 언급했듯 개념적으로 어렵다고 할 수 있는 고비를 넘겨야 한다. 그것만 극복하면 습득하게 될 기본적인 사실은 행성의 궤도를 증명할 때 얼마나 놀라울 정도로 깔끔하고 수려하게 작동되는지 충분히 느끼게 될 것이다.

면적속도 일정의 법칙과 각운동량 보존

파인만의 강의를 쫓아가기 위해 그가 주장하는 '기본적인 사실'을 알아보겠다. 하지만 이것은 몇 개의 정보들을 융합하여 얻어낸 지혜의 결정체이므로 그것을 획득하는 과정에서 따라가기 어려운 단계로 인해 여러분들의 눈과 뇌를 어지럽힐 수 있다고 그도 분명히 언급하였다. 만만치 않은 과정이 전개될 것이라 짐작이 되지만

---

[*] I am going to give you what I will call an elementary demonstration. But elementary does not mean easy to understand. Elementary means that very little is required to know ahead of time to understand it, except to have an infinite amount of intelligence.

최소한의 정보로 지혜를 발현하는 것이라 기본에 충실하면 충분히 극복할 수 있다.

'기본적인 사실'을 이끌어내기 위해 필요한 최소한의 정보 하나는 2장에서 다뤘던 케플러의 제2법칙이다. 이미 소개한 내용이지만 다시 적어보겠다.

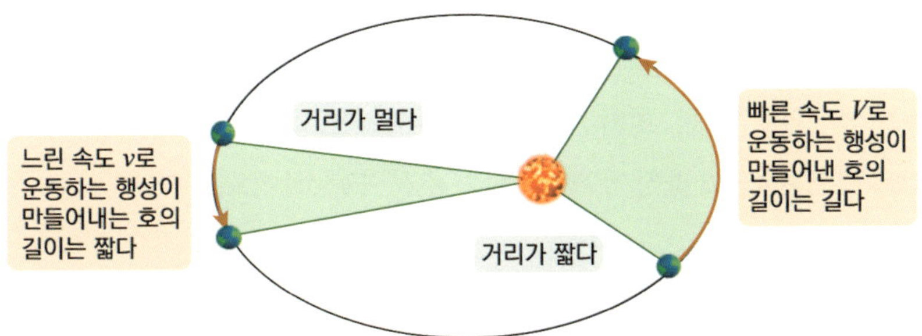

▲ 그림 14.27 일정한 시간 간격 T 동안 행성이 태양 주위를 공전하면서 쓸어가는 넓이는 일정하다는 것이 케플러의 제2법칙이다. 그림의 초록색 영역의 넓이는 모두 같다.

이 법칙은 직관적으로 생각해도 충분히 납득이 가능하다. 태양에 가까울 때는 태양이 당기는 인력에서 벗어나기 위해 빠른 속도 V로 움직여야 궤도를 유지하며 달릴 수 있다. 그래서 주어진 시간 동안 행성이 움직이는 호의 길이는 길게 된다. 반면 멀리 있을 때는 인력이 약하여 너무 빠르게 운동하면 자칫 궤도를 이탈하여 태양에서 떨어져 나갈 수 있으므로 느린 속도 v로 운동할 수밖에 없고 같은 시간 동안 행성이 이동한 호의 길이는 짧아지게 된다. 직관적으로도 충분히 이해되는 이 사실로 같은 시간 동안 휩쓸고 지나는 두 초록색 영역의 넓이가 같다는 확신까지는 들지 않아도 비슷한 값이 될 수밖에 없다는 사실을 이해할 수 있다.

그런데 '면적 속도 일정의 법칙'으로 불리기도 하는 위의 케플러

제2법칙을 다시 상기하다 보니 앞의 46장에서 다룬 바 있던 어떤 물리량과 밀접한 관계가 있다고 느껴지지 않는가? 바로 각운동량의 크기가 얼마나 충격을 주는지에 대한 사고 실험을 보여준 〈그림 14.23〉에서 막대기가 휩쓸고 지나간 넓이가 곧 각운동량이었다는 것을 기억하시리라. 그렇다! 케플러의 제2법칙과 각운동량의 보존 법칙은 동등한 물리현상을 다르게 얘기한 것일 뿐이다. 직관적으로는 동의할 수 있지만 확신을 주기 위해서는 수학적 엄밀성이 가미되어야 한다. 강한 호기심과 의구심이 서로 뒤엉킨 마음으로 케플러가 발견한 제2법칙에 미적분의 유전자를 심어보겠다.

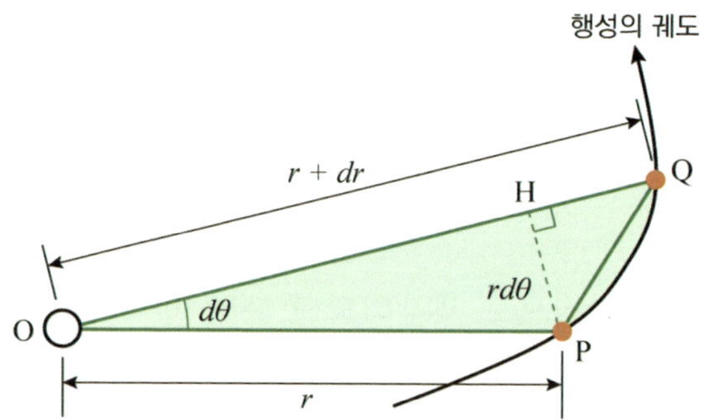

▲ 그림 14.28 붉은색의 행성이 dt의 시간 동안 P 지점에서 Q 지점으로 이동하였을 때 초록색 영역이 행성이 휩쓴 넓이의 변화 dA

P와 Q는 곡선으로 연결되어 있지만 무한소의 마술로 두 점은 직선으로 이어져 있다고 생각해도 무방하다. 따라서 행성이 휩쓸고 지나간 무한소의 시간 dt 동안 행성이 지나가는 영역인 초록색 넓이는 삼각형 OPQ의 넓이로 대체가 가능하다.

dt의 시간 동안 발생한 거리의 변화를 dr이라 할 때 선분 OQ의 길이는 $r+dr$, 그리고 각도의 변화는 $d\theta$이므로 높이 HP는 $rd\theta$로

근사시킬 수 있다. 이렇게 미적분의 기본적인 본질에 충실하게 따라가며 구해진 행성이 지나가는 넓이 dA는 삼각형의 넓이 $r^2 d\theta/2$이 된다. 결과적으로 넓이의 변화 dA는 dt의 시간 동안 발생한 것이므로 아래와 같다.

$$\frac{dA}{dt} = \frac{1}{2}r^2\frac{d\theta}{dt} = \frac{1}{2}r^2\omega$$

케플러의 면적속도 일정의 법칙은 행성이 휩쓸고 지나가는 넓이의 시간 변화율이 변하지 않는다는 의미이므로 dA/dt는 일정한 상수의 값을 가져야 된다. 그렇다는 것은 $r^2\omega$의 값이 변하지 않는 상수임을 케플러의 법칙은 이야기하고 있다. 한편 행성의 각운동량 $L = mr^2\omega$에서 질량 m은 바뀌지 않을 것이므로 각운동량 보존의 법칙으로부터 $r^2\omega$가 변하지 않는 상수이다. 케플러의 면적속도 일정의 법칙은 각운동량 보존을 이야기하는 것이다. 케플러는 관측만으로 우주를 지배하는 대칭의 원리를 찾아낸 것이다.

기본적 사실

행성의 각운동량 $L = mr^2\omega = mrv$에서 변하지 않는 질량 m을 제외한 $r^2\omega$ 혹은 rv를 l이라 놓고, 각진동수 $\omega = d\theta/dt$에서 $d\theta$와 dt는 0이 아닌 무한소이므로 다음처럼 식의 표현을 바꿀 수 있다. 각운동량의 다른 표현인 셈이다.

$$\langle \text{식 } 14.29 \rangle \quad l = r^2 \frac{d\theta}{dt} \quad \text{혹은} \quad dt = \frac{r^2}{l} d\theta$$

위의 식이 파인만의 기본적 사실을 이끌어내기 위해 필요한 최소한의 정보 중 하나이다. 그리고 필요한 또 하나의 정보가 거리의 역제곱에 비례한다는 중력의 법칙이다. 파인만은 행성이 각운동량 보존이라는 절대적 물리법칙에 순응하면서 회전운동을 한다는 〈식 14.29〉에 중력가속도가 거리의 제곱에 역비례한다는 또 하나의 기본적인 정보를 얹혀서 재조립하였다. 먼저 가속도 a는 속도의 도함수 $a = dv/dt$이라는 점에 착안하여 중력의 법칙을 아래와 같이 달리 표현해보겠다.

$$\frac{dv}{dt} = \frac{GM}{r^2} \quad \text{혹은} \quad dt = \frac{r^2}{GM} dv$$

이제 준비가 끝났다. 〈식 14.29〉의 dt 대신 위의 식의 $r^2 dv/GM$으로 치환하여 정리하면 마무리된다.

$$\langle \text{식 } 14.30 \rangle \quad dv = \frac{GM}{l} d\theta$$

위의 식을 유도하는 과정에서 우리가 다루지 않았던 새로운 정보나 기교가 사용된 적이 있었나? 이미 충분히 얘기해왔던 몇 가지 정보들을 가지고 조합하여 〈식 14.30〉을 이끌어냈을 뿐이다. 이 식이 바로 파인만이 행성의 궤도가 타원임을 입증하는 데 활용하려 하는 결정적 역할을 하게 된다. 각운동량 보존과 중력의 법칙이라는 2개의 기본적인 사실을 미적분의 유전자를 매개로 하여 하나로 묶어낸 것이다. 그리고는 파인만은 오직 〈식 14.30〉만으로 행성의 궤도가 타원임을 우아한 한 폭의 그림으로 우리 눈앞에 펼쳐 보였다. 이 책에 한해서 〈식 14.30〉을 '파인만의 식'으로 이름을 붙여 사용하겠다.

47장 대칭의 틀에 움직이는 우주

파인만의 기본적인 사실이 지닌 물리적 의미

파인만이 각운동량과 중력의 법칙을 융합하여 이끌어낸 '파인만의 식'은 행성의 궤도가 타원임을 입증하는 데 사용하기 위함이라고 하였다. 과연 그는 이 식을 어떻게 활용하였을까? 그의 의도를 파악하기 위해서는 이 식이 지닌 물리적 의미가 무엇인지를 알아야 한다. 사실 많은 경우 우리는 식의 유도보다 식에 내포된 함의를 이해하는 것이 훨씬 더 중요하다. '파인만의 식'이 어떻게 유도되었는지 못 쫓아갈 수 있어도 식의 의미를 알아내는 것이 물리학을 잘하는 첩경이다. 물론 그렇다고 유도 과정을 무시하자는 것은 아니다. 어떻게 구했는지를 제대로 알아야 통찰할 수 있는 지혜의 힘이 생기기 때문에 의미를 이해할 수 있는 힘의 폭이 넓어진다.

'파인만의 식'에서 중력상수 G 와 태양의 질량 M 은 변하지 않는 상수이고, 또한 각운동량 l 역시 보존법칙으로 바뀌지 않는 상수이다. 결론적으로 dv 는 오직 $d\theta$ 와 비례하는 함수라는 것을 말하고 있다. 풀어서 설명하자면 각도의 변화량과 속도의 변화량은 비례한다는 의미이다. 자, 이제 준비가 모두 끝났다. 지금부터 '파인만의 식'이 지닌 이 의미만으로 행성의 궤도가 타원인지를 기하학적인 과정만 거쳐 본격적으로 입증하는 과정을 진행하도록 하겠다.

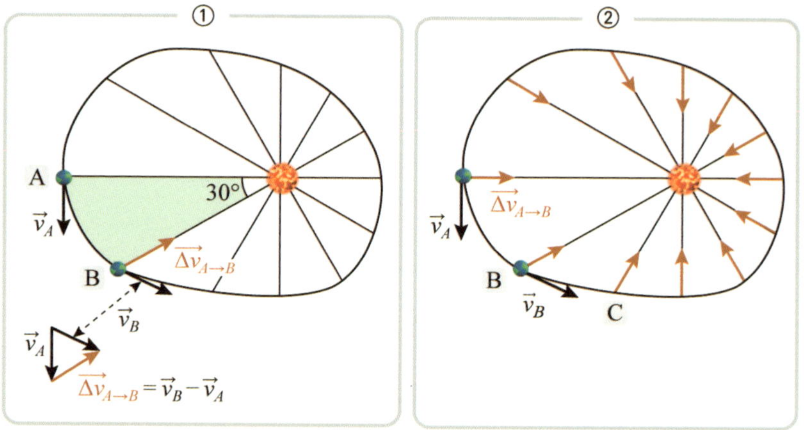

▲ **그림 14.31** ① 태양을 중심으로 공전하는 행성의 궤도를 30°의 각도로 12등분하였다. A 지점과 B 지점의 속도를 각각 $\vec{v}_A$ 와 $\vec{v}_B$, 그리고 붉은색의 화살표 $\overrightarrow{\Delta v}_{A \to B}$ 는 A에서 B로 운동하면서 발생한 속도의 변화량 $\vec{v}_B - \vec{v}_A$ 이다.

그림의 행성 궤도는 아직 타원으로 결정된 것이 아니기에 임의적으로 도시한 것이다. 그리고 태양을 중심으로 궤도를 30°의 각도로 분할된 12등분한 조각 중 하나인 초록색 조각만 조사하도록 하겠다. 행성의 속도 $\vec{v}_A$ 와 $\vec{v}_B$ 역시 궤도 자체가 임의적이라 속도도 임의적으로 취하였다. 물론 그렇다고 속도의 방향이 궤도의 접선 방향이어야 한다는 기본적인 사실은 바뀔 수 없다. 이제 우리는 오직 두 속도 벡터 $\vec{v}_A$ 와 $\vec{v}_B$ 의 변화량 $\overrightarrow{\Delta v}_{A \to B} = \vec{v}_B - \vec{v}_A$ 에만 관심을 가질 것이다. 이유는 아무리 궤도와 속도를 제멋대로 잡았어도 속도의 변화량 $\overrightarrow{\Delta v}_{A \to B}$ 는 '파인만의 식'의 통제를 받기 때문이다. 그리고 무엇보다 각도의 변화량과 속도의 변화량은 비례한다는 점에서 위의 〈그림 14.31〉에서 분할된 12개의 조각은 모두 동일한 각도라는 점에서 속도의 변화량은 동일하다는 점이다. 즉 12개의 조각에서 발생한 속도의 변화량은 같다.

속도의 변화 $\overrightarrow{\Delta v}_{A \to B}$가 Δt라는 시간의 간격 동안 발생했다고 하였을 때 가속도는 $\overrightarrow{\Delta v}_{A \to B}$을 Δt로 나눠 얻어진다. 물론 이 경우는 평균가속도이다. 하지만 분할의 개수를 늘릴수록 실제적인 특정 지점의 순간의 가속도에 다가갈 것임은 지금까지 이 책을 통해 얻어진 경험으로 누구도 부인할 수 없다. 그리고 이렇게 얻어지는 가속도가 곧 힘에 해당하고, 이 힘은 당연히 태양이 잡아당기는 중력에 의한 것이므로 가속도의 방향을 결정하는 〈그림 14.31〉 ①의 $\overrightarrow{\Delta v}_{A \to B}$를 속도의 변화량 $\overrightarrow{\Delta v}_{A \to B}$ 태양을 향하도록 도시한 것이다.

한편 비록 궤도와 A 지점의 속도 $\vec{v}_A$를 임의적으로 취했을지라도 $\overrightarrow{\Delta v}_{A \to B}$가 태양을 향해야 한다는 명확한 사실로 B 지점의 속도 $\vec{v}_B$는 결코 임의적일 수가 없다. 궤도의 접선 방향이라는 점은 변하지 않지만 $\vec{v}_B$의 크기가 $\vec{v}_A$와 $\overrightarrow{\Delta v}_{A \to B}$로 자동적으로 결정되기 때문이다.

나머지 조각에 대해서도 같은 방법을 적용하여 모든 지점에서의 속도를 결정하도록 하겠다. 모든 조각에서 속도의 변화량, 즉 가속도는 항상 태양을 향해야 하고 '파인만의 식'에 따라 각각의 조각에서 속도변화량의 크기는 모두 같아야 한다. 결과적으로 각 조각에서 발생하는 속도의 변화량은 〈그림 14.31〉 ②와 같이 태양을 향하는 방향으로 크기가 같은 12개의 붉은색 화살표들이다. 이는 각운동량 보존과 중력의 법칙에서 우러나온 '파인만의 식'의 결과로 우주를 지배하는 규칙에 의한 것이다.

이제 〈그림 14.31〉 ②와 같이 각각의 조각에서 속도의 변화량이 결정되었으므로 모든 지점에서의 속도를 순차적으로 구할 수 있다.

$\vec{v}_A$가 일종의 초기조건으로 잡고 각 조각에서 결정된 속도의 변화량의 벡터로부터 B 지점의 속도 $\vec{v}_B$가 결정되고, 다음으로 C 지점의 속도 등 순차적으로 구할 수 있다. 그런데 이렇게 일일이 구하는 것보다 훨씬 손쉽게 알아낼 수 있는 방법이 있다. 〈그림 14.31〉②에서 결정된 12개의 속도의 변화량의 벡터들을 들여다보면 한눈에 크기가 모두 같고 방향이 30°의 각도로 순차적으로 형성되어 있다는 것을 알 수 있다. 이 점에 착안하여 붉은색 화살표를 조각난 순서대로 아래의 그림과 같이 시점과 종점을 연결하여 배열시키면 당연하게도 정12각형이 만들어진다.

〈그림 14.32〉①을 부연설명하자면, 궤도를 동등한 각도로 12개의 조각을 냈기에 각각의 조각에서 발생한 속도의 변화량의 크기는 같고 중심을 향하므로 속도의 변화량의 벡터들은 자연스레 정12각형의 다각형을 형성하게 되고, 따라서 궤도의 각각의 지점에서의 속도의 벡터들은 점 P를 시점으로 하여 정12각형의 꼭짓점을 잇는

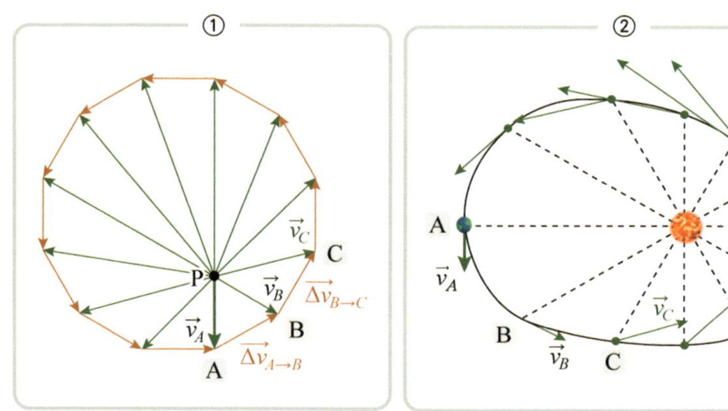

▲ **그림 14.32** ① 속도의 변화량인 붉은색 화살표들의 시점과 종점을 순서대로 연결하면 정12각형이 형성된다. 초기조건 $\vec{v}_A$로 시작하여 순차적으로 나머지 모든 지점에서 속도를 구하면, P의 점에서 속도 벡터의 시점이 모인 12개의 초록색 화살표들로 구성된다.

벡터들이다. 이렇게 얻어낸 각각의 속도의 벡터들을 원래의 궤도의 지점으로 옮겨놓은 것이 그림 ②이다.

원 안에 갇힌 행성의 운동

〈그림 4.22〉의 결과는 우리에게 불만족과 놀라움을 동시에 선사하고 있다. 먼저 불만족스러운 결과이다. 자전거의 바퀴 자국에서 다룬 것처럼 속도는 항상 궤도 곡선에 접하는 방향이라는 것은 불변이다. 하지만 〈그림 14.32〉 ②는 전혀 그렇지 않다. 대부분의 속도의 벡터들이 궤도의 접선 방향에서 이탈하는 모순적인 결과가 나온 것이다. 분명 불만족스럽지만 그 배경을 생각하면 충분히 납득이 가능하다. 하나는 30°라는 다소 큰 각도에서 처리한 것이 이유가 되겠다. 이 각도로 분할된 조각에서의 속도 변화를 일률적으로 동일한 크기로 강제하여 태양을 향하게 고정시키고 속도 벡터를 구하다 보니 오차가 발생한 것이다. 파인만의 기본적 사실이 제대로 작동하기 위해서는 각도가 무한소가 되어야 하는데 30°는 너무도 큰 각이다. 그래서 각도를 줄여나가 궁극적으로 무한소가 되었을 때 그림 ②와 같은 불만족스러운 결과를 해소할 수 있을 것으로 기대할 수 있다. 또 하나의 이유는 궤도를 임의적으로 취했기 때문이다. 그런데 생각을 전환하면 오히려 원래의 목적에 도달할 수 있는 길을 열어주고 있다. 비록 오차가 있는 결과이지만 분명 각도를 분할할수록 더욱 정확한 속도의 벡터를 얻을 수 있을 것이라는 기대를 숨기지 않는다면, 굳이 궤도를 처음부터 상정할 필요가 없다는 것이다. 각도를 무한소로 하였을 때의 속도 벡터를 구하고 나

서, 이후에 이들 벡터들에 모두 접하는 곡선의 궤도를 찾는 절차로 진행하면 될 것이기 때문이다. 따지고 보면 그것이 곧 우리의 궁극적인 목적이지 않은가!

그러면 우리를 놀라게 한 것은 무엇일까? 궤도를 돌며 운동하는 행성의 속도 벡터들인 〈그림 14.32〉 ①의 초록색 화살표의 시작점을 모두 한 지점에 위치시켰을 때 정12각형을 형성하고 있다는 점이다. 그렇다는 것은 동등한 각도로만 조각내면 각 조각에서의 속도의 벡터들은 항상 정다각형을 만들어낸다는 사실이다. 예를 들어 24등분하여 각 지점에서 얻어진 속도 벡터들은 정24각형을 형성하게 된다는 것이다.

이렇게 등분의 개수를 늘릴수록 행성의 속도 벡터들은 더욱 원에 가까운 정다각형을 만들어낸다. 이건 정녕 놀랍다. 무한한 등분에서 얻어질 무한한 개수들의 속도 벡터들은 완벽한 도형인 원을 만든다는 경이로운 자연의 비밀을 드러내고 있지 않은가. 우주의 법칙은 행성의 궤도를 따라 방향과 크기를 계속 바꾸는 속도 벡터들을 정확하게 재조립하여 완벽한 대칭의 도형인 원 안에 가둬서 행성들을 움직이게 하고 있었다. 케플러가 행성 궤도의 수수께끼를 밝히기 전까지 인류가 행성은 완벽한 도형인 원의 궤도로 공전한다고 철칙처럼 믿고 있었지만 행성은 원이 아닌 타원이라는 사실로 완전무결한 세상으로 여겼던 천상의 이미지에 흠집을 냈었다. 하지만 우리 눈에 보이지 않았지 천상의 법칙은 궤도가 아닌 속도의 벡터들을 원으로 형성하게 하여 천상의 행성의 운동을 조율하고 있었던 것이다.

행성에 따라 달라지는 것은 〈그림 14.33〉에서 점 P의 위치일 뿐이다. 첫 번째 속도 벡터를 어떻게 잡느냐에 따라 다르겠지만 속도

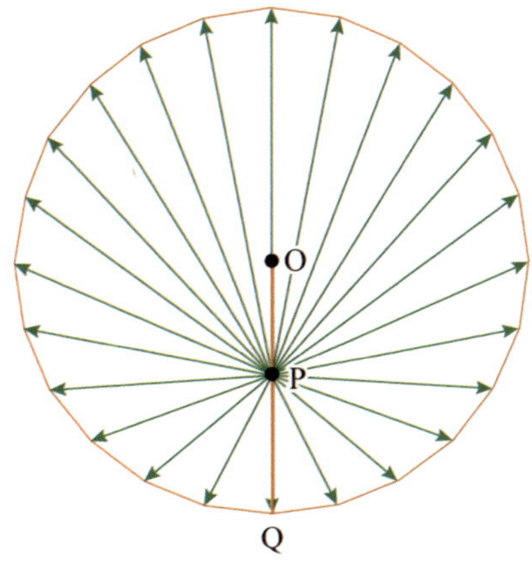

▲ 그림 14.33 〈그림 14.32〉에서 각도를 24등분하였을 때
초록색 화살표인 속도 벡터로 만들어진 정24각형

벡터들이 하나의 점에 모인다는 점에서 점 P의 위치가 원의 중심 O
에 가까울 수도 있고 원의 둘레에 위치한 점 Q에 가까울 수도 있기
때문이다. 이제 점 P를 원점 O와 점 Q를 잇는 붉은 선분 위로 한정
하여 움직이면서 화살표의 변화를 상상해보자. 그려지시나? 자꾸
머릿속에 형상화하는 연습은 우리 내면의 감각을 활성화하여 새롭
고 경이로운 발상을 떠올리는 데 크게 도움이 된다. 형상화는 수학,
물리학뿐만 아니라 음악, 회화, 언어 등 모든 분야에서 생각이 탄생
하는 힘의 원천으로 작동을 하게 된다.

〈그림 14.34〉에서 점 P가 중심 O와 일치된 그림 ①의 경우 방향
은 화살표의 길이, 즉 속도의 크기는 모두 같다. 그러니까 궤도에 접
하는 행성의 속도는 항상 일정하다는 것이다. 이런 궤도는 무엇일
까? 바로 원으로 행성이 원의 궤도를 공전할 때이다. 이제 점 P가
중심에서 벗어난 그림 ②의 위치에서 만들어지는 속도 벡터들을 접
하게 하는 궤도는 무엇일까? 케플러의 법칙이 무엇인지 이미 알고

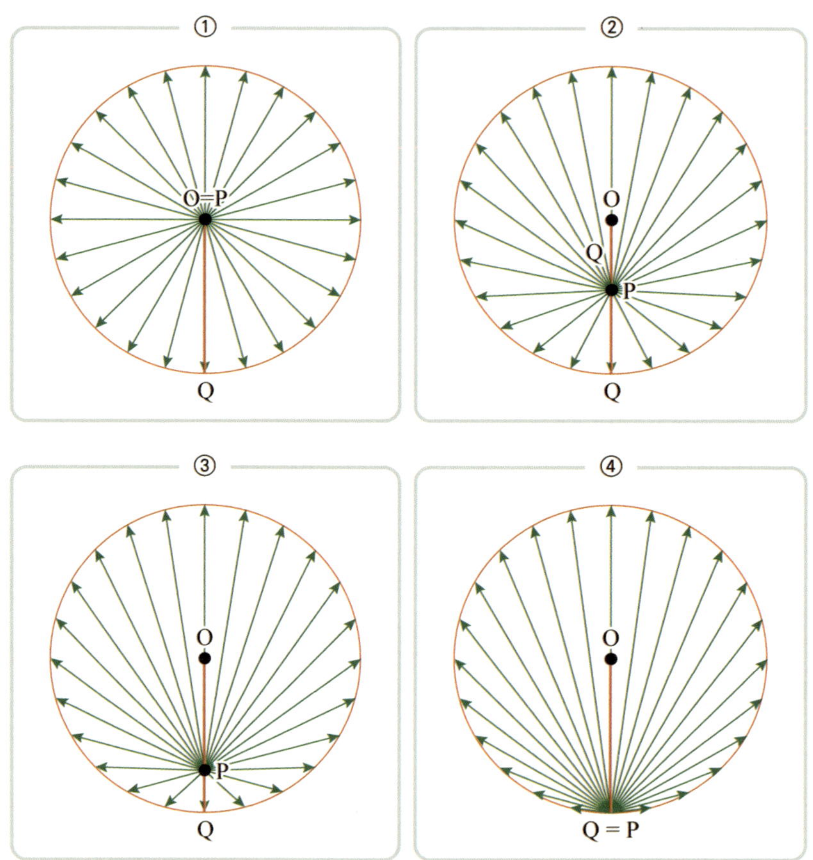

▲ 그림 14.34 점 P가 원점 O에서 점 Q까지 선분 OQ 위를 움직이면서 만들어내는 속도 벡터

있는 우리에게는 속도 벡터들을 모두 접하게 하는 궤적은 타원이 될 것이다. 따라서 점 P가 중심 O에 가까울수록 원과 유사한, 이심률이 0에 가까운 타원이고, 그림 ③과 같이 중심에서 멀어질수록 더욱 찌그러진, 이심률이 1에 가까운 타원일 것이라 예견이 가능하다. 극단적으로 점 P가 Q와 일치하는 그림 ④일 때 궤도는 어떻게 될까? 타원의 궤도를 이탈하여 태양에서 탈출하게 되는 경계선상

에 놓인 상태이다. 뉴턴의 포탄의 사고 실험을 통해 그림 ①은 포탄
이 원의 궤도를 회전할 때이고 그림 ④는 지구를 벗어나는 상황인
것이다.

이제 우리에게 남아 있는 숙제는 점 P가 선분 OQ 위의 어딘가
에 위치할 때 형성된 속도 벡터들을 모두 접하게 하는 궤적의 수수
께끼를 찾는 여정을 시작할 시점이다. 물론 타원인지를 알고 있지만.

원 안에 타원이 내재

원 안에 갇힌 속도 벡터들을 모두 접하게 하는 곡선은 무엇일까?
솔직히 방향이 다른 수많은 벡터들로 곡선을 찾아내려면 어떻게 접
근해야 할지 감이 얼른 떠오르지 않는다. 파인만은 이 문제를 어떻
게 해결했을까? 그는 또 한 번의 경이로운 발상으로 너무도 손쉽게
밝혀냈다.

〈그림 14.35〉를 순서대로 자세하게 설명을 이어간다면, ①의 그
림은 원 내부의 임의의 점 P와 원 위의 점들로 구성된 무수한 선분

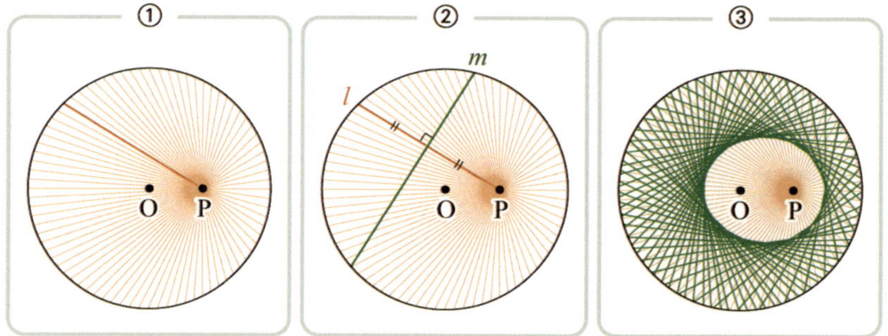

▲ **그림 14.35** ① 원의 내부 임의의 점 P에서 원주 위의 점들을 잇는 선분을 무수히 긋는다. ② 임
의의 선분 l에 대해 수직이등분선 m을 긋는다. ③ ②와 같이 모든 선분에서 수직이등분선을 긋는다.

을 표현한 것이고, 그림 ②는 무한한 선분들 중 하나인 선분 l에 대해 수직이등분선을 작도한 것이다. 그리고 이렇게 모든 붉은색의 선분들에 대해 초록색의 수직이등분선을 작도하였을 때가 그림 ③이다. 그런데 놀랍게도 수직이등분선인 초록색의 선들이 타원을 만들어내고 있다. 상당히 재미있는 수학적 사실이다. 행성의 궤도를 논하다가 다른 길로 빠진 듯 보이는 이 결과는 놀랍게도 행성의 궤도 문제의 해답을 바로 제공하고 있다.

파인만의 의도를 찬찬히 따져보자. 당면한 과제는 원 안에 갇힌 진 속도의 벡터들이 모두 접하는 궤도를 찾는 것이다. 그런데 각 벡터에 접하는 곡선은 동시에 벡터의 방향과 같은 선분 혹은 직선도 접하게 될 것임은 의심의 여지가 없다. 따라서 원 안에 만들어진 행성의 속도 벡터들을 〈그림 14.35〉의 ①과 같은 붉은색 선분들로 바꿔 이 선분들에 모두 접하는 곡선 역시 우리의 목적에 부합하는 행성의 궤도가 된다.

여기서 중요하다. 이런 선분들을 모두 접하게 할 곡선과 〈그림 14.35〉②와 같이 각각의 선분의 수직이등분선들이 접하게 될 곡선을 비교해보자. 각각에서 얻어질 두 곡선은 무슨 차이가 있을까? 곡선의 모양을 당장 알 길은 없지만 원래의 선분들을 접하게 하는 곡선과 수직이등분선들이 접하는 곡선은 모양의 차이가 발생할 리가 전혀 없다. 단지 곡선을 90°로 회전시켰을 뿐이다. 결론적으로 원 안에 갇힌 행성의 속도 벡터들에 모두 접하는 곡선을 구하는 문제는 〈그림 14.35〉②의 수직이등분선들이 접하는 곡선을 찾는 수수께끼로 환원시켜도 결코 문제의 일반성을 잃지 않는다. 행성의 궤도가 90°로 회전하였을 뿐이기 때문이다.

행성이 움직이는 궤도의 모양이 타원이라는 사실을 〈그림 14.35〉

③은 말하고 있지 않은가! 수직이등분선들로 만들어지는 원 내부의 타원은 분명 모든 수직이등분선들을 접하게 하는 곡선이기 때문이다. 수식은 거의 사용하지 않으면서 오로지 시각적인 효과만으로 잔뜩 꼬여진 매듭을 한 번에 풀어버린 격이다. 신기하면서도 어리둥절하다는 표현이 적절할 마술 같은 한 편의 쇼가 펼쳐진 것이다.

행성의 궤도가 타원임을 증명한 파인만의 쇼는 놀라울 정도로 수려하고 절제된 증명 방법임을 깨닫게 된다. 현기증이 날 정도로 복잡한 수식이 아닌 파인만의 해법은 실로 경이롭다. 그런데 여러분이 행성 궤도의 문제를 직접 해결해야 하는 상황에 처했을 때 파인만의 방법으로 증명할까 아니면 복잡한 미적분과 벡터 등 수학의 기호로 증명할까? 각자가 다른 답을 줄 수도 있겠지만 나는 당연히 후자의 방법이다. 실제로도 그러했다. 파인만의 해법은 가우스가 언급한 천재적인 영감에 해당한다. 너무도 우아하고 세련되며 감탄을 금치 못할 정도로 이해하기에도 쉽지만 우주의 계시를 받아야 떠올릴 수 있을 것 같다. 하지만 미적분은 상당히 많은 문제를 그저 미적분이라는 기계 안에 넣어주면 답을 제공한다. 수수께끼에 파묻혀 어지러운 미로 속에서 정형화되고 반듯한 체계적인 길을 제공하는 것이 미적분이다. 가우스가 미적분을 극찬한 이유가 여기에 있다.

〈그림 14.35〉의 ③에서 수직이등분선이 타원을 만들어내는 것을 시각적으로 한 편의 쇼와 같이 순식간에 답을 도출하여 어리둥절한 상태일 수도 있다. 정말로 저렇게 타원이 나오는 것일까? 이 사실에 대해서만 짚고 넘어가야 찜찜함을 해소할 수 있을 것 같다.

대수적으로 해결하는 길도 있지만 여기에서는 타원의 정의를 활용한 기하학적인 방법을 소개하겠다. 타원은 두 초점에서 거리의 합이 일정하게 되는 점들의 자취이다.* 그렇기에 〈그림 14.35〉 ③

의 원 안의 수직이등분선들로 만들어진 타원에도 분명 2개의 초점
이 존재한다. 두 초점이 무엇일까? 원의 중심 O와 점 P가 될 것으로
충분히 예견이 가능하겠다.

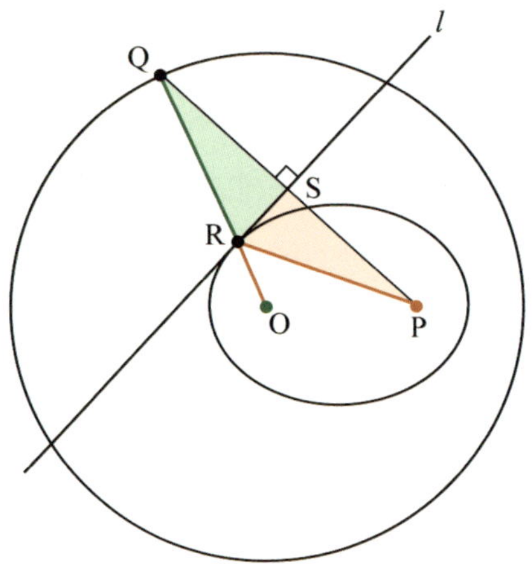

▲ **그림 14.36** 선분 PQ의 수직이등선 *l*과 선분 OQ의 교점을 R이라 할 때, 붉은색과 초록색의 삼각형이 합동이므로 O→R→Q와 O→R→P까지의 길이는 같다.

〈그림 14.36〉의 원 안의 타원은 점 O와 P를 초점으로 하여 두 초
점에 이르는 길이의 합이 원의 반지름에 해당한다. 정확하게 타원
의 정의이다. 그리고 점 P에서 원 위의 임의의 한 점을 잇는 선분
$\overline{PQ}$의 수직이등분선 *l*이 타원에 접하고 있다. 이 그림의 결과가
〈그림 14.36〉 ③에서 수직이등분선들이 내부의 타원에 접함을 입
증하고 있다.

　우리는 행성의 궤도가 타원이라는 단 하나의 문제를 해결하기

＊타원의 정의에 대해 지금까지는 큰 의심 없이 넘어갔겠지만 이 정의가 모순이 있음을 간파할 수
있을 것이다. 점들이라는 무차원의 존재가 1차원의 곡선을 만들 수는 없다는 모순을 말이다.
바로 불가분량이 지닌 모순점이 문장 안에 내재되어 있다. 그럼에도 우리는 감각적으로 충분히
의미가 전달되므로 유효하게 사용되는 정의이다.

위해 갈릴레이부터 시작하여 케플러, 데카르트, 그리고 책의 주인 공인 뉴턴을 거쳐 파인만에 이르는 긴 여정을 통해 마침내 목적하는 바를 이루었다. 그리고 이 모든 과정에서 절대적인 도구인 미분과 적분이 곡선이라는 괴물을 무너뜨리기 위하여 아르키메데스, 카발리에리, 그리고 기호학의 대가 라이프니츠 등 여러 위대한 인물들을 거치면서 탄생한 지혜의 결정체였음을 이야기하였다.

이어질 내용은 미적분의 발명이 불러일으킨 물리학의 이야기를 다루겠다. 물리학은 크게 지금까지 다룬 뉴턴의 역학을 필두로 하여 전자기학, 특수 및 일반 상대성 이론, 열 및 통계 역학, 그리고 양자역학으로 크게 나눌 수 있는데 이들 대부분의 이론들이 19세기부터 본격적으로 시작하여 100년 정도의 시간에서 만들어졌다. 인류의 전 역사를 볼 때 어떻게 이렇게 짧은 시간에 완성할 수 있었는지 너무도 의아할 정도로 폭발적인 발전을 이루었다. 수천 년간 잠든 인간의 지성이 갑자기 분출하게 된 동기는 무엇일까? 단 하나의 이유를 들 수 없겠지만 개인적으로 생각할 때 가장 큰 요인은 미적분의 발명이 있었기 때문에 가능한 일이라고 판단한다. 갑작스레 천재들이 이 기간 동안만 있었다고 말할 수는 없지 않은가! 그 전에도 천재들이 있었겠지만 시대를 잘못 만나 꽃을 피우지 못했을 뿐이리라. 물리학자들이 이뤄낸 이론들을 보면 모두 미적분이 없었으면 절대 이룰 수 없는 이론들이기 때문이다. 이제부터 이어질 내용은 미적분이 어떻게 물리학을 급발진시켰는지 그 지혜의 역사를 탐방하면서 미적분의 경험치와 능력치도 향상시키는 계기가 될 것이다.

15부

전기와 자기의 원리

48장 공존하는 전기와 자기

49장 패러데이의 전자기 유도

외르스테드부터 시작하여 앙페르, 패러데이 등이 행한 실험으로
알아보는 전기와 자기의 신비로운 힘의 비밀에 대해 소개한다.

움직이는 킥보드 바퀴에 불이 밝혀지는 전자기 유도 원리를 발견하여
전자기학의 아버지로 불리는 패러데이

공존하는 전기와 자기

움직일 때만 불이 켜지는 킥보드의 바퀴

지금까지 우리는 미적분과 함께 인류가 얻어낸 최고의 업적으로 칭송받는 힘의 법칙에 대해 이야기해왔다. 행성의 궤도를 해석하고 빗방울의 운동을 정확하게 예측하는 등 지상과 천상의 운동을 하나의 원리로 설명하는 뉴턴 역학은 일부 물리학자들이 뉴턴 때문에 물리학에서 할 일이 사라졌다고 푸념과 시기 어린 최고의 찬사를 보낼 정도로 완벽 그 자체였다. 하지만 절대적 권위를 유지하던 뉴턴 역학은 2,000년 가까이 유지했던 아리스토텔레스의 과학관과는 달리 200년 만에 커다란 위기를 맞이하였다. 뉴턴의 힘의 법칙만으로 설명할 수 없는 일이 자연계 곳곳에서 발생하고 있었기 때문이다. 대표적으로 주변에 널리고 널린 자석이 인류의 대천재 뉴턴의 이론에 반기를 들었다.

나는 연구원 생활을 하면서 중고생들을 대상으로 첨단기기의 작동원리를 소개하는 시간을 가끔 가질 기회가 있었다. 이때 고민은 그들에게 핵심적인 원리를 어떻게 쉽게 전달하느냐였다. 그래서 먼저 가장 기본이 되는 이론을 그들의 수준에 맞춰 설명하고, 그 이론이 어떤 원리로 장비에 적용되는지를 직접 장비를 다루며 실습하는 시간을 부여하여 알려주는 방법으로 진행하였다. 하지만 장비를 직접 만질 때만 흥미가 잠시 일어났을 뿐 대부분의 학생들이 원리의 이해보다는 이런 신기한 기계도 있구나 하는 정도로 그쳤다. 몇 번의 시행착오를 거치면서 체험보다 더 나은 교육방법은 없다고 판단하여 학생들이 직접 제작 및 작동시키며 체득하였을 때 작게나마 전달이 될 수 있음을 깨달았다. 그때 이용했던 실습 하나를 여기에서 소개해보려 한다.

현대를 살아가는 우리에게 떼려야 뗄 수 없는 스마트폰, 발전기, 모터, 하드디스크, 변압기, 마그네틱 카드, 도난방지기 등 수많은 전자제품에는 공통적인 작동원리가 하나 포함되어 있다. 그 원리가 무엇일까? 우리는 아이들이 많이 타는 스케이트보드나 킥보드의 바퀴에서 쉽게 찾아볼 수 있다.

그림처럼 원통형 영구자석은 축에 고정되어서 보드의 움직임에 상관없이 정지되어 있지만, LED를 연결한 코일은 바퀴 내부에 장

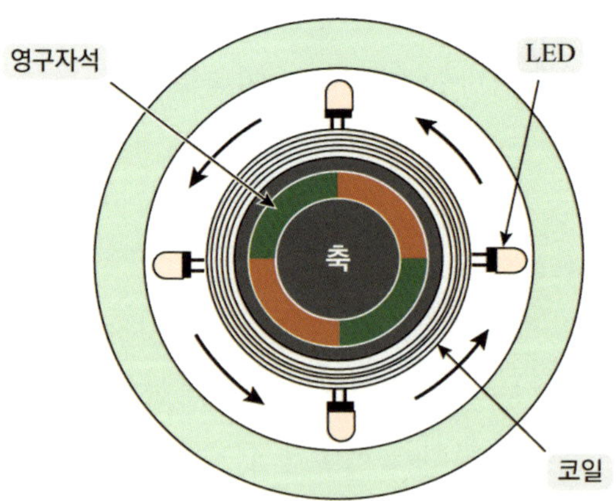

▲ 그림 15.1 보드 바퀴는 축에 고정되어 움직이지 않는 영구 자석과 바퀴의 움직임에 따라 회전 운동하는 코일과 LED*로 구성되어 있다.

---

* LED(Light Emitting Diode)는 발광 다이오드로 전류를 가하면 빛을 발하는 반도체 소자로 일종의 전구로 생각하면 되겠다.

착되어 보드와 같이 움직이는 바퀴와 같이 회전하게 되어 있다. 그런데 LED는 바퀴가 움직일 때만 켜진다. 보통 알기에는 건전지가 있어야 빛이 발생할 것인데 아무리 들여다보아도 바퀴에는 건전지는 없고, 코일과 자석뿐이다. 무슨 마술이 있는 것일까?

LED가 켜지는 것을 실험적으로 직접 보여주기 위해 바퀴 구성과 동일하게 LED와 원통형의 자석, 그리고 아주 가느다란 전선이 상당히 많은 횟수로 감겨 있는 솔레노이드* 형태의 코일로 아래의 그림과 같이 구성하였다.

〈그림 15.2〉 ①은 솔레노이드와 LED를 연결한 상황이다. 솔레노이드는 많은 횟수의 전선이 감겨 있는 코일일 뿐이라 그림 ②의 회로도와 같이 LED에 전선만 연결한 상태와 동일하다. 건전지가 연결되어 있지 않으므로 절대 불이 밝혀질 수 없다. 그런데 단지 모

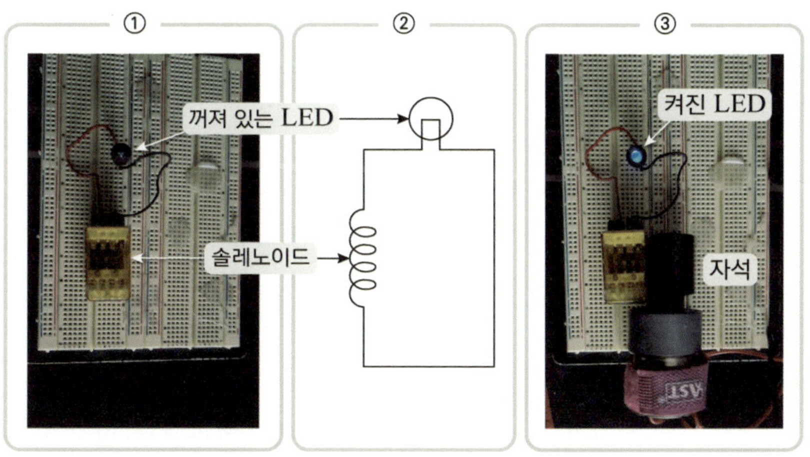

▲ 그림 15.2 ① LED와 솔레노이드를 전선으로만 연결한 상태. ② 회로 구성도, ③ 모터에 연결하여 회전시킨 원통형 자석을 솔레노이드에 가까이 하자 LED가 켜졌다.

---

* 도선을 촘촘하게 원통형으로 말아 만든 기구

터에 연결하여 회전하고 있는 자석을 솔레노이드 가까이에 위치시키자 마술과 같은 일이 벌어졌다. 그림 ③처럼 LED에 불이 켜지는 것이다.

무슨 조화인가? 코일이 회전하는 보드의 바퀴와는 달리 위의 실험에서는 코일에 해당하는 솔레노이드가 정지하고 대신 자석을 회전시키는 차이만 있을 뿐이다. 하지만 동일한 원리가 작동되어 LED에 불을 밝힌다. 어떻게 건전지 없이 LED가 켜진 것일까? 자석이 건전지와 같은 역할을 한 것일까? 지금부터 자석에 숨어 있는 수수께끼를 물리학의 역사와 함께 풀어보는 여정이 시작된다.

외르스테드의 뜻하지 않은 실험 결과

움직일 때만 불이 켜지는 바퀴의 원리를 알기 위해서는 전자기학의 아버지라 불리는 마이클 패러데이(1791~1867)의 업적을 들여다보아야 가능하다. 가난한 대장장이의 아들로 태어나 제본소 수습공으로 생활하다 보니 정규교육도 제대로 받지 못해 수학의 문맹자 취급을 받았지만, 복잡한 현상의 핵심을 꿰뚫어보는 뛰어난 통찰력으로 전자기 분야에 혁명적인 업적을 이뤄내 최고의 과학자 반열에 우뚝 선 인물이자 뉴턴 역학의 근간을 뒤흔드는 시작점이 되는 인물이다.

비록 수학 실력은 형편없었지만 그를 위대한 인물로 역사에 기록될 수 있게 길을 만들어준 가장 큰 요인은 제본업을 하면서 자연스레 접하게 된 책들이었다. 책은 그에게 흥미를 돋우는 이야기로 새로운 세계를 보여주고 들려주는 스승이었다. 특히 자연 현상을

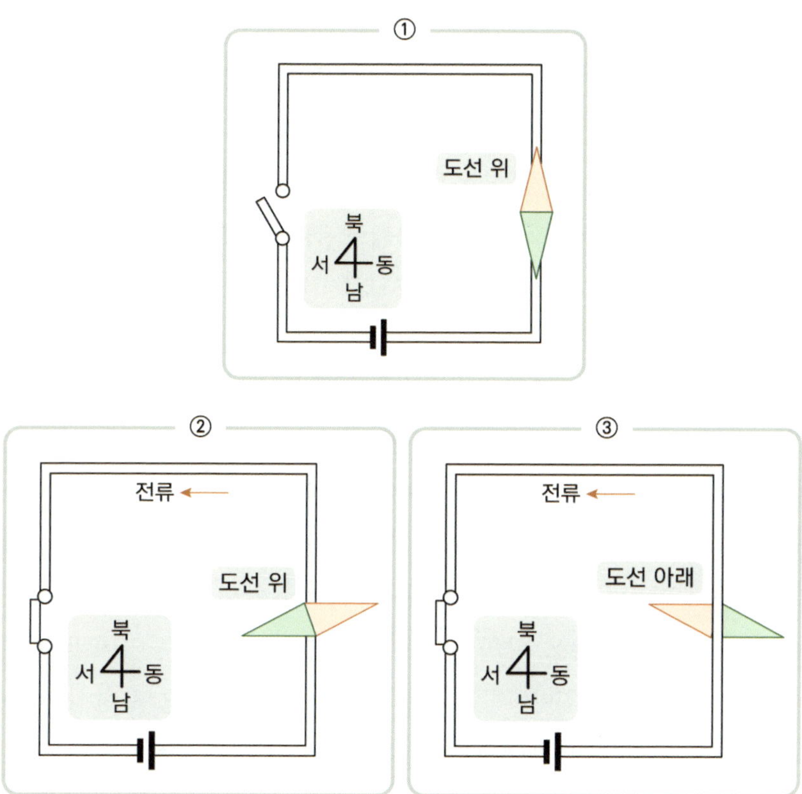

▲ **그림 15.3** ① 나침반의 자침과 도선을 남북 방향으로 평행하게 배치한 후, ② 스위치를 닫아 전류를 흘리자 도선 위에 위치한 나침반 자침의 N극이 동쪽을 향하였다. ③ 반대로 도선 아래에 있을 때에는 자침의 N극이 서쪽 방향을 가리켰다.

작동하는 원리에 대한 책들은 그에게 흥미와 호기심을 불러일으키는 최고의 자극제였다. 그의 가슴에서 불타오르는 강한 호기심은 자신이 직접 확인하지 않고서는 배기지 못하는 적극성으로 표출되어 여러 곳에서 물건들을 긁어모아 직접 장비를 제작해 다른 사람의 실험을 직접 검증하는 습관을 키웠다. 또한 그는 거기에 안주하지 않고 실험과정에서 생겨진 의문점을 해소하기 위해 더욱 확장시킨 실험으로 원인을 밝혀내야 직성이 풀렸다. 관찰하고, 실험하고, 오류의 원인을 파악하는 그의 경험은 고정관념에 사로잡히지 않고 항상 끝없는 사유와 탐구하는 실험가의 길을 걷게 하는 자양분이 되어 마침내 인류가 기억하는 손꼽히는 과학자의 한 사람으로 만들어주었다.

패러데이가 본격적으로 전자기학에 뛰어들게 된 계기는 덴마크의 물리학자 외르스테드(1777~1851)가 1820년 전류에 의해 자침이 움직이는 것을 발견하였다는 소식을 접할 때부터였다.

〈그림 15.3〉을 보면 남북 방향으로 향하는 도선 위에 나침반을 위치시켰고(그림 ①), 그래서 나침반의 자침 N극은 당연히 북쪽 방향을 향하므로 자침은 도선과 평행하게 배치된다. 그런데 스위치를 닫아 도선에 전류를 흘려보내자 도선 위에 위치한 자침의 N극이 빙그르 돌아 동쪽을 향하지 않는가?(그림 ②) 반대로 나침반을 도선 아래에 놓으면 서쪽을 향하는 것이었다.(그림 ③) 무슨 일이 벌어진 건가? 나침반의 자침은 지구 자기력(지자기)의 영향으로 항상 남북을 향하든지 아니면 지자기보다 자기력이 더 큰 또 다른 자석의 힘으로만 방향이 바뀌게 된다. 그런데 도선에 전류가 흐를 때 자침이 움직였다는 것은 전기가 흐르는 도선이 보이지 않는 자석을 주변에 만들었다는 의미로 보아야 하지 않을까? 아니면 자침을 움직이게 하는 알 수 없는 또 다른 힘이 존재한다는 것일까? 더군다나 도선 위 혹은 아래에 따라 방향이 달라지는 것은 어떻게 설명해야 할 것인가? 이 발견은 외르스테드조차 상상하지 못하였고 우연적으로 찾아낸 결과였다.

전기와 자기의 간략한 역사

서로 다른 극을 가까이하면 인력, 같은 극끼리는 척력이 발생하고 거리에 따라 힘의 세기도 달라지는 등 우리의 눈앞에서 펼쳐지는 마법과 같은 성질을 지닌 자석은 오랜 시간 동안 신기한 물질이었다. 그래서 자석이 두통을 치료할 수 있다거나, 마늘이 자석의 힘을 약화시켜 나침반이 올바른 방향을 향하게 못하게 한다는 미신이 만연하였다. 또 나침반의 자침이 북극을 가리키는 이유를 북극 근처에 매우 커다란 자석으로 이루어진 섬이 있다고 생각하여 극지방에 가까이가면 선박의 철못이 뽑힐 수도 있다는 허무맹랑한 이야기도 가득하였다. 이런 신비주의를 한 꺼풀 벗긴 사람이 윌리엄 길버트(1544~1603)였다. 실험을 통한 실증적 결과 없이 사이비 종교처럼 자석의 현상을 설명하던 풍토를 비판하던 길버트는 다양한 사유로 자석의 현상을 파고들었다. 그러다 나침반의 자침이 항상 남북 방향을 향하는 것은 북극에 거대한 자석이 있는 것이 아니라 지구 자체가 거대한 자석일지도 모른다는 생각에 이르게 되었다. 그는 자신의 생각의 진위를 확인하기 위하여 천연 자철광으로 N극과 S극의 극성을 띠는 '테렐라(terrella)'(〈그림 15.4〉의 ①)라 불리는 지구 모형을 제작하여 위치별로 나침반이 가리키는 방향을 측정하였다. 그리고 실제 그 위치를 찾아가 나침반의 자침이 가리키는 방향과 비교하여 일치한다는 사실로부터 지구가 하나의 거대한 자석이라는 결과를 이끌어냈다.

그는 자기력과는 성질이 완연히 다른 전기력에 대한 연구도 진행하였다. 전기는 기원전 6세기경 그리스의 철학자 탈레스(BC 625~

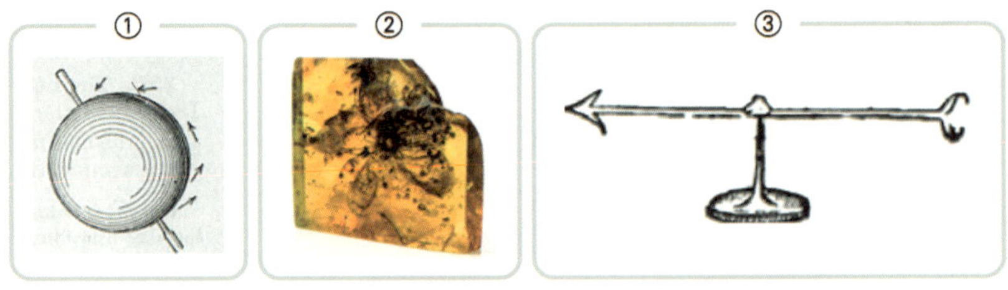

▲ **그림 15.4**[*] ① 테렐라, ② 호박(琥珀)[**], ③ 베르소리움 (Gilbert 1600, 49)

BC 547)가 헝겊으로 문질러진 호박[**](그림 ②)이 머리카락을 끌어당기는 현상에서 처음으로 인식되었다. 전기에 대해 전혀 밝혀진 것이 없던 시대에 살던 길버트는 전기의 실체에 대해 밝혀보기 위하여 전기를 띤 물체로 방향을 돌아갈 수 있게 날카로운 금속으로 만든 베르소리움(versorium, 그림 ③)으로 실험을 하였다. 그런데 베르소리움으로는 양전하와 음전하를 구분할 수가 없어서 같은 극끼리는 척력이 발생하는지에 대한 사실까지를 알지 못하였다. 단지 문지른 후 베르소리움에 가까이할 때 그것이 움직인다는 것만으로 어떤 물질이 전기를 띠는지에 대한 목록만을 작성할 수 있었을 뿐이다.

길버트의 실험이 많은 것을 알아내지 못하였지만 한 가지 얻은 결실은 자석이 베르소리움을 움직이게 하지는 못하였기에 전하에서 발생하는 전기력과 자석에서 나오는 자기력은 성질이 다르다는 결론만큼은 내릴 수 있었다. 그래서 전기현상과 자기현상은 별도로

[*] 그림 ①과 ③은 위키피디아, 그림 ②는 https://www.museumfuernaturkunde.berlin/en/science/amber-forests

[**]송진가루가 딱딱하게 굳어져 화석과 같이 만들어진 호박(琥珀)은 상당히 오랜 시간에 걸쳐 만들어진 것이라 나뭇잎을 비롯하여 호박 내에는 모기나 벌레 등의 생명체 등이 있는 경우가 많아 과거의 생태계를 연구하는 중요한 연구 자료로 활용된다. 호박을 고대 그리스어로 '엘렉트론'이라고 하여 전기를 'electricity'라고 부르게 되었다는 설이 있다.

연구되는 계기가 되었다. 분명 그가 얻어낸 결과가 우리의 눈높이에서는 너무도 허접하다고 할 수 있지만 관찰과 가설, 그리고 수학이라는 언어로 자연을 해석하는 과학의 방법론이 정립되기 전의 시대라는 점을 감안하면, 길버트의 연구 방법은 혁신적이라 칭할 만하다.

전기가 자기처럼 인력과 척력이 존재한다는 비밀* 등 한걸음씩 전기력의 성질이 밝혀지면서 프랑스의 물리학자 샤를 드 쿨롱(1736~1806)이 전하 사이의 힘이 어느 정도인지를 계산하였다. 그는 전기력이 뉴턴의 만유인력과 힘의 종류는 다르지만 그 속성은 비슷할 것이라고 추측하여, 연구를 거듭한 끝에 전하 사이의 힘의 관계를 수학의 언어로 설명하는 쾌거를 이뤄냈다.

당시 과학계의 분위기는 뉴턴이 이룩한 이론들을 바이블로 삼고 있었다. 그래서 중력은 접촉하지 않은 채 아무리 멀리 떨어진 물체라도 텅 빈 우주공간을 가로질러 직선으로 순식간에 전달되는 원거리 작용으로 이해하였다. 그런데 여기서 잠시 우리는 한 가지 곱씹어볼 문제가 있다. 중력이란 힘이 어떤 매개체가 없이, 그것도 거리가 무한정 떨어져 있어도 바로 전달된다는 것이 뭔가 께름칙하지 않으신가? 빛의 속도도 유한하거늘 힘이 무엇이기에 빛의 속도를 넘어 거리에 상관없이 바로 전달된다는 것인가? 아마 이 질문에 한 방 세게 얻어맞는 기분을 느끼는 독자분들도 계시리라. 나도 그랬지만 대부분 뉴턴의 만유인력을 배우면서 중력의 원거리 작용에 특별한 고민 없이 자연스레 받아들였을 것이다. 사실 뉴턴 역시 이런 문제점을 인식하고 있었다. 단지 자신이 이끌어낸 법칙이 자연을

---

* 1733년 프랑스의 물리학자인 샤를 프랑수아 뒤페(1698~1739)가 검전기 실험을 통해 알게 되었다.

해석하는 데 아무런 문제가 없었기에 두루뭉술하게 넘어갔었을 뿐이다.

당연히 힘의 원거리 작용에 대해 물리학자들은 의문점을 가졌지만 자연의 현상을 우아하고 섬세한 수학의 법칙으로 밝혀낸 뉴턴이라는 위대한 인물에 감히 도전할 엄두를 낼 사람은 없었다. 쿨롱 역시 전하들 사이의 전기력도 힘의 종류는 다르지만 중력처럼 직선으로 상호작용하고, 거리에 상관없이 바로 전달된다고 철썩같이 믿고 있었다. 힘의 즉각적인 원거리 작용이 잘못되었다는 것은 후에 서술되겠지만, 다행스럽게 전기력을 측정함에 있어 문제로 작동되지 않았고 자신의 이름이 새겨진 법칙을 그에게 선사하였다. 그는 자신이 개발한 금속으로 된 공과 비틀림 저울이라는 실험 장치를 이용하여 전하들 사이의 힘의 법칙을 완성할 수 있었다.

〈그림 15.5〉로 보면 알 수 있듯 전하들 사이의 힘의 법칙은 만유인력의 법칙과 너무도 흡사하다. 두 전하 사이의 거리의 제곱에 역비례하고, 질량 대신 전하로 대체되었을 뿐이다. 이렇게 전하 사이

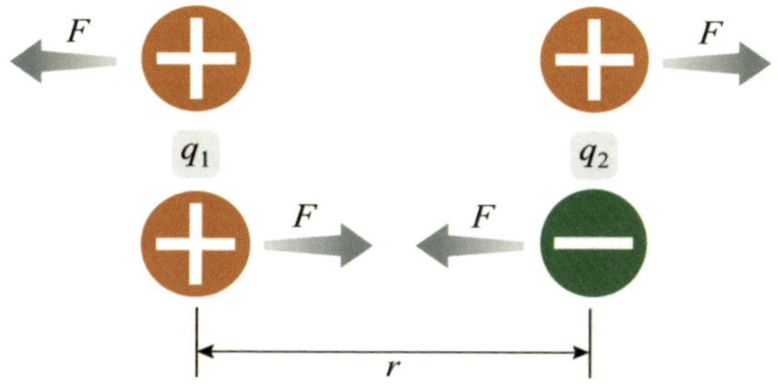

▲ 그림 15.5 쿨롱의 법칙 $F = k\dfrac{q_1 q_2}{r^2}$ *. 두 전하 사이에 작용하는 힘으로 두 전하의 곱에 비례하고, 거리의 제곱에 반비례한다.

---

* k는 쿨롱 상수로, 8.9876×10^9 N·m²/C²이다. q_1과 q_2는 두 입자의 전하량으로 단위는 쿨롱 'C'

의 힘의 법칙은 그의 이름에서 따와 쿨롱의 법칙으로 불리게 되었다. 이 결과로 우주에 있는 모든 힘들이 비슷한 형태를 가질 것이라는 기대 심리를 불러일으켰고, 동시에 뉴턴의 이론은 우주를 설명하는 절대적 진리라는 사실을 한층 견고하게 만들었다.

사실 전하 사이의 힘이라고 뉴턴의 만유인력과 전혀 종류가 다른 힘은 아니다. 성질은 다르지만 힘의 본질은 같다. 그 점에서 두 힘을 비교할 필요가 있다. 만유인력의 중력상수 G 는 1kg의 질량이 $1m/sec^2$의 가속도를 가지게 하는 힘을 1N으로 정의하면서 아주 정밀한 실험을 통해 얻어졌다. 그러니까 두 물체의 질량을 곱하고 거리의 제곱으로 나눈 값에 중력상수 G 를 곱해야 1N의 힘의 정의에 비율을 맞추게 된다. 일종의 표준화로 하나의 기준을 설정하여 비율을 맞춘 것이다. 수많은 물리 공식, 예를 들어 힘의 공식에는 근원이 달라 직접 비교가 힘들 때 적절한 상수를 곱함으로써 서로 힘을 비교하는 데 능동적으로 활용된다. 그 점에서 전하 사이의 힘을 표현하는 쿨롱의 법칙에 붙은 쿨롱상수 k 도 마찬가지로 얻은 상수다.

호기심 차원에서 중력과 전자기력 가운데 어느 것이 더 강할지 궁금하지 않은가? 아마 대부분 중력이라고 답할 것이다. 지구가 당기는 힘의 영향에서만 지내는 우리의 입장에서는 너무도 당연한 생각이다. 하지만 전혀 아니다. 음의 전하를 띠고 있는 전자와 양의 전하를 띠고 있는 양성자 사이에 작용하는 중력과 전기력의 크기를 비교해보면 전기력이 10^{39}배가 크다. 비교 자체가 되지 않는다. 그런데 왜 주변에서 전기력을 느끼지 못하는 것일까? 우리의 직감과 반대되는 결과가 나타나는 이유는 우리의 몸이나 주변의 대부분의 물체가 양의 전하와 음의 전하가 거의 동등하게 존재하여 물질 내부에서 이미 전기력이 상쇄되어 중성 상태로 존재하기 때문이다.

그래서 우리 주변의 물체는 전하를 거의 띠지 않고 있어서 물체 사이의 전기력이 0에 가깝게 되었고, 단지 질량에 의한 중력만 느끼게 되는 것이다.

정전기학에서 동전기학으로

기원전에 이미 전하라는 존재를 알았음에도 18세기가 저물 때까지 전기에 대해 거의 진전이 이뤄지지 않았다. 그 결정적인 이유는 바로 전하를 저장하지 못한 연유에서 비롯되었다. 물체끼리 서로 문질러서 전하를 얻어낼 수는 있지만, 그 양은 너무 적은데다 스파크나 불꽃으로 바로 소멸되어버려 지속적인 전기 공급은 생각조차 할 수 없었다. 전기가 어느 정도 저장되어 있어야 다양한 연구로 그 실체를 조사할 수 있었기에, 전기를 저장하는 연구가 가장 먼저 이뤄졌다. 이런 소망은 이탈리아의 과학자 알레산드로 볼타(1745~1827)가 현재 우리가 사용하는 핸드폰 배터리의 효시인 전지 개발에 성공하면서 이후 전기 관련 연구의 폭발적 발전의 도화선이 되었다. 무엇보다 그동안 정지해 있는 전하, 즉 정전기에 국한되었던 연구가 움직이는 전하인 전류에 대한 연구를 본격적으로 시작하게 한 전환점이었다.

전기력이 수학적으로 정립되던 1780년 초 루이지 갈바니(1737~1798)는 아내로부터 흥미로운 이야기를 전해 들었다. 금속 접시에 가지런히 놓인 개구리 뒷다리가 전기를 모으는 장치인 기전기를 작동할 때마다 살아 있는 것처럼 경련을 일으키는 것을 목격했다는 것이다. 과학자로서의 호기심이 한껏 발동된 그는 조건을 달리하며

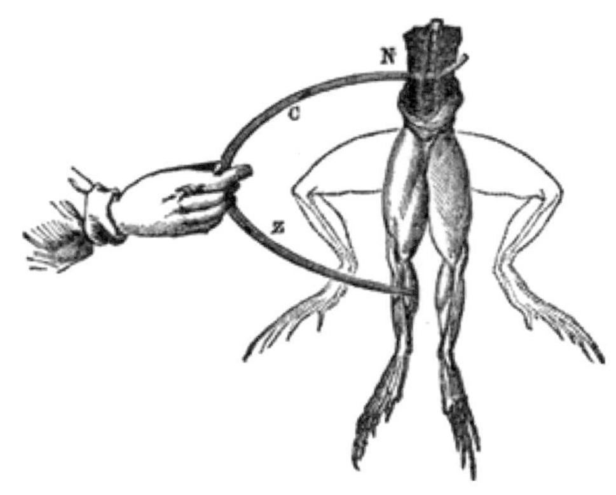

▲ 그림 15.6 갈바니의 개구리 전기실험 모식도[*]

실험을 거듭하였다. 특히 천둥과 번개가 치는 날, 철로 만든 갈고리에 꿰어 공중에 매달아놓은 개구리의 다리(그림 15.6)가 매우 빈번하게 경련이 일어나는 것을 보고, 대기 중의 전기가 번개가 일어나면서 뒷다리에 흘러 들어가 발생한 현상으로 생각하였다. 하지만 아무래도 미심쩍었다. 그래서 실험장소를 실내로 옮겨 개구리 뒷다리가 놓여 있는 둥근 철판에 철사를 접촉시켰을 때도 경련이 발생하는 것을 보고 자신의 생각이 틀렸다는 것을 확인하였다. 그리고 대신 개구리의 몸에서 전기가 나온다고 생각을 고쳐먹었다. 그러니까 생체 기관에는 고유의 전하가 존재하고, 외부 자극으로 생체 내 전하의 흐름이 발생해 생명체의 근육 조직을 흥분시킨다는 가설을 내놓았다.[**] 그리고 실제 그는 개나 소, 양 등의 사체, 심지어 사형당

---

[*] 그림 출처 Wikipedia (https://en.wikipedia.org/wiki/Luigi_Galvani)

[**] 갈바니가 발견한 이 현상을 갈바니즘 현상이라 하는데, 서로 다른 종류의 금속이 구강 내에서 서로 접촉할 때 전해질 매체인 타액을 통해 전류가 흐르는 현상이다. 정확하게는 본문에서의 그의 해석은 잘못된 것이다.

한 시신에 같은 방법으로 전기 자극을 일으켜 움직이게 하는 실험을 사람들에게 직접 보여주면서 자신의 이론에 정당성을 부여하려 노력하였다.

당시에도 인간을 두고 한 실험은 사람들에게 큰 충격을 주었고, 시신이 움직인다는 소문은 삽시간에 전 유럽에 퍼졌다고 한다. 그런데 아이러니하게도 이 실험이 역사상 가장 유명한 괴물인 '프랑켄슈타인'의 탄생을 불러일으켰다. 물론 소설 속 캐릭터에 불과하지만 지금도 공포 영화 등의 소재로 활용할 정도로 사회에 끼친 영향력은 대단하였다. 이런 어마어마한 명작의 저자는 놀랍게도 당시 18세밖에 되지 않았던 여성 메리 셸리로서 그녀는 갈바니즘에서 영감을 얻어 이야기를 꾸미게 되었다고 밝혔다.

한편 갈바니의 친구였던 볼타는 독자적으로 같은 실험을 하면서 갈바니의 주장이 무엇인가 잘못되었다는 것을 깨달았다. 그의 이론대로라면 어떤 금속이 닿아도 경련을 일으켜야 하지만 같은 종류의 금속을 대면 개구리 뒷다리가 움직이지 않고 오직 다른 종류의 금속일 때만 움직였던 것이다. 조건을 달리하며 끊임없는 사유와 실험을 거듭하던 볼타는 개구리 뒷다리의 반응은 개구리 몸에 전기가 들어있어서가 아니라 서로 다른 종류의 두 금속판을 대었을 때 그 사이로 전기가 흐르면서 중간에 껴 있던 개구리 다리가 움직인 것이라는 가설을 내놓을 수 있었다.

더 정확하게 표현한다면 다른 종류의 금속을 접촉했을 때만 꿈틀거리는 것은 두 금속의 이온화 경향에서 비롯되었다는 것이다. 금속마다 양 혹은 음이온이 되는 경향이 다른데, 가령 아연과 구리의 두 금속판을 사용하면 구리보다 양이온의 경향이 더 강한 아연판이 양이온이 되고, 구리판은 반대로 음이온이 되어 두 금속판을 이은 전선으로 전하가 이동하여 발생한다고 주장한 것이다. 그리고 그는 자신이 밝혀낸 가설을 바탕으로 전하를 저장할 수 있는 최초의 전지인 '볼타 전지'의 개발에 성공을 하였다. 자신의 논리가 진리임을 입증하는 증거품인 동시에 인류 역사적 측면에서 건전지와 휴대폰 배터리 등의 탄생을 불러일으킨 엄청난 결과물이었다. 10년이라는 시간 동안 숱하게 행한 긴 실험이 빚어낸 노력의 보상물인 볼타 전지는 은판과 아연판 사이에 소금물을 적신 마분지를 겹겹이 쌓아올린 〈그림 15.7〉과 같은 구조이다.[*]

볼타 전지는 아연판과 구리판을 음극과 양극으로 사용하고, 묽은 황산을 전해질로 사용하여 만든 전지로, 구조는 그림 ①과 같고 전기가 흐르는 기본적 개념도는 ②와 같다. 양의 전극으로 사용되는 구리는 수소보다 이온화 경향이 낮아 황산에 녹지 않는다. 반면 아연은 수소보다 이온화 경향이 높아 아연 이온 Zn^{2+}이 황산에 녹

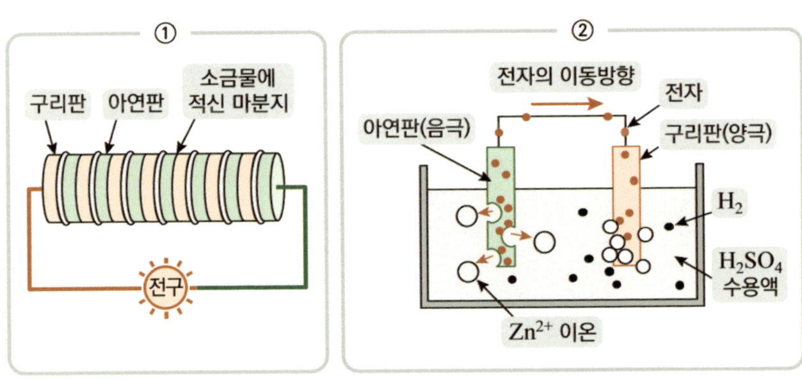

▲ 그림 15.7 구리판/마분지/아연판을 겹겹이 쌓아올려 만들어진 볼타 전지

---

[*] 더 자세한 내용은 저자가 기고한 〈동물전기의 발견(네이버 캐스트)〉에서 확인할 수 있다. (https://terms.naver.com/entry.naver?docId=3572466&cid=58941&categoryId=58960)

아떨어지면서 아연판에 남긴 2개의 전자가 전선을 타고 구리판으로 넘어가며 전기가 발생하게 된다.

볼타 전지는 과학사의 또 다른 전환점이 되는 발명품으로 전자기 연구의 촉매제가 되었다. 쿨롱의 법칙과 같이 그동안은 정지되어 있는 정전기에 관련한 연구가 이뤄졌다면 이때부터 오랜 시간 동안 안정적으로 공급되는 전지의 도움으로 움직이는 전기를 활용한 연구를 가능하게 만든 엄청난 성공이었다. 움직이는 전기를 생산하는 볼타 전지는 판도라처럼 인류가 그동안 접하지 못했던 자연의 현상을 끄집어내는 결정적 역할을 하게 되었다.

사실 갈바니가 생체기관에 전기가 존재할 것이라고 추정한 것은 옳았다. 하지만 그가 발견한 것은 생체에 존재하는 전기는 아니었고, 개구리가 놓인 금속 접시와 여기에 접촉한 다른 금속 사이에 발생한 전기였다. 그가 잘못 판단하여 역사에서는 대단한 업적을 남기지 못했지만, 죽은 개구리의 심장에 전류를 흐르게 하자 심장 근육의 수축이 일어났다는 갈바니의 관찰 기록은 오늘날 전기 충격으로 심장박동을 회복시키는 응급처치법과, 심장 리듬의 문제를 감지해 심장이 규칙적이고 제시간에 박동할 수 있도록 전기 자극을 보내는 장치인 심장박동기의 개발로 이어져 수많은 사람의 꺼져가는 생명을 되살리고 있다.

전류가 자기력을 만들어낸다

외르스테드의 실험 결과인 〈그림 15.3〉은 그에게 판도라에서 튀어나온 선물을 처음으로 움켜잡는 수혜자로서의 영광을 부여하는 신의 선물이었다. 하지만 전혀 준비가 되어 있지 않아서였는지 아쉽게 그는 선물을 받기만 하고 개봉하는 데에는 실패하였다. 전기력과 자기력이 엄연히 다른 힘인데 왜 자기력으로만 움직이는 자침이 도선을 흐르는 전하에서 발생한 전기력에 의해 움직이는 것인가? 더군다나 방향은 생뚱맞게도 도선을 향하지 않고 수직이라는 점은 직선상에서 원격으로 힘이 작용한다는 뉴턴의 역학을 따르지 않는 당시의 지식에서 볼 때 너무도 의외의 결과였다. 외르스테드는 자신이 찾아낸 이 현상을 어떻게 해석하였을까? 여러 고심 끝에 도선을 따라 서로 반대 방향으로 흐르는 양의 전하와 음의 전하가 충돌하여 소용돌이가 발생해 자침에 영향을 주면서 회전을 발생시킨다고 해석하였다.[*]

막상 들으면 그럴 듯하지만 너무도 모호하고 작위적인 해석으로 느껴져 다른 사람들을 납득시키기에는 한참 부족하였다. 하지만 그의 해석의 진위가 어찌 되었든 분명한 사실은 전기력과 자기력이 불가분의 관계에 있는 것만은 확실하였다. 그래서 여러 과학자들은 각자의 방식으로 외르스테드의 실험 결과를 재해석하는데 도전하였다. 여러분들 역시 별의 순간[**]에 놓인 외르스테드의 입장이라 여기고 이 현상을 어떻게 해석해야 할지 도전해보는 것은 어떨까?

프랑스의 물리학자 앙드레 마리 앙페르(1775~1836)는 이해하기 힘든 외르스테드의 연구 결과를 접하며 '도선에 흐르는 전류가 자석처럼 자기력을 발생시키는 요인이 되지 않을까?' 하는 놀라운 발

---

[*] Oersted, Hans Christian(1820), Experimenta circa effectum conflictus electrici in acum magneticam.

[**] 독일어인 'Sternstunde(슈테른슈툰데)'에서 비롯된 단어이다. 미래에 지대한 영향을 끼치는 숙명적인 결정이나 행위, 사건을 뜻하는 은유로 쓰인다. 흔히 한국어로 '운명적 시간, 결정적 순간'이라는 의미로 번역된다.(나무위키)

상을 떠올리게 되었다. 아무리 생각해도 나침반의 자침을 움직이게 하는 것은 자기력이 아니고서는 설명할 길이 없었다. 외르스테드가 주장한 소용돌이 해석은 현상에 끼워 맞춘 불편함이 가득하지만 전기가 흐르는 도선에서 자성이 발현하였다고 하면 나침반의 움직임은 더 이상 부연설명이 필요 없게 된다. 물론 전기가 흐를 때 왜 자성이 나타나는지는 이해하기는 힘들지만, 그런 현상은 신이 자연에게 부여한 하나의 규칙이자 뉴턴의 관성처럼 하나의 공리로 본다면 문제 될 것은 없어 보였다. 그렇다면 정말 자신의 판단대로 전하가 움직였을 때 자기력이 발생하는지의 진위를 실험으로 확인할 필요가 있었다.

그가 이런 발상을 끄집어낼 수 있었던 것은 외르스테드가 지구의 지자기 영향을 전혀 고려하지 않고 있음을 간파하였기 때문이다. 번거롭겠지만 외르스테드의 실험인 〈그림 15.3〉을 다시 들여다보자. 전류가 흐르는 그림 ②와 ③의 자침이 정확하게 동서 방향으로 향하지 않고 자침의 N극이 북쪽으로 약간 치우쳐져 있다. 그림이라 무심하게 지나치거나 기울여진 것에 의아하게 여긴 분들도 있었으리라. 사실 의도적으로 기울여 그린 것이고, 실제 실험에서도 그러하다. 앙페르는 이 점을 놓치지 않은 것이다.

앙페르는 외르스테드의 실험을 재연하면서 전류가 흐르는 도선으로 휘어지는 자침의 방향이 완전히 수직하지 않음을 찾아냈고, 자침이 오직 자기력에 의해서만 방향을 바꿀 수 있다고 가정하면 도선에서 자기력이 생겼다고밖에 달리 설명할 길이 없음을 꿰뚫어 본 것이다. 즉, 도선에서 생겨난 자기력과 지구 어느 곳에나 존재하는 지자기에 의한 두 힘의 영향으로 수직이 되지 않는 이유로 해석이 가능하기 때문이다. 자신의 가설의 진위를 확인하기 위해 앙페르는 전류의 세기가 강할수록 자침이 동서 방향에 더 가까워지고, 또한 지자기에 영향을 받지 않는 물질로 만들어진 자침의 경우는 전류의 세기에 상관없이 항상 수직방향을 향하는 것을 확인하면서 전류가 흐르는 도선이 자침을 휘게 하는 자기력을 생산하고 있음을 확신하게 되었다.

이것만으로 자신이 세운 가설의 정당함을 납득시키기에 부족하다고 여긴 앙페르는 전기가 흐르는 도선 주위에 자기력을 형성하는 자석이 존재한다고 가정하고, 전류가 흐르는 원형의 고리 모양의 도선을 층층이 쌓은 스프링 형태의 코일이 일반적인 영구자석과 동일한 방식의 인력과 척력이 발생함을 보여 전류가 자기력을 발생한다는 사실을 입증하겠다는 구상을 하였다.

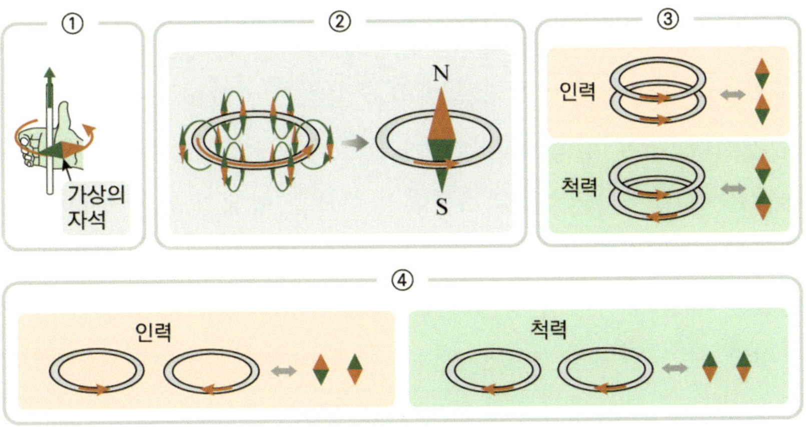

▲ 그림 15.8 ① 앙페르의 오른손 법칙, ② 전류가 흐르는 원형의 코일을 가상의 영구자석으로 대체, ③과 ④는 2개의 원형의 코일의 배치에 따른 인력과 척력

그림 ①은 앙페르가 숱한 실험을 거듭하면서 전기가 흐르는 도선 주변에 원형의 자기력이 발생하고, 전류가 흐를 때(초록색 화살표) 자기력의 방향(붉은색 화살표)이 어디를 향하는지를 알려준다는

그 유명한 앙페르의 오른나사법칙이다. 오른손 엄지를 전류가 흐르는 방향으로 하여 도선을 감싸 쥘 때 나머지 손가락이 향하는 방향이 자기력의 방향이다. 그래서 그는 직선의 도선 주위에 가상의 자석이 원형으로 놓인 것으로 설정하였다.

위의 생각을 발전시켜 직선의 도선을 원형으로 만들었다고 생각하자. 그리고 그림 ②의 반시계 방향으로 전류를 흐르게 할 때 원형 고리 내부의 가상의 자석은 모두 같은 방향이므로 이들이 모두 합쳐져 위가 N극이고 아래가 S극인 보다 더 강한 하나의 가상의 자석을 만들게 된다. 하지만 원형의 도선 외부는 비록 같은 방향이지만 뿔뿔이 흩어져 있어서 내부처럼 하나로 뭉치는 효과가 크지 않다. 결과적으로 원형의 고리는 내부에 강한 가상의 자석, 그리고 외부는 약한 자석이 형성되어 있다고 보아도 되겠다.

그림 ③은 전류가 흐르는 두 원형의 고리를 위 아래로 배열할 때 전류의 방향에 따라 발생하는 인력과 척력을 가상의 자석으로 설명한 것이다. 같은 방향으로 전류가 흐르는 원형의 고리를 위아래로 놓았을 때는 자석의 N극과 S극이 마주보는 형태가 되어 인력이 발생하고, 다른 방향일 때는 서로 같은 극이 마주 보아져서 척력이 발생됨을 가상의 자석이 명쾌하게 보여주고 있다. 그림 ④는 원형의 고리를 같은 평면에 놓았을 때로 가상의 자석으로 인력과 척력이 왜 발생하는지의 해석이 충분히 가능하다.

하지만 단일한 원형의 도선 고리가 만들어내는 자기력의 크기가 매우 약하다는 단점이 있어서 앙페르는 원형의 도선 고리를 겹겹이 쌓아 스프링의 형태의 코일을 만들어 전류를 흘러보내 더욱 강한 자기력을 만들 수 있도록 구상했다. 각각의 고리 내부의 가상의 자석들이 같은 방향으로 배열되면 보다 더 강한 자기력을 분출하는 하나의 가상의 자석을 만들어낼 수 있기 때문이다. 솔레노이드라 부르기도 하는 스프링 형태의 코일에 전류를 흘려보내면 실제 자침을 끌어당기는 등 자석과 같은 동일한 행동을 취하기 때문에 전자석이라 한다. 코일을 감을수록, 즉 원형의 고리를 많이 쌓을수록 자성의 세기는 비례적으로 커져 상당한 세기의 전자석을 만들어낼 수 있다. 앙페르는 스프링 코일의 전자석이 보통의 자석과 동일하다는 것을 보이면서 전기가 자기를 만들어낸다는 것을 입증하려 했다.

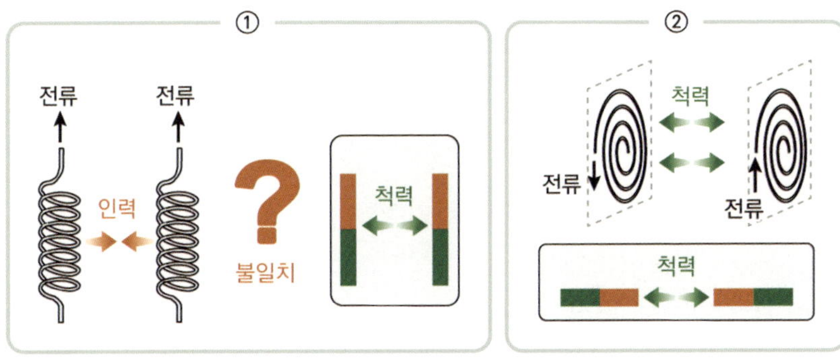

▲ **그림 15.9** ① 같은 방향의 전류가 흐르는 두 전선을 마주하였을 때, ③ 소용돌이 모양의 전선을 서로 마주보게 위치하여 반대방향으로 전류를 흘렸을 때 힘의 방향

앙페르는 위의 그림처럼 스프링 코일의 전자석이 영구자석과 동일할 것이라 판단하면서 스프링 코일을 2개 준비하여 〈그림 15.9〉 ①처럼 평행하게 위치시켜 같은 방향으로 전류를 흘려주었다. 예상대로라면 상자의 그림(〈그림 15.8〉 ④의 오른쪽 그림과 동일한 상황)처럼 2개의 자석이 극을 마주하게 되는 것과 같아져 척력이 발생하여야 했다. 그런데 뜻밖에도 두 코일은 서로 잡아당기는 인력이 발생하지 않는가! 자신의 판단이 잘못되었을까? 상당히 당혹스러운 결과였다. 스프링 코일이 자석이라면 분명 척력이 발생해야 하거늘 인력이 생기는 것은 이해하기 힘들었다. 자신이 알지 못하는 또 다

른 힘이 존재하는 것일까 아니면 전류가 자기력을 만든다는 자신의 생각이 그릇된 것일까?

하지만 전류가 자기력을 생산한다고 굳게 믿고 있던 앙페르는 그림 ②의 소용돌이 모양의 두 코일을 마주보게 하여 서로 다른 방향으로 전류를 흘려보냈다. 상자의 그림처럼 마치 2개의 자석이 서로 같은 극을 마주하는 꼴이므로 척력이 발생해야 했다. 다행히 이 실험은 앙페르의 생각과 정확히 일치하였다. 확실히 전류가 자기력을 만든다는 자신의 가설은 진리였다. 그러면 완전히 상반된 결과를 낳고 있는 그림 ①의 실험은 어떻게 해석해야 할 것인가?

불가분의 관계인 전기력과 자기력

앙페르는 고민 끝에 전자석과 영구자석은 동일한 자기력을 내뿜지만 형태적으로는 같지 않다는 사실에 착안하면서 왜 척력이 아닌 인력이 생기는지 알 수 있을 것 같았다. 그래서 자신의 생각이 합당한지 확인하기 위해 먼저 2개의 도선을 준비한 아래의 실험을 행하였다. 〈그림 15.9〉의 실험 결과가 자신의 예측과 달리 나오게 되었는지를 어떻게 입증하겠다는 것인지 그의 의중을 당장 알기 힘들지만 천천히 그가 행한 실험을 따라 가보도록 하자.

〈그림 15.10〉은 평행한 두 도선에 전류가 흘렀을 때 서로 어떤 힘을 받게 되는지를 시험한 것이다. 앙페르의 예상은 같은 방향으로 전류가 흐르는 그림 ①의 평행한 두 도선은 서로 잡아당기는 힘을 받게 되는데, 앙페르의 오른손 법칙으로 두 도선 사이의 영역에서 형성되는 가상의 자석으로부터 인력이 됨을 어렵지 않게 이해할

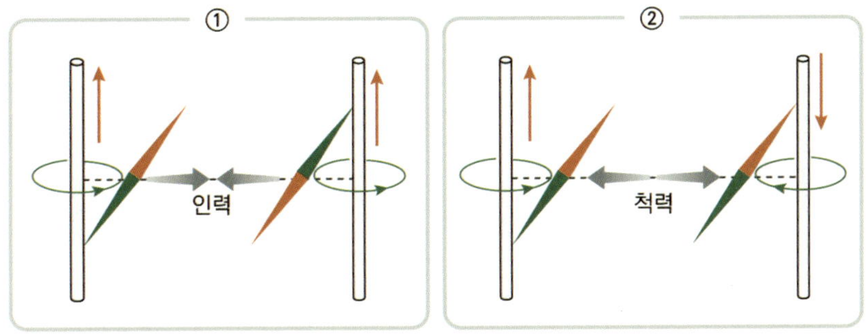

▲ **그림 15.10** ① 두 도선에 흐르는 전류의 방향이 같을 때에는 인력, ② 반대 방향일 때에는 척력

수 있다. 또한 반대 방향의 전류가 흐르는 그림 ②의 두 도선도 같은 방법으로 척력이 발생될 것임을 알 수 있다. 실제 실험에서도 각각 인력과 척력이 형성되면서 도선 내를 지나는 전류가 자기력을 만들어낸다는 앙페르의 추측을 더욱 확고하게 만들었다. 그런데 왜 스프링 코일만 반대의 결과가 나온 것일까? 그리고 앙페르는 무슨 이유로 두 도선으로 위의 실험을 한 것일까? 다음에서 그 이유를 찾을 수 있다.

전선의 고리들이 연결이 되지 않고 각각 떨어진 상태로 층층이 쌓인 형태의 그림 ①의 원형의 고리 각각에 전류를 흘려보내면 〈그림 15.8〉에서 설명하였듯이 내부에만 자기력이 형성되어 내부에 가상의 자석이 형성될 것이라는 것이 앙페르의 예상이다. 그리고 그림 ②는 앞서 직선 도선처럼 외부에 도선과 수직한 방향으로 자기력을 만들게 된다.

그런데 현실적으로 그림 ①처럼 제작할 수는 없으므로 그림 ③과 같은 스프링 코일을 만들어 실험을 할 수밖에 없는데, 이것은 적층된 각각의 고리를 직선의 도선으로 연결한 형태로 사실상 그림 ①과 ②를 합친 격이 된다. 즉 실제 실험에 사용되는 그림 ③의 스

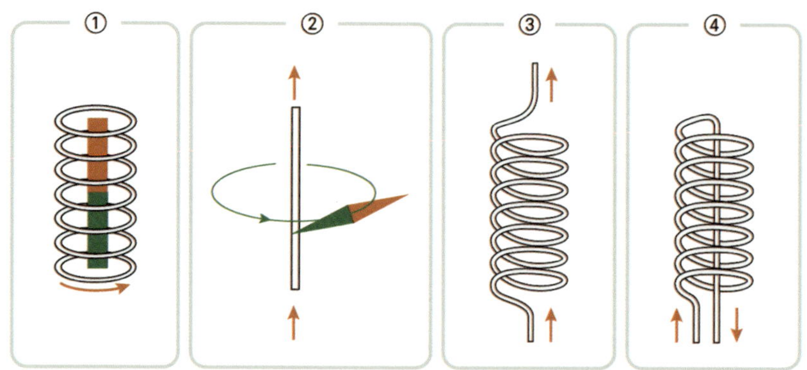

▲ **그림 15.11** ① 층층이 쌓인 원형의 코일들, ② 직선의 도선, ③ 적층된 원형의 고리와 직선의 도선이 합쳐져 형성된 스프링 코일, ④ 직선 도선의 효과를 상쇄시키기 위해 중심축을 따라 연장된 전선으로 구성된 스프링 코일

프링 형태의 코일은 그림 ①의 층층이 올라간 원형의 코일과 그림 ②의 직선의 도선을 따라 전류가 흐르는 두 상황이 절묘하게 합쳐진 꼴인 셈이다. 그래서 〈그림 15.9〉 ①과 같이 2개의 스프링 코일로 실험할 때는 코일 내부보다 외부의 자기력에 의한 영향이 일차적으로 더 미치게 되어 직선 도선의 효과만이 발현되어 예상했던 척력이 아닌 인력이 발생한 것으로 추측한 것이었다.

목적에 방해가 되는 소음과 같은 존재인 직선 도선의 효과를 상쇄시키기 위해 앙페르는 그림 ④와 같이 맨 위에서 중심축을 따라 도선을 아래로 연장시켜 반대방향으로 전류가 자연스럽게 흐르게 하면, 그림 ②의 직선 도선으로 발생하는 자기력을 지워 그림 ①의 층층이 쌓아놓은 코일 형태만으로 형성된 내부의 가상의 자석만 남게 되어 원래 의도했던 척력의 결과가 나오리라 기대한 것이다. 그리고 이렇게 만든 2개의 스프링 코일로 다시 실험을 하자 정말로 척력이 발생되었다. 그가 세운 가설은 정확하였다. 전류가 자기력을 만들어내는 그의 가설은 더 이상 가설이 아닌 진리였고, 전기와 자기는 떼려야 뗄 수 없는 불가분의 관계라는 자연의 비밀이 밝혀지는 순간이었다.

앙페르가 밝혀낸 전기와 자기의 관계는 당연하게도 또 다른 매우 어려운 문제에 봉착할 수밖에 없었다. 전류, 즉 전기력이 자기력의 원천이라면 영구자석은 어떻게 해석해야 할 것인가? 우리가 궁금해하는 문제이기도 하다. 자신의 가설이 진정한 진리로 계속 유지되기 위해서는 자석이 자체적으로 전류를 가지고 있어야 옳다. 자기력은 오직 전류에서만 발생한다는 것이 그의 주장이기 때문이다. 정말로 자석 내에 전류가 흐르는 것일까? 그렇다면 어떻게 건전지도 없이 발생하는 것일까? 이유는 모르겠지만 실제 전류가 흐른다면 검출 또한 가능하여야 하지 않을까?

자석에 숨어 있는 전류의 존재에 대한 의문에서 비롯되어 머릿속에 잉태된 생각의 씨앗은 그것을 검출하려고 노력하는 과정들이 빚어내며 또 다른 가설이 떠올랐다. 혹시 자석 내의 수많은 분자들 각각이 미세한 전류의 고리로 만들어진 작은 자기력들이 합쳐져 전체적인 자기력을 만들어내고 있는 것은 아닐까? 이런 놀라운 통찰은 프랑수아 아라고(1786~1853)의 실험 결과를 접하면서 비롯되었다.

아라고는 구리선을 스프링 형태로 감아 그 중앙에 철침을 매달아놓고, 전류를 흘려보내자 철침이 자화되어 자석이 되는 실험 결과를 선보였다. 앙페르는 구리선을 따라 진행하는 고리 형태의 전류가 만들어낸 가상의 자석이 철침의 내부 분자들에 원형의 전류 고리를 만들게 하여 철침을 자화시켰다고 생각한 것이다. 그가 제안한 가설의 진위를 떠나 이런 발상을 할 수 있었다는 것에 경탄할 수밖에 없다. 하지만 어떻게 하든 해석하기 위한 고육지책으로 내

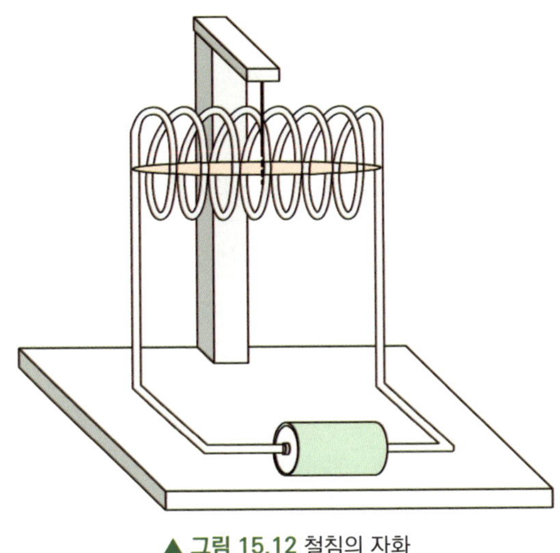

▲ **그림 15.12** 철침의 자화

놓은 가설이기도 하였고, 또 당시까지 관측되지 않은 하나의 가설인 분자설로 내세운 해석이었기에 환영받지 못했지만 말이다.

어쨌든 그의 주장은 타당성은 있어 보이지만 입증하기에는 당시의 기술로는 부족하였고, 앙페르의 가설이 이론으로 바뀌느냐 폐기되느냐의 운명을 결정할 명확한 결과이자 우리가 이번 편의 이야기를 이끌어가는 자석에 대한 해답을 얻기 위해서는 아직 가야 할 길이 많이 남아 있다.

비오–사바르 법칙

전하의 움직임인 전류가 자성을 발생시킨다는 사실은 전기와 자기가 동떨어진 사이가 아닌 불가분의 관계로 엮여 있다는 천상의 비밀을 들춰내면서 정지된 전하에서 움직이는 전하로 연구의 패러다임을 바꾸게 되었다. 앙페르는 새롭게 떠오른 이 분야에서 가장 선두 주자였다. 그는 자신이 지닌 과학과 수학의 능력을 한껏 발휘하면서 뉴턴의 업적인 직선적인 힘의 원격 작용 틀에서 전기와 자기 사이의 관계를 수학의 언어로 정량화하는 어려운 작업을 시작하면서 오른나사 법칙에 이어 또 하나의 자신의 이름이 붙은 법칙을 만들어냈다.

그가 밝혀낸 법칙은 추후에 다루기로 하고, 그에 앞서 전류가 흐르는 도선과 자기력과의 관계를 밝힌 비오－사바르 법칙을 다루면서 이번 장을 마무리하고자 한다. 이 법칙은 프랑스의 두 물리학자 비오(1774~1862)와 사바르(1791~1841)가 외르스테드의 발견 직후, 전류가 근처 자석에 미치는 힘에 관한 실험을 수행하면서 공간의 한 점에 만들어지는 자기력을 전류의 함수로 표현한 업적이다.

미적분은 물리학 발전의 폭발을 이루게 한 방화범이라 할 정도로 지대한 영향을 끼쳤다. 〈그림 15.13〉의 비오－사바르 법칙을 들여다보면 그동안 충분히 논의했던 미분과 적분의 내용을 아주 충실

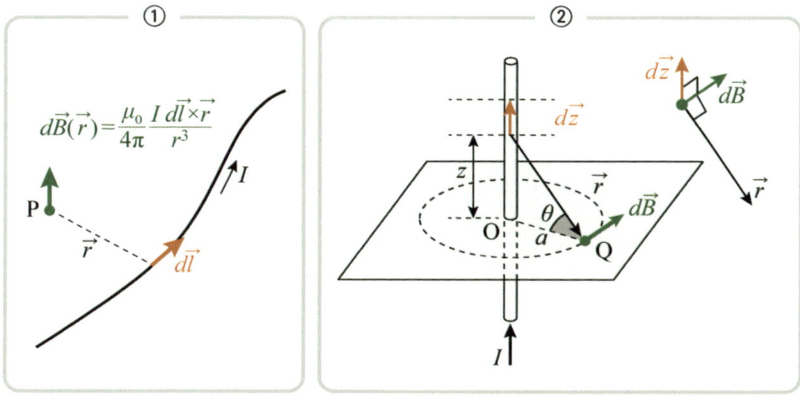

▲ 그림 15.13 ① 비오-사바르 법칙, ② 직선 도선에 전류 I가 흐를 때 점 Q에서의 자기력

하게 따라서 얻어낸 법칙임을 알 수 있다. 전류가 흐르는 도선을 무한소 $I\vec{dl}$로 분할하였고, 중력과 쿨롱의 법칙처럼 거리의 제곱에 역비례 $1/r^2$하는 자기력을 형성시키고, 그리고 P 지점에서 자기력은 모든 무한소에서 만들어내는 자기력을 적분으로 계산하여 얻어냄을 말하고 있다. 오히려 우리에게 너무도 친숙한 '×'라는 기호가 사실 더 어려운 수학기호이다. 왜냐하면 이 식에서 '×'는 수들의 연산자인 곱셈이 아니고 벡터의 연산자의 하나인 '외적'이기 때문이다.

외적이라는 벡터의 연산자가 필요한 이유는 2개의 벡터에 의해 생성되는 새로운 벡터의 방향이 기존의 두 벡터에 모두 수직일 때 필요한 벡터 연산자이다. 전류에 의해 발생하는 자기력의 방향이 앙페르의 오른나사 법칙을 만족시키기 위해서는 〈그림 15.13〉 ②에서 보듯 전류가 흐르는 방향의 무한소 벡터 $I\vec{dl}$와 점 P를 잇는 직선의 벡터 $\vec{r}$에 모두 수직이어야 한다. 이런 상황을 수학의 언어로 기술하기 위해 만들어진 기호가 바로 벡터의 외적인 '×'이다.

실제의 예인 그림 ②의 직선 도선에 전류 I가 흐를 때 전류의 무한소 $I\vec{dz}$와 두 지점 사이의 거리의 벡터 $\vec{r}$, 전류의 무한소에 의해 생성된 무한소의 자기력 $\vec{dB}$의 세 벡터를 따로 떼어낸 그림을 보면 $\vec{dB}$가 나머지 두 벡터에 모두 수직임을 표현하고 있다. 수식에 대해 계속 이야기하면 복잡해지므로 중간 과정은 조금 생략한 채 전류 I가 흐르는 직선의 도선에서 a만큼 떨어진 지점의 무한소의 자기력 $\vec{dB}$의 크기는 다음과 같이 정리된다.

$$dB = \frac{\mu_0 I}{4\pi} \frac{a\,dz}{(a^2 + z^2)^{3/2}}$$

따라서 무한한 직선 도선에 의해 점 P에서 형성되는 자기력 B는 아래와 같은 적분 계산으로 구해진다.

$$\langle \text{식 15.14} \rangle \quad B = \int_{-\infty}^{\infty} dB = \frac{\mu_0 I}{4\pi} \int_{-\infty}^{\infty} \frac{a\,dz}{(a^2 + z^2)^{3/2}} = \frac{\mu_0 I}{2\pi a}$$

위의 적분 계산은 다소 어렵게 느껴지지만 $z = a\tan\theta$로 치환하면 의외로 쉽게 계산이 가능하다.

27장의 삼각함수에서 $\tan\theta$는 $\sin\theta/\cos\theta$이고 도함수가 $1/\cos^2\theta$이라고 했다. 또한 $\sin^2\theta + \cos^2\theta = 1$이라는 식으로부터 $\tan\theta$ 관련하여 또 하나의 관계식을 뽑아낼 수 있다.

$$1 + \tan^2\theta = 1 + \frac{\sin^2\theta}{\cos^2\theta} = \frac{\cos^2\theta + \sin^2\theta}{\cos^2\theta} = \frac{1}{\cos^2\theta}$$

그런데 삼각함수 편에서 $\tan\theta$의 그래프의 개형에 대해서는 보여준 적이 없는 것 같다.

$\tan\theta$는 〈그림 15.15〉처럼 나머지 두 형제인 sin과 cos과는 결을 달리한다. 두 함수는 주기가 2π이며 치역이 -1과 1 사이의 값만 취할 수 있는데 비해 tan는 주기가 π이고 모든 실수의 값을 가지고 있다는 점이 결정적으로 다르다. 무엇보다 음의 무한대에서 양의 무한대의 모든 값을 취할 수 있다는 점 때문에 〈식 15.14〉의 z를 $a\tan\theta$로 치환할 수 있는 이점을 제공하고 있다. z의 정의역 범위가 음의 무한대에서 양의 무한대이고 $z = a\tan\theta$이므로 θ의 범위가 $-\pi/2$에서 $\pi/2$로 제한시켜도 충족되기 때문이다. 이제 z의 변수로

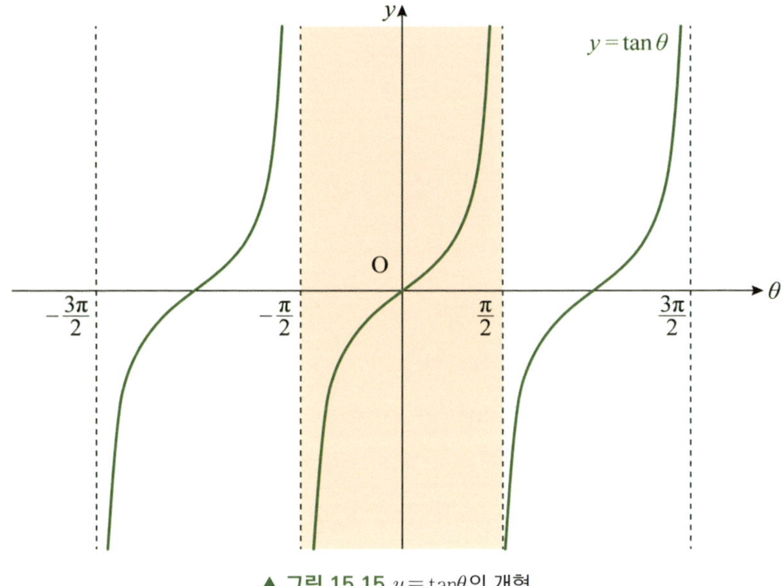

▲ 그림 15.15 $y = \tan\theta$의 개형

된 〈식 15.14〉를 θ의 변수로 바꿔 적분 항만 계산하면 다음과 같다.

$$\int_{-\infty}^{\infty} \frac{a\,dz}{\left(a^2 + z^2\right)^{3/2}} = \frac{1}{a} \int_{-\pi/2}^{\pi/2} \cos\theta d\theta = \frac{2}{a}$$

위의 계산 과정이 아직 서투신 분들은 일단 전류 I가 흐르는 직선의 도선에서 a만큼 떨어진 지점의 자기력이 〈식 15.14〉과 같다는 것만 기억해도 되겠다. 나중에 요긴하게 써먹을 때가 있을 것이다.

49장 패러데이의 전자기 유도

트루 폴(True pole)

패러데이가 위대한 과학자의 길을 걸을 수 있었던 것은 책들을 밤낮으로 읽으면서 지식을 쌓고 실천하는 성실성이 가장 커다란 스승이었겠지만, 영국이 자랑스럽게 여기는 화학자 험프리 데이비(1778~1820)의 조수가 된 것도 결코 무시할 수 없다. 화학자로서 탁월한 업적을 쌓으며 전기화학의 선구적 연구를 수행하고, 또한 강연으로 대중에게 과학을 널리 알리는 등 사회적 공헌도도 엄청났던 데이비로부터 패러데이는 많은 것을 배울 수 있었다. 또한 물리학에 비해 높은 수준의 수학을 요구하지 않고 대신 집중력과 관찰을 필요로 하는 화학을 먼저 접한 것도 패러데이를 현상의 본질을 꿰뚫어보는 통찰력을 배양시키는 촉매제의 역할을 하였다. 수학을 제대로 배우지 못했다는 패러데이의 심각한 결함은 분명 한계성이 명확했지만, 역설적으로 정규 교육으로 경직화된 사고가 아닌 수많은 실험과 관찰로 직접 습득된 경험으로 사물을 보는 직관이 키워지면서 틀을 깨는 아이디어를 발현하는 힘이 그에게 체화되었다. 무한한 열정으로 외르스테드, 앙페르, 데이비 등의 실험을 직접 자신이 재연하면서 마침내 '청출어람'이라는 사자성어가 들어맞을 정도로 어엿한 과학자의 반열에 올라선 패러데이가 드디어 수확의 계절에 접어들기 시작했다.

패러데이 역시 외르스테드의 소용돌이 해석은 너무도 모호하고 근거가 없는 해석이라 생각했다. 반면 명쾌한 실험에서 이끌어낸 앙페르의 연구 결과는 너무도 우아하였다. 비록 수학적 지식이 부족하여 그가 펼친 이론을 쫓아가기는 힘들었지만 자연이 펼치는 현상을 실험으로 밝히는 작업에는 그 누구보다도 뛰어났던 패러데이는 앙페르의 결과에 매료될 수밖에 없었다. 그는 앙페르를 비롯하여 여러 과학자들이 게재한 전자기에 관련된 논문들을 찾아 읽으며 그들의 실험을 반복하면서 자신만의 독특한 물리적 직관을 키워나갔다.

전류가 흐르는 도선이 원형의 힘인 자기력을 만들어 자침을 끌어당기거나 밀치는 현상은 많은 연구자들에게도 충분히 알려져 있어 새로울 것은 없었다. 패러데이 자신도 이미 여러 차례 행하였던 실험인지라 익히 알고 있었다. 그럼에도 패러데이는 그동안 놓쳤던 무엇인가가 있다는 느낌 속에 다시 외르스테드의 실험을 하면서 도선과 자침 사이의 힘의 역학 관계를 들여다보기 시작하였다. 이번

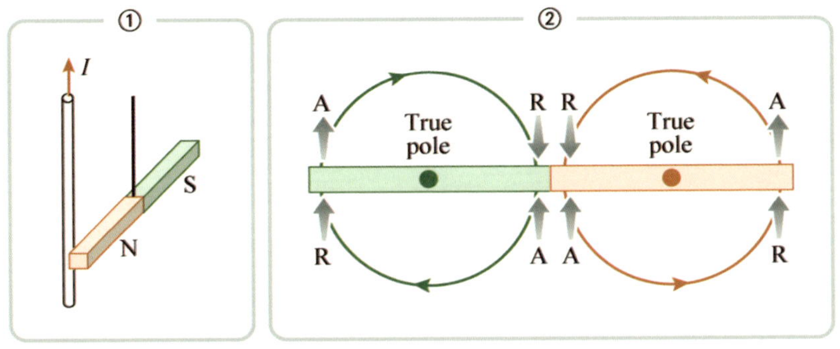

▲ **그림 15.16** ① 실에 매달린 자석에 전류가 흐르는 도선을 가까이 하면서, ② 위치별로 자석이 도선에 밀리는 척력(R)이 발생하는 지점과 이끌리는 인력(A)이 발생하는 지점을 표시

에는 더욱 정교하게 꾸민 장치로 세심하게 관찰하며 도선과 자침 사이의 힘의 역학 관계가 만들어내는 지형도를 그리기 시작했다. 그러자 이전까지 알려져 있던 사실과는 또 다른 차이점을 발견해냈다.

패러데이는 전기가 흐르는 도선에서 발생하는 작은 자력에도 움직임이 가능하도록 〈그림 15.6〉 ①과 같이 실에 자석을 매달아놓고, 자석을 도선에 가까이 하였을 때 위치에 따라 인력이 발생하는지 혹은 척력이 발생하는지를 섬세하게 조사해 나갔다. 그리고 완성된 지형도가 그림 ②로서, 'A'라고 표시된 4곳이 도선을 가까이 하면 인력이, 'R'인 4곳에서는 척력이 발생함을 알게 되었다. 기존에는 자석의 양끝 4곳에서만 인력과 척력이 발생하는 것으로 알려져 있었지만 패러데이는 더욱 세밀한 실험을 통해 척력과 인력이 발생하는 곳이 자석의 중간 부근에도 4군데나 더 존재한다는 사실을 찾아낸 것이다.

그런데 이 실험을 하면서 자석의 움직임을 면밀히 관찰한 패러데이는 놀라운 발상을 떠올렸다. 자석의 끝부분에 도선을 가까이 하자 자석이 인력으로 도선에 이끌리다가, 도선을 지나가면 척력으로 멀어지는 궤적이 마치 원의 궤적을 따라 자석이 운동하는 것처럼 보였다. 그리고 이런 발상을 자신이 만든 힘의 지형도와 연결하여 생각을 발전시키자, 역으로 자석을 고정시키고 도선을 자석에 가까이 하였을 때 그림의 초록색 원 혹은 붉은색 원을 따라 도선이 운동할 것으로 보였다. 어떻게 이런 놀라운 생각을 떠올릴 수 있었던 것일까? 아마 위의 실험 결과에 해를 끼치는 주변의 소음을 제거하려는 숱한 노력을 거듭하며, 자신이 자석이 되었다가 도선이 되면서 둘 사이의 역학 관계를 체감하면서 누구도 떠올리기 힘든 발상을 한 것이리라.

　그의 생각은 일반적인 상식의 틀을 깨뜨리며 더욱 발전하여 나
갔다. 패러데이는 8개의 지점에서 발생하는 힘 외에 상당히 많은 지
점에서 힘의 지형도를 그려내면서, 그림에서 붉은색과 초록색의 두
원의 중심을 '트루 폴'이라고 명명하였고, 이어서 물리학계를 충격
에 빠뜨릴 만한 해석을 내놓았다. 도선과 자침 사이의 운동을 단순
하게 인력과 척력으로 해석하지 않고, 오히려 자석은 트루 폴을 중
심으로 도선을 원운동시키는 힘이 이미 공간에 펼쳐져 있다는 것이
다. 인력과 척력의 관계로만 보더라도 원운동을 충분히 예상할 수
있겠지만, 그는 완전히 다른 시각에서 자연의 현상을 들여다보고
있었던 것이다. 도선과 자석 사이의 직접적인 힘의 역학 관계를 도
외시한 채 자석에는 이미 힘의 지형도가 완성된 상태로 보고, 도선
의 움직임이 이미 형성된 힘의 지형도를 무너뜨리고 새롭게 힘의
지형도를 형성시키는 과정에서 원운동이 발생한다는 것이 그의 해
석의 맥락인 것이다.

　이런 발상은 뒤에서 더 설명하겠지만 거리에 상관없이 힘은 바
로 전달된다는 뉴턴 역학을 무시하는 처사이다. 당시 뉴턴에 반기
를 든다는 것은 상상도 할 수 없는 일이었기에 일반적인 상황에서
떠올릴 수 없는 발상인 것이다. 아마 교육을 통해 생겨나는 가장 큰
폐단인 경직된 사고에서 벗어나 오직 경험과 끝없는 사유에서 얻어
진 자신만의 통찰에서 비롯된 것이리라. 이렇게 패러데이는 물리학
의 주류에서 벗어나 전혀 다른 눈으로 세상을 바라보았다.

모터의 효시

정말로 패러데이가 생각한 대로 자석이 만들어낸 힘의 지형도에 의해 도선이 원운동을 하게 될까? 이제 패러데이는 자신의 가설의 진위를 실험으로 확인하여 검증함으로써 많은 이들에게 동의를 얻어야 할 것이었다. 그 누구도 생각하지 못했던 아이디어에 흥분과 기대가 충만했겠지만 도선의 회전을 눈으로 확인시키려는 실험 장치를 꾸미는 것은 또 다른 일이다. 어떻게 하면 도선이 자석의 'true pole'을 중심으로 회전하는 것을 실험적으로 보일 수 있을까? 우리에게는 쉬운 일이 아닐 수도 있겠지만 수많은 실험으로 이미 잔뼈가 굵은 패러데이에게는 문제가 되지 않았다.

내가 패러데이의 입장에서 실험을 구상하였다면 그림 ①과 같이 꾸몄을 것 같다. P의 지점은 움직이지 않지만 이 점을 중심으로

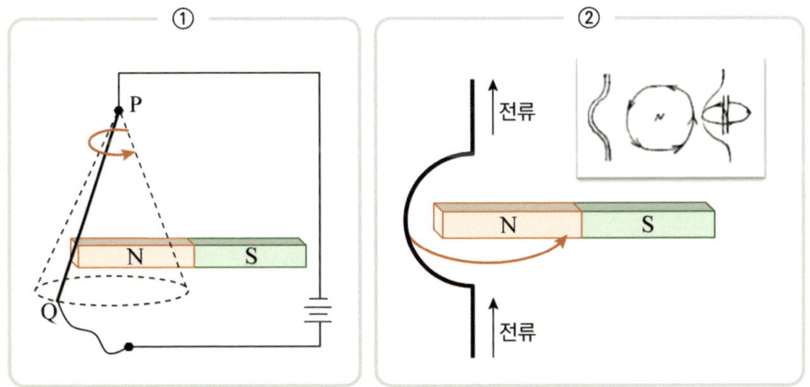

▲ 그림 15.17 ① 자석에 의해 도선이 회전되는 실험 장치, ② 전류가 흐르는 도선 중간에 반원의 형태로 휜 크랭크에 자석의 한 극을 가까이 하자 크랭크는 반시계 방향으로 회전하였다. 삽화는 패러데이가 자신의 실험일지에 기록한 그림[*]

[*] 《Michael Faraday's Diary》 vol. 1, Thomas Martin 편집, the Royal Institution of Great Britain

도선이 자유롭게 회전이 가능하도록 하고, P와 Q 사이는 구부러지지 않는 직선의 도선(그림의 굵은 검은색 선분)이 지표면과 일정한 각도를 유지하고, Q의 아랫부분은 PQ의 직선의 도선이 회전하더라도 도선에 전원을 공급하는 전지와 항상 연결이 되도록 말이다. 제대로만 되면 도선이 자석을 중심으로 충분히 원운동을 할 것이다. 아마 패러데이도 처음에는 이렇게 구상했을지도 모르겠다. 하지만 직선의 도선이 각도를 유지하며 회전시키도록 구성시키는 것이 가능하겠지만 쉬운 작업은 아니었을 것이다. 그런데 패러데이는 나의 구상보다 훨씬 더 효율적으로 실험 장치를 만들었다.

그가 구상한 실험 장치가 그림 ②다. 패러데이는 크랭크라 지칭한 중간 부분을 구부려 반원 형태로 전선을 만들었고 위와 아래는 모두 고정시켜 회전이 가능하도록 제작했다. 그리고 패러데이는 전선에 전류를 흘려보내면서 조심스레 자석을 가까이 하였다. 정말로 회전이 일어났을까? 고맙게도 크랭크는 빙그르르 회전을 하는 것이었다. 혹시 다른 효과에 의해 회전이 일어난 것이 아닐까 하는 의구심을 지우기 위하여 전류의 방향을 바꿔보기도 하고, 혹은 자석의 극을 바꿔 도선에 가깝게 접근시켰다. 그러자 도선은 전과 반대방향으로 회전하였다. 자석은 정말로 패러데이가 찾아낸 트루 폴을 중심으로 도선을 회전시키는 것이었다.

면밀한 관찰로부터 가설을 뽑아내고, 가설의 진위를 검증하기 위해 실험을 설계하고 결과를 해석하는 이 모든 과정은 정말로 쉬운 일이 아니다. 패러데이가 true pole을 찾고, 도선을 회전시키는 실험을 매우 손쉽게 이룬 것처럼 보일수도 있지만 엄청난 노력과 끝없는 고뇌가 만들어낸 작품이다. 무엇보다 자신이 원하는 결과만을 뽑아내는 실험 장치를 이토록 간단하게 제작할 수 있으려면 완벽한 통찰 없이는 불가능한 일이다.

그런데 위의 실험은 결정적 단점이 있었다. 도선을 회전시키기 위해 자석을 가까이 하다 보니 도선의 크랭크가 회전하면서 영구자석에 부딪혀 더 이상 회전할 수 없다는 점이었다. 크랭크 안에 들어올 정도의 작은 자석을 사용하면 되지 않겠나 생각할 수 있겠지만 이때는 서로 반대의 원운동을 발생시키는 2개의 트루 폴이 동시에 작동되어 원운동 자체가 불가능해진다. 사람들에게 자신의 연구 결과를 납득시키기 위해서는 도선이 끊임없이 회전하는 장치를 고안할 필요가 있었다. 물론 우리에게는 힘들 수 있지만 그에게는 어려운 작업이 아니었다.

패러데이가 끊임없이 도선 혹은 자석의 회전이 가능하도록 만들어낸 장치가 위의 그림의 중간에 위치한 사진이다. 사진의 오른쪽

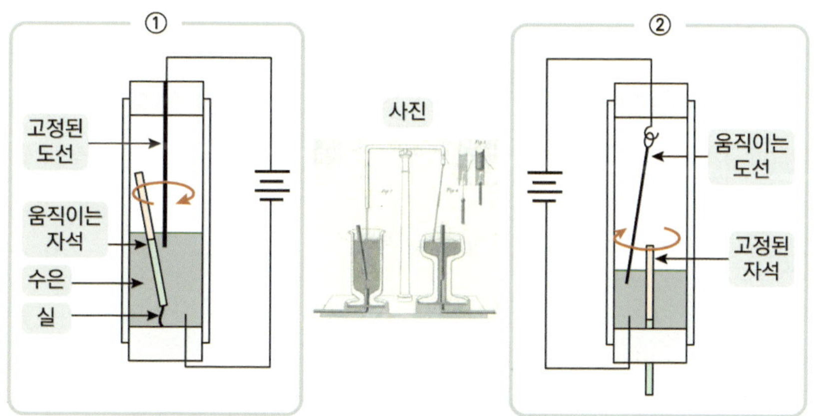

▲ 그림 15.18 그림 중간의 사진은 패러데이가 만든 실험장치*로, 사진의 왼쪽과 오른쪽의 개요도가 각각 그림 ①과 ②이다.

---

* M. Faraday, 'New electro-magnetic apparatus,' Quarterly Journal of Science, Literature and the Arts, vol. XII, pp. 186–187, 1821.

부분은 도선이 회전하도록, 그리고 왼쪽은 자석이 회전하도록 구성한 실험 장치이다. 먼저 사진의 오른쪽 실험 장치부터 살펴보겠다. 그림 ②가 그 개요도로 움직임이 가능한 도선과 고정된 자석이 평행하게 놓여 있다. 그리고 움직임이 가능한 도선의 끝부분에 끊임없는 전류가 흐를 수 있도록 수은에 살짝 잠기게 하고, 자석은 고정시켜 꼭대기 부분만 노출될 때까지 수은을 채워 넣었다. 앞서 내가 생각했던 〈그림 15.17〉 ①의 실험 장치를 한층 향상시킨 것으로 볼 수도 있겠다. 실험 장치는 그가 얻고자 하는 전기와 자기의 역학 관계를 밝히기에 충분하였다. 전류를 흐르자 마술처럼 도선은 원을 그리며 막대자석의 주위를 돌아가기 시작했다. 쉬지 않고 말이다. 그는 여기에 만족하지 않고 반대로 도선을 고정시키고 막대자석의 회전이 가능하다는 것도 보여줬다. 사진의 왼쪽이 그 장치로 그림 ①과 같이 도선을 고정시키고 자석의 한쪽 끝을 바닥에 고정시킨 채 전류를 흘려보내자 자석이 빙그르르 도선의 주위를 회전하였다.

패러데이는 과학 강연에서 실제 이 실험을 시연하였다. 당연히 그 전에는 누구도 본 적이 없었던 도선 혹은 자석이 쉼 없이 회전시키는 광경은 일반 대중들을 매료시키기에 충분하였다. 이토록 대단한 찬사를 받았던 패러데이의 위의 장치가 현재 우리 주변에 널려 있는 모터의 효시이다.

분명 패러데이는 기존의 학자들과 노선이 확실히 달랐다. 기존 이론에 물들지 않고 오직 자신이 직접 경험하면서 얻어진 직관으로 자연의 현상을 해석하던 패러데이는 힘이라는 추상적인 공간을 다른 눈으로 보았다. 도선이 발생시킨 원형의 힘의 공간과 자석이 만드는 힘의 공간이 만나 다시 힘의 균형을 이루는 과정에서 도선이 회전하고 혹은 자석이 회전하는 것으로 보았다.

뉴턴의 법칙과 미적분에 대해 체계적으로 배우지 못하였던 것이 오히려 고정관념에서 탈출할 수 있는 계기가 되었는지, 패러데이는 과학계의 지존 뉴턴의 이론에 벗어나 사물의 본질을 다른 관점에서 해석하는 반골적인 생각이 그의 뇌에서 꿈틀거리고 싹트며 전자기학의 지형을 넓혀나갔다.

자기력선과 자기장

외르스테드 이후 여러 연구의 결과 전기력이 자기력을 만들어낸다는 사실은 진리이자 모두가 아는 상식이 되었다. 그러면서 자연스레 많은 물리학자들은 반대의 효과, 즉 자석의 자기력으로부터 전기를 생산하는 방법도 존재하지 않을까 하는 의구심이 들었다. 자연의 현상이 대칭이라는 틀에서 움직이고, 양과 음의 전하가 있고, 밝음이 있으면 어둠이 있듯 전기력이 자기력을 만들면 역으로 자기력이 전기력을 만들어낼 것이라는 추측은 너무도 당연하다. 수많은 학자들이 그 방법을 찾아내 영광의 월계관을 쓰겠다는 일념으로 뛰어들어 도전하였다. 그래서 이쯤에서 나는 말도 되지 않는 상상을 하여보았다. 만약 당시의 물리학 지식만을 가졌다는 가정하에 내가 그 시대에 이 문제에 도전하였다면 어떻게 되었을까? 다양한 방법으로 시도하며 매번 실패를 거듭하였겠지만 그래도 혹시 〈그림 15.2〉와 비슷한 장치로 자석에 의해 전기가 생성되는 것을 보여주는 일이 생기지 않았을까? 정말 그렇게 되었다면 영광의 월계관은 내가 받게 되지 않았겠는가!

그런데 내가 설혹 그런 실험 장치를 꾸몄다고 해서 원하는 전류 생성에 이루었을까? 불가능하다. 이유는 자석을 상당한 속도로 움직이지 않고서는 전기 발생을 시킬 수 없기 때문이다. 감지하기가 어렵다는 것이 맞겠지만 말이다. 나의 장치를 보면 LED의 불을 밝히기 위해 모터의 힘을 빌려 자석을 회전시키지 않았는가! 사실 실험 장치가 잘못된 것은 없지만 여기에는 시대적 모순이 담겨 있다. 앞에서 패러데이가 원시적 모터 형태를 만들어냈다고 했듯이 당시에는 모터가 없었기 때문이다. 그렇기에 당연히 전류의 발생을 감지할 정도의 자석의 움직임을 만들지 못한다. 아마 엄청난 발견의 목전에 있었으면서도 이 방법은 아닌가 보다 하고 다른 방법을 모색하였으리라.

자기력으로 전기를 만들어내는 경쟁에서 패러데이가 그 영광의 월계관을 거머쥐었다. 패러데이가 승리를 할 수 있게 한 극적인 전환점은 나선형으로 코일을 칭칭 감은 솔레노이드를 물에 반쯤 잠기도록 하고, 또한 코르크 마개를 이용하여 솔레노이드와 동일한 길이의 자석을 물에 띄워 자유롭게 움직임이 가능하도록 구성된 실험에서 비롯되었다. 앙페르의 결과에서 알 수 있듯 전류가 흐르는 스프링 코일은 전자석이 되어 물에 띄워진 자석을 끌어당기게 된다.

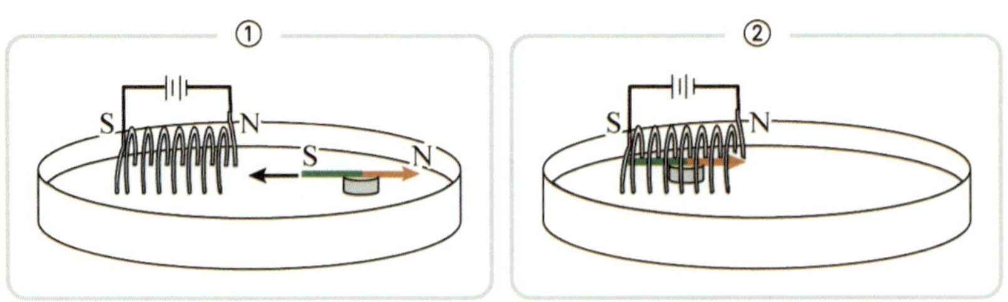

▲ **그림 15.19** ① 물에 띄운 자석이 코일 쪽으로 다가와서, ② 코일 내부까지 들어와 나란히 위치한다.

예상했던 대로 자석의 S극은 전자석의 N극을 향해 항해를 시작했다. 그리고 통상적으로는 자침의 S극이 코일의 N극에 이끌리다가 두 극이 서로 만나는 지점에서 멈춰질 것으로 생각되었다. 2개의 자석을 가까이 하면 서로 다른 극이 붙기 때문에 충분히 예상할 수 있는 시나리오다. 하지만 실제 실험에서는 자석이 코일 내로 아예 진입하여 자석의 N극이 전자석의 N극 앞에까지 진입하고서야 멈췄다. (그림 ②) 마치 2개의 자석이 서로 평행한 상태에서 같은 극끼리 붙은 것과 마찬가지다. 예상과 맞아떨어지지 않은 이 실험 결과를 어떻게 해석해야 할까?

앞서 패러데이는 힘이란 것이 이미 공간에 채워져 있다는 혁신적인 개념을 구상하고 있다고 하였다. 그리고 마침내 발화된 개념이 역선이다. 전자기학의 패러다임을 완전히 뒤바꿔버리고 향후 물리학 전반에 지대한 영향을 끼치게 될 장의 개념의 씨앗이다. 힘이란 것이 직접적인 물체 사이에 작동하는 것이 아니라 공간에 펼쳐진 역선들로 채워진 공간이 서로 부딪혀 기존의 대칭을 무너뜨리고, 다시 새로운 대칭의 역선으로 가득한 공간을 창출한다는 개념으로, 기존의 뉴턴 역학에 기초한 물리학 해석과는 확연히 다르게 세상을 바라보는 것이다. 이렇게 그가 창안한 역선이라는 개념이 위의 실험에 대해 해석할 수 있다는 확신을 그에게 심어주었다.

그는 자신이 고안한 역선인 자기력선을 여러 실험 결과에 대입하여 해석하면서 자기력선이 탄력이 있는 고무줄과 같은 속성을 지니고 있음을 밝혀냈다. 그림처럼 길이 방향으로는 고무줄처럼 수축(붉은색 원의 부분)하지만, 역선끼리는 대신 반발하여 팽창(초록색 사각형의 영역)하는 특성을 지녀 서로 밀치는 척력이 존재한다. 또한 자기력선은 자석 내부를 관통하여 외부까지 이어져 시작과 끝이 없

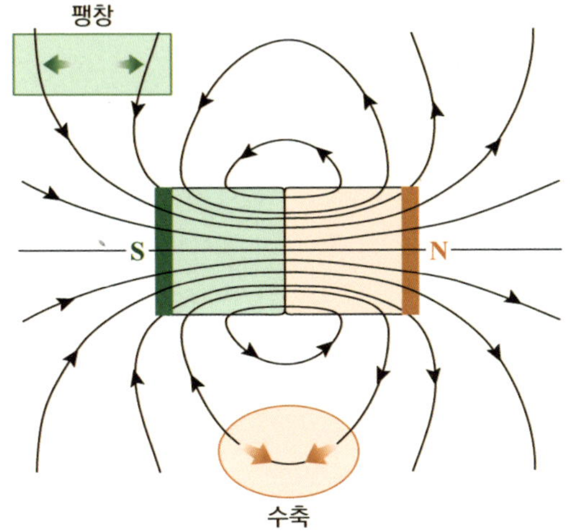

▲ 그림 15.20 패러데이가 창안한 자기력선의 성질

는 폐곡선이다. 그래서 폐곡선인 자기력선은 어디가 N극인지 S극인지 지정할 수 없다. 자석의 매질을 통과하는 폐곡선인 자기력선들은 자연히 자석의 내부와 양 끝단에서 자기력선이 밀집될 수밖에 없고, 공기와 같은 매질과 만나는 지점에서 자기력선이 퍼지게 되고, 이 양 끝 지점에서 자기력선의 밀도의 차이가 현격하게 변하는 지점이 된다. 흔히 말하는 자석의 N극과 S극은 자기력선의 밀도가 갑자기 변하는 지점일 뿐 극이란 것은 존재하지 않는다는 것이다. 참으로 명쾌한 해석이 아니겠는가! 패러데이는 이렇게 공간을 전기력선과 자기력선으로 꽉 채워진 힘의 지형도로 바라본 것이다.

그리고 이런 역선의 개념으로 〈그림 15.19〉의 실험 현상을 해석한 것이 위의 그림이다. 솔레노이드의 N극과 자석의 S극이 맞닿은 그림 ①의 공간의 힘의 지형도는 매우 불안정한 상태이다. 고무줄의 성질을 지닌 역선들은 수축과 동시에 팽창하며 서로 밀어내는 힘이 발생하여 자석을 솔레노이드 내부로 진입시키게 되고, 결국

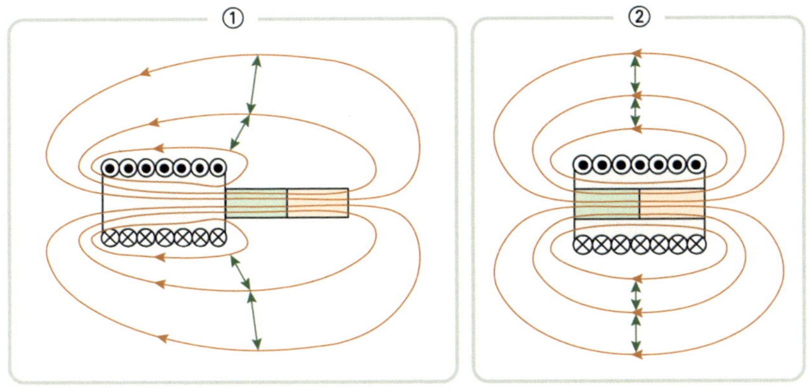

▲ **그림 15.21** ① 자기력선이 밀집된 자석의 양끝이 N극과 S극, ② 자석의 양끝 솔레노이드에서 나오는 자기력선으로 이뤄진 불균형한 힘의 공간, ③ 자석이 솔레노이드 내부에 완전히 들어온 뒤 균형을 이룬 힘의 공간

자석이 완전히 내부로 들어간 그림 ②에서 자기력선들이 매우 균형 잡힌 힘의 분포를 보인다. 자석이 솔레노이드 내부로 들어갈 수밖에 없는 현상이 역선의 개념으로 명쾌하게 설명된다.

패러데이는 더 나아가 자기력 혹은 전기력으로 채워진 힘의 매개체인 공간을 장이라는 단어로 함축하여 표현하기 시작했다. 우리가 흔히 사용하는 자기장과 전기장이 패러데이가 만들어낸 개념이다. 장의 도입은 무엇보다 그동안 진리로만 여겼던 직선적인 힘과 원격작용으로 자연을 해석한 뉴턴 역학을 송두리째 뒤흔드는 엄청난 변혁의 시발점이다.

우리가 지금 그가 도입한 용어를 사용하고 있다는 것은 그의 발상이 진리라는 증거이다. 하지만 이런 위대한 혁명을 불러일으킨 패러데이의 주장은 당시에는 추상적인데다가 뉴턴역학과 상반되었고, 또 수학의 언어로 표현되지 않았기 때문에 이해가 쉽지 않아 많은 반발을 불러일으켰다. 무엇보다 자기력선으로 공간이 채워졌다는 이 말 자체가 모순이다. 이유는 여러분들이 이미 알고 있는 사실에서 쉽게 이끌어낼 수 있다. 1차원인 선으로 2차원도 아닌 3차원인 공간을 어떻게 만들어낼 수 있단 말인가! 이렇게 역선이 지닌 자체적인 모순으로 자기력선이나 전기력선을 수치로 표현하는 방법이 너무도 모호하여 역선은 이해의 수단이지 물리량으로서 인정받을 수가 없었다. 그럼 이렇게 훌륭한 역선의 개념을 폐기해야 옳을 것인가? 다음 장에서는 추상적인 패러데이의 개념을 어떻게 수식으로 표현하는 데 성공하였는지 또 한 명의 천재가 펼치는 지혜의 쇼를 감상하게 될 것이다.

전자기 유도

목적에 맞는 실험 장치를 구현하는 패러데이의 천재성은 1831년 자기력이 전기력을 발생시키는 인류에게 더없이 위대한 유산을 남기는 대업을 달성하며 월계관을 움켜쥐었다. 패러데이는 코일에서 발생한 자기력선이 자석을 관통하는 폐곡선으로 자기장을 형성한다는 사실에서, 또한 아라고의 실험에서 철이 자화된다는 사실에서, 그리고 철심이 자기력을 손실 없이 내부에 간직할 수 있는 능력이 존재하고 있다는 사실에서 착안하여 하나의 원형의 철심에 도선을 여러 겹으로 최대한 많이 감은 2개의 코일을 서로 마주보도록 만들었다. 하나의 코일에서 발생된 자기력선이 외부로 빠지지 않고 철심을 통해 또 다른 코일에 전달하도록 하기 위함이다.

현재 왕립과학연구소에 보관되어 있는 패러데이가 제작한 사진 ①의 철심 고리는 보기에 형편없지만 인류의 발전에 이바지한 업적을 돌이켜보면 돈으로 환산하기 힘들 정도의 가치를 지니고 있다.

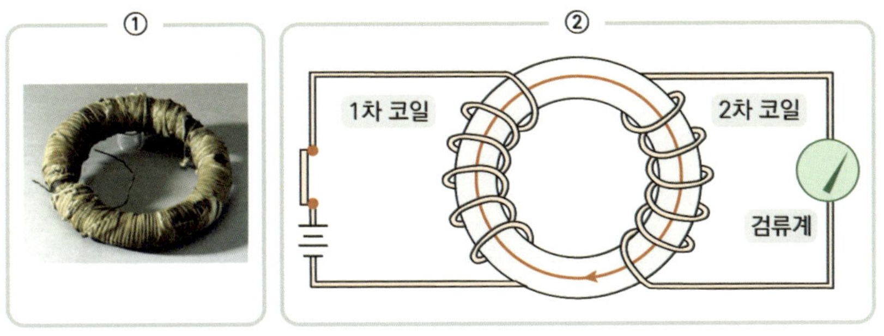

▲ **그림 15.22** ① 패러데이가 제작한 철심 고리[*], ② 철심 고리로 연결한 회로도

이 철심 고리로 패러데이가 밝혀낸 원리가 이번 전자기학의 이야기를 시작하면서 제시하였던 킥보드의 바퀴에 불을 밝히는 데 사용되었고, 지금 우리가 사용하는 전자제품에서 거의 예외 없이 적용되고 있을 정도로 현대 과학문명의 발전의 절대적 권위를 차지하고 있는 '전자기 유도'라는 놀라운 원리를 패러데이에게 선물한 존재이다.

패러데이의 철심 고리를 보기 좋게 나타낸다면 그림 ②와 같은 회로도이다. 왼쪽과 오른쪽 두 곳에 따로따로 도선이 철심에 상당한 횟수로 감겨져 있다. 감겨질수록 발생되는 자기장이 더 커지기 때문에 패러데이 역시 손으로 엄청나게 감다보니 제작한 철심이 너저분하게 보이게 된 이유가 되기도 한다. 패러데이의 실험 목적은 간단하다. 왼쪽의 1차 코일에 전류를 흘려서 유도된 자기장(그림의 붉은색의 원)이 철심을 따라 손실 없이 오른쪽의 2차 코일에 영향을 줄 때 전류가 발생하는지를 알아보는 것이다. 그래서 2차 코일에 전

---

[*] Jim Al-Khalili "The birth of the electric machines: a commentary on Faraday (1832), Experimental researches in electricity"(Phil. Trans. R. Soc. A 373, 2015)에서 사진 인용

류의 발생을 확인하기 위해 검류계를 연결해 놓았다. 누구나 만들어낼 수 있을 정도로 너무도 간단한 실험 장치이다.

역사적인 1831년 8월 29일 패러데이는 2차 회로에 전류가 흐르는지 커다란 기대를 안고 검류계에서 눈을 고정시키며 스위치를 닫아 1차 회로에 전류를 흘려보냈다. 그런데 그의 예상과는 다른 일이 벌어졌다. 스위치를 닫는 순간에만 검류계의 바늘이 잠깐 흔들렸을 뿐 이내 제자리로 돌아가 더 이상의 움직임을 보이지 않았던 것이다. 잠시 그에게 커다란 흥분을 선사하였지만 바로 실망을 안긴 결과였다. 1차 코일에는 전류가 계속 흘러가고 있었지만 검류계의 바늘은 더 이상 요지부동이었다. 할 수 없이 스위치를 열어 전류의 흐름을 끊자 그 순간 특이하게도 검류계의 바늘이 이번에는 반대방향으로 다시 한 번 움찔거리고 이내 제자리로 돌아왔다. 무슨 조화인가?

처음 예상은 전류가 흐르기만 하면 2차 회로에 지속적인 전류가 발생할 것이라는 예상했지만 스위치를 열고 끄는 순간에만 바늘은 움직였다. 의아하게 여긴 패러데이는 스위치를 여닫는 행위를 반복적으로 이어나가자 검류계의 바늘이 그 동작에 맞춰 좌우로 흔들렸다. 분명 스위치를 열고 닫는 그 순간에만 검류계의 바늘이 움직였다. 실험에 어떤 하자가 없다면 또 검류계가 본연의 임무에 충실하게 전류가 흘렀을 때만 작동된다면?

지속적이지 못하고 일시적인 전류만 흐르는 실험 결과로 분명 패러데이는 당황했지만 전기가 들어가는 순간과 꺼지는 순간에만 검류계 바늘이 움직였다는 것은 분명 2차 회로에 전기가 발생했다는 것이므로 자신의 실험 결과에 상당한 물리적 의미가 내포되어 있음을 동물적인 감각으로 느꼈다.

그가 자신의 실험 결과를 어떻게 해석하였는지를 보기에 앞서 우리도 나름대로 분석해보는 것도 좋겠다. 열리고 닫히는 순간을 제외하면 열린 스위치는 전류가 아예 흐르지 않은 상태라 2차 코일에도 전류가 흐르지 않음은 너무도 당연하다. 그런데 전류가 흐르는 닫힌 스위치는 왜 2차 코일에 전류가 흐르지 않는 것일까? 정리하자면 이 둘의 상태는 어떤 공통점이 있고, 또 열리고 닫히는 두 개의 순간에는 어떤 공통점이 숨어 있는 것일까? 심각하게 고민을 거듭하면 한 가지로 귀결될 수 있다. 2차 코일에 전류가 흐르지 않는 두 상태는 정적인 상태이고, 스위치를 여닫는 순간은 동적인 상태라는 것이다. 일종의 관성 상태에 비유하는 것이 매우 적절할 듯하다. 자, 이제 스위치를 닫아 전류를 흘려보내는 상황을 상상하자. 그런데 닫히는 순간 전류가 0에서 어떤 값으로 바로 도달할리는 없고, 어느 시간의 간격 동안 전류가 연속적으로 변하면서 그 값에 이를 것이다. 짧은 시간이겠지만 관성이 깨지는 힘이 지속적으로 가해지는 구간이다. 이 시간 동안 전기장은 계속 변하기 때문에 그에 맞춰 유도되는 자기장도 변하게 된다. 그렇다면 관성을 깨뜨리는 힘이 발생하는 시간의 구간이 전기장이나 자기장이 채워진 공간을 끊임없이 왜곡시켜 2차 코일에 영향을 주어 전류를 짧게나마 발생시킨 것으로 해석이 가능하다. 같은 이유로 스위치를 열 때는 전류가 0이 되는 시간의 간격 동안 자기장의 변화가 역시 2차 코일에 전류를 유도하는 것이 된다.

결론적으로 힘의 공간인 장의 변화가 일어나는 시간 동안 2차 코일에 전류를 발생시키는 것이므로 뜻밖에도 시간 t가 굉장히 중요한 변수로 등장한다. 미적분의 언어로 표현한다면 1차 코일의 전기장 E_1의 시간적 변화 dE_1/dt가 시간의 함수인 자기장 $B_1(t)$을 만들고, 이렇게 유도된 자기장의 시간의 변화 dB_1/dt이 2차 코일의 전기 E_2를 생성한다고 해석이 가능하겠다. 물론 개략적인 것이고 또 정확한 수학적 표현법은 아니지만 시간 t의 함수로 전기장과 자기장 사이에 관계식이 형성되리라 충분히 예상할 수 있다.

1차 코일   자기장의 변화   2차 코일

$$\frac{dE_1}{dt} \quad\rightarrow\quad B_1(t) \quad\rightarrow\quad \frac{dE_2}{dt}$$

당시 많은 과학자가 시도하였음에도 찾아내지 못한 결정적인 이유가 여기에 있다. 아주 짧은 시간 동안 일어난 전기의 변화로 유도된 자기장이 2차 회로에 전기를 발생하는 데 연구자들이 관찰에 주의를 기울이지 않은 점도 있겠지만, 무엇보다 유도된 자기장이 어느 정도의 크기가 되어야 2차 전류를 발생시킬 수 있다는 점에 있다. 패러데이가 예상치 못한 결과로 표현했지만 어쩌면 그는 이 모든 것을 예측하였을지도 모르겠다. 그가 준비한 철심코일의 상태를 보면 얼마나 많은 도선을 감았을까 의심스러울 정도로 최대한 강한 자기장을 형성시키기 위해 노력했는지가 바로 보이지 않나. 그는 미적분의 언어는 몰랐어도 직관적으로 이미 모든 답을 알고 있었다.

뉴턴의 역학에 위배되는 역선의 도입

앞의 절은 책의 주제인 미적분의 틀에 맞게 나름대로 해석하여 본 것이고, 실제의 주인공인 패러데이가 역선이라는 개념으로 전자기 현상을 해석한 내용을 살펴보는 것이 이해가 쉽고 또한 천재의

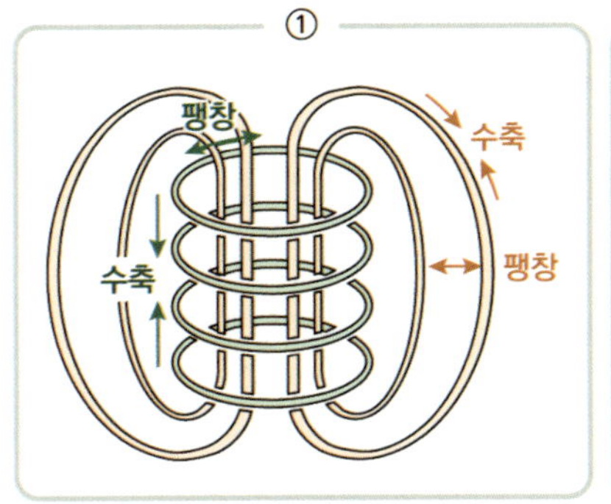

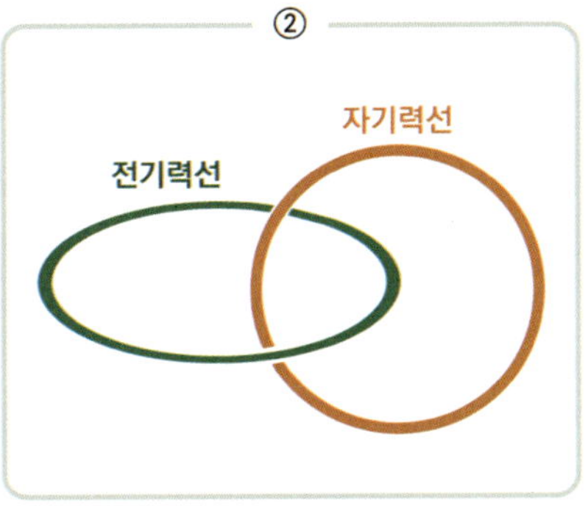

▲ **그림 15.23** ① 전기력선(초록색선)과 자기력선(붉은색선)의 성질은 전기적 효과와 자기적 효과가 상호관계. ② 전기력과 자기력의 두 힘의 통일성에 대한 패러데이의 상징

머리에서 경험과 직관으로 튀어나온 발상이므로 이것을 알아두는 것이 훨씬 가치가 있겠다.

　패러데이는 자신이 개발한 힘의 선, 즉 역선이라는 개념으로 전기적 힘의 본성을 이해하는 서술적 기초로 삼았다. 그는 앙페르가 실험한 스프링 형태의 전자석에서 나오는 자기력선의 고리들(〈그림 15.23〉 ①의 붉은색의 폐곡선) 각각은 늘어난 고무줄이 원래 형태로 되돌아가려고 수축하지만, 고리들끼리는 서로 밀쳐내는 성질을 지니고 있고, 반면 그림 ①의 초록색 원형의 전기력선의 고리는 서로 잡아당기는 수축과 동시에 팽창하는 성질을 지니고 있음을 알아냈다. 이렇게 두 역선들은 상반되는 팽창과 수축으로 서로 얽혀 있지만 완벽하게 힘의 균형을 이루며 상호보완적으로 불가분의 관계에 놓여 있음을 명확하게 보여주고 있다. 그래서 패러데이는 두 힘의 축이 서로 수직으로 맞물려서 연결된 2개의 고리로 상징화하였다. 그림 ②는 힘의 본성을 "겉보기에는 전기와 자기라는 2개의 힘 또는 2가지 형태의 힘으로 보일지라도 실제로는 단일한 상태"[*]라고 정의하면서 수십 년간 이뤄진 전기와 자기에 대한 실험과 연구로부터 얻은 직감과 통찰로 얻어진 개념을 가장 함축적으로 표현한 하나의 표상이다. 그리고 이 표상은 다음 '16부'의 주인공이자 그의 뒤를 잇는 천재 물리학자에게 커다란 영감을 주면서 경천동지할 물리학의 대발견으로 이어지게 되었다.

그는 수축과 팽창의 성질을 지닌 역선으로 자신이 발견한 전자기 유도를 전기적 긴장이라는 또 다른 개념을 도입하여 설명하였다. 코일 내의 전기와 자기가 만들어내는 현상을 〈그림 15.23〉 ①처럼 스프링과 같은 탄성력을 지닌 개체로 본 것과 같다. 스프링이 당겨지거나 압축되어 언제든 튈 수 있는 긴장상태에서 2차 코일에 유도되는 자기력이 강해지거 나 약해지는 것이 긴장상태를 깨뜨려서 전류가 발생한 것으로 전자기 유도를 설명하였다.

패러데이의 전자기 유도를 〈그림 15.24〉의 순서대로 해석해보자.

① 코일에 자석이 충분히 떨어져 있어 서로 영향을 전혀 주고받지 않는 상황으로 전자기 유도의 스위치가 열린 상태이다. 2차 코일에는 아무런 변화가 없다.

② 자석에는 6개의 자기력선이 존재하고, 자석이 접근하면서 코일 내로 진입한 2개의 자기력선(붉은색 화살표)이 코일에 의해 잘리고 있다. 전자기 유도에서 스위치를 막 닫은 상황으로 1차 코일에서 전기를 막 인가한 상황이다. 이때 우주는 대칭으로 움직인다는 섭리에 따라 코일 내에 진입한 2개의 자기력선은 엄연히 대칭을 무너뜨린 존재로 이때 전기적 기장 상태에 돌입한다. 그래서 대칭의 가장 기본적인 속성인 작용반작용에 의해 반대 방향으로 2개의 자기력선(초록색 화살표)을 만들기 위해 코일에 전류가 흐르게 된다.

---

* M. Faraday, "Experimental Researches in Electricity", vol. 3, paragraph 3268; the diagram accompanies paragraph 3265.

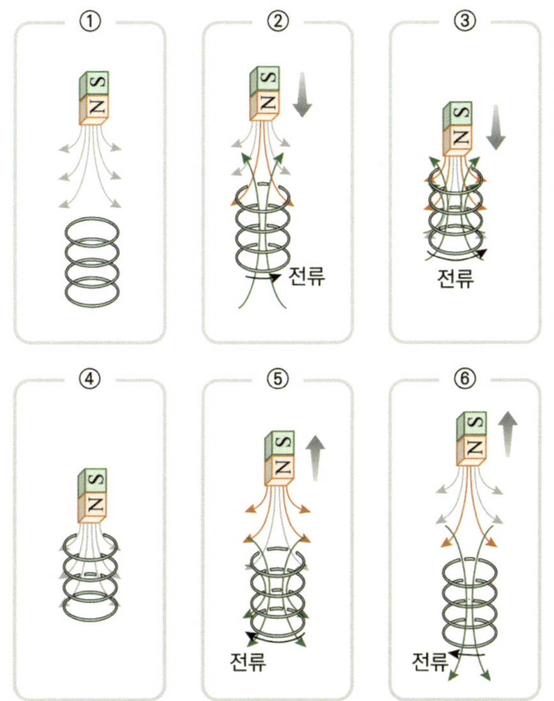

▲ 그림 15.24 자기력선이 잘리는 것으로 유도전류의 발생을 설명

③ 더욱 자석이 가까워져 6개의 자기력선이 모두 코일 내에 들어가게 되었다. 이때 ②에서 이미 진입한 2개의 자기력선은 코일 내에 아무런 영향을 주지 않고, 대신 새롭게 진입하여 코일에 의해 잘려진 4개의 자기력선(붉은색 화살표)에 대항하기 위해 반대방향으로 4개의 자기력선(초록색 화살표)을 만드는 데 필요한 전류가 코일에서 흐른다.

④ 모든 자기력선은 코일에 진입되고 멈춰진 자석은 더 이상 어떤 변화를 야기시키지 않으므로 대칭상태로 안정된 코일은 반작용에 의한 자기력선을 생성시키지 않는다. 즉 더 이상 전류가 흐르지

않고 전기적 안정 상태에 놓인다. 2차 코일은 오직 자석의 자기력선의 변화량에 상응하는 자기력선을 코일에서 만들기 위한 전류만 흐르는 것을 알 수 있다.

⑤ 자석을 반대로 코일에서 멀어지게 할 때는 스위치를 열어놓는 순간에 해당하여 4개의 자기력선이 코일에서 벗어나고 있다. 코일은 대칭의 섭리에 맞춰 자신이 품고 있던 자기력선의 상쇄된 양만큼을 보충하기 위하여 반대방향으로 4개의 자기력선을 만들기 위한 전류가 발생한다.

⑥ 더욱 자석을 멀리하여 나머지 2개의 자기력선마저 벗어날 때 역시 자기력선의 변화된 양만큼의 전류가 흐른다. 그리고 자석이 완전히 코일에서 떨어지면 맨 처음의 ①로 돌아가 전류가 발생하지 않는다.

위의 그림처럼 2차 코일에서 발생하는 전류가 오직 자기력선의 변화량에만 전적으로 의존한다는 점은 대칭을 유지하는 관성을 깨뜨리는 힘에 의해 전류가 흐른다는 것과 일맥상통하므로 뉴턴의 힘의 법칙과 정확하게 대응된다. 그런데 여기서부터 곤혹스러운 점이 발생한다. 자기력선으로 채워진 공간인 자기장으로 해석하는 것은 물질 사이의 직접적인 힘의 관계를 해석하는 뉴턴의 역학과 비교하면 뭔가 불편하다. 팽팽한 줄을 퉁겼을 때 발생한 진동은 수면파처럼 줄을 따라 점차적으로 퍼져 나가듯이 자기력선 역시 하나의 선이라면 어느 한 곳의 변화는 마찬가지로 선을 따라 전파되어야 하지 않을까? 그런데 이렇게 해석하면 힘이 원격으로 바로 전달된다는 뉴턴의 원리를 결정적으로 벗어난다는 점이 문제가 된다. 힘의 전파에는 항상 시간이 소요되기 때문이다. 실제 패러데이는 역선의 개념으로부터 즉각적인 힘의 전달에 굉장히 회의적으로 생각하였다.

두 개념의 충돌은 사실 시작점이 다르기에 발생할 수밖에 없다. 뉴턴의 역학은 질량이 있는 물질의 운동을 힘이라는 존재의 영향을 받는 것으로 해석한, 즉 주체가 바로 물질이었다면, 패러데이의 역선은 주체가 아예 존재하지 않는 추상적인 힘이라는 점에서 결정적 차이가 있다. 쉽게 말하면 기존의 물질과 물질 사이의 관계에서 벗어나 자연의 현상을 질량이 없는 힘과 힘의 관계로 해석한다는 완전한 발상의 전환이다. 그렇다면 패러데이가 생각하는 역선으로 채워진 공간인 장으로 자연의 현상을 해석하는 것은 올바른 것일까? 혹시 뉴턴의 역학이 틀린 것일까? 그도 아니면 완전히 또 다른 물리학의 분야의 탄생을 예고하는 것일까? 만약 두 분야 모두 옳다면 통합적이며 보편적인 이론을 만들어낼 수 있을까? 이런 질문들을 아우르는 통합적 의문인 힘의 선의 궁극적인 본질은 무엇일까?

그의 발칙(?)한 해석은 당대의 물리학자들에게 상당히 받아들이기 힘든 개념으로 이 책을 읽는 우리에게도 혼돈을 불러일으킬 만하다. 어쨌든 이 모든 것을 떠나 오직 그가 밝혀낸 전자기 유도라는 현상만으로 이번 장에서 제시하였던 보드의 바퀴가 움직일 때에만 LED에 불이 켜지는 이유를 설명하는 데에는 충분한 해답을 제공하고 있다. 킥보드 바퀴에 내장된 자석은 움직이지 않지만 자석을 둘러싸고 있는 코일은 회전 운동을 하게 된다. 코일의 관성계에서 볼 때는 자석이 움직이는 것이므로 자기장의 변화를 끊임없이 받게 되어 코일에 전류가 유도되는 것이다.

패러데이가 전자기 유도를 발견에 관련한 일화 하나를 소개하자면, 영국 정부의 재무장관이 패러데이가 펼친 전자기 유도 실험을 보고, "이게 다 어디에 쓸모가 있습니까?"라는 비꼬는 듯한 질문에 패리데이는 답하였다. "어디에 쓰일지는 저도 잘 모르겠습니다만, 아마도 장관께서 여기에 세금을 매길 수 있을 겁니다." 패러데이의 대답은 현재에 이르러서도 재무장관 등이 던지는 유사한 질문에 가장 현명하게 대처하는 과학자들의 모범대답으로 자주 활용되고 있다.

16부

맥스웰 방정식

4개의 식으로 전자기학 현상을 설명할 수 있는 법칙을 완성한 맥스웰

빛은 입자일까 파동일까?

이 책의 영원한 주인공 뉴턴이 이룩한 업적들은 20세기가 넘어설 때까지 신의 명령서와 같은 절대적인 권위를 지니고 있었고, 모든 과학자들은 그의 이론을 교본 삼아 연구를 수행하였다. 누가 감히 뉴턴이 이뤄낸 이론의 허점을 밝히려고 연구하겠는가! 그 행위 자체가 곧 뉴턴의 권위와 과학에 도전하는 것이었기에 금기시되었을 정도였다. 그런데 신성시되던 그의 업적 중 빛과 관련한 이론에 도전장을 내민 이가 네덜란드의 물리학자 호이겐스(1629~1695)였다.

태양에서 나오는 백색광이 프리즘을 통과하여 무지개 색으로 분리되는 것은 누구나 알고 있는 현상이다. 이렇게 색깔별로 분리되는 것을 스펙트럼이라 하는데, 이 현상이 발생되는 이유는 빛의 파장에 따라 굴절이 달라지기 때문이다. 그리고 이것을 처음 밝힌 이가 뉴턴이다. 그 당시까지의 과학이론이 일천하였다고는 하지만, 단 한 사람의 인물이 이토록 위대한 여러 개의 업적을 이뤄낼 수 있다는 것은 설명하기가 힘들긴 하다.

태양빛이 분산되어 무지개 색깔로 보이는 현상이야 지금은 대부분이 알고 있는 상식이지만, 뉴턴 시대에는 빛과 색이 근본적으로 다른 것이라 생각했기에, 태양빛이 갑자기 여러 색깔로 분류되는 것을 프리즘의 재질에 기인한 것이라고 생각했다. 너무도 엉뚱한 생각으로 치부할 수 있겠지만, 당시의 대 철학가 데카르트도 이렇게 주장하였으니 모든 사람이 믿을 수밖에 없는 진리였다. 하지만 뉴턴은 달랐다. 빛 자체가 본래부터 이런 색깔들을 함유하고 있으리라 생각했다. 그가 모든 사람이 믿는 진리를 버리고 어떻게 반골의 생각을 가지게 되었는지는 모르겠지만, 어쨌든 중요한 것은 그렇게 생각하지 않는 그 시대의 사람들을 설득이 가능하도록 그들의 눈앞에서 생생한 쇼와 같은 실험으로 보여야 했다. 뉴턴은 어떻게 실험을 준비하였을까?

▲ 그림 16.1 뉴턴이 빛과 색깔의 관계를 알기 위해 실험한 장치의 개략도

뉴턴은 위의 그림처럼 똑같은 재질의 2개의 프리즘을 준비하였다. 햇빛이 첫 번째 프리즘을 통과하여 나타난 무지개 색광들 중 하나의 색, 예를 들어 그림처럼 초록색 광만을 스크린의 구멍으로 통과시켜 두 번째 프리즘을 지나가게 하였다. 만일 데카르트의 생각대로 프리즘의 재질이 빛의 색깔을 결정한다면 비록 초록색만 두 번째 프리즘을 통과하였더라도 무지개의 색깔이 나타나야 옳다. 하지만 결과는 뉴턴의 추측대로 초록색만 나왔다. 덧붙여 노란색을 선택하면 노란색만, 파란색은 파란색만, 이렇게 첫 번째 프리즘에

서 선택된 색만이 두 번째 프리즘을 통과한다는 사실을 실험으로 입증하였다. 뉴턴의 실험 결과는 태양빛 자체가 무지개 색을 모두 포함하고 있다는 자신의 주장과 일치하였다.

그가 자연의 현상을 꿰뚫어보는 통찰로부터 무지개색이 보이는 이유가 프리즘이 아닌 빛에 모두 포함되었을 것이라고 생각해낸 것도 대단하지만, 이를 입증하기 위하여 〈그림 16.1〉과 같이 누구나 할 수 있는 실험 세팅을 구상한 것 역시 대단하지 않은가! 진리를 어떻게 탐구하는지를 보여주는 매우 좋은 사례라 생각되어진다.

뉴턴은 이렇게 빛의 본질에 대해 탐구하면서, 빛은 너무도 작아 질량 측정이 불가능한 입자의 집합체라는 가설을 만들어냈다. 빛에 의해 생기는 그림자가 빛이 입자라는 사실을 방증하는 것이라고 주장했다. 왜냐하면 빛이 입자이기 때문에 휘어지지 않고 직진으로 통과하여 그림자가 생긴다는 것이다. 그런데 뉴턴의 이 주장보다 약간 이른 시점에 호이겐스는 빛의 진행을 파동성에 근거하여 해석

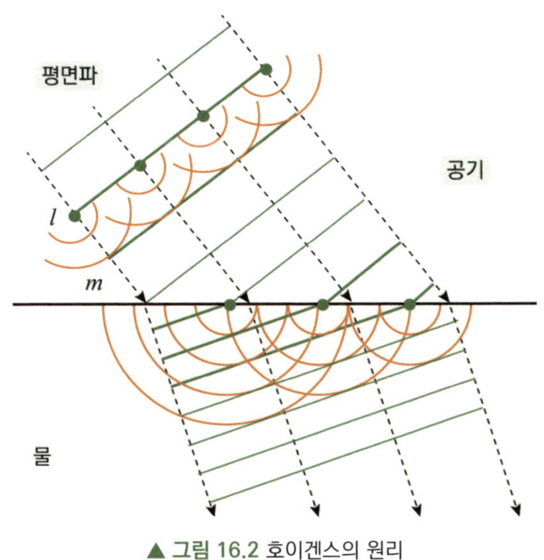

▲ 그림 16.2 호이겐스의 원리

하면서 빛의 본질은 파동이라고 주장을 했다. 〈그림 16.2〉와 같이 파동은 파면 위의 모든 점들이 새로운 점파원이 되고, 이 점파원에서 만들어진 파동들의 파면의 공통 접선이 새로운 파면이 된다는 주장으로, 이 가설은 그의 이름이 붙은 '호이겐스의 원리'로 진화되었다.

호이겐스의 원리로 설명되는 평면파의 진행은 직선 l 위에 있는 평면파인 빛의 점들이 각각 또 다른 파원을 만들어내고, 이들 파원들이 겹쳐지면서 또 다른 평면파 m을 만들어낸다는 것이다. 이 원리는 굴절의 설명을 가능하게 한다. 빛이 물을 만나면 마찬가지로 각각의 점들이 파원을 만들지만, 대신 공기보다 물 안에서 속도가 떨어져 반경이 더 짧은 파원을 만들게 되고, 결과적으로 각도가 꺾인 새로운 평면파를 만들게 된다는 것이다.

'원리'라는 단어가 포함되어 있듯 빛의 전파과정을 완벽하게 설명하는 호이겐스의 원리는 빛이 파동이라는 명백한 증거이다. 그렇다면 뉴턴의 가설은 잘못되었다는 반증이다. 하지만 뉴턴이 누구인가! 그의 절대적 권위에 순종하는 많은 과학자들은, 영국의 과학자 토마스 영(1773~1829)의 유명한 '이중 슬릿 실험'으로 빛이 파동이라는 명명백백한 결과가 나오기 전까지 뉴턴의 주장에 따라 빛의 입자설을 철썩같이 믿었다.

빛은 파동이다

빛은 입자일까 파동일까? 책 후반부의 주제를 관통하는 양자역학의 불씨를 활활 타오르게 하는 핵심적 질문이기도 하다. 빛에 대한 이 의문은 양자역학 태동 전부터 논쟁의 대상이었다. 그래서 입자파와 파동파로 나뉘곤 하였는데 우주의 운동을 완벽하게 해결한 절대적 존재인 뉴턴이 '빛은 입자다'라고 규정하면서 더 이상의 논쟁은 무의미하였다. 그 누가 뉴턴의 말을 거역할 수 있겠는가! 빛은 입자이다. 물론 호이겐스의 원리 등으로 빛이 파동이라 믿는 과학자들도 있었지만 철저하게 비주류에 속할 수밖에 없었다. 그런데 이런 절대적 존재자의 말을 뒤엎고 호이겐스의 주장을 뒷받침하는 실험 결과가 등장하였다. 1801년 영국의 물리학자 토마스 영이 보여준 이중 슬릿 실험은 빛이 입자가 아닌 파동이라는 명명백백한 사실을 보여주었다.

파동을 모르는 사람은 없겠지만 파동만이 지닌 고유한 특성에 대해서는 모르고 있는 분도 꽤 있으리라. 그런 분들은 잔잔한 호수에 던져진 돌이 만든 물결파의 운동만으로도 쉽게 이해할 수 있다. 돌이 떨어진 지점에서 동심원 모양의 물결이 사방으로 퍼져나가는 현상을 볼 수 있는데 그것이 바로 파동이다. 그런데 혹시 물 분자가 운동하는 것으로 생각하면 오산이다. 물 분자는 제자리에서 위아래로 진동만 할 뿐이다.

돌이 떨어진 지점에 있던 초록색의 물 분자는 충격으로 아래에 놓이지만 다시 수평의 위치로 올라가려는 복원력으로 그림 ②와 같이 위로 올라가게 된다. 마치 용수철의 운동처럼 위아래의 진동 운동을 하게 되고, 동시에 옆으로 물결파를 생성시키며 전파된다. 그

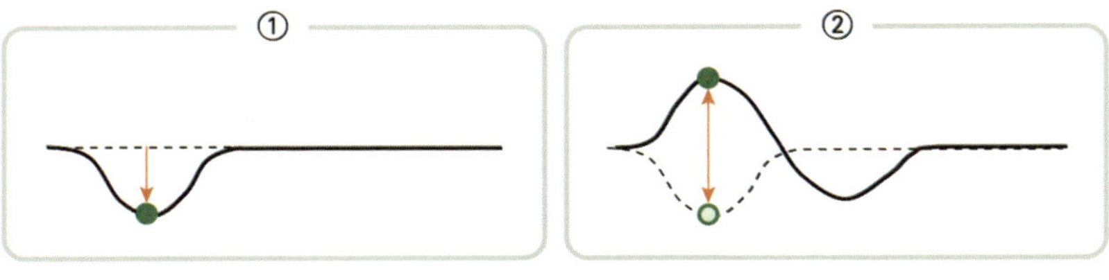

▲ **그림 16.3** 물결파의 형성 과정

런 점에서 진동의 형태인 파동은 입자들을 움직이게 만들어내는 에너지이다. 인류에게 보내는 가장 강력한 자연 현상의 하나인 지진 역시 파동이자 에너지이다.

잔잔한 호수 위에 이번에는 2개의 돌을 동시에 던져보자. 각각의 돌에 의해 발생한 물결파는 서로 만나게 되면서 복잡한 무늬를 형성하게 되는데, 자세히 보면 두 물결파는 충돌 없이 각자 원래의 길을 가는 것일 뿐이다. 단지 두 물결파가 만나는 곳의 물 입자가 각각의 물결파의 영향을 받아 더 높이 솟아오르거나 더 깊이 내려앉게 되면서 만들어진 무늬일 뿐이다.

초록색의 파동 A와 B가 마루와 마루 혹은 골과 골끼리 서로 일치하게 만날 때 진폭이 합쳐서 커지는 경우가 보강간섭이다. 호수 위에 떠 있는 나뭇잎이 하나의 물결파로 움직이는 폭보다 더 크게 위아래로 크게 출렁거리게 된다. 이때 두 파동은 위상이 일치한다고 얘기한다. 반면 마루와 골끼리 만나 위상이 불일치하면 진폭이

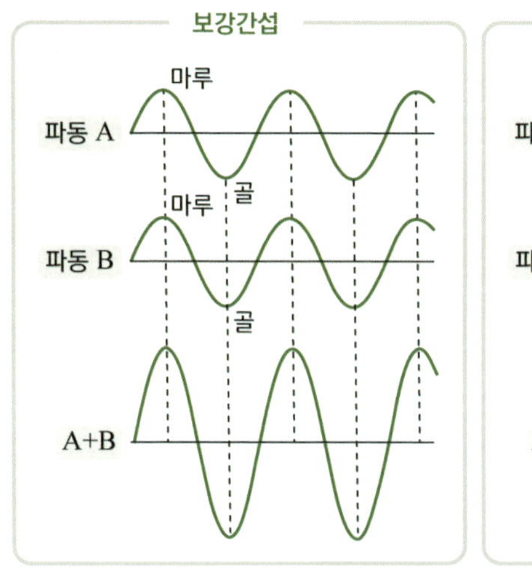

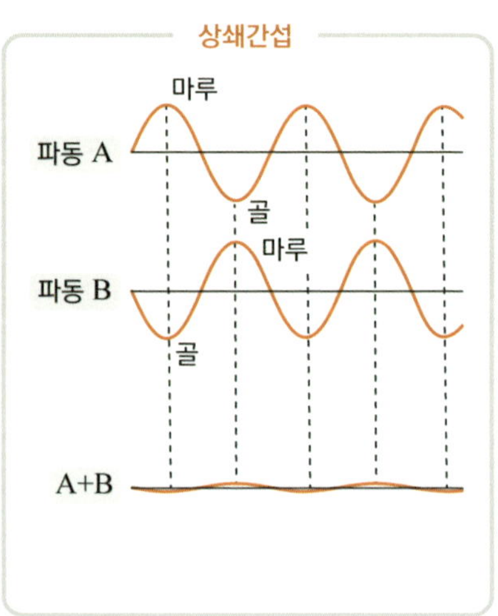

▲ 그림 16.4 보강간섭과 상쇄간섭

작아지는 상쇄간섭이 발생한다. 2개의 파가 만나는 지점에 나뭇잎이 있더라도 상쇄간섭이 일어나는 곳이라면 나뭇잎의 움직임이 없게 된다. 이처럼 보강과 상쇄간섭은 파동만이 나타내는 고유한 특성으로, 파동인지 아닌지를 분별하는 가늠자 역할을 한다. 영의 이중 슬릿 실험은 빛이 이런 파동의 특성을 보인다는 사실을 이끌어 내었다는 점에서 과학계에 커다란 충격파를 던졌다.

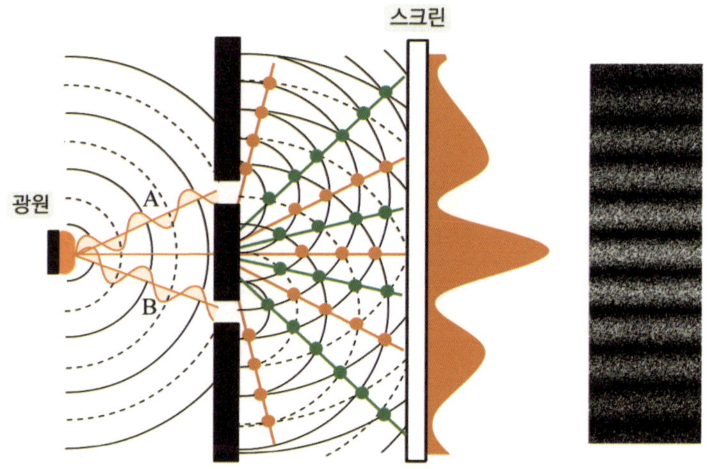

▲ 그림 16.5 영의 이중 슬릿 실험(사진 출처: 위키백과)

광원에서 나온 빛이 입자가 아닌 파동이라 할 때 빛은 호수 위의 물결파처럼 진행한다. 이때 광원에서 출발하는 붉은색 파동의 A와 B의 두 빛은 검은 실선의 동심원이 높은 지점인 '마루'이고, 검은 점선이 낮은 지점인 '골'이다. 그리고 이 빛은 슬릿 A와 B를 통과하게 되면서 2개의 파동으로 갈라진다. 마치 호수 위에 2개의 돌이 떨어져서 2개의 물결파를 만든 상황에 해당한다. 이렇게 두 구멍을 통해 나온 각각의 빛은 검은 실선의 동심원끼리 혹은 점선끼리 교차하는 붉은색의 점들로 표시된 곳, 즉 마루와 마루 혹은 골과 골이 만나는 곳에서 보강간섭이 일어나 밝은 빛을 낸다. 반면 실선과 점선이 만나는 초록색의 점들은 서로 반대의 위상 차이로 인해 상쇄간섭을 일으켜 빛이 사라지거나 매우 약하게 된다. 그래서 그림의 사진처럼 스크린에는 밝고 어두운 패턴이 반복되며 나타난다.

영의 이중 슬릿 실험 결과는 빛이 파동이지 않고서는 도저히 설명할 수 없다. 잔잔한 호수 위에서 발생하는 물결파가 만들어내는 무늬를 빛도 만들어내고 있는 것이다. 이때부터 과학자들은 빛이 파동이라고 믿기 시작하였다. 뉴턴이 물리학이라는 학문 영역에서 이뤄낸 위대한 업적들 중 하나가 뜻밖에도 위기를 맞이하게 되었다. 그러나 다행히도 뉴턴의 입자설은 그의 배턴을 이어받은 또 한 명의 위대한 물리학자 아인슈타인에 의해 20세기 문턱에서 다시 되살아나 과학계의 가장 핫한 주제로 물리학계를 뒤흔들어놓게 된다.

패러데이 효과

햇빛은 우리의 눈으로 볼 수 있는 400에서 700nm 파장의 가시광선 영역과 이보다 파장이 긴 적외선 및 더 짧은 자외선 영역의 모든 파장의 빛을 가지고 있다. 어찌 보면 단일 파장의 순수한 빛이 아닌 잡다한 빛들의 집합체인 셈이다. 그래서 연구를 할 때는 햇빛과 같은 빛은 적합하지 않다. 물질이 빛에 어떻게 반응하는지를 살피기 위해서는 단일파장의 빛을 이용해야지, 여러 파장의 빛을 쏘아주면 물질과 반응된 빛들이 모두 섞여 뭐가 뭔지 도대체 알 길이 없게 되기 때문이다. 단일 파장만을 뽑아내기 위해서는 뉴턴이 〈그림 16.1〉의 실험에 사용했던 프리즘이 하나의 방법이 된다. 빛이 프리즘 내에서 파장별로 속도가 달라 꺾이는 각도의 차이(굴절률)가 발생하기 때문에 빛을 파장별로 분류할 수가 있다. 하지만 프리즘은 빛을 파장별로 분류하는 능력인 분해능이 현저히 떨어져서 지금은 빛의 또 다른 특성인 분산을 이용해 엄청난 분해능으로 빛을 걸러낼 수 있다.

빛은 수직으로 진동하며 진행하는 물결파와는 달리 상하좌우 등 360° 모든 각도에서 진동하는 빛들로 구성되어 있다. 그래서 모든 파장의 빛을 지닌 햇빛은 동시에 모든 방향으로 진동하는 빛들의 집합체이다. 프리즘으로 단일파장의 빛을 뽑아낼 수 있듯 이런 모든 방향의 빛들 중에서 특정한 하나의 방향으로 진동하는 빛만을 뽑아낼 수 있다. 한 방향으로 진동하는 빛을 뜻하는 편광은 특정한 하나의 평면에 정렬된 진동하는 빛이라는 의미가 되기도 하다.

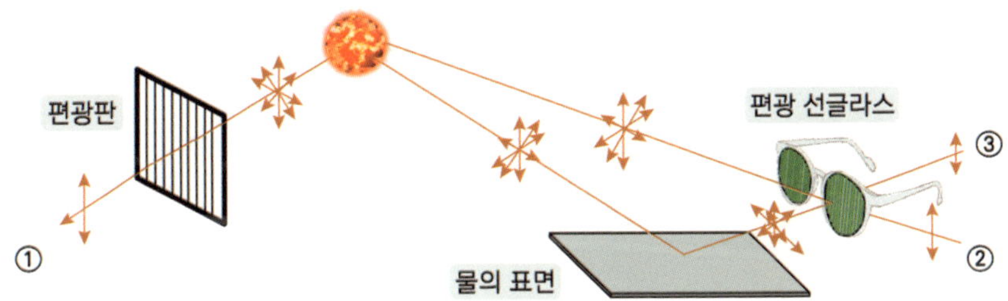

▲ 그림 16.6 편광판 혹은 편광 선글라스는 무작위로 진동하는 태양빛에서 하나의 방향으로만 진동하는 혹은 하나의 평면에서만 진동하는 빛만을 통과시킨다.

그림의 편광판은 수직으로 진동하는 빛(그림 16.6 ①의 빛)만을 걸러낸다. 편광선글라스는 이 편광판을 이용한 안경의 일종이다(그림 ②의 빛). 특히 낚시할 때 편광선글라스는 눈에 들어오는 상당한 양의 빛을 차단해 눈부심을 막아준다(그림 ③의 빛). 빛이 수면을 반사할 때 자연스런 편광이 발생하여 수면과 평행한 빛만이 주로 반사되게 되고, 수면과 수직인 빛만을 통과시켜주는 편광선글라스는 수면에 반사되는 빛을 막아주면서 눈에 들어오는 빛의 양을 최소화한다.

편광과 관련하여 알려진 연구 결과의 하나가, 물질이 압력을 받아 내부의 변형이 발생하였을 때 편광된 빛이 이 물질을 통과하면서 편광면이 회전된다는 것이었다. 압력으로 인한 내부의 변형이 빛의 경로를 바꾸는 것이다.

이 사실을 인지하고 있던 전자기학의 대가 패러데이는 이 현상이 그의 관심 분야에서는 어떻게 발현될지에 대한 호기심이 일어났다. 압력이 빛의 편광면의 회전을 일으킨다면 혹시 전기장 혹은 자기장도 빛의 편광면을 회전시킬 수 있지 않을까? 그런 궁금증이 생긴 패러데이는 즉시 작업에 착수하였다. 처음에는 액체 혹은 수정과 같은 고체 등 여러 매질에 강한 전기장을 가하여 편광의 변화를 살펴보았지만 별다른 효과를 찾을 수 없었다. 그래서 방향을 바꿔 전기장이 아닌 자기장을 사용해보기로 했다. 여러 시행착오 끝에 마침내 아주 강한 자기장 안에 놓인 유리가 편광면을 회전시키는 결과를 얻을 수 있었다.

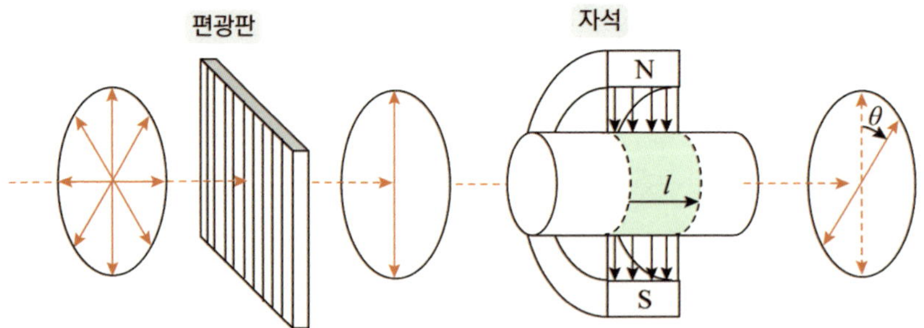

▲ **그림 16.7** 수직으로 편광된 빛이 자석 안에 놓인 매질인 유리를 통과하자 편광면이 회전되는 실험

편광면의 회전은 실험적 오류가 아니었다. 위의 그림과 같은 실험 장치에서 자석의 N극과 S극을 반대로 하면 회전 역시 반대로 발생하였고, 자기장의 세기를 강하게 하거나 자기장의 영역 l을 길게 할수록 편광되는 각도 θ도 비례적으로 증가하였다. 또한 다른 물질에서도 회전하는 각도의 차이만 있었지 모두 같은 결과를 보여주었다. 확실히 자기장이 물질 내에 어떤 변화를 줘서 편광면의 회전을 일으킨 것이 명백하였다. '패러데이 효과'라는 이름도 당당하게 가지듯 자기장에 놓인 물질이 빛의 편광면을 회전시키는 것은 진리이다. 그러면 왜 이런 현상이 발생하며 또한 이 실험 결과가 암시하는 의미는 무엇일까?

잠시 우리는 패러데이가 이 실험을 어떻게 해석할지 알기 위해 그가 오랜 시간에 걸쳐 전자기 연구를 하면서 어떤 생각이 그의 머릿속에 자리 잡고 있는지 들여다보도록 하겠다. 그는 자연에 존재하는 모든 힘의 근원이 동일하지 않을까 하는 누구도 생각하지 못한 추론에 이르러 있었다. 그동안 다른 종류의 힘이라 여겨 독립적으로 연구되어온 전기력과 자기력이 자신이 직접 알아낸 전자기 유도 등을 통해 불가분의 관계로 연결되어 있다는 것을 밝혀내면서, 전자기 세계와 동기화되어 있던 그의 눈에는 전기력과 자기력의 근원이 동일할 것이라는 추측에 도달한 것이다. 또한 장과 장의 충돌로 인한 역선들이 재배열되는 과정이 파동의 전파처럼 행동한다는 점에서 전자기장이 파동일 것이라고 추론하였다. 그리고 마침내 위의 실험을 통해 전자기장이 파동인 빛과 강력한 연결고리가 있다는 점에서 모든 힘의 근원은 하나로 귀결될 것이라는 믿음을 더욱 가지게 되었다. 오랜 세월에 걸친 연구를 통해 습득한 직감과 통찰에서 비롯된 추측이었다. 이런 그의 생각은 매우 혁신적이어서 당장 입증할 수는 없지만, 모든 힘을 장의 개념과 파동으로 해석이 가능하다면 뉴턴의 중력마저 힘들의 선으로 볼 수 있다는 것으로 생각이 뻗치게 되고, 전자기력과 연결고리만 찾아내면 이런 모든 힘들을 통합하는 하나의 힘으로 묶어낼 수 있을 것이라는 유추의 결론에 도달하였다.

실제로 중력과 전자기력을 통합하는 통일장 이론에 대한 연구에 매달린 대표적 인물이 바로 중력장 이론을 완성한 아인슈타인이었다. 이 주제에 몰입하다보니 당시 가장 뜨거운 주제였던 양자역학이라는 물리학 주류에서 멀어져 퇴물 취급(?)을 받는 신세가 되었고, 더군다나 통일장 이론을 완성하는 데에도 실패해서 말년에 다소 아쉬운 면이 남게 되었지만 말이다. 어쨌든 힘의 통일에 관련한 문제의 해결은 지금까지 풀어내지 못하고 있다는 것은 정말로 어려운 작업임에 틀림없다. 어쩌면 모든 힘들을 통일한 근원이 없든지, 아니면 패러데이로부터 시작된 장의 개념이 아닌 완벽하게 다른 패러다임으로 물리학의 이론을 재정립해야 가능할지 아직은 모르는 일이다.

패러데이는 자신의 이름이 형용사가 된 '패러데이 효과'로부터 중요한 2가지 사실을 인지하였다. 먼저 빛이 전기력과 자기력에 밀접한 관계가 있다는 것을 간파하였다. 물질을 구성하는 분자마다 작은 전류가 흘러 자기장이 존재한다는 앙페르가 제안한 분자가설이 옳다면, 그래서 외부의 강한 자기장의 영향을 받아 물질 내부의 자기장들이 왜곡을 일으켜 빛의 회전을 불러일으켰다면, 결론은 빛이 자기장의 영향을 받는 존재가 아니냐는 추론에 이를 수가 있었다. 이 가정이 그럴 듯한 것이 외부의 압력으로 물질 내부의 변형이 빛의 회전을 일으키는 것과 일맥상통하기 때문이다. 내부의 변형은 물질 내부의 분자들의 배열의 변형이고, 곧 자기장의 왜곡을 의미하지 않는가. 하지만 아직 우리에게 잘 알려져 있는 원자나 전자의 정체에 대해 전혀 알지 못했던 시대였고, 실험으로 검증된 사실만을 믿었던 패러데이가 앙페르의 분자가설을 곧이곧대로 믿기에는 힘들었다. 그럼에도 '패러데이 효과'는 빛이 전기장과 자기장과 밀접하다는 하나의 가설을 제시하기에 충분하였다. 그래서 패러데이는 빛이 전기력선과 자기력선의 두 파동이 서로 상호보완적인 관계로 만들어진 것일 거라는 추측을 하였다.

패러데이가 찾아낸 또 하나는 대다수의 물질이 자기력에 반응한다는 것이었다. 실험 전에는 여기까지 생각이 이르지 못했지만, 유리 외에 다른 물질도 패러데이 효과가 발생한다는 점은 대부분의 물질이 자기장에 영향을 받는다는 간접적인 증거였다.

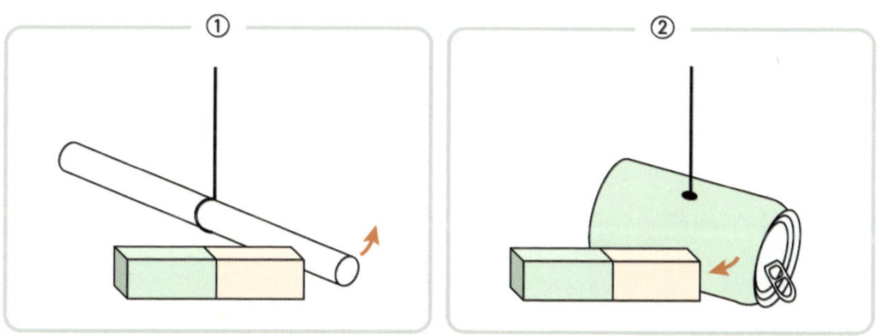

▲ 그림 16.8 ① 자석을 가까이 하였을 때 멀어지는 유리막대, ② 반대로 자석에 끌려오는 알루미늄 캔

그림 ①은 유리막대에 자석의 N극을 가까이하였을 때 약한 척력으로 멀어지는 것을 표현했다. 그러면 자석의 S극을 가까이하면 당겨질까? 대부분은 그렇게 생각하겠지만 실험 결과는 뜻밖이었다. 유리막대는 극에 상관없이 무조건 자석에 멀어지려고만 하였

다. 혹시 유리막대만 이런 것일까? 이 실험은 당연히 패러데이의 호기심을 크게 자극하였다. 그는 물질을 바꿔가며 실험하면서 크게 두 가지 방식으로 물질들이 행동함을 알게 되었다. 첫 번째는 유리막대와 동일한 그룹으로 구리, 물, 금, 은, 탄소 등 사실 대부분의 물질이 여기에 속하였다. 두 번째는 그림 ②의 알루미늄 캔으로 유리막대와 달리 약한 인력으로 끌려오는 그룹이다. 하지만 유리막대처럼 자석의 극성에 상관없이 항상 인력이었다. 이렇게 행동하는 물질로는 종이나 텅스텐 등이 해당한다. 왜 물질이 이렇게 반응하는지에 대한 자세한 이유는 이 책의 마지막인 20부에서 밝힐 것이다.

위의 실험은 쉽게 구할 수 있는 강한 자성을 가진 네오디뮴 자석으로 누구나 손쉽게 할 수 있기에 각자가 한번 해보시는 것을 추천한다. 사실 이 책에서 소개한 패러데이의 실험은 당시에는 구하기 어려운 실험부품도 있었겠지만 지금은 어렵지 않으므로 맘만 먹으면 집에서 누구나 해볼 수 있는 실험들이다.

패러데이는 이렇게 자석에 대해 양상을 달리하는 물질들을 분류하기 위해 자석에 밀리는 물질을 반자성, 자석에 이끌리는 물질을 상자성이라 이름을 붙여주었다. 그런데 물질들에 따라 반자성을 혹은 상자성을 띠는지에 대한 명확한 이유를 밝히기에는 아직 갈 길이 많이 남았다. 원자론과 양자역학이 출현해야 이들을 해석할 수 있는 언어가 등장하기 때문이다.

51장 유비(類比)*의 제왕, 맥스웰

'랭글러' 맥스웰의 등장

19세기 중반까지만 해도 물리학의 대상은 질량을 지닌 고체나 액체였다. 그런데 질량의 개념이 사라졌을 뿐더러 수학적으로 표현도 불가능하며 실재하지도 않은 전기력선과 자기력선이라는 생소한 개념의 도입, 그리고 이들로 구성된 추상적인 힘의 공간인 장, 무엇보다 장들의 공간이 서로에게 영향을 미쳐 새로운 장을 형성한다는, 배우지 못해 수학도 모르는 한낱 무지렁이 취급을 받던 패러데이가 제시한 개념들은 원격과 즉각적으로 힘이 미친다는 위대한 뉴턴의 이론에 반기를 드는 주장인데다가, 불가분량의 속성을 지닌 역선은 수학의 언어로 표현도 불가능하였기에 학계에서 환영받지도 못하였고 인정받을 수도 없었다.

그러던 1857년 초 패러데이에게 자신의 이름이 들어간 《패러데이의 역선에 관하여》라는 제목의 한 통의 논문 사본이 배달되었다. 논문의 내용은 핍박받던 패러데이에게 엄청난 선물로 가득하였다. 자신이 제안한 전기력선과 자기력선을 비압축성 유체로 대체하여 전자기에 관련한 실험 결과를 해석하는 대담성과 자신에게 부족하

---

* 2개의 사물이 여러 면에서 비슷하다는 것을 근거로 다른 속성도 유사할 것이라고 추론하는 일. 서로 비슷한 점을 비교하여 하나의 사물에서 다른 사물로 추리한다.(네이버 국어사전)

였던 뉴턴 역학과 유체역학에 담긴 수학의 언어로 기술한 논문이었다. 그에게는 구세주와 같았던 논문의 저자는 천부적인 수학 실력을 보유한 또 한 명의 천재 물리학자 제임스 클러크 맥스웰(1831~1879)이었다.

과거 프랑스가 순수 수학과 과학을 중심으로 하는 교육과정에 집중하면서 위기의식을 느낀 영국의 케임브리지 대학에서, 19세기 중엽 주교 지망생 등 모든 재학생이 필수적으로 봐야 하는 수학 트라이포(tripo) 졸업시험을 도입했다. 입시가 아닌 졸업시험이라는 점이 차이가 있지만 말이다. 트라이포라 불리게 된 연유는 수험생들이 삼각대라고 알려진 세 발 의자에서 구술시험을 보면서 유래되었다고 알려져 있다. 처음에는 주로 공개토론 시험으로 학생들을 평가했지만 오랜 시간이 걸릴 뿐더러 공정성에도 시시비비의 여지가 많았다. 그래서 정량적 평가가 쉽고 문제의 난이도가 다양한 수학이 대안으로 적절하였고, 무엇보다 그 중요성이 크게 대두되며 수학으로 시험이 대체되어 이후 수학 트라이포가 대세로 자리 잡게 되었다. 당시 뉴턴이 만든 미적분학으로 다양한 문제들의 출제가 가능하였다는 점이 수학 트라이포스가 케임브리지의 새로운 졸업 시험으로 자리를 잡는 데 한 몫을 하였다.

그런데 이 시험이 얼마가 가혹했냐면, 엄동설한인 1월에 매일 5시간 30분 동안, 적게는 3일에서 길게는 무려 8일간이나 수학 시험을 치렀다고 한다. 학생들의 경쟁이 심해질수록 문제의 난이도 역시 상승하였다. 그럴수록 수학 트라이포스로 얻는 사회적 명성도 커졌고, 좋은 성적이 곧 사회적 성공과 직결되면서 경쟁이 갈수록 치열해져 시험 준비 중에 탈진하는 학생을 비롯해 시험장에서 쓰러지는 학생도 속출하였다고 한다. 비록 학생들에 엄청난 스트레스의 원인이 되었지만, 트라이포스를 통해 높은 수준의 수학으로 중무장한 영국의 뛰어난 물리학자들을 키워내게 돼서, 영국이 19세기말과 20세기 초까지 세계 물리학의 선두에 있게 한 원동력이 되었다. 수학 트라이포스는 1위를 차지한 학생을 시니어 랭글러(Senior Wrangler), 2위는 세컨드 랭글러(Second Wrangler)라는 호칭을 부여하였고, 당연히 랭글러들은 사회적으로 인정받아 모든 분야에서 최고의 혜택을 누렸다. 그런 과도한 경쟁이 벌여진 수학 트라이포스에서 맥스웰이 2위를 기록하였으니 그의 수학실력이 얼마나 될지 가늠조차 할 수 없다. 혹시 이 시험의 난이도가 얼마나 되는지 궁금한 분은 최근의 기출문제를 직접 확인해보시라.[*]

전기와 자기에 관련된 연구를 처음 접하면서 맥스웰은 아직 이 분야의 체계가 제대로 잡혀 있지 않음을 바로 알았다. 보편적 방법 없이 각자 나름의 방식으로 해석하였기에 용어도 제대로 정립되어 있지 않았을 뿐더러 대부분 뉴턴의 역학을 기초로 한 수학적인 분석이었다. 그런데 수식 없이 오직 관측된 결과들로부터 엄청난 직관과 통찰로 물리적 의미를 뽑아 해석한 패러데이의 논문이 그의 마음을 완전히 사로잡아버렸다. 특히 패러데이가 도입한 역선의 개념을 처음 접한 맥스웰은 더욱 그의 이론에 빠져들게 되었다. 수학적 설명은 뒷받침되지 않았지만 치밀한 실험에서 얻어진 경험에서 우러나오는 패러데이의 통찰과 추론의 힘은 맥스웰을 완벽하게 매료시키기에 충분하였던 것이다. 비록 그가 만들어낸 역선이 다른 과학자들로부터 허황된 망상이라고 비난받았지만, 엄격하고 통제된 실험에서 빚어낸 역선은 맥스웰이 보기에는 원격의 힘보다 오히

---

[*] https://www.maths.cam.ac.uk/undergrad/pastpapers/past-ia-ib-and-ii-examination-papers

려 자연의 원리를 더 논리 정연하게 설명하는 진리였다. 이때부터 맥스웰의 목표는 정해졌다. 패러데이가 이룩한 실험적 업적을 수학의 언어로 표현하는 것이었고, 그 첫 번째 작업이 밀집한 곳에서는 강한 힘이, 드문드문 모여 있는 곳에서는 약한 힘이 작용한다는 추상적이고 모호하여 수학의 언어로 표현이 불가능한 역선을 정량화가 가능한 물리량으로 만드는 일이었다.

힘의 선을 유체로 비유

맥스웰은 패러데이의 역선이 전자기 현상을 설명하는 데 훌륭한 도구로 작동함을 인지하고 있지만, 그 역시 역선을 정량화할 길을 찾을 수가 없었다. 정량화만 되면 수학으로 분석이 가능하게 되는데, 사실 힘의 선은 불가분량이라는 태생적 모순이 내재되어 불가능한 작업이었다. 그렇다고 이런 커다란 약점을 지니고 있는 역선을 폐기하기에는 너무도 아까운 개념이다. 맥스웰은 패러데이의 아이디어를 전적으로 받아들이면서 불가분량인 역선을 살리는 묘책으로 역선과 똑같은 기능을 지닌 3차원의 모델을 만드는 형상화 작업에 들어갔다. 맥스웰이 생각하는 모델이란 사고의 보조물, 즉 적절한 수학적인 관계를 발견할 수 있도록 돕는 도우미 역할이 가능한 가상의 대상이었다. 목적만 달성되면 구현된 모형의 역학적 운동을 수학의 도구로 분석하여 해석하는 것은 수학의 천재인 그에게는 일도 아니기 때문이다.

숱한 고민 끝에 찾아낸 대상이 액체 상태의 유체였다. 그러니까 역선 하나의 가닥을 유체가 흐르는 하나의 튜브로 대체하는 아이디어로, 튜브란 것이 서로 공간을 공유할 수도 없고 튜브로 전체 공간을 채우는 것도 가능하고, 튜브가 좁은 곳은 유체가 빠르게 지나가고 넓은 곳에서는 천천히 흘러간다는 성질이 역선과 딱 맞아떨어졌다. 무엇보다 유체의 운동의 해석은 기존의 이론으로 충분하였기에 수학의 언어로 표현하는 것은 크게 문제될 것이 없었다. 그에게는 수학보다 역선을 형상화할 모델을 찾는 것이 더욱 어려웠는데 마침내 그 대상을 찾아낸 것이다.

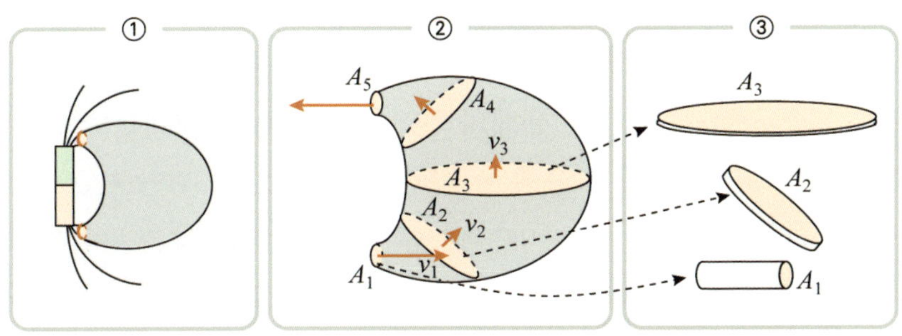

▲ 그림 16.9 ① 자석에서 나오는 자기력선, ② 튜브의 수축과 팽창으로 역선의 세기를 표현, ③ 단위 시간 동안 A_1, A_2와 A_3의 단면을 지나는 유체의 양

그림 ①에서 검은 곡선이 자기력선으로 일부분만 표시하였다. 이를 맥스웰이 구상한 튜브로 표현하기 위해 우리는 편의상 역선으로 나뉜 영역을 튜브로 생각하겠다. 그렇게 되면 진한 회색 영역이 하나의 튜브가 되고 이를 3차원으로 나타낸 것이 그림 ②이다.

튜브 안을 흐르는 맥스웰의 유체는 강의 흐름과 같다. 아마도 강과 같이 유체의 역학이 역선과 매우 흡사하다는 사실에서 떠올려진 아이디어인지도 모르겠다. 강은 폭이 좁은 곳에서는 물살이 빨라지고 반면 넓은 곳에서는 완만하게 흐른다. 이런 현상을 자신의 모델에 그대로 적용시키는데, 그림 ②와 같이 하나의 튜브이지만 수축되어 단면적이 작은 영역인 A_1과 A_5에서 유체의 속도가 가장 빠르고, 반면 팽창된 영역이자 단면적인 가장 넓은 A_3에서 가장 느리다. 이는 역선이 밀집한 곳은 자기장의 세기가 크고, 역선이 드문드문 있는 곳은 약하다는 패러데이의 자기력선의 개념과 일치한다. 그리고 이 튜브를 지나는 가상의 유체는 무게와 마찰이 없으며, 유속의 변화에 따라 밀도가 변하지 않는 단일 튜브 내에 흐르는 비압축적 성질을 지닌 유체로 가정하였다.

무엇보다 유체의 역학적 운동에 역제곱 법칙이 내포되어 있다는 점이 커다란 장점이다. 유체의 원천에서 초당 흘러나오는 양이 일정할 때 단면적을 지나는 유체의 양은 바뀌지 않을 것이므로 그림 ②의 단면 A_1을 지나는 유체의 속도를 v_1, A_2는 v_2, A_3는 v_3라 할 때 1초라는 시간 동안 각각의 단면을 지나는 유체의 양은 동일하게 된다. 그림 ③의 입체의 부피가 곧 유체의 양으로 동일한 부피를 가지게 된다. 이때 단면을 그림처럼 원이라고 하면 반지름이 2배 커질 때 단면이 4배가 되기 때문에 동일한 부피를 가지기 위해서는 원기둥의 높이가 1/4이 되어야 한다. 이것은 곧 유체의 속도가 1/4로 줄어들었다는 것을 뜻하는 것으로 단면이 자석의 극으로부터의 거리, 그리고 속도가 자기력의 세기와 연결된다는 점에서 거리의 역제곱 법칙이 적용되는 비오－사바르의 법칙과 정확하게 대응된다.

이렇게 움직이는 유체의 속성이 정확하게 자기장의 현상과 일치한다는 점은 커다란 장점이다. 튜브의 단면적을 지나가는 유체의 양을 동일하게 설정하고, 단면적이 작으면 유체의 속도가 빨라지고, 유체의 흐름이 빠르다는 것은 곧 압력이 크다는 것이다. 따라서 유체를 움직이게 하는 힘을 압력차로, 압력의 기울기는 자기장의 세기 또는 힘에 대응시키고, 흐름의 속도와 방향은 자기력선 밀도가 되면서 수학의 언어로 표현할 기초 작업을 하나씩 완성시켜 나갔다.

맥스웰은 패러데이의 역선을 튜브에 대응시키면서 역선과 동일한 특성을 지니도록 계속 자신의 모델을 수정하여 나갔고, 자신이 고안한 유체의 모델을 수학으로 해석하기 시작하였다. 그가 펼친 수학의 기교는 이 책의 범위를 훨씬 벗어나기에 더 이상의 진행이 어렵지만, 맥스웰이 어떤 이유로 역선을 유체로 대입하게 되었는지 정도만 아는 것으로도 충분하겠다.

맥스웰이 이룬 성과는 원격으로만 설명이 가능하다고 믿었던 전자기 법칙을 포함하여 기존의 전자기 현상 등을 가상의 유체 모델로 증명해 보임으로써 패러데이가 제안한 역선이 결코 허황된 것이 아닌 정말로 공간에 실재하는 존재일 수 있다는 가능성을 이끌어냈다. 그렇게 해서 작성된 논문이 앞서 패러데이에게 전달된 논문이었다.

하지만 완벽하지는 않았다. 유체가 흐르는 튜브로 대체한 해석은 주로 정적인 상태의 전자기 현상만을 설명할 수 있었을 뿐 변화하는 자기장과 전기장의 상호관계인 패러데이의 전자기 유도에 대한 설명까지는 이르지 못하였다.

맥스웰의 다음 계획은 한층 뚜렷해졌다. 역선의 개념을 수학의 언어로 실체화시키는 데 성공하였으니 뉴턴의 법칙처럼 모든 전자기 현상을 설명할 수 있는 보편적 법칙을 이끌어내겠다는 원대한 계획을 가지면서 패러데이의 전자기 유도를 수학의 언어로 표현하기 위한 또 다른 사유의 길로 들어갔다.

소용돌이 격자모델

힘의 선을 유체로 비유하여 소기의 성과를 이룩한 맥스웰은 패러데이의 전자기 유도를 설명할 수 있는 또 다른 모델이 필요하였다. 전하가 움직이면서 발생하는 전기장과 자기장의 관계를 수학의 언어로 나타내기 위해 역선을 튜브로 비유하였듯이, 역동적으로 움직이는 장들을 구체화시킬 가상의 모델을 제작하려 한 것이다. 그런데 이것은 정말로 구현하기 힘든 어려운 작업일 것임을 직감적으로도 알 수 있다. 힘들이 얽히면서 마구 변하는 공간에서 펼쳐지는 장들의 세계를 어떻게 모형화할 수 있다는 말인가? 수학으로 문제를 푸는 것은 어느 정도 기교만 습득하면 가능하지만, 무에서 유를 창조하는 것은 맨 땅에 헤딩하는 격이라 정말로 어렵다는 점을 말이다. 그런데 맥스웰은 놀라운 방법으로 우리의 눈으로 전기장과 자기장의 움직임을 하나의 활동사진처럼 시각화하였다. 천재적인 기질이 없고서는 감히 엄두도 내기 힘든 엄청난 작업을 말이다. 그러니까 천재인가?

맥스웰은 편광된 빛이 강력한 자기장 내의 매질을 통과하면 회전한다는 패러데이 효과, 전류 주위에서 자기력이 원형으로 형성되는 현상, 그리고 무엇보다 역선이 길이방향으로는 수축하고 옆으로는 팽창하는 성질을 지닌다는 것 등 그때까지 밝혀진 전기와 자기의 관계를 면밀히 들여다보면서 어느 순간 전자기 현상이 마치 액체 속의 소용돌이와 비슷하다는 아이디어를 떠올렸다. 양동이에 담긴 물을 손으로 회전시켜 일으킨 소용돌이 운동을 보면 옆 방향으로 팽창하고 회전축 방향으로 수축하는 모습을 볼 수 있다. 미국에서 자주 발생하는 허리케인의 운동을 보더라도 마찬가지이다. 이렇

게 소용돌이가 지닌 성질은 확실히 패러데이의 전기력선과 자기력
선이 지닌 성질과 흡사하였다. 맥스웰은 이를 이용해 움직이는 전
자기 현상을 설명할 수 있으리라 판단하고, 소용돌이로 전기장과
자기장의 역동적인 세계를 구체화하는 작업에 몰입하였다.

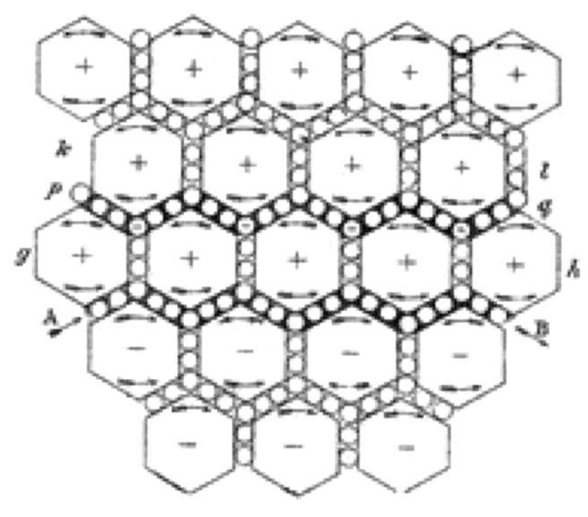

▲ 그림 16.10 공간을 매질로 간주한 맥스웰의 역학적 모형[*]

그는 육각형의 격자로 구성된 매질이 전체 공간을 채워 각각의
격자들이 회전하여 원형의 자기장을 만들어내는 상상의 기계를 구
상하였다. 그리고 상상의 역학적 기계가 실제의 전자기 현상처럼
작동될 수 있도록 격자에 생명을 불어넣었다. 먼저 격자가 회전하
면서 이웃한 격자와의 마찰을 없애기 위해 격자 사이에 베어링 역
할과 움직임이 가능한, 그래서 유동바퀴와 같은 가능한 작은 전기
입자를 집어넣었다. 자기 소용돌이 격자의 회전은 사이에 끼인 전
기 입자를 회전시키고 밀어내는 힘이 작용한다. 이와는 반대로 전
기입자의 흐름이 소용돌이 격자에 힘을 가하여 회전시킬 수도 있

---

[*] J. C. Maxwell, "On physical lines of force: Part I and II", Philos. Mag. 21(1861)

다. 자기 소용돌이 격자이건 전기입자이건 둘 중 하나가 흥분 상태
가 되면 다른 쪽도 흥분 상태를 만들어낸다는 의미로, 자기장이 전
기장을 유도하고 전기장이 자기장을 유도하는 과정을 구현시키는
가상의 기계를 제작한 것이다.

어떻게 이런 모형을 생각하게 되었는지 그의 천재적 발상을 쫓
아갈 수는 없지만, 아마도 앙페르가 제안한 수많은 분자들 각각이
미세한 전류의 고리로 인하여 자기력이 있다는 가설에서도 중요한
힌트로 작용하였을 수도 있겠다. 맥스웰이 만들어낸 가상의 격자
모형이 어떻게 구동되는지 이제부터 더 자세히 들여다보도록 하겠다.

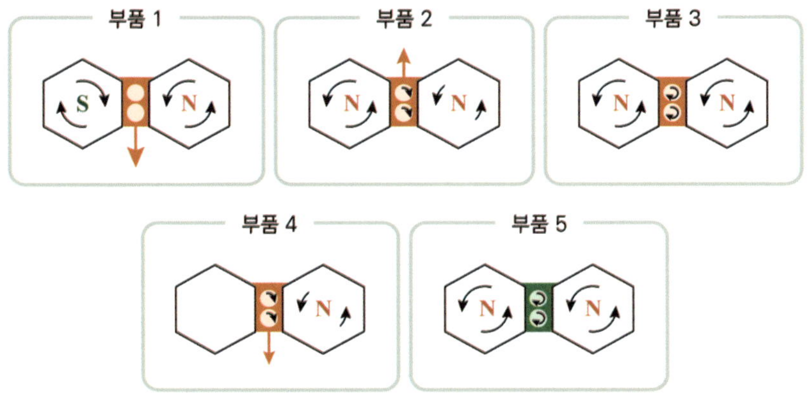

▲ 그림 16.11 패러데이의 전자기 유도 현상을 표현한 맥스웰의 격자모델

'부품 1'은 도선(붉은색)에 있는 전기입자(엷은 붉은색 원)가 전압
이 걸렸을 때 움직이는 상황으로, 미끄럼이나 공회전 없이 전기입
자가 아래로 움직이면서 접촉한 양쪽의 격자들을 강제로 회전시켜
자기장을 발생시키는 부품이다. 이때 양쪽 격자의 회전은 반대 방
향이 되는데, 전류가 흐르는 도선 주변에 원형의 자기장이 형성되
는 외르스테드의 실험 결과를 충실하게 반영한 부품이라 하겠다.

역으로 격자의 회전이 전기입자를 움직이게 하는 '부품 2'도 있다. 왼쪽에 있는 격자의 회전으로 정지해 있던 전기입자가 움직인다. 이것은 왼쪽 격자에 존재하는 자기장이 2차 회로에 유도전류를 발생시키는 것에 비유되는 것으로, 전자기 유도 현상을 구현하는 핵심적 부품이다. 전기입자의 움직임은 정지해 있던 오른편 격자의 회전을 발생시킨다. 이후 전기입자는 도선의 저항으로 움직임이 줄어들지만, 지속적인 왼쪽 격자의 회전으로 어느 순간부터는 움직임 없이 공회전만 하면서 오른쪽 격자를 왼쪽 격자와 같은 속도로 회전시키는 '부품 3'으로 변한다.

회전하던 왼쪽의 격자가 외부의 영향, 즉 전원 공급이 사라지면 더 이상 회전하지 않고 정지하면서 공회전하던 전기입자는 미끄러짐 없이 굴림이 발생하는 '부품 4'로 넘어간다. 전기의 공급을 막는 순간 2차 코일에 유도 전류가 발생하는 또 다른 전자기 유도를 구현시키는 부품에 해당한다. 이후 전기입자는 도선의 저항으로 회전과 이동이 서서히 줄어들어 멈추게 된다.

한편 맥스웰은 전기입자가 전기가 흐르지 않는 공기와 같은 절연체에서도 존재하지만, 도선과는 달리 움직임 없기에 고정된 상태로 오직 제자리에서 공회전하는 '부품 5'도 제작하였다.

전자기 유도를 구현하는 맥스웰의 가상의 기계

맥스웰은 이렇게 만들어진 여러 부품들을 조립하여 철심실험에 해당하는 상상의 소용돌이 격자 기계를 만들어 "변화하는 장이 전류가 흐르는 회로를 통과하면 회로 안에 전류를 만들어낸다"는 패러데이의 전지기 유도 과정을 한 치의 오차 없이 구현시키는 데 성

공하였다. 아래의 그림은 맥스웰의 가상의 기계가 전자기 유도를
재현하는 과정 중에서 핵심적인 4개의 순간을 캡처한 것이다. 맥스
웰의 기계의 움직임을 생동감 있게 감상하시려면 유튜브 동영상[*]
이 있으니 참조하면 되겠다.

스위치가 열려 있는 그림 ①은 아직 전류가 흐르지 않아 아무런
사건도 발생하지 않는 상태이다. 초록색 영역은 전기입자가 움직이

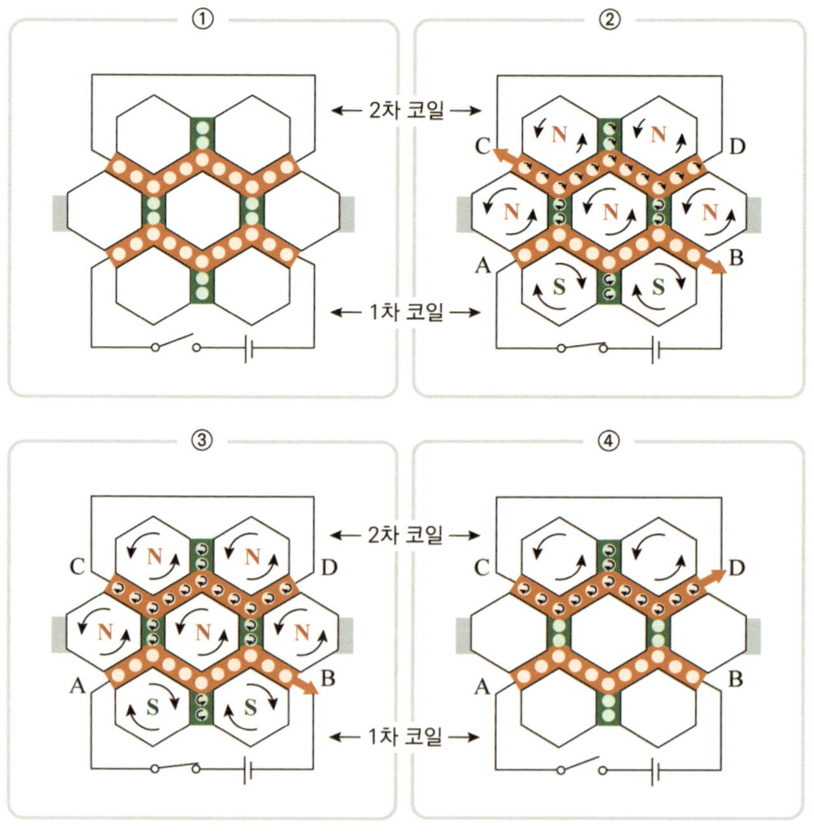

▲ 그림 16.12 전자기 유도 현상을 표현한 맥스웰의 격자모델

[*] https://www.youtube.com/watch?v=6GtBiWtSsTQ

지 못하는 절연체의 공기층이고, 붉은색 영역은 저항이 있지만 전기입자의 움직임이 가능한 도선이다. 아래의 붉은색의 도선이 패러데이의 철심실험의 1차 코일이고, 위의 붉은색 도선이 2차 코일에 해당한다.

자, 이제 스위치를 닫아 전류가 흘러 맥스웰의 기계가 작동되는 그림 ②로 넘어가자. 전지에서 공급된 힘에 의해 강제적으로 움직이게 된 1차 코일의 전기입자는 공급이 끊어질 때까지 공회전 없이 A에서 B로 계속 움직이게 된다. 이렇게 강제적으로 움직이게 된 전기입자는 위아래의 격자의 회전을 발생시켜 중간층의 격자는 N극, 아래층 격자는 S극의 반대 방향의 원형의 자기장이 형성시키는 '부품1'에 해당한다. 한편 회전하는 중간층의 격자와 움직이지 않는 맨 위층의 격자 사이에 끼여 정지해 있던 2차 코일의 전기입자들은 중간층 격자의 회전으로 D에서 C의 방향으로 움직이면서 전류의 흐름이 발생하는 '부품2'이다. 철심코일 실험에서 1차 코일에 흐르는 전류로 발생된 자기장이 2차 코일로 전파되어 유도전류를 발생시키는 전자기 유도에 해당한다.

그런데 모든 도선에는 기본적으로 전기입자의 움직임을 방해하는 저항으로 2차 코일의 전기입자의 움직임은 서서히 줄어들어 멈추게 되고 대신 중간층 격자의 지속적인 회전으로 공회전만 하는 '부품3'으로 변한다. 2차 코일의 전기입자가 움직이지 않으므로 유도전류가 0이 되는 것을 도시한 그림 ③은 철심실험에서 스위치를 닫는 순간에만 유도전류가 흐르고 이후에는 왜 전류가 흐르지 않는지를 시각화하고 있다.

그림 ④는 스위치를 열어 전류를 끊어 A에서 B로 움직이던 전기입사를 강제로 멈추면서 중간과 아래층의 격자의 회전도 정지된 상황이다. 이때 중간층과 맨 위층의 격자 사이에 끼여 공회전만 하고 있던 2차 코일의 전기입자가 중간층의 멈춤으로 C에서 D의 방향으로 움직임이 발생하여 유도전류가 흐르는 '부품 4'가 된다. 그리고 도선 내의 저항으로 전기입자의 움직임과 회전이 서서히 느려지면서 결국 멈추어 처음의 상태인 그림 ①로 돌아간다.

맥스웰은 관성과 저항, 회전운동 등 기존의 뉴턴 역학에 부합하게 움직이도록 제작한 부품들로 만들어낸 장치로 철심실험에서 나타나는 전자기 현상을 완벽하게 재현하도록 작동되는 모델을 완성하였다. 그 다음 단계는 비록 가상의 모델이지만, 기계 부품 사이의 역학적인 관계를 수학의 언어로 표현하는 일이다. 이 작업 역시 상당한 수학 실력이 있지 않고는 결코 만만치 않은 어려운 작업이다. 그렇다고 상상의 기계를 만들어내는 일보다 어려운 작업은 아니다. 앞서 유체의 모델처럼 맥스웰이 만들어낸 가상의 기계의 작동을 묘사하는 수학이 더 쉬운 일이다. 물론 여기에 사용될 수학은 설명할 수가 없을 정도로 복잡하지만 솔직히 수학이야 배우면 된다. 하지만 형상화는 그 어디에서도 배울 수도 없고 결코 거저 얻어지는 일이 아니다. 맥스웰 입장에서도 분명 뉴턴의 힘의 방정식과 유체역학, 벡터 등 기존의 학문을 완벽하게 습득하였기에 이미 완성된 기계의 역학을 수학으로 해석하는 것이 더 쉬운 일이었을 것이다. 확실히 보이지 않는 자연의 운동을 추상화하여 형상화시키는 과정은 사물을 완전히 꿰뚫어보는 통찰력과 직관 등 모든 것이 이뤄지지 않고서는 쉽게 얻기 힘든 결과물이다.

맥스웰이 제작한 상상의 기계의 움직임을 뉴턴 역학으로 구현하였다는 점에서, 분명 그는 뉴턴의 역학을 신봉하였다. 그런데 결정적으로 뉴턴과 다른 길을 택하였는데, 바로 물질끼리 직접적으로

작용하는 관계가 아닌, 공간을 가득 채우고 있는 격자들의 상관관
계로 해석했다는 점이다. 공간 전체에 격자와 전기입자 같은 것들
이 가득 채워져 있고, 이들의 연쇄적인 반응으로 전기와 자기 현상
을 설명하였다. 결국 이런 해석은 힘의 원거리 작용이 아닌 힘이 어
떤 속도로 전파된다는 점을 강력하게 시사한다. 이런 해석은 격자
와 같은 존재인 에테르가 모든 공간에 퍼져 있다는 필연적인 결론
을 도출할 수밖에 없다. 그래서 맥스웰의 모형이 실제의 전자기 현
상을 완벽하게 설명하고 있다는 점에서, 우주 전체가 에테르로 가
득하다고 생각하는 물리학자들이 늘어났다.

52장

전자기학의 공리인 맥스웰 방정식

맥스웰 방정식

맥스웰은 자신이 고안한 유체 튜브와 소용돌이 격자모델에서 일어나는 역학적 운동을 수학적으로 분석하여 마침내 단 4개의 식으로 패러데이의 전자기 법칙뿐만 아니라 앙페르의 법칙 등 전자기학의 모든 내용을 망라한 자신의 이름이 붙은 '맥스웰 방정식'을 만들어냈다. 전자기학의 공리에 해당하는 위대한 법칙으로, 뉴턴의 힘의 법칙과 동등한 지위를 갖추고 있는 그의 방정식은 너무도 정교하고 우아하여 자연계에서 발생하는 모든 전자기의 현상을 기술할 수 있었다. 하지만 맥스웰 방정식의 이름조차 들어보지 못한 경우가 많다. 뉴턴의 힘의 법칙은 이름뿐만 아니라 $F = ma$라는 식까지 웬만하면 모두가 알고 있는 것과 비교하면, 참으로 명성에 걸맞지 않은 대접을 받고 있다. 그런데 그럴 수밖에 없던 큰 이유는 식이 4개라는 점도 있겠지만 그 복잡성도 한몫한다.

분명 식들의 복잡성으로 보아 상당한 내공이 있어야 식을 이해할 수 있다. 전자기학을 다루는 전공 학문이 아니고서는 접하기도 힘들다. 그래서 여기에서도 각각의 방정식의 유도와 의미 등을 일일이 설명할 수는 없다. 단지 앞에서 몇 가지만 설명하였던 현상을 포함하여 그 외의 전기장과 자기장의 모든 현상을 설명하면서 각

〈식 16.13〉 맥스웰 방정식

적분형	미분형
(1) $\oiint_S \vec{E} \cdot d\vec{A} = Q/\epsilon_0$	(1) $\vec{\nabla} \cdot \vec{E} = \rho/\epsilon_0$
(2) $\oiint_S \vec{B} \cdot d\vec{A} = 0$	(2) $\vec{\nabla} \cdot \vec{B} = 0$
(3) $\oint_C \vec{E} \cdot d\vec{l} = -\dfrac{d}{dt} \iint_S \vec{B} \cdot d\vec{A}$	(3) $\vec{\nabla} \times \vec{E} = -\dfrac{\partial \vec{B}}{\partial t}$
(4) $\oint_C \vec{B} \cdot d\vec{l} = \mu_0 I + \epsilon_0 \mu_0 \dfrac{d}{dt} \iint_S \vec{E} \cdot d\vec{A}$	(4) $\vec{\nabla} \times \vec{B} = \mu_0 \vec{J} + \mu_0 \epsilon_0 \dfrac{\partial \vec{E}}{\partial t}$

식이 무엇을 의미하는지 적분형만 가지고 소개하는 수준으로 넘어
가겠다.

'적분형'에서 적분의 기호이기는 한데 원의 기호가 추가된 '$\oint_C$'과
'$\oiint_S$'이 눈에 확 들어온다.

$\oint_C$은 폐곡선을 따라 적분하라는 것이다. 〈그림 16.14〉 ①과
같이 폐곡선을 분할하고 각각의 벡터 $\vec{dr}$와 그 지점의 벡터 $\vec{F(r)}$와
의 내적 $\vec{F(r)} \cdot \vec{dr}$의 값들을 모두 구하여 더하라는 의미이다. 분할을
할수록 더욱 정확한 값에 근접하게 되므로 미적분의 본질을 그대로
담고 있다. 그림 ②는 폐곡선이 폐곡면으로, 즉 1차원에서 2차원의
확장되었을 뿐 동일하다. $\oiint_S$은 구와 같이 흠집 없는 완전한 닫힌
폐곡면을 분할하고, 분할된 모든 면에 대해서 각각 넓이의 벡터 $\vec{dA}$
와 각 지점의 벡터 $\vec{F(r)}$와의 내적 $\vec{F(r)} \cdot \vec{dA}$을 구하여 모두 더한 값
이다. 최소한 이 적분기호의 의미만 이해해도 맥스웰 방정식의 적
분형이 무엇을 말하는지 이해하는 데 큰 도움이 된다.

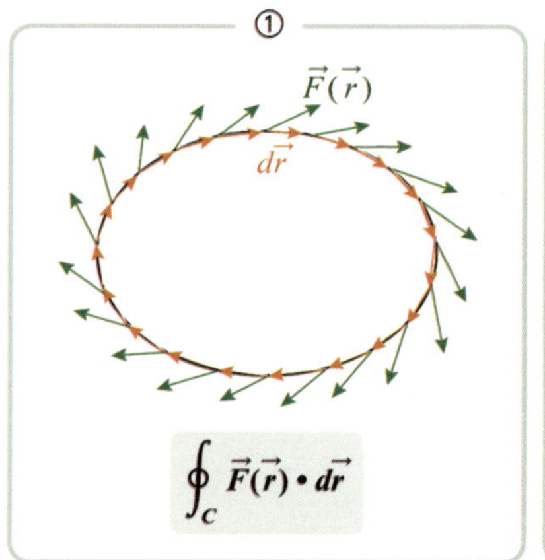

▲ **그림 16.14** ① 폐곡선의 둘레를 분할한 무한소의 길이 벡터 $\vec{dr}$와 각 지점에서 벡터 $\vec{F}(r)$의 내적을 곡선을 따라 적분하라는 것, ② 구면과 같이 완전히 닫힌 표면을 분할한 무한소 넓이 벡터 $d\vec{A}$와 벡터 $\vec{F}(r)$의 내적을 곡면 전체에 대해 적분하라는 의미

맥스웰 방정식의 의미

맥스웰 방정식 (1) $\oiint_S \vec{E} \cdot d\vec{A} = Q/\epsilon_0$은 전기장의 가우스 법칙이다. 수학자인 가우스는 워낙 뛰어나다보니 영역을 넘나들었다. 이 방정식의 의미는 전하에 의해 전기장이 펼쳐져 있는 공간에서 닫힌 폐곡면을 잡았을 때 이 폐곡면으로 들어오는 전기장과 빠져나가는 전기장의 차이가 폐곡면 안의 전하의 양에 의해 결정된다는 뜻이다.

원래는 3차원으로 그려야 하지만 편의상 2차원의 평면으로 도시한 것일 뿐으로 〈그림 16.14〉 ②의 경우에 해당한다. q의 전하에 의해 붉은색의 전기장이 형성되어 있는 공간에 S_1의 폐곡면이나 S_2의 폐곡면을 취했을 때 두 경우 각각 안에서 바깥으로 통과하는 전기장의 개수가 동일하다. 그러므로 각각의 면을 따라 적분하였을

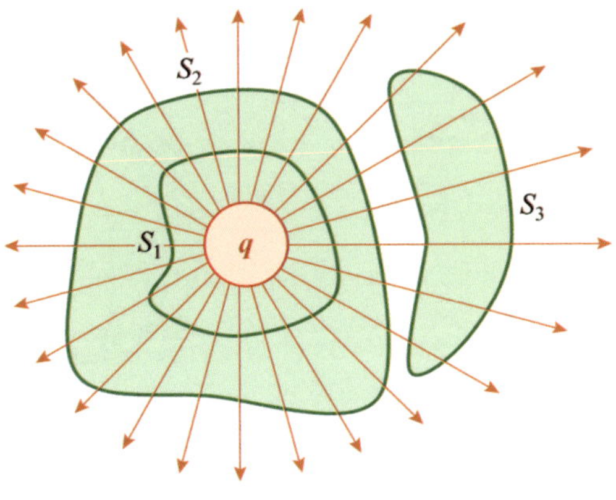

▲ **그림 16.15** 가우스 법칙

때의 값은 동일한 값이 된다. 하지만 폐곡면 S_3는 들어오는 전기장과 나가는 전기장이 동일하여 적분한 값은 0이 된다.

$$\oiint_{S_1} \vec{E} \cdot d\vec{A} = \oiint_{S_2} \vec{E} \cdot d\vec{A} = Q/\epsilon_0, \quad \oiint_{S_3} \vec{E} \cdot d\vec{A} = 0$$

정리한다면 가우스 법칙은 닫힌 폐곡면 내부의 공간에 전하가 존재하느냐, 있으면 어느 정도의 양이 있느냐를 알아낼 수 있다는 것이다. 따지고 보면 쿨롱의 법칙을 일반화시켜 더욱 확장된 개념이라 보면 되겠다.

그런데 맥스웰 방정식 (2) $\oiint_{S} \vec{B} \cdot d\vec{A} = 0$는 전기장 $\vec{E}$가 자기장 $\vec{B}$로 바뀌었을 뿐 동일한 식임에도 항상 0이다. 이는 어떤 폐곡면을 취하더라도 곡면을 따라 출입하는 자기장은 항상 같다는 것인데, 전기장과 자기장의 근본적인 차이에서 비롯된 결과이다. 우리는 자석을 쪼개더라도 항상 N과 S극이 새롭게 만들어진다는 것을 익히

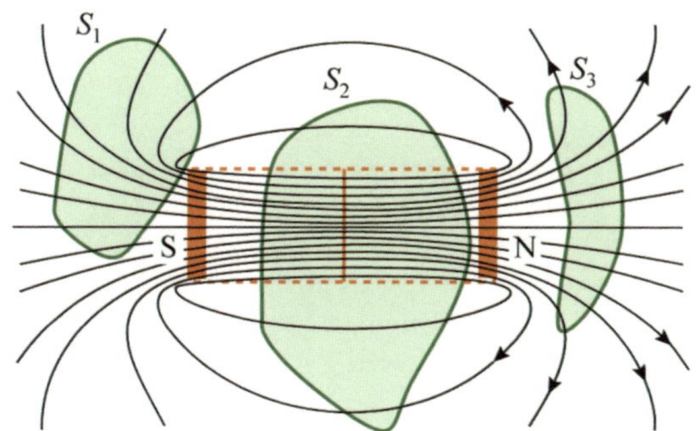

▲ **그림 16.16** 어떤 폐곡면을 취하더라도 들어오고 나가는 자기력선의 양은 동일하다.

알고 있다. 이유는 패러데이가 역선의 개념으로 자기력선이 밀집한 곳이 N극이나 S극이라고 표현했듯, 사실 자기력선은 시작이나 끝이 없는 끊어지지 않는 폐곡선이기 때문이다. 그러다보니 어떤 폐곡면을 취하더라도 자기력선이 들어오고 나가는 개수는 동일할 수밖에 없다.

결과적으로 맥스웰 방정식 (1)은 양의 전하와 음의 전하로 2개의 상태가 존재하고, 방정식 (2)는 N극과 S극이 따로 있지 않고 단지 편의상 가장 밀집된 곳으로 정했을 뿐이다. 달리 말하면 전기장은 스스로 만들어내는 근원, 즉 양이나 음의 전하가 있지만 자기장은 그런 원천이 없다는 의미이다.

다음으로 맥스웰 방정식 (3) $\oint_C \vec{E}\cdot d\vec{l} = -\dfrac{d}{dt}\iint_S \vec{B}\cdot d\vec{A}$ 은 15부 전반에 걸쳐서 핵심적인 인물이었던 패러데이가 밝혀낸 전자기 유도 현상을 수식화한 것이다. 수식에서 '$\oint_C$'는 폐곡선을 따라 선적분하라는 적분기호였고, 우변은 면에 대한 적분이지만 적분 기호에 원이 포함되어 있지 않으므로 구면과 같은 폐곡면이 아니라 좌변의 폐곡선이 만들어낸 면에 대한 적분이 된다. 즉, 공간에 존재하는 전

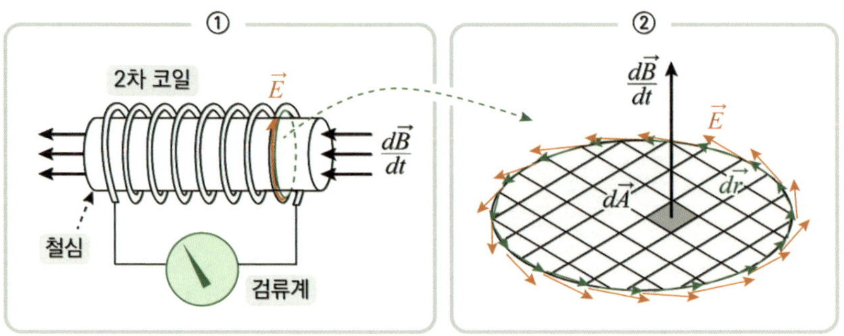

▲ **그림 16.17** ① 시간에 따라 변하는 철심 내부의 자기장 $\partial B/\partial t$로 2차 코일에 유도된 전기장 $\vec{E}$, ② 선적분과 면적분의 관계

기장을 폐곡선을 따라 적분한 값이 폐곡선이 만들어내는 곡면을 지나가는 자기장의 시간 변화율과 동일하다는 것이다.

〈그림 16.7〉 ②만을 들여다보겠다. $\oint_C \vec{E}\cdot d\vec{l}$은 폐곡선의 둘레를 한없이 분할하고 무한소 선분의 벡터 $d\vec{l}$와 전기장 $\vec{E}$의 내적 $\vec{E}\cdot d\vec{l}$의 값들을 모두 더하라는 의미로 〈그림 16.14〉 ①에 해당한다. 그리고 $\dfrac{d}{dt}\iint_S \vec{B}\cdot d\vec{A}$ 혹은 $\iint_S \dfrac{d\vec{B}}{dt}\cdot d\vec{A}$는 앞의 폐곡선으로 이뤄진 면을 역시 분할하여 무한소 $d\vec{A}$와 자기장의 시간 변화율 $d\vec{B}/dt$의 내적 $d\vec{B}/dt\cdot d\vec{A}$을 모두 더한 값으로 위의 〈그림 16.17〉 ②이다. 그러니까 2차 코일 내부를 관통하는, 즉 그림 ①의 단면을 통과하는 자기장 $\vec{B}$의 시간의 변화율 $\partial B/\partial t$이 곧 2차 코일에 유도된 전기장 $\vec{E}$가 그 단면의 원주를 따라 선적분한 값이 된다. 이 2개의 값이 동일하다는 것이 패러데이의 전자기 유도를 맥스웰이 수학으로 표현한 것이다.

앙페르–맥스웰 법칙

맥스웰 방정식 적분형 (4)는 앙페르 – 맥스웰 법칙이라고 불린다. 그런데 이 식의 설명에 앞서, 48장에서 소개하지 않고 넘어간 앙페르의 법칙을 먼저 살펴봐야 할 필요성이 있다. 앙페르 법칙은 맥스웰 방정식 적분형 (4)에서 끝항이 없는 $\oint_C \vec{B} \cdot d\vec{l} = \mu_0 I$로, 비오 – 사바르 법칙의 업그레이드된 법칙이다. 이렇게 한층 더 진화한 전자기 법칙임에도 맥스웰에 의해 수정되는 운명을 맞이하여 $\epsilon_0 \mu_0 \dfrac{d}{dt} \iint_S \vec{E} \cdot d\vec{A}$의 항이 첨가되는 운명을 맞이하였다. 이제 앙페르 법칙이 무엇인지, 그리고 왜 항이 더 첨가되었는지의 이유와 함께 이 항이 물리학 역사의 물줄기를 바꾸는 변혁의 시발점이 된 사연을 지금부터 이야기하고자 한다.

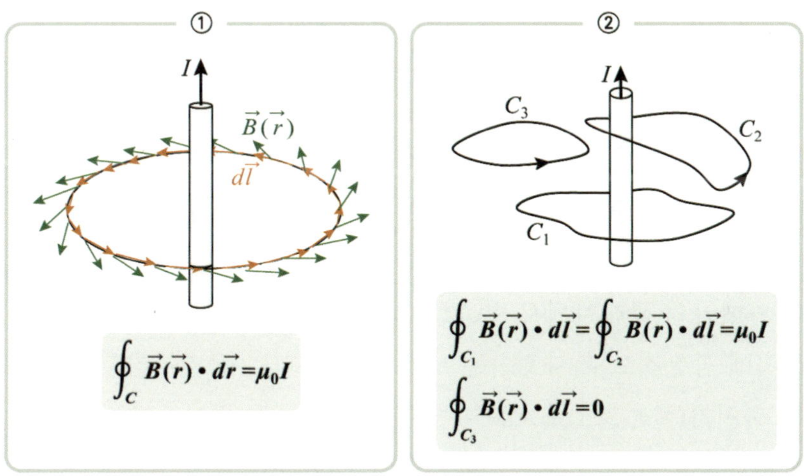

▲ **그림 16.18** ① 붉은색의 폐곡선에 대한 $\oint_C \vec{B} \cdot d\vec{l}$ 의 값은 폐곡선을 관통하는 전류와 비례, ② 폐곡선 C_1과 C_2를 지나가는 전류가 I이므로 두 폐곡선에 대한 선적분의 값은 동일하고, 폐곡선 C_3는 아무 것도 없으므로 0이다.

가우스 법칙이 전기장에 관련된 법칙이라면 이에 대응되는 자기장에 관련된 법칙이 앙페르 법칙 $\oint_C \vec{B} \cdot \vec{dl}$ 이다. 이 식이 무엇을 뜻하는지 이제 어느 정도 알 수 있다. 폐곡선을 따라 자기력 $\vec{B}$와 분할된 선벡터 $\vec{dl}$의 내적 $\vec{B} \cdot \vec{dl}$의 값을 모두 더하라는 것으로, 〈그림 16.14〉 ①을 말하고 있으며, 패러데이의 법칙을 설명하였던 〈그림 16.17〉과 비교하면 전기장이 자기장으로. 그리고 면적분인 곳의 $\vec{dB}/dt$가 전류 I로 바뀌었다고 보면 된다.

쿨롱 법칙의 확장형인 가우스 법칙과 비교하면, 앙페르의 법칙은 비오−사바르 법칙의 확장형이다. 따라서 가우스 법칙에서 설명한 논리대로 따지면 앙페르의 법칙은 특별히 하자가 없어 보이는데 무엇이 잘못되어서 새로운 항이 추가된 것일까?

앙페르 법칙이 성립하지 않는 축전기

노트북으로 이 책을 쓰고 있는 나는 키보드 자판을 두드리며 원하는 글자를 만들어 문장을 완성시킨다. 직장 단합대회에서 회사의 사장이 쩌렁쩌렁하게 울리는 마이크로 대회의 취지와 행사 순서를 설명하고 있다. 사진관에서 사진을 찍자 눈을 못 뜰 정도로 강한 빛이 카메라의 플래시에서 방출한다. 키보드 자판, 마이크, 카메라 플래시에 공통적으로 사용되는 부품 중의 하나가 콘덴서라고도 불리는 축전기(蓄電器, Capacitors)이다. '축(蓄)', 즉 쌓아둔다는 의미의 한자가 포함되어 있다는 점에서 추측이 가능하듯 양전하와 음전하를 분리하여 저장하는 전자부품의 하나로, 직접적인 위의 사례를 떠나 모든 전자제품의 회로를 구성하는 필수 부품이다.

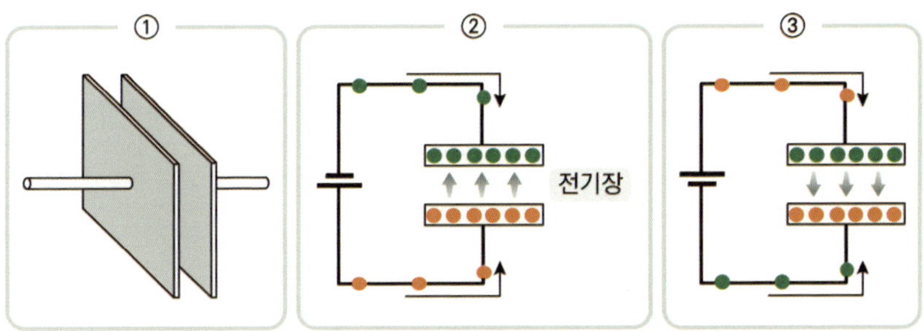

▲ 그림 16.19 ① 축전기의 구조, ② 위의 금속판에는 음의 전하가, 아래의 금속판에는 양의 전하가 충전, ③ 건전지의 극을 달리하면 양과 음의 전하가 반대 극판에 충전

축전기는 2개의 금속판이 일정 거리로 떨어져 있는 구조로(〈그림 16.19〉 ①), 건전지를 연결하면 위의 금속판에는 음의 전하가, 아래에는 양의 전하가 모이게 되지만(그림 ②) 각각의 전하는 반대편의 극판에 건너갈 수가 없다. 이렇게 양 극판에 양과 음의 전하가 모여지는 과정을 충전이라 하고, 충전되는 동안에는 도선에 전류가 흐르지만 극판이 저장할 수 있는 전하의 양이 한정되어 있어 완전 충전 후에는 전류가 흐르지 않게 된다. 실제 움직이는 것은 음전하인 전자일 뿐이지만 축전기의 특성을 이해하기 위해 그림에서는 양전하의 이동도 가능하다고 놓은 것이다. 위에서 사례로 든 키보드나 플래시 등은 방전이라 하여 축전기에 저장된 전하를 한꺼번에 방출시켜 작동하는 방식이다. 한편 건전지의 극을 달리하면 이번에는 양과 음의 전하가 반대로 충전이 되고, 마찬가지로 양 극판이 완전히 충전되면 다시 전류가 흐르지 않는다. 만약 각 극판이 전하가 충전되는 시간에 맞춰 건전지의 방향을 바꿔주면, 즉 금속판의 충전 시간에 일치하는 주기의 교류전압을 걸어주면 전류의 방향은 바뀌지만 계속 전류가 흐르는 효과를 볼 수가 있다. 이렇게 작동하는

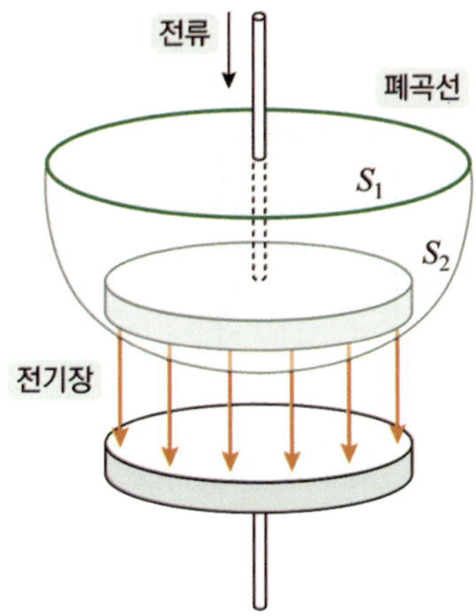

▲ 그림 16.20 초록색의 폐곡선에 대해 2개의 폐곡면을 잡았을 때 발생하는 앙페르 법칙의 모순

축전기는 전자제품의 회로를 구성하는 데 너무도 유용하여 없어서는 안 될 핵심적인 부품이다. 그런데 축전기는 자기력선의 폐곡선을 따라 선적분된 양과 폐곡선 내를 관통하는 전류의 양에 비례한다는 앙페르의 법칙이 성립하지 않게 하는 묘한 상황을 연출시킨다.

전류가 흐르는 도선 주위로 초록색의 자기력선 폐곡선을 잡아보겠다. 그러면 앙페르의 법칙에 따라 폐곡선을 관통하는 전류의 양을 구해야 한다. 그런데 폐곡선의 면은 무엇일까? 이것이 아주 묘한 상황을 연출시킨다. 폐곡선을 경계로 하는 면이면 무엇이든 상관없다는 의미가 내포되어 있어서, 그림과 같이 도선을 가로지르는 S_1으로 잡을 수도 있고, 축적기의 두 극판 사이를 지나가게 한 S_2로 할 수도 있다. 어떻게 하든 수학적으로 문제가 되지 않는데 여기서 앙페르 법칙의 모순이 발생한다. 도선을 지나는 S_1의 면에서는 분명히 전류가 흐르므로 0이 아니지만, 축적기 사이를 지나는 S_2의 면에는 전류가 존재하지 않아 0이라는 상반된 결과를 낳는다. 이런 모순적인 상황이 앙페르의 법칙에서 도출된다. 맥스웰은 이렇게 축전기에서 앙페르의 법칙이 작동되지 않다는 것을 미적분이라는 수학으로 알아낸 것이다. 그럼 어떤 폐곡면을 선택하든 문제되지 않도록 앙페르의 법칙을 어떻게 수정해야 할까?

변위전류

이 문제를 고민하던 그는 자신의 소용돌이 격자로 해결의 실마리를 찾게 되었다. 유동바퀴 역할을 하는 전기입자의 회전 혹은 움직이는 힘이 격자에 어떻게 전달되어 회전을 발생시키는지 그 근원적인 문제를 자신이 너무 간과한 것이 아닐까 하는 자책을 하면서 전기입자와 격자 접촉면에서의 회전을 전달하는 접선 방향의 메커니즘에 대해 다시 생각하였다. 자기력선과 전기력선을 단위 유체로 비유하여 동역학적 행동의 해석에 성공하였지만 유체라면 접선 방향으로 회전을 전달할 능력이 현저히 떨어진다는 사실을 알고 있던 맥스웰은 소용돌이모델에서 격자를 유체라고 단정 짓기에는 문제가 있어 보였다. 그렇다고 딱딱한 재질로 구성되었다고 하면 커다란 문제에 봉착하게 된다. 하나의 전기입자의 움직임은 접촉된 것을 바로 움직이게 한다는 것이므로 연결되어 있는 모든 것이 한꺼번에 움직여야 했다. 반응이 바로바로 전파된다는 것이므로 유도전류의 시작과 중단을 포함하여 모든 운동이 순간적이어야 한다. 힘이 거리에 상관없이 바로 전달된다는 뉴턴역학의 문제점을 간파하면서 장이라는 개념을 도입하여 힘의 전달에 시간이 필요하다는 패러데이의 해석과 상충하는 상황이 발생하는 것이다. 어떻게 해야 할까?

그는 축전기의 두 극판에 전압이 걸렸을 때 전기를 전달할 수 없는 절연체인 극판 사이의 공기층이자 소용돌이를 일으키는 육각형의 격자들이 뒤틀리고 다시 제자리로 되돌아오는 복원력을 지닌 탄성체라는 빼어난 발상으로 극복할 수 있었다.

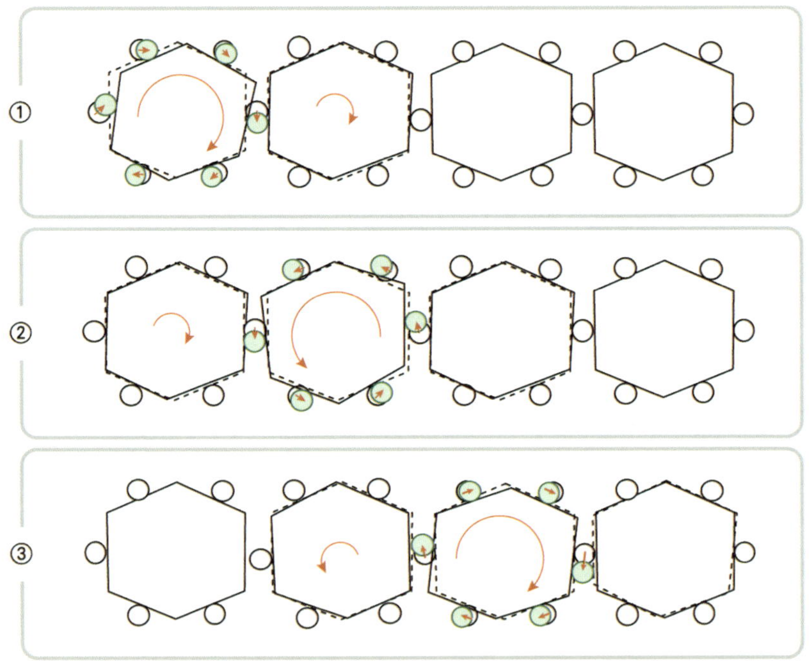

▲ 그림 16.21 절연체 공간 내의 격자는 탄성으로 전기입자의 변위로 발생한 변위전류와 하나의 격자의 탄성이 격자를 따라 전파되는 과정

그림 ①에서 절연체의 맨 첫 번째 격자가 전기입자의 움직임으로 뒤틀리는 변형이 발생하고, 이 변형이 바로 옆의 전기 입자를 조금 움직이게 하여 두 번째 격자에 영향을 주어 뒤틀리는 변형을 준다. 뒤틀려진 첫 번째 격자는 복원력으로 서서히 제자리로 돌아가고, 대신 두 번째 격자가 크게 뒤틀려지면서 마찬가지로 세 번째 격

자를 뒤틀리게 한다.(그림 ②) 두 번째 격자 역시 복원력으로 처음 상태로 되돌아오는 과정이 연속적으로 이어진다.(그림 ③)

축전기 사이의 절연체인 공기층의 격자에 존재하는 전기 입자가 강한 전압과 탄성체인 격자의 뒤틀림이 순차적으로 전기입자의 짧은 변위를 일으키면서 작은 전류인 변위전류(displacement current)를 만들어냄을 알아낸 것이다. 맥스웰의 주장처럼 축전기 사이의 공기층이 절연막에 흐르는 변위전류는 〈그림 16.20〉에서 축전기 사이로 지나가는 폐곡면 S_2로 하더라도 0이 되는 모순을 회피할 수 있게 되었다. 그래서 맥스웰은 면밀한 계산으로 찾아낸 $\partial \vec{D}/\partial t$인 변위전류를 추가하여 앙페르 법칙을 수정하여 보편적인 앙페르-맥스웰 법칙을 만들어낼 수 있었다. 여기서 $\vec{D}$가 축전기의 극판에 모여진 전하들로 생겨진 전기장에 해당한다.

앙페르 법칙이 지닌 모순을 미적분학이라는 수학에서 찾아내고, 자신이 만들어낸 가상의 모델로부터 이끌어낸 변위전류로 문제점을 해결한 것은 정녕 놀랍다고밖에 달리 표현할 말이 없다. 그런데 이것이 끝이 아니었다. 더욱 놀라운 사실이 맥스웰 앞에 기다리고 있었다. 격자의 탄성 메커니즘은 〈그림 16.21〉에서도 묘사된 것처럼 격자의 뒤틀림으로 인해 움직이게 된 전기입자가 또 다른 격자를 뒤틀리게 하는 연속적인 과정은 한 지점에서 다른 지점으로 운동이 전파되는 과정을 말하고 있다. 즉, 전기입자의 움직임인 변위전류가 곧 전기장이고 또 격자의 뒤틀림이 자기장에 해당하므로, 전기장이 자기장을, 자기장이 전기장을 발생시키는 일들이 연속적으로 발생되고 있다는 것이다.

패러데이의 전기력선과 자기력선이 담고 있는 의미를 완전히 통찰하고 있던 맥스웰은 패러데이가 표상으로 삼았던 대칭 형태로 꼬인 전기력선과 자기력선의 고리를 '서로 감싸 안은 곡선'(〈그림 15.22〉 ②)이라는 용어로 부르며 항상 이를 기초로 전기와 자기현상을 바라보곤 하였다. 실제 자신이 구상한 모델도 이 곡선을 기초로 하였고 변위 전류의 발견은 패러데이와 함께 믿었던 전자기의 표상인 '서로 감싸 안은 곡선'은 마침내 하나의 결론에 모이고 있었다.

변위 전류에 의한 전파 과정은 순간적이지도 않고, 격자들은 공간 전체를 꽉 채우고 있기에 전기 입자의 작은 움직임은 파동처럼 퍼져나가게 된다. 전기 입자의 경련은 전기장의 요동으로 나타나고, 비틀리는 격자의 움직임은 자기장의 요동을 나타냄으로써 이 둘은 서로 불가분의 관계로 전파된다.

그가 격자 모델로 얻어낸 위의 해석을 구체적으로 이야기한다면 다음과 같다. 축전기의 개념도이기도 한 양전하와 음전하 각 1개인 2개의 전하가 만들어낸 전기장 공간은 아무 변화가 없는 관성계이다. 여기에 각각 전하가 1개씩 추가되는 상황을 상상해보자.

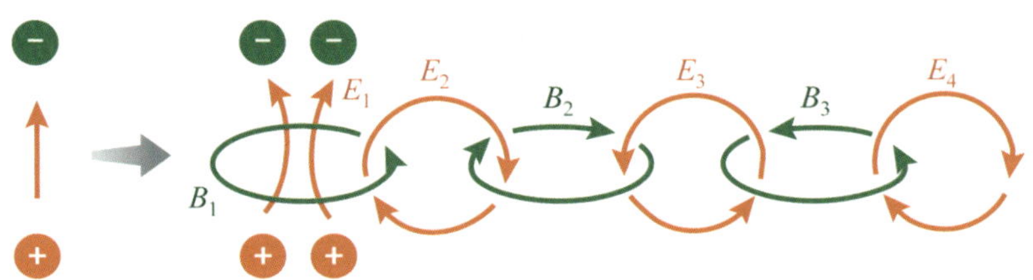

▲ 그림 16.22 양과 음의 전하가 하나씩 추가되면서 발생되는 전기장과 자기장의 관계

자연에서 일어나는 모든 운동은 어떤 대칭이 되었건 그것을 유지하려는 경향으로 발생한다. 그것을 하나의 공리로 규정한 것이 뉴턴의 작용반작용 법칙이었다. 이 철칙에 따라 전하의 증가가 초래한 전기장 E_1의 등장은 자연의 입장에서 보면 분명 대칭이라는

평화를 유지하는 자신의 세계에 도전하는 외부의 침공으로 여겨질 사건이다. 따라서 〈그림 16.22〉의 전기장의 증가 E_1을 상쇄시킬 반대방향의 전기장 $E_2(=-E_1)$의 필요성이 대두된다. 전기장 E_2는 패러데이의 전자기 유도로부터 평화를 깨뜨린 장본인인 전기장 E_1으로부터 만들어진 것이다. 참으로 오묘한 자연의 섭리이다. E_1이 1차 코일에서 스위치를 닫으면서 생긴 전기장이라 할 때 2차 코일에 유도된 자기장이 B_1이 발생하고, 자연스레 2차 코일에 전기장 E_2를 만들어내는 것이다. 그런데 초대받지 않은 손님 E_1을 접대하기 위해 E_2를 불러들였지만 그 과정에서 없었던 자기장 B_1이 또 다른 균형을 깨뜨리는 사건이다. 어쩔 수없이 이를 상쇄할 자기장 B_2 $(=-B_1)$를 앙페르의 법칙으로 기존의 전기장 E_2가 생성하여 준다. 이렇게 새로운 전기장과 자기장으로 대칭을 깨뜨리는 전기장과 자기장을 지워냈지만 역효과로 이들이 새로운 잉여의 자원이 되고 또 이들을 소거하기 위해 같은 과정을 거쳐야 한다. 완벽한 무한 순환에 빠지는 것이다.

이렇게 축전기 사이에서 발생되는 무한순환의 전기장과 자기장의 서로 상보적인 관계, 즉 패러데이가 도출해낸 서로 감싸 안은 곡선이 맥스웰에 의해 현실화되었다. 그러면 도대체 전기장과 자기장의 합작이 만들어내는 존재는 무엇일까? 단지 이론에 의한 가설에 불과한 것일까? 아니면 현실 세계에 실존하는 것일까? 맥스웰을 비롯 당시의 물리학자들 모두 몰랐지만, 지금의 우리에게는 너무도 친숙하여 우리의 주변을 꽉 채우고 같이 호흡하고 있는 전자파의 존재를 예언한 것이다. 놀랍게도 오직 수학의 언어로만 말이다. 이를 입증하기 위해 그는 자신의 격자모델로 만들어진 자신의 분신인

4개의 맥스웰 방정식으로 전기장과 자기장이 공동으로 기획한 존재가 파동임을 밝혀냈고, 또한 진공에서의 파동의 속도를 계산한 결과 경천동지할 결과를 얻게 되었다. 바로 빛의 속도와 같았다. 왜 이것이 경천동지할 일일까? 빛이 전기장과 자기장으로 구성되어 있다는 빛의 본질을 밝혀냈기 때문이었다.

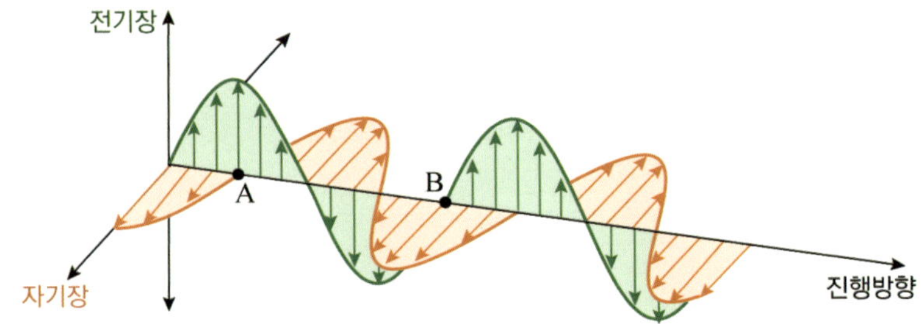

▲ 그림 16.23 전기장과 자기장이 서로 감싸안으며 진행하는 전자파의 전파 과정

이 책에서 소개한 수학과 물리학의 업적을 포함하여 대부분의 학자들이 이룩한 위대한 업적들을 보면 추상적인 개념을 형상화한 시각적 이미지나 모형 등을 이용하여 이론의 완성에 이르렀다. 현상의 핵심적 특징을 아주 잘 형상화한 이미지, 물리적 유비, 모형은 이해하기 힘든 개념의 형성과 시각적 의미를 획득하는 데 매우 강력한 길잡이 역할을 수행하기 때문이다. 대표적인 물리학자들을 꼽는다면 파인만, 보어, 아인슈타인 등을 들 수 있는데 개인적으로 가장 독보적인 인물이 맥스웰이라고 할 정도로 그가 만들어낸 상상의 모델은 인간의 능력을 벗어난 것처럼 보인다. 소용돌이 원자 모형은 맥스웰 자신도 인지하지 못했던 새로운 물리현상을 이끌어내는 발견적 장치로 기능하였기 때문이다.

빛의 실체

전기장과 자기장이 서로 감싸 안고 있다는 가설에 공감하던 맥스웰과 패러데이는 서로 영혼의 동반자이자 친구였다. 어느 날 맥스웰은 매우 흥분된 상태로 이제는 인생의 뒤안길에서 기억력마저 희미해진 패러데이를 찾아갔다.

"마이클, 제가 이번에 밝혀낸 연구 결과를 알려드리고 싶습니다. 너무도 대단한 결과라 믿어야 할지 의심스러울 정도입니다. 그러니까 전기가 전선을 따라 흐를 때 자기장을 생성하고, 그 자기장이 움직이면서 또 다른 전기장을 생성한다는 선생님의 주장은 실제로 일어나는 일이에요. 전기와 자기는 마치 끝없는 끈처럼 서로 얽혀 있어, 항상 앞으로 맥박처럼 흐른다는 것이죠. 정말 멋져요. 그런데 마이클, 무엇보다 수학적인 결과에는 아주 중요한 게 있어요. 전기가 자기를 생성하고, 자기가 전기를 생성하기 위해서는 아주 특정한 속도에서만 일어날 수 있다는 것인데, 방정식에서 아주 명확하게 튀어나오는 숫자가 초속 30만입니다. 초속 30만km! 이 숫자는 다름 아닌 빛의 속도잖아요. 실험으로 밝혀지지 않아서 확실하지는 않지만, 분명 빛의 속도입니다. 당신이 처음부터 옳았어요. 빛은 전자기파예요."[*]

그렇다. 맥스웰은 자신이 얻어낸 방정식들로 자기장과 전기장이 서로 감싸 안으면서 생성시키는 파동, 즉 전자파의 속도를 구하였고, 그 속도는 놀랍게도 빛의 속도와 정확히 일치하였다. 이는 빛이 곧 전자파라는 사실로, 빛은 전기장과 자기장이 서로 감싸면서 만

---

[*] 미국 PBS의 과학 다큐멘터리 시리즈 NOVA에서 제작된 《Einstein's Big Idea》에서 패러데이와 맥스웰이 만나서 나눈 대화의 일부

들어진 존재임을 처음으로 밝혀낸 것이다. 패러데이가 전기장과 자기장으로 파동이 만들어진다는 주장, 비록 그가 평생 동안 실험으로 체득된 직관력으로 잉태된 가설이었지만, 수학으로도, 실험으로도 확인되지 않은 사실을 맥스웰이 처음으로 수학이라는 도구로 입증해낸 것이다. 신이 만들어낸 빛이 마침내 땅으로 내려와 인간의 품속에 들어온 것이다.

맥스웰 이전까지 절대 진리로 여겨졌던 뉴턴역학에 의하면 우주의 어느 한 부분에서 요동이 일어나면 온 우주에서 즉각 전달된다는 것이 정설이었다. 그러나 맥스웰은 탁월한 관찰을 통해 전기와 자기의 효과는 뉴턴의 힘처럼 즉각 전달되는 것이 아니라 유한한 속도로 전파된다는 것을 알아챘다. 즉, 전기와 자기의 효과가 전달되는 데 일정한 시간이 걸린다는 것이다. 잔잔한 호수에 던진 돌로 원을 그리며 호수가로 퍼져나가는 물결이 호수 가장자리까지 전파되는 데는 시간이 걸린다. 만약 공간이 호수의 표면처럼 거미줄 같은 그물로 이뤄져 있다고 생각할 때, 그물 어느 부분에 가해진 충격은 파동을 일으키고, 이 파동은 퍼져나갈 것이다. 이처럼 온 세상은 장이라는 그물로 채워져 있고, 어느 지점에서의 그물의 출렁임은 일정한 속도로 진행하는 파동처럼 퍼져나간다. 새끼줄을 꼬듯 자기장이 전기장을 만들고, 반대로 전기장이 자기장을 만드는 순환패턴으로 끊임없이 조화롭게 진동하면서 일정 속도로 그물망을 흔드는 것이 전기와 자기가 우주에서 펼치는 쇼였다. 맥스웰은 이런 추론에 의해서 전자기파의 존재를 예측하였고, 자신의 방정식으로 전자파의 속도가 초속 30만km, 즉 빛의 속도와 같다는 사실로 빛도 전자기파라는 가설을 제안하기에 이르렀다.

전자기장의 동역학적인 메커니즘을 정식화한 '맥스웰 방정식'을 풀면 시간적으로 변화하지 않는 전기장에서는 쿨롱의 법칙을 만족시키는 정전기장이 구해진다. 하지만 장이 시간적으로 변할 때는 일명 파동방정식이 도출되고, 이 방정식의 일반해는 전기장 변화의 수직한 방향으로 자기장이 생성되고, 이 자기장의 변화는 그것과 수직한 방향으로 전기장을 생성하며 서로 수직으로 진동하는 파동이 되어 공간 속에서 진행한다는 사실이 유도된다. 맥스웰은 이렇게 진동하는 파를 전자기파라고 맥스웰은 이름 붙였다. 해를 구하는 과정은 어려운 수학이 아니지만 본 과정을 뛰어넘는 것이라 여기에선 최종적인 해만 살펴보도록 하겠다.

$$① \quad \nabla^2 E = \mu_0 \epsilon_0 \frac{\partial^2 E}{\partial t^2} \quad \rightarrow \quad \frac{\partial^2 E}{\partial x^2} = \mu_0 \epsilon_0 \frac{\partial^2 E}{\partial t^2}$$

위의 방정식에서 E 는 전기장으로서 왼쪽은 공간 전체에 대한 것이지만. 이를 일차원으로 한정하면 오른쪽과 같은 식이 된다. 이 미분방정식의 해는 실재하지 않은 수라 불리는 허수 'i'를 포함하게 되는데, 우리는 논의를 간단하게 하기 위해 실수에 한정한 일반적인 해만 살펴보자면 아래와 같다.

$$② \quad E(x,t) = A \sin(\omega t - \beta x)$$

위의 식에서 각진동수 ω 는 빛이 한 번 진동하는 데 걸리는 시간이고, β는 그 시간동안 빛이 진행한 거리이다. 따라서 전기장의 속도 v는 β/ω인데, 위의 전기장의 해 ①을 파동방정식 ②에 대입하여 정리하면 $v = 1/\sqrt{\mu_0 \epsilon_0}$ 임을 확인할 수 있다. 이때 상수인 μ_0와

ϵ_0는 각각 유전율과 투자율이라 불리는 물리상수로 진공에서 이 값을 대입하여 계산하면 정확하게 빛의 속도가 됨을 확인할 수 있다.

헤르츠가 찾아낸 전자파

변위전류의 개념으로 시작하여 빛이 전기와 자기로 구성되었다는 맥스웰이 이끌어낸 결론은 20세기 물리학의 새로운 혁명을 불러일으킨 변곡점이 될 사건이었다. 하지만 패러데이와 마찬가지로 다른 과학자들의 동의를 얻지 못하였다. 차이가 있다면 맥스웰은 수학실력 때문이 아닌 자신이 형상화한 모델이 실제 자연을 묘사한 것이 아니라 비유를 통해 수학적 관계를 이끌어내는 보조 수단에 불과한 것이고, 또 너무 비현실적인 느낌이 농후하여 과연 실제의 자연의 현상을 제대로 반영한 것인지 의심스러웠기 때문이다. 더군다나 그의 전자기 방정식은 사실 처음에는 지금의 4개가 아닌 총 20개에 이르렀을 정도로 너무도 현란하고 고도의 수학을 사용한지라 오히려 투박한 느낌을 주었고, 계산 실수도 곳곳에서 발견되어 과학자들은 그의 주장을 곧이곧대로 받아들이기가 쉽지 않았다. 사실 변위전류의 개념으로 이끌어진 빛이 전자파라는 결론은 맥스웰 자신조차 선뜻 믿기가 어려웠다. 어쨌든 그의 이론의 진위는 변이전류나 전자기파의 존재를 실험적으로 입증하는 일이었지만, 확신이 서지 않아서인지, 아니면 상당히 어렵고 위험하며 실패 확률이 매우 높은 실험이라 그랬는지 실험으로 자신의 정당성을 부여하려는 노력을 기울이지는 않았다.

패러데이에서 시작하여 맥스웰에서 완성된 전자기 이론은 전기장의 변화가 자기장을 유도하고, 또한 자기장의 변화가 또 다른 전기장을 유도하며 전자파가 발생하느냐가 성패를 결정짓는 분수령이었다. 맥스웰이 완성한 이론은 공간을 채우고 있는 장이라는 에너지들의 관계라는 혁신적인 개념으로 전기와 자기의 현상을 해석한 것이기에 직접 눈으로 확인되는 대상들을 측정하는 뉴턴 역학에 익숙해 있는 대부분의 물리학자들에게는 받아들이기가 어려웠다. 하늘 아래 두 가지 이론이 공존하는 격이라 당연히 과학계의 지존 뉴턴 역학을 신봉하는 수많은 과학자들이 패러데이와 맥스웰을 주류에서 벗어난 이단자라고 여길 수밖에 없었다. 어쨌든 뉴턴의 역학으로 입증이 불가능한 빛이 전자파라는 결론은 실험으로 확인이 되느냐로 운명이 결정될 수밖에 없었다. 그리고 이런 전자기에 대한 치열한 논의를 종식시킨 이가 하인리히 루돌프 헤르츠(1857~1894)였다.

그런데 헤르츠라는 이름은 익히 들어봤을 것이다. 맞다. 모든 사람들이 알고 있는 단위이다. 잘 모르겠다고 하는 분들도 'kHz' 혹은 'MHz' 단위를 사용하는 라디오 FM 방송의 주파수를 떠올려보자. 헤르츠(Hz)는 주파수의 기본 단위로 전파가 1초 동안 진동하는 횟

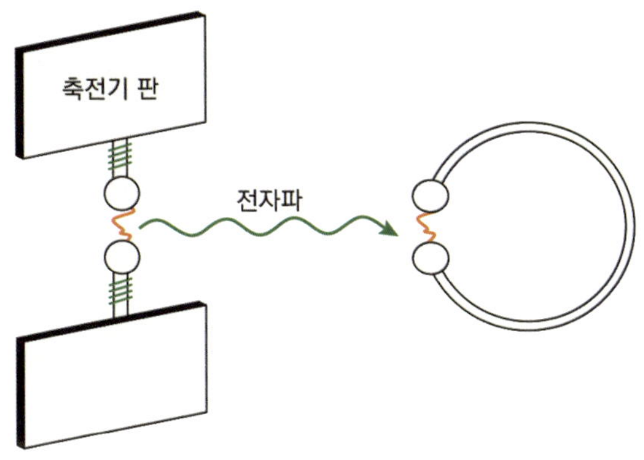

▲ 그림 16.24 헤르츠의 실험장치 개략도

수를 뜻한다. 따라서 메가헤르츠는 초당 100만 번 진동하는 파장이라는 것이다. 주파수의 단위로 헤르츠를 사용하게 된 이유는 당연히 헤르츠가 맥스웰의 이론의 존폐를 결정짓는 전자파를 발견한 공로에서 비롯되었다.

놋쇠로 만들어진 금속구를 아주 가까이 두고 양극과 음극의 전극을 짧은 순간 연속적으로 바뀌는 고전압, 즉 교류전압을 걸어주면 금속구 사이의 공기 중에서 방전이 일어난다. 이때 마주보는 양쪽의 큰 구가 반대 전하로 저장된 축전기 역할을 하여 전기장이 형성되고, 끊임없이 변화하는 교류전압으로 전기장은 급격하게 요동치면서 주위에 자기장을 발생시키게 된다. 그리고 맥스웰의 이론에 따라 자기장의 변화가 공간에 또 다른 전기장을 만들어내는 과정이 반복되면서, 전기장과 자기장이 파동의 형태로 이동한다. 이렇게 공간에 전파되는 파동인 전자파가 발생할 것이라는 것이 맥스웰의 추측인데, 이 전자파를 검출할 목적으로 헤르츠는 고리모양의 원형 도선의 작은 2개의 구를 떨어진 곳에 위치시켰다. 고리모양에 부착된 2개의 구는 교류전압의 주기에 맞춰 각각 다른 전하로 대전되고, 다시 반대 전하로 바뀌면서 방전이 발생할 것이다. 이렇게 전혀 상관이 없는 고리에서 작은 불꽃의 방전은 당연히 발생장치에서 만들어진 전자파가 그 범인일 수밖에 없다. 즉, 고리에서 방전을 검출하게 되면 전자파의 존재를 입증하는 셈이다.

헤르츠는 이 실험을 통해 전자기가 파의 형태를 가지고 공간으로 전파되는 것을 확인했고, 이것의 편광상태, 반사와 굴절 현상, 간섭 등을 조사하여 파동의 성질을 가지고 있으며, 또한 그 속도가 빛의 속도와 같다는 것도 증명하면서 전자파가 곧 빛과 같은 실체임을 실험으로 보였다. 이로써 패러데이로부터 시작하여 맥스웰에 의하여 제기된, 전기장과 자기장이 공간에서 파동으로 전파되는 에너지이자 빛이라는 사실이 입증되면서, 힘은 장이라는 역학적인 관계로 엮였다는 그들의 주장이 공인을 받게 되었다.

뉴턴 역학에 균열을 가한 전자기학

패러데이와 맥스웰을 거치면서 완성된 전자기학(電磁氣學)이라는 이름에 포함된 '기(氣)'는 꽤나 심오한 의미를 물씬 풍기는 단어로 여러 의미로 해석이 된다. 가령 동양 철학에서는 "우주와 천지만물의 존재와 형의 근원이면서도, 천지만물의 생성 및 구성과 동시에 움직이게 하고, 변화시키는 근원적 법칙이자 존재케 만드는 에너지의 원천에 해당되는 천지의 기운 그 자체이자, 만물 생성력의 근원적 힘이자 음양의 정수이며, 곧 우주 삼라만상을 포함한 모든 것들을 창조하는 근원"*이라 말하고 있다. 물리학에서는 이와 같은 기가 많이 모여 있는 것을 물질이라 하고, 적게 모인 나머지를 공간으로 해석하여 기학(氣學)은 공간을 탐구하는 학문으로 지칭하고 있다. 그런 점에서 전하와 자력의 힘을 '기'를 추가한 전기력과 자기력으로 명명하고, 이들이 채워진 장이라는 공간의 역학적인 관계를 연구하는 분야를 전자기학으로 작명한 것은 참으로 학문의 속성을 충분하게 담지하고 있다고 할 수 있다.

패러데이에서 시작하여 맥스웰로 완성된 전자기학을 정립한 물리학은 이때를 기점으로 연구의 패러다임이 급변하게 되었다. 물질과 물질의 직접적인 상호관계를 다루는 뉴턴 역학에서 벗어나, 물

---

* 출처: 나무위키

질과 공간이 완전히 분리되어 있지 않고, 또한 파동인 에너지가 충만하게 채워진 공간인 장들이 직조하는 체계로 물리현상을 해석해야 한다는 새로운 우주관이 자리를 잡게 된 것이다.

질량 개념이 없는 장은 잔잔한 수면 위에 던져진 돌이 만든 파동이 퍼져나가거나, 거미가 거미줄에 걸린 먹이가 일으킨 파동을 느끼는 데 시간이 소요되는 것처럼 파동으로 장을 해석하는 것과 같다. 장들이 꽉 채워진 공간은 얽히고설킨 그물망이고, 이들의 출렁임이 공간에 전파되어 다시 새로운 질서가 만들어지는 장들을 해석하는 전자기학은 기존의 뉴턴 역학과 분명 다르다. 당시까지 물리학의 바이블은 당연히 뉴턴 역학이었고, 따라서 물리적 대상은 질량이라는 속성을 가진 물질을 바탕으로 그들이 서로 얽혀 펼쳐지는 자연 현상의 인과관계를 수학적으로 증명하는 것이었다. 그런데 패러데이와 맥스웰로 등장한 장의 속성은 본질적으로 다른 개념으로 뉴턴의 역학이 탐구하는 물질과 첨예하게 대립된 것으로, 전자기장의 여러 현상을 설명해내지 못하는 뉴턴 역학은 커다란 위기에 봉착하게 되었다.

전자기학의 탄생은 물리학계를 혼돈으로 몰아넣었다. 동시에 자연의 현상을 해석하는 완성된 학문이라 믿어 의심치 않던 뉴턴역학에 심대한 균열을 불러일으켰다. 장들이 엮는 역학적 움직임이나 무엇보다 전자파의 존재를 뉴턴 역학으로 설명이 불가능하였기 때문이다. 물리학자들은 고민에 빠졌다. 그들의 기본적 로망은 전 우주를 설명하는 보편적이고 일관된 하나의 통합적인 법칙을 찾는 것이었는데 믿었던 뉴턴 역학의 붕괴 조짐에 혼란스러웠고, 그래서 이 둘을 화해할 수 있는 방법을 모색하였다. 그리고 두 학문의 중재를 맡은 그 중심에 있던 존재가 빛이었다. 맥스웰 방정식에서 도출되는 빛의 행동을 뉴턴 역학과 연계하여 새로운 보편적인 법칙을 만들자는 것이었고, 이런 노력은 마침내 또 하나의 엄청난 결과물이 튀어나오면서 물리학의 또 다른 분야의 탄생을 이끌었다. 그런데 놀라운 것은 그러한 엄청난 일을 여러 학자들의 업적들이 합쳐서 이뤄진 것이 아니라 단 한 사람만의 혼자 힘으로 이뤄냈다. 누구인지 독자 분들 모두가 알 수 있다. 뉴턴 이후 또 한 명의 인류의 대천재 아인슈타인, 그의 업적을 이제부터 시작하겠다.

17부

상대론에 관하여

신계의 능력을 지닌 아인슈타인이 광속 불변의 원리에서 얻어낸
특수 상대성 이론과 뉴턴 역학을 더욱 일반적이며 보편적인
중력법칙으로 확장한 일반 상대성 이론을 이끌어낸 과정을 정리했다.

특수 상대성 이론과 일반 상대성 이론을 완성한 아인슈타인

53장 광속 불변의 원리

뉴턴 역학과 맥스웰 전자기학의 충돌

광속 불변의 원리, 즉 빛의 속도가 불변이라는 사실은 아마 초등학생도 알고 있을 정도로 유명하다. 왜 이렇게 널리 알려진 것일까? 이유는 뉴턴 역학 대신 새롭게 보편적 원리로 자리하여, 현대과학의 발전을 이루게 한 아인슈타인의 상대성 이론의 탄생을 불러일으킨 시작점이었기 때문이리라.

빛의 속도는 3장에서 올레 뢰머가 목성의 이오 위성으로 측정한 방법을 소개하였다. 지금이야 훨씬 고급스러운 방법으로 더욱 정밀하게 측정하여 빛이 1초에 지구를 7바퀴 반만큼 진행하는, 초당 약 30만km의 속도라는 사실은 널리 알려져 있다. 그런데 빛의 속도가 변하지 않는다는 사실은 우리의 직감과는 좀 어긋나는 면이 있다.

〈그림 17.1〉①의 버스 안에서 던져진 공이 수평으로만 운동한다고 제한하겠다. 그리고 버스 밖의 관찰자 A는 좌표계 S에 위치하여 x, y, z와 시간 t인 변수로 공의 운동이 기술되고, x', y', z'과 시간 t'으로 기술되는 버스 안 관찰자 B가 있는 좌표계를 S'이라 하겠다. x축의 양의 방향으로 등속도 V로 달리는 버스 안에 있는 관찰자 B가 던진 공의 속도가 v이다. 이때 버스 밖의 관찰자 A가 보는 공의 속도는 버스의 속도 V가 더해진 $v+V$가 된다는 것은 상식적

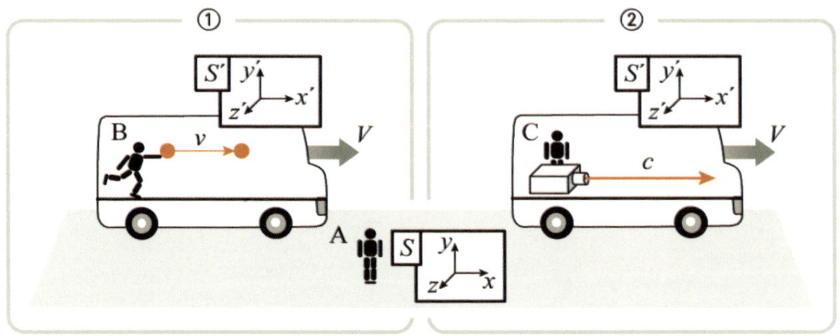

▲ **그림 17.1** ① 버스 밖에서 안으로 좌표계를 변환시켜도 물리법칙을 유지시켜주는 갈릴레이의 상대성 원리, ② 상대성 원리에 위배되는 빛의 속도

이다.

이렇게 좌표계를 바꾸더라도 버스 안과 밖의 물리법칙이 동일하게 유지되는 원리가 상대성 원리이고, 이 물리법칙을 유지되도록 변환시켜주는 것이 2부 4장에서 이야기했던 갈릴레이 변환이다. 잊어버린 분들을 위해 다시 적어보겠다.

〈식 17.2〉 갈릴레이 변환 $x' = x - vt,\ y' = y,\ z' = z,\ t' = t$

상대성 원리를 식으로 표현한 갈릴레이 변환은 직관적으로도 충분히 납득이 간다. 갈릴레이 변환은 너무도 자명하여 공리로서의 기본 요건을 충족하기에 이를 토대로 뉴턴 역학이 완성될 수 있었다. 그런데 보편적 법칙으로 철썩같이 믿고 있던 갈릴레이 변환에 심각한 손상을 가한 주범이 바로 광속 불변이다.

이번에는 공이 아닌 빛을 비추는 〈그림 17.1〉 ②의 상황으로 넘어가겠다. 버스 안의 좌표계 S'에 놓인 레이저에서 쪼인 붉은색 빛의 속도는 c이다. 당연히 버스 안의 관찰자 C가 보는 빛의 속도는 c

이다. 또한 상대성 원리로 버스 밖 S의 좌표계에 있는 관찰자 A가 보는 빛의 속도는 $c + V$가 되어야 한다. 그런데 그렇지 않다는 점에서 커다란 문제가 발생한 것이다. 버스가 제아무리 빛에 가까운 속도로 움직여도 버스 밖의 관찰자 A가 보는 빛의 속도는 변함없이 항상 c였다.

너무 모순적이지 않은가? 그림 ①과 비교하여 달라진 것이라고는 공이 빛으로 바뀌었을 뿐 동일한데도 말이다. 버스 안과 밖의 물리법칙이 다른 것인가? 하지만 이것은 더욱 말이 되지 않는다. 버스 안이라고 버스 밖과 완전히 다른 물리법칙이 적용된다는 것은 상식에 위배된다. 빛의 속도는 c 이상도 가능해야 한다. 하지만 그렇게 되면 우리에게 너무도 익히 알려져 있는 광속 불변의 원리에 벗어난다. 상충하는 갈릴레이의 상대성 원리와 광속 불변의 원리, 도대체 무엇이 옳다는 이야기인가?

광속 불변의 원리는 위와 같이 우리가 당연하다고 믿는 많은 부분을 뒤흔들어 재배열시켜놓았다. 이런 무시무시한 광속 불변이 물리학에 끼친 엄청난 이야기를 지금부터 시작하려 한다. 그러면 이렇게 어려운 이야기를 우리는 어떻게 해야 최대한 공감하면서 이해할 수 있을까? 최고의 방법은 직접적인 실험이겠지만, 책이라는 공간에서 주는 제약은 너무도 명확하다. 그래서 필요한 대안은 사고 실험과 수학이다. 특히 수학은 확실한 기초 설계만 이룬다면 하나의 길을 안내하게 될 것이고, 그 결과를 해석하면 된다. 마치 맥스웰이 빛은 전기장과 자기장이 서로 감싸안은 실체임을 수학으로 밝혔듯이 말이다. 자, 이제 물리학에서 가장 어렵다는 상대성 이론을 알기 위해 우리는 광속 불변의 원리가 밝혀지기 전의 19세기 말의 시대로 넘어가겠다.

빛의 매개체 에테르

지금 사용하는 모든 전자제품의 탄생을 불러일으켜 현대사회의 혁명적 발전의 초석이 된 전자기학은, 물리학에서 잉태되어 탄생한 이론이었음에도 오히려 칼끝을 자신의 탄생지인 물리학에 겨누며, 그동안 쌓아왔던 물리학의 이론을 통째로 부정하고 뒤엎어버리는 엄청난 폭발을 불러올 뇌관이기도 하였다. 대표적 뇌관의 하나가 장의 개념이었다. 전자기 현상을 설명하기 위한 유용한 모형에 불과하다고 여겼던 장이 물리학의 지형을 바꿔놓기 시작한 것이다. 그전까지 뉴턴 역학의 대상이었던 우리가 보고 만질 수 있는 물질과는 전혀 다른 파동이라는 에너지의 형태를 지닌 장의 개념은 괴리가 있었다. 하지만 하늘 아래 2개의 태양이 있을 수 없고, 특히나 모든 현상을 아우르는 보편적인 하나의 법칙을 선호하는 물리학자들 입장에서는 이들 둘을 통합하여 하나의 이론으로 세상을 설명할 수 있는 이론을 만들어내기를 원하였다. 그런데 방향이 묘하게 흘러갔다. 뇌관은 장이라는 개념이 아닌 엉뚱한 곳에서 터져 나왔다. 전자기학이 뜻밖에도 뉴턴 역학의 기본 전제로 철썩같이 진리로 믿고 있던 갈릴레이의 상대성 원리에 강한 의문점을 던지면서 뉴턴 역학 전체의 근간을 뒤흔들어놓은 것이다. 이미 우리도 〈그림 17.1〉②에서 속도가 변하지 않는 빛이 갈릴레이의 상대성 원리를 위해하며 뉴턴 역학을 부정하는 행동을 취하고 있다는 것을 말이다.

사실 모든 시작은 빛의 속도를 담지하고 있는 맥스웰 방정식이 이상한 행동을 취하기 때문이다. 레이저를 탑재한 버스 안에서 전자기 법칙은 맥스웰 방정식을 따르므로 빛의 속도가 c인 것은 전혀 문제될 것이 없다. 그런데 맥스웰 방정식을 버스 안에서 밖으로 갈릴레이 변환을 적용하면 방정식이 이상하게 바뀌어버려, 패러데이 등이 밝혀낸 전자기 현상을 설명하지 못하는 방정식이 되어버린다. 그렇게 되는 과정은 생략하겠지만, 한 마디로 갈릴레이 변환은 맥스웰 방정식을 완전히 망가뜨린다는 것이다.

시공간의 세계에 얽매여 자연의 현상을 연구하는 물리학의 특성상 좌표계는 너무도 중요하다. 운동하는 물체들 사이에 일어나는 일련의 사건들의 관계를 알아내기 위해서 제일 먼저 하는 작업은, 좌표계를 이용하여 물체의 위치와 시간에 숫자를 부여하는 일이고, 다음은 숫자들 사이의 관계를 해석하여 어떤 운동을 하는지 분석하는 과정을 밟는 것이다. 하지만 추상적인 좌표계를 설정하는 것은 쉬우면서도 어려운 작업이다. 더군다나 좌표계는 우리에게 너무도 익숙한 직각 좌표계만 있는 것도 아니다. 거리와 각도라는 두 변수로 표현하는 극좌표도 있지 않았던가. 다만 어떤 좌표계를 선택하느냐에 따라 문제 해결이 용이할 수도 아니면 완전히 나락으로 빠질 수도 있다. 하지만 절대 변해서는 안 될 것이 있다. 바로 '물리법칙'이다. 전자기법칙이 1억 년 후에 혹은 지구에서 멀리 떨어진 화성에서 제각각일 리가 없지 않겠는가. 화성에서 좌표계를 설정하더라도 전자기 법칙을 포함한 모든 물리법칙은 불변이어야 한다.

그런데 갈릴레이 변환에 반기를 드는 존재가 등장한 것이다. 뉴턴이 밝혀낸 힘의 법칙과 만유인력 등은 갈릴레이 변환을 해도 작동에 이상이 없는데, 유독 맥스웰 방정식만 엉망이 되어버리는 것이다. 왜 맥스웰 방정식은 갈릴레이 변환을 따르지 않는 것일까? 전자기 현상을 완벽하게 기술한다고 믿고 있던 맥스웰 방정식에 커다란 오류가 있다는 것일까? 아니면 갈릴레이의 상대성 원리가 원천적으로 잘못된 것일까? 이도저도 아니면 두 법칙은 물과 기름 사이처럼 서로 융합할 수 없는 이론일까? 세상을 움직이는 법칙을 하나로 통일하고 싶어하는 물리학자들은 혼란스러웠다. 갈릴레이의 상대성 원리와 맥스웰의 전자기 이론 중 어느 하나를 선택해야 하는 순간에 놓였기 때문이다. 그런데 그들은 스스럼없이 상대성 원리가 아닌 맥스웰의 이론을 택하였다. 상대성 원리를 배척하는 것은 우주의 운동을 하자 없이 설명하는 보편적 원리로 믿고 있던 뉴턴 역학을 포기하는 엄청난 선택이다. 물론 맥스웰 방정식을 포기하는 것도 말이 되지 않겠지만 말이다. 어쨌든 도대체 그들은 무슨 배짱으로 뉴턴을 내치는 무모한 선택을 한 것일까? 어디 믿는 구석이라도 있나? 그렇다. 그들은 에테르를 이용하여 뉴턴의 법칙을 맥스웰의 전자기 이론으로 흡수하겠다는 원대한 계획을 세운 것이다.

'진공(眞空, vacuum)'이란 무엇일까? 공간 내에 아무것도 존재하지 않는 상태를 일컫는다. 그런데 아무 것도 없는 공간이란 무엇을 말하는 것일까? 우리가 비록 인지할 수는 없어도 무엇인가가 채워져 있어야 하지 않을까? 이런 의문점은 파도가 물을 매질로, 소리는 공기, 지진은 지각을 매질로 전파되듯 파동인 빛 역시 전달하는 매질이 공간을 가득 채우고 있을 것이라는 자연스러운 추론에서 비롯되었다. 이 가상적인 물질이 에테르이다. 1장에서 아리스토텔레스가 천계를 구성하는 제5의 원소로 지칭했던 에테르에서 발전된 개념으로, 빛이라는 파동을 전파하는 매질의 개념이다. 보이지도 않고, 만질 수도 없고, 느낄 수도 없지만 진공을 가득 채워 빛을 전달하는 가상의 물질로 말이다.

과학자들은 에테르가 없다는 것을 상상할 수 없었다. 에테르가 없다면 지금껏 자연을 해석하던 자신들의 이론 자체가 허물어질지도 모른다는 두려움이 자리 잡고 있었다. 무엇보다 맥스웰이 뉴턴

의 역학 법칙에 따라 작동하는 탄성매질인 소용돌이 격자들이 공간
을 가득 채우고 있다는 가설로 전자기장 법칙을 완성시킨 업적은
에테르가 존재한다는 믿음을 더욱 강화시켰다. 맥스웰의 모델은 곧
에테르의 존재를 입증하는 증거품이었다.

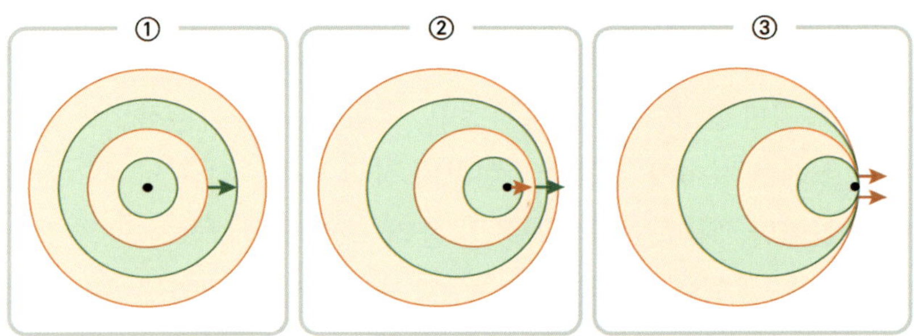

▲ **그림 17.3** ① 정지한 상태에서 물결파의 모양. 초록색 화살표는 물결파의 속도. ② 보트가
붉은색 화살표의 속도로 달릴 때의 물결파. ③ 보트가 물결파와 같은 속도로 달릴 때의 물결파

　　에테르가 실제 존재하여 이 매질을 통해 빛이 전파된다면, 도플
러 효과가 발생해야 한다. 비유를 해보겠다. 호수를 가득 채운 물이
에테르이고, 호수 위에 던져진 돌에 의해 생긴 파동을 빛으로 대응
시키겠다. 그리고 호수 위를 등속도로 달려가는 보트 위에서 일정
한 시간 간격으로 돌을 떨어뜨려 물결파를 만들어가는 경우를 생각
하자. 보트가 정지한 상태에 있을 때는 위의 그림 ①처럼 일정한 동
심원으로 퍼져나가게 된다. 하지만 보트가 일정 속도로 달려갈 때
에는 그림 ②와 같이 조금씩 이동해가며 새로운 파를 만들어내기
때문에, 보트가 진행하는 방향의 물결파들이 점점 더 촘촘해진다.
그리고 마침내 물결파가 퍼져가는 속도와 보트의 속도가 일치하면,
진행하는 방향의 파들이 그림 ③처럼 모두 포개져서 앞으로 번져가
지 못하게 된다. 이 상황을 빛과 같은 방향으로 달려가는 우주선으

로 빗대면, 우주선이 정지한 경우가 그림 ①, 어느 정도의 속도일 때가 그림 ②, 빛의 속도로 날아가는 경우가 그림 ③이다. 도플러 효과라는 현상 때문에 손거울로 나의 얼굴을 비칠 때 내 얼굴에서 나오는 빛이 거울에 닿을 수 없으므로 거울에는 내 모습이 보이지 않게 되어야 한다.

빛은 파동이므로 위와 같은 도플러 효과는 필연적으로 나타나야 한다. 하지만 빛의 본질을 밝혀냈고, 빛의 속도도 이론적으로 밝혀 낸 맥스웰 방정식이 갈릴레이 변환과 상극이라는 점은 너무도 찜찜한 사실이다. 위의 그림과 같은 도플러 효과가 발생하지 않은 것처럼 보였다. 무엇이 잘못된 것일까? 당시 빛의 속도가 불변이라는 사실을 믿지 못하고 있던 때라는 점을 상기하면, 정말로 혼돈스러운 상황이었다.

마이컬슨-몰리 실험

앨버트 마이컬슨(1852~1931)과 에드워드 몰리(1838~1923)가 1887년 빛의 매질인 에테르의 존재를 입증하겠다는 물리학 역사상 가장 중요한 실험을 하였다. 에테르가 있다는 사실은 파동인 빛이 도플러 효과로 속도의 변화가 발생한다는 명확한 증거이다. 그들은 어떻게 에테르를 찾아내려고 한 것일까? 상당히 어려운 실험이라 느껴질 수 있지만, 막상 그들의 실험 장치도를 보면 몇 가지 부품만으로 가정에서 꾸밀 수 있을 정도로 단순하면서도 우아하다.

바람 한 점 없는 날씨에 빠르게 운행 중인 자동차 창문을 통해 들어오는 강한 바람은, 우리 주위를 가득 채운 공기가 움직인 것이 아니라, 가만히 멈춰 있는 공기 분자를 우리가 움직이면서 부딪힌

현상이다. 똑같은 원리로 우주 전체를 가득 채운 에테르라는 매질 속을 지구가 움직이므로 에테르에 의한 바람이 불고, 이 바람은 에테르를 매질로 운동하는 빛에 반드시 영향을 줘서 속도의 변화를 발생시킬 것이다. 실제로 은하를 중심으로 태양계가 약 220km/sec의 속도로 움직이고, 지구는 태양을 중심으로 30km/sec로 공전하므로 에테르 매질을 지나는 지구에 엄청난 속도의 에테르 바람이 불어올 것은 당연하다. 그래서 에테르 매질을 통해 전파되는 빛이 에테르 바람의 방향에 따라 〈그림 17.3〉의 도플러 효과로 변화되는 속도를 측정해내면, 에테르라는 매질이 실제로 존재함을 입증할 수 있다는 아이디어이다.

그들은 레이저*에서 발사된 빛을 BS(beam splitter)** 위의 점 P에서 두 갈래의 빛으로 갈라지게 만들었고, 투과된 빛은 '경로1'을 따라 '거울1'로, 그리고 또 하나의 빛은 '경로2'를 따라 '거울2'로 진행하게 실험 장치를 꾸몄다. 이때 빛이 에테르라는 매질을 통해 전파된다는 것이 사실이라면, 서로 직각 방향의 두 경로를 진행하는 동일한 파장의 2개의 빛은, 도플러 효과로 어느 한 방향으로만 흐르는 에테르 바람에 의해 두 빛에 미치는 영향이 다를 것이고, 따라서 빛의 속도의 차이를 발생시킬 것이다. 즉, 에테르의 바람이 초록색 화살표 방향으로 불고 있다고 가정할 때 경로 1을 따라가는 빛은 에테르 바람을 정면 혹은 후면에서 받게 되고, 반면 경로 2는 항상 측면으로 받기 때문에 2개의 거울이 BS와 떨어진 거리가 완벽히 같은

---

* 당시에는 레이저가 없었던 시대였지만 이해를 돕기 위하여 레이저로 묘사하였다. 실제 마이컬슨과 몰리는 나트륨 등에서 나온 빛을 이용하였다.

** 입사광을 지정된 비율에 따라 일부는 반사시키고, 일부는 투과시켜 2개의 빛으로 분리하는 데 사용되는 광학 부품

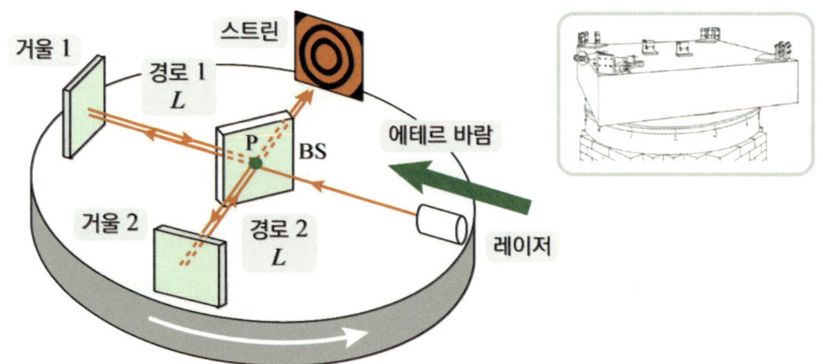

▲ **그림 17.4** 마이컬슨–몰리 실험 장치도. 상자 안의 그림은 실제 마이컬슨과 몰리의 실험 장치[*]

거리 L이더라도, 2개의 빛이 다시 BS 위의 점 P로 되돌아오는 시간의 차이가 발생하게 된다.

〈그림 17.4〉의 실험 장치가 이해가 되지 않는다면 강물을 거슬러 움직이는 배의 운동으로 비유하면 훨씬 이해하기가 쉽겠다. 빛을 운반하는 매질인 에테르를 흐르는 강으로, 그리고 빛을 배로 상상하며 〈그림 17.5〉를 보자. 배가 BS 항구에서 출항하여 강의 흐름과 같은 방향에 위치한 '거울1'의 목적지로 향할 때 배의 속도가 c이고 강의 속도가 v라 하면, $c+v$의 속도로 다가가게 되고, 반대로 올라올 때는 강을 거스르므로 $c-v$의 속도가 된다. 갈 때와 올 때의 배의 속도가 다르므로 각각 거리 L을 진행하는 데 걸리는 시간 t_1과 t_2는 다르다. 반면 강의 흐름과 직각 방향에 위치하고 있는 '거울 2'를 따라 진행하게 될 배는 측면에서 밀려오는 강의 흐름을 뚫고 항해하기 때문에 비스듬한 방향으로 출항해야 수직으로 향하게 된다. 붉은색 화살표가 배가 향하는 방향이지만 강의 영향으로 초록

---

[*] 상자 안 그림 출처: A. Michelson and E. Morley, "On The Relative Motion of the Earth and the Luminiferous Ether", Am. J. Sci. 333–345(1887).

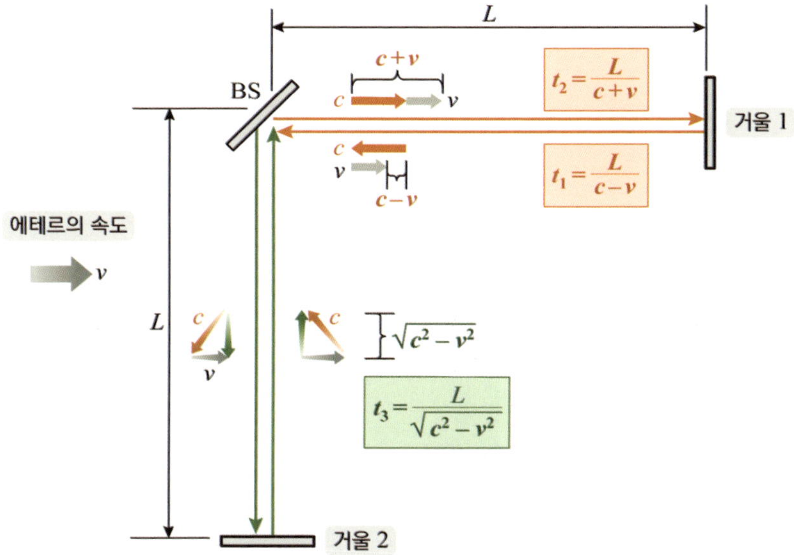

▲ **그림 17.5** '거울1'을 향하는 빛은 에테르 바람을 등지고 전파되다가 반사 이후에는 바람을 정면으로 맞으며 진행한다. 반면 '거울2'를 향하는 빛은 측면으로 일관성 있게 불어오는 바람의 영향을 지속적으로 받으며 왕복한다.

색 화살표가 실제 배가 진행하는 방향이 된다. 따라서 배의 속도는 피타고라스 정리를 이용하여 $\sqrt{c^2 - v^2}$ 이고, 거리 L을 진행하는 데 걸리는 시간 t_3를 구할 수 있다. 정리하자면, 거울 1을 향하여 출항한 배가 왕복하는 데 걸리는 시간은 t_1과 t_2의 합이고, 거울 2는 $2t_3$가 되어 아래의 식으로 정리가 된다.

$$\langle \text{식 17.6} \rangle \ \text{거울 1:} \ T_1 = \frac{2L}{c} \frac{1}{1 - v^2/c^2},$$

$$\text{거울 2:} \ T_2 = \frac{2L}{c} \frac{1}{\sqrt{1 - v^2/c^2}}$$

$\langle$식 17.6$\rangle$의 수식 과정을 이해하지 못하더라도 분명한 점은 강

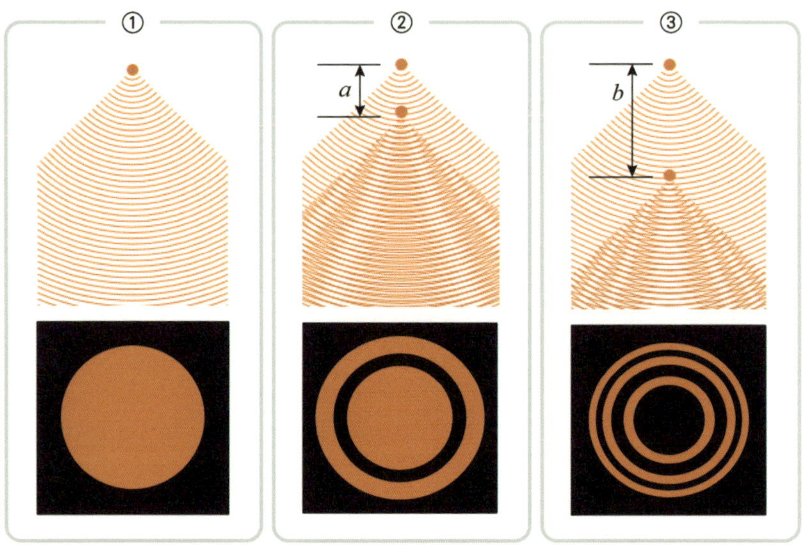

▲ **그림 17.7** ① 경로차가 없는 2개의 빛이 만났을 때, ②와 ③은 각각 a와 b의 경로차가 있을 때의 간섭무늬이다. 위쪽에 놓인 3개의 그림은 두 빛의 간섭현상이 발생됨을 표현하였고, 아래쪽의 세 그림은 각각의 간섭이 만들어낸 무늬로, 붉은색이 보강간섭으로 밝은 부분이고 검은색이 상쇄간섭으로 어두운 부분이다.

물로 인해 2대의 배에 시간 차이가 발생할 것임은 확실하다. 다시 〈그림 17.4〉의 실험 장치로 돌아가보자. 두 빛은 합쳐져서 스크린을 향하게 될 것인데, 시간의 차이가 있으므로 경로차가 반드시 발생하게 될 수밖에 없다. 따라서 두 빛은 영의 이중 슬릿 실험*처럼 보강과 상쇄라는 간섭현상으로 이어져 밝고 어두운 동심원이 겹쳐지는 무늬가 만들어진다.

〈그림 17.7〉 ①은 두 빛의 경로차가 0일 때로 간섭현상이 발생하지 않아 하나의 동심원만 나온다. 하지만 경로차가 있는 그림 ②

---

* 양자역학 편에서 이중 슬릿 실험에 대해 더 자세히 다룰 것이다. 여기서는 〈그림 17.7〉처럼 두 빛이 만나면 서로 간섭이 일어나고, 이때 두 빛의 경로의 차이에 따라 스크린에 비춰지는 간섭 무늬는 달라진다는 사실만 이해하도록 하자.

와 ③은 경로 길이의 차이에 따라 간섭현상에 의해 다양한 무늬가 나온다. 실험의 핵심은 간섭무늬의 관측이다. 관측만 되면 에테르 바람이 그 원인일 수밖에 없으므로 에테르의 존재를 입증하는 증거 자료가 된다.

여기서 그들은 실험의 효과를 더욱 극대화하는 비장의 장치를 고안했다. 실험 장치를 아무리 완벽하게 준비한다고 해도 어디선가 약간의 오차가 발생할 수 있다. 특히 BS에서 '거울 1'과 '거울 2'의 거리를 같은 거리에 위치시키기는 거의 불가능한 작업이고, 더군다나 에테르 바람의 방향이 어디인지도 알 수가 없다. 따라서 간섭무늬가 발생해도 두 빛의 경로차로 발생한 것은 맞지만, 경로차가 에테르 바람에 의한 영향이라고 단정할 수는 없다. 그들은 이 문제 해결이 가능한 실험 장치를 너무도 간단하게 구현하였다. 바로 모두 원판 위에 설치해서 회전이 가능하도록 구성한 것이다.

〈그림 17.4〉의 작은 박스의 그림처럼 하나의 원판 위에 실험 장치를 모두 구성하여 회전시키는 것이다. 그러면 회전에 따라 실험 장치에 불어오는 에테르 바람의 방향이 바뀌게 될 것이므로 빛의 경로에 영향을 주게 되어 간섭무늬가 각도의 함수로 변화한다. 참으로 대단한 아이디어다. 또한 계절에 따라서도 달라진다. 지구와 태양과의 위치 변화로 에테르 바람의 방향도 달라질 것이기 때문이다. 어쨌든 회전에 의한 간섭무늬의 변화만 관측되면, 곧 에테르의 존재를 입증하게 되는 셈이다.

그런데 결과는 그들의 예상과 완전히 빗나갔다. 회전 원판을 어느 방향으로 돌리든, 또 계절이 어떤 때이든 상관없이 간섭무늬의 변화를 찾을 수 없었던 것이다. 분명 회전 각도에 따라 에테르 바람 방향이 달라져서 빛의 경로차가 매번 변하므로 간섭무늬도 각도에 따라 변해야 하거늘, 실험 결과는 아무런 변화가 없었던 것이다. 결론적으로 빛이 두 경로를 지나가는 시간 차이가 항상 동일하다는 것, 즉 빛의 속도의 차이가 없다는 것이다. 모든 과학자들의 희망을 듬뿍 받으면서 진행된 실험의 결과는 어이없게도 에테르의 존재를 부정하는 실험으로 변질되었다. 오히려 빛의 속도는 어떤 조건에도 변하지 않는다는 의도하지 않은 결과만을 남긴 채 끝이 났다.

로렌츠의 가설

마이컬슨-몰리 실험은 에테르의 존재를 확인하지 못하고, 빛의 속도가 변하지 않는다는 이해할 수 없는 결과만을 낳았다. 믿을 수가 없는 결과였기에 혹시 실험 장치의 정밀도가 좋지 않기 때문이라 의심할 만한 대목이었다. 실제 마이컬슨의 초기 실험 장치는 조잡하여 예상 신호의 크기를 쫓아가기에는 해상도가 너무 떨어졌다. 그래서 광학 실험의 대가로 알려진 몰리와 손잡게 되었고, 두 사람은 이론적으로 예측되는 값보다 수십분의 1까지 구분할 수 있는 매우 정밀도 높은 장치를 개발하였다. 앞서의 실험 결과는 그 장치로 얻은 결과였다. 그럼에도 믿을 수 없었던 그들은 이후에도 끊임없이 장치를 개선하고 조건도 달리하며 도전하였지만 에테르의 존재를 확인할 만한 유의미한 결과를 얻어내는 데에는 모두 실패했다. 그들의 아이디어를 바탕으로 많은 물리학자들 역시 각자의 방식으로 접근하였지만 마찬가지로 소득은 없었다.

마이컬슨-몰리의 실험 결과는 그들뿐만 아니라 에테르의 존재를 믿고 있던 다른 물리학자들에게도 꽤나 큰 충격을 주었다. 파동인 빛이 매질 없이 진행된다? 아무리 생각해도 이해하기 힘들었다. 분명 에테르는 기존의 뉴턴 역학과 맥스웰 방정식을 조화롭게 융화시킬 수 있다는 기대를 지닌 물리학자들의 희망의 불꽃이었다. 그래서 실패한 실험 결과에 대해 다양한 해석이 분분하여 터무니없는 해석들이 쏟아져 나왔다. 어쩌면 당시의 물리학자들은 불가에서 말하는 좁은 주둥이로 빠져나오지 못하는 '병 속에 갇혀 있는 새'였다. 사실 원래 있지도 않은 병임에도 스스로 갇혀 있는 것이다. 고정관념이 불러일으키는 사고의 경직화를 꼬집어 말하는 비유이다. 19세기 물리학자들의 생각을 가둔 병은 바로 '에테르'였다.

어찌 되었든 물리학자들의 목적이었던 에테르 발견에는 실패했다. 그리고 빛의 속도가 변하지 않고, 맥스웰 방정식이 갈릴레이의 상대성 원리를 따르지 않고 모든 좌표계에서 식의 원형이 바뀌지 않아야 한다는 믿기 힘든 결론을 수용할 수밖에 없었다. 마이컬슨－몰리 실험은 원래 의도하였던 목적을 이루지 못한 실패한 실험이었다. 하지만 아이러니하게 빛이 갈릴레이의 상대성 원리에 위배되는 존재임을 실험으로 입증한 너무도 중요한 결과이기도 했다. 그래서 실패한 실험임에도 물리학에서는 너무도 중요한 실험으로 역사에 남게 되었다. 어떤 관성계에 있건 빛의 속도는 일정하다는 광속 불변을 최초로 입증하였기 때문이다.*

그렇다고 에테르가 존재하지 않고 광속이 불변한다는 결론을 상당수 물리학자들은 믿지 않았다. 대표적 인물이 맥스웰 이후 심도 있는 전자기학의 연구로 '로렌츠 힘'**이라는 원리를 후세에게 남긴

---

* 이 실험의 공로로 마이컬슨은 1907년 노벨 물리학상을 수상했다.
** 비로 다음 장에서 자세히 다루게 된다.

네덜란드 과학자 핸드릭 안톤 로렌츠(1853~1928)였다. 비록 마이 컬슨-몰리 실험으로 에테르의 존재가 입증되지 않았지만, 에테르의 존재를 절대적으로 믿고 있던 로렌츠는 아주 기가 막힌 묘안을 떠올렸다. 그는 실험으로 입증된 광속 불변의 원리를 진리로 삼고, 에테르 속을 빠르게 움직이는 물체는 에테르의 압력으로 납작하게 수축되어 길이가 줄어든다는 '길이 수축'이라는 가설로 교묘하게 에테르를 다시 되살려냈다. 그러니까 마이컬슨-몰리 실험이 에테르를 관측하지 못한 것은 에테르 바람을 많이 받을수록 경로의 길이가 더 많이 수축되기 때문이라는 것이다. 그럴싸한 주장이다. 그런데 어떤 근거로 이런 주장을 하는 것일까? 그는 이 가설을 기초로 하여 맥스웰 방정식이 비록 갈릴레이 변환으로 망가지지만 대신 전혀 손상이 되지 않도록 변환이 가능한 새로운 좌표 변환을 찾아냈기 때문이다.

$$x' = \gamma(x - vt),\ y' = y,\ z' = z,\ t' = \gamma\left(t - \frac{v}{c^2}x\right)$$

여기서 $\gamma = 1/\sqrt{1 - (v/c)^2}$ (로렌츠 인자)

맥스웰 방정식은 정말로 로렌츠 변환을 하더라도 그 원형을 유지하였다. 또한 뉴턴이 세운 자연의 질서도 무너뜨리지도 않는 포괄적인 변환이기까지 하였다. 우리가 살고 있는 세계에서 아무리 빠른 속도 v라 하더라도 빛의 속도 c와 비교하면 조족지혈에 불과하다. 즉 v/c가 사실상 0에 가까운 값이어서 $(v/c)^2$의 항을 가지고 있는 로렌츠 인자 γ는 1이나 마찬가지이다. $\gamma = 1$을 대입하면 로렌츠 변환은 단박에 갈릴레이 변환으로 환원된다. 로렌츠가 길이 수축이라는 놀라운 가설로 찾아낸 변환식은 충돌을 빚고 있던 물리학의 두 기둥을 조화롭게 화해시키고 있었다.

로렌츠 변환은 아인슈타인이 후에 색다른 발상으로 완성한 특수 상대론에서 유도된 식과 정확하게 일치하였다. 그러니까 로렌츠가 아인슈타인보다 먼저 특수 상대성 이론을 완성할 수도 있었다는 것이다. 하지만 로렌츠는 단지 에테르를 살리기 위해 길이 수축이라는 가설을 바탕으로 수학적 기교로 만들어냈다. 비록 엄청난 업적을 이룬 물리학의 대가였음에도 에테르에 대한 것만큼은 병 속의 새였던 것이다. 그래서 식의 창안자 로렌츠는 식에 숨어 있는 진정한 의미를 깨우치지 못하였다. 뉴턴 역학과 맥스웰 전자기 이론의 충돌로 어느 한쪽이 와해될 수 있는 절체절명의 위기를 절묘하게 화해시키는 카드였지만, 억지로 수식을 끼워 맞춘 과정에서 튀어나온 것이라 식에 숨어 있는 진정한 물리적 의미는 알아내지 못한 것이다. 대신 아인슈타인이 '에테르'로 이뤄진 병을 깨뜨리고 탈출한 새처럼 한 번도 경험해보지 못한 놀랍고 새로운 세상에 대한 이야기, 특수 상대성 이론을 만들어냈다. 로렌츠는 특수 상대성 이론에서 자신이 찾아낸 변환식이 사용되는 것으로 위안을 삼기에는 너무도 아쉬웠으리라. 자신이 찾아낸 변환식이 왜 저런 꼴이 되는지에 대한 명확한 근거만 찾아내면 금과옥조의 진리를 찾아내는 쾌거를 이룰 수 있었을 텐데 말이다. 정답은 있고 해설이 틀린 격이었다. 그리고 역사는 아인슈타인만이 병에서 빠져나와 식에 숨어 있는 함의를 찾아낸 인물로 기록하고 있다.

54장

운동하는 물체의 전기동역학

로렌츠 힘

전기장과 자기장의 모든 것을 설명해주는 맥스웰 방정식의 등장이 물리학계를 흥분시켰음에도, 세상 만물의 모든 이치를 꿰뚫어보는 뉴턴 역학과의 상충은 물리학자들을 곤혹스럽게 만들었다. 그런데 그들을 괴롭히는 문제가 하나 더 있었다. 자기장이라는 존재에 대한 의문점이 또 다른 전장을 마련하고 있었다.

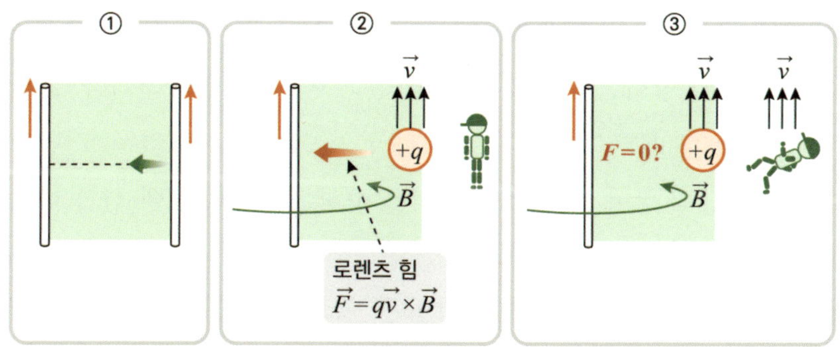

▲ 그림 17.9 ① 전류가 흐르는 평행한 두 도선 사이에 발생하는 인력, ② 전류가 흐르는 도선 주변에서 한 방향으로 운동하는 양의 전하가 받는 로렌츠 힘, ③ 전하와 같이 운동하는 관찰자가 볼 때 전하에는 어떤 힘도 발생하지 않는다.

그림 ①은 앙페르가 직접적인 실험으로 밝혔던 전류가 흐르는 두 도선에서 발생하는 자기력으로 인력(혹은 척력)이 발생하게 된다는 〈그림 15.10〉을 다시 도시한 것이다. 그림 ②는 전류가 흐르는 도선이 만들어내는 자기장의 영역(초록색 바탕)을 양의 전하 $+q$가 속도 $\vec{v}$로 움직이고 있다. 이때 양전하는 도선 내에 있지 않지만, 움직인다는 것 자체가 곧 전류의 발생을 뜻하므로 그림 ①의 오른쪽 도선과 완벽하게 동일한 효과를 발생한다. 따라서 양의 전하는 도선 쪽으로 힘을 받게 된다. 그런데 어느 정도의 힘일까? 아래와 같이 구할 수 있다.

$$\vec{F} = q\vec{v} \times \vec{B}$$

$\vec{F}$가 바로 앞장에서 언급했던 로렌츠 힘이다. 벡터로 표현되어 생소하겠지만, 차근차근 이 식을 뜯어보겠다. 식에서 $\vec{B}$는 〈그림 17.9〉 ②의 왼쪽 도선에 흐르는 전류에 의해 양전하 $+q$의 위치에 형성된 자기장의 크기이다. 이때 자기장의 방향은 앙페르의 오른나사법칙으로 초록색 곡선의 화살표 방향이다. 즉, 양전하의 위치에서 자기장의 방향은 여러분이 보고 있는 종이 면의 아래이다. 또한 식에서 '×'는 벡터의 연산자로서 힘 $\vec{F}$의 방향이 전하의 속도 방향 $\vec{v}$와 자기장의 방향 $\vec{B}$에 모두 수직을 향하는 방향이어야 함을 나타낸다. 그림에서 $\vec{v}$는 위로 향하고, 자기장 $\vec{B}$는 종이 아래 방향이므로, 이 두 방향에 모두 수직인 방향은 도선을 향하는 방향이 된다.[*] 중요한 것은 전하 q가 속도 $\vec{v}$로 움직이면 $q\vec{v}$의 전류를 생성하는 효과가 발생되고, 전류가 흐르는 옆의 도선에서 만들어낸 자기장 $\vec{B}$에 의해 수직 방향의 로렌츠 힘이 발생한다는 사실이다.

---

[*] 도선의 반대 방향도 수직이지만, 〈그림 17.9〉의 경우의 로렌츠 힘은 도선 방향으로 향한다. 만약 전류의 흐름이 반대이거나 혹은 양전하의 움직임이 반대 방향이면 양전하에 가해지는 로렌츠 힘은 도선의 반대 방향이 된다.

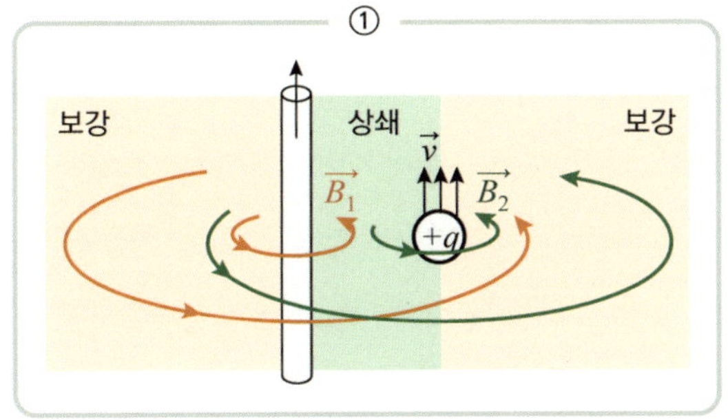
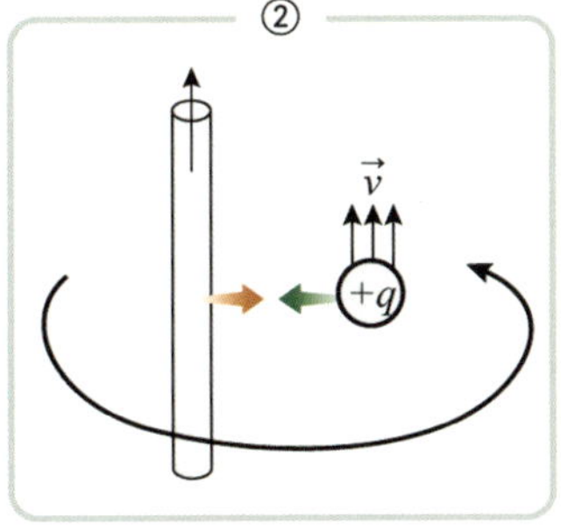

▲ 그림 17.10 ① 전류가 흐르는 도선과 양전하 q의 움직임으로 발생한 자기장 B_1와 B_2, ② 두 자기장의 방향에 따라 상쇄와 보강이 이뤄지면서 전체를 감싸는 자기력선이 형성된다.

로렌츠 힘이 왜 생기는지 그리고 방향은 왜 수직인지는 역선을 이용하면 이해하기가 쉽다. 〈그림 17.10〉①의 양전하 옆에서 전류가 흐르는 도선 주변에 자기력 B_1이 형성되고, 또한 전하 q의 움직임에도 초록색의 자기력 B_2가 발생한다. 두 자기력선은 초록색 영역에서 서로 방향이 반대라 상쇄되지만, 외곽의 붉은색 영역은 방향이 같아, 그림 ②와 같이 전체를 감싸는 형태의 자기력선이 만들어진다. 탄력이 있는 자기력선은 서로 밀치는 성질로 도선과 전하를 서로 가깝게 하려는 힘으로 작동된다. 즉, 전류가 흐르는 도선 옆의 전하가 전선으로 이끌리는 로렌츠 힘의 정체는 다름 아닌 자기력의 충돌로 발생한 힘인 것이다. 패러데이의 역선이 지닌 힘을 제대로 느끼는 기회가 되었다.

다시 〈그림 17.9〉로 돌아가자. 관찰자의 입장에서 벌어지는 그림 ②는 그림 ①과 동일하므로, 양전하 q가 도선 쪽으로 로렌츠 힘을 받는다는 것은 이상할 것이 없다. 그런데 이번에는 전하 q와 같이 움직이는 관찰자의 입장에서 들여다보는 그림 ③에서는 아주 이상한 일이 발생한다. 관찰자가 전하와 함께 움직이므로 양전하 q는 정지한 상태, 즉 $\vec{v}=0$이다. 그렇게 되면 로렌츠 힘도 0이 되어, 양의 전하는 전혀 힘을 받지 않는다. 이것은 커다란 모순이지 않은가! 그림 ②의 정지한 관찰자의 시각에서는 분명 양의 전하에 존재하던 힘이, 단순히 전하와 같이 움직이는 관찰자의 입장으로 전환하였다고 힘이 사라졌다는 것은 너무 이상하다. 두 좌표계에서 물리법칙이 서로 다른가? 좌표계를 바꿔 탔다고 물리법칙이 달라지는 것은 용납할 수 없다. 무엇이 잘못된 것일까? 두 사건의 해석에 물리학자들은 골머리를 앓을 수밖에 없었다. 하지만 이 문제가 특수 상대성 이론 탄생의 길로 안내하였다.

'운동하는 물체의 전기동역학에 관하여'

1905년 9월 26일, "운동하는 물체의 전기동역학에 관하여"라는 제목의 논문 하나가 출간되었다. 거기에 담긴 연구 내용은 너무도 놀랍게 맥스웰 방정식이 야기한 물리학계의 혼돈을 완벽하게 잠재우는 내용으로 가득하였다. 논문을 쓴 주인공은, 당시 특허국 사무소에서 근무하며 박사 학위조차 받지 못하고 있던 26세의 아인슈타인이었다. 물리학의 두 축을 구성하는 뉴턴과 맥스웰의 이론에서 어느 이론을 살릴 것인가 하는 선택의 문제에서 갈팡질팡하던 물리학자들과는 달리, 아인슈타인은 완전히 다른 관점에서 해석하여 두 이론 모두를 하나로 묶는 새로운 보편적 법칙을 창안해낸 것이다.

당시 젊은 나이여서 그런지 기존 물리학에 때(?)가 묻지 않았던 아인슈타인은 물리학 체계를 깨부수는 혁명적인 사고를 가지고 있었다. 그는 복잡한 것들을 모두 단순화하고, 몇 가지 기본 전제들을 그냥 가정해버리고 이야기를 풀어나갔다. 먼저 에테르의 존재를 입증하지 못하고, 오히려 빛의 속도가 일정하다는 마이컬슨-몰리의 실험 결과를 액면 그대로 받아들였다. 어느 좌표계에서도 빛의 속도는 상수 c로 변하지 않는다는 광속 불변을 자연의 섭리라 가정한 것이다. 그리고 이 가정만으로 그는 감히 누구도 상상하기 힘든 코페르니쿠스적 발상을 떠올리며, 충돌하고 있던 물리학의 거대한 두 이론을 합치하면서 완성한 이론이 물리학에 전혀 관심이 없는 분들도 들어보았을 특수 상대성 이론이다.

그가 이런 위대한 이론을 만들어낼 수 있었던 가장 큰 원동력은 아마도 에테르라는 존재를 삭제시킨 것이리라. 에테르를 부정하기보다는 존재 유무에 얽매이지 않고 아예 고려 대상에서 빼면서, 다수의 물리학자들의 머리에 똬리를 틀고 있던 고정관념에서 탈출하여 열린 마음으로 바라보았기에 인간의 사고를 벗어난 혁명적 생각이 가능하였던 것이다.

본격적으로 내용을 전개함에 앞서 잠시 용어에 대한 설명이 필요하겠다. 대부분의 분들이 상대성 원리와 상대성 이론을 혼용해서 사용하고 있는데, 그러다보니 갈릴레이와 아인슈타인의 상대성 원리와 이론을 구분하지 못하고 있다. 확실하게 구분한다면 갈릴레이가 상대성 원리이고, 아인슈타인이 상대성 이론이다. '원리'의 사전적 의미는 개념 사이의 관계를 실험적으로나 논리적으로나 전혀 하자 없이 일반화시킨 보편적 진술이다. 이 책에서 자주 사용한 공리와 유사한 의미로 받아들여도 되겠다. 반면 '이론'은 주어진 문제를 해결하여 분석하는 도구로서의 의미를 지닌 통합적 체계이다. 원리에서 출발하여 실험이나 수학적 증명을 통해 얻어낸 결과물이다. 사전적 의미로 서술하니 헷갈릴 수 있겠는데, 원리는 분명한 진리이고, 이론은 원리를 가지고 논리적 전개로 얻어낸 산물로 현상을 분석하는 도구라는 정도로 알아두면 충분할 성싶다. 이제부터 아인슈타인의 상대성 이론을 줄여서 '상대론'으로 지칭하도록 하겠다. 그리고 상대성 원리도 갈릴레이의 상대성 원리만을 말하는 것이 아니라 더 포괄적인 개념을 가지고 있다. 좌표계의 선택으로 물리법칙이 달라져서는 안 된다는 명령을 문서화한 것이다. 앞으로는 상대성 원리라 하면 이 의미로 쓰인 것이다.

상대론을 설명하는 책과 동영상은 차고 넘칠 정도로 많다. 심지어 고등학교 물리시간에도 배울 정도로 이제는 보편적으로 알아야 할 지식으로 자리 잡고 있다. 그만큼 상대론이 인류 문명에 끼친 영향이 지대하기 때문이다. 하지만 상대론은 매우 어렵고 이해하기 힘든 이론으로 인식되어 있다. 실제로도 그렇다. 그럼에도 고등학교의 교육과정에 포함되어 있다는 것은 그 중요도가 심대하다는 것이고, 깊이 있는 내용까지 아니더라도 개념 정도의 이해는 우리의 삶에 이익이 되기 때문이다. 그래서 이 책에서도 교양과 심화의 경계를 아슬아슬하게 넘나들면서 상대론을 이야기하겠다.

상대론은 크게 특별한 사례에서만 적용되는 특수 상대론과 모든 경우로 일반화한 일반 상대론으로 구분된다. 그러니까 특수 상대론은 일반 상대론 중에서 아주 특수한 경우만을 떼어낸 단편적인 이론이다. 당연히 어려움으로만 따진다면 일반 상대론이 훨씬 어렵다. 그런데 일반 상대론은 차치해도 특수 상대론 역시 매우 난해한 이론으로 정평이 나있다. 왜? 우리의 상식과 경험에 너무 괴리가 있는 이론이기 때문이다. 시간과 공간을 이야기하는 상대론은 우리가 숨 쉬며 살아가면서 한 점의 의심도 없이 받아들였던 시간과 공간의 고정된 관념을 송두리째 무너뜨려야 이해가 가능하기 때문이다. 그래서 상대론을 이해하기 위해 노력할수록 미궁에 빠져들어 머리가 더욱 혼란스러워진다. 천동설에서 지동설로 사고의 전환이 왜 그렇게 힘들었으며, 그것을 깨뜨린 코페르니쿠스가 얼마나 대단한 인물인지를 아인슈타인을 통해 새삼 깨달을 수 있다.

상대론이 일반인들의 접근을 더욱 불허하는 또 하나의 이유는 개인적으로 교육에 있다고 판단한다. 바로 상대론이 탄생하기까지 수많은 천재들의 고뇌와 지혜의 역사를 무시하였기 때문이다. 빛의 속도만 해도 그러하다. 광속이 초속 30만km로 변하지 않는다는 것은 누구나 알고 있다. '왜 그렇지?'라는 이유가 붙지 않고, 당연하게 받아들이는 것이 문제이지만 말이다. 빛의 속도가 변하지 않는다는 사실을 원리로 규정하기까지의 물리학자들의 고뇌는 싹둑 잘라버리고, 하나의 진리로 머리에 강제로 집어넣다보니 상대론을 더욱 어렵게 느낄 수밖에 없다. 수학 등의 실력이 따라주지 않아 한계는 명확하겠지만, 최소한 그들의 고뇌를 같이 느끼면서 접해야 이해의 폭이 넓어진다. 이런 연유로 지금까지 맥스웰 방정식이 지닌 의미를 조금이나마 전달하려고 애쓴 것이기도 하다. 맥스웰 방정식을 풀면 빛의 속도가 나오고, 에테르를 찾기 위한 마이컬슨-몰리 실험이 오히려 빛의 속도가 변하지 않는다는 결과를 이끌었고, 또한 로렌츠 변환에 맥스웰 방정식의 형태가 유지된다는 점, 이런 모든 과정으로 독자들은 최소한 광속 불변의 원리에 대해 기본적인 내공이 쌓인 것이다.

전기력과 자기력의 관계

아인슈타인은 "운동하는 물체의 전기동역학에 관하여"라는 논문에서 특수 상대론을 세상에 펼쳐 보였다. 그런데 이상하다. 보통 생각하기로 제목에 특수 상대론이라는 단어가 있음 직한데 뜬금없이 '전기동역학'이라는 단어를 전면에 내세운 것이 말이다. 하지만 이 단어로 짐작할 수 있겠다. 앞서 소개했던 도선 옆을 움직이는 전하가 관점에 따라 힘이 발생하거나, 그렇지 않다는 문제를 아인슈타인이 해결하였고, 그 과정에서 얻어진 영감이 특수 상대론이라는 엄청난 업적을 이뤄내는 동력이 되었음을 말이다. 그래서 우리도 그가 어떻게 앞서의 전자기 문제를 해결하였는지 살펴볼 필요가 있다. 비록 인간계를 벗어난 그의 사고를 완벽히 추적하는 것은 불가능하겠지만, 그동안 여러 명의 천재들의 사고 과정을 쫓아가본 경험을 최대한 살려서, 아인슈타인이 어떻게 고정관념의 울타리를 벗어나 인류 최고의 이론을 만들어냈는지, 그의 사고 여행의 동반자가 되어 여정을 떠나보도록 하겠다.

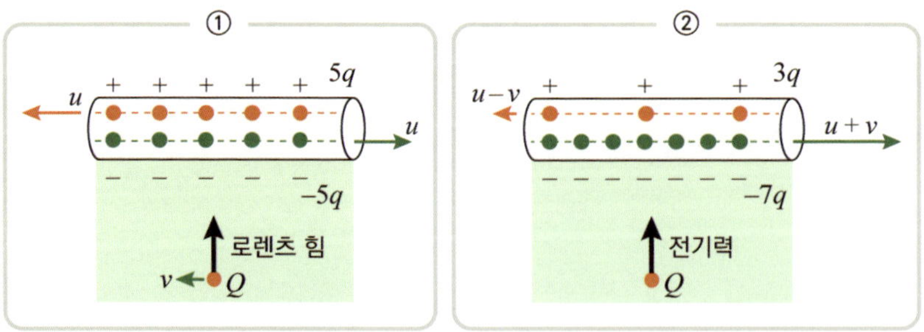

▲ **그림 17.11** ① 양전하와 음전하가 각각 반대방향으로 속도 u로 움직이는 도선 외부에 있는 양전하 Q가 속도 v로 움직일 때 발생하는 로렌츠 힘, ② 양전하 Q의 입장에서 바라볼 때 도선 내의 양전하는 속도가 줄어들고 음전하의 속도는 증가한다.

첫 번째 도착지는 좌표계를 옮기면서 사라진 힘의 정체인 〈그림 17.9〉의 문제이다. 정지한 관찰자의 좌표계에서 전하에 가해졌던 힘이 전하와 같이 움직이는 좌표계에서 온대간데 없이 사라졌다는 것은 있을 수 없는 일이다. 어딘가 숨어 있는 힘을 찾아내야 한다. 어디에 있는 것일까?

아인슈타인은 로렌츠가 길이 수축이라는 가설에서 얻어낸 로렌츠 변환에서 답을 찾아냈다. 〈그림 17.11〉의 정지한 관성계의 그림 ①은 속도 v로 움직이는 도선 밖의 양의 전하 Q가 도선 속에서 속도 u로 흐르는 양전하와 같은 방향이고, 이때 음전하는 양의 전하와 같은 속도 u이지만 반대의 방향으로 움직이고 있다. 그림에서 초록색 영역이 1초 동안 벌어지는 역학적인 관계라 가정하였을 때 관찰자 입장에서는 양전하와 음전하가 같은 개수 5개가 스쳐 지나간다. 이때 양전하는 도선에서 형성된 자기장과 자신의 움직임으로 생긴 자기장이 충돌하면서 발생한 로렌츠 힘에 의해 도선 쪽으로 끌리는 인력을 받는다. 즉, 앙페르가 밝혀냈듯 같은 방향으로 전류가 흐르는 마주보는 두 도선 사이에는 인력이 발생한다는, 〈그림 17.10〉의 기존의 전자기학 현상과 동일하여 이상할 것은 없다.

이제 관찰자가 도선 밖 양전하 Q라는 차에 올라타 움직이는 그림 ②의 좌표계로 갈아타서 상황을 조망해보겠다. 자신이 정지해 있다고 생각하는 전하 Q는 상대성 원리에 의해, 도선 내에서 속도 u로 움직이고 있었던 양의 전하는 $u - v$의 감소된 속도로 움직이고, 반면 음의 전하는 $u + v$의 증가된 속도로 움직인다. 초록색 영역 역시 시간 1초의 구간일 때, 도선 밖 양전하 Q는 도선 내 양과 음의 전하의 상대적 속도의 차이로 3개의 양전하와 7개의 음전하를 만나고 있다. 따라서 양전하 Q의 입장에서 보면, 전체적으로 도선은 음의 전하의 밀도가 커서 음의 전기를 띠고 있다. 도선이 음의 전하를 띠므로 도선 밖의 정지한 양의 전하는 자기력이 아닌 양과 음의 전하 사이에 발생하는 전기력에 의해 도선 쪽으로 당겨지는 힘을 받게 된다. 그런데 이상하다. 없었던 힘이 갑자기 툭 튀어나온 느낌이다. 그리고 자기력이 아닌 전기력이라고? 어쨌든 꼭꼭 숨어 있던 힘이 양과 음 전하의 상대적 속도 차이로 인한 밀도의 관점에서 해석하니 마침내 모습을 드러냈다.

아인슈타인은 위와 같이 직관적으로 밝혀낸 사실을 로렌츠 변환을 이용하여 길이의 수축으로 인한 양과 음의 밀도 변화를 계산하였고, 양전하에 가해지는 전기력의 크기를 계산하여 로렌츠 힘과 동일하다는 사실을 증명하였다. 실로 감탄이 절로 나오는 발상이다.

그런데 감탄만 하고 있으면 완성품에 담겨진 진정한 함의를 간과하고 넘어갈 수 있다. 전하 Q가 받고 있는 힘은 그림 ①에서는 자기력에 의한 로렌츠 힘이지만, 그림 ②에서는 전기력에 의한 쿨롱의 힘이 아니던가! 자기력이 아닌 전기력이라는 점이 매우 놀랍고도 흥미롭다. 〈그림 17.11〉에서 전하 Q는 분명히 자기장의 충돌에 의한 로렌츠 힘을 받는데, 그림 ②는 자기장은 전혀 고려되지 않고 오직 전기장의 관계로만 해석되고 있다.

아인슈타인은 이 문제를 해결하기 전에 이미 강한 의구심을 가지고 있었다. 전류가 흐르는 도선 밖의 전하는 분명 전기력을 띠고 있는 물질인데, 왜 전기력이 아닌 엄연히 성질이 다른 자기력에 의해 발생하는 로렌츠 힘을 받는 것일까? 그리고 힘의 방향 역시 자기장의 방향을 따르지 않고 수직 방향으로 발생하는 것일까? 누구나 무심코 넘어갈 수 있는 현상에 대해 아인슈타인은 깊은 고심을 하였다. 그가 가진 의문점을 알고 나니 전하가 받는 힘이 확실히 납득이 가지 않긴 하다. 그리고 아인슈타인의 이런 의구심이 아마도 상대론 탄생의 씨앗을 잉태시켰을 것이다. 어느 좌표계에 있느냐의 상대적인 차이에 기인하여 전기력 혹은 자기력으로 모습을 나타낸다는 자연에 숨어 있는 또 다른 비밀을 한 꺼풀 벗겨내면서 상대론의 완성에 커다란 발을 떼게 되었던 것이다.

우리가 보는 관점에서는 도선의 자기장과 움직이는 전하에서 발생한 자기장의 충돌로 전하에 힘이 가해지지만, 전하의 입장에서는 도선 내부가 전체적으로 음의 전하를 띠면서 전기력이 생겨 힘을 받게 된 것뿐이다. 즉, 전기장과 자기장은 동일한 존재로, 단지 상대적 차이로 전기장 혹은 자기장으로 보일 뿐이다. 어쩌면 우리는 전하가 만들어낸 허상인 자기력을 가지고 해석하고 있는 것일지도 모른다. 우리가 보는 관점에서는 자기장이 실재하는 힘처럼 보이지만, 전하의 관점에서는 전기력만이 실제의 힘이다.

나중에 아인슈타인은 이 문제를 해결하면서, 전기와 자기의 상대성이 시간과 공간 역시 상대적이라는 자신의 발상을 떠올리게 하여 특수 상대론을 완성하는 길로 안내하는 데 가장 큰 도움을 주었다고 말하였다.* 그래서 논문의 제목에 '전기동력학'이라는 단어가 들어가게 된 이유이다.

---

* Shankland, R. S. (1964). "Michelson-Morley Experiment". 《American Journal of Physics》 32: 16-81.

55장 특수 상대론

특수 상대론의 공리

빛에 대해 강한 호기심을 가지며 오랜 사색을 해오던 아인슈타인은, 비록 로렌츠 변환이 길이 수축이라는 가설로 불쑥 튀어나왔지만, 맥스웰 방정식의 좌표 변환을 훌륭하게 설명한다는 점에 실제의 자연 현상을 설명하는 중요한 물리적 함의를 가지고 있다고 판단했다. 무엇보다 자신이 직접 자기장과 전기장의 상호관계를 명료하게 설명을 할 수 있는 밑거름이 되게 한 주체가 바로 로렌츠 변환이었다는 사실에서 더욱 확신하였다. 그러면서 매우 중요한 발상을 떠올렸다.

〈표 17.8〉의 로렌츠 변환을 보면 이해하기 힘든 점이 있다. 공간을 표현하는 변수인 x와 시간인 t가 서로 얽혀 있는 모양새다. 갈릴레이의 상대성 원리에서 시간은 좌표계 변환에도 전혀 바뀌지 않고, 또한 시간과 공간은 분리된 존재로 취급한다. 우리의 상식으로도 충분히 납득이 간다. 하지만 로렌츠 변환은 이상하게 속도 v로 움직이는 좌표계의 시간 t'이 정지한 좌표계의 시간 t와 공간 x가 묶여 있다. 물론 속도가 광속에 가까워질 때 일어나는 현상이지만, 어쨌든 시간 속으로 공간이 쑥 들어가는 모양새이다. 마치 시간이 공간을, 역으로 공간이 시간을 창출하고 있는 것 같다. 여기서 아인

슈타인은 이것을 정지한 좌표계의 시간과 공간이 재분배되어 새로운 시간과 공간을 만들어내고 있다는 말도 되지 않는 상상을 하였다. 즉, 시간과 공간은 정해지지 않았고, 그래서 서로 다른 좌표계에서의 시간과 공간은 다르다는, 다시 말해 절대적인 시간과 공간은 존재하지 않는다는 기이한 발상에 이르렀다.

아인슈타인은 이 발상으로 물리학의 두 주축인 뉴턴 역학과 맥스웰 전자기학, 이 두 이론을 동시에 설명이 가능한 보편적 이론을 만들어낼 수 있다는 확신을 가졌다. 서로 모순적이라 양립할 수 없는 이들을 통합하기 위해 각 이론에서 진리라 할 수 있는 사실을 공리로 잡아 둘을 통합시키려는 매우 혁신적인 접근을 시도했다.

그 첫 번째가 상대성 원리이다. 여기서 말하는 상대성 원리는 갈릴레이의 상대성 원리를 말하는 것이 아닌 점을 다시 강조한다. 더욱 일반화한 것으로, 두 관성 좌표계에서 물리법칙들은 똑같이 적용되어야 한다는 것이다. 그는 전기장과 자기장의 상대성을 입증한 경험에서 하나의 관성계에서 보는 물리법칙이나 또 다른 관성계에서의 물리법칙이 다르다는 것은 있을 수 없다는 사실을 확인했다. 시간, 공간의 평행이동, 심지어 공간에서의 회전 등 어떤 좌표계로 변환되어서 물리법칙은 불변한다는 것이다.

그리고 좌표계에 영향을 받아서는 안 되는 맥스웰의 방정식, 그리고 마이컬슨-몰리 실험의 결과는 모두 빛의 속도가 일정하다는 사실을 입증하는 것이라 판단했다. 그가 반드시 포함시켜야 할 공리는 당연히 광속 불변의 원리이다.

이렇게 시간과 공간은 상대적이라는 통찰을 바탕으로 아인슈타인은, 좌표 변환에도 물리법칙이 바뀌지 않는다는 상대성 원리와 어느 좌표계에서 측정하건 빛의 속도는 바뀌지 않는다는 광속 불변

의 원리를 결합하여, 정지 혹은 등속 운동하는 모든 관성계 사이에
물리법칙을 유지시키면서 서로 다른 관성계를 잇는 다리는 다름 아
닌 로렌츠 변환이어야 함을 입증할 수 있었다. 동시에 로렌츠가 주
장한 길이의 수축이 시공간의 상대성에서 비롯되었다는 것을 자연
스레 입증할 수 있었고, 더 나아가 시간의 팽창, 질량 증가의 현상까
지 일으킨다는 사실도 알아냈다.

상대론의 이야기를 시작할 때 처음 소개했던 〈그림 17.1〉의 상
황을 다시 소환하여 들여다보겠다. 지구 위에서 빛의 절반의 속도
$0.5c$로 빛을 쫓아가는 우주선을 생각하자. 실제 실험으로 살펴볼
수 없지만 이런 기발한 상상은 사고 실험이 지닌 자유로움이니까.

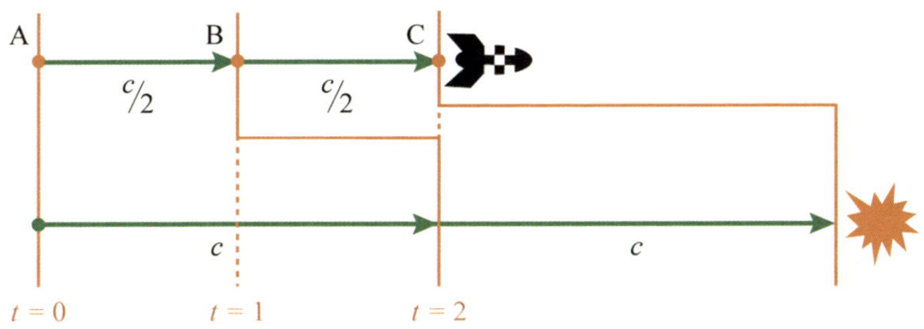

▲ 그림 17.12 지구에서 바라본 우주선과 빛의 운동

지구라는 관성계에서 바라본 관찰자는 1초 후 빛은 30만km, 그
리고 우주선은 절반인 15만km를 진행하는 것으로 보인다. 또 다시
1초라는 시간이 흐르면 빛과 우주선은 각각 60만km와 30만km를
진행할 것이다. 우리의 직관과 너무 들어맞는 것이라 덧붙일 말이
없다. 이제 우주선에 탑승하여 빛을 쫓아가는 우주인의 시각으로
바라보겠다. 우주선과 같이 움직이는 우주인은 속도 계기판을 보지
않는 이상 관성운동 상태이므로 자신의 우주선이 얼마의 속도로 달

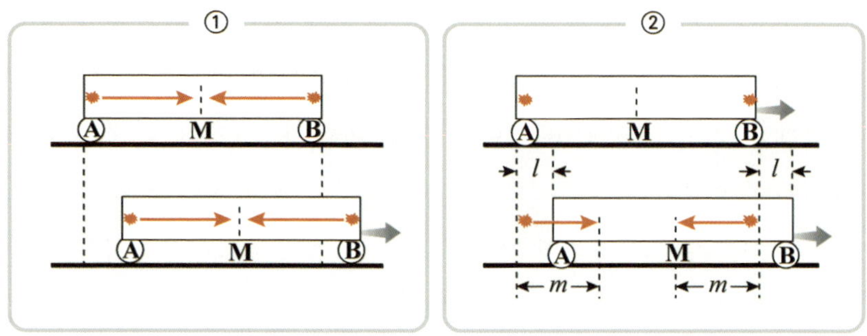

▲ **그림 17.13** 동시성의 사고 실험. ①과 ②는 각각 기차 안과 밖의 관찰자가 보는 상황

리는지를 전혀 알지 못하고, 오히려 정지해 있다고 판단한다. 일정 고도에 진입하여 일정 속도로 달리는 비행기 안의 탑승한 상황과 동일하다. 우주선은 지구와 마찬가지인 또 다른 관성계일 뿐이다. 그래서 지구에서와 같이 뉴턴의 역학과 맥스웰 전자기학 등 동등한 물리법칙이 작동하는 세계이다. 당연히 마이컬슨─몰리 실험을 하여도 동등한 결과를 얻는다. 여기서 우리의 직관으로는 모순으로밖에 보이지 않는 일, 그래서 아인슈타인이 공리로 선택한 광속 불변의 일이 발생한다. 우주인이 보는 빛의 속도는 초속 30만km이다. 우리의 직관으로는 절반인 15만km여야 함에도 말이다. 받아들이긴 힘들지만 광속 불변을 공리로 삼은 이상 왈가왈부할 문제는 아니다. 그런데 광속 불변을 진리로 삼자 더 납득하기 힘든 현상이 줄을 잇는다. 그 하나가 '동시성'이라는 현상이다.

기차가 충분히 길다 가정하고, 기차 양 끝 A와 B에서 동시에 빛을 발사했다. 기차 안 역시 우주선처럼 관성계이므로 기차가 정지해 있든, 빛의 속도에 가깝게 운동을 하든 모든 물리법칙이 통용되고 또한 빛의 속도도 변하지 않아야 한다. 따라서 기차 가운데 M의 위치에 빛이 동시에 도착하는 것은 당연하다. 그런데 그림 ②의 기차 밖 관찰자에게는 전혀 다른 세상이 펼쳐진다. 기차 밖의 관찰자가 볼 때는 A에서 출발한 빛이 m의 거리만큼 진행하는 동안 기차역시 l만큼 달려갔으므로, 기차 안에서는 빛이 $m - l$의 거리만 진행한 것이 된다. 하지만 B에서 출발한 빛은 기차 안에서 $m + l$의 거리를 진행한다. 이 빛이 가운데 지점인 M에 더 빨리 도착하는 것은 당연하다. 어찌 된 일인가? 기차 안에서는 두 빛이 동시에 M에 도착했지만, 기차 밖에서는 B에서 출발한 빛이 먼저 도착하지 않았는가. 동일한 현상을 기차 안과 밖이 전혀 다르게 보고 있는 모순적 상황이 발생했다.

동일한 현상이 좌표계마다 다르게 보이는 것은 정말 기이하다. 그럼 기차 안의 관찰자가 보는 것이 진짜일까, 아니면 기차 밖의 관찰자가 보는 것이 진짜일까? 답을 얘기하자면 모두 옳다. 이런 일이 생기는 그 근원적인 이유는 역시 광속 불변에서 기인한다. 서로 상이한 속도로 움직이는 두 관성계에서 빛의 속도가 불변이라 고정시켜놓고 보니 두 관성계에서 보는 사건이 어긋나버린 것이다. 아인슈타인은 광속 불변이 불러일으킨 이런 기이한 현상이 실제 일어난다고 확신했다. 앞서 전자기 문제를 해결하면서 어느 좌표계에 있느냐의 상대적 위치에 따라 전기력으로 혹은 자기력으로 모습을 드러내는지가 결정되는 것과 유사한 현상이라고 보았다.

아인슈타인은 이 현상에 물리적 의미라는 색깔을 입히기 위해 당시까지 절대적인 진리로 믿어왔던 시간과 공간의 절대성을 부정하였다. 누구에게나 똑같이 할당되어 같이 공존한다고 아무런 의심 없이 믿고 있던 시간과 공간이 서로 상대적이라는 혁신적인 상상으로 바라본 것이다. 나와 여러분들이 다른 존재이듯 우리의 시간과 공간 역시 다르다. 세상의 운동을 바라보는 우리의 직관과 잘 일치하는 이 책의 영원한 주인공인 뉴턴의 역학은 누구에게나 동일한 절대적 시간과 공간에서 만들어진 이론이다. 그래서 시공간이 절대적이라는 것은 의심할 수 없는 진실이었다. 그런데 아인슈타인은 이런 우리의 생각을 송두리째 뒤흔들고 있다.

그럼 뉴턴이 틀렸다는 것인가, 아니면 우리의 직관이 오작동을 하고 있는 것인가? 이것이 특수 상대론의 이해를 저해하는 가장 큰 요인의 하나이다. 지구라는 관성계에서 살고 있는 우리 지구인들에게는 빛의 속도로 움직일 일이 전혀 없기에 수많은 세월을 거치면서 우리 뇌의 유전자에는 모든 세계의 시간이 동일하다는 뉴턴의 절대시계가 내재되어 있다. 그래서 시간이 상대적으로 다르다는 개념을 이해하기가 쉽지 않다. 상대론에 따르면 절대시계란 존재하지 않고, 관찰자의 운동에 따라 사용하는 시계가 각각 다르므로 나와 여러분의 시간은 동일하지 않다는 것이다. 물론 광속과는 비교조차 불가능한 현저하게 느린 속도의 세계에서 살고 있는 우리에게는 각자의 시간이 다르다고 느낄 수도 없고 생각할 필요는 없겠지만 말이다.

워낙에 유명한 그의 이론과 그것을 소재로 한 책이나 영화 등 여러 매체 덕에, 요즘은 누구나 상대론에 대한 기본적인 내용쯤은 알고 있기에 시공간이 상대적이라는 자연의 비밀에 커다란 거부감을 느끼지 않지만, 전혀 그런 정보가 없던 시대에 당신의 시간과 나의 시간이 다르게 흘러간다는 발상을 한다는 것이 과연 가능하였을까?

시간의 팽창

동시성의 상대성은 특수 상대론의 핵심이라 할 수 있는 시간과 공간이 절대적인 물리량이 아니라 관측자에 따라 상대적이라는 사실을 확인하는 사고 실험이었다. 누군가에게는 동시이지만 다른 누군가에게는 동시가 아니라는 동시성의 문제처럼, 특수 상대성 이론이 직조해낸 또 다른 놀라운 현상은 시간 지연 현상이다. 아마도 아인슈타인의 상대론하면 가장 먼저 떠오르는 사실의 하나이리라. 이것도 아주 유명한 또 다른 사고 실험을 통해 확인할 수 있다.

앞서 동시성의 상대성을 설명할 때 사용했던 속도 v로 움직이는 기차를 개조하여, 이번에는 천정의 높이가 빛이 0.5초 동안 진행할 수 있는 상상을 초월할 정도로 높고, 바닥에는 천청으로 빛을 비추는 광원이 있다고 하겠다. 광원에서 발사된 빛은 기차 천정에서 반사되어 정확히 1초 후 원래의 위치로 되돌아오게 된다. 관성계인 기차 내의 관찰자에게는 기차가 정지해 있건, 움직이고 있건 상관없이 빛이 왕복하는 데 항상 1초의 시간이 소요됨을 관측한다. 그런데 기차 밖의 관성계에서 바라보는 관찰자는 전혀 상황이 달라진다.

기차 밖 정지해 있는 사람이 보면 빛이 왕복하는 데 걸리는 시간

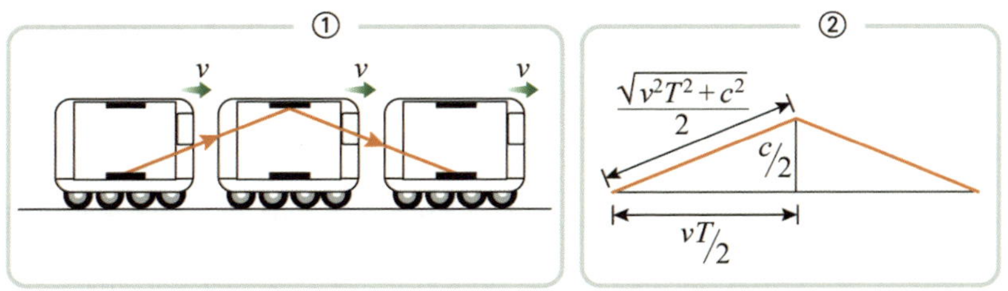

▲ **그림 17.14** ① 기차 바닥에서 발사된 빛이 사선으로 천장에 갔다가 사선으로 바닥까지 내려온다. ② 빛의 경로의 길이

은 1초보다 더 길어지게 된다. 〈그림 17.14〉 ①처럼 기차 밖 사람이 볼 때 빛은 수직이 아닌 사선 방향으로 천정을 향해 날아가고, 반사된 빛 역시 사선 방향으로 되돌아온다. 빛의 경로가 더 길어졌지만 빛의 속도는 일정하므로 기차 안의 경우보다 시간이 더 길어질 것은 자명하다. 마이컬슨―몰리 실험을 설명할 때 강 위를 움직이는 배에 비유한 〈그림 17.4〉의 경우를 떠올리면 이해가 더욱 쉽겠다. 빛의 경로만을 표시한 그림 ②는 〈그림 17.4〉의 거울 2를 왕복하는 배와 동일하다. 따라서 빛이 왕복하는 데 걸리는 시간 T는 〈식 17.5〉의 거울 2를 왕복하는 시간 T_2로, 식에서 L은 $c/2$이므로 $2L = c$가 되어 아래와 같이 정리된다.

$$T = \frac{1}{\sqrt{1 - v^2/c^2}} = \gamma$$

광속 불변의 원리를 기반으로 숱한 고뇌에서 얻어진 통찰의 결과물인 시간과 공간의 상대성, 이 가설만으로 얻은 위의 결과는 가상의 에테르를 굳이 상정하면서 길이 수축이라는 억지스러운 주장으로 도출된 로렌츠 인자 γ와 동일하다는 것은 아인슈타인의 광속 불변의 가설이 곧 우주 운행의 원리라는 점을 입증한 셈이었다.

로렌츠 인자 γ가 항상 1보다 큰 값이라는 사실로부터 기차 안의 시간에 비해 기차 밖의 시간이 더 빠르게 흐르고 있다는 것을 확인할 수 있다.

이런 시간의 팽창은 사실 〈그림 17.12〉가 이미 말해주고 있기도 하다. 우주선 안의 관찰자 입장에서는 점 C에 있어야 빛이 c만큼 진행한다. 따라서 광속불변의 원리가 문제없이 작동되기 위해서는 C의 지점이 1초여야 한다. 그런데 이때가 우주선 밖의 관찰자 입장에서는 우주선 안의 시간이 느릿느릿 진행하는 것으로 보이게 될 수밖에 없다.

그런데 더욱 놀라게 하는 것은 위의 상황을 역으로 연출할 때이다. 가상의 기차를 지상에 정차해놓고 이번에는 우주선을 타고 빠르게 달리고 있는 관찰자가 정지한 기차 안에서 쏘아준 빛의 운동을 살펴보았다. 어떻게 되었을까? 우주선 안의 관찰자가 보는 빛 역시 위의 그림과 똑같이 사선으로 움직이면서 왕복 운동할 것이 아니겠는가. 당연하다 할 수 있는 것이 우주선 안의 관찰자는 자신이 정지해 있다고 생각하므로 지상에 정지한 기차가 우주선과 같은 속도로 움직이므로 앞서와 동일한 현상이 일어날 수밖에 없다. 따라서 이번에는 기차 밖이 안에서보다 느리게 가는 반대의 현상이 벌어진다.

관성을 처음 발견한 갈릴레이는 자신이 관측하는 운동은 자기가 하지 않는 운동일 뿐이라고 하였다. 이 말은 곧 자신의 위치와 시간을 절대 기준으로 삼아 모든 세상의 운동을 보게 된다는 의미로, 정지한 자신이 볼 때 움직이는 것이 곧 운동이라는 것이다. 그렇기에 어떤 관성계에 있건 운동을 관측하는 관찰자가 세상의 주인공이고 자신만의 고유시간 T를 가지고 있다. 그리고 속도 v로 운동하는 또 다른 관성계의 시간 T'은 고유시간을 로렌츠 인자 γ를 나눈 T/γ이다. γ가 1보다 크므로 각자의 고유시간이 세상에서 가장 빨리 가는 시간이다. 움직이는 대상의 시간과 공간은 나의 시간의 일부분이 공간이 되고, 또 일부분의 공간이 시간으로 바뀌면서 시계가 천천히 흐르게 된다는 것이다.

기차 밖의 관찰자나 기차 안의 관찰자나 각자의 시간이 가장 빨리 흐르는 시간이므로 상대방의 시간이 천천히 흐르게 보이는 것이다. 똑같은 사건이더라도 서로 다른 공간에서 사건을 보고 있어서 서로 다르게 보이는 것일 뿐이다. 이처럼 직관적으로 받아들이기 힘든 특수 상대론의 정곡을 정확히 꿰뚫어본 프랑스의 물리학자 폴 랑주뱅(1872~1946)이 1911년 브뤼셀에서 열린 제1차 솔베이 회의에서 웬만한 분들이면 모두 한 번은 들어봄 직한 '쌍둥이 역설'이라는 사고 실험으로 특수 상대론을 공박하였다.

쌍둥이 역설

지구에 함께 살고 있는 쌍둥이 형이 우주선을 타고 광속에 가까운 속도로 우주여행을 떠났다. 쌍둥이 동생은 자신의 시간이 가장 빠르므로 형이 탄 우주선의 시간이 느리게 흐를 것이라, 여행을 마치고 돌아온 형의 나이가 자신에 비해 훨씬 젊을 것이라고 생각했다. 반면 움직이는 우주선 내부의 형을 기준계로 잡았을 때는 지구가 오히려 우주선의 속도로 멀어진다. 자신의 시간이 가장 빠르므로 시간 지연이 일어난다면 우주선이 아닌 지구여야 옳다. 형의 기준에서는 지구가 빠르게 움직이므로 지구에 남은 동생의 나이가 더 적을 것이라고 생각했다. 우주여행을 끝내고 형이 지구에 돌아왔을 때 과연 어느 쪽의 나이가 더 적을까?

폴 랑주뱅이 제기한 위의 사고 실험은 특수 상대론의 시간 지연 효과에서 일어날 수 있는 역설적 상황을 적나라하게 들춰내고 있다. 일명 '쌍둥이 역설'로 유명한 이 역설에 적절한 답은 무엇일까? 형일까, 동생일까 아니면 변화 없이 원래의 나이 차이가 유지될까? 답부터 말하면 형의 나이가 더 적다. 쌍둥이 역설을 다룬 대표적 영화의 하나인 〈인터스텔라〉[*]를 보면 우주여행을 하고 돌아온 아빠가 자신보다 훨씬 나이가 먹고 백발이 되어 임종을 앞둔 딸을 만나는 장면이 있다. 아마 상대론에 대해 알지 못한 관객들 입장에서는 가장 충격적이며 이해되지 않는, 그래서 백미가 되는 장면이 아닐까 싶다.

'제논의 역설'에서도 등장했던 '역설'이라는 단어의 사전적 의미는 '일리가 있는 주장이라 생각됨에도, 기존의 결론과 위배되는 잘못된 결론을 이끌어내는 논증이나 사고 실험' 등을 일컫는다. 쌍둥이 역설 역시 논리적 허점이 보이지 않았기에 이 역설을 뒤집을 만한 이론적 제시가 이뤄지지 않아 역설로 자리하게 되었다. 하지만 〈인터스텔라〉에서도 그러했지만, 우주선을 타고 왕복한 쌍둥이 형의 나이가 적다는 것이 정답이다. 그래서 쌍둥이 역설은 그 지위를 내려놓아야 한다.

쌍둥이 역설을 특수 상대론의 시간 지연으로 해석하는 과정을 곱씹어 보면 아주 중요한 점을 간과하고 있음을 알 수 있다. 특수 상대론은 평면 좌표계에서 정지 혹은 일정한 속도로 움직이는 관성계에서 만들어진 이론이다. 그런데 형의 우주선은 빛의 속도에 육박할 정도의 속도를 지니기 위해서나, 지구로 귀환하기 위해 방향을 바꾸거나, 혹은 지구에 착륙할 때 등 가속과 감속하는 구간이 반드시 필요하다. 바로 특수 상대론의 탄생의 전제에서 벗어난 운동을 하고 있다. 결론적으로 특수 상대론 범위에서는 쌍둥이 형제의 나이 확인은 불가능한 일이다. 특수 상대론 자체가 잘못된 이론이 아니고, 가속 운동하는 계를 비교할 수 있는 또 다른 이론인 일반 상대

---

[*] 크리스토퍼 놀런이 감독이 제작한 SF 영화

론이 있어야 쌍둥이 역설의 해석이 가능하다. 실제 일반 상대론에 따르면 가속을 경험한 쪽이 시간 지연 효과를 겪게 되어, 〈인터스텔라〉에서 가속을 경험한 아빠의 나이가 딸보다 더 적게 된 연유가 된다.

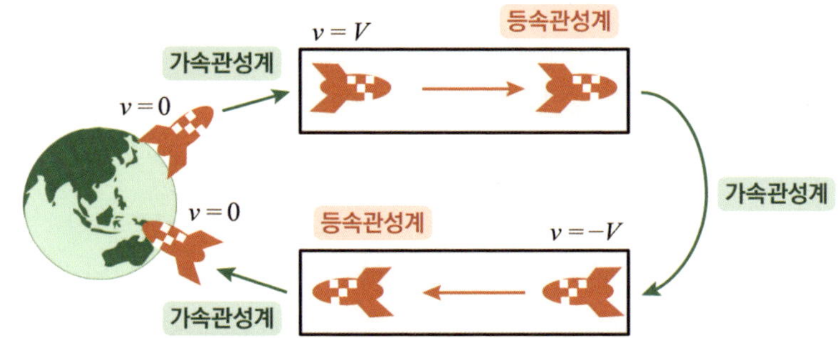

▲ 그림 17.15 쌍둥이 형이 탄 우주선은 가속하는 3개의 구간을 지나면서 시간 지연을 겪게 된다.

그림처럼 쌍둥이 형은 총 3개의 가속 구간을 지나게 된다. 바로 이 시점에서 시간 지연이 발생되어 형이 동생보다 더 젊게 된다. 랑주뱅이 이 역설을 제기했을 때는 아직 일반 상대론이 나오기 전으로, 특수 상대성 이론의 전제를 벗어난 문제라 정말로 역설이었다. 하지만 위의 그림만으로도 특수 상대성의 틀에서 쌍둥이 역설의 반박은 어느 정도는 가능하다. 형과 아우의 관계가 전혀 대칭적이지 않기 때문이다. 동생은 하나의 좌표계에 머물고 있지만 형은 여러 개의 좌표계를 갈아탔다는 점에서 둘을 단순 비교하는 것은 잘못된 것이다. 가속하는 우주선은 관성력이라는 겉보기 힘을 상정해야 해석이 되는 비관성계라는 점에서 쌍둥이 역설은 관성계에서 작동하는 특수 상대론에서 해결할 수 없는 문제이다.

에너지-질량 등가원리 $E=MC^2$

뉴턴의 힘의 법칙 외로 대중에게 가장 널리 알려진 방정식 하나가 '에너지 – 질량 등가원리 $E = mc^2$'이다. 아인슈타인이 특수 상대론을 세상에 선보인 1905년에 연이어 발표한 《물체의 관성은 에너지 함량에 따라 달라지는가?》[*]의 논문에 실린 이 식은 에너지와 질량이 동일하다는 혁명적인 결론을 담고 있다. '혁명적'이라는 수식어가 꼭 필요한지 의문이 들 정도로 단순한 식이지만, 에너지가 곧 질량이고 질량이 에너지란 의미를 담은 이 식은 우리 주변 모든 물체가 에너지라는 또 다른 수긍하기 쉽지 않은 의미를 내포하고 있다. 무엇보다 '혁명적'이라는 수식어를 포함시킬 수 있었던 것은 원자폭탄이라는 인류 최고의 살상무기 개발의 씨앗이 되었고, 또한 에너지의 문제를 해결하는 단초가 되었다는 점에서 마땅한 수식어라 여겨진다.

그런데 아무리 생각해도 이해하기는 힘들다. 어떻게 질량이 에너지가 되고, 에너지가 질량이 될 수 있다는 말인가? 더군다나 원자폭탄의 개발까지 이르렀다는 것은 더 믿기가 힘들다. 하지만 그렇다니 믿을 수밖에 없다. 그래서 하늘에서 뚝 떨어진 것과 같은 $E = mc^2$, 우리는 이 식을 비판 없이 받아들이는 것은 물리학에 대한 예우가 아니다. 이 식에 숨어 있는 의미를 깨우쳐야 한다.

19세기 중반 이전까진 바람이 부는 힘과 마찰에 의한 열, 혹은 전하 사이에 작동하는 힘과 자석이 철을 끌어당기는 힘 등은 서로 무관하다고 생각했었다. 그런데 패러데이가 서로 다른 힘이라고 믿

---

[*] A. Einstoin, Ann. d. Phys. 17 (1905) : 891.

어왔던 전기력과 자기력을 하나의 힘의 고리로 묶은 전자기 유도의 발견은 18세기 산업혁명을 일으키는 도화선이 되었다. 흔히 산업혁명이라 하면 엄청난 기술의 발전에 따라 사회경제적으로 크게 변한 인류 문명의 격변기를 말하는데, 이런 산업혁명이 일어날 수 있었던 이유는 인류가 전자기 유도를 통해 운동에너지를 전기에너지로, 전기에너지를 열에너지로, 혹은 그 반대의 과정 등 서로 다른 형태의 에너지로 전환할 수 있다는 사실을 깨달으며, 에너지의 통합을 이끌었기 때문이었다. 석탄을 태운 열로 발생된 수증기로 증기기관을 움직이게 하고, 증기기관의 운동은 발전기를 돌려 전류의 흐름을 발생시키고, 전류의 흐름은 전등에서 빛을 발산시키고, 전선 내부의 마찰로 인해 전선에 열을 발생시키는 등 에너지의 형태는 다르지만 모두가 하나의 사이클로 연결되어 동등한 성질을 지니고 있었다. 산업혁명은 에너지 혁명으로 바뀌어야 마땅하다. 이렇게 모든 에너지가 하나로 연결되어 있다는 사실에서 과학계는 너무도 중요한 우주의 비밀인 에너지 보존법칙의 발견까지 이르게 되었다.

한편 질량이라는 개념 역시 18세기 이전까진 에너지처럼 주변에 존재하는 나무, 바위, 얼음 등은 서로 연관성을 찾아볼 수 없는 별개의 물질들이라 생각했다. 뉴턴으로 인해 모든 물체가 하나의 법칙으로 움직인다는 사실을 깨달으면서 물질들 사이에도 어떤 연관성이 있지 않을까라는 호기심이 작동되었다. 하지만 겉보기에 너무도 다른 물질들이 어떻게 맞물려 있는지는 뛰어난 통찰력이 뒷받침되지 않고서는 정녕 알아내기 힘든 과제였다. 그러나 인류는 그럴 때마다 뛰어난 천재의 등장으로 장벽을 넘어갔듯, 이 과업을 달성한 이가 18세기 후반 프랑스의 화학자 앙투안 라부아지에(1743~1794)였다. 그는 녹슨 금속의 질량이 줄어든 공기의 질량만큼 증가한다는 것을 실험으로 밝혀내어, 질량도 에너지처럼 일정하게 유지된다는 질량 보존법칙을 발견하였다. 원자라는 존재를 알고 있는 우리의 입장에서 보면 너무도 당연한 이야기를 대단한 사실인 것처럼 이야기하는 것 같지만, 아직 원자를 모르던 시대에서 우주의 모든 물질은 형태가 제각각이어도 질량으로 서로 연결되어 있고, 우주 전체 질량의 총량은 결코 변하지 않는다는 사실을 알아낸 것은 대단한 일이었다.

본능적인 감각과 깊은 통찰력으로 숨겨진 것들을 들여다보는 탁월한 재주를 가지고 있던 아인슈타인은 특수 상대론을 완성하는 과정에서 질량과 에너지의 본질에 대한 의문점이 자연스레 그의 뇌에 박히면서 깊은 고민을 거듭하였다. 그리고 라듐이 빛을 방출하고 눈에 띄는 질량 감소가 발생하는 실험 결과를 접하면서, 어쩌면 질량 보존의 법칙은 절대적인 법칙이 아닐 수 있다는 의심이 들었다. 〈그림 17.11〉에서 전기장과 자기장이 관점의 차이로 나타나는 현상임을 밝히면서, 세상 모든 일이 양과 음이 하나의 쌍으로 조화를 이룬다는 대칭적 사고에서 발현한 것인지 모르겠지만, 어쨌든 그는 에너지가 곧 질량이고, 질량이 에너지로 변환될 수 있어 질량 보존의 법칙은 잘못된 사실이 아닐까라는 의문이 들었다.

서로 다른 운동을 하는 두 관성계가 정보를 교환할 때 시간과 공간이 달라진다는 특수 상대론은, 속도 v로 운동하는 관성계에서 시간의 팽창과 공간의 수축이 일어난다는 사실을 말하고 있다. 이런 변화는 필연적으로 뉴턴 역학 전반을 뒤흔들어놓을 수밖에 없었고, 그 직격탄을 맞은 개념이 운동량 보존이었다. 갈릴레이의 상대성 원리로 성립하는 운동량 보존은 특수 상대론의 세계에서는 성립할 수 없었다. 그러나 뇌터의 정리로 확인했지만 대칭이라는 속성에 의해 움직이는 자연계는 반드시 운동량 보존의 법칙이 수반되어야 한다. 그러므로 특수 상대론에서는 로렌츠 변환으로 운동량이 보존되어야 할 것임을 직감적으로 알 수 있다. 실제 속도 v로 운동하는 정지할 때의 질량 m_0의 상대론적 운동량을 계산하면 $\gamma m_0 v$이다. 그런데 물체의 속도가 v일 때 운동량이 달라진 것이므로, 질량 m_0가 γm_0로 바뀌었다고 해석되어야 맞다. 즉, 로렌츠 인자 γ가 1보다 크므로 질량이 커졌다는 의미이다. 인간이 만들어낸 추상적 개념인 시간과 공간뿐만이 아니라, 실제적인 대상의 특성마저 변화시키고 있다. 한편 m_0는 속도가 0일 때의 질량으로 정지질량이라 하며, 어떤 관성계에서도 궁극적으로 변하지 않는 물리량이다.

광속 불변이라는 틀에서 시공간을 조절하여 모든 관찰자에게 동일한 물리법칙이 가능하게 하기 위해 질량마저 변화시킨 특수 상대론은 더욱 거침없이 전진하였다. 고전 역학에서 별개의 개념으로 다뤘던 운동에너지와 운동량의 관계가 로렌츠 인자를 통해 서로 묶여진 관계라는 사실까지 이끌어내었다. 바로 상대론 세계에서 에너지－운동량 관계 공식을 완성한 것이다.

$$\langle\text{식 17.16}\rangle \quad E^2 = p^2 c^2 + \left(m_o c^2\right)^2 = \left(\gamma m_o c^2\right)^2$$

여기서 p는 앞서 설명한 상대론적 운동량 $\gamma m_0 v$이다. 속도가 0, 즉 아무 운동도 하지 않고 정지하였을 때는 운동량 $p = 0$ 혹은 $\gamma = 1$이므로 에너지는 $m_0 c^2$이다. 이때의 에너지를 정지 에너지 E_0라 하며, 여기에서 에너지－질량 등가 공식인 $E_0 = m_0 c^2$이 등장한 것이다.

〈식 17.16〉은 굉장히 중요한 의미를 내포하고 있다. 에너지 E는 원래의 정지에너지 E_0에 상대론에 의한 운동에너지 p^2c^2을 더한 값이고, 속도 v가 커질수록 운동에너지가 증가하는데, 이것은 곧 질량의 증가로 이어진다는 매우 중요한 의미를 가지고 있다. 아래의 그림을 보자.

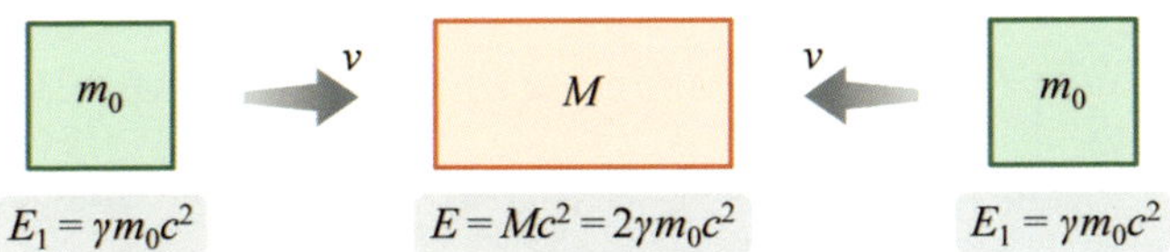

▲ 그림 17.17 정지질량 m_0인 두 물체가 속도 v로 마주보며 달려와 충돌하고, 서로 합쳐져 정지하였을 때의 상대론적 질량 관계

정지해 있을 때의 질량이 m_0인 초록색의 두 물체가 있다. 이제 이 두 물체에 에너지를 가해 속도 v로 서로 마주보며 달려오게 만들었다. 상대론에 의해 두 물체의 운동량 p_1과 에너지 E_1은 각각 $\gamma m_0 v$와 $\gamma m_0 c^2$으로 동일하다. 그리고 두 물체가 정면으로 충돌하여 하나의 붉은색 물체로 합쳐졌다고 가정할 때, 에너지 보존법칙에 따라 전체 에너지는 $E = 2\gamma m_0 c^2$이다. 이때 붉은색 물체는 정지한 상태이므로 정지질량이 $2\gamma m_0$이다. 그런데 앞뒤가 맞지 않는다. 상식적으로 운동하기 전 물체의 질량이 m_0이므로 충돌 후에는 $2m_0$가 되어야 마땅한데 충돌 후 질량이 $2\gamma m_0$라는 것은, γ가 1보다 큰 값이므로 질량이 증가하였다는 모순적인 결과를 낳고 있다. 원래 멈춰 있던 물체에 운동을 가하였고, 나중에 정지 질량이 늘어났다는 것인데, 도대체 왜 증가한 것일까? 이유는 오직 물체를 움직이는 데 필요했던 에너지가 고스란히 질량으로 바뀌었다는 것으로 밖에 달리 해석할 길이 없다.

이번에는 멀쩡하게 있던 질량 M 의 물체가 무슨 이유로 갑자기 정확히 질량 m_0 인 두 물체로 쪼개졌다고 하자. 이때 두 물체의 질량의 합 $2m_0$ 와 원래의 질량 M 과 동일할까? 이 과정은 앞서의 사건과 완전히 반대의 사건이다. 따라서 쪼개진 두 물체의 질량의 합이 더 작아져야 맞다. 잃어버린 질량이 쪼개진 두 물체의 운동하는 데 필요한 에너지, 즉 운동에너지로 전환된 것이다.

실로 놀라운 이야기이지 않은가! 아인슈타인의 특수 상대론은 보편적인 법칙인 뉴턴 역학에 엄청난 흠집을 낸 것도 모자라, 이론에서 파생된 에너지 – 질량 등가 원리로 누구나 상식적으로 알고 있는 질량 보존의 법칙마저 깨뜨려버렸으니 말이다. 무엇보다 전 세계인이 두려워하고 있는 원자폭탄의 개발까지 이어졌다는 사실은 놀라움을 금치 못한다. 과거 일본 히로시마에서 터진 폭탄에서 사라진 우라늄의 질량이 0.7g이라고 하는데, 이 작은 질량이 10만 명의 목숨을 앗아가는 에너지로 바뀌었다는 사실은 너무 경악스러울 정도가 아닌가. 만약에 100% 모두 에너지로 전환되었다면 일본이 사라졌을지도 모를 일이다.

56장 일반 상대론의 탄생을 불러일으킨 등가원리

시공간 간격

아인슈타인이 특수 상대론을 발표했던 1905년을 흔히 기적의 해라 불린다. 물리학 역사에서 엄청난 업적의 하나인 특수 상대론 외에도, 한 사람이 평생을 걸쳐 이루기 힘든 연구 결과들을 같은 해에 연이어 발표하였기 때문이다. 3월에 광양자설, 5월에 브라운운동이론 등은 6월에 발표된 특수 상대론과 함께 과학사에 길이 남을 연구 결과물이었다. (위의 2가지 이론에 대한 내용은 양자역학 편에서 소개된다.) 그런데 아인슈타인은 뉴턴의 역학과 맥스웰의 전자기학 사이에 발생한 충돌을 성공적으로 해결함으로써 인류사에 길이 남을 자신의 대업적인 특수 상대론에 불만이 매우 많았다. 이유는 가속이나 중력에 대해 전혀 다루지 않고 있다는 점 때문이다. 쌍둥이 역설에서도 얘기되었지만 특수 상대론은 관성계, 즉 정지하였거나 등속도 운동의 좌표계의 무대에서 만들어진 이론으로 가속도는 전혀 고려하지 않았다. 하지만 우리가 사는 세상 자체가 가속도가 포함되어 있지 않은 운동이 있을까? 따지고 보면 거의 모든 운동은 힘을 받으며 운동하고 있다. 심지어 지구 자체가 자전과 공전을 하니 가속도가 포함되어 있지 않은 운동은 존재하지 않는다고 봐야한다. 지금부터 그가 어떻게 이 고뇌를 해결하였는지, 그리고 그 과정에서 어떻게 일반 상대론을 이끌어냈는지 그 이야기를 시작하겠다.

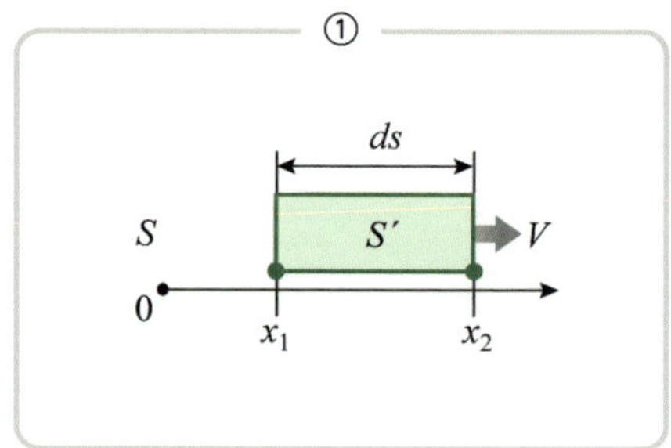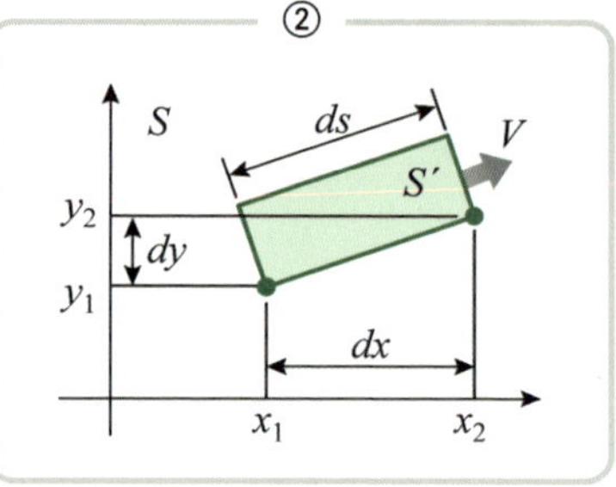

▲ **그림 17.18** 버스의 속도와 상관없이, 그리고 차원에 무관하게 버스의 길이는 버스 밖의 좌표계 S 혹은 버스 안의 좌표계 S'에서 측정해도 변하지 않는다.

버스(초록색 상자로 표현) 안의 좌표계 S'은 항상 버스와 같이 움직이므로 어떤 상황이건 버스의 길이는 변함없이 ds이다. 그래서 버스 밖의 좌표계 S에서 버스의 길이를 측정하는 경우만 생각해도 되겠다. 그림 ①의 버스 밖 좌표계 S에서 측정할 때 버스 앞의 좌표는 x_2, 그리고 뒤는 x_1이라 하고 $dx = x_2 - x_1$이라 하면, 버스의 길이는 $ds = dx$이다. 뉴턴 역학의 범위에서 버스가 어떤 속도로 달려가건 좌표계 S에서 바라보는 버스의 위치는 시시각각 변하겠지만, 길이가 달라질 수는 없다. 너무도 자명한 사실로 갈릴레이의 상대성 원리가 정확하게 들어맞는다. 설혹 버스의 운동을 2차원으로 확장해도 문제될 것이 없다. 그림 ②의 좌표계 S에서 x축과 y축 방향의 길이 차이를 각각 dx와 dy라 놓으면, 피타고라스 정리에 의해 $ds = \sqrt{dx^2 + dy^2}$이다. 3차원 공간 역시 새로운 변수 z만 하나만 추가될 뿐 달라질 것은 없다. 세 축에 대한 각각의 길이 차이 dx, dy, dz로부터 버스의 길이는 $dx^2 + dy^2 + dz^2$의 값의 제곱근인 ds이다. 이렇게 두 지점 사이의 거리는 기준이 되는 원점을 바꿔도, 혹은 움직이는 관성계에서 측정해도 두 지점의 좌표 값은 변할지언정 버스의 길이는 절대 변할 수 없다. 우리의 직감에 너무 잘 들어맞는 상황이다. 그런데 광속 불변의 원리로 이끌어낸 특수 상대론의 세계에서는 너무도 자명한 이 사실이 무너져버린다. 로렌츠가 찾아낸 길이 수축의 효과가 진실임을 아인슈타인이 밝혀냈다는 사실로 유추하더라도 버스의 길이는 속도에 따라 달라진다..

특수 상대론은 광속의 불변성으로부터 공간의 변화와 함께 시간도 바뀌는 현상에 관련한 이론이라 한마디로 요약할 수 있다. 이렇게 시간과 공간이 함께 변하는 것을 조금은 낯선 단어가 포함된 '시공간 공변성*(時空間 共變性)'이라 부른다. 상대성 이론이 출현하기 전에는 시간과 공간은 분리된 존재로 완전히 독립적으로 취급했지만 특수 상대론에서 두 물리량은 더 이상 독립적인 변수가 되지 못하였다. 로렌츠 변환에서 볼 수 있지만 시간과 공간은 서로 얽혀 있다. 공간과 시간을 따로 분리할 수 없는 상황에 처한 특수 상대론에서는 두 물리량을 묶어서 해석해야 했고, 그 결과 시간이라는 또 하나의 차원이 포함된 4차원을 다루는 이론이 되었다. 우리가 4차원의 세계에 살고 있다는 사실을 특수 상대론은 인류에게 알려준 것이다.

우리가 인지하고 있는 공간, 일명 유클리드 공간에서 버스의 길이는 좌표 변환에도 바뀌지 않듯, 시간 항을 또 하나의 차원으로 포함시킨 4차원의 세계인 특수 상대론에서도, 버스의 길이의 변화가 불변이 되도록 설정할 필요가 있다. 자연스레 3차원 공간에서의 거리의 정의에 시간의 차원을 포함한 4차원 공간으로 확장하여 아래와 같이 놓을 수 있다.

---

* 특수 상대론의 시공간에서 위치와 시간이 똑같은 방식으로 변환되는 것처럼, 임의의 좌표 변환에 대해서도 똑같은 방식으로 변환되는 것을 공변성(共變性, covariance)이라 한다.

〈식 17.19 ①〉 $ds^2 = dx^2 + dy^2 + dz^2 + (cdt)^2$

시간의 변화량 dt에 광속 c를 곱한 이유는 단지 단위를 일치시키기 위함이다. 그런데 각 축의 길이 차이의 제곱근으로 구해지는 ds를 계속 '거리'라고 부르기에는 다소 거북함이 뒤따른다. 시간의 항이 들어가 있기 때문이다. 시간 차이를 거리라고 부르는 것은 의미가 맞지 않는다. 더군다나 시간도 서로 다르게 인식되어, 두 지점에서 벌어지는 사건을 어떤 좌표계에선 동시에 벌어지지만 다른 좌표계에서는 시간의 차이를 두고 발생한다는 '동시성의 사건'도 있듯, 시간이라는 차원이 추가된 시공간 좌표계는 확실히 기존에 다뤘던 공간 좌표계와 결을 달리한다. 그래서 두 지점 사이의 '거리'보다는 두 사건 사이의 '간격'이란 용어가 더 의미전달에 어울려, 〈식 17.19 ①〉을 '시공간 간격'이라고 부른다.

3차원에서 불변의 값인 거리의 개념은 시간이 추가된 4차원에서도 작동되어 시공간 간격이 불변이 되어야 한다. 이를 '시공간 공변 원리'라고 부르는데, 원리의 핵심은 좌표계를 변환시켜도 물리법칙이 유지되어야 한다는 상대성 원리의 발전된 개념이라고 생각하면 되겠다. 그래서 뉴턴 역학은 갈릴레이 변환, 그리고 특수 상대론은 로렌츠 변환에 공변이다. 그런데 문제가 생겼다. 자연스럽게 보일 수도 있는 '시공간 간격'의 〈식 17.19 ①〉은 사실 옳지 않다. 4차원 시공간에서의 공변의 조건을 갖춘 로렌츠 변환에 대해 시공간 간격 ds^2의 값이 유지되어야 하는데 그렇지 않다는 것이다.

시간의 축은 허수

특수 상대론의 시공간에서 정지하고 있는 좌표계 K의 변수를 (x, y, z, t), 그리고 속도 v로 움직이는 관성계 K'은 (x', y', z', t')이라 놓겠다. 우리가 일차적으로 확인하고 싶은 것은 〈식 17.19 ①〉로 정의된 시공간 간격 $(ds)^2$를 K좌표계에서 K' 좌표계로 로렌츠 변환했을 때 정말로 값이 달라지는가이다. 문제를 단순화하기 위해 x축 방향만으로 운동을 한정하면, $dy = dy'$이고, $dz = dz'$은 자명하므로 y와 z의 변수는 무시해도 된다. 따라서 K좌표계에서 시공간 간격은 $(ds)^2 = (dx)^2 + (cdt)^2$이고, K'좌표계에서는 $(ds')^2 = (dx')^2 + (cdt')^2$이다.

좌표계 K'의 시간 t'와 x'은 로렌츠 변환으로 기준 좌표계 K의 두 변수 x와 t에 종속되기에, dt'과 dx' 모두 x와 t에 의존하는 미분 변화량이다. 아래 상자 안의 식들은 잊어버린 분들을 위해 다시 한 번 적어놓은 로렌츠 변환이고, 아래 dt'과 dx'은 로렌츠 변환으로 계산하여 얻은 결과이다.

로렌츠 변환 $x' = \gamma(x - vt)$, $t' = \gamma\left(t - \dfrac{v}{c^2}x\right)$,

$$\text{여기서 } \gamma = \frac{1}{\sqrt{1 - v^2/c^2}}$$

$$dt' = \frac{-v/c^2}{\sqrt{1 - (v/c)^2}} dx + \frac{1}{\sqrt{1 - (v/c)^2}} dt,$$

$$dx' = \frac{1}{\sqrt{1 - (v/c)^2}} dx - \frac{v}{\sqrt{1 - (v/c)^2}} dt$$

위 두 결과로부터 $(ds')^2 = (cdt')^2 + (dx')^2$을 계산하겠다.

$$(ds')^2 = \frac{\left(1 + \dfrac{v^2}{c^2}\right)(dx)^2 + \left(1 + \dfrac{v^2}{c^2}\right)(cdt)^2 - 4v(dt)(dx)}{1 - (v/c)^2}$$

편미분*이라는 개념이 필요하긴 하지만, 어려운 계산이 아니므로 여러분들 능력으로 충분히 검증이 가능하다. $(ds')^2$에 대한 위의 결과는 확실히 $(ds)^2$과 다르다. 시공간 간격은 로렌츠 변환에 의해 손상을 입고 있다. 즉, 물리학 이론을 완성하기 위해 반드시 지켜야 할 상대성 원리에 위배된다. 어디서부터 잘못된 것인가? 그런데 놀랍게도 아인슈타인은 $c(dt)$ 대신 $ic(dt)$를 사용해야 한다고 주장했다.

갑자기 불쑥 등장한 i, 이것이 무엇이지? 그렇다. i는 제곱해서 -1이 나오게 하는 제곱근, 바로 허수이다. 너무도 생뚱맞게 불쑥 등장한 허수, 당혹스럽지만 어쨌든 허수의 정의에 따라 $i^2 = -1$이므로 $(ds)^2 = -c^2(dt)^2 + (dx)^2$로 바뀌면서, 거짓말같이 $(ds')^2$과 $(ds)^2$이 동일한 값이 되어 상대성 원리를 만족한다. 단순히 시간에 허수 항을 포함하자 정말로 시공간 간격은 불변량이 되었다. 매우 작위적인 느낌을 지울 수는 없지만, 나머지 두 변수 y와 z를 포함한 상대론에서의 시공간 간격은 아래와 같이 정의되어야 로렌츠 변환에 대해 불변이라는 것이다.

---

* 편미분은 여러 개의 변수로 구성된 함수에서 특정 변수에 대한 변화율만을 계산할 때, 나머지 변수들을 상수로 간주하고 해당 변수에 대해서만 미분하는 것을 의미한다. 예를 들면 x와 y의 두 변수로 구성된 함수 $f(x,y) = x^2 + 2xy + y^2$에서 x에 대한 편미분 결과는 $\partial f(x,y)/\partial x = 2x + 2y$가 된다. 이때 기호 '$\partial$'는 편미분이라는 점을 강조하기 위해 보통의 기호 'd'와 구별하기 위함이다.

$$\langle \text{식 17.19 ②} \rangle \quad ds^2 = dx^2 + dy^2 + dz^2 - (cdt)^2$$

특수 상대론에서 말하는 시공간 간격은 〈식 17.19 ①〉이 아니라 위의 〈식 17.19 ②〉인 것이다. 하지만 아무리 그래도 갑자기 등장한 허수 i, 이해하기가 참 곤란하다. 시간의 차원이 허수의 세계라는 말인가? 여러 물리학 문헌을 보면 시공간 간격인 위의 식에 대해 특별한 설명 없이 정의하여 사용하고 있다. 아마도 허수를 개입하여 설명하는 것이 불편하여 그러할지도 모르겠다. 허수는 또 다른 이야기의 시작이 되기 때문이다. 하지만 이것은 너무도 중요한 핵심을 놓치는 것이기도 하다. 나는 허수에 대해 또 다른 책으로 꾸밀 예정이지만, 이왕 여기에서 얘기가 나왔으니만큼 간단하게나마 허수가 가진 본질적인 의미를 살피면서, 시공간 간격이 왜 저렇게 정의될 수밖에 없는지 정도는 알아보도록 하자.

허수의 물리적 의미

허수라는 이름은 실재하지 않는 허상의 수라 하여 붙여졌다. 제곱한 수는 모두 양수여야 함이 원칙인데, 음수가 되는 허수는 너무도 추상적이고 이해하기 힘든 존재라서 붙여진 이름이다. 하지만 허수 입장에서는 불만이 가득할 법도 하다. 따지고 보면 자연수나 정수, 무리수 등 모든 실수 역시 사람이 만들어낸 추상적인 개념일 뿐이지 않은가! 단지 더 추상적이고, 기존의 연산 체계를 뒤흔들고, 또한 가장 늦게 탄생했다는 이유만으로 자신을 허상의 수라 매도하는 것은 받아들이기 힘든 결정이다.

　허수가 수의 세계에 입문할 당시에는 이미 실수만으로 수의 연산 체계가 완성되어 있었다. 여기에는 제곱하면 반드시 양수가 되어야 한다는 명확한 연산 규칙이 있었다. 그런데 허수는 쿠데타를 일으키며 기존의 체계를 무너뜨리려는 침략자와 같았다. 인간의 입장에서는 너무도 거북한 존재였다. 그렇다고 배제하자니 실수만으로 처리하기 곤란한 부분이 명백히 존재했다. 허수를 마냥 무시할 수는 없었던 것이다. 따지고 보면 허수는 실수와 동등한 자격을 받을 엄연한 수의 일원이었다.

　실제로 허수는 실수와 함께 자연 현상을 해석하는 결정적인 역할을 하고 있다. 수많은 물리 현상은 실수부와 허수부로 구성된 $x + iy$(x와 y는 실수)의 꼴로 연합하여 만들어진 복소수(複素數, complex number)라는 수여야 해석이 된다. 사실상 허수는 수학과 물리학에서 핵심적인 존재로서, 허수가 포함된 복소수는 수의 끝판왕인 존재이다.

　허수의 본질을 한 마디로 표현한다면 "허수는 회전연산자"이다. 〈그림 17.20〉의 왼쪽 상자 안을 보면, 초록색 선분인 복소수 $z_1 = i$

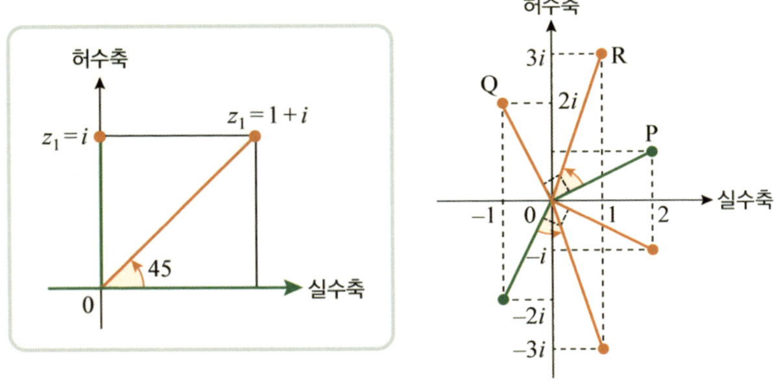

▲ 그림 17.20 허수는 회전을 시키는 연산자

는 실수축과 $90°$의 각도를 이루고 있고, 붉은색의 선분 $z_2 = 1+i$는 $45°$이다. x축을 실수축, y축을 허수축으로 놓은 위와 같은 좌표계를 '복소평면'이라고 한다. 이 정보를 기억하고 오른쪽 그림으로 넘어가자. 점 P인 복소수 $2+i$가 있다. 이 복소수에 z_1을 곱하면 $-1+2i$가 되어 점 Q로 바뀐다. 처음과 비교하면 정확하게 $90°$ 회전한 곳에 위치한다. 길이도 변하지만 지금은 회전의 양만 생각하자. 이번에는 z_2를 곱해 보겠다. $1+3i$인 점 R로 옮겨졌다. 그림으로는 약간 애매하지만, $2+i$의 복소수를 $45°$ 회전한 복소수에 해당한다. 복소수 z_1과 z_2는 각각 자신들이 x축과 이룬 각도인 $90°$와 $45°$의 각도만큼 $2+i$의 복소수를 회전시켜 새로운 복소수로 바꿔놓았다. 또 다른 $-1-2i$라는 복소수에 z_1과 z_2를 곱해도 역시 그러하다. 의심스러우면 다른 복소수에 대해서 어렵지 않게 검증을 할 수 있다. 확실한 것은 어떤 복소수이건 z_1는 $90°$, z_2는 $45°$만큼 회전시켜놓는다. 여러 복소수에 대해 검증해보면 알겠지만, 모든 복소수는 자신이 실수의 축과 이룬 각도만큼 회전시킨다는 것은 진실이다. 이런 연유로 복소수를 회전연산자로 부른다.

이 책의 전반부를 관통하였던 주제는 행성의 궤도가 타원임을 입증하는 것이었다. 파인만의 도움을 받아 확인할 수 있었는데, 그 과정에서 파인만이 주장한 기본적 사실이 무엇이었는지 떠오르시는가? 바로 중력의 법칙과 각운동량 보존이었다. 중력의 법칙을 이용해서 운동방정식을 세웠고, 각운동량 보존은 운동방정식의 변수를 줄여 방정식의 해법에 결정적 역할을 하였다. 즉, 각운동량은 자신의 값을 보존해야 한다는 규칙을 힘의 법칙에 부여하였고, 그 결과는 행성의 궤도가 타원이라는 사실로 나타났다.

행성의 궤도가 타원이 됨은 복소수로 증명하는 방법도 있다. 과정은 생략하겠지만, 변수를 복소수로 놓고 해석하면 실수부와 허수 2개의 방정식을 얻게 된다. 이때 허수부에서 도출된 식이 놀랍게도 각운동량 보존의 식에 해당한다. 그리고 이 조건으로 실수부의 방정식을 풀면 행성의 궤도가 타원임이 입증된다. 복소수의 실수부가 우리의 눈에 보이는 운동, 반면 허수부는 인지가 되지 않는 각운동량에 대한 물리량의 정보를 가지면서, 행성의 운동에 회전시키는 힘을 가해 직선의 운동을 방해하는 인자로 작동한다. 그러니까 허수부가 없다면 직선운동이겠지만, 허수부가 존재하여 행성의 운동 방향을 회전시켜 타원 운동을 만든 것이다. 실제의 상황을 정확하게 묘사하려면 허수부는 반드시 포함되어야 한다는 명확한 증거이다.

중요한 것은 지금까지 편의상 자연 현상을 실수라는 범위에 한정하여 해석하였지만, 실제로는 복소수로 해석해야 한다는 점이다. 행성의 궤도가 타원임을 입증하는 과정, 그리고 지금 다루는 상대론에서 시간의 축을 허수로 잡아야 명확한 시공간 간격의 식이 나오듯, 허수는 절대적으로 필요한 수이다. 그런데 허수에 익숙하지 않아 이들을 배제하고 실수만으로 해석하려다보니 또 다른 수학의 도구가 필요하여 오히려 계산의 복잡성이 뒤따르게 된 것이다. 자연의 현상을 해석하기 위해 인간이 만든 최고의 언어는 다름 아닌 복소수이다.

양자역학 편에서 다루게 될 슈뢰딩거 방정식 자체에도 허수가 시간 의존 항에 붙어 있다. 그래서 슈뢰딩거 방정식의 해인 상태함수는 자연스레 복소수 형태로 표현되고, 상태함수의 제곱이 확률의 의미로서 활용된다. 이렇게 물리학에서는 상태함수의 제곱처럼 이상하리만큼 뜬금없이 제곱을 하여야 물리적 의미가 있는 경우가 많다. 그 이유는 비록 허수부가 관측되지는 않지만 실제 자연은 복소수로 놓고 해석해야 되고, 최종적으로 얻게 될 결과물은 복소수 $x+iy$의 꼴이 될 것이다. 이때 복소수의 크기인 $\sqrt{x^2+y^2}$이 실제 관측 혹은 측정되는 물리량이다.

지금까지 다뤘던 허수의 내용을 바탕으로, 시간이 허수를 함유하고 있는 존재여야 하는 이유를 간략하게 살펴보겠다. 시간은 추상적이라 우리가 인식하지 못하는 존재이지만, 공간은 우리가 직감하는 실제의 세계이다. 그런데 공간이 뒤틀려졌다는 것은 시간이 공간의 각각의 축에 회전력을 가하여 수축 혹은 팽창하게 만들었기 때문이다. 눈에 보이지도 않고 인지할 수 없는 시간이 공간을 왜곡시켜 새롭게 공간을 재배열시킨 것이다. 그래서 우주의 시공간을 인간의 언어로 기술하기 위해서는 공간을 실수의 영역에 배치하고, 시간은 허수의 영역에 놓아야 된다.

그럼에도 거부감을 느끼는 분들은 이렇게 생각하면 좀 덜어질 수도 있다. 시간과 공간, 나아가 수학은 우주 본질을 담고 있지 않은, 단지 인간이 우주를 해석하기 위한 추상적인 도구에 불과하다. 그렇게 인간이 만들어낸 수학의 언어 중에서 우주를 설명하는 가장 특화된 도구가 바로 실수가 아닌 복소수라는 것이다. 즉, 우주를 설명하기 위해서는 추상적인 복소수를 사용해야 하고, 시공간에서 공간은 실수 그리고 시간을 허수로 넣어야 제대로 우주의 기능을 설명할 수 있다는 것이다.

등가원리

특수 상대론을 가속이 포함된 이론으로 확장시키는 문제로 고민이 깊어지던 1907년 9월 어느 날, 베른 특허국에 근무하던 아인슈타인은 섬광 같은 영감이 그의 뇌를 강타하며 온 몸에 전율을 느꼈다. 그의 고민을 해결함과 동시에 과학사에서 가장 우아하고 위대한 업적인 일반 상대론의 길로 안내한 이 영감은, 다름 아닌 자유낙하하고 있는 사람은 자기 자신이 낙하하고 있는지를 느끼지 못할 것이라는 발상이었다.

무슨 말인가? 우리가 낭떠러지 같은 데서 떨어지거나 혹은 번지점프를 하면 눈으로도 알 수 있고 몸으로도 느끼는데, 떨어진다는 사실을 알 수 없다고? 아인슈타인의 생각은 이러하다. 떨어진다는 사실을 느끼는 것은 공기의 저항 때문이지 진공이라면 느낄 수 없고, 눈마저 감고 있으면 전혀 알 수 없다는 것이다. 가만히 그가 떠올린 영감을 되새기면 맞는 것 같기도 하다. 그런데 떨어지는 사실을 느끼지 못한다는 것이 뭐 대단한 것인가? 어쨌든 그를 일반 상대론으로 안내하게 만든 이 영감이 등가원리이다.

창문도 존재하지 않는 우주선 안에 영문도 모르고 잠에서 깨어난 우주인은 과연 우주선이 지구에서 출발하기 전이라고 생각할까,

▲ 그림 17.21 ① 지상에서 발사되기 전의 우주선, ② 우주에서 아무런 운동 없이 정지 혹은 등속운동하는 우주선, ③ 중력가속도 g의 크기와 동일한 가속도로 날아가고 있는 우주선

아니면 우주선이 가속하며 운동하고 있는 상태로 판단할까?

〈그림 17.21〉 ①은 지상에서 정지한 우주선 안에 한 명의 우주인이 자유낙하하는 사과의 운동을 쳐다보고 있다. 우리의 직관에 일치하는 뉴턴 역학에 따라 사과는 지구 중력에 의한 등가속도 운동으로 떨어진다. 별다를 것이 없으므로 그림 ②로 넘어가자. 아무런 중력도 존재하지 않는 우주공간에서 정지 혹은 등속 운동 상태의 우주선이다. 관성운동이므로 당연히 사과는 아무런 힘을 받지 않아 우주선 안에 붕 뜬 채 움직임이 없다. 우주인도 중력이나 혹은 가속에 의한 관성력을 느끼지 못하므로, 우주선이 우주 어딘가에 위치하고 있다는 것을 알게 된다.

이제 지구 중력의 크기 g와 동등한 가속도로 우주선이 움직이는 그림 ③의 상황으로 넘어가겠다. 우주선의 가속에 의해 자신은 관성력의 힘을 받게 되어 중력과 동일한 힘을 느끼며, 지상에서와 같이 우주선 바닥에서 서 있게 된다. 이때 우주인의 눈에 사과는 어떤 운동을 할까? 사과는 그대로 있지만, 우주선이 등가속도 운동을 하므로 지상에서 똑같이 자유낙하 운동하는 것으로 관측이 된다. 마치 그림 ①과 같이 지구의 중력으로 떨어지는 것과 동일하다. 상황이 이렇다보니 정말로 영문도 모른 채 잠에서 깨어난 우주인이라면, 그림 ①이나 ③을 동일하게 느껴 자신이 탄 우주선이 지구에 있는지 아니면 우주에서 중력가속도의 크기로 가속하고 있는지 구별을 못하게 된다.

관성력에 불만인 아인슈타인

아인슈타인이 등가원리를 자신의 최고의 영감이라고 손꼽는 이유는 단순히 〈그림 17.21〉 때문일까? 사실 이 사고 실험만으로 등가원리가 얼마나 대단한 것인지 그 속에 숨어 있는 진정한 함의를 알기는 힘들다. 하지만 그가 많은 문제를 등가원리로 해결하는 과정을 지켜보면, 등가원리를 아인슈타인이 왜 그렇게 칭송했는지를 이해할 수 있으리라. 일단 먼저 그가 등가원리를 깨닫게 된 결정적 동기가 무엇인지부터 차근차근 알아보자.

만물의 운동법칙을 대부분 설명하는 뉴턴 역학, 하지만 아인슈타인은 뉴턴 역학에서 한 가지 불만이 가득했다. 광속에 가까운 엄청나게 빨리 움직이는 운동에 대해 설명하지 못하는 점 때문일까? 아니다. 비록 등속 운동에 한정했지만, 자신이 밝혀낸 특수 상대론으로 대체가 될 수 있기에 그 점에 대한 불만은 없었다. 그럼 무엇일까? 44장 관성계와 비관성계'에서 다뤘던 바 있는 겉보기 힘, 즉 존재하지 않는 가짜 힘인 관성력에 대한 불만이었다.

44장에서 관성계와 비관성계를 비교하기 위해 멈춰 있는 트럭에 위치한 갈릴레이와 스포츠카를 타고 가속도 a로 질주하는 뉴턴을 비교하였다. 이때 뉴턴의 입장에서 자신의 손으로 위로 던진 사과의 운동을 해석하기 위해서는 중력가속도 g에 의한 중력, 그리고 자동차의 가속에 의해 발생한 $-a$의 가속도인 존재하지 않는 가상의 힘인 관성력, 이 2개의 힘이 존재하는 세계로 해석해야 힘의 법칙이 작동되어서, 사과가 〈그림 14.12〉의 ③의 궤적으로 운동한다는 것을 밝힐 수 있었다. 이와 같이 실재하지 않는 관성력을 도입한 이유는, 뉴턴의 법칙이 관성계의 기준에서 만들어졌기 때문으로,

비관성계의 세계에 위치한 뉴턴을 관성계로 옮기기 위한 고육지책이었다.

이 점이 아인슈타인의 심기를 건드린 것이다. 하나의 현상을 좌표계가 다르더라도 같은 물리법칙으로 설명할 수 있어야 당연한 것이거늘, 뉴턴의 역학에서는 비관성계라는 쓸데없는 개념을 도입하며 전혀 존재하지 않는 힘을 상정하는 것에 불만이었던 것이다. 따져 보면 우주엔 완벽한 관성 기준계란 없지 않은가. 지구마저 자전과 공전을 하고 있으며, 태양계도 우리 은하를 중심으로 공전을 하고, 우주의 모든 천체도 서로의 중력에 영향을 받으며 움직이고 있다. 모두 비관성계라 할 수 있다. 그래서 겉보기 힘을 경우마다 상정하여 해석할 수밖에 없다. 아인슈타인은 모든 비관성계에 일어나는 물리 현상을 하나의 관성계로 통일시켜 해석이 가능한 통합적이며 보편적인 물리법칙을 만들고 싶었다. 그렇게 고심이 깊어져가던 어느 순간 이 문제를 해결해낼 수 있는 결정적 실마리를 바로 등가원리에서 찾았던 것이다. 비관성계를 관성계로 옮겨서 처리할 수 있는 발판이 마련된 것이다.

〈그림 17.21〉 ③에서 가속하고 있는 우주선 안의 우주인이 사과의 운동을 해석하기 위해서는 가상의 힘인 관성력 g를 도입해야 한다. 그런데 등가원리로 이 상황은 〈그림 17.21〉 ①처럼 실제 존재하는 중력에 의해 낙하하는 사과의 운동과 동일하다. 비관성계의 우주선 내의 운동은 관성계의 지구 위의 운동으로 해석이 가능하게 되었다.

중력질량과 관성질량

등가원리가 자신의 꿈을 실현시켜줄 수 있다는 확신에 이르자, 아인슈타인은 등가원리의 진위에 대해서 확인할 필요가 있었다. '우주선이 중력가속도와 같은 크기로 가속할 때 아래로 강하게 눌리는 힘인 관성력과 지구의 중력은 동일한 힘일까?'

아인슈타인은 자신의 등가원리가 타당한지의 여부를 위해서라도, 신이 만들어낸 우주에서 벌어지는 작동기제를 밝히기 위해 인간의 대표로 나선 그의 입장에서는 한 점의 의심도 거둬들여야 했다. 관성력과 중력이 동일한지의 여부는 아인슈타인에게 보편적인 운동법칙을 찾아내느냐를 가늠하는 분수령이었다. 만약 두 힘이 다르다면 등가원리는 폐기해야 하고, 반면 같다면 등가원리로 자신의 꿈을 실현할 수 있는 길을 열게 될 것이었다. 겉보기 힘인 관성력의 영향을 받는 비관성계의 운동을 중력이 존재하는 관성계의 운동으로 환원할 수 있는 다리가 되기 때문이다. 뉴턴 역학에서 매우 고약했던 겉보기 힘을 제거하고, 통합적인 이론의 완성으로 가는 매우 큰 걸음을 한 발 떼는 것이다.

관성력과 중력, 이 2개의 개념을 연결하는 핵심 고리는 질량이다. 저울계로 같은 물체의 무게를 지구에서 측정할 때와 달에서 측정할 때 다르다. 이유는 모두 아시듯 지구와 달의 중력의 차이에 기인한다. 지구와 달의 중력가속도가 각각 9.8과 1.6m/sec^2으로, 달이 지구의 1/6 정도인지라 무게도 1/6에 불과하다. 하지만 물체가 가지고 있는 본질의 양은 바뀌지 않는다. 지구나 달에서 같은 물체가 변질될 가능성은 없기 때문이다. 이런 물체의 고유의 양을 수치화한 것이 질량이다.

질량은 2가지의 방법으로 측정된다. 첫 번째는 사과에 가해진 힘 F를 지구의 중력가속도 9.8kg·m/sec²로 나눈 값으로 정의된다. 만약 사과에 가해진 힘이 9.8N이라면 중력가속도로 나눈 값이 사과의 질량 1kg이다. 이렇게 측정된 질량을 중력질량이라 한다.

이번에는 아무 것도 존재하지 않아 중력이 사실상 없는 우주 어딘가에서 방금 얘기한 사과가 있다. 아무런 힘도 없으므로 정지해 있다. 멈춰 있는 사과는 관성에 의해 자신을 움직이려는 모든 힘에 저항한다. 이제 이 사과에 지구의 중력과 동일한 9.8N의 힘을 가하였다. 이때 이 사과의 가속도를 측정하면 질량을 알 수 있다. 과연 지구에서처럼 9.8m/sec²의 가속도를 가지고 속도가 증가할까? 정말로 그렇다면 지구에서 측정한 동등한 질량 1kg이 되겠지만, 만약 10m/sec²의 가속도로 가속된다면 사과의 질량은 9.8N의 힘에 10m/sec²의 가속도를 나눈 0.98kg이 된다. 이렇게 측정된 질량이 관성질량이다.

정리하자면 중력질량은 물체가 중력과 얼마나 상호 작용하는지에 대한 척도로, 〈그림 17.22〉 ①의 양팔 저울처럼 양쪽에 동등하게 작용하는 중력이라는 힘과 기준으로 잡은 추로 질량을 측정한다.

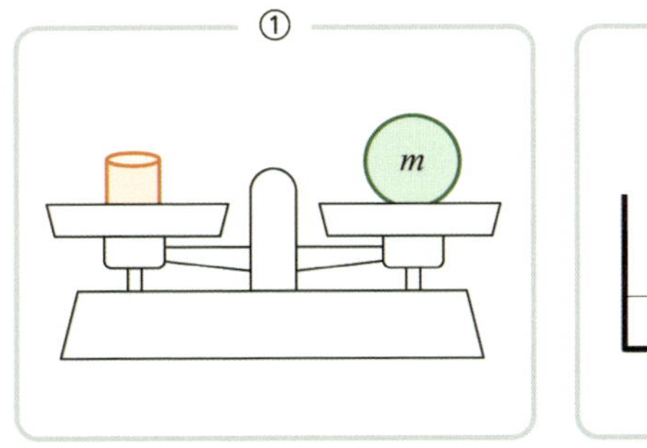
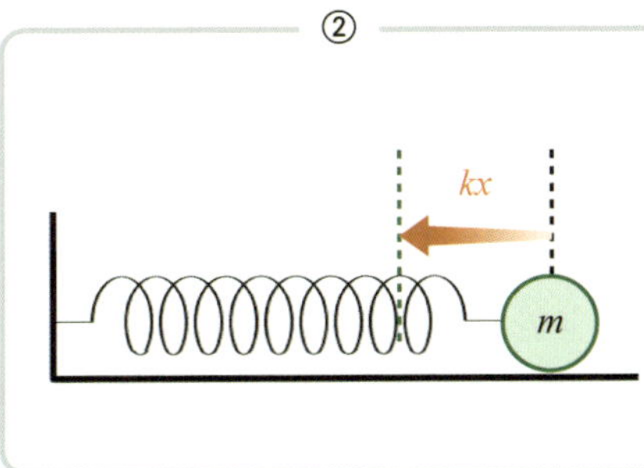

▲ 그림 17.22 ① 중력을 이용하여 물체의 질량을 측정하는 양팔저울, ② 스프링의 탄성력에 저항하는 관성력으로 물체의 질량을 측정

반면 관성질량은 그림 ②의 용수철이 당기는 힘으로 얼마나 저항하는지에 대한 척도를 측정한다. 가령 공기도 없는 우주라는 공간에서 같은 힘으로 축구공과 탁구공을 던질 때 축구공이 더 느린 속도로 던져질 것은 당연하다. 이는 관성이라는 속성 때문으로 질량이 큰 물체일수록 가속을 꺼린다는 것이고, 그래서 속도를 높이기도 어려우며, 일단 속도를 높이면 멈추기 역시 어려워진다. 즉 가속에 저항하는 힘의 비율이 관성질량이다.

가속에 대한 저항을 알려주는 관성질량과, 중력과 얼마나 상호작용하는지를 알려주는 중력질량은 개념적으로 분명 다르다. 하지만 아무리 다르게 정의했다 하더라도 직감적으로 관성질량과 중력질량의 두 물리량은 같아야 할 것 같다. 질량은 물질 고유의 양이고, 물질이 원자로 이뤄졌다는 상식에 비춘다면 당연할 것 같고, 또 다행히 실제로도 같다. 그럼에도 오늘날까지 과학자들은 이 두 개념 사이의 작은 차이점을 분별하기 위해 매우 섬세한 실험을 하고 있지만, 지금까지의 결과에 따르면 그 수치는 같다.

아인슈타인은 중력가속도로 가속하는 우주선에 생기는 가짜의 힘인 관성력의 영향을 받는 사과의 운동과 지구의 중력을 받는 사과의 운동이 동치라는 결론을 내리면서, "균일한 중력장 아래에서 기술되는 물리법칙은 그 중력장에 해당하는 등가속도 운동을 하는 기준계에서 기술되는 물리법칙과 동일하다"라는 결과를 1907년에 발표하였다. 이렇게 가속되는 좌표계에서의 물리법칙과 중력장에서의 물리법칙이 동일하다는 사실을 설명한 등가원리는 일반 상대론의 완성을 위한 커다란 첫 발자국이 되었다. 등가원리로부터 특수 상대성 이론을 일반 상대성 이론으로 확장할 수 있는 단서를 찾아낸 것이다.

휘어지는 빛

아인슈타인은 1911년 빛의 휘어짐, 시간지연과 적색편이의 예측을 다룬《중력이 빛의 진행에 미치는 영향》*이라는 논문을 통해 또 다른 놀라운 사실을 담은 논문을 발표하였다. 적색편이에 대해서는 뒤에서 다루도록하고, 먼저 중력이 빛을 휘게 한다는 그의 주장부터 알아보겠다.

우리야 매체를 통해 어느 정도 익숙한 말일 수 있지만, 정말로 그 누구도 상상하거나 언급한 적이 없던 빛이 휘어진다는 것을 어떻게 밝혀낸 것일까? 놀라운 것은 수식 하나 없이 등가원리만을 이용하여 연역해내었다는 사실이다. 그렇다! 그는 분명 등가원리에 내재된 진정한 의미를 깨닫는 순간 동시에 빛이 중력에 의해 휘어진다는 사실과 시간 지연까지 내다보았다.

아무런 힘이 존재하지 않는 시공간에 z축인 위로 가속도 운동하는 우주선의 옆으로 한 줄기 빛(그림의 붉은색 직선 l)이 지나고 있다. 이때 우주선의 폭은 상상을 초월할 정도로 넓다고 가정하겠다. 사건을 시간 순서대로 나열한 왼쪽 그림 ①은 우주선 밖의 관찰자가 보는 시각에서 본 빛과 우주선의 궤적이다. 가속 운동하는 우주선은 시간에 대해서 빠르게 속도를 증가시키고 있다. 이때 우주선 안 우주인이 빛을 보았을 때 빛의 궤적은 왼쪽 그림의 시간별로 그려진 우주선을 모두 하나로 통합하여 표현한 그림 ②이다. 빛은 우주선 맨 위 좌측에서 오른쪽 아래로 곡선의 궤적을 따라 휘어지고 있다.

---

* 《Über den Einfluß der Schwerkraft auf die Ausbreitung des Lichtes》, Annalen der Physik 35 (1911): 898–908.

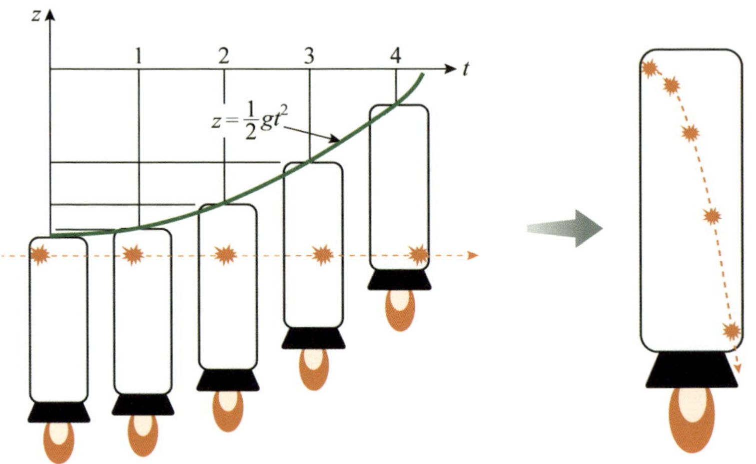

▲ 그림 17.23 가속 운동하는 우주선에서 바라본 빛의 휘는 현상

아인슈타인의 놀라운 통찰의 밑그림이 서서히 드러나고 있다. 가속 운동하는 우주선과 중력을 받고 있는 지구는 같은 관성계이지만 등속으로 운동하는 빛은 다른 관성계이다. 따라서 우주선의 관성계에서 자신이 정지하고 있다고 생각하는 우주인의 눈에는 다른 관성계에 위치한 빛이 가속 운동하는 것으로 보여야 한다. 그래서 곡선으로 휘어지는 운동으로 나타나게 된다, 이때 등가원리로 가속하는 우주선과 같은 관성계인 중력이 존재하는 지구에서도 빛이 휘어져야 한다는 반전(?)이 일어난다. 놀라운 연역이다. 중력이 있는 곳에서 빛이 휘어진다는, 누구도 상상하지 못한 결과가 등가원리라는 단순한 원리에서 탄생하였다.

영국 왕립천문학회의 아서 에딩턴(1882~1944)이 이끄는 탐사대는 1919년 5월 29일에 있을 개기일식을 관측하기에 아프리카 대륙 서쪽 기니만의 프린시페섬에 모여들었다. 그런데 그들이 이곳에 모인 이유는 개기일식을 관측하려는 것이 아니다. 인류사에 길이 남을 엄청난 임무를 수행하기 위함이었다.

케임브리지 천문대 감독으로 일하고 있던 에딩턴은 섬에 오기 전 놀라운 이론을 접하였다. 1915년에 발표한 아인슈타인의 일반 상대성 이론이었다. 보기에도 현기증이 날 정도로 난해한 식으로 이뤄진 중력장 방정식은 거대한 천체의 중력이 시공간을 왜곡시키고, 그래서 휘어진 시공간을 최단거리로 진행하는 별빛이 휘어지게 보일 것이라는 놀라운 결과를 말하고 있었다. 구부러진 시공간이라는 희한한 발상, 그리고 직진성을 가진 빛이 렌즈를 통과한 것처럼 휠 수 있다는 예측은 당시 물리학자들에게 엄청난 화젯거리였다. 에딩턴이 섬에 온 목적은 바로 휘어지는 빛을 사진에 담아내기 위함이었다.

측정 방법은 개기일식이 일어날 것으로 예측되는 시점에 미리

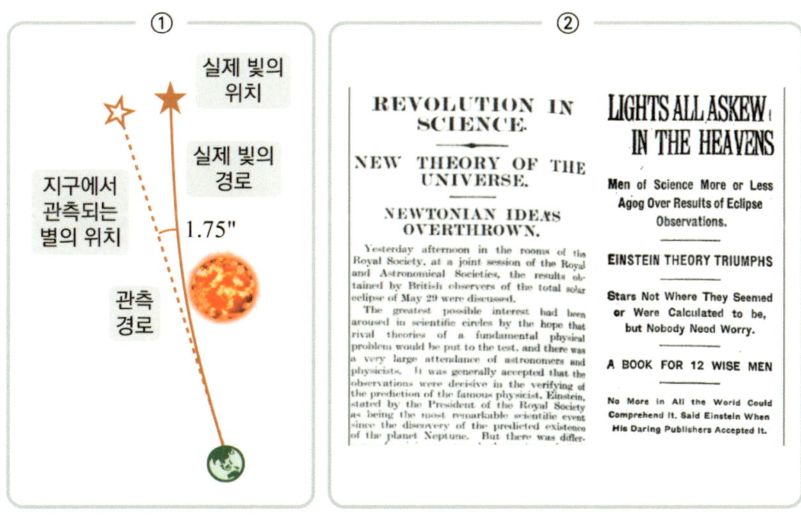

▲ **그림 17.24** ① 태양에 가린 별에서 발산되는 빛이 휘어져 지구에서 관측. ② 왼쪽과 오른쪽 그림은 각각 1919년 11월 7일과 11월 10일자 《런던 타임스》 기사. 각 기사의 제목은 "과학의 혁명. 우주의 새로운 이론. 뉴턴의 학설이 무너지다."와 "빛은 하늘에서 모두 삐딱하다. 아인슈타인 이론이 승리하다. 12명의 현자를 위한 책". (그림 출처: 나무위키)

별들의 위치를 정확하게 확인하고, 실제 개기일식이 일어나는 날 촬영하였을 때 그 위치에 있는지, 아니면 이동이 있는지 확인하는 것이었다. 그림 ①에서 보듯, 탐사대가 관측한 시간에 실제 별의 위치는 태양 뒤에 놓여 지구에서 관측될 수 없다. 하지만 탐사대는 그 별에서 발산된 빛을 관측하는 놀라운 결과를 얻었다. 그들은 촬영된 결과를 치밀하게 계산하고 분석하였다. 그 결과, 별이 실제로 있어야 될 위치와 관측된 위치의 차이가 중력장 방정식에서 계산된 태양에 의한 별빛의 각의 이동량과 일치하였다. 아인슈타인의 이론대로 태양의 중력이 빛의 진행 방향을 휘게 만들어 지구에 다다르게 한 것이다. 그의 중력이론이 관측으로 증명되는 순간이었다. 그해 11월6일 왕립학회에서 탐사대의 연구 결과가 발표됐고, 이튿날 《런던 타임스》는 "과학 혁명: 우주의 새 이론: 뉴턴의 학설들이 무너지다!"라는 굵은 헤드라인의 기사를 게재하였다. (그림 ② 참조)

중력이 시간지연을 발생시킨다

《중력이 빛의 진행에 미치는 영향》이라는 논문에 담긴 또 다른 놀라운 사실인 시간지연과 적색편이는 어떻게 일어나는 것일까? 진행하기에 앞서 시간지연이 무슨 뜻인지는 알겠지만, 적색편이에 대해서는 잘 모를 수도 있겠다. 적색편이는 빛의 파장이 길어지는 현상, 즉 진동수가 줄어드는 현상을 일컫는 것으로 〈그림 17.3〉에서 소리와 같은 파장에서 발생하는 도플러 효과로 발생한다. 응급차의 사이렌에서 울리는 진동수는 변하지 않았음에도 응급차가 자신에게 다가올 때는 음의 높이가 크고, 멀어질 때는 더 낮은 음의 소리로 들리는 것을 경험하셨으리라. 이것이 도플러 효과다. 소리처럼 파장인 빛도 도플러 효과가 발생하는데, 빛의 속도 변화 때문은 아니다. 그렇게 되면 광속 불변의 원리가 잘못된 것이 아니겠는가. 빛의 파장이 바뀌었기 때문이다. 가령 초록색의 빛을 내는 광원이 다가오면 진동수가 더 높은 혹은 파장이 짧은 파랑색으로 보이고, 멀어지면 진동수가 낮은 혹은 파장이 더 긴 붉은색으로 보인다. 이런 이유로 진동수가 높아지는 것을 청색편이 그리고 낮아지는 것을 적색편이라 부른다. 적색편이의 대표적인 사례는 은하에서 지구로 향하는 빛에서 찾아볼 수 있다. 지구로 향하는 빛이 항상 적색편이를 일으키는데, 그 이유는 은하의 팽창에 의한 것이다. 적색편이는 우주가 팽창한다는 결정적 증거이다.

그런데 빛의 적색편이는 광원이 멀어질 때에만 일어나는 현상이 아니었다. 단순히 중력만으로도 적색편이가 발생한다. 중력이 시간의 흐름을 느리게 만들어 적색편이가 일어난다는 것이다. 그리고 이 놀라운 사실 또한 아인슈타인은 오직 등가원리만으로 밝혀냈다.

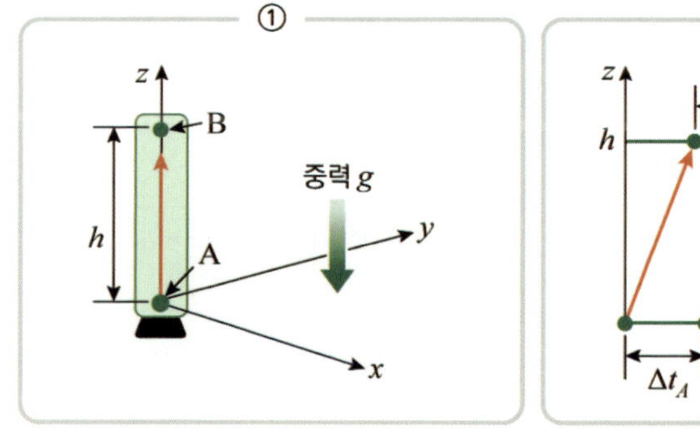

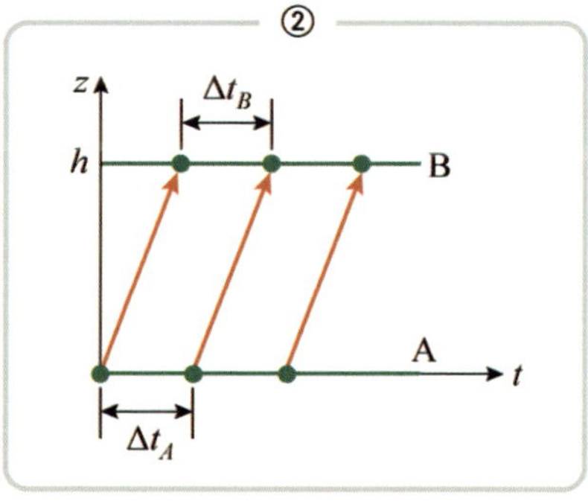

▲ 그림 17.25 ① 가속도 g로 가속하고 있는 우주선, ② 점 A에서 B로 발사된 빛

높이가 엄청나게 긴 우주선이 있다. (그림 ①) 그리고 내부 바닥 A와 꼭대기 B 지점에는 서로 똑같이 맞춘 시계가 있다. 높이가 충

분히 길어서 A에서 보낸 빛의 신호는 약간의 시간 간격을 가지고 B에 도달하게 된다. 이제 A에서 Δt_A의 시간 간격으로 빛을 쏘았을 때 B에서 빛이 도달하는 시간 간격 Δt_B를 측정하였다. 이 상황을 도시한 그림 ②를 보면 Δt_A와 Δt_B가 동일해야 되는 것이 정상이다. 그런데 중력의 영향이 이 두 값을 다르게 만들어 Δt_B가 Δt_A보다 크다면 믿을 수 있을까? 그러니까 지상에서 1초의 시간 간격으로 빛을 보냈을 때, 충분히 떨어진 지구 상공에서는 1초보다 더 긴 시간간격으로 도달한다는 것이다. 실제 그러한지 등가원리를 이용하여 지구와 같은 관성계인 중력가속도로 가속하는 우주선으로 무대를 옮겨서 엄밀하게 확인하여 보겠다. 같은 관성계이므로 우주선에서 벌어지는 일들은 중력이 있는 지구에서도 벌어지기 때문이다.

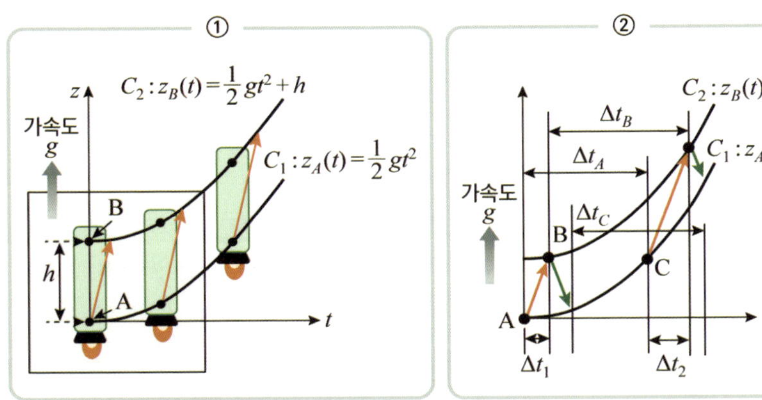

▲ **그림 17.26** ① 가속도 g로 가속하고 있는 우주선 내부의 점 A와 B의 궤적, ② A에서 Δt_A의 간격으로 쏘여준 빛이 B에서 Δt_B의 간격으로 도착

우주에 있는 우주선이 중력가속도 g의 크기로 가속운동하고 있다. 등가원리로 우주선은 지구와 같은 관성계이다. 그림 ①은 시간에 따른 우주선의 위치를 표현한 것으로, 우주선 내부 두 점 A와 B

는 높이 h만큼의 차이를 유지하면서, 이차함수 $gt^2/2$와 $gt^2/2+h$의 곡선 C_1과 C_2의 궤적을 그리게 된다. 붉은색 화살표는 A에서 비춘 빛이 B에 도달하는 경로이다.

이 상황을 더 드라마틱하게 표현한 것이 그림 ①의 점선의 상자 안을 확대한 그림 ②이다. 너무 과하게 표현한 면이 없지 않지만, 곡선 C_1에서 출발한 빛이 곡선 C_2에 도달하는 빛의 경로를 표현한 2개의 붉은색의 화살표에서, 선분 AB에 비해 선분 CD의 길이가 확연히 길어졌다는 것을 알 수 있다. 두 선분의 길이 차이는 곧 빛의 경로 차이이므로 빛이 곡선 C_1에서 곡선 C_2에 도달하는 시간 차이도 발생된다. 따라서 우주선 아래에서 Δt_A 간격으로 빛을 쏘았지만 우주선 위에서는 더 길어진 시간간격인 Δt_B로 빛이 도착한다. 너무 자연스럽게 도출된 결과라 믿어야 할지, 참 이해하기 곤란한 현상이다.

수학의 언어로 직접 확인해보겠는데, 〈그림 17.26〉 ②를 보면, $t=0$에서 첫 번째 출발한 빛이 B에 도달하는 데 걸린 시간이 Δt_1, 그리고 Δt_A의 간격으로 두 번째 출발한 빛이 B에 도달하는 데 걸린 시간이 Δt_2, 곡선 C_2에 빛이 도착하는 시간 간격은 Δt_B이다. 따라서 $\Delta t_2 = \Delta t_1 + \Delta t_B - \Delta t_A$의 관계가 성립한다. 그리고 이 2개의 빛의 신호로부터 아래의 두 관계식이 완성된다.

$$z_B(\Delta t_1) - z_A(0) = c\Delta t_1$$
$$z_B(\Delta t_1 + \Delta t_B) - z_A(\Delta t_A) = c(\Delta t_1 + \Delta t_B - \Delta t_A)$$

우리의 관심인 Δt_A와 Δt_B의 관계는 위의 두 식에서 Δt_1 변수를 소거하면 얻을 수 있다. 단순한 산술 계산이지만, 번거롭고 너저분한 과정을 겪어야 해서 생략한다. 그리고 시간의 간격 Δt_A와 Δt_B 가 극히 작아 $(\Delta t_A)^2$과 $(\Delta t_B)^2$이 무시할 수 있고, 또 우주선의 길이 h가 빛이 1초에 가는 길이에 한참 미치지 못한다는 상황을 반영하여 근사시키면, 아래의 결과를 최종적으로 손에 쥐게 된다.

$$\langle \text{식 17.27} \rangle \quad \Delta t_B \approx \left(1 + \frac{gh}{c^2}\right)\Delta t_A$$

이 결과가 〈그림 17.26〉, 즉 중력가속도 g로 가속하는 우주선 안에서 벌어지는 일이다. 가속도가 우주선 아래보다 더 높은 곳의 시간의 흐름을 늦추게 만든다는 명백한 사실이 밝혀졌다. 한편 우주선 위에서 아래로 비춰주는 반대의 경우에 대해서도 같은 결과가 도출되어야 할 것이다. 우주선 위에서 Δt_B의 간격으로 쏘여준 빛이 그림 ②의 2개의 초록색 화살표라고 할 때, 두 화살표 길이의 차이로부터 우주선 아래에 도착하는 빛의 간격 Δt_C가 Δt_B보다 더 작아졌음을 알 수 있다. 확실히 우주 상층부의 시간이 더디게 간다.

등가원리로 가속되는 우주선에서 벌어지는 일은 같은 관성계인 중력이 있는 지구에서도 똑같이 벌어진다. 그래서 지상보다 상층부의 시간이 느리게 진행된다. 단순하게 생각되는 등가원리는 너무도 많은 일을 하고 있다.

그런데 혹시 위의 내용에서 잘못된 부분이 있다는 것을 눈치 채신 분이 있으시려나? 엄밀히 보면 지상에서 멀리 떨어질수록 중력의 크기가 약해지기 때문에, 〈그림 17.26〉의 우주선에서 A의 지점보다 B 지점의 가속도를 더 작게 설정해야 한다. 그런데 균일한 중력가속도로 처리하고 있다는 점에서, 엄밀하게는 오차가 있지만 시간지연이 일어나는 것은 동일하다.

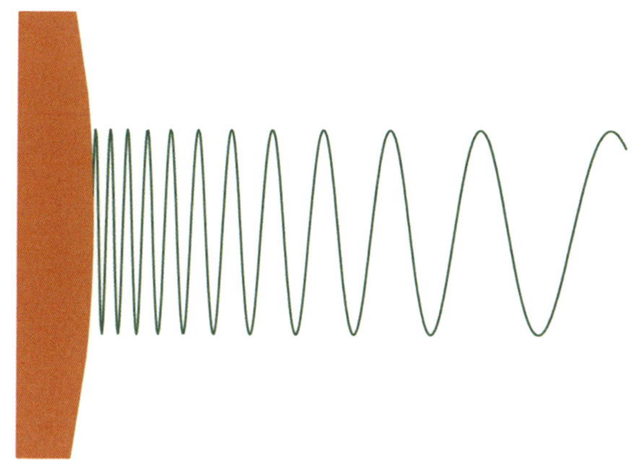

시간이 빨리 흐른다는 것은 어떤 파동의 주기가 큰 값, 그러니까 더 큰 진동수로 측정된다. 파장으로 말한다면 무거운 지구와 같은 천체에서 우주로 진행하는 빛의 파장이 길어진다는 것으로, 이것을 '중력 적색편이'라고 한다. 다르게 말하자면, 빛의 적색편이가 일어났다는 사실은 빛의 방향으로 중력이 약해지고 있다는 명백한 증거이다. 즉, 중력은 시간의 흐름이 빠른 쪽에서 느린 쪽으로 향한다.

〈식 17.27〉에서 Δt_A와 Δt_B의 값의 차이를 발생시키는 항인 gh/c^2에서 분자항 gh만 떼어서 보면 많이 보던 식이지 않은가? 바로 질량이 빠졌지만 위치에너지이다. 그러니까 아인슈타인은 등가원리로 에너지가 중력에 포함되는 인자임을 보여주었다. 시간 지연의 실제적인 원인은 에너지에 있었다.

시간 지연을 우리는 늘 접하고 있다. 대표적으로 자동차에 장착되어 길을 안내해주는 내비게이션의 위성항법장치(GPS; Global Position System)이다. GPS 좌표 신호를 보내는 지구 위 약 2만km 상공에 있는 위성 내부 시간은 지상보다 느리게 간다. 그래서 GPS

는 아인슈타인이 발견한 일반 상대론 덕에 이 시간의 차이를 보정하도록 설계되었다. 일반 상대론으로 면밀하게 계산하면, 대략 4km의 지상에서 약 4km/s의 속도로 공전하면서 내비게이션에 위치 정보를 보내주는 인공위성은 하루에 $30{\sim}40\mu s$ 정도의 시간 지연이 발생한다고 한다. 매우 작은 시간이라 여길 수도 있지만, 이 차이는 10km 정도의 오차를 발생한다.

57장 중력방정식

휘어진 시공간

광속 불변 원리로 시공간이 서로 상대적이라는 도저히 생각하기 힘든 발상으로 완성된 특수 상대론은 그 자체로는 완벽한 이론이지만, 가속도가 배제된 정지 혹은 등속운동이라는 관성 운동에 한한 이론이라는 점이 아인슈타인 입장에서는 만족스럽지 않을 수 있다. 온 우주가 힘의 역학 관계로 운동하는데, 가속도를 다루지 않았다는 것은 사실상 활용도가 없는 호기심에 불과한 반쪽짜리 이론에 불과하였다. 보편적인 이론의 완성을 자신의 숙원이라 생각하는 인류의 대천재 아인슈타인이 이를 가만히 두고볼 수는 없었다.

당연히 목적을 달성하기 위해 씨앗으로 삼은 것은 뉴턴 역학과 특수 상대론이었다. 뉴턴 역학이 결함은 있지만 상상을 초월한 빛의 속도와는 거리가 먼 우리가 사는 세계를 설명함에 있어서는 완벽했고, 무엇보다 특수 상대론의 최대 단점인 가속도를 다룬다는 점은 결코 뉴턴 역학을 무시할 수 없었다. 자신의 숙원인 전 우주의 운동을 완벽하게 설명이 가능한 보편적 법칙의 완성을 완성하기 위해서는 장단점이 뚜렷한 뉴턴 역학을 자신이 개발한 특수 상대론과 조화롭게 화합해야 해결할 수 있을 것이라 믿었다. 그리고 소기의 성과를 이룬 것이 다름 아닌 뉴턴 역학의 단점의 하나인 비관성계를 관성계로 환원시킬 수 있는 등가원리의 발견이었다.

승승장구하던 그에게 뜻하지 않은 문제가 가로막고 있었다. 지구가 정지했다고 가정하고, 중력가속도의 크기로 서울에서 약 9,580km 떨어진 미국의 LA까지 가속하며 날아가는 비행기가 있다고 하겠다. 그리고 우주에서 역시 지구의 중력가속도와 같은 크기로 가속하는 우주선이 있다. 서로 같은 가속을 하고 있으므로 등가원리에 의해 우주선과 비행기는 같은 관성계이다. 따라서 우주선 안에 있는 우주인이 보는 비행기는 직선운동으로 보여야 마땅하다. 그런데 엄청난 반전, 아니 엄청난 난관이 아인슈타인의 앞을 가로막고 있었다. 지구의 둘레는 원이고, 그 둘레의 길이가 약 40,000km이므로 비행기는 원 둘레의 1/4을 운행한 셈이다. 뉴턴 역학에서 다뤘지만, 원 운동은 중심으로 잡아당기는 힘이 있어야 가능하다. 우주인이 바라보는 비행기는 관성운동이 아닌 힘을 받고 회전하는 원운동을 하고 있는 것이다. 그렇다면 서로 다른 관성계라는 이야기가 되지 않는가.

난감할 노릇이다. 행성과 같은 구체 위에서 등가원리를 적용할 수 없다는 것은 아인슈타인이 꿈꾼 겉보기 힘이 필요한 비관성계를 관성계로 통일시키려는 시도가 쉽지 않다는 의미이다. 어떻게든 이 난국을 헤쳐 나가야 한다. 다행인 점은 앞뒤 맥락을 뒤엉키게 한 원인을 알고 있다는 점이다. 우주선과 비행기의 좌표계를 비교하면, 우주선은 평평한 면을 지닌 좌표계이고, 비행기는 구형의 모양을 지닌 곡면의 좌표계다. 심히 곤경에 빠지게 할 만한 이 문제에 대해 아인슈타인은 또 한 번 인간의 사고라 할 수 없는 코페르니쿠스 발상을 떠올렸다. 자신의 목적을 이루기 위해서는 평평한 시공간 아닌 새로운 전장의 필요성을 느낀 것이다.

뉴턴 역학과 특수 상대론이 가속도를 포함했느냐 아니냐의 차이는 있지만, 공통점은 모두 평평한 시공간에서 완성된 이론이라는 점이다. 광속 불변의 원리를 기반으로 완성된 특수 상대론만을 보면, 등속으로 운동하는 시공간의 길이가 수축하거나 시간의 팽창이 일어났다. 물론 각 축 방향으로 길이의 변화가 일어난 것이지만 말이다. 평평한 공간, 그리고 광속에 가까운 관성 운동에 한정해서는 특수 상대론이 완벽하게 작동하는 세계이다. 여기서 수축에만 초점을 맞추어 다음의 사고 실험을 해보자. 상상할 수 없을 정도로 큰 원판이 엄청난 각속도로 회전한다고 하겠다.

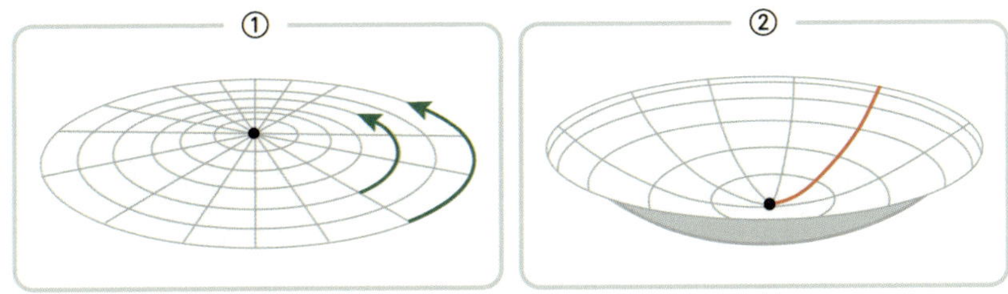

▲ **그림 17.29** ① 평평한 원판이 회전할 때, ② 중심에서 바깥 방향으로 증가하는 가속도에 의한 길이 수축으로 모양이 왜곡된 원판

그림 ①의 원판의 중심은 회전하면 각속도는 동일하지만 반지름에 비례하여 회전하는 속도가 증가하므로, 중심에서 멀어질수록 훨씬 빠른 속도로 회전하게 된다. 따라서 그림 ①의 2개의 초록색 곡선의 화살표의 길이처럼 바깥 방향이 속도가 더 큰 것은 당연하다. 여기서 우리는 비록 원운동이 등속도 운동은 아니지만 특수 상대론이 작동된다고 가정했을 때, 중심에서 멀어질수록 길이의 수축이 더 많이 발생할 것이다. 지금부터 각자 머릿속에서 상상해보자. 원판의 중심에서 멀수록 둘레의 길이가 더 쪼그라지고, 중심에 가까울수록 덜 쪼그라진다. 그러면 원판이 뒤틀려질 수밖에 없는데 어떻게 변형될까? 아마 원판은 그림 ②와 같이 가운데가 움푹 파인

모양이 될 것이다.

　여기서 위의 사건을 보는 시각을 다른 관점에서 살펴보겠다. 원판의 중심에서 바깥으로 갈수록 회전에 의한 관성력이 커진다는 점에 착안하고, 또한 힘이라는 것이 가속도이므로 그림 ②의 붉은색 곡선을 따라 가속도가 증가한다고 보아도 된다. 그러면 중심에서 멀어질수록 가속도가 커져 원판을 휘게 만들었다고 해석도 가능하지 않은가. 그러니까 움푹 파인 모양으로 바뀐 것은 가속도가 주범이라는 것이다. 관점에 따라 전기력이 자기력으로, 자기력이 전기력으로 환원되는 것처럼, 원판의 뒤틀림의 원인이 가속도라는 놀라운 반전이 일어난 것이다. 그렇다. 원판의 휘어짐은 가속도의 관점으로도 설명이 가능하다. 만약 원판의 휘어짐이 가속도의 크기에 의한 것이라면, 중력이 공간을 휘게 한다는 것으로 추론이 가능하다. 아인슈타인은 깨달았다. 더욱 보편적이고 일반화된 이론의 완성을 위한 전장은 평평한 시공간이 아닌 곡면으로 구성된 시공간, 즉 가속도로 인해 '휘어진 시공간'이 자신의 이론의 토대를 구축할 장소임을 말이다.

다양체

　아인슈타인은 숱한 세월 동안 수학자들을 괴롭혀왔던 곡선의 문제와 비슷한 상황에 맞닥뜨렸다. 하지만 역사 속에 지혜가 있다고 하였다. 휘어진 공간의 문제는 수학자들이 곡선의 넓이를 직선으로 이뤄진 다각형의 넓이로 환원하여 해결하였듯, 휘어진 공간을 평평한 공간으로 바꿔서 해결책을 찾아낼 수 있었다.

　어떤 물체의 속도가 0에서 순식간에 속도 v로 바로 넘어갔다고 가정할 때, 정지한 상태나 속도 v로 운동하는 두 경우 모두 특수 상대론을 만족하는 세계이다. 단지 속도 v일 때는 공간 수축이 일어나, 시공간의 변형이 생긴다. 이번에는 속도 v로 올리는 단계를 좀 더 세분화해보겠다.

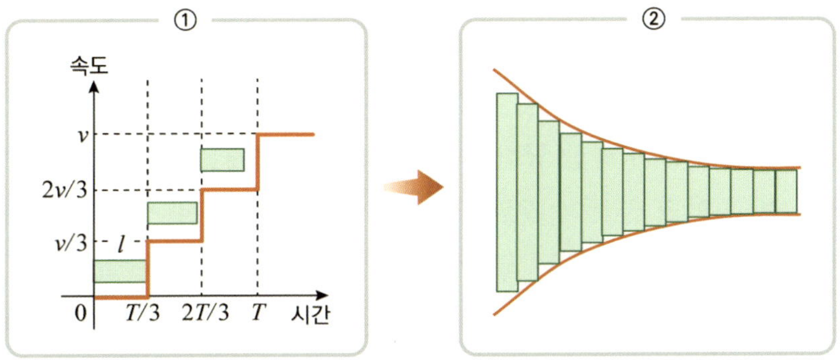

▲ 그림 17.30 ① 속도가 0에서 최종 속도 v로 되는 과정을 세분화하고, ② 세분화된 구간마다 수축된 막대기를 일렬로 배열한다.

그림 ①에서 붉은색의 굵은 직선이 속도의 변화를 도시한 것이다. 시간 $[0, T/3]$의 시간 간격에는 속도가 0이고 이때 공간을 초록색 막대기로 비유하여, 길이가 l이라 하겠다. $t = T/3$일 때 $v/3$로 속도가 증가하였다. 그러면 $[T/3, 2T/3]$의 시간 간격에서는 특수 상대론에 의해 막대기의 길이가 약간 수축된다. 마찬가지로 $[2T/3, T]$에서는 속도가 $2v/3$로 더 증가하였으므로 길이의 수축이 더 발생하고, 시간 T 이후에는 최대 속도 v가 되어 가장 많은 길이 수축이 일어난다.

곡선의 넓이를 구하는 과정처럼 시간의 구간을 더욱 세분화하는 과정을 머릿속에 그려보자. 그리고 각 구간마다 수축이 일어난 막대기들을 배열한 그림 ②로 넘어가자. 원래는 진행방향으로 길이 수축이 일어나 가로 방향으로 배열해야 하겠지만, 편의상 세로로 배열하였다. 논의하고자 하는 취지에는 문제가 되지 않는다. 시간의 구간을 한없이 분할해 나가면, 각 구간에서 길이 수축된 막대기들로 이뤄진 모양은 그림 ②의 붉은색 곡선에 가까워질 것이다. 분할된 공간의 무한소의 조각이 배열된 막대기이므로, 결국 공간은 휘어진 모양으로 모습을 드러내게 된다.

속도가 0에서 v로 가는 과정을 세분화하여 각 구간을 특수 상대론이 작동하는 평평한 공간이라 놓고, 특수 상대론에 의한 길이수축으로 휘어진 공간이 발생하였다는 〈그림 17.30〉의 설명은 꽤나 타당하다. 또한 〈그림 17.29〉에서 행한 것처럼 관점을 바꿔 해석할 수도 있다. 속도가 0에서 v로 연속적으로 변화한 것이므로 힘이 지속적으로 가하였다는 것이고, 따라서 공간의 휘어짐은 힘, 즉 가속도에 의해 발생한 것이다. 결과적으로 등가원리에 의해 지구와 태양처럼 엄청난 질량에 의해 생긴 중력이 공간을 휘어버리게 한다는 추론의 결과를 낳는다.

또한 〈그림 17.30〉의 논의로부터 휘어진 공간을 특수 상대론이 작동되는 무한소의 조각으로 분할하여 관성 운동으로 해석할 수 있는 길을 열었다는 점에 그 특별함이 더해진다. 중력가속도로 가속 운동하는 비관성계는 등가원리로 관성계인 지구의 중력 속에서의 운동과 동일하고, 가속 운동으로 형성된 휘어진 공간은 곧 지구의 중력으로 만들어진 공간과 일치한다. 또한 중력으로 휘어진 공간은 특수 상대론이 허용되는 조각들이 합체되어 만들어진 기하학 도형이다. 따라서 가속도 운동이란 관성 운동하는 각각의 조각들을 합친 것으로 해석할 수 있다. 실제 휘어진 공간에서 특수 상대론이 작동하는 평평한 공간의 국소 조각을 다양체라고 부른다. 다양체의 개념은 아인슈타인이 중력을 시공간의 기하학적 현상으로 이해하고, 이를 수학적으로 기술하며, 나아가 일반 상대성 이론을 완성하는 데 필수적인 토대를 제공했다. 이 개념이 없었다면 아인슈타인이 그토록 원하던 일반 상대성 이론은 탄생할 수 없었을 것이다.

아인슈타인이 찾고자 한 보편적 법칙인 일반 상대론은 바로 특수 상대론이 작동되는 무한소의 평평한 조각들인 다양체들이 합쳐져 만들어진 이론이다. 중력에 의해 휘어진 공간을 등속도 운동에 한정한 이론인 특수 상대론이 작동하는 다양체로 조각낼 수 있다는 점은, 가속도를 직접 다루지 않고 다양체에서의 관성 운동으로 해석할 수 있음을 〈그림 17.30〉이 말하고 있다. 휘어진 공간은 모든 가속구간을 하나의 관성계로 처리할 수 있게 만들었다. 이제 가속도를 직접적으로 다루는 것이 아니라 휘어진 모양을 알면 그만이다. 왜냐하면 휘어진 공간은 특수 상대론이 작동하는 무한소 구간이 모여진 것이기 때문이다. 드디어 최종 목적지가 모습을 드러내는 것 같다. 이제 알아야 할 것은 중력에 의해 휘어진 공간이 어떤 모양이 될 것이냐, 그리고 그 공간을 특수 상대론이 작동되는 국소의 공간으로 어떻게 조각낼 것인지, 나아가 휘어진 공간을 따라 물체가 움직이는 궤적의 규칙을 찾아내야 한다.

비유클리드 기하학

우주에서 펼쳐지는 모든 일을 담아내려는 아인슈타인의 작업은 수학의 기호로 표현하는 단계로 서서히 넘어갔다. 등가원리라는 놀라운 착상으로 많은 문제를 해결할 수 있는 길을 개척했어도, 이를 가지고 아인슈타인이 진정으로 원하는 우주의 운동을 기술하는 이론의 완성을 위해서는 수학이라는 험난한 길을 뚫어야 했다. 실제 아인슈타인은 1907년 등가원리를 깨달은 이후 8년이란 세월이 흐른 1915년이 되어서야 일반 상대론의 완성을 이뤘을 만큼 어려운 일이었다. 그러면 그에게 필요한 수학은 무엇일까?

유클리드 기하학의 5가지 공리 중 다섯 번째는 공리치고는 제법 긴 문장으로 이뤄진 "한 직선과 그 직선 위에 있지 않은 한 점이 있을 때, 그 점을 지나면서 그 직선과 만나지 않는 직선은 오직 하나 존재한다"이다. (4장의 〈표 2.1〉 참조) 이 공리는 "평행한 두 직선은 서로 만나지 않는다"는 평행선 공리이다. 그런데 유클리드 본인은 앞의 4개의 공리는 너무도 명백하지만, 평행선 공리에 대해서만큼은 정말로 공리로서의 자격을 갖춘 것인지는 의문을 가졌다고 한다. 후대의 수학자들 역시 평행선 공리의 자질에 대해서 의문점을 가지고, 다른 4개의 공리로부터 평행선 공리를 유도하여 자연스레 자격에서 박탈시키려고 노력하였다. 하지만 수많은 실패가 잇따르면서 수학자들은 생각을 고쳐먹었다. 평행선 공리가 충분한 자격이 있다면, 이미 5개의 공리로 이뤄진 기하학도 인정하면서 동시에 이를 배제한 나머지 4개의 공리만으로 새로운 기하학의 체계를 만들자는 발상의 전환이 이뤄졌다.

그런데 수학자들은 너무도 당연하게 여겨지는 평행선 공리에 대해 왜 의문점을 가지고 자꾸 제외시키려 했고, 뜻을 이루지 못하자 4개의 공리만으로 또 다른 기하학을 만들려고 한 의도는 무엇일까? 여러분도 생각해보시라. 직선 위에 있지 않은 또 다른 점을 지나는 평행선은 단연코 하나만 존재한다. 너무도 명백한 사실이다. 그런데 왜? 이유는 미적분의 탄생에 이르기까지 수학자들을 그렇게도 괴롭혀왔던 곡면에서 이런 직선을 만들어낼 수가 없기 때문이었다.

우리가 익히 알고 있는 구부러지지 않은 직선은 곡면 위에 원천적으로 존재할 수 없다. 이런 문제를 간파하고 있었던 수학자들은 직선이란 의미를 평면을 포함하여 곡면에서도 적용이 가능하도록 '두 점 사이를 가장 짧은 거리로 연결한 선'으로 정의했다. 이렇게 교묘(?)하게 직선을 정의함으로써 구면 위에서도 직선을 만들어낼 수 있게 되었다. 물론 이 직선은 곧게 뻗지 못하고 휘어져 있겠지만 말이다. 하지만 그럼에도 곡면에서 평행선 공리를 충족하는 직선은 존재하지 않는다. 한 마디로 평행선 공리가 적용되지 않는 기하학의 공간이다.

평행선 공리는 평평한 평면에서만 적용되는 공리일 뿐 구부러진 곡면에서는 폐기해야 할 불필요한 공리이다. 결론적으로 유클리드가 5가지 기본 공리로 세운 기하학은 평면으로 이뤄진 세계에서만 작동되는 것이지, 곡면이나 구부러진 공간에서는 사용할 수 없는 이론이다. 곡면의 기하학에서도 사용할 수 있는 수학의 체계를 세우기 위해서는 평행선 공리를 배제한 4개의 공리만으로 수행해야 한다. 그리고 이 분야를 개척한 인물이 이 책에서 너무도 자주 등장하는 가우스이다. 그는 입체인 구면기하학에 대해 깊은 연구를 진행하여 4개의 공리를 기반으로 한 기하학의 체계인 가우스 곡면 이론을 만들었다. 다른 말로 비유클리드 기하학이다. 기존의 유클리드 기하학이 평행선 공리를 포함한 평면에 국한된 기하학이라면, 비유클리드 기하학은 평행선 공리를 제외한 나머지 4개의 공리로 곡선과 곡면을 다루는 기하학이다. 이후 비유클리드 기하학이 본격적으로 연구되기 시작하였고, 리만가설을 만들어낸 가우스의 제자 리만이 집대성하여 더 확장시켜 리만기하학이 수학의 중요한 분야로 자리 잡게 되었다.

바로 아인슈타인에게 필요한 수학이 비유클리드 기하학인 리만 기하학이다. 평평한 시공간의 운동에 국한된 특수 상대론이 유클리드 기하학과 연결된 이론이라면, 휘어진 시공간이 무대인 일반 상대론은 비유클리드 기하학과 필연적인 연결고리를 가질 수밖에 없다.

그런데 아인슈타인은 자신이 절실하게 필요한 수학이 무엇인지 몰랐다. 대학 시절에 배운 가우스 곡면 이론이지 않을까 하는 막연한 느낌만 가지고 있었다. 하지만 그때 이후로 접해보지 않았기에 사실 어떤 수학이 필요한지 전혀 알지 못했다. 그는 자신의 고민에 대한 자문을 얻기 위해 오랜 시간 동안 벗이었던 수학자 마르셀 그로스만(1878~1936)을 찾아가서, 시공간 간격이 구부러진 공간으로 좌표 변환을 해도 변하지 않게 하는 기하학을 다룰 수학에 대해 언급했다. 그러자 그로스만은 바로 비유클리드 공간을 떠올리며, 이 문제를 다룬 리만 기하학이 아인슈타인의 고민을 해결할 수 있는 수학이라고 답하였다. 이 소식을 접한 그가 얼마나 기뻐했을지는 알 수 없지만 강연 중에 말했던 이야기로 대충 짐작할 수 있겠다.

모든 가속하는 좌표계가 동등하다면 유클리드 기하학이 모든 좌표계에서 성립할 리가 없습니다. 기하학을 내버리고 물리법칙을 간직하려는 것은 언어 없이 생각을 기술하는 것과 같습니다. 우리는 생각을 기술하기에 앞서 언어를 찾아야 합니다.
내가 일반 상대성 이론의 수학적 문제와 가우스의 곡면이론 사이의 유사성에 대해 명료한 아이디어를 갖게 된 것은 1912년에 취리히에 돌아왔을 때였습니다. 그러나 당시에는 리만, 리치, 레비―치비타의 연구는 모르고 있었습니다. 이들의 연구가 처음 내 관심사에 들어온 것은 나의 벗 그로스만 덕분이었습니다. 내가 그에게 제기한 문제는 2차 기본불변량의 계수들의 도함수에만 의존하는 성분을 갖는 일반 공변 텐서를 찾는 일이었습니다.[*]

휘어진 공간의 시각화

휘어진 공간? 여러 매체를 통해 잘 알려져 있어 지금이야 진리로 받아들이고 있지만, 솔직히 직감적으로 와 닿지 않는 말이다. 실험과 관측에 의한 간접적인 증거가 있다고 하지만, 실제로 휘어진 공간을 본 사람은 전혀 없다. 물리학자들만의 주장이고, 그들만의 세계일 뿐이다. 하지만 이 가설로 완성된 일반 상대론이 현재의 문명에 지대한 영향을 미쳤다고 하니 우리들은 믿을 수밖에 없다. 그래도 휘어진 공간이라니…. 인간이 이끌어낼 수 없는 생각인 것 같다. 그러면 우리가 볼 수는 없더라도 그림으로 볼 수 있는 방법은 없을까?

시각화는 문제 해결에 엄청난 혜택을 주는 매우 중요한 수학적 도구라는 것은 더 이상 강조할 필요가 없겠다. 그러면 휘어진 공간을 어떻게 그려낼 수 있을까? 아인슈타인에게 이 문제는 그렇게 고민할 문제가 아니었다. 이미 거인들의 업적이 있었기 때문이다. 패러데이의 역선의 개념과 이를 확장하여 맥스웰이 완성한 장의 개념이 있지 않은가! 전기장이나 자기장에서 힘의 세기를 묘사했던 '역선'이 진화하여 만들어진 '장'을, 이번에는 중력을 역선으로 표현하고, 이런 역선들이 그물망처럼 촘촘하게 구성해서 만들어진 장, 일명 '중력장'으로 휘어진 공간의 묘사가 가능하다.

휘어진 공간을 그림으로 표현하기 위해선 3차원으로 나타내야

---

[*] 김재영, 《상대성 이론의 결정적 순간들》, 2023, 현암사

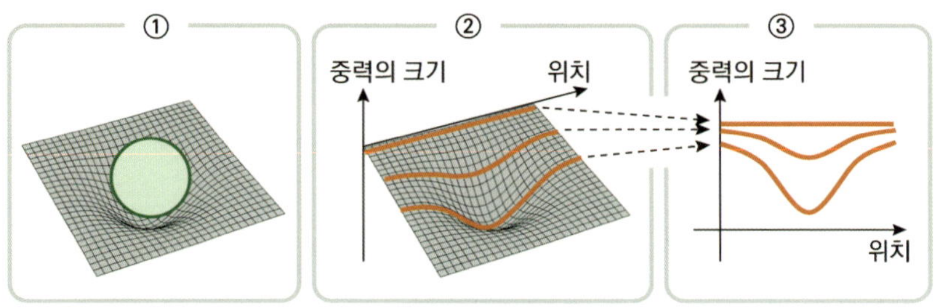

▲ **그림 17.31** ① 평평한 중력장에 지구처럼 거대한 질량을 가진 행성으로 푹 꺼진 형태의 중력장, ② 중력장에서 3개의 역선을 택했을 때, ③ 각 역선에서 위치에 따른 중력의 크기

겠지만, 사실 매우 힘든 작업이고 어찌어찌 그려내었다 하더라도 너무 복잡해서 알아보기도 쉽지 않다. 그래서 다른 문헌에서도 대부분 2차원의 평면으로 휘어진 공간을 대체한다. 위의 그림도 그러하다. 그림 ①에서 보면, 원래는 평평한 2차원 평면이어야겠지만 거대한 행성의 무게로 그물망이 축 처진 것으로 휘어진 공간을 표현했다. 아마 자주 접한 그림이시리라. 그림 ②는 그물망을 구성하는 선들 중 임의로 붉은 선분 3개를 택하였을 때, 선들을 따라서 중력의 크기를 그림 ③에 도시하였다.

구부러진 시공간인 좌표계에서 문제들을 조망하면서 그 해석의 단초가 리만 기하학임을 알았지만, 곡면을 다룬다는 것은 결코 쉬운 일은 아니다. 시각화하는 방법까지는 알았지만 중력장을 수학의 언어로 표현하는 것은 또 다른 문제였다. 실제 일반 상대론에서 사용되는 수학의 언어는 거의 대부분의 수학 이론들이 총망라된 결정체이다. 그러다보니 우주에서 벌어지는 쇼를 주관하는 보편적이며 최고봉 이론인 일반 상대론의 난이도는 상상을 초월할 정도의 수준이다. 상대론을 배우지 않은 물리학 전공자들마저 일반인이 아는 정도의 수준에서 크게 벗어나지 못할 정도이다. 그렇기에 일반 상대론을 소개하는 교양서적들 대부분은 시공간이 휘어졌다는 단정적인 전제하에 현상적인 설명에 국한하여 있다. 물론 이 책 역시 명백한 한계가 있을 수밖에 없다. 하지만 차별성 없이 마무리된다면 너무도 성이 차지 않는다. 아인슈타인의 최대 업적이 무엇인가? 바로 일반 상대론이고, 그 정점이 중력이라는 역선들이 만들어낸 장에 대한 중력장 방정식이다. 인류의 역사를 뒤바꿔놓은 최고의 걸작품이자 물리학에서 가장 아름다운 방정식을 관상용에도 미치지 못하고 마치는 것은, 이 책을 읽는 독자들에게도 예의가 아닌 듯하다. 나만의 생각인 것 같지만 말이다. 어쨌든 너무도 현란하고 난해한 수학이 난무한지라 소개에는 분명한 한계가 있어 문고리 잡는 정도에 불과하겠지만, 그래도 최소한 식에 내포된 의미를 조금이라도 이해함으로써 전혀 생소하지 않은 식이라는 인식을 가지게끔 하는 정도는 되어야 하지 않을까? 자, 이 목적 달성을 위해 일반 상대론에 필요한 수학의 핵심적인 내용만 개념 위주로 들여다보도록 하겠다.

곡률과 측지선

3차원의 공간에 펼쳐진 곡선이나 곡면을 수학의 언어로 기술되기 위해서는 이들의 가장 근원적인 특성을 찾아야 한다. 비유하자면 곡면과 곡선의 공리를 찾는 작업으로 비유할 수도 있는 작업이다. 다양한 곡선과 곡면을 규정할 수 있는 핵심적인 조건, 즉 미분계수만 보고서도 곡선이 얼마나 빠르게 증가하는지 혹은 감소하는지를 알 수 있듯 공간에 존재하는 곡선이나 곡면이 어떤 모양인지 머릿속에 그려질 정도로 정의될 수 있는 조건이어야 한다.

3차원 공간에서 여러분이 생각할 수 있는 모든 곡선을 떠올리면서, 이들을 관통하는 공통적인 성질이 무엇일지를 생각해보자. 두려움이 앞설 정도로 어디에서 시작할지 감조차 잡히지 않는다. 확실히 모든 것을 관통하는 공통적인 성질들을 찾아내는 것은 결코 만만치가 않다. 공리 그 자체는 쉬운 개념이어도 어둠 속에서 이들을 찾아내는 것은 내재적인 성질에 대한 완전한 통찰이 뒷받침되지 않고서는 정녕 쉬운 일이 아니다. 머릿속이 혼미해지니 어쩔 수 없이 천재인 가우스에게 도움의 손길을 빌려볼 수밖에 없겠다. 그리고 우리에게 필요한 정보만 얻도록 하자.

먼저 곡선의 굽은 정도를 나타내는 수치인 곡률(curvature)이다. 용어의 의미로 유추하면, 아마도 수치가 클수록 굽은 정도가 심하다는 것을 뜻할 것 같다. 그렇다면 전혀 휘어져 있지 않은 곡선의 곡률은 0이 될 것이다. 휘어지지 않은 곡선, 어떤 곡선일까? 그렇다. 구부러지지 않은 직선의 곡률이 0이다. 이런 특성을 지니도록 곡률을 정의하려면 어떻게 해야 할까?

〈그림 17.32〉의 초록색 곡선 위의 점 P에서의 곡률이란 이 점에 접하는 붉은색 원의 반지름의 역수 $1/R$로 정의하고 있다. 그리고 점 P에 접하는 붉은색의 원을 찾는 방법은 접선의 기울기를 구하는 것처럼 무한소를 이용한 극한으로 구할 수 있다. 경험을 한껏 살려 점 A와 B 그리고 점 P의 3개의 점을 지나는 원 C_1에서 시작하겠다. 그리고 2개의 점 A와 B를 점 P에 서서히 가까이하면, 점 P에 접하는 그림의 붉은색 원에 가까워진다. 책 내용의 대부분을 장식했던 주제인 미적분을 알아가면서 얻어진 경험이 빛을 발하는 순간이다. 미분계수를 구하는 개념과 동일하다. 물론 차원이 하나 더 추가되어 계산이 더 복잡해지는 것은 어쩔 수 없다.

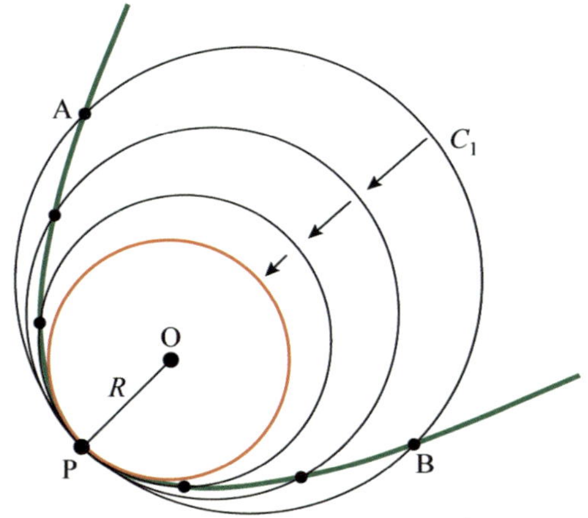

▲ **그림 17.32** 점 P에서의 곡률은 점 P에 접하는 붉은색 원의 반지름 R의 역수 $1/R$이다.

곡률만을 가지고 곡선의 모양을 모두 예측할 수는 없다. 2차원 평면 위에서 한정된 곡선이라면 몰라도, 3차원으로 뻗어나가고, 꼬여 있기까지 하면 분명히 추가적인 성질이 있어야 한다. 하지만 곡률의 개념만으로 내용을 이어가는 데 충분할 것이므로 더 이상의 논의는 생략하겠다.

곡선의 대표적인 성질이 곡률이라면, 한 차원 더 높은 곡면의 경우는 기본적으로 곡률을 포함하여야 마땅하다. 그리고 추가적으로 곡면을 정의할 조건이 더 필요할 것인데, 책의 내용을 이끄는 데 충분하다고 판단되는 법선 벡터에 대해서만 알아보도록 하겠다.

〈그림 17.33〉의 왼쪽 그림은 중간에 그려진 그림에서 점 P에 접하는 벡터 $\vec{X}$ 방향으로 면을 따라가는 붉은색의 곡선에 대한 곡률이 $1/R_1$임을 표현한 것이고, 우측 그림은 마찬가지로 $\vec{Y}$ 방향의 초록색 곡선에 대한 곡률이 $1/R_2$임을 보여주고 있다. 2가지의 방향에 대해서만 표현했지만 점 P에서 어떤 방향을 선택하느냐에 따라 곡

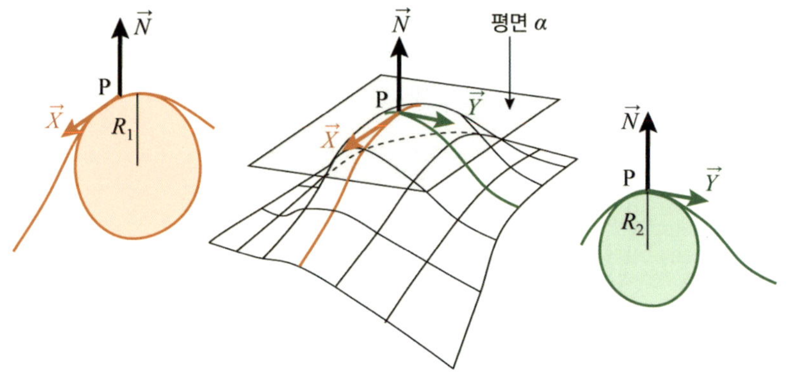

▲ 그림 17.33 곡면의 한 점에서 곡률은 방향에 따라 다르다.

선이 제각각일 것이므로 곡률은 천차만별이다. 그래도 곡률이 어느 범위에 있는지는 알 수 있다. 곡률을 하나의 값으로 특정할 수 없어도 점 P에 접하는 평면이 유일하다는 점은 확실히 곡면이 지닌 아주 중요한 특성이다. 그림의 평면 α가 두 벡터 $\vec{X}$와 $\vec{Y}$를 모두 품는 평면이듯, 어떤 방향이든 점 P에 접하는 벡터는 모두 평면 α 위에 놓인다. 따라서 평면 α에 수직한 그림의 $\vec{N}$가 평면의 방향을 결정하는 중요한 요소라는 것을 알 수 있다. 이 벡터가 바로 법선 벡터이다.

마지막으로 가장 중요하다 할 수 있는 개념을 소개하겠다. 2차원 평면에서 직선은 우리가 흔히 알고 있는 휘어지지 않은 곧은 선이다. 하지만 곡면 위에서 곧은 직선은 평면 외에는 존재할 수가 없다. 이런 문제점을 간파한 수학자들이 두 점을 잇는 가장 짧은 선으로 직선을 정의하였다고 했다. 그렇기에 정의에 일치하는 직선은 존재한다.

지구 위 2개의 점 P와 Q가 같은 위도에 놓여 있다고 하겠다. 〈그림 17.34〉 ①은 지구의 위도선을 따라 중심이 O´인 원으로 P와 Q를 이었고, 그림 ②는 지구의 중심 O를 중심으로 하는 원으로 두 점 P

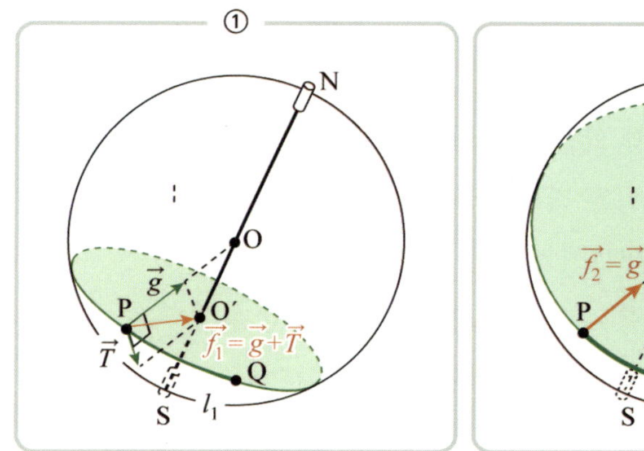

▲ 그림 17.34 곡면에서 점 P와 Q를 잇는 직선이 측지선

와 Q를 연결하였다. 이때 두 점을 잇는 각각의 호의 길이를 l_1과 l_2라고 할 때 어떤 값이 더 작을까? 그림만으로 무엇이 더 짧은지 헷갈리므로 이 문제를 운동 역학적인 관점에서 살펴보자.

중력의 영향을 받으며 지구 표면에서 그림 ①의 경로 l_1을 따라 등속도 운동하고 있는 물체가 있다. 원의 운동이 되기 위해서는 초록색 원의 중심 O′의 방향으로 힘 $\vec{f_1}$이 일정하게 가해져야 한다. 그런데 $\vec{f_1}$의 방향은 지구 중심 방향을 향하지 않으므로, 원운동이 지속되기 위한 필요충분조건인 $\vec{f_1}$의 값을 유지하기 위해서는 기본적으로 존재하는 중력 $\vec{g}$와 수직 방향의 $\vec{T}$의 힘을 항상 필요로 한다. 그래서 $\vec{f_1} = \vec{g} + \vec{T}$의 관계가 성립한다. 반면 지구의 중심과 일치하는 그림 ②의 원의 경로로 운동할 때에는 원의 운동에 필요한 힘 $\vec{f_2}$와 중력 $\vec{g}$의 방향이 정확하게 일치하므로 그림 ①의 $\vec{T}$와 같은 힘을 필요로 하지 않는다. 훨씬 자연스러운 운동이다. 이제 어떤 경로가 더 짧은지 알 수 있다. 경로가 짧을수록 불필요한 힘의 소모가 적을 것이므로, l_2가 l_1보다 더 작은 값이다. 그리고 l_2 외에 어떤 경로를 택하건 반드시 불필요한 힘의 소모가 발생한다는 점에 두 점 P와 Q를 잇는 가장 짧은 경로가 l_2라는 사실도 알 수 있다. 이렇게 가장 짧은 경로인 l_2는 직선이라는 정의에 일치하지만, 곡면에서 존재한다는 점을 부각시키기 위해 측지선이라 부른다.

종합하면, 측지선은 주어진 곡면 위의 점에서 형성되는 곡선 중에서 곡률이 가장 작은 곡선을 의미한다. 곡률이란 것이 접하는 원의 반지름의 역수에 해당하므로 접하는 원이 클수록 곡률이 작아지고, 구의 표면에서 곡률이 가장 작은 것은 구의 중심을 중심으로 하는 원이기에 l_2가 l_1보다 더 작은 값이 될 수밖에 없었던 것이다.

휘어진 곡면에서의 운동

아인슈타인의 지나온 길을 쉼 없이 쫓아오다보니 우리 사고의 시공간도 꽤나 휘어진 것 같다. 그럼에도 우리는 생각의 측지선을 따라 달려가야 한다. 뒤에 또 하나의 물리학의 거목인 양자역학이 떡하고 버티고 있어 갈 길이 아직 많이 남았지만, 다행히 상대론의 끝은 보이고 있다.

그래도 잠시 호흡을 가다듬기 위해서 지금까지의 이야기를 정리하며 숨을 돌려보자. 우주 본연의 상수인 빛의 속도가 변하지 않는다는 광속 불변의 원리는 공간의 수축, 시간 팽창 등이 우주에서 벌어지고 있음을 알려주었다. 그리고 완성된 특수 상대론은 물리학의 바이블인 뉴턴 역학을 조금 뒤흔들었다. 그럼에도 뉴턴 역학은 굳건했다. 광속 불변을 기둥으로 만들어진 특수 상대론은 뉴턴 역학처럼 평평한 좌표계의 운동을 다룬다는 공통점은 있지만, 가속도의 영역까지 다루지 못했다는 점이 한계였다. 광속 불변이 빠짐으로 해서 부분적 오류는 있을지언정 뉴턴 역학이 더 보편적인 이론이라 할 수 있다. 그런데 뉴턴 역학에는 치명적 단점이 있었다. 관성계에서만 작동되는 이론이라는 점이다. 비관성계는 겉보기 힘이라는 존재하지 않은 힘을 추가하여 관성계로 환원해야 한다는 문제점이 있었다. 이 점에 커다란 불편함을 가지고 있던 아인슈타인은 등가원리로 비관성계를 겉보기 힘없이 처리할 수 있는 길을 개척하였다. 동시에 길이 수축, 시간 팽창, 그리고 에너지 − 질량 등가 등이 일어나는 특수 상대론의 조각들이 모여서 이뤄진 휘어진 공간은 가속도, 즉 중력이 만들어낸 공간임을 밝혀냈다. 덧붙여 휘어진 공간은 특수 상대론이 작동하는 평평한 공간인 다양체의 조각들이 만들어낸 기하학이라는 사실까지 밝혀냈다. 즉, 아인슈타인은 중력이라는 힘을 시공간의 휘어짐으로 해석함으로써, 모든 물체의 운동은 별도의 힘(중력)이 가해지지 않는 상태에서 오직 휘어진 시공간의 결을 따라 가장 곧게 나아가는 관성운동일 뿐이라는 경이로운 결론에 도달한 것이다.

그러면 휘어진 공간에서 물체는 어떤 궤적을 그려야 관성운동이 가능할까? 공간이 왜곡되어 있어 우리는 인지하기 힘들다. 무엇인가가 채워져 있으면 구분이 가능할 것도 같은데, 유망한 물질이었던 에테르마저 떨어져나갔으니 공간이 휘어져 있다는 것은 간접적인 방법으로 알 수 있을 뿐 직접적인 관측은 불가능하다. 만약 관측이 가능하다면 아인슈타인이 밝혀낸 사실로 태양계의 행성들이 지나는 공간은 위의 그림처럼 튜브 형태의 기하학 공간의 곡면을 따라 움직이는 것으로 보일지도 모른다. 그리고 우리의 눈으로는 그 공간에서 행성이 감속과 가속, 그리고 방향 전환 등의 운동을 하겠

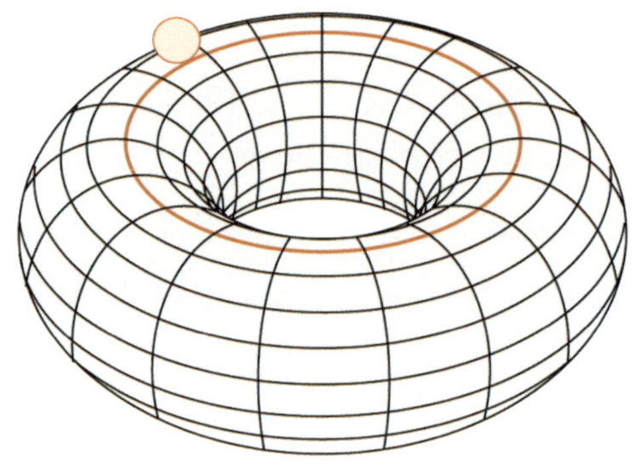

지만, 자신들이 주인공인 튜브의 세계에서는 묵묵히 관성운동을 하는 것일 뿐이다. 앞서의 질문을 순화시켜 다시 묻는다면, 태양이라는 엄청난 물질에 의해 만들어진 휘어진 공간이 위의 그림처럼 튜브형의 입방체를 만들었다고 가정했을 때, 행성은 곡면을 따라 어떤 경로로 움직일 것이냐가 문제의 골자다. 뉴턴은 이런 가정 없이 직접적인 물체들 사이의 힘의 관계로 그림의 붉은색 타원의 경로임을 밝혔다. 방법은 다르지만 아인슈타인이 상상하는 휘어진 곡면에서 관성운동을 하는 행성의 궤도도 동일한 타원이어야 할 것이다.

그런데 이 의문점은 우리도 충분히 경험치가 쌓여 있어 문제 해결의 실마리를 찾아낼 수 있다. 중력에 의해 휘어진 비유클리드 공간은 〈그림 17.30〉에서 다뤘듯 유클리드 기하학이 작동하는 평면 공간인 다양체가 합체되어 만들어졌다. 그리고 다양체의 공간에서 물체는 관성 운동한다는 것이다. 이 점에서 착안하여 이번에는 그 역으로 진행하겠다. 앞서는 유클리드 공간을 쌓아 비유클리드 공간을 만들었지만, 이번에는 이미 형성된 휘어진 공간을 유클리드 기하학이 성립하는 다양체로 분할하겠다.

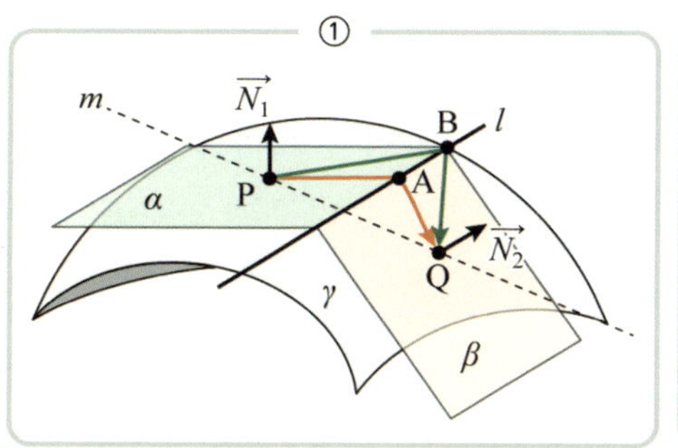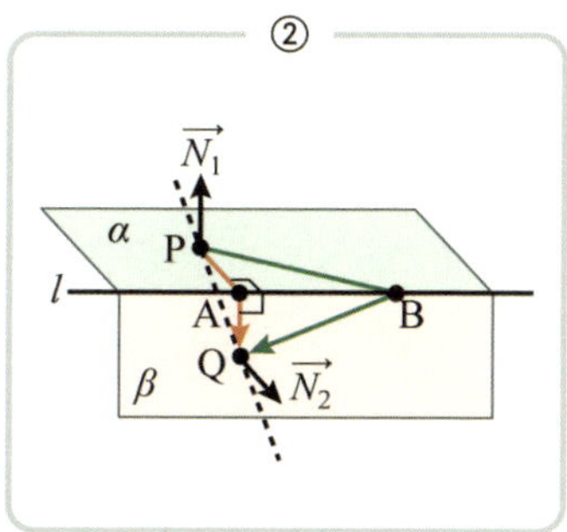

▲ **그림 17.36** ① 비유클리드 공간에서의 국소 공간인 다양체, ② 직각으로 만난 두 평면 좌표계에서 물체의 운동 경로

휘어진 곡면 γ 위에서 물체가 P에서 Q로 진행할 때 어떤 경로를 따라 움직일까? 경로는 무수히 많겠지만 관성으로만 움직여야 한다는 규칙에 의해 하나의 경로만을 택할 것이다. 이제 휘어진 곡면의 탄생의 기원이 되는, 즉 유클리드 기하학이 적용되는 다양체로 곡면을 분할하겠다. 〈그림 17.36〉 ①을 보면, 중력으로 휘어진 곡면 γ 위에 놓인 점 P와 Q를 각각 품고 있는 2개의 다양체인 평면 α와 β가 있다. 당연히 다양체는 유클리드 공간이면서 동시에 특수 상대론 세계의 평면이다. 이제 원래의 문제를 국소 공간의 평평한 유클리드 평면 α 위의 점 P에서 평면 β 위의 점 Q로 운동하는 경로를 찾는 문제로 환원시킬 수 있다. 그리고 그림처럼 'P→A→Q'의 붉은색 화살표, 아니면 'P→B→Q'의 초록색 화살표의 경로를 따를지에 대한 문제로 더욱 단순화해 생각하겠다.

그림 ②는 곡면의 각 점에서 접하는 두 평면이 만났을 때의 그림 ①의 상황을 더욱 극단으로 몰아 두 평면 α와 β가 이루는 각이 직각이라고 가정했다. 좀 너무한 표현인 것은 같지만, 어쨌든 그림 ①의 휘어진 곡면 γ 위에서 물체가 P에서 Q로 진행할 때 경로의 문제는, 그림 ②에서 'P→A→Q'의 붉은색 화살표이냐 아니면 'P→B→Q'의 초록색 화살표의 경로를 따를 것이냐의 문제와 동치이다. 이 질문에 우리는 모두 'P→A→Q'의 경로가 답이라고 택할 것이다. 'P→A'와 'A→Q'의 경로는 등속운동이고, 경로를 바꾸는 과정에서 방향이 바뀌므로 힘이 필요하지만, 비교가 되는 'P→B→Q'의 경로는 'P→B'와 'B→Q'의 등속운동 경로가 더 멀고, 방향을 바꿀 때 더 많은 각도를 틀어야 되므로 힘을 더 필요로 할 것이기 때문이다. 계단으로 내려오는 상황으로 비유하면 너무 이해가 쉽다. 'P→A→Q'는 자연스럽게 계단을 내려오는 것이지만 'P→B→Q'는 굉장히 어색하고 쓸데없는 힘을 더 필요로 한다.

이로써 'P→A→Q'의 경로가 답이라는 결론은 났다. 그런데 이 경로도 방향을 전환할 때 가장 작은 힘이 들지만 분명 힘이 존재한다는 점에 휘어진 곡면 위에서 운동하는 물체는 모두 관성으로 운동한다는 것에 위배된다. 하지만 더욱 세분화하였을 때를 상상해보자. 무한소에 치닫게 되는 다양체들은 다양체에서 접하는 또 다른 다양체로 넘어갈 때 필요한 힘이 0으로 다가가게 된다.

이제 말할 수 있다. 휘어진 곡면의 세계에서 물체는 최단 거리를 따라 움직이는 경로여야 한다. 이 경로는 바로 앞의 절에서 언급하였던 측지선에 해당하는 경로이다. 모든 마찰을 무시하고 중력만 작용하는 지구 표면 위에서 볼링공을 굴렸을 때를 상상해보자. 처음에는 던져진 방향으로 움직이겠지만, 중력의 영향으로 지구의 중심인 원의 궤적으로 서서히 옮겨지고, 이후는 일정한 속도로 움직이게 될 것이다.

주위에 아무 것도 없는 〈그림 17.37〉 ①의 시공간은 우리가 아는 뉴턴 역학이나 특수 상대론의 평평한 시공간으로 그곳에 놓인

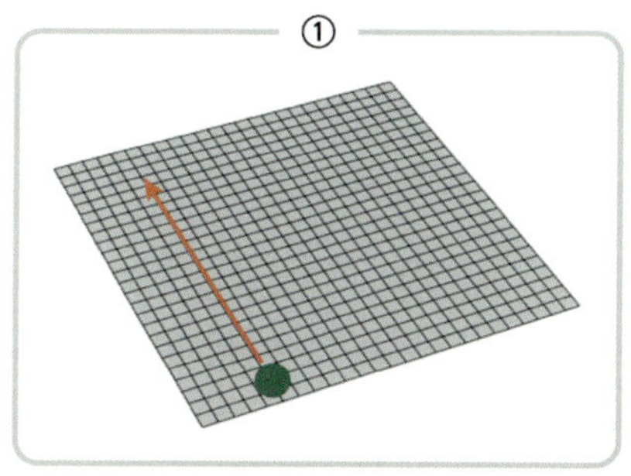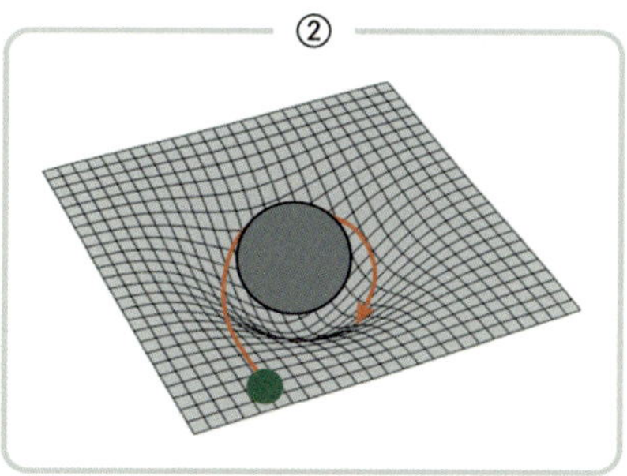

▲ **그림 17.37** ① 평평한 공간에서 직선으로 운동하는 물체, ② 지구의 중력으로 휘어진 시공간에 들어온 물체는 곡률에 의해 정해진 측지선을 따라 운동한다.

물체는 관성으로 직선의 등속운동을 한다. 그런데 지구의 중력권은 지구에 의해 휘어진 시공간으로, 이곳에 들어온 물체의 운동 궤적은 측지선을 따라 움직이게 된다. 물체가 지구에 끌려 들어오거나 달이 공전하는 것은 지구가 물체를 당겨서가 아니라 지구의 존재가 공간을 휘게 하여 곡률의 값을 커지게 하였고, 물체는 단지 그 공간에서 가장 빠른 길을 그리며 계속 앞으로 나아가는 관성 운동을 하는 것일 뿐이다. 이렇게 중력으로 휘어진 시공간으로 측지선을 찾아내야 한다는 생각에 이른 아인슈타인이 마주한 수학은 바로 리만 기하학이었다. 곡면이라는 활용도가 떨어진 기하학을 다뤄 크게 관심을 가지지 못하고 냉대 받았던 리만 기하학이 갑작스레 우주를 기술하는 최고의 언어로 떠오른 것이다.

계량텐서

아인슈타인은 비관성계를 관성계로 변환하여 얻어진 휘어진 공간에서 작동되는 공변 원리를 리만 기하학의 텐서의 개념에서 찾으려 했다. 그런데 '텐서'라는 용어가 앞서 살짝 나왔으니 텐서는 물리학과 수학을 포함하여 여러 학문에서 많이 사용되는 용어라 학문에 따라 의미하는 바가 조금씩 다른데, 지금은 상대론을 다루고 있으므로 물리학이라는 한정된 범위에서만 짚으면, '좌표계가 바뀌더라도 그 값이 일정한 것을 나타내는 체계'를 다루는 수학적 도구로 불변하는 양을 기술하는 최적화된 수학 언어이다. 그렇기에 공변 원리를 표현하는 최고의 언어는 텐서인 것이다. 물론 글로만 얘기하다보니 의미를 정확하게 파악되지 않겠지만, 이후의 내용을 읽다보면 조금이라도 이해할 수 있으리라 여겨진다.

아인슈타인은 비유클리드 공간에서 좌표 변환을 해도 물리법칙이 바뀌지 않는 공변 원리를 찾기 위하여 적극적으로 텐서를 이용했다. 즉, 비유클리드 공간에서 특수 상대론에서 다뤘던 바 있는 시공간 간격 〈식 17.9〉 ②의 $(ds)^2$가 변하지 않도록 하는 텐서를 찾는 것이 주요 목적이었다.

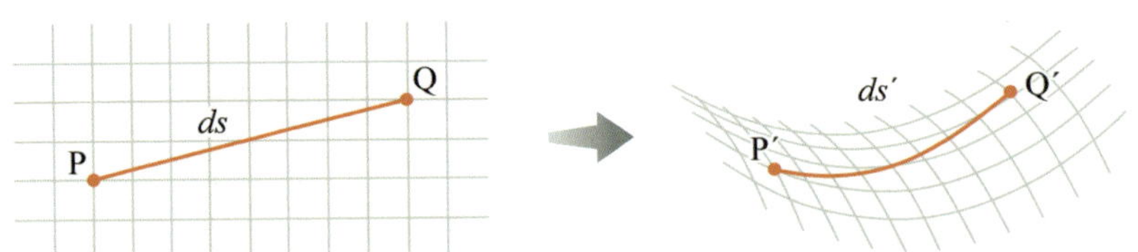

▲ 그림 17.38 평면좌표계를 휘어진 좌표계로 변환하였을 때 바뀌는 길이

논의를 간단히 하기 위해 시간이라는 차원을 제외하고 생각하겠다. 위의 왼쪽 그림의 평평한 면에서 두 점 P와 Q를 잇는 붉은색 직선의 거리는 ds이다. 물론 4차원 시공간에서는 시공간 간격이 되겠다. 그런데 평면을 잡아당기고 압축하는 등 왜곡을 발생시켜 오른쪽 그림과 같은 곡면으로 변형되었고, 이때 평면 위의 두 점 P와 Q

가 곡면 위의 P′과 Q′에 대응된다고 할 때 평면의 직선은 붉은색의 곡선으로 바뀌었다. 따라서 두 지점 사이의 거리 ds와 ds'도 다른 값이 된다. 그러면 물리법칙이 유지되어야 한다는 공변 원리에 위배되는 것은 아닐까? 만약 그렇다면 두 물리량 ds와 ds'을 어떻게 처리해야 공변 원리를 충족시킬 수 있을까?

주제는 다르지만, 개념적으로는 비슷한 유형의 사례에서 해법의 실마리를 찾을 수 있다. 바로 우리가 살고 있는 구형의 지구 모습을 평면으로 도시한 지도이다. 평면의 세계를 휘어진 공간으로 변환된 것과 마찬가지 의미이므로 지금 우리가 해결해야 될 과제와 본질적인 측면에서 일치한다고 할 수 있다.

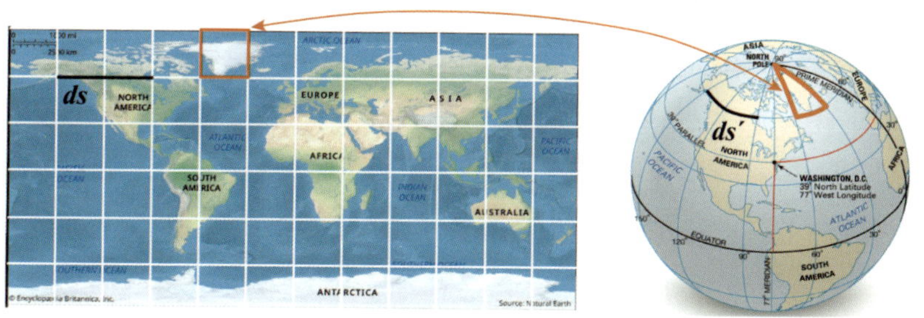

▲ 그림 17.39 실제 구형의 지구 표면의 모양을 왜곡해서 표현한 평면 지도 (그림 출처: 브리태니커)

지구는 구체이기 때문에 평면에 그려진 지도는 그 어떤 방법을 취하더라도 지구의 실제 모습을 온전히 담아내지 못한다. 등장 방형 도법(equirectangular projection)으로 만들어진 위의 왼쪽 지도 역시 동일한 크기의 정사각형에 지구의 모습을 투영하다보니 피할 수 없는 왜곡이 발생하였다. 그림에서 붉은색의 정사각형은 오른쪽 그림의 붉은색 삼각형 부분의 지구의 모습을 투영한 것이다. 서로 대응된 두 도형을 비교하더라도 평면의 지도는 실제의 모습을 상당히 왜곡하여 표현한 것임을 알 수 있다. 그렇기에 왼쪽 평면도에서의 검은색 직선의 거리 ds와 오른쪽 구면에서 동일한 두 지점이지만 거리 ds'은 길이가 완전히 다르다. 앞서 〈그림 17.38〉에서 두 길이가 다를 수밖에 없는 이유와 같다.

그러면 평면의 지도에서 측정한 거리 ds의 값으로 실제의 거리 ds'를 알아내는 방법은 없는 것일까? 지도로 이야기를 이끌다보니 바로 떠올려지는 것이 축척이다. 축척은 지도에서 실제 거리를 줄여서 표시한 비율이다. 예를 들어 1:100,000 축척으로 그려진 지도에서 두 지점의 거리가 10cm이면, 실제 거리는 1,000,000cm에 해당한다. 지금 우리에게 필요한 것이 축척과 같은 도구이다. 단지 축척은 평면의 세계를 평면의 지도로 일정 비율로 축소하여 옮긴 것이라 어려움이 없지만, 구형을 평면으로 옮겨야 되는 지금 상황에서는 위치마다 비율이 달라지기 때문에 까다롭다. 하지만 명백한 규칙에 의해 작업이 이뤄질 것이라는 점에 착안하면, 위치에 따라 축척의 비율을 담은 함수가 존재할 것이라고 충분히 예상이 가능하다. 즉 평면에서의 길이 ds와 구면에서의 길이 ds' 사이에 $ds' = g_{\mu\nu}ds$를 성립하게 하는, 위치별 축척 정보를 담은 함수 $g_{\mu\nu}$를 찾아내는 것이다. 평면이 어떻게 왜곡되어 휘어져 곡면을 만들어내는지에 대한 모든 정보가 담겨져 있는 마법과 같은 존재를 말이다. 그런데 함수라 해놓고 독특하게 $g_{\mu\nu}$라는 기호로 나타냈다는 점을 의아하게 여길 수 있을 텐데, 평면과 휘어진 공간의 두 길이를 조정하여 물리법칙이 유지하도록 하는 조건을 만족하는 정체가 바로 텐서이고, 행렬의 표현을 따르기 때문에 $g_{\mu\nu}$라는 기호를 사용하는 것이다.

어쨌든 우리는 이 함수를 찾아내기 위해 구면의 지도가 어떻게 평면으로 바꾸는지에 대한 과정을 살펴볼 필요가 있다. 생각의 편

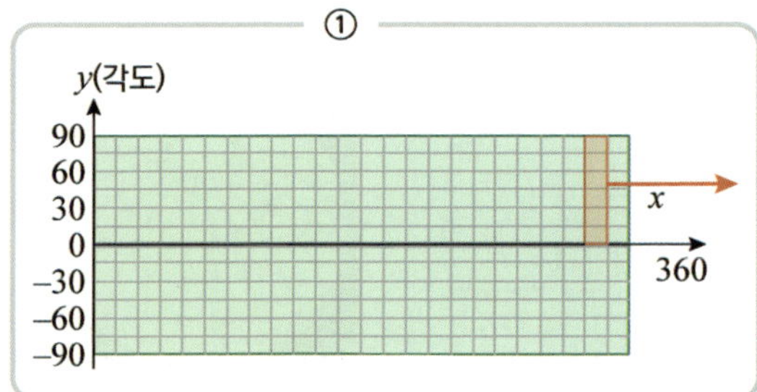
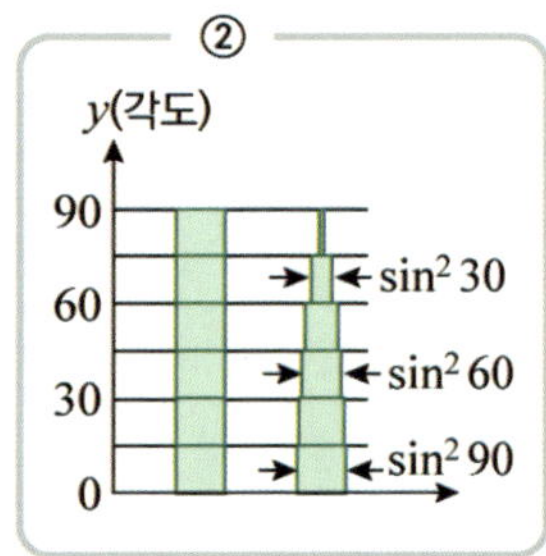

▲ **그림 17.40** ① 평면을 여러 개의 정사각형으로 분할한 후, ② 정사각형이 중심축인 x축에서 떨어진 거리 y에 따라 밑변의 길이를 $\sin^2(90-y)$으로 압축

의를 위해 평면의 지도를 구형으로 옮기는 과정으로 대체하겠다. 역의 과정일 뿐 동일한 방식으로 작동된다.

〈그림 17.40〉 ①처럼 평면을 정사각형으로 등분하겠는데 각각의 정사각형의 변의 길이는 1이라고 가정하겠다. 이때 x축은 경도로 0에서 360°의 범위이고, y축은 위도에 해당하여 -90에서 90°의 범위이다. 분할된 사각형 중에서 진한 붉은색 선에 포함된 6개의 정사각형만을 샘플로 삼아서, 각각의 정사각형의 높이는 그대로 유지하고, x축 방향에 해당하는 밑변의 길이만 바꾸겠다. 방법은 밑변의 길이를 정사각형이 위치한 y좌표인 위도에 대해 $\sin^2(90-y)$의 길이로 압축하는 것이다. 따라서 적도에 위치한 정사각형의 경우 y축의 값은 0이므로 밑변의 길이가 변하지 않지만, 위도가 큰 곳에 위치한 정사각형일수록 밑변의 길이가 작아져서 극지방에 이르러서는 거의 0에 가까워져 그림 ②의 모습으로 변한다.

이렇게 평면을 분할하여 만들어진 〈그림 17.40〉 ①의 모든 정사각형을 〈그림 17.40〉 ②와 같이 동일하게 왜곡시켜 정리할 것이다. 〈그림 17.41〉 ①이다. 이제 남은 작업은 이들 사각형을 퍼즐 조각으로 생각하여 조립하는 것으로, 곡면의 휘어짐에 따라 사각형들을

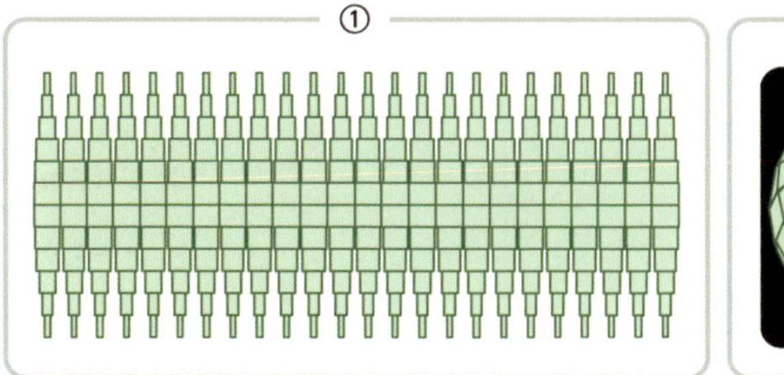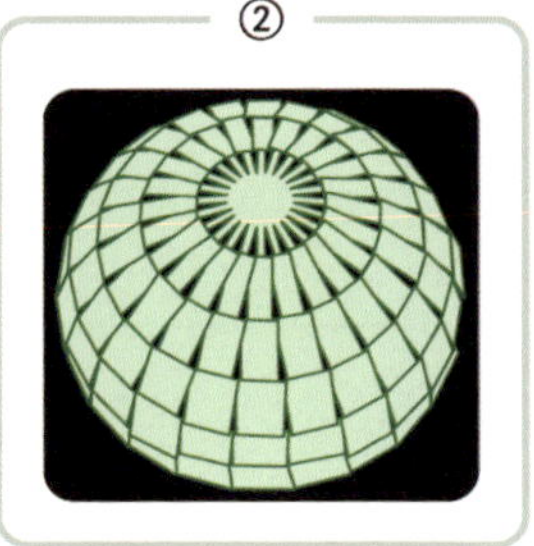

▲ **그림 17.41** ① 분할된 정사각형을 일정한 규칙으로 변형시킨 후의 도형의 모습, ② 각각의 사각형을 구형의 모양으로 조립

차례로 위치시키면 된다. 그렇게 얻어진 최종 형태가 위의 〈그림 17.41〉 ②이다. 구의 모습을 띠고 있지만, 퍼즐 조각들은 서로 겹치기도 하고 빈 곳이 여기저기 드러나 보기 민망한 수준이지만, 우리는 드디어 방법을 찾아냈다고 환호성을 지를 수 있다. 평면을 더욱 잘게 쪼개면서 같은 과정을 거치면, 겹친 부분은 줄어들고 구멍 난 곳은 메워져 완전체의 구형에 가까워질 것은 당연하기 때문이다.

이렇게 평면을 구면으로, 혹은 그 역의 과정, 나아가 곡면을 곡면으로 변환시키는 과정은 분명하게 원래의 모양을 훼손시킨다. 하지만 명백한 규칙을 가지고 있으므로 위치에 따른 축척의 정보를 고스란히 담고 있는 함수 $g_{\mu\nu}$로부터 두 좌표계 간의 거리의 정보를 공유할 수 있다. 이런 변환에 가장 적합한 수학의 언어가 행렬의 꼴로 표현된 텐서이다.

$$\begin{bmatrix} x' \\ y' \end{bmatrix} = \begin{bmatrix} \sin^2(90-y) & 0 \\ 0 & 1 \end{bmatrix} \begin{bmatrix} x \\ y \end{bmatrix} = g_{\mu\nu} \begin{bmatrix} x \\ y \end{bmatrix}$$

평면의 지도와 실제 지구 모습은 텐서 $g_{\mu\nu}$로 연결되어지는 셈이다. 특히 물리학에서 $g_{\mu\nu}$는 계량텐서라고 아예 자신만의 이름을 가

지고 있는데, $g_{\mu\nu}$가 일반 상대성 이론의 성패를 좌우하는 가장 중요
한 개념이다.

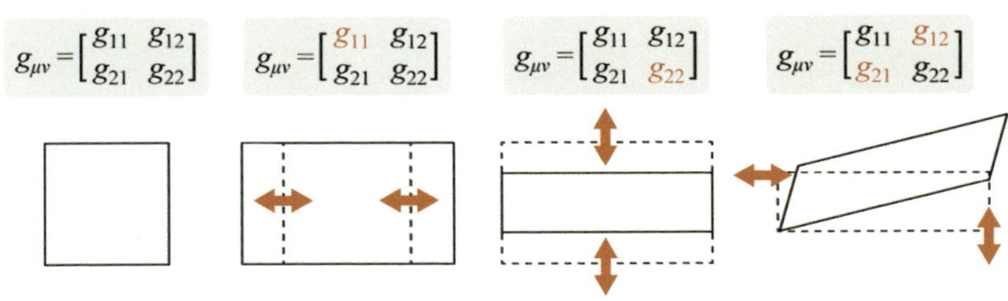

▲ **그림 17.42** $g_{\mu\nu}$의 성분에 따라 변형되는 사각형의 모습

계량텐서 $g_{\mu\nu}$가 어떻게 평면을 왜곡시키는지를 개념적으로만
살펴보겠다. 그림에서 가장 왼쪽은 정사각형이다. 여기서 $g_{\mu\nu}$의 성
분 g_{11}과 g_{22}성분은 각각 x축과 y축 방향으로 도형을 늘리거나 줄
이는 역할을 담당한다. 그리고 g_{12}와 g_{21}은 서로 대칭으로 존재하면
서 같은 값을 가지는데, 회전 성분이 있어서 도형을 비트는 역할을
담당한다. 이렇게 계량 텐서 $g_{\mu\nu}$는 도형을 다채로운 형태로 바꾸는
인자로서, 휘어진 곡면을 만들어내는 생산자이다.

2차원에 한정해서 다뤘지만, 차원이 추가되더라도 방법론은 동
일하다. 당연히 계산의 복잡성이 뒤따르며 수학적으로 더 많은 기
교가 들어가야 되겠지만 말이다. 그래서 일반 상대론의 세계인 4차
원 시공간에서 계량텐서는 10개의 숫자로 이뤄져서 우주에서 벌어
지는 모든 운동을 설명한다. 하지만 복잡하고 난해한 아이디어가
고스란히 담겨 있는 계량텐서는 일반인들에게 일반 상대론의 문을
걸어 잠그는 주범이기도 하다. 계량텐서의 개념을 이해했다고 해도
이후의 과정은 상당한 수학의 내공이 필요하다. 우리는 그 과정을
가볍게(?) 넘어가기로 하고, 좌표 변환에도 시공간 간격을 유지시

키는 일반 공변 원리가 아래와 같은 식으로 축약되었다는 정도만
알아두자.

$$ds^2 = dx^\mu dx_\mu = g_{\mu\nu} dx^\mu dx^\nu$$

중력장 방정식

휘어진 시공간을 기술할 수 있는 도구를 획득한 아인슈타인은
실제적인 작업의 시작을 뉴턴의 중력 이론에서 시작하였다. 몇 가
지의 흠이 있기는 하지만, 지구상에서 벌어지는 대부분의 운동을
완벽하게 설명하고 있고, 그래서 아직 자신이 찾는 방정식의 정체
는 모르지만 근사시켰을 때 분명 뉴턴의 법칙으로 회귀되어야 할
것이다. 그래서 아인슈타인은 뉴턴의 중력방정식을 기초로 하여 휘
어지는 공간에서도 기술할 수 있는 보편적인 식으로 확장하는 접근
방식을 택했다. 이를 위해 먼저 뉴턴의 만유인력의 식을 시공간의
곡률의 정보와 물질의 분포 등에 대한 정보를 함축적으로 표현이
가능하도록 재구성하였다. 그리고 마침내 아인슈타인이 만들어낸
물리학에서 가장 아름다운 중력방정식은 아래와 같다.

〈식 17.43〉 아인슈타인의 중력장 방정식 :

$$R_{\mu\nu} - \frac{1}{2} g_{\mu\nu} R = \frac{8\pi G}{c^4} T_{\mu\nu}$$

일반 상대론 이야기가 마무리되는 시점에 이르러 두리뭉실하게
넘어가고 있다는 점은 양해해주시기 바란다. 위의 식이 나오는 과

정 그리고 그 이후는 완전히 딴 세상의 이야기이다. 진정한 전공자나 할 일이다. 상대론의 전반적인 개념과 그 지혜를 이야기하고자 하는 책의 흐름적인 면에서 상대론 이야기는 이 정도만 알고 있어도 충분하지 않을까 여겨진다. 위의 식에서 생소한 $R_{\mu\nu}$와 $T_{\mu\nu}$에 대해서만 간략하게 설명하겠다. 사실 앞에서 설명을 생략하고 넘어가기는 했는데, 계량텐서로 왜곡시킨 〈그림 17.41〉 ①의 사각형의 퍼즐 조각을 조립할 때 구라는 곡면을 만들기 위해서는 조각들이 약간의 각도를 가지며 조립되어야 휘어진 곡면을 형성해 최종적으로 〈그림 17.41〉 ②의 모양을 만들어낼 수 있다. 조각들을 이어붙일 때 휘어지는 정도는 미분에서와 같이 기울기의 개념으로 해석할 수 있고, 그 정보는 계량텐서 $g_{\mu\nu}$를 미분해서 얻어진다. 이 과정으로 얻어진 텐서가 리치 곡률텐서 $R_{\mu\nu}$이다. 계량텐서와 곡률텐서가 들어 있는 왼쪽 항은 시공간의 곡률의 정보라면, 오른쪽 항의 $T_{\mu\nu}$는 뉴턴의 중력방정식으로부터 물질과 에너지의 밀도를 텐서로 표현한 것이다. 사실 너무도 난해하여 일반인 수준으로는 도저히 이해가 불가능한 아인슈타인의 중력장 방정식은 물질과 에너지에 의해 시공간의 휘어짐이 결정된다는 의미를 함축적으로 표현한 식이라는 정도만 알고 있으면 되겠다.

일반 상대론의 탄생을 가능하게 한 가장 기본적인 발상에 대한 긴 이야기를 마쳐야겠다. 중력장으로 공간이 어떻게 휘어졌는지, 그리고 휘어진 공간에서 최단 거리인 측지선을 뽑아내는 방법 등 아직도 알아야 될 일이 산적해 있지만 전공자가 아닌 입장에서는 이 정도만 되어도 충분하다 싶다.

뉴턴이여, 나를 용서하시길!

중력장 방정식이 세상에 첫선을 보인 때는 1905년 특수 상대론을 발표한 이후 10년 만인 1915년 11월이었다. 시간과 공간, 그리고 물질과 중력에 대한 가장 일반적이고 보편적이며, 가장 근본적이고 중요한 물리학 이론이자 물질들의 통일이론을 위한 기초가 되었다. 하지만 그 과정에서 이 책의 진정한 주인공인 뉴턴이 이룬 업적의 많은 부분을 허물어뜨리기도 하였다. 무엇보다 아인슈타인은 시간이 상대적이고 공간이 휘어진 것이 우주의 근본임을 주장함으로써 뉴턴의 절대시간과 공간의 개념을 물리학계에서 추방시켜 버렸다. 그 결과 보편적 이론이라 믿어왔던 뉴턴 역학은 마침내 그 타이틀을 아인슈타인의 중력방정식에 내놓아야 했다.

아인슈타인의 일반 상대론은 오롯이 그의 혼자만의 작품이었다. 솔직히 어떻게 그의 위대함을 칭송해야 할지 적절한 단어가 떠오르지 않는다. 하지만 이렇게 감탄할 수 있는 사람들은 일반 상대론의 위력을 실감한 물리학자들에게나 가능하지, 당시의 물리학자들에게는 허황된 망상에 불과하다고 깎아내릴 수 있는 이론이었다. 휘어진 공간이라든지 뉴턴 역학과 상반되는 중력장의 개념, 받아들이기 힘든 주장 등이 난무하였다. 이것을 충분히 알고 있기에 아인슈타인 입장에서도 자신의 이론을 세상에 드러내는 데 꺼릴 수밖에 없었다. 무엇보다 그의 이론의 정당성에 대한 실험적 뒷받침이 없다는 점이 가장 큰 걸림돌이었다. 어떡하든 자신의 중력장 방정식의 타당성을 검증할 필요성이 있었다. 고민하던 아인슈타인의 레이더 망에 걸린 것이 수성의 세차운동이었다. 아인슈타인은 자신의 중력장 방정식으로 수성의 세차운동을 설명할 수 있지 않을까 판단했다.

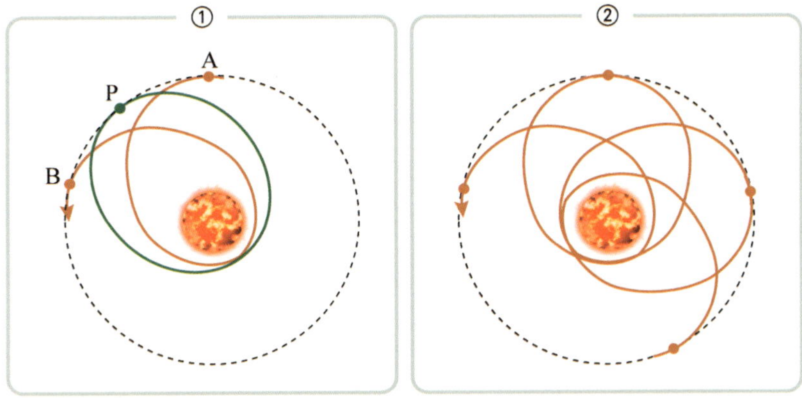

▲ **그림 17.44** ① 뉴턴 역학으로 해석한 행성의 궤도는 항상 초록색의 닫힌 타원 궤도여야 하지만, 관측 결과는 붉은색의 곡선처럼 A에서 출발하여 원래의 지점이 아닌 B지점으로 가는 세차운동을 한다. ② 세차운동으로 인한 수성의 궤도

행성의 운동에 대한 관측이 정밀해지면서 수성의 궤도 모양은 뉴턴이 밝혀낸 닫힌 타원의 궤도가 아니었다. 다른 행성은 그림 ①의 초록색 타원의 궤도를 따라 운동하였지만, 유독 수성은 한 바퀴 회전할 때 그림 ①의 붉은색 곡선처럼 제자리로 오지 않고 약간 이동하면서 태양을 중심으로 빙빙 도는 세차운동을 하고 있는 것이었다. 실제적인 관측의 결과로, 뉴턴의 중력이론이 행성의 운동을 완벽하게 해결하지 못한다는 결정적인 증거가 등장한 셈이다. 이해할 수 없던 수성의 세차운동을 해결하기 위해 수많은 물리학자들이 모든 물리법칙을 동원하여 도전하였지만 전부 실패하였다. 그들의 수많은 도전과 실패를 돌이켜보았을 때, 단적으로 그때까지 이뤄낸 물리학, 즉 뉴턴 역학으로 설명이 불가해한 행성의 운동이었다. 수성의 세차운동은 물리학자들에게 엄청난 난제로 남겨졌고, 새로운 물리학이 나와 이 문제를 해결해주기를 고대할 수밖에 없었다.

일반 상대론의 진위에 대한 입증에 좋은 가늠자가 될 것이라고 판단한 아인슈타인은 자신의 중력장 방정식으로 이 문제를 해결하려고 도전하였다. 태양의 주위를 공전하는 행성과 같이 빛의 속력에 비해 매우 느리게 회전하는 구형 천체에 일반 상대론을 적용하면 주변을 도는 입자의 유효 퍼텐셜은 다음과 같다.

$$V(r)=-\frac{GMm}{r}+\frac{L^2}{2mr^2}-\frac{GML^2}{c^2mr^3}$$

생소한 식이라 여길 수 있겠지만, 첫 번째 항은 우리에게 익숙한 중력에 대한 위치에너지이고 두 번째 항은 원심력에 의한 항이다. 여기까지는 이미 뉴턴의 법칙에서 나온 결과로 이 2개의 항으로 행성이 타원의 궤도가 됨을 입증할 수 있었다. 하지만 세 번째 항은 고전 역학에는 없는 효과로 이 항이 고전 역학과 일반 상대성 이론의 차이이다. 이 항의 분모에 빛의 속도 c^2가, 분자에는 각운동량 L이 포함되어 있듯 행성의 속도가 느리면 세 번째 항은 무시할 수가 있고, 따라서 행성은 닫힌 타원의 궤도를 따라 공전하게 된다. 하지만 이 값을 무시하기에는 곤란할 경우도 있다. 케플러 법칙에서도 알 수 있었지만, 태양과 가까운 행성은 태양으로 빨려 들어가지 않기 위해 빠르게 움직여야 한다. 반면 태양에서 멀리 떨어진 행성은 너무 빨리 움직이면 태양의 중력에서 자칫 벗어나 우주의 미아가 될 수 있기 때문에 천천히 움직여야 한다. 그래서 태양계 내의 행성 중 수소가 가장 빨리 움직이고, 이때 위의 세 번째 항이 무시하기에는 곤란한 값을 가진다.

결과는 대만족이었다. 수성의 운동에 세 번째 항을 포함하여 해석한 결과, 수성의 근일점 이동은 100년 당 약 43′으로, 실험오차 범위 내에서 충분히 유효한 값으로 밝혀지면서 자신의 이론이 옳다는 것을 입증한 최초의 증거가 되었다. 더 이상의 검증이 불필요하다 생각하고 확신을 가진 그는 1915년에 일반 상대론을 발표하면서 물리학의 일대 변화를 가져왔다. 이렇게 뉴턴의 대표적 이론을 부서버렸다는 점에서 아인슈타인은 그의 자서전에서 이렇게 밝히기도 했다. "뉴턴이여, 나를 용서하시길! 당신은 당신의 시대에 최고의 사유와 창조의 능력을 가진 사람에게만 가능한 유일한 길을 찾아냈습니다." 물론 뉴턴 역학은 보편적 법칙이라는 타이틀을 아인슈타인의 중력장 방정식에 넘겼지만, 우리가 생활하는 보통의 세상에서는 뉴턴의 힘의 법칙이 유효하다는 점에서 뉴턴의 위대함이 폄하될 수는 없다.

한편 방정식 앞에 붙어 있는 중력장이라는 용어에서 떠오르겠지만 패러데이가 처음 제창한 장이라는 개념과 동일하다. 물체와 물체 사이에 작용하는 만유인력의 법칙에 철퇴를 가한 것이다. 물체 사이에는 직접 만나거나 부딪치지도 않으면서 서로 힘을 미친다는 개념을 완전히 청산하게 한 것이다. 아인슈타인은 중력이 물체들 사이에 즉각적인 힘을 미치는 것이 아니라, 주변에 만들어낸 중력장이 다른 물체에 영향을 미친다는 사실을 1916년에 제기하였다. 바로 시공간은 중력으로 형성된 그물망이 펼쳐져 있고, 블랙홀의 충돌이나 중성자별 폭발 등 우주에서 큰 이벤트가 발생하면 그물망이 출렁이며 중력파가 발생하고, 중력파는 시공간을 빛의 속도로 전파된다고 주장하였다. 그가 주장하는 중력파의 존재 여부는 일반 상대론을 입증할 또 하나의 증거물이 될 것이었다.

그리고 그의 사후인 1974년 러셀 헐스와 조지프 테일러가 처음으로 중력파의 존재를 간접적으로 확인하였다. 초신성이 폭발해 생긴 2개의 중성자별이 짝을 이뤄 서로 무게 중심으로 매우 빠르게 회전하면서 발사되는 중력파를 쌍성펄사라 한다. 그들은 푸에르토리코의 아레시보에서 전파망원경을 이용하여 16,000광년이나 떨어진 거리에 있는 2개의 중성자별이 엄청난 양의 중력파인 쌍성펄사를 방출하고 있음을 간접적으로 확인한 것이다. 또한 중력파의 방출로 인한 에너지 손실로 공전궤도가 점점 작아지고 있다는 것을 확인하였는데, 이 값은 아인슈타인의 중력장 방정식에서 예측한 값과도 정확하게 일치하였다. 이런 이들의 공로는 1993년 노벨상을 받으면서 정식으로 인정받았다.

이렇게 간접적으로 확인된 중력파는 마침내 2015년 라이고(레이저 간섭계 중력파 관측소, Laser Interferometer Gravitational−wave Observatory, LIGO) 과학연구협력단이 실제 관측하는 쾌거를 이루었다. 일반 상대론이 발표된 지 딱 100년만의 일이었다. 라이고 연구팀이 분석한 중력파는 태양의 29배와 36배의 질량을 갖는 두 블랙홀이 서로 마주보며 공전하다가 충돌하면서 태양의 62배 질량을 갖는 블랙홀을 형성하는 과정에서 방출된 것으로 13억 년 전에 일어난 사건이었다. 이로써 아인슈타인의 중력장 방정식은 모든 검증 단계를 거치면서 확고한 진리로 자리매김하게 되었다.

18부

우주의 운동을 결정하는 엔트로피

열역학 기반에서 정의된 엔트로피가 시간은 늘 한 방향으로만 흐른다는
우주의 진리를 담고 있는 등불과 같은 이론임이 밝혀지며 천재 물리학자
볼츠만이 통계역학이라는 새로운 물리학 분야를 이끌어냈다.

우주의 법칙인 엔트로피의 원리를 밝혀냈지만 시대를 너무 앞서간
뛰어난 능력으로 오히려 불행했던 볼츠만

58장 열역학

코펜하겐 해석

염화나트륨과 탄산칼슘을 이용해 염화칼슘과 탄산나트륨을 만들어내는 솔베이 공정을 개발한 사업가 에르네스트 솔베이(1838~1922), 그는 명망과 권위 있는 물리학자들을 초청하면서 역사상 최초의 물리학회인 솔베이 회의를 창설하였다. 1911년부터 시작되어 3년 주기로 이어진 솔베이 회의는 물리학에서 정점에 오른 학자들만이 초청받는 가장 권위 있는 학회로 자리 잡았다. 이런 학회의 역사에서 첫 손에 꼽는 회의는 1927년 제5차 솔베이 회의이다. 물리학의 역사를 바꾼 전환점이자, 뉴턴 역학을 과거의 유물로 전락시키고 양자역학이 대신 그 자리를 차지하게 한 물리학사에서뿐만 아니라 지금의 과학 문명의 발달을 이루게 한 매우 중요한 회의였다.

5차 솔베이 회의에 참석한 물리학자 29명의 면면을 보면 무려 17명이 노벨 물리학상 수상자일 정도이다. 참석자 명단만 보더라도 플랑크, 슈뢰딩거, 파울리, 하이젠베르크, 콤프턴, 드브로이, 보른과 더불어 5차 솔베이 회의의 핵심적 두 인물인 상대성 이론과 광양자설을 창안한 위대한 물리학자 아인슈타인과 양자역학의 기초 개념을 다져 양자역학의 대부로 일컫는 닐스 보어 등으로 솔베이 회의의 위상이 이느 정도인지 충분히 짐작할 만하다.

▲ 그림 18.1 1927년 제5차 솔베이 학회 참석자. 뒷줄 왼쪽부터 피카르, 앙리오트, 에렌페스트, 헤르젠, 드 동데르, 슈뢰딩거, 버샤펠트, 파울리, 하이젠베르크, 파울러, 브릴루앵. 가운데 줄은 디바이, 크누센, 브래그, 크라머르스, 디랙, 콤프턴, 드브로이, 보른, 보어. 맨 앞줄은 랭뮤어, 플랑크, 퀴리, 로렌츠, 아인슈타인, 랑주뱅, 샤를 게이, 윌슨, 리처드슨 (출처: 위키백과)

 5차 솔베이 회의의 목적은 양자역학의 표준적인 해석으로 자리 잡은 '코펜하겐 해석'에 대한 논의였다. 보어, 하이젠베르크, 막스 보른 등이 정립한 양자역학의 공리이다. 원래 회의의 성격은 코펜하겐의 해석을 재확인하고 이를 축하하는 목적이었다. 그런데 보어의 발표가 끝나기 무섭게 아인슈타인이 코펜하겐의 해석을 조목조목 반박하기 시작하면서 축제를 예상했던 회의는 격렬한 토론으로 급변하였다. 역사상 가장 치열했고 과학사의 큰 전환점이 될 제5차 솔베이 회의의 서막이 열린 것이다. 코펜하겐 해석이 도대체 무엇이기에 인류의 두 천재 아인슈타인과 보어를 필두로 격렬한 논쟁을 야기하게 된 것일까? 잠시 그 내용을 살펴보겠다.

 우리의 입장에서는 인류사의 큰 전환점이 되는 양자역학이 저런

1. 양자계의 상태는 파동함수 ψ로 기술된다. 이는 관측자가 가진 양자계에 대한 정보를 의미한다.
2. 양자계의 상태에 대한 서술은 근본적으로 확률적이다. 파동함수의 절댓값 제곱은 측정값에 대한 확률밀도함수이다.
3. 모든 물리량은 관측 가능할 때만 의미를 갖는다. 그리고 비가환적인 관계에 있는 물리량들(예를 들면 위치와 운동량이나 에너지와 시간과 같은)은 하이젠베르크의 불확정성의 원리에 따라 동시에 정확하게 측정될 수 없으며 그 한계는 정량적으로 존재한다.
4. 양자계에서 물질은 파동-입자 이중성을 보인다. 실험적으로 물질이 파동의 성질과 입자의 성질을 모두 가지는 것으로 밝혀졌다. 하지만 동시에 2가지 성질을 가지는 것은 아니다. 이러한 속성을 상호보완성의 원리라고 하며, 이는 모든 물리적 대상이 공통적으로 가지는 성질이다.
5. 측정이 '파동함수의 붕괴'로 표현되는 불연속적인 양자도약을 가능하게 한다.
6. 대응 원리:상태에 대한 양자역학적 서술은 대상계가 거시계로 갈수록 그에 대한 고전역학의 서술과 가까워진다.
7. 양자계는 내재적으로 비국소적 성질을 가진다. 이는 EPR 역설과 관련이 있다.

내용을 다루는구나 하는 정도로 넘어갈 수밖에 없다. 그나마 이 책을 여기까지 읽은 분들은 2번의 파동함수의 제곱이 확률밀도라고 한 부분은 귀에 익으리라. 상대론에서 허수의 의미를 소개할 때 잠깐 언급했던 내용이기 때문이다. 혹시 이런 인류사를 바꾸는 획기적인 전환점이 되는 위의 해석을 이해하지 못하는 것에 아쉬운 마음이 들지 않는가? 그래도 여기까지 이 책을 읽은 분들은 코펜하겐 해석이 무엇을 말하는지 이해하고 싶다는 지적 호기심으로 충만하지 않을까?

물리학 지혜의 결정판인 양자역학을 본격적으로 소개하기에 앞서, 그 태동을 불러일으키는 것이 가능케 한 기초적인 사실을 먼저

---

[*] 출처: 위키백과

살펴볼 필요가 있다. 바로 또 다른 물리학의 분야인 열역학과 통계역학이다.

열에너지와 온도의 차이

온도는 같지만 하나는 물이 많고, 또 하나는 물이 작게 담긴 똑같은 2개의 냄비를 똑같은 열로 가열하였다. 당연히 물이 적은 냄비에 담긴 물의 온도가 더 빨리 상승하여 끓는점인 100°C에 도달하는 현상은 전혀 놀랍지 않다. 하지만 왜 적은 양의 물이 더 빨리 끓는 것일까? 이런 너무도 당연한 현상에 대한 이유를 설명하라는 질문을 받으면 항상 그렇지만 답하기가 꽤나 난처하다. 물론 이 경우는 물의 양이 적다는 이유만으로 충분히 답이 될 수도 있겠지만, 좀 더 그럴듯하게 답할라치면 뇌 회로의 작동이 멈춘 느낌을 가지게 된다.

나 역시 이런 유사한 질문에 제대로 답을 하지 못하여 시험 낙방이라는 결과를 받은 흑역사가 있다. 상당한 경쟁률이었던 필기시험을 어렵게 통과하고, 여러 명의 교수 앞에서 최종 관문인 면접을 보

▲ 그림 18.3 온도는 같지만 서로 다른 양의 물이 담긴 두 냄비에 열을 가하였을 때

게 된 자리였다. 한 교수가 보온병의 원리를 설명하라고 질문하였다. 순간 당황하며 어떻게 설명할지 막막해하다가, 은으로 코팅되어 있는 이중벽 사이가 진공이라 열손실을 최소화한다고 그럭저럭 답을 했던 기억이 있다. 하지만 뭔가 상당히 께름칙했다. 왜 그렇게 구성되어야 열손실을 줄일 수 있는지에 대한 물리적 의미에 기초한 논리적 답변이 너무도 부족했기 때문이다. 그 점을 정확하게 꿰뚫어본 교수가 나에게 던진 한 마디는 아직도 뇌리에 남아 있다. "수학을 잘한다고 물리학을 잘하는 것은 아닙니다." 면접이 주요 원인인지는 알 수 없지만, 솔직히 낙방의 이유보다 물리적 감각의 부족을 절실하게 느꼈던 면접이었기에 아직도 기억에 남아 있다. 그래서 아쉬웠던 개인적인 경험을 보상받고 싶은 심정 때문이라고나 할까, 보온병의 원리를 이번 장의 목적으로 삼아 진행해보려고 한다. 이를 위해서는 〈그림 18.3〉에서 던져졌던 질문인 적은 양의 물이 왜 먼저 끓는지에 대한 문제부터 짚고 넘어갈 필요가 있다.

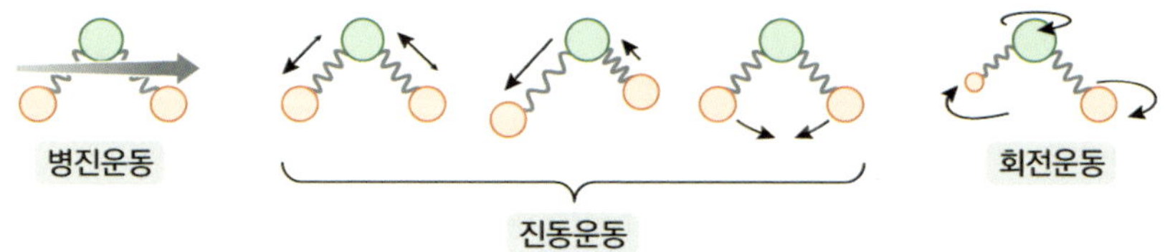

▲ 그림 18.4 움직이거나, 진동 혹은 회전하는 물 분자의 운동

주어진 문제 해결을 위해서는 '열'과 '열에너지', 그리고 '온도'의 차이가 무엇인지부터 명확하게 이해하여야 한다. 얼른 듣기에는 3개의 개념이 상당히 비슷하게 느껴져 무슨 차이가 있는지 알아채기 힘든 물리량이다. 이들의 물리적 의미의 차이를 구분하기 위해서는 원자의 세계에서 들여다볼 필요가 있다. 위의 그림처럼 수소 원자

(그림의 붉은색 원) 2개와 산소(초록색 원) 원자 1개로 이뤄진 물 분자들은 크게 3가지 종류의 운동이 가능하다. 분자 전체가 움직이는 병진운동, 분자를 이루는 원자들 사이의 인력으로 서로 떨리는 3가지 유형의 진동운동, 그리고 회전하는 회전운동이다. 이때 발생하는 에너지를 각각 병진에너지, 진동에너지, 회전에너지라 하고, 이들 세 에너지의 총합이 운동에너지이다.

얼음은 물의 분자 간 강한 힘으로 묶여 있어 움직이지 못하여 고체로 존재한다. 그래서 한 장소에서 다른 장소로 입자가 이동할 수 없어 병진에너지나 회전에너지는 거의 존재하지 않고, 진동에너지만 주로 가지고 있다. 액체 상태의 물 분자들은 서로 간에 당기는 힘은 강하지 않다. 그렇다고 기체처럼 뿔뿔이 흩어지게 하지 않고 또한 고체처럼 일정한 장소에 머물게 하지는 않고, 일정 부피 안에 존재하도록 하는 힘은 가지고 있다. 그래서 그 테두리 안에서 분자들이 제각각 움직이는 액체 상태의 물은 얼음 상태의 진동에너지보다 클 뿐더러 병진운동에 의한 에너지도 가지고 있다. 기체의 경우는 고체와 액체와 달리 사실상 분자 간의 힘이 거의 없어서 물 입자는 완전히 자유롭게 움직일 수 있다. 당연히 진동과 회전에너지도 액체나 고체와 비교하여 크다. 하지만 기체 분자의 운동에너지의 대부분은 자유롭게 움직이는 병진에너지이다.

이렇게 기체와 액체, 고체에 따라 운동의 차이는 있지만 모든 물 분자가 운동에너지를 가지고 있다. 이때 이들의 운동에너지를 모두 합한 에너지가 바로 열에너지이다. 반면 온도는 입자의 평균 운동에너지로, 모든 입자의 운동에너지의 총 합인 열에너지를 전체 입자 수로 나눈 값이다. 따라서 분자 수는 같더라도 고체 상태보다 기체의 상태가 열에너지도 높고, 분자당 에너지도 크기 때문에 온도가 더 높다.

이제 열에너지와 온도의 정의를 이용하여, 〈그림 18.3〉의 사고 실험을 정량화한다면 다음과 같이 볼 수 있다. 20℃의 실온에서 왼쪽의 냄비는 물 분자가 500개가, 오른쪽은 100개가 들어 있다고 가정하자. 물론, 냄비 안의 물 분자의 수는 상상을 초월할 정도로 많지만, 우리가 생각할 수 있는 범위로 분자의 수를 놓아도 논의를 이끌어나가는 데 전혀 문제될 것이 없다. 아직은 열을 가하기 전이라 하고, 두 냄비에 담긴 물의 양은 다르지만 실온에 놓여 있으므로 모두 20℃라고 하다. 설혹 처음에는 20℃가 아니어도 충분한 시간 동안 놓아두면 실온과 같은 온도가 되는 것은 너무 당연하다.

액체 상태에서 물 분자의 운동에너지의 상당 부분은 병진에너지이다. 그래서 〈그림 18.3〉 ①에서 확대된 물 분자들을 보면 어떤 분자는 빠르게 움직이고 또 다른 분자는 느리게 움직인다. 당연히 물 분자들은 움직이는 속도에 따라 각각 다른 운동에너지를 가진다. 논의의 편의상 단위는 생략하고 있다. 분자의 운동에너지는 각각 다르지만 평균적으로 20의 운동에너지를 가진다고 할 때, 왼쪽 냄비 안의 물의 분자 수가 500이므로 운동에너지의 총합은 10,000이고, 오른쪽은 100개이므로 2,000이 된다. 정의에 따라 각각의 열에너지에 해당한다. 이 사실로 우리가 물이 뜨겁거나 차갑게 느끼는 이유는 열에너지 때문이 아니라는 사실이 명확해졌다. 열에너지가 5배의 차이가 있음에도 각각의 물에 손을 담그면 똑같은 따뜻함을 느끼기 때문이다.

물의 뜨겁고 차가움을 느끼는 것은 온도에 의해 결정된다는 것은 굳이 위의 과정을 거치지 않더라도 삼척동자도 아는 사실이다. 온도가 물 분지의 운동하는 속도에 따라 달라지는 값이라는 사실로부터 유추할 수 있겠지만, 물이 뜨겁다는 것은 물 분자의 운동이 아주 활발하여 강하게 우리 피부를 때려 느껴지는 일종의 통증이다. 왼쪽 냄비의 물의 열에너지가 훨씬 많지만, 실온과 같은 20℃인 두 냄비 안의 물 분자의 평균 운동에너지는 동일하므로, 우리에게 가하는 충격은 동일하여 따뜻함의 강도가 같은 것이다.

관성과 같은 공리인 열평형 상태

냄비 안의 물이 외부보다 온도가 높더라도 충분한 시간이 흐르면 결국 외부의 온도와 같아질 수 있는 것은 외부로 열을 빼앗겼기 때문이다. 반대로 온도가 더 낮은 물은 외부로부터 열을 흡수하여 물의 운동에너지가 증가하여 온도가 상승한다. 이는 우리가 세상을 살아가면서 경험에 의해 자연스럽게 터득한 사실이다. 그리고 보면 액체나 기체는 지금까지 이 책에서 다뤄왔던 대상과는 분명 다르지만 이들 사이에도 규칙이 있음을 알 수 있다. 물만 보더라도 0℃ 이하의 온도에서 얼음 덩어리가 되고, 100℃ 이상에서는 기체 상태로 존재하는 뚜렷한 상태의 변화가 있듯이 말이다. 그리고 이러한 상태 변화의 주요 원인은 열에서 비롯됨을 쉽게 추론해낼 수 있다. 따라서 열이라는 매개체를 이용하여 액체나 기체의 상태 변화를 기술할 수 있는 체계적인 이론을 만들어낼 필요성이 대두되면서 탄생한 물리학의 한 분야가 바로 열역학(熱力學)이다.

이름에서도 추론할 수 있겠지만 열역학은 열의 운동을 다루는 학문이다. 그런데 당시에는 원자의 존재를 알지 못하였다. 앞서 열에너지 혹은 온도 등을 분자의 운동으로 설명하니까 쉽게 수긍이 가듯, 원자의 세계에서 해석할 때 열이 수놓는 세계를 더욱 명확하게 이해하고 다룰 수 있다.* 그렇다면 원자의 존재를 모른 상태에서 열이 물체에 일으키는 변화를 어떻게 기술하였을까? 이런 시대적 결핍에서도 자연을 이해하기 위해 인간이 어떤 지혜를 활용하였는지를 배우는 것은 향후 여러분이 맞닥뜨릴 문제 해결에 도움을 줄 수 있을 것이다.

열역학이 태동하던 시기에는 열을 칼로릭(다음 장에서 더 자세히 설명될 것이다)이라는 가상의 물질로 생각했다. 고육지책으로 만들어진 개념이지만, 맥스웰이 전자기 유도를 설명하기 위해 떠올린 격자, 그리고 빛이라는 파동의 매개체로 가상의 에테르를 믿고 있었던 시기였음을 떠올린다면 칼로릭은 시대의 흐름에 따른 멋들어진 아이디어라 볼 수 있다. 칼로릭을 열로 생각하면서, 열의 전달은 칼로릭의 이동으로 해석할 수 있는 근거가 되었기 때문이다.

다음 단계로 열인 칼로릭이 활동할 무대, 즉 칼로릭을 흡수하고 전달할 수 있는 대상을 계(系, system)라는 공간으로 정의하였다. 계는 기본적으로 우리가 관심을 갖는 공간이다. 물이 담긴 냄비를 하나의 경계로 삼아 냄비 내부를 계로 정하면, 냄비 내의 물과 공기 분자들이 계의 구성원이 된다. 그리고 냄비 경계 밖에 있는 모든 것, 예를 들어 냄비 밖의 공기 분자, 냄비를 구성하고 있는 분자, 테이블, 방 등 그 밖의 모든 것이 주변이다. 물론 경계는 상상의 영역이므로 우리가 원하는 대로 정의할 수 있다. 냄비 안의 물만을 계로 잡

---

* 원자와 분자는 모두 물질을 구성하는 기본 입자라는 점은 같다. 하지만 원자는 물질을 이루는 가장 작은 기본 단위로서 수소, 산소, 탄소 등을 일컫는 용어이고, 분자는 2개 이상의 원자가 결합하여 물질의 성질을 나타내는 가장 작은 입자이다. 즉, 원자는 더 이상 쪼개지지 않는 기본 입자인 반면, 분자는 원자들이 모여서 만들어진 더 큰 입자이다. 그런 의미의 차이는 있지만 본문에서는 원자와 분자를 구분하지 않고, 사용하고 있듯 이 책에서는 두 용어가 의미하는 바가 동일하다고 보면 되겠다.

으면 냄비 안의 공기가 이번에는 주변으로 바뀐다. 따라서 열역학에서는 계를 규정하는 테두리를 먼저 잡는 것이 첫 번째 작업이다. 그리고 열에 의한 계의 역학적 행동에 영향을 주는 변수로 압력, 부피, 그리고 온도라는 물리량을 삼았다.

이렇게 체계를 갖춰가던 열역학 역시 다른 학문처럼 자신만의 공리가 필요했다. 그래서 뉴턴이 관성을 첫 번째 공리로 삼았듯 열역학도 이에 상응하는 공리인 열의 교류가 없는 평형상태, 즉 열평형 상태를 열역학 제0법칙으로 정하였다. 그런데 의아하게 여겨지는 것이 '0'이라는 수를 사용했다는 점이겠다. 이유는 뒤에서 소개될 제1법칙이나 제2법칙보다 나중에 정의되었기 때문이다. 그럼에도 '3'이 아닌 '0'이라는 특별한 번호를 부여받게 된 것은, 이미 정의된 법칙에 새롭게 번호를 부여하여 혼선을 불러일으키게 하지 않기 위함과 열평형 상태라는 법칙이 열역학의 출발점이라는 가장 핵심적인 의미임을 부각시키기 위함이었다. 열평형은 뉴턴의 관성과 같은 급으로, 힘의 법칙이 관성에서 시작하여 체계를 갖추었듯 열과 관련한 법칙인 열역학도 열평형을 출발점에 해당하는 공리로 삼아 만들어진 학문 분야이다.

열역학 제0법칙을 좀 더 풀어서 쓴다면, 서로 다른 두 계 A와 B가 또 다른 계 C와 각각 열평형 상태를 이루고 있다면, A와 B 역시 서로 열평형 상태에 있다는 법칙이다. 마치 a와 b가 각각 c와 같다면 a와 b도 같다는 논법이다. 열평형은 단어에서 풍기는 의미 그대로 외부와 온도가 동일한 상태에 있어 어떤 열의 교류가 없다. 엄밀하게는 교류가 있지만 열에너지나 온도의 변화가 없는 상태라 하는 것이 더 정확하겠다. 이렇듯 열평형 제0법칙은 어떤 계이건 서로 만났을 때 최종 목적지인 온도가 같은 열평형으로 자연의 현상이 자발적으로 이뤄진다는 의미를 내포하고 있다. 물체에 힘을 가하여 운동을 변화시켜도 그 운동의 목적지가 관성이듯 말이다. 이때 열평형을 이루는 과정에서 이뤄지는 열에너지의 교환을 '열(熱)'이라고 정의한다. 즉, 열은 에너지의 전달되는 상황을 일컫는 것이지 에너지가 아니다.

이제 우리는 첫 번째 질문, 적은 양의 물이 왜 빨리 끓는지를 설명할 수 있다. 상온에 놓인 두 냄비 안에 담긴 물의 온도는 아직 가열 전이라 열역학 제0법칙에 의해 동일한 온도, 즉 두 물의 평균 운동 에너지가 같다. 단지 양의 차이로 열에너지만 다를 뿐이다. 이제 똑같은 열원에서 두 냄비를 가열하여 열에너지 1,000을 동등하게 두 냄비에 공급하였다고 할 때, 왼쪽의 물은 총 11,000의 열에너지이고 오른쪽은 3,000이 된다. 하지만 왼쪽의 물 분자의 수가 500개이므로 평균운동에너지, 곧 온도는 22℃이고, 100개의 물 분자를 지닌 오른쪽은 30℃가 된다. 이런 이유로 물 분자의 수가 적어서 같은 열을 주어도 더 빠르게 온도가 상승하는 것이다.

보온병의 원리

그러면 같은 온도에 놓인 두 냄비에 열을 가하였을 때 열이 어떤 경로로 물에 전달되는 것일까? 이 전달 경로가 보온병의 원리를 설명하는 핵심적인 개념으로, 3가지 방식으로 열이 전달된다. 그리고 이 방식 역시 원자론의 관점에서 바라볼 때 이해가 용이하다.

열원에서 발생한 열을 제일 먼저 공급받는 냄비의 가장 아래층의 분자들은 심하게 진동하면서 높은 열에너지를 가진다. 첫 번째 층 분자들의 열에너지는 두 번째 층 분자들에 진동에너지를 전달시

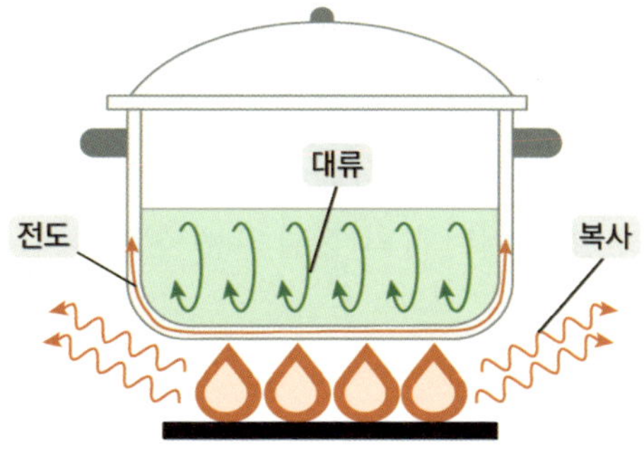

▲ **그림 18.5** 전도, 대류, 복사에 의한 열의 전달

켜 흔들게 하며, 연쇄적으로 냄비 전체가 달궈진다. 이처럼 냄비와 같은 고체들을 구성하는 분자들은 한 장소에서 다른 장소로 이동하지 않기 때문에 분자들끼리 떨림의 진동을 전달하면서 열에너지를 전달하는데, 이것을 전도(傳導)라고 부른다.

냄비의 열에너지는 이제 물로 전달된다. 하지만 물과 같이 액체나 기체의 경우는 전도의 방법이 아닌 대류(對流)로 전달한다. 분자들은 제자리에 있지 않고 움직이는 특성 때문이다. 열이 전달되면 더욱 빠르게 운동함에 따라 각각의 분자들은 다른 분자의 간섭 없이 운동하기 위해 더 많은 공간을 필요로 한다. 공기가 들어간 풍선을 따뜻한 방안에 놓으면 부풀려지는데 이것은 풍선 안 공기의 분자가 열에너지를 공급받아 운동에너지가 커짐에 따라 풍선의 내부벽을 더 강하게 충돌시켰기 때문이다. 즉, 분자들은 운동에너지가 많을수록 더 많은 공간을 차지하게 되어 밀도가 적어져 전체적으로 가벼워진다. 액체인 물도 풍선 안의 기체처럼 많은 열에너지를 공급받은 냄비의 바닥 쪽에 있는 물은 가벼워져서 위로 올라가고, 반면 상층부의 물은 상대적으로 무거워져 아래로 내려간다. 내려간 물은 냄비 바닥에 이르러서 열에너지를 공급받아 가벼워져 다시 위

로 올라간다. 이렇게 물 분자들은 뜨거워지면 위로 올라가고, 상대
적으로 무거워진 물 분자들은 아래로 내려가는 순환이 일어나면서
열에너지를 전달한다.

　냄비 속 물에 열이 전달되는 방법에는 얼른 눈에 띄지 않는 또
다른 세 번째가 있다. 바로 복사(輻射)이다. 분자들을 매개로 하지
않고 진공 상태에서 전자기 복사로 열에너지의 전달이 가능하다.
복사의 대표적 예는 태양으로부터 열을 받는 것이다. 태양과 지구
사이에는 진공 상태라 전도나 대류가 일어날 수 없지만 복사는 공
간을 통과할 수 있어서 태양으로부터 열을 받게 된다. 냄비 안에서
도 복사에 의해 물에 열이 공급되지만 전도나 대류에 비해 상당히
작은 양이다.

　열에너지의 이동인 열은 이처럼 전도, 대류, 복사의 3가지로 이
뤄진다. 그리고 보온병의 원리가 여기에 숨어 있다. 뜨거운 커피를
담은 보온병이 커피의 열을 보존하기 위해서는 열의 이동을 최소화
해야 한다. 즉, 전도, 대류, 복사에 의한 열의 이동을 차단하도록 설

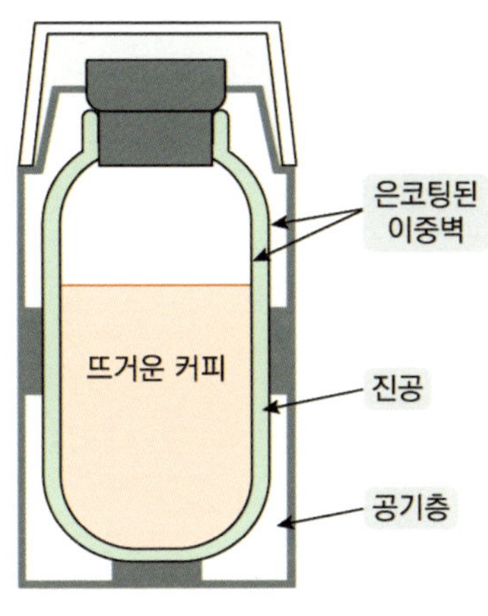

▲ 그림 18.6 보온병의 구조

계되어 있다.

　이중의 벽 구조 사이는 진공이며 안쪽은 은으로 도금된 유리벽으로 만들어져 있다. 진공상태라 열의 전도가 불가능할뿐더러 공기의 대류에 의한 열 손실도 최소화된다. 다만 뜨거운 커피에서 나오는 복사에너지가 외부로 방출되는 것까지는 막지 못하지만 대신 은도금 벽이 열을 다시 병 속으로 반사시키는 역할을 하여 복사에 의한 열 손실도 최소화한다. 이렇게 보온병은 열이 전달되는 원리를 응용해서 열이 최대한 밖으로 빠져나가지 않고 보존되도록 만들어진 발명품이다. 물론 완벽하게 3가지 열전달 방식을 차단하는 것은 불가능하여 미세하게나마 열의 손실은 발생한다. 오히려 열의 손실은 주로 마개를 통한 전도로 일어난다.

59 장

클라우지우스의 엔트로피

에너지 보존법칙을 주장한 세 과학자

뜨거운 커피가 담긴 컵을 방에 두면, 커피는 외부로부터 열을 빼앗겨 열평형에 도달할 때까지 저절로 식게 된다. 그런데 왜 그 반대인 주변으로부터 열의 공급은 받지 못하는 것일까? 그러니까 열평형이 일어나는 근본적 이유는 무엇일까? 누구나 알겠지만 열은 뜨거운 곳에서 차가운 곳으로 이동하지 그 반대로는 결코 일어날 수 없다. 그래서 생각지도 못한 질문이기도 하지만, 이 질문이 열역학의 가장 심오한 원리 중 하나인 엔트로피의 탄생을 이끌었고, 또한 통계역학의 또 다른 물리학 분야를 이끌었다면 한 번 생각해볼 만한 가치는 있지 않을까? 9장에서 잠깐 다뤘던 바 있고, 또 살아가면서 은연 중 몇 번쯤 귀에 들어보았을 엔트로피, 과연 무엇을 의미하는 물리량일까?

커피를 하나의 계로 생각하겠다. 당연히 컵을 포함한 나머지 모든 것이 주변이다. 처음에는 주변에 비해 계가 매우 높은 온도에 있었겠지만, 서서히 주변에 열을 빼앗기면서 온도가 낮아져 계 내부의 입자들의 평균 운동에너지가 작아진다. 사라진 에너지는 당연히 주변이 흡수한다. 따라서 커피의 열을 흡수한 주변의 온도가 상승해야겠지만, 이를 알아채기는 힘들다. 이유는 계에 비해 주변이 워낙에 커서 커피로 얻어진 열로 주변의 온도가 상승하기에는 너무도 미약하기 때문이다. 물론 주변이 계와 비슷한 정도의 크기라면 상승한다. 중요한 점은 계가 에너지를 어느 정도 잃었다면, 주변은 정확히 같은 양의 에너지를 얻을 것이라는 점이다. 우리가 알고 있는 에너지 보존법칙에 의해 당연하다. 그런데 앞에서도 나왔지만 이런 위대한 법칙인 에너지 보존법칙은 어떻게 알아내게 되었을까?

패러데이의 전자기 연구에 매료되어 있던 제임스 줄(1818~1889)은 그의 발명품인 전기모터에 특별한 애착을 가지고 연구하고 있었다. 그러던 중 전기모터가 작동하면 할수록 뜨거워지는 현상을 보며 의문이 떠올랐다. "왜 전기모터는 작동할수록 뜨거워지는 것일까? 전기모터의 동력과 열의 양은 사실 공급된 전기의 양과 같은 양이 아닐까?"

줄이 이런 의문을 품을 당시에는 아직 열이나 에너지, 온도 등 모든 것이 제대로 정의되어 있지 않은 시기였다. 그래서 열이 에너지이고, 또한 일을 발생시킬 것이라는 생각도 하지 못하였다. 그는 자신의 의문점을 밝히기 위해 어떤 하나의 시스템에 투입된 일과 그 시스템으로부터 방출되는 열의 양을 아주 정밀하게 측정할 수 있는 방법에 대한 고민을 하였다. 어떻게 두 물리량을 정량화하여 비교할 수 있을까? 수많은 고민 끝에 1845년, 줄은 물갈퀴 달린 바퀴 실험 장치를 고안하여, 일과 열을 수치화하는 실험 장치를 제작할 수 있었다.

줄은 도르래에 연결된 추가 중력에 의해 낙하하면서 물이 채워진 상자 안의 프로펠러를 회전시키도록 장치를 꾸몄다. 그러니까 추가 낙하면서 행한 일 $W = mgh$가 프로펠러를 회전시키고, 프로펠러는 물을 휘저어놓고, 이는 자연스럽게 마찰열을 발생하여 물을

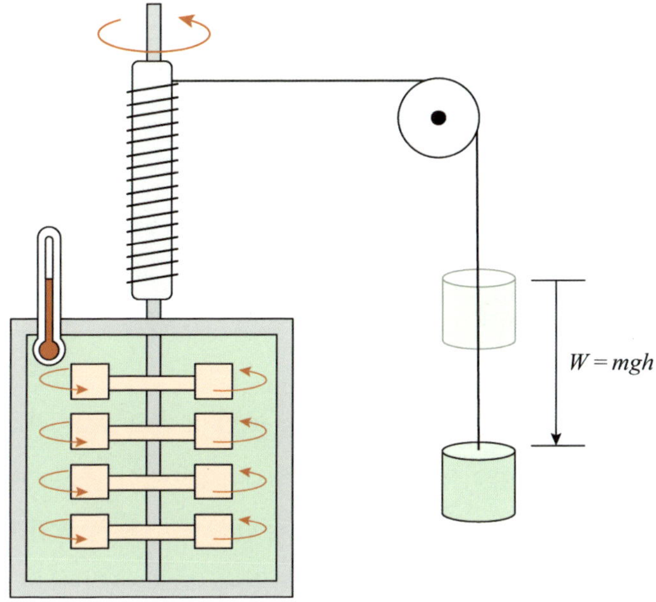

▲ **그림 18.7** 제임스 줄이 일과 열의 관계를 밝히기 위한 실험 장치 개요

데워 온도를 증가시키도록 만든 것이다. 한 마디로 추의 위치에너지
와 물의 온도를 측정하여 두 물리량의 상관관계를 파악하는 것이다.

수차례 실험을 시행하면서, 추가 낙하하면서 한 일의 양과 물이
공급받은 열의 양이 정확하게 비례한다는 사실을 밝혀낼 수 있었
다. 그래서 줄은 특정한 높이에서 추를 떨어뜨리기 시작하면 언제
나 동일한 양의 열을 발생시킨다는 실험 결과를 1850년《열의 역학
적 등가에 관해서》*라는 제목의 논문을 출판하였다. 하나의 운동으
로 다른 운동을 발생시킬 때 그 양은 처음 운동의 양에 비례한다는
사실과 더불어 에너지가 새로운 형태로 바뀔 수는 있어도 결코 사

---

* Joule, J.P (1 January 1850) "On the mechanical equivalent of heat," Philosophical
Transactions of the Royal Society of London, vol.140, Part 1, pages 61–82.

라지거나 생기는 것이 아니라는 주장이 담긴 논문이었다. 이 가설이 에너지 보존법칙의 효시였다. 당시에는 에너지라는 용어가 정립되지 않아서 '힘의 보존'이라고 하였지만 말이다.

줄이 제안한 에너지 보존이라는 가설은 비슷한 시기 2명의 자연철학자의 도움을 받아 가설의 딱지를 떼고 법칙으로 발전하게 되었다. 그들은 독일의 의사 출신 물리학자 율리우스 폰 마이어(1814~1878)와 역시 독일의 철학자이자 과학자인 헤르만 폰 헬름홀츠(1821~1894)이다.

줄을 먼저 언급하였지만 에너지 보존의 개념을 처음 생각한 이는 생리학자였던 마이어였다. 그는 열대 지방에서 근무하던 중에 그곳에 거주하는 원주민의 정맥피가 유럽인보다 훨씬 빨간 것에 주목하고, 그 이유에 대해 고심을 거듭하였다. 보통 우리 몸의 구석구석을 돌며 산소를 순환시키는 역할을 담당하는 동맥혈은 밝은 선홍색을 띠고 있다. 그런데 동맥혈 속의 산소는 섭취된 음식물과 반응하여 열을 발생시키고, 그 열은 사람이 활동하는 역학적 일로 소모되는데, 이 과정을 통해 산소가 빠져나간 피는 짙은 적갈색을 띠게 된다. 이 피를 정맥혈이라 한다. 그런데 왜 추운 지방에 비해 열대지방 사람들의 정맥피가 동맥피에 가까운 선홍색을 띠는 것일까?

이유는 어렵지 않다. 피 안에 산소량이 많기 때문이다. 그래서 질문을 이렇게 바꿔야 한다. 왜 그들 혈액에 더 많은 산소량이 있는 것일까? 이 점에 의아심을 가진 그는 적도지방의 사람들의 활동이 더 적은 데에서 기인한다고 판단했다. 그러니까 역학적 에너지의 소모량이 적어서 열대 지방 사람들의 정맥피에 산소가 많이 남아 있기 때문이라는 가설로, 음식을 통해 피에 공급된 산소량과 신진대사나 역학적 일로 소모된 산소량이 비례할 것이라는 추측을 한 것이다. 이러한 사실을 직접 확인하기 위해 그는 많은 시간 동안 관찰을 하였고, 마침내 1842년, 화학적 에너지, 열에너지, 역학적 에너지 등이 서로 같은 종류의 물리적 양이라는 결론을 내리면서, 전체 에너지가 보존된다는 주장을 펼칠 수 있게 되었다.

생리학학자였던 마이어가 에너지 보존법칙을 제안한 것은 놀라운 일이다. 하지만 그의 취미가 다양한 종류의 전기장치와 공기 펌프를 만드는 것이었고, 비록 의학을 공부했지만 물리학에 상당한 열정을 가지고 있었다는 사실에 고개가 끄덕여진다. 그렇지만 정통 물리학자가 아니라는 한계성이 1841년 6월,《힘의 정량적 및 정성적 측정에 관하여》*라는 논문에서 제안한 에너지 보존법칙의 주장은 너무 사색적이라 물리학 논문이 되기에는 미흡하다고 판정받아 수록을 거절당했다. 이후 '화학 및 약학 연보'에 기고가 되긴 했지만, 실험을 통해 훨씬 논리적인 접근을 한 제임스 줄에게 에너지 보존법칙을 발견한 공로를 뺏기게 되었다.

한편 근육이 움직이는 힘의 근원에 관한 연구를 하던 헬름홀츠는 위의 두 사람의 연구결과를 접하면서, 동물에게 발생되는 열이 자동적으로 발생되는 것이 아니라 오직 음식물의 화학적 에너지에 의해 발생한다는 사실을 확인했다. 화학적 힘이 근육을 움직이는 동력으로 작용하여 근육의 수축과 이완을 일으키고, 이 과정에서 만들어지는 마찰에 의해 열이 발생한 것이라고 하였다. 그러면서 이러한 에너지의 전환 과정이 섭취한 음식물이 담고 있는 영양분보다 더 만들어지거나 덜 만들어지는 것이 아니라, 딱 섭취한 만큼 전

---

* Mayer, Robert (1841). 논문: '자연력에 대한 논평'; Lehninger, A. (1971). Biogenergetics –the Molecular Basis of Biological Energy Transformations, 2nd. Ed. London: The Benjamin/Cummings Publishing Company.

환된다고 주장했다. 헬름홀츠 또한 마이어와 비슷한 맥락에서 힘의 보존 법칙, 아니 에너지 보존법칙을 이야기한 것이다.

이렇게 3명의 자연주의 과학자에 의해 힘의 보존법칙이 형식화되었고, 1850년대 에너지라는 용어가 사용되기 시작하자 헬름홀츠는 자신이 주장한 힘의 개념이 에너지임을 지적함으로써 마침내 에너지 보존법칙이 물리학자들 사이에 받아들여지게 되었다. 일을 만들어주는 근원인 에너지는 다른 형태로 전환만 이루어질 뿐 절대 생성되거나 소멸되지 않는다는 에너지 보존법칙은 전 우주의 흐름을 설명하는 가장 커다란 법칙 중 하나로 열역학 제1법칙이기도 하다.

카르노 기관

뜨거운 커피처럼 고온의 계는 왜 항상 주변으로 에너지를 전달할 뿐 열의 공급을 받지 못하는지에 대한 문제를 에너지 보존법칙이라는 정보로 해결하기에는 아직 부족하다. 에너지가 보존되어야 한다는 대원칙에서 커피가 열을 흡수할 수도 있기 때문이다. 그런데 또 다른 정보인 열평형이라는 열역학 제0법칙까지 포함하면 설명이 가능하다. 열평형 상태를 이루기 위해서는 커피의 온도와 주변의 온도가 같아야 하고, 에너지 보존으로 새로운 열이 추가 혹은 사라질 수 없으므로 커피의 온도가 주변의 온도로 옮겨질 수밖에 없다. 그렇지만 왜 자연의 현상은 열평형을 향해 움직이는 것인지에 대한 의문까지는 해결하지 못한다. 여러분의 뇌를 짜증나게 만들지 않기 위해 답부터 밝힌다면 엔트로피라는 개념을 정의한 열역학 제2법칙 때문이다. 이 법칙이 열은 뜨거운 곳에서 차가운 곳으로 흐를 수밖에 없다는 것을 명확하게 설명한다.

　물리학에서 가장 중요하면서도 이해하기 어려운 개념 중 하나로 꼽히는 엔트로피는 분자 간의 충돌, 거대한 폭풍우, 우주의 시작부터 진화 그리고 피할 수 없는 종말까지 설명이 가능하고, 또 시간의 방향을 결정하고 생명이 존재하는 이유도 밝힐 수 있는 존재로 알려져 있다. 그래서 엔트로피는 '시간의 화살'이라는 애칭으로 불리기도 한다. 이처럼 포괄적인 자연의 현상을 설명할 수 있는 엔트로피에 숨겨져 있는 의미를 파악하는 것은 정녕 쉬운 일이 아니다. 굳이 비교하자면 아인슈타인이 통찰한 등가원리처럼 원리 자체를 이해하는 것은 어려운 점이 없으나, 거기에 담겨진 진정한 함의를 깨달아야 시간의 지연, 공간의 휨 등까지 나아갈 수 있는 것처럼 말이다. 엔트로피 그 자체의 이해는 쉬울 수 있지만, 이를 가지고 자연의 현상을 해석하는 것은 또 다른 문제인 것이다. 물리학을 어렵게 느끼게 하는 이유이기도 하다. 하지만 그런 몫은 물리학자들에게 맡기고, 우리는 의미와 그 속에 담겨진 지혜를 알아두는 것만으로도 충분하겠다.

　엔트로피의 개념이 밝혀지기 전 시대에는 사실 열에 대해서도 정확하게 알지 못하였다. 줄이 열과 일의 관계를 밝히는 실험을 통해 열이 일을 할 수 있는 존재이자 에너지라는 사실에 대해 발표하였지만, 당시에는 그저 가설에 불과할 뿐 이를 진실로 받아들이는 학자는 많지 않았다. 그래서 18세기까지 열은 일과 무관한 '칼로릭'이라는 질량이 없는 입자들이 모인 유체라 믿었다. 뜨거운 물체가 열을 내는 것은 우주 전체에 흐르고 있는 칼로릭을 많이 흡수했기 때문이라는 것이다. 또한 칼로릭 사이에는 척력이 작용하는 성질이 있어 열의 확산과, 온도가 높으면 부피가 증가하는 성질을 지닌 것으로 설명되었다. 분자들의 움직임으로 열을 이해하고 있는 우리의 입장에서 볼 때 칼로릭의 해석은 확실히 어색하고 앞뒤 맥락이 어설프게 느껴지지만, 에테르의 존재를 믿고 있던 시대적 풍조와 맞물려 열의 성질을 설명하는 데에는 이만한 대안을 찾기 힘든 최상의 상상물이었다.

이렇게 허구의 물질인 칼로릭을 만들 정도로 열에 대한 호기심이 강하게 증폭된 데에는 시대적 상황에 기인하였다. 18세기에는 선박, 동력, 광석, 채굴, 그리고 항구 굴착에 사용되고 있었던 증기기관이 국가의 미래산업과 얼마나 강한 군사력을 보유하고 있는지를 가늠하는 척도로, 이러한 열기관의 가장 핵심적 본질은 투입 대비 최대 효율을 어떻게 하면 뽑아낼 수 있는지였다. 우리가 매일 사용하는 자동차만 하더라도 연료를 태워 굉장히 높은 온도를 만들고, 그걸 이용해서 동력이라는 에너지를 만들어내 움직이는데, 이때 투입된 연료 대비 실제 동력에 사용되는 양의 비율이 바로 열효율이다. 하지만 지금 시대의 자동차의 열효율만 해도 20에서 30% 정도 밖에 되지 않는다. 나머지는 그냥 사라진다. 너무도 아깝지 않은가. 그래서 열효율을 높이기 위해 지금도 현장에서는 연구가 활발하게 이뤄지고 있다. 그러면 얼마나 효율을 높일 수 있을까? 100%의 효율은 가능한 것일까?

이 문제는 열효율을 극단적으로 뽑아낼 수 있는, 그래서 실제로는 존재할 수 없지만 아주 이상적인 꿈의 카르노 기관이 답을 해주었다. 이름으로 알 수 있지만 프랑스의 기술자이자 자연철학자인 사디 카르노(1796~1832)의 작품이다. 카르노 기관은 현실세계에서는 구현할 수 없는 효율이 최대인 이상적인 열기관으로, 그래서 어떤 기관도 카르노 기관의 열효율보다 높을 수는 없다.

물레방아를 유비의 대상으로 삼아 생각하면 카르노 기관을 이해

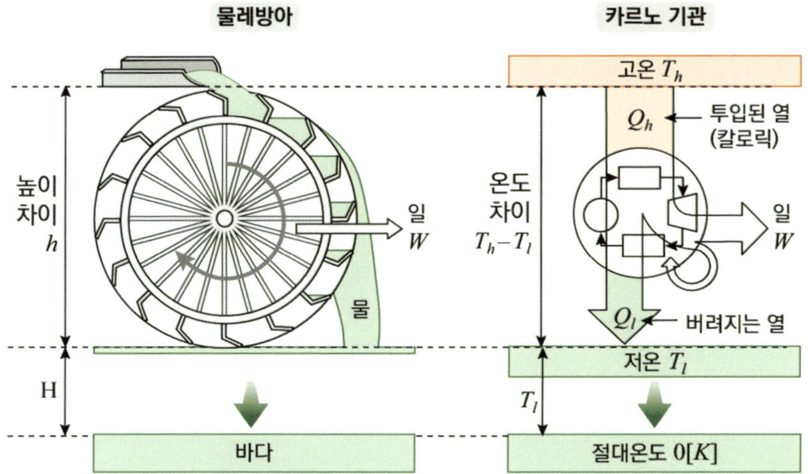

▲ **그림 18.8** 물레방아와 카르노 기관의 작동기제의 비교

하기가 용이하다. 물레방아가 일을 수행하기 위해서는 반드시 높이의 차가 있는 곳에서 떨어지는 물이 있어야 한다. 〈그림 18.8〉에서 높이의 차 h인 곳에서 떨어지는 물의 위치에너지 mgh가 물레방아를 회전시키는 일을 수행하는 에너지이다. 비슷하게 카르노 기관은 높이의 차가 아닌 온도의 차로 작동된다. 고온부 T_h와 저온부 T_l 사이의 온도 차 $T_h - T_l$가 있어 열, 당시의 개념으로 말한다면 칼로릭이 이동해 일을 하게 된다. 그런데 아무리 이상적인 완벽한 기관이어도 열효율은 100%가 될 수 없다는 사실을 카르노 기관이 답을 해주고 있다. 고온부에서 공급된 열 Q_h로 일을 하고 난 나머지 열 Q_l이 저온에서 버려지기 때문이다.

가령 700의 열로 작동되는 카르노 기관이 있다. 현실에서야 마찰 등 여러 요인으로 열의 손실이 발생하지만, 카르노 기관은 완벽한 이상적 기관이라 열의 낭비 없이 700의 열로 충분히 작동된다.

이제 카르노 기관을 작동하기 위해 고온부에서 1,000의 열을 공급하였다고 하겠다. 카르노 기관은 700의 열을 사용하므로 나머지 300의 열이 버려진다. 따라서 카르노 기관의 열효율은 70%이다. 그런데 어째 이상하지 않은가? 열을 700만 공급하면 열효율은 100%가 될 수 있는데 왜 굳이 1,000의 열을 공급하여 300의 열을 낭비하는 것인가? 당연한 이야기로 보이는데, 현실적으로 불가능하다. 이 이유 역시 물레방아에서 찾아낼 수 있다.

〈그림 18.8〉에서 물레방아를 회전시키는 데 사용된 물의 위치에너지는 모두 소모된 것일까? 그렇지 않다. 일을 수행한 물은 냇물을 따라 하염없이 아래로 계속 흘러간다. 이유는 물이 아래로 내려갈 수 있는 위치에 있어서 위치에너지가 아직 있기 때문이다. 위치에너지가 0이 되는 바다에 도착해서야 물은 더 이상 아래로 흐르지 않게 된다. 즉, 물레방아를 회전시키는 데 사용된 위치에너지는 사실 해수면과의 높이의 차이 $mg(h+H)$이고, 물레방아를 회전시키고 남은 위치에너지는 mgH인 것이다. 그런 점에서 물레방아는 효율이 굉장히 낮은 기관이라 할 수 있다. 물의 위치에너지의 대부분을 사용하지 못하기 때문이다. 바다에 접한 해수면, 즉 $H=0$인 지점에서 작동시켜야 물의 위치에너지를 100% 사용할 수 있다. 하지만 그 지점까지 내려오는 데 사용된 위치에너지도 사용하지 못한 것이라 마찬가지이다.

카르로 기관도 비슷하다. 효율이 100%라는 의미는 투입된 열을 완벽하게 일에 사용하고, 카르노 기관에 열이 전혀 남아 있지 않아야 한다. 그런데 열이 존재하지 않는다는 것은 무엇을 뜻하는 것일까? 기관을 구성하는 모든 분자의 운동이 멈춰 있다는 것이다. 열이 없다는 것은 분자들의 운동에너지가 0이어서 열에너지가 없는 상태를 의미하기 때문이다. 온도의 정의로 보면 0℃인 셈이다. 그러면 물이 언 얼음의 운동에너지가 0이라는 것일까? 그것도 그렇지 않다. 육안으로 확인할 수는 없지만 얼음 분자의 진동에너지가 존재하여 운동에너지가 있는 상태이다. 그러면 얼마만큼의 온도일 때 모든 분자의 운동이 멈추게 되는 것일까?

섭씨 영하 273.15℃에 해당하는 상상하기 힘든 극저온일 때 발생한다. 이때의 온도에 상징성을 부여하고 또한 기존의 섭씨온도와 구분하기 위하여, 켈빈(K)이라는 단위를 사용하여 절대온도 0K이라 한다. 수학에서 특별한 언급이 없을 때 각도의 단위는 라디안이라고 하였듯, 과학이라는 학문에서도 온도는 모두 절대온도라고 보면 된다.* 따라서 우리 주변이 아무리 온도가 낮더라도 모든 물질을 구성하는 분자들은 항상 운동에너지를 지니고 있다. 마찬가지로 상온에서 작동되는 카르노 기관을 구성하는 분자들은 항상 운동에너지가 존재하여 열을 머금고 있다. 즉, 카르노 기관은 적어도 상온과 비슷한 온도여야 한다는 우주의 원칙에 의해, 앞서의 항상 300 정도의 열을 지니고 있다. 그래서 700의 열만 공급하면 300의 열을 뺀 나머지 400의 열로 기관을 작동시키는 데 사용되어 기관 작동에 필요한 최소한의 에너지에 미치지 못하므로 기관은 작동하지 않게 되는 것이다.

카르노 기관의 효율이 100%가 되기 위해서는 기관을 구성하는 분자의 운동이 완전히 멈출 수 있는 환경에서나 가능하다. 물레방아의 효율을 100%로 만들 수 있는 바다와 같은 위치에 해당하는 절

---

* 절대온도는 물질의 특성이나 기준에 따라 변하지 않는 의존하지 않는 온도 척도로, 켈빈 경이 1848년 제안한 온도이다. 그래서 절대온도의 단위는 켈빈(K)이다. 이렇게 정의된 0K은 섭씨 −273.15℃에 해당하는 온도로, 모든 입자의 유동에너지가 0이 되는 이론적으로 최저 온도이다.

대온도 0K에서 카르노 기관이 작동될 때 가능하다. 이처럼 이상적인 기관조자 열효율이 100%가 될 수 없으므로 현실에서는 열효율이 낮을 수밖에 없는 것은 너무도 당연하다.

한편 당시 열을 칼로릭이라고 믿고 있었던 시대라서 카르노 기관을 고안한 카르노 역시 열을 칼로릭으로 해석하였다. 그래서 고온부에서 공급받은 칼로릭이 일을 수행하고 저온부를 통해 빠져나가면서 구동되는 카르노 기관은, 물레방아의 상층부에서 하층부로 낙하하는 물의 양이 변하지 않듯 고온부에서 저온부로 흐르는 칼로릭의 양도 변하지 않는다고 가정하였다. 높은 온도에서 만들어진 따뜻한 칼로릭은 기관 안으로 들어가고, 기관은 칼로릭을 받아들이며 일을 만들어내고, 기관이 일을 할 수 있도록 임무를 완료한 칼로릭은 기관 바깥으로 방출되는 과정을 거치므로 칼로릭의 양은 처음의 양이 고스란히 배출된다는 것이다.

엔트로피의 발견

카르노 기관에서 고온부에서 공급된 칼로릭이 저온부에서 그대로 빠져나갔다는 점에서 카르노가 바라보는 일과 열은 서로 독립적인 관계였다. 그런데 줄의 연구 결과는 그렇지 않았다. 열이 일을 만들어내고, 열과 일의 총량이 언제나 보존된다는 상호변환적인 관계임을 주장한 것이다. 이 둘의 모순점을 재빠르게 간파한 과학자가 독일의 물리학자 루돌프 클라우지우스(1822~1888)였다. 그는 이 모순점을 어떻게 해결할 것인가 고민했다. 클라우지우스는 높은 곳에서 낮은 곳으로 열이 흘러간다는 카르노의 아이디어는 유지하면서 칼로릭은 보존된다는 생각을 과감하게 버리고 줄의 에너지 보존

법칙을 모순 없이 통합시킬 수 있었다. 하지만 설명하지 못한 문제가 있었다. 바로 자연 현상의 방향성을 설명하는 데는 한계가 있었다. 그러니까 열에너지가 항상 뜨거운 곳에서 차가운 곳으로 흐르는 것처럼, 한 방향으로 자발적으로 발생하는 자연 현상에 대한 그 본질을 명확하게 설명할 수 없었다.

한편 카르노와 줄의 이론 사이의 모순점을 눈치 챈 또 한 명의 과학자가 있었다. 방금 다뤘던 절대온도의 단위인 켈빈으로 더 잘 알려진 윌리엄 톰슨(1824~1907)이다. 사실 그가 먼저 두 이론의 모순점을 먼저 찾아냈지만, 처음에는 카르노의 주장에 더 신빙성을 부여하고 있었다. 그러다 클라우지우스의 논문을 접하면서, 열은 왜 항상 뜨거운 곳에서 차가운 곳으로 이동하는지에 관한 본질을 자신이 규명하기로 마음먹었다. 그때 즈음 돌턴의 원자설로 자연을 바라보는 시각을 원자론으로 해석하려는 몇몇 과학자들이 등장하였는데, 여기에 커다란 영감을 얻은 톰슨은 놀라운 주장을 펼쳤다. 물체를 밀어내거나 엔진을 가동하는 등의 일은 다름 아닌 운동하는 기체 입자들이 행한 것이고, 이런 기체 입자들의 역학적 운동은 열이 일으킨 것이라는 동역학적 이론을 제시한 것이다. 그리고 기체 입자들을 운동시킨 열은 다시 사용할 수 없는 형태로 흩어져 사라지는 속성을 지니고 있기에, 열이 더 차가운 쪽으로 이동하는 것은 너무도 자연스러운 현상이라는 것이다. 이렇게 열의 손실에 의한 일의 발생에 대한 동역학적 이론을 설명하기 위해 톰슨이 도입한 개념이 에너지이다. 이 시점부터 힘은 물체의 운동 상태를 변화시키는 요인으로, 그리고 에너지는 물체가 일을 할 수 있도록 만드는 존재라는 개념으로 분리되었다.

이러한 톰슨의 주장에 크게 감명을 받은 클라우지우스는 톰슨의

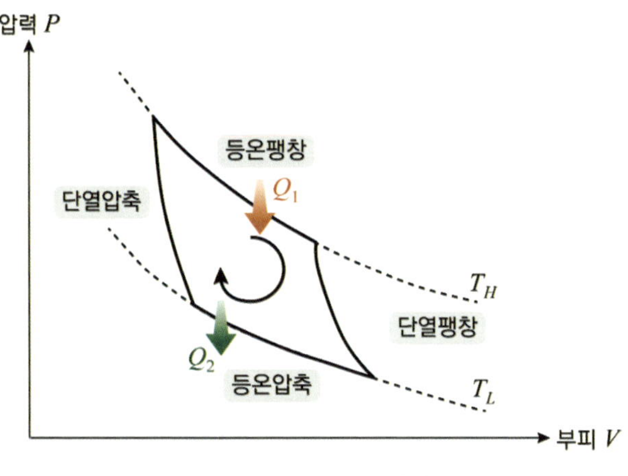

▲ 그림 18.9 카르노 기관의 사이클

아이디어를 수학적으로 정리하기로 다시 마음을 먹고 재차 도전하였다. 그리고 그는 카르노 기관에서 돌파구를 찾을 수 있었다. 앞에서 카르노 기관의 효율은 100%가 될 수 없다고 했다. 이때 기관 내부의 작동원리는 생략했지만, 간단하게 설명하자면 위의 그림과 같이 가역적인 등온 과정과 단열 과정의 사이클로 주어진 열을 모두 일로 전환할 수가 있다는 원리로 작동된다. 물론 현실적으로는 내부에서 마찰 등으로 상당한 열의 손실이 일어나지만 카르노 기관은 그러한 손실이 없는 아주 이상적인 기관인 것이다. 클라우지우스는 열역학 제1법칙을 바탕으로 카르노의 기관의 사이클을 면밀하게 분석하면서 너무도 중요한 사실을 찾아내 1854년, "변환의 등가 값에 관한 정리" 논문에서 열의 변환에 대한 연구 결과를 발표했다. 〈그림 18.9〉의 카르노 기관에서 고온 T_h에서 흡수한 열량 Q_h와 저온 T_l로 방출한 열량 Q_l 사이에 아래와 같은 관계씩이 성립함을 발견한 것이다.

$$\frac{Q_h}{T_h} = \frac{Q_l}{T_l}$$

클라우지우스는 이상적인 카르노 기관에서 성립하는 위의 등식을 바탕으로 실제의 열기관의 순환 과정을 현실에 맞춰 분석하였고, 그 결과 새로운 부등식을 도출하는 성과를 이룩하였다. 온도 T에 영향을 미치지 못할 정도의 무한소의 열 δQ가 빠져나갔을 때의 $\delta Q/T$의 값이 항상 양의 값으로 운동을 일으킨다는 것이다. 클라우지우스는 향후 열역학 제2법칙의 수학적 토대가 될 이 물리량을 '엔트로피' dS라고 명명하였다. 자연계에서 엔트로피가 0인 변화는 가역과정이고, 그렇지 않은 경우는 비가역과정으로 구분하였고, 비가역과정은 엔트로피 $dS > 0$인 방향으로만 발생하는, 그래서 클라우지우스는 엔트로피가 자연 현상의 방향성을 설명하는 나침반과 같은 존재임을 천명하였다. 우리가 현실에서 관찰하는 열이 뜨거운 곳에서 차가운 곳으로 흐르는 현상을 모두 엔트로피 증가 법칙으로 설명할 수 있게 된 것이다.

아이스 아메리카(이후에는 '아아'로 부르겠다)의 온도 T_c가 자신보다 더 높은 온도 T_h의 주위에 있다. 당연히 주변에 함유된 열 중 일부 δQ가 아아로 이동하는 것이 자연스러운 현상이다. 우리는 아주 찰나의 순간에서 주변의 무한소만큼 매우 작은 열이 아아로 이동하였을 뿐 온도의 변화는 일어나지 않았다고 가정하겠다. 이때 클라우지우스가 정의한 엔트로피에 따르면 '아아'의 엔트로피는 $\delta Q/T_c$만큼 증가하는 반면 주위의 엔트로피는 $-\delta Q/T_h$만큼 감소한다. 이렇게 각각의 계의 엔트로피는 증가 혹은 감소하기는 하지만 전체적인 엔트로피의 변화 dS는 증가한다.

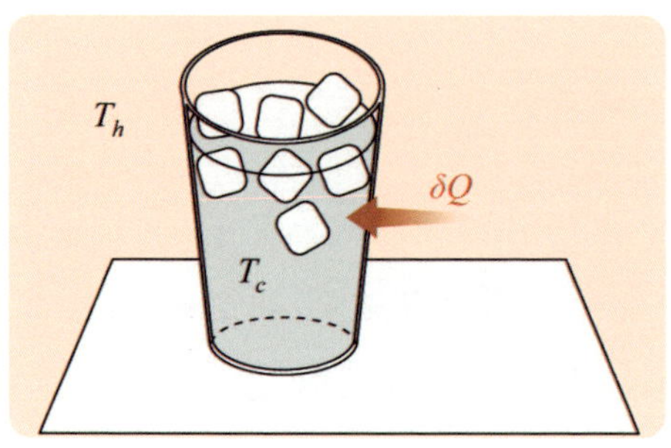

▲ **그림 18.10** 주위에 있는 δQ의 열이 온도가 더 낮은 '아아'로 이동하였을 때

$$dS = \frac{\delta Q}{T_w} - \frac{\delta Q}{T_e} > 0$$

dS가 0보다 큰 이유는 T_c가 T_h보다 더 작은 값이기 때문에 $\delta Q/T_c$가 $\delta Q/T_h$보다 큰 값이기 때문이다. 차가운 아아가 열을 흡수할 수밖에 없는 이유는 엔트로피가 자신의 값을 증가하는 방향으로만 자연의 현상을 흘러가게 만들어내는 존재이기 때문이다. 이 원리가 열역학 제2법칙으로, 자연 현상의 자발적인 변화의 방향을 판단해주기 때문에 엔트로피를 나침반과 같은 존재로 받아들이고 있다.

볼츠만의 엔트로피

모든 물질은 원자로 이루어졌다

누군가 파인만에게 "지구가 멸망하여 과학 지식이 전부 다 사라지고, 딱 하나만 남겨진다면 무엇이겠는가?"라는 질문에 그는 "모든 물질은 원자로 이루어져 있다"고 답하였다고 한다. 그런데 파인만이 누군가와 나눈 대화로 생각되지만 실제로는 《파인만의 물리학 강의》 책에 나오는 얘기로, 강연 중에 학생들한테 원자의 중요성을 설명하기 위해 대화식으로 말했던 내용이다. 어찌 되었든 그가 원자를 언급한 의미는 무엇이었을까? 세상 모든 현상의 발생 원리와 작동 방식 등 그 본질은 더 이상 쪼갤 수 없는 원자로 들여다보아야 파악할 수 있다는 과학에 대한 자신의 철학을 설파한 것이다. 뉴턴의 역학에서 벗어나 인간이 원자를 들여다본 이후 양자역학을 위시한 과학의 힘으로 문명의 발전이 이뤄졌다는 사실에서, 그는 학생들에게 자신이 평생을 걸쳐 얻은 깊은 통찰로 가장 중요한 것이 원자라는 점을 학생들에게 알리기 위해 대화체로 강의한 것이었다.

그런 점에서 시대상 어쩔 수 없겠지만 열역학은 파인만의 조언을 거슬리는 학문이다. 어떤 테두리 안에 갇힌 계를 대상으로 한 역학적 행동에 대한 이론이기 때문이다. 사실 계 내부에는 수많은 입자들로 가득 차 있어 입자들의 역학적 행동을 살펴야 함에도 말이다. 그렇다고 열역학이 잘못된 학문이라는 것은 절대 아니다. 인간이 밝혀낸 수많은 법칙 중에 아무리 세월이 흘러도 절대 바뀌지 않을 법칙에 열역학 제1법칙과 2법칙이 포함되어 있듯 오히려 다른 학문에 비해 완성도가 더 높다고 할 수 있다. 하지만 원자의 관점에서 들여다보지 않다보니 직관적인 측면에서 우리가 이해하기 힘들고, 다른 분야에까지 파급되는 확장성이 부족하다는 점은 있다.

1808년 돌턴의 원자설이 수면 위로 등장하면서, 과학계 여기저기에서 원자론으로 해석하려는 움직임이 일어나면서 열역학은 변혁의 길로 접어들었다. 확실히 원자론은 열역학 입장에서 자신의 존재를 부정할 수 있는 잠재적 위험 요소였다. 그리고 마침내 원자론으로 무장하여 열역학을 직접 공략한 과학자가 19세기 중반에 나타났다. 온도 혹은 열의 본질을 아주 작은 존재들의 진동과 운동이라는 새로운 시각으로 접근하려 했던 과학자, 그가 바로 물리학계의 이단아 루트비히 볼츠만(1844~1906)이었다. 열역학에 관련된 현상을 미시적 입자인 원자들의 운동으로 해석하고, 또한 확률과 통계로 분석하여 거시적인 열역학 성질을 재해석하여 통계역학이라는 새로운 물리학 분야를 만들어내면서, 과학계는 가장 이해하기 어려운 개념이었던 엔트로피의 진정한 본질이 무엇인지에 대해 깨닫게 될 수 있었다. 자신의 왕국을 건드리지 않고 새로운 왕국을 건설하였다는 점에서 열역학으로서는 다행스러운 일이었다.

볼츠만이 원자론으로 열역학을 해석하려는 혁신적인 발상을 할 수 있었던 계기는 전자기학의 거두 맥스웰의 업적의 하나인 기체분자운동론에서 비롯되었다. 맥스웰이 정립한 전자기학과 기체의 확률속도분포 해석론이 물리학을 완전히 바꿔놓을 것이라는 사실을 인식했던 몇 안 되는 물리학자 중 한 사람인 요제프 슈테판(1835~

1893)*은 그의 제자 볼츠만의 뛰어난 재능을 알아보고 맥스웰의 논문을 읽도록 권하였다. 볼츠만은 자신이 지닌 물리에 대한 천재적인 직관과 통찰력으로 기체 원자들의 속력 분포에 대한 맥스웰의 이론을 살펴본 결과, 수학적으로 명확할 뿐만 아니라 물리학적으로도 깊은 의미가 내포되어 있다는 사실을 간파하였다. 맥스웰의 이론을 접목하여 열의 정체, 나아가 엔트로피에 대한 의문을 원자의 관점에서 해석할 수 있을 것이라는 발상을 떠올렸다.

원자론으로 무장한 볼츠만의 눈에는 유체나 기체가 하나의 덩어리가 아닌 개개의 분자들로 구성된 세계였다. 하지만 뉴턴 역학이 지닌 명확한 한계를 익히 알고 있던 그에게는 분자들의 운동을 어떻게 해결해야 할지 참으로 난감하였다. 뉴턴 역학이 비록 태양과 행성 사이의 관계 등 1개 혹은 2개의 물체간의 상호작용을 위치, 속도, 에너지라는 물리량으로 완벽하게 해석하는 놀라운 이론이지만 3개 이상의 물체 사이의 상호작용, 즉 삼체(three body, 三體) 이상의 문제는 해석학적으로 불가능하였기 때문이다. 하물며 수없이 많은 기체 분자들 사이의 역학 관계는 시도조차 할 수 없는 영역이다. 사실 그런 연유로 열역학의 대상은 개개의 입자가 아닌 하나의 계를 택할 수밖에 없기도 하였다. 하지만 계를 원자들의 세계로 들여다보는 볼츠만에게는 수많은 입자들 사이의 상호작용을 다룰 필요성이 절대적이었다. 그렇다면 이것을 극복하기 위해 필요한 것은 무엇일까? 그는 맥스웰의 논문을 '바이블' 삼아 분자들의 운동을 확률과 통계적으로 처리하는 우회적인 방법을 찾아냈다. 그의 위대한 업적을 살펴보기 위해선 우리 역시 맥스웰의 기체 분자 운동론이

---

* 흑체의 단위 면적당 복사에너지가 절대 온도의 4제곱에 비례한다는 슈테판-볼츠만 법칙을 발견하였다.

무엇을 이야기하고 있는지부터 알아야겠다.

맥스웰이 구한 기체의 운동에너지의 분포함수

맥스웰은 기체 내 셀 수 없이 많은 분자들의 질량은 워낙에 작아 위치에너지는 무시할 수 있다 판단하고, 그것들의 속도가 어떻게 분포되어 있는지에 관심을 가졌다. 물론 분자 개개의 속도를 구하는 어리석은 짓은 할 수 없다. 그래서 분자끼리는 서로 상호작용하지 않는다고 가정하면서 모든 기체들이 지닌 속도가 어떻게 분포되어 있는지에 대한, 즉 속도의 분포함수만 구하려는 발상을 하였다.

열평형을 이룬 무한할 정도로 많은 기체의 분자들이 어떤 상자 안에서 제각각 다른 속도로 운동을 하고 있다. 분자들의 수는 무한한 정도로 많을 것이고, 속도의 크기와 방향도 모두 제각각이다. 논의를 단순화하기 위해 분자들이 2차원의 평면에서만 운동하며, 그 개수도 우리가 셀 수 있는 정도로 한정하겠다. 이제 기체가 들어 있는 상자 안의 온도는 T라고 할 때 온도는 상자 안의 열에너지를 기

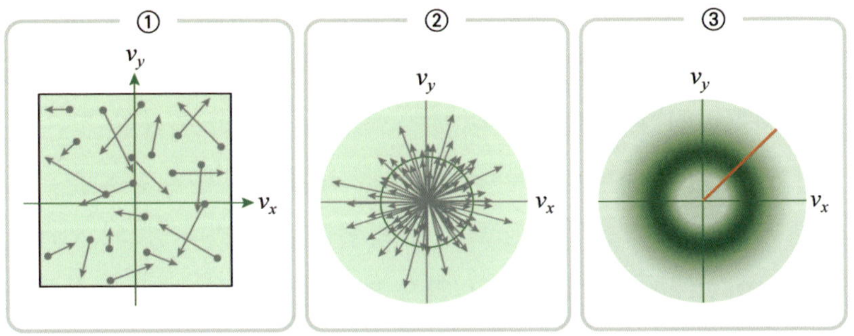

▲ 그림 18.11 ① 상자 안 각각의 분자들의 속도, ② 속도의 벡터를 하나의 점에 모았을 때, 분자의 개수가 많아질수록 원형의 대칭에 가까워진다. ③ 속도의 크기에 따른 분자들의 밀도

체의 수로 나눈 값을 수치화한 것이라는 점에 착안하여, 아래의 논의를 쫓아가보도록 하자.

수많은 분자들이 제각각 다른 속도를 가지고 2차원 평면에서 운동하는 상황은 마치 여러분들이 종이 위에 수많은 화살표를 아무렇게나 그린 〈그림 18.11〉①과 마찬가지이다. 이제 모든 화살표들의 시작이 되는 점을 하나의 점으로 모두 모아보겠다. 어떤 모습이 나타날까? 그림 ②는 화살표를 더 많이 표시하긴 했지만 숫자가 많아질수록 화살표들의 배치가 원형 대칭에 가까운 모양이 될 것임을 짐작할 수 있다. 화살표들이 무작위로 제각각이지만 오히려 그러한 점이 대칭을 만들어내는 것이다. 어찌 보면 아이러니한 면이기는 하지만 대칭을 선호하는 우주는 무작위를 선호한다는 점을 재차 확인할 수 있다. 한편 상자의 온도가 T일 때의 분자의 평균 속도의 크기를 v라고 할 때, 당연히 이 근처의 속도를 지닌 분자들의 개수가 가장 많을 것이다. 즉 그림 ②에서 작은 초록색 원이 속도 v라고 할 때 이 부근에서 끝나는 화살표의 수가 다른 곳에 비해 훨씬 많게 된다. 이렇게 화살표가 많이 밀집된 곳은 진한 초록색으로, 드문 곳은 옅은 초록색으로 표현하면 그림 ③과 같이 속도 v 근처가 가장 진한 초록색이 될 것이다.

위의 논의는 우리의 경험을 살려 기하학적인 직감에 의존하여 얻어진 결과라면, 지금부터는 대수학적인 감각으로 분자들의 속도의 분포를 유추해보겠다.

〈표 18.12〉에서 (a)행의 분자의 개수는 총 10개이고, (b)는 20개, (c)는 40개, 그리고 (d)는 100개의 경우이다. 행마다 분자의 개수는 차이가 있지만 분자의 평균속도는 모두 5로 동일하다. (a)행의 분자 10개의 속도의 분포를 보면, 속도가 3과 4인 분자의 개수는

속도	1	2	3	4	5	6	7	8	9	10	11	12	13	14	15	개수
(a)			2	2	3	1	1	1								10
(b)	1	1	3	3	4	3	3	1	1							20
(c)	3	4	5	6	5	7	4	2	2	1	1					40
(d)	6	11	13	13	19	15	9	5	4	2	1	1		1		100

2개이고, 속도 5는 3개, 6에서 8까지의 속도를 가진 분자는 1개씩이다. 분자들의 속도의 합은 50이므로 평균속도는 당연히 5이다. 물론 10개의 분자가 다른 방식으로 분포되어 평균속도 5를 만들어낼 수도 있다. 극단적으로 속도 1이 9개, 그리고 나머지 1개의 분자가 41의 속도를 가지면 된다. 그 외에도 여러 방법으로 분포되겠지만 (a)와 같이 속도가 분포될 확률이 더 높을 것 같아서 택한 것일 뿐이다. 마찬가지로 (b), (c), (d)의 경우들도 비록 분자의 개수는 20, 40, 100개로 모두 다르지만, 평균속도가 5가 되는 사례들 중 확률적으로 높을 것이라 생각되는 것으로 적당히 뽑았다. 이제 위의 표의 값들을 가지고, 속도와 분자 개수의 관계를 그래프로 도시하여 보겠다.

〈그림 18.13〉 ①은 〈표 18.12〉를 그래프로 나타낸 것이다. 모양이 들쑥날쑥한 면은 있지만 대체적으로 평균속도 5 근처에서 볼록한 모양임이 한 눈에 들어온다. 분자의 개수가 증가함에 따라 그래프의 추이를 쫓아가면, 아마도 분자의 수가 훨씬 많아지면 그림 ②의 모양에 가까워질 것 같다. 물론 분자의 개수마다 여러 경우가 있고, 〈표 18.12〉는 각 경우마다 한 가지만 추려 나타낸 아주 작은 정보로 유추를 한 것이라, 그래프의 개형이 그림 ②라고 단정 짓는 것은 매우 위험하다고 할 수 있겠지만 말이다. 그럼에도 위의 결과는

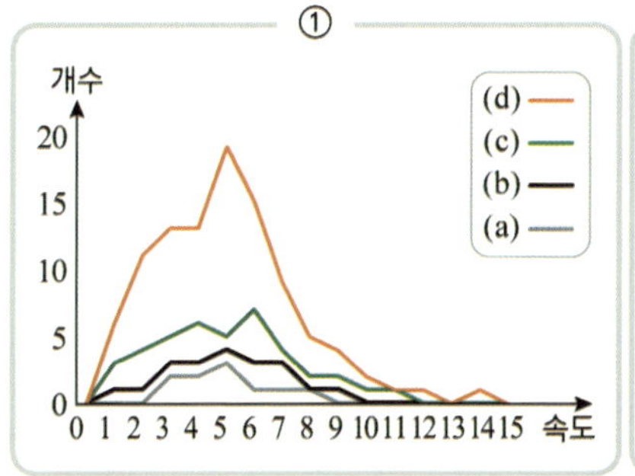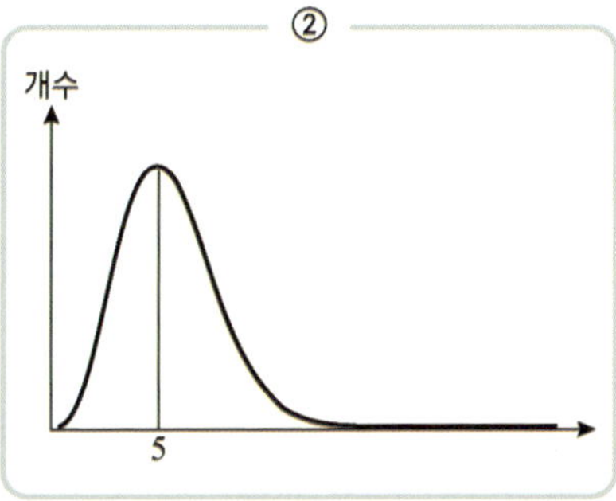

▲ **그림 18.13** ① 〈표 18.12〉의 정보를 그래프로 표현. ② 분자의 개수가 많아질수록 예상되는 그래프의 개형

매우 타당하다고 주장할 수 있다. 그 근거는 기하학적인 감각으로 유추한 속도의 밀도 분포를 도시한 〈그림 18.11〉의 ③에서 붉은색의 직선을 눈여겨보자. 원점에서 시작하여 바깥쪽 방향으로 밀도가 증가하다고 감속하는 추세이다. 이것은 방금 〈그림 18.13〉의 ②의 결과와 매우 흡사하지 않은가.

위의 2가지 접근방식은 확실히 분자들 개개의 운동 하나하나를 살피지 않고 어림짐작으로 얻어진 결과라 체계적이며 합리적이라고 할 수는 없다. 하지만 전체적인 맥락에서 수많은 기체의 문제를 단순화하는 위의 과정은 경험이나 직관적으로 보더라도 결코 잘못되었다고 볼 수 없는 정말로 멋들어진 아이디어로 추출해낸 결과물이다. 휴리스틱(heutiskein)이라 부르는 이런 문제해결 방식은 완벽한 통찰 없이는 흉내 낼 수 없는, 그래서 천재인 맥스웰정도 되어야 가능한 기술이다. 이렇게 경험과 직감으로 얻어진 사실로부터 그는 자신의 뛰어난 천재성을 발휘하여 분자들의 운동을 수학이라는 언어로 정식화하였다. 맥스웰이 1866년 《기체의 동역학 이론》[*]이라

---

[*] J. Clerk Maxwell, "On the Dynamical Theory of Gases" Philosophical Transactions

는 제목의 논문을 통해 분자의 속도 v의 확률분포함수 $f(v)$를 구한 결과는 아래와 같다.

$$\langle \text{식 18.14} \rangle \quad f(v) = 4\pi Cv^2 e^{-Av^2}$$

위의 분포함수 $f(v)$에서 상수 C와 A에 대해서는 차차 확인하기로 하고, 여기에서는 함수의 개형이 분명 〈그림 18.13〉 ②와 같아야 될 것이니 확인해보도록 하겠다. 이 과정은 미분만으로 충분히 확인할 수 있다. 속도 v가 0일 때와 무한할 때 함수 $f(v)$가 어떤 값에 수렴하는 지를 확인하면, $v = 0$일 때 $f(v) = 0$이고, $v \to \infty$일 때 $f(v) \to 0$임을 쉽게 확인할 수 있다. 중간에서 어떤 변화가 있는지는 알 수 없지만 0에서 시작하여 0으로 수렴하는 것은 확실하다. 이제 도함수를 이용하여 극댓값과 극솟값이 되는 지점을 찾으면 더욱 구체적인 개형을 완성할 수 있다.

$$\frac{df(v)}{dv} = 4\pi Cv\left(1 - Av^2\right)e^{-Av^2}$$

위의 도함수가 0이 되는 지점은 $v = 0$과 $v^2 = 1/A$이다. 그러니까 $v = 0$에서 극솟값이고, $v = 1/\sqrt{A}$에서 극댓값이다. 이 결과와 앞서 양 극단에서의 결과를 가지고 그래프의 개형을 완성할 수 있다. 여기에서 상수 A만 먼저 밝힌다면 $m/2kT$로, k는 볼츠만 상수이다. 따라서 $v = \sqrt{2kT/m}$에서 최댓값을 가지는 속도의 분포곡선함수 $f(v)$의 개형은 〈그림 18.15〉와 같다.

---

of the Royal Society of London, Vol. 157 (1867), pp. 49-88.

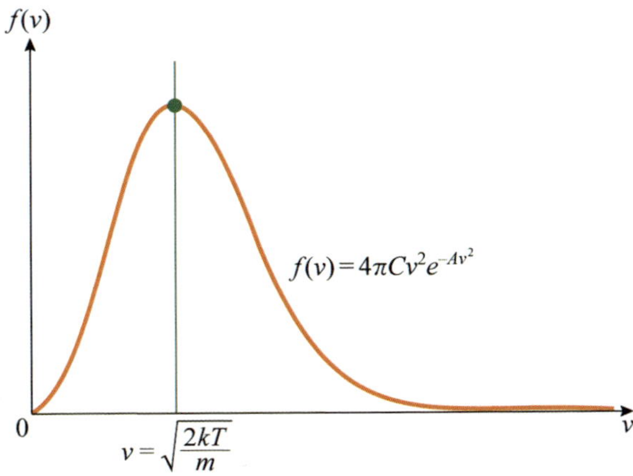

▲ 그림 18.15 맥스웰–볼츠만 분포 곡선 $f(v)$의 개형

미시상태와 거시상태

10개의 검은색 바둑돌을 5개의 방에 배치시키는 경우의 수는 얼마일까? 수학에서 배우는 조합에 대한 사전 지식이 어느 정도 있으면 어렵지 않게 느낄 수도 있지만, 그렇지 않으신 분들에게는 까다롭게 여겨질 수 있는 문제이다. 그러면 잠시 이 문제는 접고, 10개의 검은색 바둑돌과 4개의 흰색 바둑돌을 일렬로 배열하는 경우의 수를 구하는 문제는 어떤가? 일단 총 14개의 바둑돌이 모두 구분이 가능하다고 가정하여 일렬로 나열하는 경우의 수는 '14!'이다. 그런데 검은색 바둑돌 10개는 구분이 불가능하고, 또한 흰색 바둑돌 4개도 불가능하다. 그래서 각각을 일렬로 나열하는 경우의 수인 '10!'과 '4!'로 나누면 된다. $14!/(10!\cdot4!) = {}_{14}C_{10}$, 즉 1,001이 문제의 해답이다. 가장 기본적인 조합 문제이다. 이번에는 이 문제에서 흰색 바둑돌을 칸막이로 바꿔서 생각해보자. 바둑돌이 칸막이로 바뀌

었을 뿐 아무 것도 달라진 것이 없으므로 답은 동일하다.

갑자기 조합의 문제가 등장하여 어리둥절할 수 있겠지만, 볼츠만의 엄청나고 화려한 물리적 기교를 만끽하기 위해서는 반드시 알아야 될 기본적 사실이다. 이제 위에 제시된 3개의 조합의 문제들을 비교해보겠다.

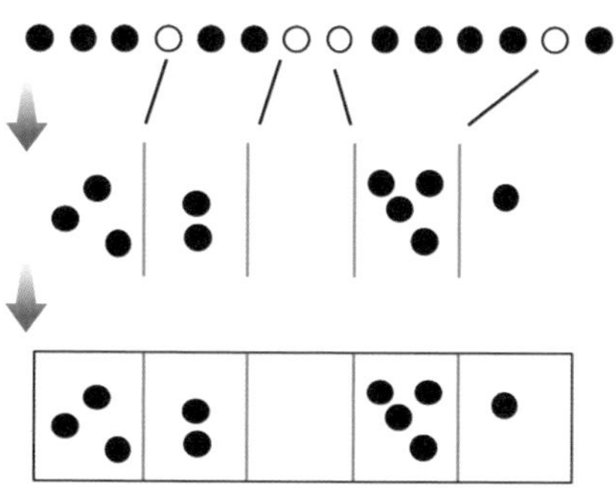

▲ 그림 18.16 검은색 바둑돌 10개와 붉은색 칸막이 4개를 일렬로 나열한 상태에 테두리를 씌우면, 검은색 바둑돌 10개를 5개의 방에 배치하는 문제와 동치임을 알 수 있다.

맨 위의 그림은 10개의 검은색 바둑돌과 4개의 흰색 바둑돌을 일렬로 나열하는 1,001가지의 사례들 중 하나이다. 중간의 그림은 흰색 바둑돌을 붉은색의 칸막이로 바꾸었을 뿐 동일한 상황이다. 이제 중간의 그림에 단순하게 테두리를 씌어본 맨 아래의 그림을 보자. 놀랍게도 처음 제시했던 10개의 검은색 바둑돌을 5개의 방에 배치시키는 경우의 하나로 둔갑하였다. 그렇다. 3개의 문제는 모두 동일한 문제이다.* 이제 5개의 방에 10개의 바둑돌을 배치하는 사례에서, 바둑돌을 구분 가능한 분자로 바꿔서 집중적으로 살펴보겠다.

---

* 이 문제에 대한 더 자세한 설명을 원하는 분은 저자가 집필한 『작은 수학자의 생각실험』 3편에 수록되어 있으므로 참조하기 바란다.

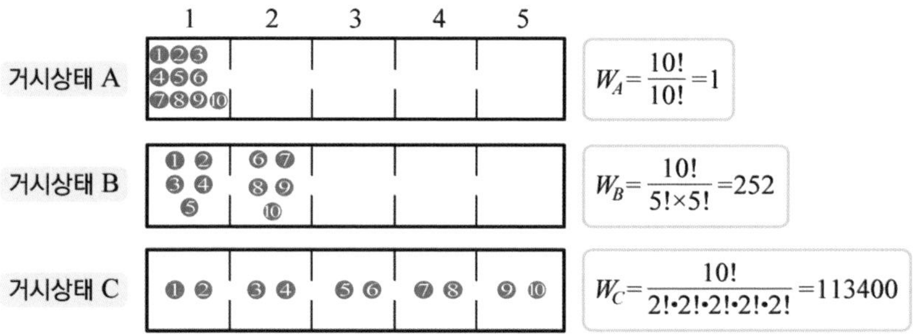

▲ 그림 18.17 1번 방에만 몰려 있던 10개의 분자가 모여 있는 거시상태 A, 그리고 1번과 2번방에 5개의 분자가 나뉜 거시상태 B와 각 방에 2개의 분자가 위치한 거시상태 C

분자들을 구분 가능하다고 했으므로 번호를 매겨놓았다. 그런데 잠시만 분자들을 전혀 구분할 수 없다고 생각하겠다. 그러니까 비둑돌 10개를 5개의 방에 배치하는 앞서 다뤘던 문제이다. 당연히 배치할 수 있는 총 경우 수는 1,001가지로, 위의 그림은 그 중 3개의 사례만 추려 도시한 것이다. 이렇게 분자들이 방에 배치되는 상태 하나하나를 '거시상태'라고 하면, 거시상태 A라고 이름 붙인 배치는 1번 방에만 10개의 분자가 모두 몰려 있고, 1번과 2번방에 각각 5개씩의 분자가 모인 배치는 거시상태 B, 그리고 거시상태 C는 모든 방에 분자가 2개씩 위치한 경우이다.

이제 방들 사이는 모두 분자들의 왕래가 가능한 크기로 구멍이 뚫려 있고, 처음에 모든 분자들을 1번 방에 모아 놓았다. 즉, 거시상태 A이다. 그러면 충분한 시간이 지났을 때 과연 분자들은 방에 어떻게 배치되어 있을까? 여전히 1번 방에 모두 위치한 거시상태 A로 존재할까? 아니면 거시상태 B? 아니면 거시상태 C? 물론 다른 사례도 있지만 제시된 3개의 사례로만 한정한다면 거시상태 C일 것으로 예상된다. 그런데 왜 유독 거시상태 C로 분자들이 배치될 것으로 누구나 예상하는 것일까? 바로 확률 때문이다. 충분히 시간이 지나면 분자들은 각 방에 뒤죽박죽 놓이게 될 것이고, 그래서 거시상태 C가 확률이 가장 높을 것으로 판단된다.

지금부터는 분자들이 구분 가능하다고 하겠다. 이때부터는 상황이 달라진다. 분자들이 구분 가능하다고 했으므로 〈그림 18.17〉처럼 분자들 각각에 번호가 부여하고, 그림에서 주어진 3가지 거시상태를 살펴보겠다. 먼저 분자들 10개가 모두 하나의 방에 모여 있는 거시상태 A는 어떤 변화를 볼 수가 없다. 번호를 붙였다고 달라진 것이 없다. 하지만 분자들이 첫 번째와 두 번째 방에 5개씩 배치되는 거시상태 B는 다른 방에 놓인 분자들끼리 자리를 바꿀 때마다 새로운 배열이 가능하다. 가령 분자 '1'과 분자 '6'을 바꾸면 방에 배치된 분자가 달라지므로 또 다른 경우이다. 이렇게 구분이 가능한 분자 10개를 2개의 방에 5개씩 배열하는 경우의 수는 $10!/(5!\cdot5!)$로 252 가지가 나온다. 분자들 하나하나를 뜯어보면 252 경우는 모두 다르지만 거시적으로 볼 때 이들은 모두 1번 방에 5개, 2번 방에 5개가 배치되어 있다. 그래서 이 상태를 거시상태라 하는 것이고, 거시상태에서 분자들이 자리를 교환하면서 배치되는 경우의 수를 비중이라고 한다. 비중을 W_B로 표현한다면 $W_B = 252$이고, 거시상태 A의 비중 W_A는 1이 되겠다. 또한 각 방에 2개의 분자들이 위치한 거시상태 C의 비중 W_C는 무려 113,400[*]이다. 즉, 하나의 거시상태에서 구별 가능한 분자들의 자리를 교환하면서 생기는 비중은 확연한 차이를 보인다.

이처럼 1,001가지의 거시상태마다 분자들의 배열에 따라 비중

---

[*] $10!/(2!\cdot2!\cdot2!\cdot2!\cdot2!)$

은 각각 달라질 것인데, 이때 하나의 거시상태에서 가능한 분자들의 배열 하나하나를 미시상태라 한다. 흔히 미시상태라 하면 우리의 눈에 보이지 않는 세계를 말하지만, 여기에서는 거시상태를 구성하는 각각의 상태를 뜻하고, 하나의 거시상태에서 미시상태의 개수가 곧 비중이 된다. 〈그림 18.17〉의 3가지의 거시상태에서 보통의 감각으로 보더라도 거시상태 C로 존재할 확률이 훨씬 높은 이유는 미시상태의 수인 비중이 높기 때문이다. 그렇다. 수많은 거시상태에서 미시상태의 개수가 가장 많은 거시상태로 존재한다는 것이 볼츠만이 자연을 바라보는 시각이었다. 처음에는 미시상태의 개수가 적은 거시상태에 머물고 있어도, 시간이 지나면 미시상태의 수가 더 많은 거시상태로 자발적으로 이동하게 된다는 것이다. 클라우지우스의 엔트로피를 볼츠만은 분자들의 운동 역학과 확률의 개념으로 재조명한 것이다.

그런데 각 거시상태에서 미시상태의 수 W를 비중이라 하여 비중이 가장 큰 거시상태로 이동한다는 것으로 자연계를 해석한다고 하였지만, W가 단지 바둑돌을 배열하는 것처럼 경우의 수로만 생각하면 커다란 착각이다. 거시상태의 비중, 그러니까 미시상태의 개수인 W에 물리적 의미가 충만하도록 생명력을 부여해야 자연을 해석하는 진정한 의미의 도구로 작동할 수 있게 된다.

비중에 물리적 색을 입히자

비중 W에 물리적 색을 칠하기 위한 첫 단계는 분자들이 위치하는 방을 속도의 크기, 더 의미를 부여한다면 에너지 크기에 따라 방을 배정시키는 것이다. 가령 〈그림 18.17〉의 5개의 방을 각각 1, 2, 3, 4, 5의 에너지를 가진다 하고, 이들 방에 총 10개의 분자가 배열되어 있는 계를 생각하자는 것이다. 그러면 이 계의 에너지는 얼마일까?

사실 경우의 수만 따진다면 크게 달라진 것은 없다. 모든 거시상태에서 가장 많은 미시상태를 가지는 거시상태 C로 계가 존재할 것이기 때문이다. 따라서 분자들이 가지는 에너지는 30이라고 규정할 수가 있다. 바로 이 점에 하나의 특별함이 생긴다.* 거시상태 A의 에너지는 10이지만 현실적으로 이 상태로 존재한다고 생각할 수는 없다. 이처럼 거시상태마다 에너지는 제각각이겠지만 가장 확률적으로 높은 거시상태 C의 에너지가 30이므로 지금 다루고 있는 계의 에너지는 30이라고 해야 옳다.

그런데 방을 에너지의 크기로 놓았다는 점 하나만으로 현실을 모두 반영하였다고 할 수 있을까? 현실에서 벌어지는 일이 수학의 조합처럼 정확하게 일치할리는 없다. 또 다른 조건이 추가되어야 하는데, 맥스웰이 구한 분포함수 〈그림 18.15〉에서 고려해야 할 조건을 찾아낼 수 있다. 어떤 조건일까? 5개의 에너지 방이 있다고 하더라도 과연 방의 크기가 동등할까? 무슨 말이냐면, 가령 에너지 1인 방은 5개의 분자를 채울 수 있고, 에너지 2의 방은 3개의 분자만 허용할 수 있는 공간을 가졌다고 할 수도 있는 것이 아닌가. 이렇게 생각할 수 있는 근거는 맥스웰이 구한 분자들의 속도 분포를 보면 평균 속도 근처에서 더 많은 분자들이 차지할 수 있음을 보여주고 있다는 점에 추론하였다. 즉, 평균속도 근처의 방이 가장 공간이 크

---

* 30의 에너지를 가지는 거시상태는 {3,0,4,0,3} 등 더 존재하여 거시상태가 더 많고 따라서 미시상태의 개수는 훨씬 더 많지만 현재 논의에서 굳이 따지지는 않겠다.

다는 것을 뜻한다. 분자들의 평균 운동에너지인 온도에 따라 어떤 방은 분자를 채울 수 있는 방의 크기가 넓고 또 다른 방은 좁다는 의 미이다.

예를 들어 온도가 30℃라고 하고, 각 에너지 방에 들어갈 수 있 는 분자의 수가 모두 10개가 가능하다고 하면 가장 미시상태가 많 은 거시상태 C가 존재할 확률이 가장 크므로 에너지는 30이 된다. 그런데 외부의 온도가 낮은 곳에 계가 위치하여 열을 빼앗겼다고 하자. 이때도 여전히 거시상태 C의 미시상태의 개수가 가장 크다고 할 수 있을까? 그렇지 않다. 온도가 낮아지면서 에너지 방의 크기가 3 이하의 에너지 방은 8개의 분자가 점유할 공간을 가지고, 4 이상 에서는 5개의 분자만 들어갈 수 있는 크기로 바뀌었다면 여전히 거 시상태 C의 미시상태의 개수가 가장 크다고 단언할 수 없다. 계산 을 해봐야 알겠지만 다른 거시상태가 가장 많은 미시상태를 가지게 될 것이다. 온도가 낮아지면서 거시상태 C에서 또 다른 거시상태로 이동이 자발적으로 일어난다는 것이다. 이 점이 수학의 조합문제로 만 생각하면 커다란 오류를 불러일으킬 수 있다. 분자를 채울 수 있 는 에너지 방의 크기가 주변 온도에 따라 시시각각 변하기 때문에 온도에 따라 달라지는 에너지 방의 크기를 반영해야 한다.

온도에 따라 에너지 방의 크기가 달라져 방마다 채울 수 있는 분 자의 수가 제한적일 때 가장 많은 미시상태를 가지는 거시상태, 이 것이 볼츠만이 진정으로 찾고자 한 목표물이다. 온도 T에서 분자 가 셀 수 없을 정도로 많은 N개로 구성된 계가 있다. 그리고 이들 분자들이 위치할 수 있는 방이 운동에너지 크기의 순서대로 ϵ_0, ϵ_1, ϵ_2, $\cdots$라 하자. 일단 에너지 방의 개수는 특별히 제한하지 않겠다. 그리고 순서대로 각 방에 들어간 분자의 수를 각각 n_0, n_1, n_2, $\cdots$이라 하면 이들의 합은 N이 되어야 함은 자명하다.

$$\langle\text{식 } 18.18\rangle \quad N = \sum_{i=0} n_i = n_0 + n_1 + n_2 + \cdots$$

이제 에너지에 따른 방의 크기를 결정하기 위해 분자들이 가지는 에너지의 총합을 E라 하겠다. 그러니까 가장 많은 미시상태를 지닌 거시상태의 에너지를 E라 하겠다는 것으로, 이 거시상태는 ϵ_0의 에너지 방에 n_0의 분자가 있고, ϵ_1의 에너지 방에는 n_1, ϵ_2의 에너지 방에 n_2개의 분자가 있다는 것이다. 따라서 이들의 변수들은 아래의 식으로 묶이게 된다.

$$\langle\text{식 } 18.19\rangle \quad E = \sum_{i=0} n_i\epsilon_i = n_0\epsilon_0 + n_1\epsilon_1 + n_2\epsilon_2 + \cdots$$

다음 단계는 에너지 방의 크기를 결정해야겠다. 그런데 놀랍게 이 조건은 이미 충족되어 있다. 거시상태의 에너지를 E로 정하면서 자연스레 에너지 방의 크기 역시 정해졌기 때문이다. 그 이유는 〈그림 18.17〉의 사례를 살짝 바꾸면 찾아낼 수 있다. 먼저 각 에너지 방에 들어갈 수 있는 분자의 수는 제한하지 않고 거시상태의 계의 에너지가 30이라고 하면, 에너지가 1이거나 2인 방은 분자 10개를 모두 채울 수 있다. 그런데 에너지가 10인 방은 분자 3개만 채울 수 있다. 신기하게도 에너지가 정해지면서 분자를 채울 수 있는 방의 크기도 결정된 것이다. 이것도 사실 채우지 못한다. 3개이면 이미 에너지 에너지가 30이 되어 나머지 분자들이 들어갈 방이 없기 때문이다. 설혹 에너지 0인 방이 있다고 해도, 에너지가 30보다 큰 방은 분자들의 입장을 거부한다. 전체 에너지를 정하자 각각의 에너지 방을 채울 수 있는 분자의 수가 자동적으로 정해진 셈이다.

이제 목표는 뚜렷해졌다. 분자의 수를 제한한 〈식 18.18〉과 에너지를 정의한 〈식 18.19〉의 두 조건으로 미시상태의 수가 가장 많은 거시상태를 찾아내면 된다. 즉, 비중 W를 전체 분자수 N과 에너지 E인 함수로 나타내어 최댓값을 구하면 된다.

$$\langle \text{식 18.20} \rangle \quad W = \frac{N!}{n_0! \, n_1! \, n_2! \, \cdots}$$

가장 많은 미시상태를 가지는 거시상태는 비중 W의 최댓값이 되는 극댓값을 찾는 작업이 되므로 미분을 이용하면 될 것이다. 그런데 함수 W를 구성하는 변수가 n_0, n_1, $\cdots$ 등 헤아릴 수 없이 많고, 더군다나 이들 변수끼리는 에너지 E에 의해 〈식 18.19〉로 서로 얽혀 있어서 어떻게 처리해야 할지가 커다란 골칫거리이다. 다행스럽게도 이런 고민을 일거에 해결하기 위해 개발된 기교가 있다. 바로 '라그랑주 승수법'[*]이다.

라그랑주 승수법

x와 y의 이변수 함수 $f(x,y) = 2x^2 + y^2$의 최솟값을 어떻게 구할까? x와 y의 2개의 변수를 갖는 함수이지만 편미분을 이용하면 어렵지 않게 구할 수 있다. 먼저 y를 하나의 상수로 고정시켜 x를

---

[*] 제약이 있는 다변수 함수의 최적화 문제를 제약이 없는 문제로 바꿔서 해결하는 방법으로 조제 프루이 라그랑주(1736~1813)가 개발하였다.

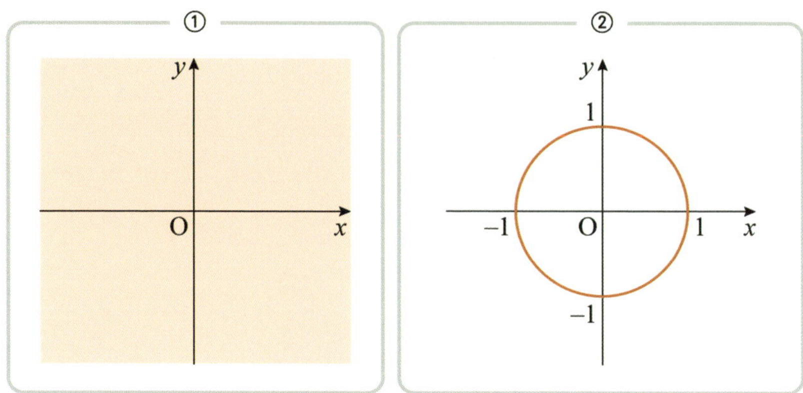

▲ **그림 18.21** ① 제한조건이 없으므로 xy 평면 위의 모든 영역이 정의역, ② 제한조건 $x^2+y^2-1=0$으로 함수 $f(x,y)$에 대입하는 정의역은 붉은 색의 원 위의 점들로 한정

전체 실수의 범위에서 바꿔가면서 $f(x,y)$가 가장 작은 값이 되는 값 x를 구하고, 마찬가지로 x를 고정하여 y의 값에 따라 $f(x,y)$가 가장 작은 값이 되는 y의 값을 구하면 된다. 함수의 형태에 따라 계산이 복잡해질 수 있지만, 방금 설명한 방식으로 해결이 가능하다. 사실 주어진 함수 $f(x,y)$의 경우는, x^2과 y^2이 항상 0 이상의 값을 가지고 증가한다는 사실로부터 $x=0$과 $y=0$에서 극솟값이자 최솟값을 가진다는 점을 직감적으로 바로 알 수는 있다. 그런데 x와 y가 서로 얽혀 제한조건이 주어질 때는 그리 간단치가 않다.

제한조건이 주어지기 전에는 x와 y가 모든 실수를 가지므로 그림 ①처럼 xy 평면의 붉은색 바탕의 모든 영역이 정의역이 된다. 그래서 이 영역에서 정의된 함수 $f(x,y)$의 값들 중 가장 작은 값이 최솟값이다. 그런데 그림 ②처럼 x와 y가 $x^2+y^2-1=0$의 관계로 얽혀 있을 때는 x와 y가 취할 수 있는 값들이 제한된다. 반지름 1인 붉은색 원 위의 점들만이 정의역이 되어, 함수 $f(x,y)$는 오직 원 위의 점들만을 대입하여 얻어진 값들로 결정된다. 이 경우에는 최댓

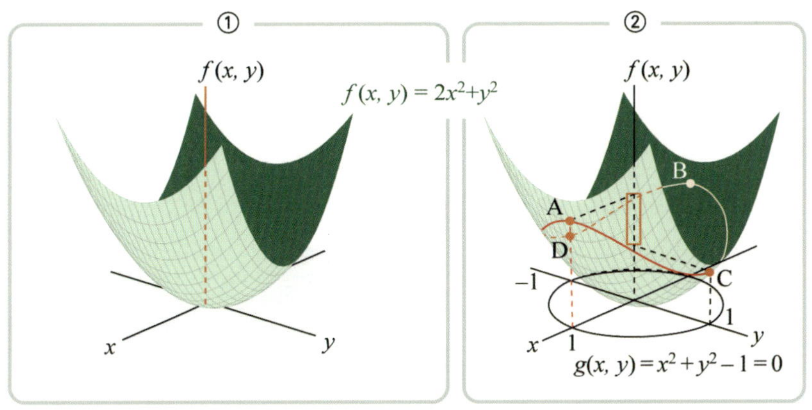

▲ **그림 18.22** ① 제한조건이 없을 때, ② $x^2 + y^2 - 1 = 0$이라는 제한조건이 있을 때

값도 존재한다.

제한조건 없는 〈그림 18.21〉 ①은 xy 평면 위의 모든 점들을 정의역으로 하므로 $f(x,y) = 2x^2 + y^2$는 〈그림 18.22〉 ①의 초록색 곡면의 형태가 나온다. 곡면의 모양에서 쉽게 파악할 수 있듯, 함수 $f(x,y)$의 값들은 점선을 포함한 붉은색 직선이 치역이다. 따라서 $x = 0$, $y = 0$일 때 최솟값을 가진다는 것이 한눈에 들어온다. 반면 $x^2 + y^2 - 1 = 0$이라는 제한조건에서 x와 y가 가질 수 있는 값은 〈그림 18.22〉 ②의 xy 평면상에서 검은색 원 위의 점들뿐이므로, 함수 $f(x,y) = 2x^2 + y^2$도 거기에 대응하는 곡면 위의 붉은색의 곡선으로 한정되어 함수 $f(x,y)$가 가질 수 있는 값은 수직축 상의 붉은색 사각형의 범위이다. 그림으로는 명확하지 않지만, 점 A와 B에서 최댓값, 그리고 점 C와 D에서 최솟값이 나올 것으로 예상된다.

이렇게 제한조건이 있을 때 함수 $f(x,y)$의 값의 범위를 구하는 것은 분명 만만한 작업은 아니다. 물론 수학자들은 우리의 기대를 저버리지 않고 문제 해결이 가능한 방법을 개발해냈다. 바로 라그랑주 승수법이다. 라그랑주 승수법은 제한조건이 붙었을 때 최대 및 최소인 극값을 찾는 기교이다. 우리는 그 방법을 바로 사용하여 문제를 해결할 것이다.

먼저 제한조건을 $g(x,y) = x^2 + y^2 - 1$로 놓고 미정계수 α를 이용하여 두 함수 f와 g가 포함된 함수 $\tilde{f}$('에프 틸더'라고 읽는다)를 아래와 같이 새롭게 정의하겠다.

$$\tilde{f}(x,y) = f(x,y) - \alpha\, g(x,y) = 2x^2 + y^2 - \alpha(x^2 + y^2 - 1)$$

다음 단계는 정의된 함수 $\tilde{f}$를 x에 대해서만, 또 y에 대해서만 각각 미분하여 2개의 도함수를 구하고, 각 도함수가 0이 되게 하는 조건과 제한조건인 $x^2 + y^2 - 1 = 0$을 포함한 3개의 식을 연립하여 미정계수 α와 x, y의 값을 구하면 된다. 마치 새로운 함수 $\tilde{f}$로 제약조건이 없을 때 극값을 구하는 방법을 그대로 적용하는 것이다.

$$
\begin{array}{l}
(2-\alpha)x = 0 \\
(1-\alpha)y = 0 \\
x^2 + y^2 - 1 = 0
\end{array}
\quad \Rightarrow \quad
\begin{array}{l}
\alpha = 1\text{일 때 } (x,y) = (0,1),\ (0,-1) \\
\alpha = 2\text{일 때 } (x,y) = (1,0),\ (-1,0)
\end{array}
$$

$\alpha = 2$일 때 (x,y)가 $(1,0)$, $(-1,0)$이 〈그림 18.22〉의 점 A와 B에 해당하며, 두 지점에서 극댓값이자 최댓값인 2가 나온다. 또 $\alpha = 1$일 때의 (x,y)인 $(0,1)$, $(0,-1)$이 역시 〈그림 18.22〉의 점 C와 D로 극솟값이자 최솟값인 1이다.

맥스웰-볼츠만 분포

온도 T에서 전체 에너지 E와 n_0, n_1, $\cdots$ 의 함수 W인 〈식 18.20〉의 최댓값을 찾는 일은 곧 극댓값을 찾아 가장 우세한 배치를 찾는 일이다. 변수가 많아서 계산의 복잡성이 뒤따를 우려가 있겠지만 각 변수 n_i에서의 미분한 함수 dW/dn_i가 0이 되는 극댓값을 구하면 된다. 그런데 그전에 W가 상상을 초월할 정도의 숫자라는 점에서 40장에서 소개했던 스털링 근사를 이용하여 W를 아래와 같이 바꿔주겠다.

$$\ln W \approx N\ln N - \sum_{i=0} n_i \ln n_i$$

단순하게 비중 W의 함수의 극값을 구하기 위해서는 위의 식을 각각의 변수 n_i로 미분한 도함수가 0이 되는 조건을 구하면 되겠지만, 비중 W의 함수에는 〈식 18.18〉과 〈식 18.19〉의 2개의 제한조건이 붙어 있어 라그랑주 승수법을 이용해야 한다. 그래서 앞서 예와 같이 새로운 함수 $\tilde{f}$를 정의하여야 하는데 제한조건이 2개이므로 미지수 하나가 더 추가된다.

$$\tilde{f}(n_0, n_1, \cdots) = \ln W + \alpha N + \beta E$$

함수 $\tilde{f}$에 포함된 미지수 α와 β는 n_i를 미분한 도함수가 0이 되는 조건과 〈식 18.18〉과 〈식 18.19〉의 2개의 제한조건을 연립하여 구해진다. 이렇게 구해진 정보로 ϵ_i의 방의 크기가 모든 방에 대해 어느 정도의 비율 p_i인지는 에너지 ϵ_i의 방에 차지하는 분자의 수 n_i를 전체 분자의 수 N으로 나눈 값이다.

$$\langle \text{식 } 18.23 \rangle \ p_i = \frac{n_i}{N} = \frac{e^{-\epsilon_i/kT}}{\displaystyle\sum_{i=0} e^{-\epsilon_i/kT}}$$

위의 식에서 k는 맥스웰이 구했던 〈식 18.14〉의 분포함수에 포함된 상수 $A = m/2kT$의 k와 동일한 볼츠만 상수*로 1.38×10^{-23} J/K이다. 정확하게는 맥스웰의 분포함수에 포함된 상수를 볼츠만이 구한 것이다. 그리고 ϵ_i가 분자의 운동에너지 $mv^2/2$이므로 맥스웰이 얻어낸 〈식 18.14〉에서 e^{-Av^2}과 동일하다. 맥스웰의 휴리스틱과 볼츠만의 확률과 통계는 완전히 색다른 방법이었음에도 같은 길을 걸어가고 있다. 한편 볼츠만이 얻어낸 $e^{-\epsilon_i/kT}$을 볼츠만 인자라고 하여 비단 열역학이나 통계역학을 넘어서 뒤에 이어질 양자역학에서도 위력을 발휘하는 엄청난 결과물로, 핵심적 의미는 열평형에서 분자의 에너지 ϵ_i가 높을수록 존재확률이 떨어진다는 의미이다. 흥분된 상태보다 에너지가 낮은 상태에 놓였을 때가 안정하다는 것이다.

〈식 18.23〉 이후에도 진행은 계속되지만 그 내용까지는 우리가 다루기에는 힘드므로 최종적인 결론을 소개하도록 하겠다.

---

* 볼츠만 상수는 미시적인 관점에서 입자 하나하나의 운동과 거시적인 계를 설명하는 에너지와 압력, 부피, 온도 등을 연결시키는 가교의 역할을 하는 상수이다.

〈식 18.24〉 맥스웰－볼츠만 분포 함수

$$f(v) = 4\pi \left(\frac{m}{2\pi kT} \right)^{3/2} v^2 \exp\left(- \frac{mv^2}{2kT} \right)$$

위의 맥스웰－볼츠만 분포함수는 앞서 〈식 18.14〉와 동등한 함수이다. 맥스웰과 볼츠만이 얻어낸 결과물은 동일하였다. 차이점은 맥스웰이 구한 분포함수에서 미지수 A와 C를 볼츠만이 명확하게 찾아냈다는 점이 되겠다. 그래서 위의 분포함수를 두 물리학자의 동등한 업적으로 인정하여 '맥스웰－볼츠만 분포함수'라고 명명하게 되었다. 이 함수의 개형은 〈그림 18.15〉에서 이미 확인한 바가 있지만 조금 더 자세히 도시하겠다.

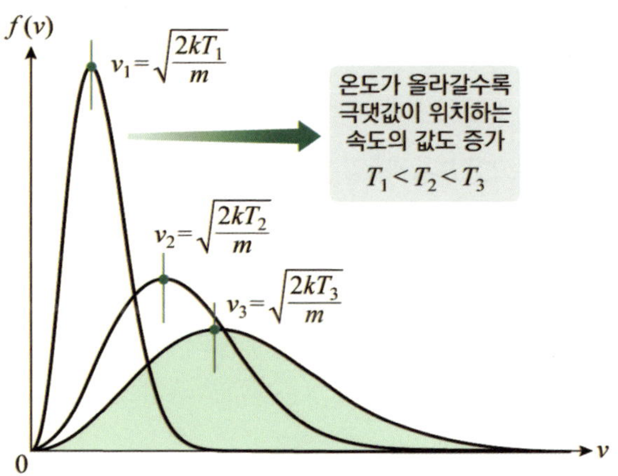

▲ 그림 18.25 온도에 따른 맥스웰=볼츠만 분포 함수의 개형

함수의 개형을 그리는 과정에서 우리는 이미 $v = \sqrt{2kT/m}$에서 극값이자 최댓값을 가짐을 확인한 바 있다. 따라서 온도가 높아질수록 더 높은 속도에서 극댓값을 가진다. 그런데 최댓값 $f(v)$의 값이 감소함이 눈길이 끈다. 당연히 아무런 이유 없이 그려진 것이 아

니다. 함수 $f(v)$가 확률의 값이라서 모든 경우에 대한 확률의 합은 1이 되어야 하는 이유에서 자연스레 나온 결과이다. 위의 3개의 그래프 모두 곡선 아래의 넓이는 1로서, 온도가 높을수록 속도의 분포도가 넓게 퍼지는 형태로 나타나게 된다. 이렇게 확률의 모든 합을 1로 만드는 것을 규격화라고 하는데, 볼츠만이 구한 〈식 18.24〉는 이미 이 과정을 거쳐 얻어진 식이다.

에너지 등분배법칙

속도와 온도가 $v = \sqrt{2kT/m}$ 이라는 관계도 있지만, 상식적으로도 온도가 높으면 분자들의 운동이 더 활발해질 것이라 당연히 운동에너지가 크게 증가할 것이다. 그러면 온도 T에서 분자들의 총 운동에너지는 얼마일까? 질문이 거창한 듯 보이지만 우리는 이미 모든 정보를 갖추고 있다. 단일분자의 평균운동에너지만 구하여 분자의 전체 개수를 곱하면 해결되기 때문이다. 분자 하나의 평균운동에너지는 운동에너지가 속도의 제곱에 해당하므로 멕스웰－볼츠만 분포함수를 이용하여 속도의 제곱의 평균 $\langle v^2 \rangle$을 계산하면 된다.

$$\langle v^2 \rangle = \int_0^\infty v^2 f(v) dv = 4\pi \left(\frac{m}{2\pi kT} \right)^{3/2} \int_0^\infty v^4 \exp\left(-\frac{mv^2}{2kT} \right) dv$$
$$= \frac{3kT}{m}$$

중간 계산 과정은 생략하였지만, 위의 적분 역시 파인만의 기법으로 충분히 계산할 수 있다. 중요한 점은 속도의 제곱의 평균

$\langle v^2 \rangle$이 온도 T에 비례한다는 것이고, 따라서 단일 기체 분자의 질량을 m이라고 할 때 평균운동에너지는 아래와 같이 정리되겠다.

$$\langle \text{식 18.26} \rangle \quad \frac{1}{2}m\langle v^2 \rangle = \frac{3}{2}kT$$

맥스웰－볼츠만 분포 함수로 구해진 위의 결과는 상당히 의미가 있다고 할 수 있는데, 열역학에서 아주 대단한 위력을 발휘하는 에너지 등분배법칙과 호응한다는 점이 그 특별함을 더한다. 여기서 이 법칙을 이야기할 수밖에 없는 이유는 마지막의 주제가 되는 양자역학의 탄생에 결정적인 기여를 하기 때문이다. 역사는 가정이 없다지만, 이 법칙이 없었다면 양자역학이라는 학문은 훨씬 뒤에 등장했을 수 있다.

에너지 등분배법칙은 무엇일까? 이 법칙은 분자끼리의 충돌에 의해 에너지를 교환하면서 열평형 상태에 이르렀을 때 계의 에너지는 모든 자유도에 균등하게 분포된다는 것이다. '자유도'는 특정 대상을 기술하는 데 필요한 변수의 총 개수를 의미한다. 어쨌든 에너지 등분배법칙은 에너지의 교환이 완전하게 이뤄진 열평형 계에서 하나의 변수인 자유도에 해당하는 평균에너지가 항상 $kT/2$라는 것을 말한다. 그래서 입자의 평균운동에너지는 그 입자를 설명하는 데 필요한 변수인 자유도의 개수에 $kT/2$를 곱한 값이다.

가령 단일한 원자들로 이뤄진 기체가 온도 T에 놓여 있다고 하겠다. 이때 원자 하나는 오직 병진운동만 가능하게 되어 운동을 기술하는데 필요한 변수는 x, y, z 3개면 충분하다. 당연히 열평형 상태에서 에너지는 세 방향에 대해 동등하게 가진다. 이 점은 누구나 바로 수긍을 할 것인데 이때 각 방향에서 에너지는 항상 $kT/2$라는 점이다. 이 사실은 받아들이기로 하고, 단원자 분자의 운동이 x, y, z의 3개의 방향이기에 자유도는 3이 되고, 따라서 열평형 상태에서 원자 하나의 운동에너지는 단순하게 $kT/2$에 자유도의 개수 3을 곱한 $3kT/2$이다. 복잡하게 계산할 필요가 없는 것이다. 단원자 기체에 대한 에너지 등분배법칙의 결과는 앞서 맥스웰–볼츠만 분포 함수로 구한 기체 분자의 평균에너지 〈식 18.26〉과 완벽하게 일치하고 있다. 방법은 달라도 결과는 동일하다는 점에 두 방법론은 자연의 현상을 설명하는 데 매우 적절한 법칙임을 확인시켜주고 있다.

그런데 우주 대부분의 물질은 원자 2개 이상이 묶인 분자들로 이뤄져 있다. 이들의 평균 에너지 역시 에너지 등분배법칙으로 손쉽게 알아낼 수 있다. 가장 간단한 원자 2개로 구성된 이원자 분자에 대해서만 생각해보겠다. 2개의 원자로 구성되었다고 하지만 분자는 하나의 원자처럼 병진운동을 하므로 마찬가지로 x, y, z의 3개의 변수로 운동을 기술하게 된다. 즉 자유도가 3이다. 그런데 이원자 분자는 회전운동도 존재한다는 사실에서 단원자와 차별성을 가진다.

〈그림 18.27〉은 원자 2개로 구성된 이원자 분자가 z축에 놓여

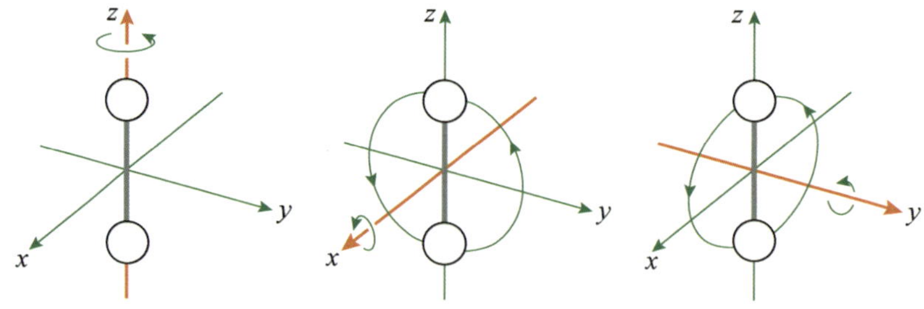

▲ **그림 18.27** 이원자 분자의 회전운동은 x축과 y축의 2개만 가능하다.

있는 상황이다. 그림에서 볼 수 있지만 z축을 중심으로 한 회전운동은 일어나지 않는다. 반면 x축과 y축을 중심으로 한 회전은 무게중심인 원점을 중심으로 회전이 가능하다. 즉, 이원자 분자의 회전운동은 2개의 변수로 설명할 수 있다는 의미로서, 당연히 열평형 상태에서 회전운동도 동등한 에너지를 가질 수 있는 자격이 부여된다. 따라서 자유도 2가 더 추가되어 이원자 분자의 자유도는 총5가 되고, 평균 운동에너지는 $5kT/2$이다.

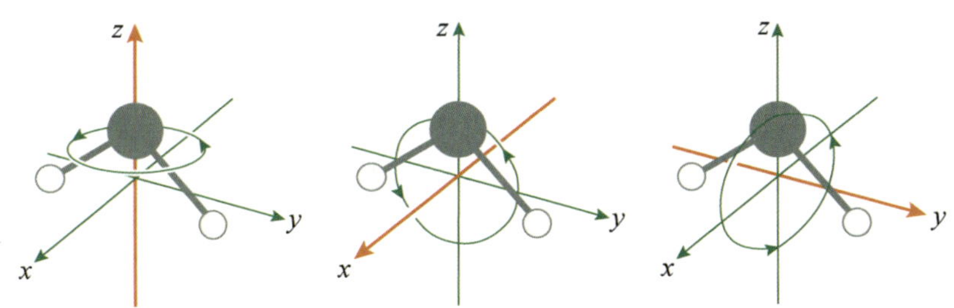

▲ **그림 18.28** 3개의 원자로 구성된 다원자 분자의 세 종류의 회전운동

3개의 원자로 구성된 다원자 분자는 병진운동에 의한 자유도 3을 가지는 것 외에 위의 그림처럼 세 종류의 회전운동이 더해져 총 자유도가 6이 된다. 따라서 이런 다원자 분자의 대표적인 물 분자의 경우의 운동에너지는 $kT/2$에 자유도 6을 곱한 $3kT$이다. 이렇게 에너지 등분배법칙은 운동에너지나 그 외 여러 물리량 등을 복잡한 계산 없이 바로 알아낼 수 있어서, 열역학에서 대단한 위력을 발휘한다. 물론 그 사실보다는 이 법칙이 양자역학의 탄생의 기폭제를 마련하였다는 점이 우리에게 결코 등한시하면 안 될 중요한 법칙이겠지만 말이다.

61장 물리학계의 이단아 볼츠만

볼츠만의 묘비에 새겨진 엔트로피 $S = k \log W$

빈에 있는 볼츠만의 묘비에는 일반인들에게도 낯이 익은 수학 기호인 $\log$가 있는 $S = k \log W$ 라는 식이 새겨져 있다. 'S'는 우주를 움직이는 거대한 법칙인 엔트로피로, 클라우지우스가 정의한 물리량 엔트로피와 수식은 다르지만 동일한 개념이다. 그리고 식에서 W는 앞에서 논의한 특정 거시상태에 속하는 미시상태의 수인 비중으로, 독일어의 확률을 의미하는 'Wahrscheinlichkeit'에서 따온 것이다.

물리량은 '크기 성질(extensive property)'과 '세기 성질(intensive property)'로 크게 구분할 수가 있다. 2개의 통에 담긴 같은 부피 1리터의 물을 합친 부피는 2리터이다. 이처럼 크기나 양의 성질을 지니고 있어서 서로 합치거나 분리하였을 때 변하는 성질을 지닌 부피와 같은 물리량을 '크기 성질'이라 한다. 쉽게 말하면 더하고 빼는 관계가 성립하는 물리량으로, 질량이나 길이, 열, 에너지 등이 해당한다. 반면 같은 온도의 두 물을 섞는다고 온도가 변하지 않는 물리량을 '세기 성질'이라 한다. 밀도나 압력, 그리고 예를 든 온도가 해당한다. 그런 점에서 클라우지우스가 정의한 엔트로피 $S = Q/T$ 는 '크기 성질'이다. 같은 온도와 같은 열에너지를 지닌 두 계를 합쳤을

▲ **그림 18.29** 엔트로피 식 $S = k \log W$(화살표가 가리키는 곳)가 새겨져 있는 볼츠만의 무덤 (출처: 위키백과)

때 온도 T는 변하지 않지만 전체의 열 Q는 합쳐진 값이라는 점에서 '크기 성질'의 물리량이다.

크기 성질인 클라우지우스의 열역학적 엔트로피는 자발적으로 일어나는 자연계의 사건을 기술하는 데에는 너무도 깔끔했다. 하지만 비가역 과정의 미시적 기원과 엔트로피 증가의 본질에 대한 심층적인 설명을 제공하지 못한다는 단점을 지니고 있었다. 열역학을 원자론의 관점으로 재해석하는 볼츠만에게 있어서 클라우지우스가 정의한 엔트로피를 원자론으로 재해석할 수만 있다면 기존의 엔트로피가 지닌 한계를 극복해낼 것이라고 확신하였다. 그리고 마침내 확률과 통계라는 수학의 도구를 적극적으로 활용하여 맥스웰 분포 함수를 원자론으로 이끌어내는 소기의 목적을 달성하면서 자신의 발상에 확신을 가지게 되었다. 이제 그는 클라우지우스가 정의한 엔트로피의 개념을 자신이 생각하는 원자의 관점에서 얻어진 거시상태에 대한 미시상태의 개수인 비중 W의 함수로 엔트로피 S를 새롭게 정의하고자 하였다. 그러니까 $S = f(W)$인 함수를 찾는 작업이었다.

어떤 계 A의 에너지 E에서의 미시상태의 수를 비중 W라 하여 엔트로피를 $S_A = f(W)$라 놓겠다. 이제 이 계와 완전히 동등한 또 다른 계 B가 있다고 하면, 역시 같은 에너지 E, 비중은 W, 엔트로피 역시 계 A와 동일한 $S_B = f(W)$이 될 것이다. 이때 독립적인 2개의 계 A와 B를 서로 접촉하여 새로운 계 AB가 형성되었다고 할 때, 계 AB의 에너지는 얼마일까? 에너지가 크기 성질인 물리량이므로 당연히 $2E$이고, 역시 크기 성질인 엔트로피 역시 각각의 엔트로피의 합이 되므로 $f(W) + f(W) = 2f(W)$이다. 특별히 어려울 것이 없다.

한편 계 AB의 미시상태의 개수는 계 A와 B 각각의 미시 상태의 수 W를 곱한 $W \times W$이다. 경우의 수가 6인 주사위 2개를 동시에 던졌을 때 나오는 경우의 수를 구하는 것과 같은 논법이라 헷갈릴 것도 없다. 따라서 계 AB의 엔트로피는 $S_{AB} = f(W^2)$이 될 것이다. 엔트로피에 대해서만 정리하자면 아래와 같겠다.

이때 $S_A = S_B = S$이다.

$$S_{AB} = S + S = 2S \text{ 혹은 } f(W^2) = f(W) + f(W)$$

위의 수식을 보면 미시상태의 개수는 각각의 계의 미시상태의 수 W를 각각 곱한 $W \times W$로 곱의 관계가 되지만, 이들을 변수로 하는 함수 f는 덧셈으로 이어져 있다. 비중 W를 변수로 하는 f가 어떤 함수이어야 이런 조건을 만족할까? 아주 까다롭게 생각할 수도 있겠지만, 이미 우리가 이 책에서 다뤘던 로그함수가 정확하게 이 관계식을 만족하는 함수이다. 로그는 2개의 양수 x와 y에 대해 $\log(xy) = \log x + \log y$가 성립한다. 결국 볼츠만이 구상하는 엔트로피 S의 함수 $f(W)$는 로그함수라는 결론에 도달한다. 열평형 상태에 도달한 거시상태에 대응하는 미시상태의 수 W에 $\log$를 붙인 $\log W$가 곧 엔트로피 S인 것이다.

의문점으로 남은 하나는 볼츠만의 엔트로피 $S = \log W$와 클라우지우스의 엔트로피 $S = Q/T$가 동일한지에 대한 등가성의 여부이다. 수식이 워낙 다르다 보니 같다는 것 자체가 의심스러울 정도이다. 볼츠만은 자신의 엔트로피가 클라우지우스의 것과 표현만 달랐을 뿐 동일한 개념임을 입증할 필요가 있었다. 즉, $a \log W = Q/T$임을 말이다. 여기서 상수 a는 군더더기와 같은 존재로 커다란 의미가 있다고 할 수 없지만 클라우지우스가 이미 엔트로피를 정의하였고, 볼츠만은 다른 관점에서 새롭게 정의한 자신의 엔트로피로 등가성임을 보이려다 보니 비례상수의 개념으로 필요했다. 당연히 볼츠만은 두 관계식이 등가성이라는 점을 입증하였는데, 사실 그 과정이 너무 복잡하여 여기에 소개하기에는 무리가 있다. 두 식이 동일하다는 사실을 할 수 없이 받아들이기로 하고, 이 과정에서 밝혀진 상수 a가 볼츠만 상수 k임을 밝히는 정도로 갈무리해야 할 것 같다.

〈식 18.30〉 $S = k \log W$ (k는 볼츠만 상수)

맥스웰의 도깨비

지금까지 엔트로피가 어떻게 정의되었는지를 살펴보았는데, 이런 복잡한 과정은 몰랐어도 익히 엔트로피에 관심이 있었던 분은 아마도 '계의 무질서도'를 뜻한다는 의미 정도로 알고 있었을 것이다. 물론 틀린 표현은 아니다.

향수를 예로 들어보겠다. 병 속에 들어 있던 향수 분자들은 자연스럽게 공기 중의 분자들과 충돌하면서 사방으로 퍼져나가게 된다. 충분한 시간이 지나면 결국 방 안 곳곳에서 향수 분자들을 발견할 수 있고 그 양도 일정하게 퍼지게 된다. 처음에는 병 안에만 모여 있던 향수 분자들이 시간이 지남에 따라 방 안 전체로 퍼져나가 공기 분자들과 뒤죽박죽 섞이며 무질서한 상태가 된 것이다. 질서에서 무질서로 나아간 것이다. 이것은 자연스러운 현상으로, 병 안에 질서 정연하게 있을 때의 엔트로피보다 방안 전체에 무질서하게 퍼져 있을 때의 엔트로피가 크기 때문에 일어나는 현상이다. 마치 청소를 하지 않고 방치해둔 방과 같다고 할 수 있겠다. 옷가지와 책, 머리카락이 뒹굴며 점점 난장판이 될수록 방의 무질서도, 즉 엔트로피가 증가한다. 우리가 시간과 노력을 들여 방을 청소하지 않는 한 방이 알아서 깨끗해지는 일은 없다. 왜냐하면 질서 있는 상태일수록 엔트로피가 낮기 때문에 결코 그런 방향으로 일어나지 않는다. 한참 전이지만 9장에서 엔트로피를 잠깐 언급하면서 무질서가 오히려 더 대칭적이라 했었다. 대칭을 선호하는 자연은 더 대칭적인 무질서한 상태로 이동하는 비가역적 운동을 하는 것일 뿐이다.

그런데 우리가 방을 정리하였다면 방의 엔트로피가 낮은 상태로 바뀐 것인데 이것은 어떻게 설명할까? 엔트로피가 더 낮은 상태로 이동한 것인데, 자연계의 흐름을 거역한 것이지 않은가. 이런 엔트로피의 속성에 대해 1871년, 맥스웰은 아주 재미있는 사고 실험을 제안하였다. 뜨거운 기체가 담겨 있는 상자와 차가운 기체가 담겨 있는 2개의 상자 사이에는 구멍이 있어 분자가 드나들 수 있다. 시간이 지나면 뜨거운 분자들의 일부분이 차가운 상자로, 반대로 차가운 분자의 일부분이 뜨거운 상자로 옮겨져 두 상자는 서로 같은 온도를 유지하게 된다. 이때 섞인 분자들은 서로 충돌이 일어나 에너지의 교환이 없다고 가정하겠다.

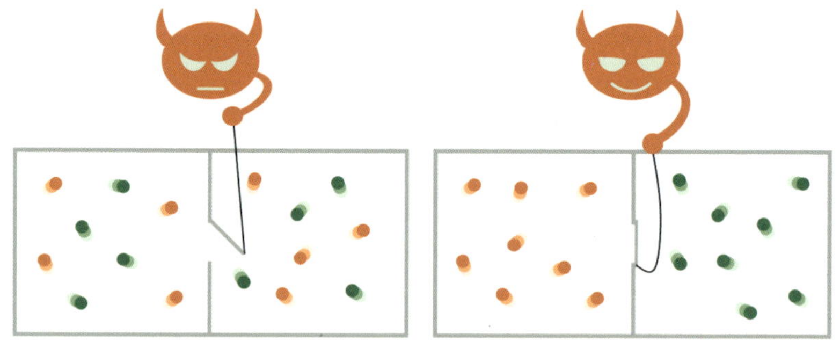

▲ 그림 18.31 도깨비가 문을 열고 닫으면서 따뜻한 분자(붉은색)는 왼쪽 상자에, 차가운 분자(초록색)는 오른쪽 상자에 모으고 있다.

　　뜨거운 분자와 차가운 분자가 섞이는 현상은 자발적으로 일어나는 과정이자 비가역적 과정이다. 즉 다시 원래의 상태로 돌아갈 수 없다. 그런데 모든 분자의 움직임을 전부 알 수 있는 도깨비가 있다고 상상해보자. 이 도깨비는 두 상자의 통로인 문을 열었다 닫았다 하면서 빠르게 움직이고 있는 뜨거운 분자는 다시 왼쪽으로 모이게 하고, 느리게 운동하는 차가운 분자는 오른쪽으로 모이도록 하는 신통방통한 능력이 있다. 그래서 도깨비의 활약으로 어느 정도 시간이 지나자 다시 처음의 상태로 되돌릴 수 있게 되었다. 이런 놀라운 능력을 발휘한 도깨비의 이름은 '맥스웰의 도깨비'*이다. 그런데 아무리 가상의 도깨비를 등장시켰다고 이런 일이 일어날 수 있을까? 엔트로피를 더 감소시키는 과정이지 않은가. 맥스웰 도깨비가 자연의 현상을 거스를 수는 있는 것일까? 위의 해석에는 중요한 정보를 생각하지 않았기에 나온 착각이다.

분명히 섞인 분자들을 같은 온도의 분자들로 분류하는 것은 엔트로피가 감소되는 과정으로 열역학 제2법칙을 위배한다. 하지만 엔트로피를 감소시키는 과정에서 그 이상의 엔트로피를 증가시키는 또 다른 사건이 존재하여 전체적으로 엔트로피가 증가했다면 열역학 제2법칙을 따른 결과이다. 그럼 무엇이 엔트로피를 더 생산시킨 것일까? 맥스웰의 도깨비가 분자의 속력을 측정하고 정보를 수집하여 문을 열고 닫는 행위를 하는 자체가 일을 하며 더 많은 에너지를 소모하는 행위로서, 이 과정에서 더 많은 엔트로피를 만들어낼 수밖에 없다는 것이다.

에너지를 소모한다는 것은 엔트로피를 증가시키는 과정이다. 우리가 방을 정돈하여 엔트로피가 낮은 질서 있는 상태로 만드는 과정은 우리가 섭취한 음식물로부터 얻어진 에너지로 일을 한 결과이다. 즉 소모된 일의 엔트로피가 더 높기 때문에 결과적으로 엔트로피가 더 증가한 것이다. 연주회를 가질 정도의 피아니스트는 피아노로 질서가 있는 연주가 가능하기 위해 상당한 에너지를 소비한 것이다. 여러분들이 남들보다 잘할 수 있는 무언가에는 분명 재능도 있었겠지만 그만큼 많은 에너지를 소비하였기에 이룰 수 있었던 것이다. 이렇게 엔트로피가 더 낮은 상태로 진행하여 엔트로피의

---

* 맥스웰이 1871년에 한 사고 실험으로, 열역학 제2법칙을 위반하는 것이 가능한가에 대한 것이다.

정의와는 역행하는 것처럼 보이겠지만 반대급부로 그것을 달성하는 데 유용한 에너지를 무용한 상태로 변환시켰다는 사실을 생각할 때 그 과정에서 상당한 양의 엔트로피가 소모되어 큰 무질서를 발생하여 전체적으로는 엔트로피가 증가한 방향으로 진행된 것이다.

에너지는 대단히 질서가 잡혀 있는 상태로 오히려 불안정한 상태이다. 그래서 에너지는 사용되어 없어지는 쪽을 선호한다. 무질서가 편한 상태이다. 위치에너지를 높이기 위해 물건을 100m 높이까지 올리기 위해서는 그 이상의 에너지를 소비한 것이다. 엔트로피는 우주가 감춰놓은 신비로운 또 하나의 천상의 비밀을 인류에게 알려주는 고귀한 존재이다.

시대를 너무 앞서간 볼츠만[*]

19세기 유럽의 과학자들은 위대한 과학의 완성을 꿈꾸고 있었다. 뉴턴의 힘의 법칙 덕분에 행성과 물체의 움직임을 정확하게 이해하고 예측할 수 있게 되었고, 온도와 압력 등을 다루는 열역학으로 일과 열의 관계도 알아냈다. 또한 신비의 영역이었던 전기와 자기의 본질도 완벽하게 파악했다고 믿었다. 이처럼 지금껏 알지 못했던 눈에 보이는 실제적 자연 현상을 설명할 수 있게 되면서 물리학자들은 경험적 절대 진리를 강조하는 실증주의 철학에 심취해 있었다.

그런데 이런 풍조에서 벗어나 직접 눈으로 본 적도 없고, 만진 적도 없는 존재 자체가 불분명한 원자라는 요상한 존재로 자연을

[*] 《볼츠만의 원자─물리학에 혁명을 일으킨 위대한 논쟁》, 데이비드 린들리, 승산

해석하고, 더군다나 우연을 전제로 한 확률과 통계 개념을 핵심적인 도구로 자연을 설명하는 물리학계의 이단아 볼츠만의 과학은 낯설고 어설픔을 떠나 궤변을 주장하는 사이비 종교와 같았다. 뉴턴역학의 결정론적 세계관이 지배적이었던 19세기 과학계에서, 볼츠만의 통계역학적 접근은 획기적인 발상의 전환이라고 보기에는 벗어나도 너무 벗어났다. 그래서 다른 과학자들로부터 모든 욕을 감내해야 하는 숙명을 안은 이론이었다. 특히 우리에게는 소리의 속도로 사용하는 단위인 '마하수'로 알려진 에른스트 마흐(1838~1916)의 공박은 볼츠만에게 커다란 고통이었다. 과학이 가설이나 이론이 아니라 관찰이 가능한 사실을 근거로 해야 한다는 간단한 원칙을 핵심으로 하는 철학을 내세우는 마흐의 입장에서 보면, 존재하지 않는 신비적인 담론의 수준에서 불과한 원자로 기체의 운동을 설명하는 것은 인정할 수 없는 가설이자 추상적인 이론에 불과하여 과학도 아니라고 여겼다.

실증주의를 추구하는 마흐의 철학과는 달리 볼츠만은 관찰된 현상들 사이의 관계를 직관과 추상화로 해석하는 작업이 물리학에 있어 더 중요하다고 여겼다. 그래서 당시에는 믿고 있는 과학자들이 많지 않았지만, 자신의 직감으로 존재한다고 확신하는 원자들로 기체의 모든 성질을 더욱 선명하게 설명할 수 있을 것이라고 믿었다. 또 이를 통해 새로운 과학의 패러다임을 구축할 수 있을 것이라는 신념을 가지고 있었다. 그리고 마침내 원자로 기존의 열역학의 이론을 설명할 수 있었고, 더 나아가 우주가 움직이는 법칙도 밝혀내며 자신의 철학의 정당성을 이끌면서 물리학의 새로운 패러다임을 파종했다. 그럼에도 과도한 이론의 도입을 경계했던 마흐의 철학이 물리학 등 과학계 전반을 좌지우지하던 시절이라 그의 주장은 신랄

한 비판과 조롱의 대상이었고, 그로 인해 볼츠만은 심각한 정신적 고통에 시달리며 많은 좌절감과 위기의식까지도 느꼈다.* 이러한 그의 극심한 정신적 고통은 1898년에 출간된 그의 저서인 《기체이론에 관한 강의》 제2부의 서문에 잘 나타나 있다.

> "나의 견해로는 만일 기체이론에 대한 일시적인 적개심으로 인하여 잠시라도 망각 속에 팽개쳐진다면 이는 과학계에 있어 커다란 비극이라고 생각한다. … 나는 시대적인 사조에 거역하여 발버둥치는 미약한 일개인에 지나지 않으나 적어도 아직까지는 나에게 다음과 같이는 기여할 수 있는 힘이 있다. 기체이론이 다시 부활하게 될 때 너무 많은 내용이 재발견되어야만 할 필요가 없게 하는 일이다. 따라서 이 책에 가장 어렵고 잘못 이해하기 쉬운 부분들을 가장 쉽게 이해할 수 있는 방법으로 기재하는 바이다."**

이후 볼츠만의 원자론은 아인슈타인이 브라운 운동의 해석을 통해 원자의 존재를 공식화하면서 마침내 인정을 받게 되었다. 브라운 운동이라고 하는 물리적 현상은 1827년, 로버트 브라운(1773~1856)이 현미경으로 수면 위에서 불규칙적으로 움직이는 꽃가루의 운동을 관찰하면서 세상에 등장하였다. 처음 관측할 때는 조금씩 움직이고 있던 꽃가루가 이상하게 아무리 오랜 시간이 지나도 멈출 생각을 안 하는 것이었다. 많은 과학자들이 이 수수께끼를 풀기 위해 도전했지만 명쾌한 답을 찾아내지 못하다가, 1905년에 아인슈

---

 *《기체론 강의 1》, 루드비히 볼츠만, 아카넷
**《기체론 강의 2》, 루드비히 볼츠만, 아카넷

타인이 "물속에 존재하는 수많은 원자와 분자가 지속적으로 꽃가루인 수분을 때려주기 때문에 정신없이 이리저리 진동하면서 움직이는 운동을 한다."라고 설명했다. 그러니까 원자라는 걸 이용해서 브라운 운동을 설명하면서 원자의 존재가 공인된 것이다.

하지만 이런 해석들이 볼츠만을 구원해주지는 못하였다. 극심한 우울증에 시달리던 볼츠만이 1906년 자살을 하고 말았기 때문이다. 자신의 연구결과가 오히려 자신을 극도의 우울증과 비관에 사로잡히게 한 것이었다. 그의 사망 이후 그가 이룩한 업적들이 인정받으면서 인류에 불멸의 이름을 남겼고, 그의 대표적 업적인 엔트로피의 식 '$S = k \log W$'이 그의 묘비에 새겨짐으로써 불행했지만 위대했던 그를 추모하고 있다.

19부

양자의 시대

고전역학으로 해석이 불가한 흑체 복사 스펙트럼에서 시작된

인간의 직감과 일치하지 않은 양자의 세계를 소개한다.

빛의 에너지가 덩어리로 존재한다는 양자 가설을 제안하여
양자역학의 불씨를 타오르게 한 플랑크

양자역학을 들어가면서

1900년 12월 14일, 독일물리학회에 참석한 사람들은 세상을 뒤집어놓을 역사적 이론을 처음 만나는 행운을 누렸다. 빛의 에너지는 연속적인 값이 아니라 일정한 덩어리 형태의 값만을 가질 수 있다는 막스 플랑크(1858~1947)의 '에너지 양자가설'의 강연을 들을 수 있었기 때문이다. 영어로는 'quantum'인 '양자(量子)'는 '작은 집합'이라는 의미를 가지는 라틴어 'quantus'에서 유래한 용어로, 빛이 양자화되었다는 것은 곧 빛의 에너지가 일정 크기의 덩어리 형태로만 존재하여 띄엄띄엄한 값만을 가진다는 의미이다. 빛의 양자화는 인류가 얻어낸 최고의 과학이론이자 현대 문명의 초석을 다진 양자역학의 탄생의 기폭제가 되었다. 그래서 이런 엄청난 사실을 밝혀낸 플랑크의 흑체 복사에 대한 연구결과를 발표한 이날을 물리학계에서는 양자물리학의 탄생일로 기록하고 있다.

그런데 빛의 에너지가 덩어리인 불연속적이라는 사실을 알게 되었다고 호들갑 떨 만큼 유별난 일일까? 자연의 한 단면이라 여기고 넘어가면 될 것인데 왜 세상을 놀라게 하였다고 할까? 수많은 전자기기 등 21세기를 살아가는 우리에게 엄청난 혜택을 주며, 문명의 발전을 이루게 한 자양분이자 앞으로도 인류의 문명을 바꾸게 할 원동력으로 일컬어지는 양자역학 시대의 개막을 알리는 가장 중요한 개념이라고 책이나 매스컴에서 아무리 떠들어도 다른 세상의 이야기일 뿐이다. 상당한 양의 수학으로 무장된 물리학 최고봉인 양자역학은 상대론과 더불어 일반인이 발을 들여놓기에는 정말로 넘기 힘든 장벽이라고 하는데, 이렇게 되는 큰 이유는 역사적 맥락을 모르기 때문이다. 시대의 요구사항과 당시 이론과의 연결고리 등 역사를 알지 못하기에 플랑크의 양자설을 공감하기도 또한 이해하기도 힘들다.

지금부터 이야기할 양자역학은 역사적 맥락에서 짚어가며 그 지혜의 역사를 탐방하고자 한다. 하지만 물리학의 언어가 수학이다 보니 어쩔 수 없이 수식이 들어갈 수밖에 없다. 그래서 미적분을 상회하는 수학 등 포기할 것은 포기하고 독자들의 접근이 가능한 영역으로 한정할 필요가 있겠다. 양자역학을 활용해서 자연을 분석하는 것은 물리학자를 포함한 과학자들의 몫으로 넘기고, 대신 양자역학의 형성 과정에서 지혜가 어떻게 형성되고 발현되는지를 알아보는 것만으로도 여러분이 각자의 영역에서 문제를 해결하기 위해 어떤 자세로 접근해야 할지를 익히게 될 것이다.

흑체 복사

빛이 양자라는 발견은 열을 받은 물질이 내뿜는 빛과 온도의 관계를 탐구하는 연구에서 비롯되었다. 철의 제조 과정에서 온도는 철의 성능을 결정하는 매우 중요한 인자이다. 음식을 만들 때 재료의 온도를 잘 조절해야 맛이 좋은 요리를 만들어낼 수 있는 것과 같다. 그래서 제철업이 한창 융성하던 19세기 중엽 산업계의 입장에서는 철을 제조하는 용광로 내부의 온도를 정확히 알아야 했고, 그 단초는 색깔이었다.

온도와 색깔이 무슨 관계가 있다는 것일까? 하지만 우리는 두 물리량이 서로 상관관계가 있다는 사실을 실생활에서도 어렵지 않게 접하고 있다. 쇠로 만들어진 물질을 불로 가열하면 빨간색의 복사광을 낸다. 그런데 온도가 더 올라가면 색이 변하기 시작하여 붉은색과 주황색이 포함된 전체적으로 노란색의 복사광으로 변하게 된다. 아마 실제로 경험했을 수도 있고 혹은 매체 등을 통해 접하였으리라. 이처럼 온도가 올라갈수록 무지개 색의 역순으로 빛을 발산하는데, 본래 모든 파장의 빛을 내뿜지만 온도가 높아짐에 따라 더 짧은 파장의 빛의 양이 많아지기 때문이다. 그리고 어느 온도 이상이면 우리의 눈에 보이는 가시광선의 빛은 약해지는 대신 자외선의 빛을 주로 방출하여 푸르스름한 흰색으로 보이게 된다. 이때의 빛을 백색광이라고 하는데, 대표적으로 태양의 빛이 여기에 해당한다. 그래서 태양은 엄청나게 뜨겁다는 것을 추측할 수 있고, 실제 표면온도 역시 무려 6,000K라고 하니 상상이 가지 않을 정도이다.

철의 제조를 위해 반드시 필요한 용광로 내의 온도를 어떻게 측정해야 할지 막막하게 여겨질 상황을 타개할 수 있는 방법이 바로 용광로에서 방출하는 복사광의 파장 혹은 주파수로 온도를 유추하는 것이다.* 이제 산업계에서 해결하기를 원했던 문제는 과학자들의 몫으로 넘겨졌다.

물질은 자신이 가지고 있는 고유의 색에 따라 반사 혹은 흡수하

---

* 빛의 파장이 λ이고 진동수가 ν일 때 두 물리량의 관계는 $\lambda\nu = c$ 이다. 여기서 c 는 빛의 속도로 상수이므로 빛의 파장이 길면 진동수가 짧다는 것이고, 파장이 짧으면 진동수가 크다는 의미로 서로 역의 관계이다.

는 빛의 영역대가 존재한다. 주변에서 흔히 볼 수 있는 잎사귀가 초록색의 빛을 띠는 이유는 주로 초록색을 반사하기 때문이다. 만약 불에 타지 않는 잎사귀가 있어서 충분한 열을 가해 온도 T일 때 노란색을 띠었다고 가정하자. 그러면 같은 온도 T의 용광로에서도 노란색을 띨까? 곤란하다. 잎사귀는 초록색 대부분을 반사하고 용광로는 그렇지 않아서, 설혹 같은 온도여도 방출되거나 흡수하는 빛의 양, 즉 스펙트럼*이 달라지기 때문에 용광로에서 발산하는 빛의 색깔은 다를 수밖에 없다.

색깔이 온도에 관계하지만 물질마다 반사되는 빛이 다르므로 색깔과 온도라는 두 물리량 사이의 상관관계를 규명하기는 쉽지 않다. 그러면 두 물리량 사이의 관계를 알아내기 위해서는 어떻게 해야 할까? 해결책은 어렵지 않다. 물질의 종류에 따라 달라지는 변수를 제거하면 될 것이므로, 반사하는 빛 없이 모든 빛을 흡수하는 물질로 실험하면 될 것이다. 모든 빛을 흡수하면 당연히 색깔을 띠지 않으므로 석탄과 같은 물질이 후보로 가장 적합하다. 그런데 석탄도 입사되는 모든 빛을 흡수하지는 못한다. 현실적으로 입사되는 복사광을 완벽하게 흡수하며 반사가 전혀 되지 않는 물체는 존재하지 않는다. 그래서 1860년, 독일의 물리학자 구스타프 키르히호프 (1824~1887)는 모든 파장의 빛을 완벽하게 흡수하는 물체로 불리는 흑체(黑體, blackbody)를 실험실에서 구현하는 데 성공하였다.

아주 작은 구멍이 뚫려 있는 구형의 공동(cavity)이 있고 왼쪽 그림과 같이 구멍을 통에 빛이 입사되었다고 상상해보자. 들어가기는 쉬워도 이 빛이 다시 구멍을 통해 빠져 나오기는 쉽지 않다. 그렇기

---

* 프리즘으로 빛을 무지개 색깔에 따라 분해한 것처럼 파장별로 분류되 빛들을 일컫는다.

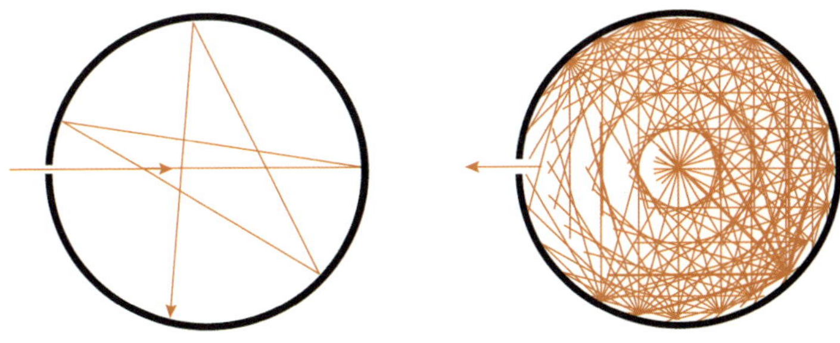

▲ 그림 19.1 흑체의 기능을 구현하는 작은 구멍이 있는 공동

에 공동은 어떠한 빛이건 모두 흡수하는 물질이라고 봐도 무방하다. 한 마디로 흑체의 기능을 구현하는 물체이다. 그래서 오른쪽 그림처럼 구형의 공동을 가열시키면 내부에서 복사광이 방출되고, 이 복사광은 거의 완벽하게 다시 흡수되면서 열적 평형상태에 이르게 된다. 이런 조건을 만족하는 흑체가 색깔과 온도의 관계를 규명하는 최적의 실험 장치이다.

그런데 구멍은 왜 뚫었을까? 구멍 없이 가열하면 정말로 완벽한 흑체가 아니겠는가! 하지만 그렇게 되면 온도와 복사광의 관계를 전혀 알지 못하게 된다. 극히 일부분이겠지만 작은 구멍을 통해 흘러나오는 빛은 흑체 내부의 정보를 고스란히 담고 있을 것이므로, 이 빛을 통해 내부 상황을 파악할 수 있기에 구멍이 필요한 것이다. 이렇게 자신의 아이디어로 개발한 장치로 수많은 실험을 한 키르히호프는 자신의 이름이 포함된 키르히호프의 열복사 법칙을 발표할 수 있었다.* 흑체의 모양이나 재질이 무엇인지에 상관없이 열평형

---

* Kirchhoff, G., 《Ueber das Verhältniss zwischen dem Emissionsvermögen und dem Absorptionsvermögen der Körper für Wärme and Licht》, Annalen der Physik und Chemie. 109, 275–301. (1860). Translated: Kirchhoff, G. 《On the relation between the radiating and absorbing powers of different bodies for light and heat》, Philosophical Magazine. Series 4, Translated by Guthrie, G.: 1–21 (1860).

상태에서 흡수하고 방출되는 복사광의 비율이 동일하다는 법칙이다. 쉽게 말하면 물질에 상관없이 특정 온도에서 발산하는 복사광의 스펙트럼은 변하지 않는다는 것으로, 과학자들은 마침내 키르히호프의 법칙으로 온도와 색깔의 관계를 규명할 수 있게 되었다.

빈의 변위 법칙

19세기 말 물리학자들은 뉴턴과 맥스웰 이론 등으로 우주 삼라만상의 모든 현상을 해결할 것이라 여겼고, 이제 남은 것은 사소한 몇 개의 문제만 해결하면 된다고 생각할 정도로 오만에 빠져 있었다. 몇 개의 문제는 바로 빛과 원자에 관련된 수수께끼로, 이 문제역시 기존의 이론으로 충분히 이해할 수 있을 것이라고 믿었다. 그런데 그것은 커다란 착각이었다. 이 문제들로 인해 아직도 물리학의 분야에서는 해결해야 할 일이 산더미같이 남아 있음을 알게 되었고, 그 신호탄이 흑체실험에서 획득한 복사 스펙트럼이었다.

〈그림 19.2〉는 실제 실험을 통해 얻어진 온도에 따라 흑체에서 방출되는 빛의 스펙트럼이다. 가장 많은 빛을 내는 파장이 3,000K에서는 966nm, 4,000K에서는 724nm, 5,000K에서는 580nm, 그리고 6,000K에서 483nm로 파장이 짧은 쪽으로 이동함을 보여주고 있다. 4,000K보다 낮은 온도에서는 적외선 영역이, 그리고 6,000K 이상의 온도에서는 자외선 영역의 빛이 주로 방출되고 그 사이의 온도에서는 가시광선 영역의 빛이 많이 존재하고 있음을 보여준다. 태양의 표면의 온도가 6,000K라는 것도 그림의 오른쪽 위 태양빛의 스펙트럼과 6,000K에서의 흑체복사 스펙트럼이 동일하다는 점으로부터 알아낸 것이다. 이렇게 온도와 복사광의 관계를 실험적으로

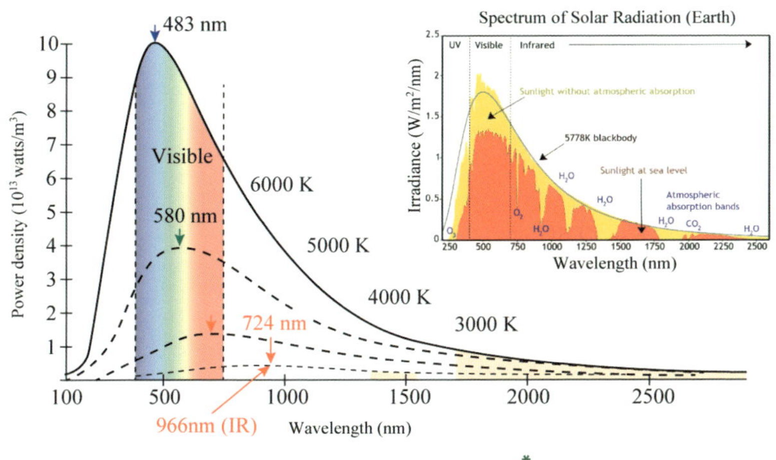

▲ 그림 19.2 흑체복사 스펙트럼*

명확히 규명하면서 산업체의 요구사항을 해결할 수 있었다.

그런데 여기서 끝난 것이 아니었다. 물리학자들에게 새로운 과제가 부여되었기 때문이다. 복사광의 스펙트럼이 왜 〈그림 19.2〉와 같은 개형을 보이는 것일까에 대한 의문이었다. 이것을 해석하기 위해 그들은 자신들이 철썩같이 믿고 있는 뉴턴 역학과 맥스웰의 방정식, 열역학 등으로 도전하였지만 해결의 기미가 전혀 보이지 않았다. 이때부터 연구의 방향은 흑체의 온도와 복사광의 스펙트럼의 상관관계를 규명하는 이론과 또한 거기에 숨어있는 물리적 의미를 밝히는 것으로 바뀌었다.

완벽하지 못했지만 흑체복사를 부분적으로나마 해석한 결과가 빈의 법칙과 레일리 – 진스의 법칙이다. 먼저 1893년, 독일의 물리학자 빌헬름 빈(1864~1928)이 제안한 빈의 법칙부터 살펴보겠다.

---

* 그림의 출처: http://hyperphysics.phy-astr.gsu.edu/hbase/quantum/radfrac.html, 삽입된 그림은 태양광 스펙트럼. 출처: http://en.wikipedia.org/wiki/Sunlight

이 법칙은 흑체 내의 온도가 올라가면 가장 강한 세기의 복사광의 파장이 점점 짧아진다는 아주 간단한 수학적 관계이다.[*]

$$\langle 식\ 19.3 \rangle\quad \lambda_{paek}\,T = 2.898 \times 10^{-3}\,\mathrm{m \cdot K}$$

이 수식이 대단한 것이 가장 강한 파장의 빛만 알아내면 온도를 바로 알 수 있다는 점이다. 가령 용광로에서 483nm의 빛이 가장 강하게 발산된다면 위의 식으로부터 용광로 내부의 온도가 6,000K임이 나오게 된다. 놀라운 식이다. 이 식 하나만으로 용광로 내부의 온도를 알아내는 것은 전혀 어려운 일이 아니게 되었다. 물론 역으로도 가능하다. 사람의 체온이 36.5℃, 즉 절대온도로는 309.5K이므로 위의 수식으로부터 우리 몸에서 나오는 복사광의 파장은 대략 9.36μm이다. 빛의 양도 적겠지만 적외선이라 우리 눈에 보이지 않는 빛이다. 그럼 이렇게 놀라운 수식을 빈은 어떻게 얻어낼 수 있었을까?

빈은 맥스웰이 기체분자의 속도가 모든 방향에 동등하다고 하였던 것처럼 복사광 역시 전 방향에 골고루 퍼져 있을 것이라고 가정하였다. 더불어 에너지가 높을수록 존재확률이 떨어진다는 볼츠만 인자에 착안하여 에너지에 관계되는 온도 T에 대해 흑체 내의 전자기파의 에너지 분포가 $e^{-b/\lambda T}$에 비례하여 감소될 것이라고 추론했다. 이런 가정을 통해 빈은 온도 T에서 에너지의 크기, 즉 복사광 에너지의 분포 $u(\lambda, T)$를 파장에 대한 함수로 구할 수 있었다.

---

[*] W. Wien (1896). "Uber die Energievertheilung im Emissionsspectrum eines schwarzen Korpers," Wiedemannsche Annalen der Physik 58, 662-669.

〈식 19.4〉 $u(\lambda, T) = \dfrac{a}{\lambda^5} \cdot \dfrac{1}{e^{b/\lambda T}}$

위의 식에서 상수 a와 b는 실험에 의해 밝혀질 상수이므로 우리는 일단 알고 있는 수라고 하겠다. 파장의 함수인 $u(\lambda, T)$의 개형은 도함수를 이용하여 확인해야겠지만, 감각적으로 파장에 따라 증가 후 감소하는 곡선의 모양으로 용광로에서 내뿜는 복사광의 스펙트럼인 〈그림 19.2〉와 흡사할 것임을 충분히 예측할 수 있다. 그렇다면 $u(\lambda, T)$의 최댓값이 곧 〈식 19.3〉의 빈의 변위 법칙에 해당하지 않겠는가. 실제로 미분을 이용하여 $u(\lambda, T)$의 최대가 되는 지점, 곧 도함수가 0이 되는 지점을 구하면 파장과 온도의 곱이 일정하다는 빈의 변위 법칙이 도출된다. 그러나 빈이 유도한 〈식 19.4〉에는 치명적인 문제가 있었다. 파장이 큰 적외선 부분에서는 실험 결과와 불일치하였다.

붉은색의 실선이 실제 실험 결과이고 초록색의 실선이 빈의 변위법칙에서의 에너지 분포인 〈식 19.4〉 $u(\lambda, T)$이다. 작은 차이라

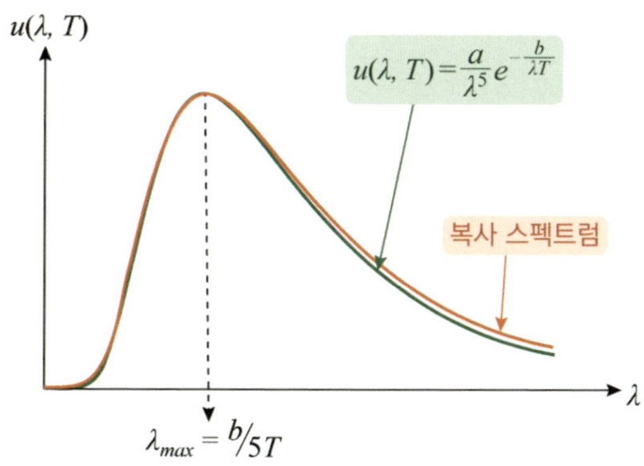

▲ 그림 19.5 $u(\lambda, T)$(초록색의 실선)와 실제 실험 결과(붉은색의 점선)

단순한 실험적 오차일 가능성도 있지만 여러 과학자들이 더 넓은 영역대의 파장과 온도로 확장한 실험으로 검증을 한 결과 확실히 파장이 커질수록 실제의 실험 결과와 어긋나는 정도가 커져갔다. 결코 무시할 정도의 오차가 아니었다.

자외선 파탄으로 파국을 맞은 레일리-진스 법칙

또 다른 해석인 레일리-진스 법칙을 살펴보겠다. 물리학의 법칙은 맥스웰의 사례에서 충분히 접하였지만, 대체물을 통해 얻어진 해석이 현실과 잘 일치할 때 하나의 이론으로 자리매김하는 경우가 많다. 레일리-진스 법칙도 흑체 내부의 빛이 정상파로 이뤄졌을 것이라는 가정을 통해 얻어졌다. 정상파는 물리학자들이 현상을 설명하기 위해 가장 애용하는 대체물로, 이후에도 자주 접하시게 될 것이다. 그래서 이 법칙의 설명뿐 아니라 향후의 이야기를 이해하기 위해서라도 정상파, 즉 파동에 대한 몇 가지 기본적인 사실을 습득할 필요가 있다.

정상파란 양끝이 고정되어 진동하는 파동을 말한다. 기타 줄을 생각하면 되겠는데, 양끝이 고정되어 진행하지 않은 채 상하로만 진동하는 파동이다. 호수 위에 던진 돌에 의해 일으킨 물결파도 정상파의 일종으로, 물 위에 떠 있는 나뭇잎을 위아래로만 진동시킬 뿐 움직이게 하지는 못한다.

〈그림 19.6〉 길이 l의 기타 줄은 ①과 ②와 같이 사인곡선의 파장으로 진동한다. 하지만 ③과 같은 비대칭 형태의 진동은 대칭을 선호하는 자연의 법칙에 위배되어 결코 나올 수 없는 파동이다. 또

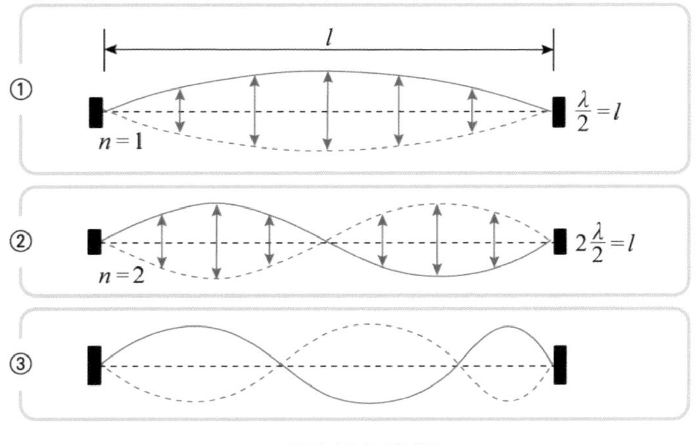

▲ 그림 19.6 정상파

한 정상파는 파장의 길이가 짧을수록 1초당 진동수가 증가한다. 파장이 $2l$인 그림 ①의 파동이 1초당 10번 진동한다고 했을 때, 즉 진동수가 10Hz라고 하면, 더 짧은 파장 l인 그림 ②는 1초당 20번 진동하는 20Hz의 진동수를 가지는 정상파이다. 진동이 많은 파동은 에너지가 크다는 의미이므로 파장이 긴 빛보다 파장이 짧은 빛의 에너지가 더 크다.

여기서 재밌는 점은 길이 l의 진동수가 10Hz이라면, 이 줄에서 낼 수 있는 진동수는 항상 10의 배수만 허용하지 절대 11이나 15Hz와 같은 진동수를 가질 수가 없다는 점이다. 그래서 가장 작은 진동수가 ν라고 할 때 정상파는 2ν, 3ν 등의 진동수만 가질 수 있다.

열로 발생한 복사파들은 정상파로 존재하여 흑체 내부의 벽면에 반사되고, 〈그림 19.7〉 ①처럼 좌우 방향으로 진행하는 복사파가 서로 겹치면서 보강과 상쇄 간섭이 일어난다. 이때 그림 ②와 같이 보강 간섭이 일어난다고 가정하면, 이들 빛이 합해져서 결국 위아래로만 진동하는 기타줄의 현과 같은 그림 ③의 정상파만이 남게

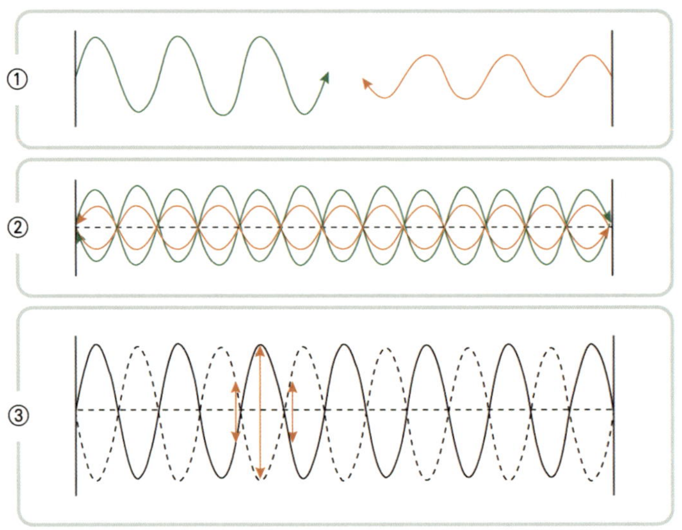

▲ 그림 19.7 위에서 아래의 그림 순서로, 양 방향으로 움직이는 빛이 보강간섭으로 상하로 진동하는 정상파를 형성하는 과정

된다. 물론 정상파를 제외한 모든 빛들은 상쇄 간섭으로 사라진다.

또 다른 파동의 성질을 알기 위해 사고 실험을 진행해보겠다. 물결파와 같이 파동을 만들어 간격 l만큼 떨어진 반대쪽에 보내는 상상을 해보자. 그러니까 줄의 한쪽 끝을 잡고 흔드는 것과 같다. 이때 간격 l의 지점에서 파동이 정상파가 되기 위해서는 짧은 파장과 긴 파장 중 어느 쪽이 더 유리할까? 〈그림 19.8〉을 보자.

초록색의 왼쪽 끝 지점에서 파장 a, b, c의 파동을 만들었다. 이 3개의 파동이 l만큼 떨어진 붉은색의 선분에 도달했을 때 정상파를 이룰까? 이것이 질문의 요지이다. 그림에서 보면 3개의 파동은 모두 정상파의 모양이 아니다. 그런데 이번에는 붉은색의 선분을 서서히 오른쪽으로 움직여 m의 위치에 옮기는 동안 각각의 파동이 정상파를 이루는 곳이 몇 군데가 있는지를 살펴보겠다. 가장 긴 파

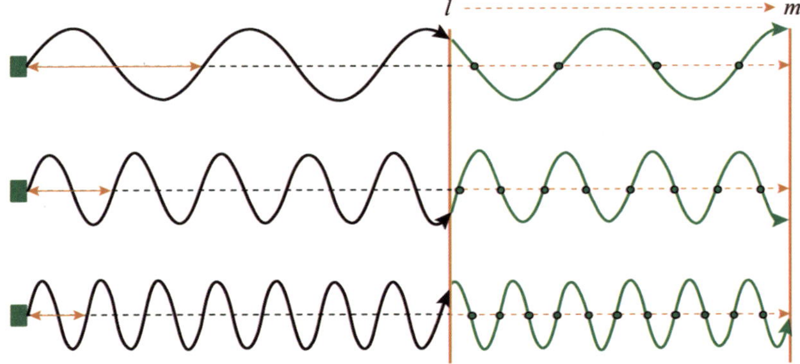

▲ **그림 19.8** 파장 $a > b > c$일 때 정상파가 될 가능성

장 a의 파동은 초록색의 4개의 점에서 정상파를 이룬다는 것을 확인할 수 있다. 마찬가지로 파장 b와 c의 파동에 대해서도 동일하게 진행했을 때 정상파가 되는 개수는 각각 8개와 12개이다. 즉 길이가 짧은 파장의 파동이 정상파가 될 확률이 더 높다.

이 질문의 요지는 고정된 간격에서 파장이 짧을수록 혹은 진동수가 큰 파장이 정상파로 존재할 확률이 더 크다는 사실을 전달하려는 것이다. 그러니까 흑체가 길이 l의 상자라 하면, 파장이 짧은 혹은 진동수가 큰 정상파가 더 많이 존재한다는 의미이다. 가령 진동수 ν의 정상파의 빛이 1개라면 진동수 2ν는 2개 등 상자 안에는 진동수 큰 빛일수록 훨씬 많이 있게 된다. 실제 3차원의 흑체 내에서 정상파의 수는 주파수의 세제곱에 비례한다.

마지막으로 파동이 지닌 에너지에 대해 알아보겠다.

호수에 던진 돌이 일으킨 물결파는 물의 분자들을 위아래로 움직이게만 할 뿐 앞뒤로 움직이지 않는다. 그러한 물결파가 길이 l의 영역에서 〈그림 19.9〉 ①과 같이 1초 동안 두 번 진동했다고 하면, 이 물결파의 진동수는 2이고 파장은 $l/2$이다. 붉은색 점은 당연히 1

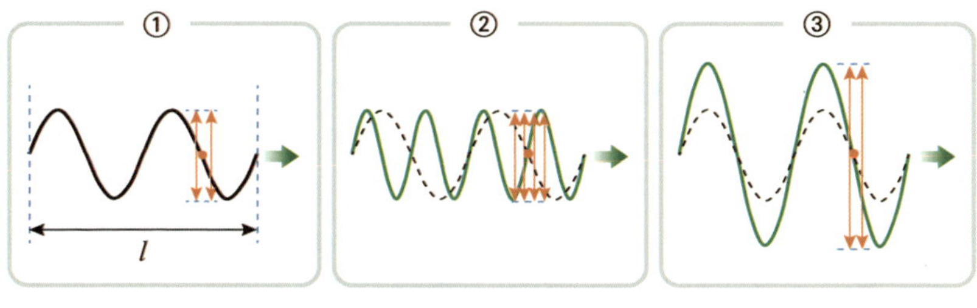

▲ **그림 19.9** 물결파의 에너지

초에 2번 위아래로 진동한다. 이것을 기준으로 하였을 때 그림 ②
의 물결파는 진폭은 동일하지만 진동수가 2배이므로 나뭇잎은 1초
에 4번 진동하게 된다. 물 위에 놓인 나뭇잎의 상하운동을 더욱 많
이 발생시킨다는 사실에서 그림 ②의 물결파의 에너지가 더 크다는
것을 알 수 있다. 또한 그림 ③의 물결파는 동일한 진동수이지만 진
폭이 2배로 커져 나뭇잎이 위아래로 출렁이는 폭 역시 2배로 커졌
다. 당연히 진폭이 큰 파동의 에너지가 더 많다. 이렇게 파동이 지닌
에너지는 진동수와 진폭에 관계된다.

레일리-진스 법칙은 흑체 내 복사광이 모두 정상파로만 존재
한다고 가정하고, 〈그림 19.8〉의 사실에 따라 파장이 짧은 정상파
의 존재확률이 더 높다는 사실, 그리고 앞의 60장에서 열평형 상태
에 있는 계의 에너지는 모든 가능한 자유도에 $kT/2$라는 동일한 에
너지가 균등하게 분배된다는 에너지 등분배법칙을 적극적으로 이
용하였다. 그렇게 해서 얻어진 아래의 에너지밀도함수 $u(\lambda, T)$가
레일리-진스 법칙이다.

$$\langle \text{식 } 19.10 \rangle \ u(\lambda, T) = g(\lambda)kT = \frac{8\pi kT}{\lambda^4}$$

그런데 식을 보면 상당히 이상하다. 파장이 짧은 빛일수록, 즉 λ가 0에 가까워지면 $u(\lambda, T)$가 급격히 커지고 있다. 그래프로 실제의 복사스펙트럼과 비교하여 보면 더욱 확실하다.

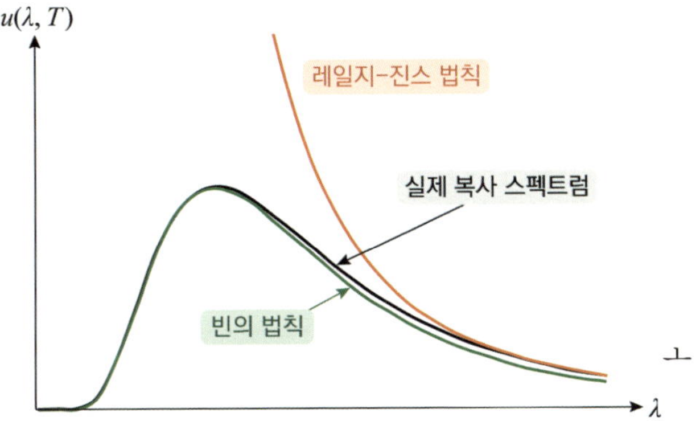

▲ 그림 19.11 레일리-진스 법칙은 에너지밀도함수 $u(\lambda, T)$가 파장이 짧은 자외선 영역에서 급격한 증가로 비현실적인 결과인 자외선 파탄을 초래한다.

〈그림 19.11〉을 보면 파장이 짧은 영역, 특히 0에 가까워질수록 이론 결과와 실제 스펙트럼과는 약간 틀어진 것이 아니라 완전히 벗어나고 있다. 그나마 다행인 점은 긴 파장의 영역에서는 빈의 법칙보다 실제 관측한 곡선과 훨씬 잘 맞아떨어진다는 점이다. 레일리-진스법칙은 당시까지 밝혀진 이론을 충실하게 반영하면서 얻어진 완벽한 유도 결과였기에 꽤나 충격을 주었다. 하나의 흠도 없이 얻어진 결과였음에도 흑체 내부의 현상을 반영하지 못하고 있었기 때문이다. 한 마디로 모든 현상을 설명할 수 있다고 믿었던 고전역학으로 설명이 불가능한 현상이 존재한다는 것으로, 고전역학의 대표적인 실패작인 셈이었다. 그래서 물리학자들은 레일리-진스법칙을 고전역학이 망했다는 의미로 '자외선 파탄'이라 불렀고, 이

것은 더 이상 고전역학이 만능의 이론이 아니라는 사실을 알려주는 증거이자 고전역학의 파국을 불러일으키는 전조였다.

그런데 왜 레일리─진스 법칙이 자외선 파탄을 일으킨 것일까? 이유는 간단하다. 각 정상파에 에너지 등분배법칙으로 동등한 에너지를 부여하였는데, 파장이 짧을수록 〈그림 19.8〉의 이유로 정상파의 개수가 계속적으로 증가하다보니 당연히 자외선 파탄이 일어날 수밖에 없는 구조였다. 그럼 이 엄청난 문제를 해결하기 위해서는 무엇이 필요한 것일까? 볼츠만 인자를 떠올리시면 해결책이 떠오르시지 않을까? 에너지가 낮을수록, 즉 파장이 길수록 안정하고 확률이 높고, 오히려 파장이 짧아 에너지가 높은 정상파일수록 존재 확률을 낮추는 현실을 반영하지 못했기 때문이다. 그래서 처음에는 〈그림 19.8〉의 이유가 더 강하여 진동수가 커질수록 정상파의 수가 증가하지만, 어느 한계 지점에 이르러서는 에너지가 높을수록 불안정한 상태가 되어 정상파의 수가 감소하게 된다. 실제 이런 문제점을 정확하게 간파한 플랑크가 엔트로피를 구한 볼츠만의 방법에서 크게 영감을 받아 해결하게 되었다.

자신의 흑체 복사 공식으로 고민에 빠진 플랑크

흑체 복사 문제에 뛰어들었던 플랑크는 분명 장점과 단점이 뚜렷하게 공존하는 두 법칙을 잘만 조화시키면 흑체 복사 스펙트럼을 설명할 수 있으리라 확신했다. 그는 기존의 물리이론으로 두 식을 이리저리 변형해가면서 흑체 복사스펙트럼을 설명할 수 있는 식을 찾기 위해 매일매일 자신의 머리카락을 희생해가며 노력했다. 번번

이 실패하던 가운데 마침내 탁월한 통찰력으로 하나의 식을 만들어
낼 수 있었다.

$$\langle \text{식 } 19.12 \rangle \quad u(\lambda, T) = \frac{2hc^2}{\lambda^5} \cdot \frac{1}{e^{\frac{hc}{\lambda k T}} - 1}$$

$$\text{혹은} \quad u(\nu, T) = \frac{8\pi h \nu^2}{c^3} \cdot \frac{1}{e^{\frac{h\nu}{kT}} - 1}$$

플랑크가 찾아낸 복사 공식은 위의 식이 파장 λ, 아래의 식은 진
동수 ν의 함수로 표현한 것일 뿐 동일하다. 그리고 식에서 상수 h
는 실험과 이론적 결과를 일치시키는 데 필요한 일종의 비례상수로
양자역학에서 핵심적 의미를 지닌다. 어쨌든 위의 식은 놀랍게도
완벽하게 흑체에서 나오는 복사 스펙트럼과 일치하였다. 무엇보다
진동수가 높은 혹은 파장이 짧은 영역에서는 빈의 변위법칙으로,
진동수가 작은 혹은 파장이 큰 영역에서는 레일리−진스 식으로 환
원되어지기까지 하는 너무도 완벽한 결과였다.* 당시 물리학자들
이 염원하던 문제를 플랑크가 해결한 것이다. 그는 1900년 10월 19일,
독일물리학회에서 위의 식을 소개하였다. 그리고 여러 물리학자들
역시 각자가 얻어낸 실험 결과를 플랑크의 공식으로 해석하니 완벽
하게 일치함을 확인하였다. 마침내 흑체의 문제가 해결이 되었다.

하지만 플랑크는 찜찜함을 떨치지 못하였다. 어찌해서 식을 이
끌어내기는 했지만 식이 무엇을 말하고 있는지를 도대체 알지 못했
기 때문이다. 솔직히 우리 역시 위의 식이 하늘에서 떨어진 것도 아

---

* 테일러급수를 활용하여 파장 λ가 0에 가까울 때 그리고 무한대로 갈 때의 극한값을 구하면 각
  각 빈의 법칙과 레일리−진스 공식이 도출된다.

니고 도대체 근거가 전혀 없이 툭 튀어나왔기 때문에 의아하기 마찬가지이다. 그런데 빈의 법칙 〈식 19.4〉와 비교하면 '아' 하고 무릎을 치시리라. 분모에 '-1'이 추가되었을 뿐이다. 어쩌면 빈의 식을 개선하는 과정에서 분모에 '-1'을 추가하니 실험 결과와 일치하였다는, 정말로 우연히 찾아냈다고 해도 될 정도이다. 마치 수학시험에서 과정 없이 답만 적었는데 들어맞았다고나 할까? 우연이건 어떻건 플랑크는 자신의 식이 흑체의 모든 것을 해석하는 놀라운 결과물이었다는 점에 크게 고무되긴 하였지만, 그의 식은 결단코 기존의 고전역학의 이론으로 절대 이끌어낼 수 없다는 점에 고민에 빠졌다. 결론은 흑체 내부에 당시까지의 물리이론으로 설명이 불가한 현상이 내재되어 있다고밖에 달리 변명할 길이 없었다. 고민에 빠진 플랑크가 주목한 곳은 에너지 등분배법칙이었다. 고전역학으로는 너무도 타당하지만 레일리-진스의 법칙이 자외선 파탄을 일으킬 수밖에 없던 근본적 이유가 이 법칙에 있기 때문이라 판단하였다.

플랑크는 자외선 파탄을 피하기 위해서는 진동수가 큰, 파장이 짧은 빛을 배제시킬 물리적 근거를 찾아낼 필요성을 느꼈고, 이를 위해 빛의 진동수에 따라 에너지의 분포 비율을 새롭게 결정해야 할 규칙을 찾아야겠다고 결심했다. 그리고 역사가 이야기하듯 그는 성공하였다. 무슨 방법이었을까? 그가 어떻게 흑체 문제를 해결하게 되었는지 그의 논문의 첫 구절에서 밝힌 내용에서 어느 정도 짐작할 수 있다.

> "이 방정식이 가진 유용성은 단순한 구조라는 점 외에 단색광이 지닌 엔트로피의 로그 표현으로 에너지를 구현할 수 있다는 점입니다."[*]

그렇다. 그는 볼츠만의 아이디어에서 자신의 공식에 숨어 있는 진정한 의미를 깨달았다. 볼츠만의 원자론에서 실마리를 찾았다는 의미이다. 그런데 원래 플랑크는 원자론을 믿고 있지 않았다고 한다. 그래서 볼츠만이 아닌 클라우지우스의 엔트로피에 매료되어 있었다. 자연에서 일어나는 모든 운동을 조율하는 지휘자로 자신의 최댓값을 향해 우주를 움직이게 하는 너무도 신비로운 존재인 클라우지우스의 엔트로피가 플랑크에게는 더 와닿았고, 그래서 우주의 절대적 진리라 믿고 있었다. 그런 그에게 자연 현상을 확률과 통계로 해석한 볼츠만의 엔트로피는 불편하였다. 하지만 플랑크는 달랐다. 상당수의 과학자들이 각자의 머리에 박힌 고정관념으로 결국 역사를 바꿀 수 있는 엄청난 보물을 눈앞에 놓치곤 하였는데, 플랑크는 자신의 신념을 버린 것이다. 어떻게 마음의 벽을 무너뜨릴 수 있었을까?

어쩌면 그에게는 선택의 여지가 없었다고도 할 수 있다. 자신이 만들어낸 〈식 19.12〉를 기존의 이론으로 유도가 불가능한 상황에 직면한 플랑크가 선택할 수 있는 방법은 사실상 볼츠만의 원자론 밖에 남아 있지 않았다. 물론 볼츠만의 원자론의 채택은 종교를 개종하는 것과 같은 심한 거부감이 들었겠지만, 학자로서의 사명감, 그리고 호기심과 혹시나 하는 기대감에 볼츠만의 방법을 채택하였을지도 모르겠다.

---

* M. Planck, Verhandl, Dtsch. Phys. Ges. 2, 237(1900), "… the usefulness of this equation was based … mainly on the simple structure of the formula and especially on the fact that it gave a very simple logarithmic expression for the dependence of the entropy of an irradiated monochromatic vibrating resonator on its vibrational energy."

플랑크의 복사법칙에 숨어 있는 의미

아인슈타인은 바이올린 연주가 수준급으로 알려져 있다. 플랑크 역시 한때 음악 쪽으로 진로를 결정할지에 대해 심각하게 고민할 정도로 음악적 재능이 뛰어났다고 알려져 있다. 이렇게 많은 과학자들이 예술계 쪽에 꽤나 뛰어난 감각을 지녔다고 알려져 있는데, 이런 다재다능함이 복합적인 사고를 하는데 상당한 일조를 하는 것 같다. 플랑크도 자신이 지닌 음악적 감각이 양자역학의 태동을 일으키는 엄청난 발견을 이룬 발상을 일으키는 원동력이 되지 않았을까?

플랑크는 빛을 진동자, 그러니까 피아노의 현이나 기타의 줄과 같이 진동하는 정상파라고 생각했다. 물론 이 가정은 레일리 – 진스도 택한 방법이지만 이후의 과정은 완전히 결을 달리하였다. 레일리 – 진스는 진동수에 상관없이 에너지 등분배법칙에 따라 모든 진동자가 동등한 에너지를 지닌다고 하였다. 〈그림 19.13〉 '레일리 – 진스' 상자 위의 그림으로 부연 설명하자면 길이 l의 현의 기본 진동수가 ν 이면 〈그림 19.6〉에서 설명한 것처럼 현은 ν, 2ν, 3ν 등의 진동수만을 지닐 수 있다. 여기서 고전역학의 이론인 에너지 등분배법칙을 따르는 레일리 – 진스는 진동수가 커지면 에너지가 커져야 하지만 대신 진폭을 작게 함으로써 모든 진동자가 동등한 에너지 $E = 1$을 지닌다는 것으로, 진동자는 상황에 맞춰 에너지를 변화시킬 수 있다는 의미이다. 하지만 플랑크는 〈그림 19.13〉 '플랑크' 상자 위와 같이 진동수에 비례하여 에너지를 차등화시켜 진동자 자체를 진동수에 비례한 하나의 에너지 덩어리로 취급하여 진동자마다 다른 에너지를 지닌다는 것이다. 즉, 에너지 등분배법칙을 벗어난 발상으로, 플랑크는 에너지가 불연속적인 값을 가진다는 주장이다.

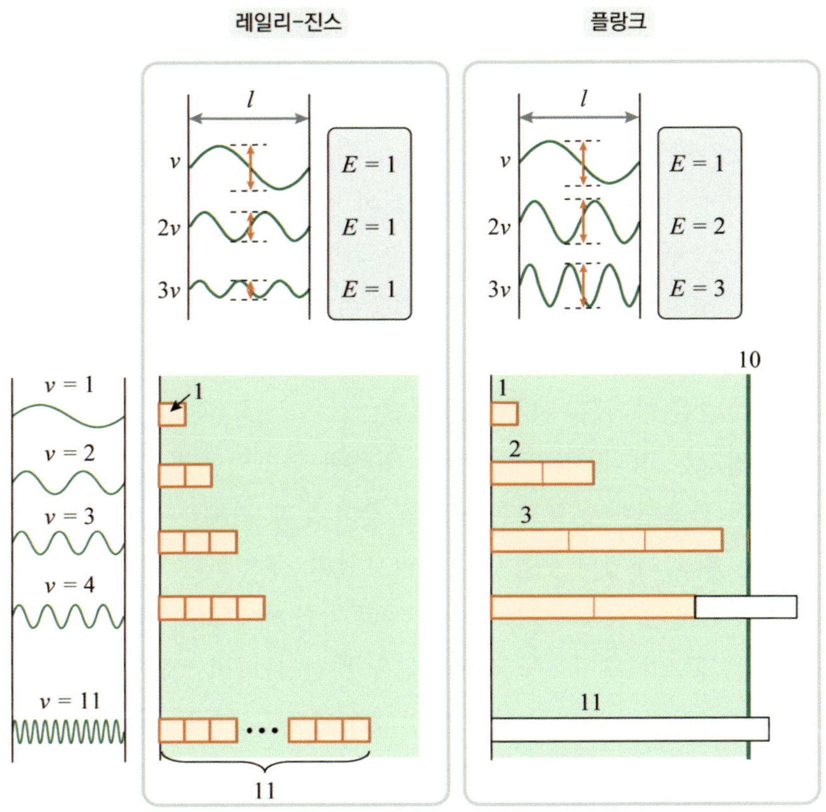

▲ 그림 19.13 에너지 등분배법칙으로 인한 모순을 해결하는 플랑크의 해석

이러한 생각의 차이는 결과에서 엄청난 차이를 불러왔다. 〈그림 19.13〉 아래의 '레일리 − 진스'를 보면, 빛의 진동자의 개수는 $\nu = 1$의 진동수에서 1개, $\nu = 2$의 진동자는 2개 등 진동수의 크기에 따라 진동자의 수도 증가하고 있다. 그리고 에너지 등분배법칙에 따라 각 진동자에 가령 1의 에너지를 동등하게 분배한다. 즉, 진동수에

상관없이 모든 진동자는 1의 에너지를 가진다. 그 결과 진동수 1인 진동자는 1개 존재하므로 1의 에너지를 가지고, 진동수 2인 진동자는 2개 있으므로 총 2의 에너지가 된다. 진동수 3의 진동자 역시 1의 에너지를 할당받고, 3개이므로 전체적으로 3의 에너지를 가진다. 진동수가 아무리 커도 문제될 것이 없다. 진동수가 커지면 에너지가 증가함이 맞지만 대신 진폭을 줄여서 어떤 진동자든 에너지 1을 가지게 하는 것은 전혀 문제될 것이 없다. 이런 해석은 에너지가 어떤 값도 취할 수 있다는 고전역학의 범위에서 전혀 문제가 되지 않는다. 하지만 진동자의 개수는 진동수가 커질수록 계속 증가하게 되므로 모든 에너지의 총합이 무한하게 되는 원인으로 작동하여 자외선 파탄을 야기할 수밖에 없다.

플랑크는 자외선 파탄을 막기 위해서 볼츠만에게 많은 영감을 얻었다. 볼츠만이 엔트로피 법칙을 찾아낼 때 전체의 계가 아닌 원자라는 최소 개체의 운동으로 바라보았고, 무엇보다 계의 전체 에너지를 E로 설정하자 각 원자의 에너지 크기에 따라 에너지 방에 들어갈 개수가 자연스레 결정되었을 뿐만 아니라, 에너지에 따른 원자의 안정성에 관련된 볼츠만 인자가 도출되었다는 점에 크게 주목하였다. 여기에 착안하여 플랑크는 각각의 진동자마다 동등한 에너지를 할당시키지 않고, 진동자의 에너지는 진동수에 따라 결정되고, 또한 에너지 등분배법칙을 진동자의 개수에 상관없이 각각의 진동수에 동등한 에너지가 분배된다는 것으로 재해석했다.

〈그림 19.13〉 '플랑크' 상자 아래의 그림처럼 진동수 1인 진동자는 에너지가 1이라는 최소의 덩어리로 더 이상 쪼갤 수 없는 원자와 같은 물질이다. 그리고 진동수 2인 진동자 역시 진동수에 상응하는 에너지인 2의 하나의 덩어리로 취급했다. 그러면 진동수 2인 진동

자는 2개이므로 총 4의 에너지를 가진다. 같은 논리로 진동수 3인 진동자는 3의 에너지를 가지고 3개의 진동자로 구성되므로 총 9의 에너지, 그리고 진동수 4인 진동자는 4의 에너지를 가지며 총 4개이므로 16의 에너지이다. 이때 재해석한 에너지 등분배법칙을 발동시켰다. 가령 각 진동수에 해당하는 진동자의 에너지 총합이 10을 넘길 수 없다고 규정하겠다. 그러자 에너지가 4인 진동수 4의 진동자는 3개만으로 10을 넘기게 되므로 단 2개만 존재할 수밖에 없다. 이 논리에 의해 에너지가 10을 넘기는 진동자는 아예 생각할 수도 없다. 진동수 11이자 에너지 덩어리가 11인 진동자는 자체적으로 에너지가 10을 넘기므로 배제되듯, 10 이상의 진동자들은 원천적으로 삭제된다. 자외선 파탄은 결코 일어나지 않는다.

플랑크는 이런 개념을 바탕으로 흑체 내의 가장 작은 정상파의 진동수가 ν이고 에너지는 어떤 비례상수 h를 곱한 $h\nu$로 놓았다. 그러면 정상파들의 에너지는 진동수에 비례하여 $2h\nu$, $3h\nu$로 증가한다. 즉, 에너지가 덩어리 형태의 불연속의 값만을 가질 수 있다는 것이다. 이렇게 고전역학에서 생각도 할 수 없는 가정과 함께 에너지 등분배법칙을 재해석하자 자신이 발견한 흑체의 공식인 〈식 19.12〉를 성공적으로 이끌어낼 수 있었다. 그리고 이 곡선을 실험으로 얻어진 곡선과 일치하도록 비례 상수 h를 조종한 결과, 6.626×10^{-34} joule·sec임을 구할 수 있었다.

플랑크는 자신이 얻어낸 식에 포함된 상수 h에 주목하였다. 정말로 자신의 가설대로 빛의 에너지는 진동수에 자신이 구한 상수 h를 곱한 값일까? 빛의 에너지는 $h\nu$, $2h\nu$, $3h\nu$ 등으로 불연속의 값만을 가지게 되는 것일까? 마치 $h\nu$라는 에너지 덩어리가 합쳐져서 빛의 에너지를 만들어내고 있는 것 같았다. 하지만 아무리 생각해도 자신의 가설이 왜 이렇게 실제와 정확하게 들어맞는지, 그리고 빛의 에너지가 덩어리라는 사실을 확인시켜준 상수 h의 물리적 의미는 알기 힘들었다. 자신이 얻어낸 식이 근거 없이 도입한 수학적 꼼수에 불과한 것처럼 여겨졌다. 고민을 거듭하던 그는 자신이 찾아낸 상수 h가 자연에서 일어나는 모든 변화의 최소량, 즉 우주에서 벌어지는 모든 작용*을 일으키는 물리량의 최소의 값이 아닐까라는 생각에 이르렀다. 상수 h의 단위가 에너지와 시간의 곱 'Joule·sec'이라는 점에 빛을 만들어내도록 작용을 일으키는 값이라는 것이다. 그런 의미를 담기 위해 그는 자신의 상수 h에 '작용양자'라는 이름을 붙였다.

후에 플랑크 상수로 불리게 된 작용상수는 수학에서 원주율과 대등한 지위를 유지하는 상수로, 중력상수 G와 같이 전 우주에 걸쳐 그리고 시간이 흘러도 변하지 않는 절대 상수이다. 엄청나게 작은 값이라는 점에 에너지의 양자가 얼마나 작은 양인지를 짐작할 수 있고, 또한 그렇기에 우리는 빛의 에너지가 양자로 이뤄져 있다는 것을 감지하기 어렵다.

플랑크 상수, 그리고 에너지가 덩어리로 구성된 불연속인 양자라는 사실은 우리 입장에서는 그럴 수도 있겠구나 생각하고 별 생각 없이 넘어갈 수 있다. 하지만 고전역학, 열역학과 맥스웰의 전자기학을 충분히 알고 있는 물리학자들의 입장에서 정말로 받아들이기 힘들었다. 빛의 에너지가 연속적인 값으로 증가하거나 감소하지 않고 널뛰기 하듯 불연속적인 값을 가진다는 사실을 받아들인다면, 그것은 곧 지금껏 구축한 물리학 이론의 붕괴를 뜻하기 때문이었

---

* 작용에 대한 의미는 '67장'에서 더 자세하게 설명될 것이다.

다. 이런 거부감으로 플랑크 상수와 에너지의 양자화는 정답을 얻기 위한 속임수 같은 기교라 생각하며 어떤 물리적 의미도 담겨 있지 않다고 판단하였다. 그들을 감동시킨 것은 오직 실제의 복사법칙과 완벽하게 들어맞는 플랑크의 복사공식일 뿐이었다.

플랑크 자신도 작용 양자 h의 의미에 대해서 회의적이었다. 작용양자는 우리의 세계를 더 이상 분할할 수 없는 한계를 설정한 것 같았고, 0과 플랑크 상수 사이의 간극은 인간이 다가갈 수 없는 신의 영역이므로 원인과 결과가 서로 연속적으로 연결되지 못하여 우주의 현상을 인과론적으로 해석할 수 없다는 것을 인정하라는 명령처럼 느껴졌기 때문이다. 다시 말해, 우리의 직관과 경험 그리고 인과론적인 사슬로 세상을 설명한 뉴턴 역학의 부정을 뜻하는 것이었다. 정녕 작용양자 h는 이해할 수 없는 존재였다. 하지만 이후 h의 날갯짓은 우리의 직관과 경험을 송두리째 갈아엎어야 한다는 현실을 맞이하게 하였다.

63장

빛은 파동이자 입자

기이한 광전효과

전자파의 존재를 입증했던 헤르츠는 1887년, 금속에 빛을 비출 때 전자가 튀어나오는 광전효과를 관측했다. 이때 방출되는 전자를 광전자라 하는데, 빛에 의해 방출되는 전자이기 때문에 붙여진 이름이다. 그로부터 10년 뒤인 1897년, 헤르츠의 제자인 필리프 레나르트(1862~1947)가 그의 스승인 행한 광전효과실험을 더욱 정교하고 꾸며 더 많은 정보를 얻을 수 있었다. 하지만 광전효과는 이해하기 힘든 광전자의 움직임으로 물리학자들을 곤혹스럽게 만들었다. 빛이 어떤 메커니즘으로 광전자를 금속에서 빼내는지를 알 길이 없었다.

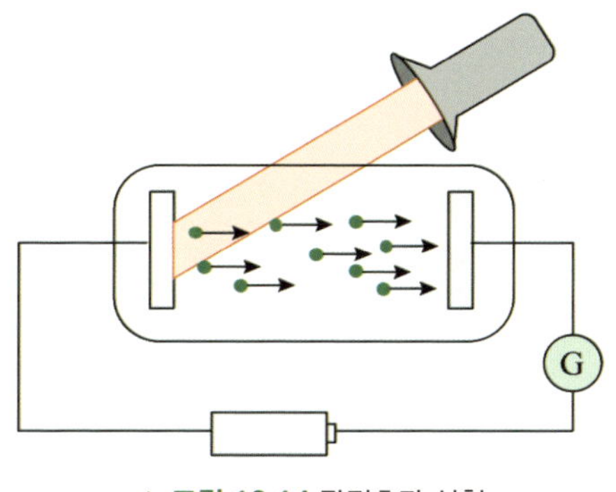

▲ 그림 19.14 광전효과 실험

당시는 맥스웰의 방정식으로부터 빛이 전자기파이며 파동이라 굳게 믿고 있었던 시대였다. 여러분도 그 시대의 과학자라 생각하고, 파동인 빛이 금속 내의 전자를 어떻게 튀어나오게 하는지를 추측해보시라. 어설픈 나의 생각으로는, 금속판에 빛을 비추면 처음에는 전자가 튀어나오지 않을 수 있겠지만, 오랜 시간 쏘여주면 빛의 에너지를 듬뿍 받은 전자의 운동에너지가 증가하여 원자핵에서 튕겨 나오는 것이 아닐까? 하지만 이것은 절대 아닐 것이다. 이 정도가 해답이라면 똑똑한 과학자들이 밝혀내는 것은 일도 아닐 것인데, 그들을 괴롭혔다는 것은 다른 문제가 분명 있기 때문이리라.

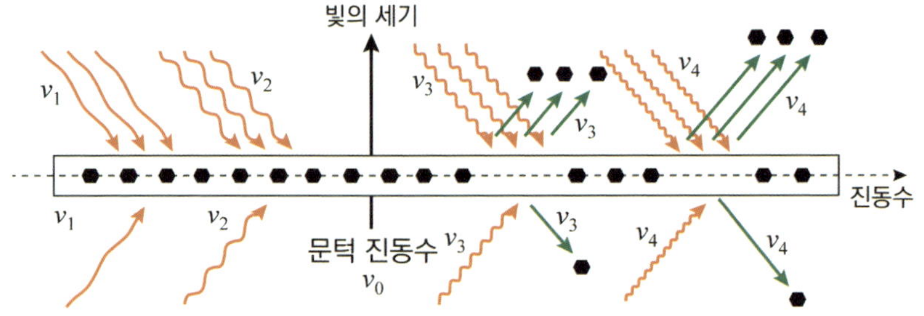

▲ 그림 19.15 문턱 진동수 ν_0보다 작은 진동수의 ν_1이나 ν_2의 빛은 전자가 나오지 않지만, 더 큰 진동수 ν_3나 ν_4의 빛은 전자를 튀어나오게 한다. 또한 같은 진동수에서 방출된 전자의 속도는 빛의 양과는 무관하게 항상 같은 속도이다.

전자의 튕김 여부는 빛의 세기도, 빛을 받는 시간도 아닌 빛의 진동수에만 관계하였다. 위의 그림처럼 특정 진동수 ν_0 이하의 ν_1이나 ν_2인 빛을 아무리 세게 혹은 오래 금속에 비추어도 광전자의 발생이 없었다. 충분히 열 공급을 받으면 전자가 튀어나와야 할 것인데 전혀 그렇지 않은 것이다. 이상한 점은 특정 진동수 ν_0 이상의 ν_3나 ν_4의 빛은 매우 적은 양으로도 또 아주 짧은 시간만 빛을 비추어도 전자가 바로 튀어나오는 것이다. 일종의 '문턱 진동수' ν_0가 존재했다. 다행이라면 그림처럼 빛이 하나라면 하나의 전자, 3개이면 3개의 전자가 튀어나오듯 빛의 세기에 따라 전자의 양이 비례적으로 증가한다는 점은 우리의 직관에서 벗어나지 않은 현상이다.

기이한 점은 또 있었다. 금속에서 튀어나오는 전자의 속도(위의 그림에서 초록색 화살표)를 측정하였는데, 직감적으로는 빛의 세기를 강하게 할수록 전자가 에너지를 더 많이 얻으므로 속도도 증가할 것으로 기대할 수 있다. 하지만 전자가 더 많이 방출될 뿐 속도는 변하지 안했다. 위의 그림에서 ν_3의 빛이 하나이건 세기가 더 강한 3개이건 튀어나오는 광전자의 속도는 모두 동일했다. 전자의 속도는 빛의 세기와 무관하고 빛의 진동수에 관계하였다. ν_3보다 더 큰 진동수인 빛 ν_4를 쏘여주면 ν_3보다 세기가 약해도 더 큰 속도로 광전자가 튀어나오는 것이다.

이러한 일련의 실험 결과는 물리학자들을 확실히 곤혹스럽게 만들었다. 파동으로 해석할 길이 없었기 때문이다. 전자의 튕김을 파도가 바다 위의 배를 전복시키는 것에 비유한다면, 파도의 진동수가 크거나 혹은 진동수가 낮아도 파고가 높으면 배를 심하게 요동시켜 전복시킬 가능성이 크다. 파동의 에너지가 진폭과 진동수에 관계되므로 배의 전복 여부, 즉 전자의 튕김은 전적으로 파동의 에너지에 관계되어야 함이 옳다. 이런 직감과 벗어난 광전효과는 파동이라는 통념으로 이해가 되지 않는 결과였다.

이쯤에서 우리는 발상의 전환으로 빛이 파장이 아닌 입자로 보아야 해석이 가능할 것이라고 추측할 수 있다. 실제로도 그렇다. 하지만 파동이라고 철저하게 믿고 있던 시대에 빛을 입자로 생각하는 발상의 전환은 말이 쉽지 누구도 떠올리기 쉽지 않다. 그런데 상대론이라는 엄청난 이론을 오직 혼자만의 힘으로 완성시킨 인류 최고의 천재인 아인슈타인은 달랐다. 그는 빛이 입자라는 코페르니쿠스의 발상으로 1905년, 수수께끼 같은 광전효과에 대한 해석을 담은 논문을 발표했다.* 플랑크가 흑체복사를 해결한 빛의 양자화, 즉 작용양자 h와 진동수 ν를 곱한 $h\nu$의 에너지 덩어리라는 양자가설에서 빛이 입자일 수도 있지 않을까라는 착안을 한 것이다.

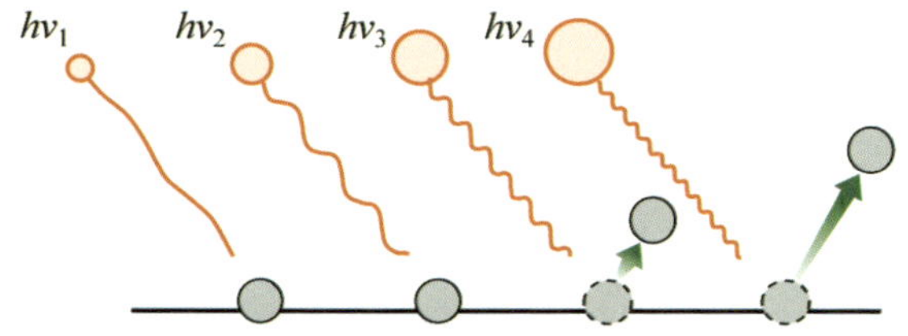

▲ 그림 19.16 광전효과의 해석

아인슈타인의 해석을 알아보기 위해 원자의 핵에 묶여 있는 전자를 땅에 박힌 돌멩이(회색의 원)로, 빛 역시 돌멩이(붉은색의 원)로 비유하겠다. 땅에 박힌 전자 돌멩이의 운명은 진동수에 비례한 크기를 가진 날아오는 빛의 돌멩이와의 오직 1:1의 충돌에 의해 결정이 된다. ν_1과 ν_2처럼 진동수가 작아 전자 돌멩이보다 크기가 작은 빛의 돌멩이는 박힌 돌을 꺼내지 못한다. 반면 ν_3와 ν_4의 빛의 돌멩이는 박힌 돌보다 더 커서 튀어나오게 한다.

또한 빛의 돌멩이가 클수록 박힌 전자 돌멩이는 더 빠른 속도로 튀어나온다. 1:1 충돌에 의해서만 땅에 박혀 있는 돌멩이가 튀어나

---

*Einstein, Albert, 《Über einen die Erzeugung und Verwandlung des Lichtes betreffenden heuristischen Gesichtspunkt》, Annalen der Physik 17 (6): 132-148.(1905). 영문판 《On a Heuristic Point of View about the Creation and Conversion of Light》.

오는 것이므로, 빛의 돌멩이의 개수가 많으면 전자 돌멩이를 더 많이 떼어내긴 하겠지만 속도를 증가시키는 것은 아니다. 그래서 전자 돌멩이의 속도는 전적으로 빛 돌멩이의 크기에 관계된다. 아인슈타인은 그의 논문*에서 이런 논리로 빛의 에너지가 양자적 형태인 광양자로 분포되어 있다고 가정하여야 잘 이해된다고 밝혔다.

그런데 의구심은 더욱 증폭되었다. 빛은 입자라면 파동은 아니라는 것인가? 영의 이중 슬릿 실험 등 빛이 파동이라는 증거가 더 많지 않은가.

빛은 입자인가 파동인가?

플랑크가 던진 빛의 에너지가 덩어리라는 '양자가설'의 화두는 물리학자들에게 꽤나 받아들이기 힘든 개념이었다. 사실 이를 제안한 플랑크 자신도 흑체복사를 해석하는 데 이용하였을 뿐 양자가설 자체에 대해서는 회의적일 정도였으니 말이다. 그런데 상대성 이론을 만들어낸 물리학계의 슈퍼스타 아인슈타인은 광전효과의 실험 결과를 플랑크의 양자가설을 토대로 해석하면서 당시까지 파동이라 절대적으로 믿고 있던 빛을 입자라고 하는 다시 한 번 경천동지할 결과를 내놓았다.

머릿속 추론만을 통해 보편적인 체계를 구상했던 고대 철학자들의 사고 체계에서 벗어나, 무거운 물건을 들고 끙끙거리며 사탑에 올라가서 실제 실험과 관찰을 통해 수학적 법칙들로 세상을 설명하

---

* A. Einstein, 《Concerning an Heuristic Point of View Toward the Emission and Transformation of Light》, Am. J. Phys. 33, 367~374 (1905).

는 새로운 과학의 지평을 열었던 갈릴레이, 그리고 떨어지는 사과에서 힘의 법칙으로 세상을 읽어가는 이론을 구축한 뉴턴, 이후 물리학자들은 수많은 실험들과 발견들을 통해 세상을 설명하는 보편적 이론인 고전물리학을 완성할 수 있었다. 그런 고전물리학에서는 에너지와 모든 운동은 연속성을 가진다는 절대적인 전제가 깔려 있다. 속도가 0에서 5로 가속하는 공은 연속적으로 변하면서 5의 속도에 이르지 갑자기 5의 속도를 가질 수는 없다. 그리고 위치와 운동량을 알면 앞으로 던져진 공이 어느 시간에, 어느 위치에 도달하게 될지 예측할 수가 있다. 우리의 직감으로도 충분히 받아들여지는 이런 자연 현상을 물리학자들은 인간의 지성만으로도 충분히 밝혀낼 수 있다는 믿음을 가졌고, 그렇게 완성된 이론이 고전 역학이었다. 그런데 신비롭게만 여겨왔던 빛이 하나 하나 자신의 본모습을 드러내면서 그동안 완성했던 인간 지성의 건축물을 크게 흔들리게 하였다. 한 차례의 홍역을 치르게 한 광속 불변은 작은 전조에 불과하였다.

파동이라 절대적으로 믿었던 빛이 양자라는 덩어리 형태의 입자처럼 행동하는 기이한 현상은 물리학자들을 혼돈으로 몰아넣기에 충분했다. 독립된 개체인 입자는 위치와 운동량을 알면 뉴턴의 운동법칙으로 언제 어디에 위치하게 될지 예측이 가능한 반면, 물이라는 매질에서 굴절과 회절, 간섭 등이 일어나는 물결파와 같은 파동은 공간에 퍼져 있는 에너지의 흐름에 해당한다. 그렇게 파동의 특성을 명백하게 지닌 빛을 어떻게 입자라 할 수 있단 말인가?

1801년 영국 출신의 물리학자 토마스 영의 이중 슬릿 실험*을

통해 빛의 파동성이 입증되기 전까지는 빛이 입자라고 믿었던 적이 있었다. 이를 주장한 이는 다름 아닌 뉴턴이었다. 그는 빛이 수많은 알갱이로 구성되어 있다는 빛의 입자설을 주장하였다. 빛을 아무리 많이 반사시켜도 색깔이 바뀌지 않고, 프리즘을 이용해 서로 다른 굴절률을 가진 빛이 합쳐져 백색광을 이룬다는 것에서 다른 굴절률을 가지고 있는 색의 빛들이 각각 빛의 최소 입자라고 주장했다. 뉴턴은 이런 주장을 담은 《광학(Opticks)》이라는 책을 출판하여 파동 이론으로 설명했던 빛의 간섭과 회절을 입자 이론으로도 설명할 수 있음을 보였다. 그렇게 빛은 입자라는 것이 정설로 받아들여졌다. 설혹 빛이 파동이라고 확신을 가지는 과학자가 있어도, 당시 만유인력 등으로 과학계 거장이 된 뉴턴의 권위에 감히 도전할 과학자는 없었다.

이미 《프린키피아》를 발표하여 우주의 모든 운동을 설명하였던 뉴턴이 과학계에 위치한 입지는 신과 같았고, 그의 주장은 곧 신의 명령이었다. 향후 그가 사망한 후 장례식을 주관하였던 알렉산더 포프(1688~1744)*가 그의 묘비명에 새긴 "자연과 자연의 법칙은 밤의 어둠에 숨겨져 있었네. 신이 말하길 '뉴턴이 있으니! 그러자 모든 것이 빛이었다.'"라는 구절에 미루어보더라도 뉴턴이 얼마나 대단하고, 모든 이들의 경외감을 사고 있는지, 가늠하기 힘들 정도이다.

그런 그가 빛이 입자라고 주장하였으니 누가 거역할 수 있겠는가! 빛의 입자설은 신성불가침한 영역이었다. 그런데 호이겐스와 영이 빛은 입자가 아닌 파동이라 하면서 신의 주장에 맞섰다. 하지

---

* 영국의 대표적인 고전주의 시인

만 너무도 무모한 도전이었다. 영은 뉴턴의 이론을 반박하는 논문을 발표했다는 이유만으로 심한 비난을 받고, 그의 논문은 한 권만이 판매되었다고 한다. 그럼에도 빛이 파동이라는 여러 실험 결과들이 쏟아져 나오면서 빛이 입자라는 주장은 서서히 자취를 감추고 어느 즈음부터 빛은 입자가 아닌 파동이라는 믿음이 확고해졌다. 그런데 뉴턴의 가장 대표적 업적인 중력이론을 무너뜨린 아인슈타인이 이미 빛이 바래진 뉴턴의 주장을 되살리면서 빛에 대한 논쟁에 다시 불을 지폈다.

콤프턴 산란, 그리고 산란의 의미

파동으로 빛을 해석했을 때는 설명이 불가하였던 광전효과는 빛을 에너지 덩어리, 즉 광양자로 보자 해석이 가능하였다. 광전효과는 빛이 입자라는 결정적 증거라 할 수 있다. 그렇다고 당장 물리학자들을 설득시키기에는 시기상조였다. 맥스웰의 전자기 이론이나 이중 슬릿 실험으로 빛은 너무도 명백한 파장인데 입자라니, 미친 소리라 여겼다. 더군다나 아인슈타인이 광전효과를 발표한 1905년은 아직 떠오르는 새내기 물리학자에 불과한지라 명확한 이론적 토대 없이 경험적 가설로 내세운 그의 광양자를 곧이곧대로 받아들이기 쉽지 않았던 것이다. 일관적이고 보편적이며 정합성이 덕목이라 할 수 있는 물리학계를 설득시키기에는 힘들 수밖에 없었다. 하지만 빛이 입자인 광양자라는 주장이 더 이상 설이 아닌 진실로 인정될 수밖에 없는 강력한 한 방이 터졌다.

1925년 미국의 물리학자였던 아서 콤프턴(1892~1962)이 전자와 충돌시킨 뒤 X-선의 에너지를 확인하는 콤프턴 산란 실험을 하였

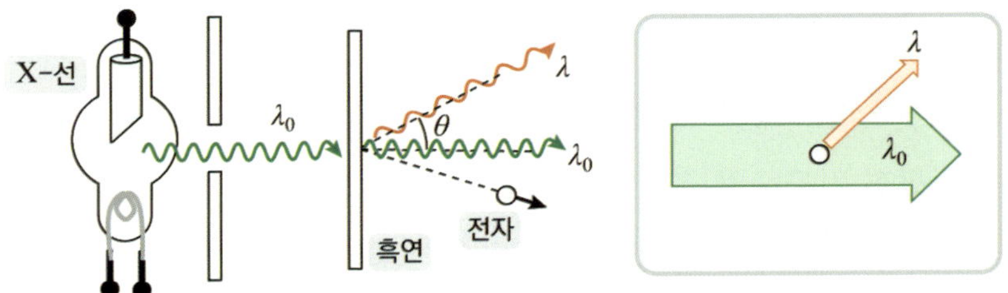

▲ **그림 19.17** 콤프턴 산란 실험

다. 콤프턴은 파장이라 확고하게 알려져 있는 전자기파의 일종인 X 선을 흑연에 쪼여 흑연 내의 전자와 충돌시킨 이후의 현상을 관측하였다. 이때 광전효과처럼 전자가 튀어나오는 것은 놀라울 것이 없는데 2개의 복사선이 나타나는 것이 매우 특이하였다. 하나는 당연히 원래의 X선(그림의 초록색 선)이었지만 또 하나는 본래의 X선의 파장보다 더 긴 파장의 전자기파(그림의 붉은색 선)가 관측된 것이다. 파장이 길어졌다는 것은 진동수가 줄어들었다는 것이므로 원래 X선과는 다른 전자기파를 의미한다. 그리고 이 전자기파는 X선이 전자를 튀어나오게 하면서 사용된 에너지만큼 감소한 에너지를 지녔다. 그런데 잠시 생각하면 무엇이 문제냐고 반문할지도 모르겠다. 원래의 X선보다 에너지를 잃은 전자기파의 방출이 크게 이상하게 보이지는 않는다.

콤프턴의 실험 결과를 빛이 파동이라는 고전역학에서 해석하여 보기 위해, 수면에 떠 있는 나뭇잎을 전자라 하고 물결파를 빛이라고 비유해보겠다. 나뭇잎을 만나 충돌을 한 이후의 물결파는 나뭇잎을 오르내리게 하는 데 사용한 에너지의 손실로 서서히 파장이 증가한다. 그런데 콤프턴의 실험은 나뭇잎과 만난 이후 물결파의 파장이 순간적으로 달라졌다는 것이다. X−선의 파장을 가령 100

이고 산란된 또 다른 전자기파의 파장이 120이라고 하면, 100에서 120으로 바뀌는 과정의 빛도 존재해야 하거늘 120의 파장만 관측되는 것이다. 〈그림 19.17〉 오른쪽 상자 안의 그림처럼 한 줄기 초록색 광선 일부분이 전자와 충돌하여 임의의 각도 θ로 붉은색을 띤 빛만이 툭 튀어나오는 것이다. 에너지를 잃더라도 연속적인 과정일 것이므로 초록색에서 붉은색으로 변하는 과정에서 노란색이나 주황색의 빛도 방출되어야 하거늘 붉은색의 빛만 관측되는 것은 이상하지 않은가. 이것을 설명하기 위해서는 아인슈타인이 주장하였듯 빛을 광양자로 받아들여야 해석이 가능하지, 파동으로 절대 설명할 수 없다. 덩어리의 빛이 충돌하면서 일부분의 덩어리를 떼어낸 나머지 덩어리의 빛이 나온다고 말이다.

잠시 우리는 콤프턴 산란 실험을 통해 산란이란 용어에 대해 음미할 필요가 있다. 산란(散亂)이란 흩어져 어지럽혀진다는 의미로, 직선의 경로를 따라 진행하는 빛이나 소리 등이 충돌 등으로 인해 경로를 벗어나 사방으로 퍼져나가는 현상이다. 하지만 콤프턴 실험으로 빛의 산란은 빛이 에너지의 덩어리로 흩어진다는 의미로 보는 것이 옳겠다.

64장 원자 모형

전자의 발견

1772년, 55장에서 등장했던 근대 화학의 창시자라 불리는 프랑스의 화학자 앙투안로랑 드 라부아지에(1743~1794)는 화학변화가 일어날 때 반응 전 물질의 총질량과 반응 후 생성된 물질의 총질량이 같다는, 과학의 가장 기본 법칙의 하나인 질량 보존의 법칙을 발표하였다. 물론 아인슈타인에 의해 질량과 에너지가 동등하다는 사실에서 엄밀하게는 성립하지 않지만 말이다. 그리고 1799년, 프랑스의 화학자 조세프 루이 프루스트(1754~1826)가 화학반응에 의해 생성되는 모든 물질들의 성분들은 항상 정수배의 일정한 질량비를 갖는다는 일정 성분비의 법칙을 발표하였다. 물을 화학반응으로 분해시키면 항상 정확히 1:8의 질량 비율*로 수소와 산소로 분해되고, 다시 물을 생성할 때도 정확히 같은 비율의 질량이 필요했다. 물 외 다른 모든 물질들도 마찬가지로 특정한 질량의 성분비를 지니고 있으며, 이것은 우주 어느 곳에서건 적용되었다. 그로부터 9년이 지난 1808년, 영국의 화학자 존 돌턴(1766~1844)은 위의 2개 법칙이 작동되는 이유가 특정 단위 질량을 지닌 더 이상 쪼개어질 수 없는

---

* 산소의 질량이 수소의 질량보다 16배이므로, 수소 2개와 산소 1개로 구성되는 물의 수소와 산소의 질량비는 1:8이 된다.

입자들로 이루어졌기 때문이라는 주장을 내놓았다. 이 가설이 돌턴의 원자설로, 이후 모든 물질이 원자로 이뤄졌다는 사실은 정설로 받아들여졌다.

모든 물질의 기본 입자로 믿고 진리로 여겼던 원자, 하지만 이 주장의 유효기간은 100년이 되지 못했다. 자연의 모든 현상을 알지 못하는 인간이 자연을 해석하기 위해 만들어진 이론은 새로운 현상의 발견으로 폐기되어 더 진화된 이론으로 대체되는 과정을 거듭하듯, 원자가 더 작은 물질로 이뤄졌다는 사실이 속속 등장하면서 원자가 최소의 입자라는 주장은 종말을 고하였다. 그리고 이렇게 문을 연 더 작은 세계는 인간의 지성으로 이해되지 않는 희한한 곳이었다.

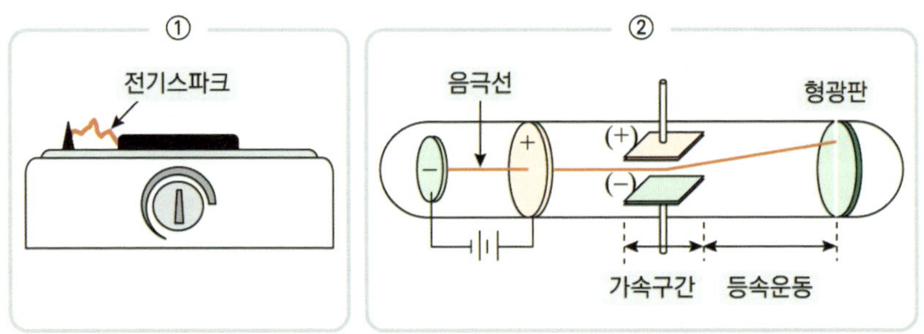

▲ 그림 19.18 ① 전기 스파크로 불이 생기는 가스레인지, ② 음극선 실험 장치도

우리가 가스레인지에 불을 붙일 때 볼 수 있는 전기 스파크(그림 ①)는 공기를 뺀 진공 상태의 유리관에서 더 긴 길이를 만들게 되는데, 이 정체가 음극선(cathode−ray)이다. 음극에서 방출되어 양극으로 흘러 들어가기 때문에 붙여진 이름이다. 당시 과학자들은 음극선을 빛과 같은 전자기파의 일종일 것이라고 생각했다.

내부가 진공인 크룩스관*이라 불리는 진공관의 음극에서 방출

된 빛의 정체에 대해 강한 호기심을 가졌던 조지프 존 톰슨(1856~
1940)은 그림 ②와 같이 실험장치를 꾸몄다. 톰슨은 전기장이 걸려
있는 '가속구간'에서 음극선이 양극의 방향으로 빔이 휘어진다는
결과를 얻었다. 음극선은 빛이 아니고 음의 전하를 띠고 있는 알 수
없는 입자들로 구성되어 있다는 사실을 접한 것이다. 그러면 자기
장의 영향도 받을 것이 아니겠는가. 그는 음극선이 자기장에 어떻
게 반응할지에서도 조사하기 위해 전기장 구간을 자기장 구간으로
바꿔서 실험하였다. 예상대로 음극선은 자기장에 반응하였다. 확실
히 빛이 아니었다. 이렇게 일련의 실험을 거듭하며 음극선이 자기
장과 전기장 속에서 얼마나 많이 휘는지 관찰하여 입자의 질량과
전하량을 뉴턴 역학과 전자기학으로 계산하였다.

그는 실험을 하면서 한 가지 의문점이 떠올랐다. 바로 음극선이
방출되는 극의 재질을 바꿔도 발생하는 음극선이 혹시 같은 입자로
이뤄진 것이 아닌가에 대한 의구심이었다. 느낌에 동일한 입자인
것 같았다. 그래서 전극의 재질을 알루미늄, 백금으로 바꾸는 등 실
험 조건을 바꿔가며 결과에 영향을 미칠 변수들을 하나씩 제거해
나갔다. 그 결과 어떤 금속에서 나온 음극선이든 구성하는 입자가
똑같은 전하 대 질량비를 가진다는 것을 알아냈다. 음극선을 구성
하는 입자는 전기의 운반자이자 재질에 상관없이 모든 원소들에 보
편적으로 들어 있는 음의 전하를 띤 입자임을 밝혀냈다. 바로 우리
에게 너무도 잘 알려진 전자의 발견이다.

톰슨이 찾아낸 전자는 더 이상 쪼개질 수 없는 최소의 단위라 믿
어왔던 원자가 내부구조를 갖는 구조물이라는 사실을 들춰냈다. 동

＊영국 물리학자 윌리엄 크룩스가 발명한 초기의 전기 방전관으로 원시적 형태의 입자 가속기라
고 할 수 있다.

시에 원자가 어떤 모양을 가지며 어떤 역학적인 관계로 하나의 원자를 구성하고 있는지에 대한 강한 호기심이 과학자들 사이에서 들불처럼 일었다. 물론 원자의 내부가 궁금하더라도 너무도 작은 크기라 우리의 육안은 당연하고, 광학 현미경으로도 보이지 않는다. 그래서 간접적인 방법으로 유추할 수밖에 없다. 전자를 발견한 톰슨 역시 원자 내부가 어떻게 구성되어 있을지에 상상하였다. 쉽게 생각할 수 있는 것은 자신이 발견한 전자가 모든 물체에 공통적으로 존재하고 있다면, 그리고 전자를 품은 원자가 중성이라는 사실에서 음의 전기를 띤 전자를 묶어둘 양의 전기가 원자 내부에 존재해야 될 것이라고 판단하였다.

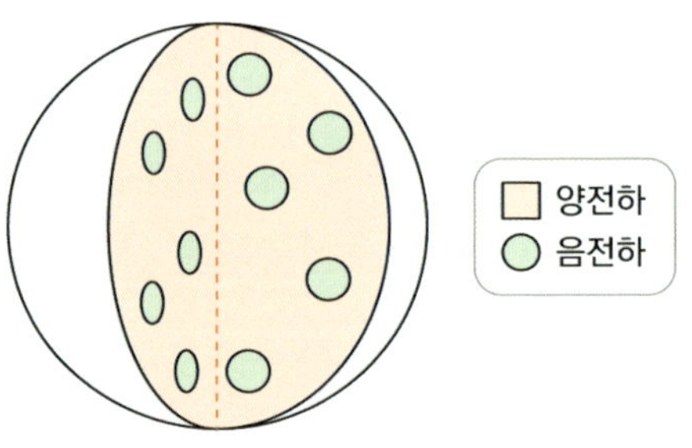

▲ 그림 19.19 톰슨의 원자 모형

이런 추론하에서 톰슨은 원자 전체에 양의 전기가 골고루 퍼져 있고, 음의 전기를 띤 전자가 곳곳에 박혀 있는 〈그림 19.19〉와 같은 모형을 제시하였다. 마치 푸딩 속에 건포도가 박혀 있는 모양과 비슷하다고 해서 푸딩모형이라고도 한다. 하지만 톰슨의 모형은 양의 전기의 존재를 명확하게 확인이 되지 않은 상황에서 오직 원자를 중성으로 만들기 위한 고육지책으로 만들어진 것이다. 그래서 언젠가는 폐기되어야 할 운명을 가지고 탄생한 모형이기도 했다.

러더퍼드의 원자 모형

한계가 명확했던 톰슨의 원자 모형은 자신의 제자인 어니스트 러더퍼드(1871~1937)에 의해 바로 종말을 고하였다. 러더퍼드는 자신이 발견한 방사성 물질인 양의 전하를 지닌 알파 입자*가 아주 얇은 금속 박막을 통과할 때의 위치를 측정하는 실험을 통해 스승의 모델을 수정해야 된다는 사실을 알아냈다.

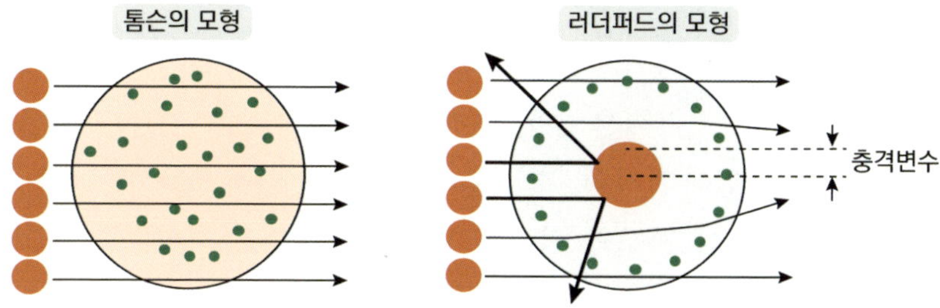

▲ 그림 19.20 톰슨과 러더퍼드의 모형일 때 알파입자의 예상 궤적

톰슨의 원자 모형에 기초하여 결과를 예측한다면, 그림 ①과 같이 알파 입자는 가볍고 작은 전자에 방해를 받지 않고 물렁한 푸딩 형태의 원자를 충돌 없이 통과하여 금박 뒤 벽면에 흔적을 남기게 될 것이었다. 실제 실험 결과도 아주 잘 일치하였다. 단지 극히 적은 수이지만 알파 입자가 예상보다 훨씬 더 큰 각도로 산란된다는 점이 특이하였다. 커다란 흥미를 돋게 하는 실험 결과에 혹시 아예 반대방향으로 되튀는 알파 입자가 있지 않을까 하는 호기심이 발동하

---

*양성자 둘과 중성자 둘로 이루어진 헬륨 원자핵인 알파선은 우라늄이 완전히 새로운 토륨으로 변하면서 방출되는 방사선이다. 방사선이 원소를 변종시킨다는 사실은 원소가 결코 변하지 않는 불변의 존재로 여겨졌던 당시의 기준으로는 대단히 놀라운 결과로, 이 발견의 공로로 러더퍼드는 노벨 화학상을 받았다.

였다. 여러 번 측정한 결과 정말로 뒤로 튕겨나가는 알파 입자가 존재하였다. 흥미로운 결과에 기대를 감추지 못하면서 러더퍼드는 금속박막의 재질을 바꿔도 이런 현상이 일어나는지 궁금하였다. 비율은 다르지만 항상 되튀는 알파 입자가 존재했다. 러더퍼드는 엄청난 흥분과 함께 실험 결과에 숨어 있는 물리적의 의미를 캐내기 위해 노력을 기울였다.

그가 떠올린 생각은 원자 내에 양의 전기를 띠며 전자보다 질량이 훨씬 큰 핵이라는 물질이 존재해야 알파입자가 되튈 수 있을 것 같았다. 그래서 러더퍼드는 반대 방향으로 되튀는 현상이 발생될 수 있는 조건을 수학적으로 엄밀하게 계산을 하였다. 원자핵을 향해 입사하는 알파입자의 경로를 직선으로 연장했을 때 〈그림 19.20〉 ②와 같이 직선과 원자핵의 최단거리를 충격변수로 놓고, 충격변수와 산란각도에 대한 함수 관계를 수학적으로 계산했다. 이렇게 얻어낸 충격변수로부터 원자 내 양의 전하를 띤 입자가 알 수 없는 속박에 의해 한 점에 모여 있고, 바로 그 위치에 양의 전하를 띤 알파 입자가 정확히 입사될 때 엄청난 반발력에 의해 입자를 뒤

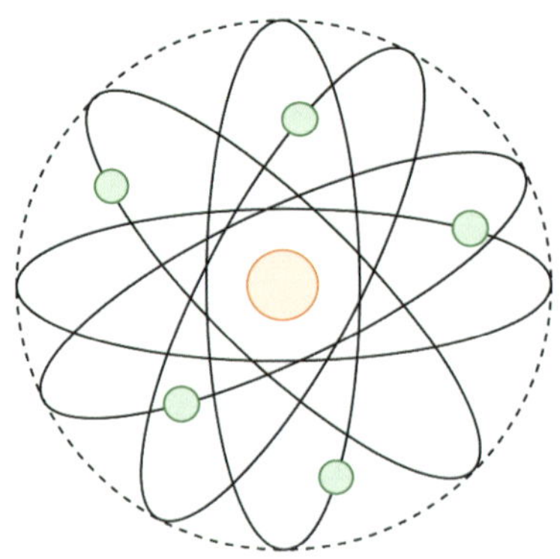

▲ 그림 19.21 러더퍼드의 원자 모형

로 튕겨낼 수 있다는 이론적 결과를 도출하는 데 성공하였다. 원자 내에는 어떤 이유인지 몰라도 양이온들이 집단적으로 모여진 핵이라는 존재가 있었던 것이다.

실험으로 양이온이 밀집된 핵의 존재를 발견하는 데 성공적이었지만 완벽하게 해결된 것은 아니다. 전기적으로 중성이며 안정적인 형태를 만들기 위해 양전하와 전자가 골고루 분포된 톰슨의 모형에서 양전하가 밀집된 핵의 존재로 수정했지만, 서로 반발력이 있는 양전하가 어떻게 모여 있는지가 이해하기 어려웠다. 또한 원자 내에 있는 전자를 어떻게 처리해야 할지도 고민이었다. 전자가 가만히 있다면 양전하를 띤 원자핵의 전기력으로 전자가 핵에 들러붙게 될 것이 아니겠는가. 이 문제를 방지하기 위해 그는 대담한 발상을 하였다. 지구와 같은 행성들이 태양 주위를 공전한다는 점에 착안하여, 태양계의 구조처럼 무거운 원자핵(〈그림 19.21〉의 붉은색 원)이 한가운데에 있고 전자(〈그림 19.21〉의 초록색 원)가 그 주위를 회전한다는 〈그림 19.21〉과 같은 모델, 즉 전자의 원운동에서 발생하는 원심력과 원자핵이 당기는 전자기력이 균형을 이뤘기에 전자가 핵 주위를 회전할 수 있는 것으로 해석했다.

물론 한층 진화된 모델이긴 했지만 완벽한 것은 아니었다. 무엇보다 원자핵 주위를 전자가 회전하는 것은 전자기학 이론에 따르면 불가능한 일이기 때문이다. 전자가 전자기장 안에서 핵 주위를 회전하는 가속운동을 할 때 끊임없이 복사에너지인 전자기파를 방출하게 되고, 그 결과 에너지의 감소로 회전력이 줄어들어 원자핵이 당기는 힘을 견디지 못할 것이다. 그래서 점차적으로 핵에 빨려 들어가 충돌하는 파국을 맞게 된다. 원자의 안정성을 설명할 길이 없었던 것이다. 또한 양이온들이 어떻게 밀집되어 핵을 구성하는지 역시 오리무중이었다.

　한편 러더퍼드는 금박의 재질을 바꿔가며 알파 입자를 충돌시켜 원자핵의 존재를 확인하는 과정 중 특이한 점 한 가지를 발견하였다. 금박의 종류에 상관없이 알파입자와의 충돌로 항상 수소 기체가 생성되었던 것이다. 러더퍼드는 알파입자와 충돌로 인하여 원자들이 붕괴하면서 내부에 있는 수소 원자가 방출된 것으로 여겼고, 그래서 수소가 모든 물질의 원자핵을 구성하는 기본 구성 요소로 확신했다. 그렇다. 러더퍼드가 찾아낸 것은 원자를 구성하는 또 다른 입자인 양성자이다. 양성자와 전자 하나로 구성되어 있는 수소에서 전자 하나가 빠지면 남은 것이 바로 양성자라는 사실에서, 수소가 방출되는 이유가 설명된다. 동시에 러더퍼드는 양의 전하를 지닌 양성자가 원자마다 전자의 수만큼 존재한다는 사실을 통해 원자가 왜 전기적으로 중성을 띠고 있는 이유를 밝혀냈다. 그러면 양성자와 전자가 원자를 구성하는 입자일까? 안타깝게도 문제가 있었다. 특정 원자의 총 질량은 양성자의 수와 전자의 수만큼 합한 값과 일치해야 할 것이지만 러더퍼드의 발견에 의하면 그렇지 않았다. 수소를 제외한 원자들은 양성자와 전자를 합한 질량보다 더 무겁게 측정되었다. 이것은 분명 양성자와 전자 이외에 또 다른 무언가가 원자 속에 있다는 것을 뜻하였다.[*]

---

[*] 이 의문의 입자가 중성자로, 1932년 영국의 핵물리학자 제임스 채드윅이 발견하면서, 원자핵은 양성자와 중성자로 이뤄져 있다는 사실을 알아냈다. 그리고 양성자와 중성자는 강력한 핵력으로 묶여 있어서, 양성자들이 서로 밀어내는 것을 이겨내고 핵을 안정적으로 유지할 수 있었던 이유가 된다. 핵력이 전기적 반발력보다 훨씬 강하기 때문이다. 본 책에서는 중성자에 대한 내용을 다루지 않을 것이므로 이에 대한 더 구체적인 내용은 생략한다.

원자 모형에 대한 호기심이 가득하던 당시, 수소 원자에서 나오는 불연속적인 스펙트럼도 물리학자들의 궁금증을 자아내고 있었다. 보통 빛은 여러 파장으로 이뤄진 전자기파로 중첩되어 있다. 태양빛을 프리즘으로 분해하면 색깔별로 분류된 무지개처럼 말이다. 그런데 수소의 스펙트럼은 매우 기이하였다.

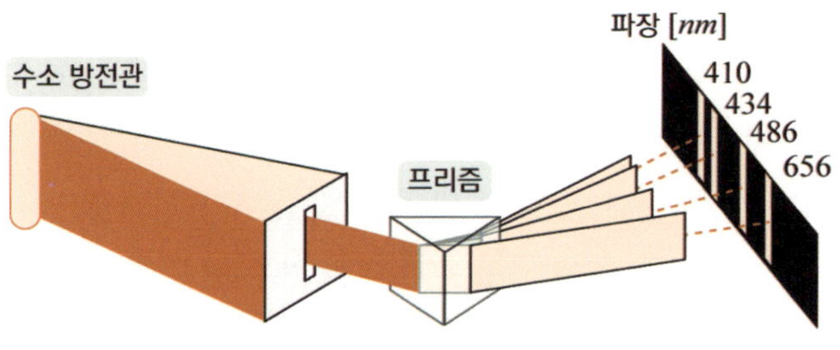

▲ 그림 19.22 가시광 영역에서 수소 스펙트럼

스웨덴의 물리학자 안데르스 옹스트롬(1814~1874)이 수소 방전관에서 얻은 스펙트럼은 전 파장에서 연속적인 빛을 방출하는 것이

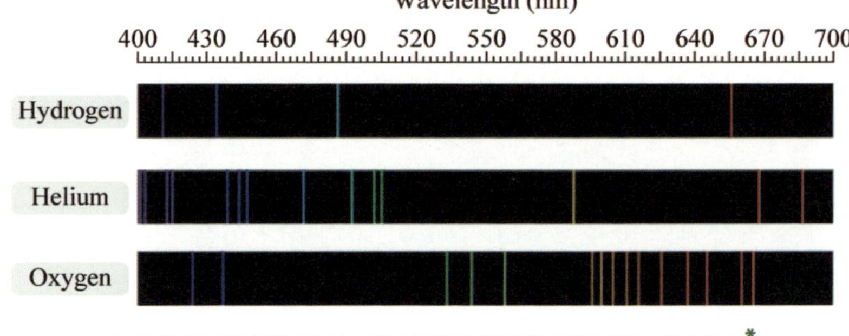

▲ 그림 19.23 모든 원소는 각각 독특한 파장의 빛을 불연속으로 발산[*]

* https://www.nagwa.com/en/explainers/469167813067/

아니라 〈그림 19.22〉와 같이 410, 434, 486, 656nm의 띄엄띄엄한 특정 파장의 빛만을 방출하는 것이었다. 중간의 빛은 존재하지 않았다. 수소만이 아니었다. 다른 기체에서도 방출된 빛의 파장은 제각각이었지만 불연속적인 특정한 파장의 빛을 방출하는 패턴은 동일하였다.(그림 19.23)

방출된 빛의 패턴이 왜 불연속일까? 이유야 아직 수수께끼지만 스펙트럼으로 미지의 물질이 어떤 원소인지 알아낼 수 있다는 점은 과학계에 엄청난 선물과 같았다. 선스펙트럼은 지문과 같아서 혼합된 물질이어도 어떤 원소들로 구성된 것인지에 정보를 주기 때문이다. 이때부터 빛을 파장에 따라 죽 깔아놓고 물질의 성분이나 성질을 역으로 추적하는 분광학이 활발히 발전하기 시작했다.

패턴은 다음에 무엇이 발생할지를 알려주는 등대와 같은 역할을 한다. 그래서 우리는 새로운 관찰 결과와 경험을 패턴이라는 원칙의 틀 안에 끼워놓고 예상을 한다. 스위스의 수학자이자 물리학자인 요한 야코프 발머(1825~1898) 역시 수소의 가시광선 스펙트럼에서 얻어낸 410, 434, 486, 656nm의 4개의 파장의 수들에 어떤 패턴이 숨어 있는지에 상당한 호기심을 가졌다. 그런데 보기에 아무렇게나 나열된 수들로 보이는 데 어떤 숨어 있는 규칙이 존재하기나 할까? 단지 4개의 수인지라 규칙이 있더라도 찾아내기가 용이하게 보이지도 않고, 아무리 보아도 무작위로 배열된 것 같다. 어쨌든 그가 이런 작업을 시작하게 된 동기는 아마도 대칭에 의해 움직이는 자연의 현상에는 반드시 어떤 규칙이 내재되어 있을 것이라는 생각에서 비롯되었는지 모르겠다. 그러던 1884년, 발머는 놀랍게도 이들 수 사이에 성립하는 관계식을 찾아냈다.

$$\langle \text{식 } 19.24 \rangle \quad \lambda = 364.5 \times \frac{m^2}{m^2 - n^2} \text{ nm}$$

n을 2라는 값으로 고정시키고 m의 값만을 3, 4, 5, 6의 순서대로 대입하여 계산하면 정확하게 수소에서 방출되는 빛의 파장이 나옴을 확인할 수 있다. 어떻게 찾아낼 수 있었는지 대단한 수적 감각이다. 패턴으로 찾아낸 위의 식은 실험에서 관측되지 않았지만 수소 스펙트럼에서 나올 수 있는 모든 빛을 예측할 수 있는 놀라운 힘을 지녔다. n과 m을 변화시켜 계산하면 되기 때문이다. 가령 n이 2이고 m이 7일 때는 397nm이다. 패턴의 위력이다. 그런데 실험에서 왜 보이지 않았을까? 당연한 것이 자외선 영역이라 우리 눈에 보이지 않는 빛이기 때문이다.

보어가 제시한 원자 모형

한편 러더퍼드의 원자 모형의 문제점에 대해 심대한 고민을 거듭하고 있던 물리학자가 있었다. 내 개인적으로 기존의 이론을 통찰하여 핵심을 읽고 의미를 뽑아내는 능력에서 최고라고 판단되는 물리학자로서, 양자역학의 태동과 발전에서 그가 없이 이야기가 불가능한 절대적인 존재로, 지금부터 이야기를 이끌 핵심적 인물인 덴마크 출신의 닐스 보어(1885~1962)이다.

당시까지 찾아낸 원소들과 그들의 성질을 면밀히 꿰뚫어보고 있던 보어는 원소의 화학적 성질의 근원이 원자핵을 둘러싸고 있는 전자에서 비롯된다고 확신하였다. 그래서 원자의 진정한 구조를 규명하기 위해서는 전자들이 원자 내에 어떻게 존재하고 있는지를 밝혀야 한다고 판단하였다. 의문점을 해소하기 위한 시발점은 당연히 기존에 이뤄진 업적인 러더퍼드의 원자 모형이었다. 전자기파의 방출 문제로 음전하의 전자가 핵 주위를 원형의 고리 형태로 회전하는 〈그림 19.21〉의 러더퍼드의 원자 모형은 분명 문제가 많았다. 그렇다고 전자가 멈춰 있다면 양전하의 핵에 빨려 들어갈 수밖에 없으므로 끊임없이 움직여야 할 것이다. 원자 내 전자가 어떻게 존재해야 원자의 붕괴를 막을 수 있을 것인가?

기존의 이론을 가지고 수많은 방법을 동원했지만 도무지 해석이 되지 않자 보어는 원자와 같은 미시의 세계는 기존의 물리학인 뉴턴의 역학과 맥스웰의 전자기학으로 설명이 불가능한 영역이라는 생각에 이르면서 전혀 다른 시각에서 다루어야 한다는 판단에 이르렀다. 그리고 자연스레 눈길이 가는 곳이 플랑크의 양자 개념이었다. 양자는 확실히 기존의 물리학의 체계에 벗어난 개념이라 고전역학의 체계로 설명이 불가능한 전자의 안정성을 해결하기 위한 차선책을 삼기에 최고의 선택지였다. 당시까지 보어 역시 양자의 개념에 의구심이 가득했지만, 어렴풋이 원자의 세계는 양자에 의해 통제받고 있을 거라는 예상을 했을 것이다.

보어는 양자의 개념을 전자의 운동에 어떻게 집어넣을지 고민을 거듭하다가 플랑크의 작용상수 h에 눈길이 갔다. 전자가 핵 주위를 회전하는 것이라면 회전이 지속적으로 작용할 수 있도록 각운동량 $L = mvr$이 유지되어야 한다는 점에 착안하여, 작용상수에 중요한 해법의 열쇠가 있다고 판단한 것이다. 그래서 보어는 각운동량을 작용상수 h로 양자화했다. 이때 그는 전자가 원운동하므로 플랑크 상수 h를 2π로 나눈 $\hbar(= h/2\pi)$의 정수배인 $\hbar$, $2\hbar$, $3\hbar$ 등의 값을 가지는 각운동량에서만 안정적인 상태로 전자가 존재할 수 있다고 가정하였다. 사실 직감적인 감각에 의한 아이디어였을 뿐 각운동량을 양자화시켜야 할 특별한 이유는 없었다.

보어의 가정은 보통의 생각으로는 너무도 터무니없는 가정이긴 하다. 뉴턴의 포탄이 원의 궤도가 가능한 속도 8km/sec였고, 지구로부터 탈출할 수 있는 속도는 11.2km/sec임을 45장에서 다뤘었다. 그러니까 이 2개의 값 사이에서는 어떤 속도를 취하든 지구 주위로 공전이 가능하다. 그런데 포탄이 오직 8, 9, 10, 11km/sec의 속도만 가능하다고 한다면 어떻게 생각이 드는가? 8.5나 9.7 등 모든 값들을 취할 수 있는데 오직 자연수만 가능하다고? 말도 되지 않는 헛소리다. 보어의 발상이 바로 이런 맥락이다. 전자의 속도에 해당하는 각운동량이 양자화되었다는 것은 포탄의 속도를 자연수로 한정시켜 포탄이 지나는 공간을 양자화한 것이다.

보어는 전자의 각운동량을 고전역학과 궤를 달리하는 이질적 개념인 양자라는 개념에 착안하여 불연속적인 값으로 제한하였을 뿐 이후의 과정은 뉴턴 역학의 체계를 따라 나갔다. 행성이 태양 주위를 공전하려면 원심력과 중력이 같아야 하듯 전자와 양전하로 이뤄진 핵 사이의 전기력과 원 궤도로 공전하는 전자가 느끼는 관성력인 원심력이 같도록 하였다. 이런 발상으로 $n\hbar$의 각운동량을 가진 궤도에서 공전하는 전자의 에너지 E_n이 아래와 같은 식임을 이끌어냈다.

$$\langle \text{식 19.25} \rangle \quad E_n = -\frac{m_e e^4}{8h^2 \varepsilon_0^2 n^2}$$

음의 보호를 가지는 것은 전자가 전기력에 의해 핵 쪽으로 당겨지는 인력으로 결합되어 있다는 의미이다. 한편 n은 자연수로 $n = 1$이 가장 안정된 상태라 하여 '바닥상태'라 하고, 그 이외의 궤도는 전자가 들떠 있다는 의미를 부여하기 위해 '흥분상태'라고 한다. 그리고 n은 전자가 차지할 수 있는 궤도의 정상 상태에 대응되는 에너지 지위를 표현하는 핵심적 수라 하여 '주양자수'라고 부른다.

그런데 각운동량이 양자화되었다는 가설로 이끌어낸 〈식 19.25〉가 합당할까? 이를 위해서는 당연하게도 실험적 결과가 뒷받침되어야 했다. 그리고 자신의 연구 결과가 이미 실험으로 밝혀진 수소의 선스펙트럼과 강력하게 연결되어 있다는 사실을 깨닫는 데에는 오래 걸리지 않았다. 발머가 찾아낸 〈식 19.24〉가 자신의 식과 동치였기 때문이다. 보어가 유도한 식은 각 궤도에서 수소의 전자가 지닌 에너지이고, 각 궤도의 에너지 차이가 곧 발머의 식이었던 것이다.

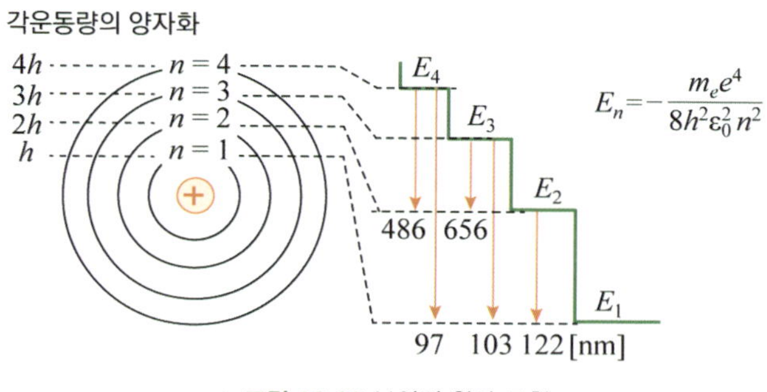

▲ 그림 19.26 보어의 원자 모형

보어는 그림처럼 핵을 중심으로 각운동량 $n\hbar$이자 〈식 19.25〉의 에너지를 지닌 안정된 정상궤도를 따라 전자가 공전하고, 각각의 궤도 사이로 전자가 옮겨질 때 두 궤도의 에너지 차이에 해당하는 양자화된 빛을 발산하게 된다는 가설을 세웠다. 가령 전자가 n_i라는 궤도에서 n_f로 이동할 때 두 궤도의 에너지 차이에 해당하는 빛의 진동수를 ν라고 하면, 이때 발산하는 빛의 에너지가 $h\nu$이고, $c = \lambda\nu$라는 관계식으로 파동의 식으로 바꿔준 결과 아래의 식을 얻을 수 있었다.

〈식 19.27〉

$$\frac{1}{\lambda} = -\frac{e^4 m}{8\varepsilon_0^2 h^3 c}\left(\frac{1}{n_f^2} - \frac{1}{n_i^2}\right) = -1.097 \times 10^7 \times \left(\frac{1}{n_f^2} - \frac{1}{n_i^2}\right) \ [1/\text{m}]$$

위의 식은 발머의 식과 완벽하게 들어맞았다. 전자가 $n_i = 3$에서 $n_f = 2$의 궤도로 떨어질 때의 발산되는 빛의 파장을 위의 식으로 계산하면 656nm으로, 발머의 공식과 똑같은 결과를 받아냈다. 이로써 전자는 주양자수 궤도 n에서 안정적인 상태로 존재한다는 보어의 가설은 진리였고, 또한 궤도를 옮기는 과정에서 궤도의 에너지 차이에 해당하는 빛을 내보낸다는 새로운 사실도 이끌어냈다.

보어 모형의 한계

핵 주위를 회전하는 전자가 어떻게 안정적으로 존재하는가, 그리고 선스펙트럼이 왜 발생하는지에 대해 명쾌하게 답을 내지 못하는 러더퍼드의 원자 모형을 개선시키기 위한 보어의 대담한 아이디어인 각운동량의 양자화는 원자 내에 전자가 어떻게 자리하고 있는지 그 윤곽을 밝히게 한 엄청난 발견이었다. 또한 허용된 궤도들로 전자가 옮길 때 에너지의 변화를 겪으면서 빛을 방출하거나 흡수한다는 사실은 플랑크와 아인슈타인으로 이어지는 빛의 양자화를 실제적으로 설명하면서 본격적으로 물리학의 지형도를 바꾸는 시발점이었다.

하지만 보어의 원자 모형이 모든 것을 명확하게 밝힌 것은 아니다. 아직도 풀어야 할 수수께끼는 남아 있었다. 보어가 찾아낸 결과물은 실로 충격적이고 엄청났지만, 배경이나 이유가 없이 그저 작용상수 h를 가지고 각운동량을 단순히 양자화하여 얻어낸 것이었기에 태생적 한계가 있을 수밖에 없었다. 무엇보다 허용된 궤도에서만 전자가 안정적이라는 명쾌한 이유가 없었다. 허용된 궤도로 전자가 옮기면서 빛을 발산한다는 것도 받아들이기 힘들었다. 여기에는 직감적으로 받아들이기 힘든 개념이 내포되어 있기 때문이다. 전자가 허용된 궤도로 이동하는 것을 양자도약(量子跳躍,)이라고 하는데, 용어에 포함된 '도약'이라는 단어가 바로 이런 심상치 않은 기운을 담고 있음을 감지할 수 있다.

뉴턴의 포탄이 자연수로 한정한 포탄의 속도로 만들어진 궤도만 가능하다고 백번 양보하자. 그렇더라도 다른 궤도로 진입하기 위해서는, 가령 호만 전이 궤도*를 따라 서서히 속도가 감소하여 옮겨져야 된다. 즉, 에너지가 연속적으로 변하면서 궤도를 바꾸는 것이 일반적이다. 그런데 전자가 궤도를 옮기는 상황은 마치 포탄이, 속도가 9에 해당하는 궤도에서 속도가 8인 궤도로 순간 이동하면서 1이라는 에너지의 빛을 방출한 것과 같다는 것이다. 전자는 허용된

---

* '17장'에서 호만 전이 궤도 설명

궤도에서만 존재하고, 각 궤도 사이의 공간에서는 단 한 순간도 존재할 수 없으며, 각각의 궤도로 순간 이동만이 일어나면서 에너지 차이만큼의 빛을 방출한다는 것이다. 이처럼 정녕 이해가 되기 힘든 전자의 행동이라 '도약'이라는 용어가 붙게 된 것이다.* 물론 콤프턴 산란에서 산란이라는 용어의 의미와 연결시키면 에너지의 덩어리로 빛이 방출되었다고 일정 부분 이해는 가능하겠지만, 입자가 다른 궤도로 순간 이동했다는 의미까지 벗어낼 수 없으므로 궤변으로 들릴 수밖에 없다. 궤도의 안정성도 해결된 것은 아니다. 러더퍼드의 모형이 공전 중 발생하는 전자기파 방출로 전자의 안정성에 위배된다고 해놓고 양자화된 궤도에서만 안정적이라고 주장하는 것은 너무 작위적이다.

보어의 원자 모형 역시 아직 다듬어지지 않은 원석과 같았다. 그의 모형은 수소 원자를 설명할 수 있고 원자와 분광학에 대해 새로운 관점을 제시하는 엄청난 성과였지만, 수소를 제외한 다른 원자의 스펙트럼을 설명하지 못하였다. 당장 수소 다음으로 간단한 전자 2개를 가진 헬륨부터 보어의 이론이 만족스럽게 작동되지 않았다. 원자 내부의 세계를 해석하는 통로로 뚜렷한 한계를 드러낸 것이다. 또한 양자도약이 일어난다고 해도 원자 궤도 내의 전자가 언제, 그리고 어느 궤도로 도약하는가를 알 수 없다는 한계도 상존하였다. 물리학이란 것이 미래에 어떤 운동이 가능할지 예측하는 보

---

* 보어는 이와 같은 내용을 3편의 논문으로 작성하여 1913년에 발표하였다. Niels Bohr, 《On the Constitution of Atoms and Molecules, Part I》, Philosophical Magazine 26, 1-24 (1913); Niels Bohr, 《On the Constitution of Atoms and Molecules, Part II Systems Containing Only a Single Nucleus》, Philosophical Magazine 26, 476–502 (2013); Niels Bohr (1913), 《On the Constitution of Atoms and Molecules, Part III Systems containing several nuclei》, Philosophical Magazine 26, 857–875 (2013).

편적 이론을 만들어내는 것인데, 전자가 언제 어떻게 튈지를 이론적으로 밝혀낼 수 없다는 것은 물리라 할 수 없었다.

한편 전자가 궤도로 도약하면서 왜 전자기파의 형태로 에너지를 방출하는가도 의문점이 될 수 있다. 다행히 이 의문은 문제도 되지 않는다. 전자의 움직임은 전기장의 변화를 뜻하기 때문이다. 그러니까 맥스웰 방정식에서 설명했지만 전기장과 자기장은 서로 감싸 안은 두 물리량이므로 전기장의 변화는 조용하던 자기장에 변화를 일으키고, 자기장의 변화는 전기장의 변화를 가져오며, 이 둘의 연쇄반응이은 전자기파, 즉 빛으로 현현하게 된다.

제이만 효과

이렇게 불완전한 보어의 모형은 새로운 실험 결과가 속속 등장하면서 진리로 계속 위치하기에는 불편한 상태에 놓였다. 빛을 파장별로 분산시키는 분해능의 성능이 더욱 개선된 장비로 얻어낸 실

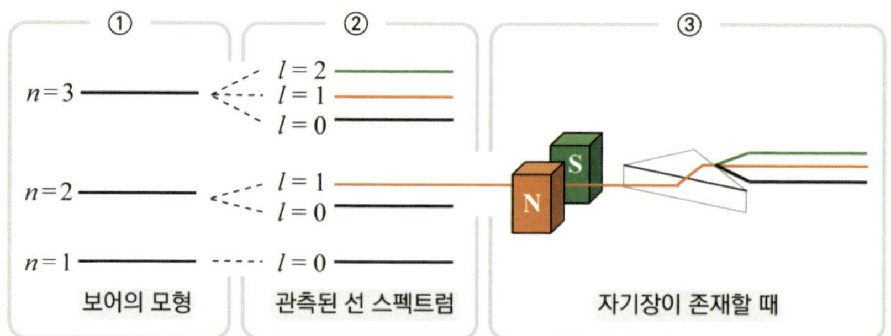

▲ 그림 19.28 ① 주양자수 n에 따른 궤도를 에너지의 축으로 도시한 보어의 원자 모형, ② 분광학 기술의 발달로 주양자수가 n에 대해 n개로 더 분리된 형태의 스펙트럼을 관측, ③ 자기장을 가하자 l의 값에 따라 $2l+1$개로 스펙트럼이 더 분리되는 제이만 효과

험에서 전혀 예상하지 못한 결과가 도출되었기 때문이다.

초창기에 측정한 수소의 스펙트럼으로부터 전자가 위치할 수 있는 궤도는 그림 ①의 보어의 원자 모형과 정확히 일치하였다. 그러나 분광학의 발전과 함께 빛을 분해하는 기술이 향상되면서 전자의 궤도는 ①이 아니었다. 그림 ②와 같이 선들이 미세한 차이로 더 분리된다는 사실을 알게 된 것이다. 처음에 보어는 실험상의 오차일 거라고 무시했으나, 더욱 성능이 개선된 높은 해상도를 지닌 장비로도 동일한 결과가 나오자 보어 역시 진실로 받아들일 수밖에 없었다. 그러면 도대체 왜 선들이 더 분리되는 것일까? 다행이라고나 할까, 주양자수 n의 궤도가 정확하게 n개의 선으로 분리된다는 것은 명확한 이유가 존재한다는 반증이었다. 따라서 그 이유를 찾으면 의문점이 해소될 것이다. 보어의 원자 모형이 폐기까지는 아니겠지만 수정해야 할 처지에 놓인 것만은 확실하였다. 일단 주양자수의 궤도에서 그림 ②와 같이 새롭게 분류된 궤도들에 이름을 부여하기 위해 새로운 양자수인 부양자수 l을 도입하였다.

그런데 이것뿐만이 아니었다. 1897년 네덜란드 물리학자 피터르 제이만(1865~1943)은 분리되었던 그림 ②의 스펙트럼의 선들을 그림 ③과 같이 자석 사이의 자기장 영역을 지나가게 하자, 부양자수에 따라 $l = 0$은 1개, $l = 1$은 3개, $l = 2$는 5개 등 임의의 l에 대해 $2l + 1$의 홀수 개의 선으로 더 많이 갈라지는 것이 아닌가.* 그림에서 모든 것을 표현하면 너무 복잡하기에 $n = 2$, $l = 1$의 경우만 도

---

* Zeeman, P., 《On the influence of Magnetism on the Nature of the Light emitted by a Substance》, Philosophical Magazine 43, 226 (1897); Zeeman, P., 《Doubles and triplets in the spectrum produced by external magnetic forces》. Philosophical Magazine 44, 55 (1897); Zeeman, P., 《The Effect of Magnetisation on the Nature of Light Emitted by a Substance》, Nature 55, 1424 (1897).

시하였다. 제이만 효과라 부르는 이 현상은 왜 발생하는 것일까? 아직 가야 할 길이 많이 남아 있다.

보어-조머펠트 이론

보어의 모델로 해석이 곤란한 스펙트럼을 독일의 이론물리학자 빌헬름 조머펠트(1868~1951)가 도전하였다. 그는 보어의 원자 모형을 이리저리 변형해보며 스펙트럼의 분리가 왜 일어나는지를 설명하려고 고심을 거듭하였다. 그러던 조머펠트는 우리가 이 책의 상당 부분을 할애하면서 설명했던 행성의 궤도가 타원이라는 사실에서 해결의 실마리를 찾아낼 수 있었다. 태양계의 행성의 궤도가 왜 타원이었을까? 이유는 원의 궤도에 비해 더 안정적이기 때문이지 않았는가. 그러면 핵 주위를 회전하는 전자도 그렇지 않겠느냐는 발상이었다. 더군다나 태양계 내의 행성은 중력, 그리고 원자 내 전자는 전기력이라는 서로 다른 힘의 영향을 받고 있지만, 두 힘은 거리의 제곱에 반비례한다는 공통점을 가지고 있다는 사실은 고무적이었다. 조머펠트는 자신의 생각에 확신을 갖고 원자 내 전자의 운동을 원으로 한정한 보어의 모델을 타원 궤도까지 확장하는 작업에 돌입했다.

그는 보어의 모형에 타원의 궤도를 집어넣어 계산을 하려고 했다. 그런데 원은 반지름 하나로 결정되는 도형인 반면 타원은 2개의 변수가 있어야 완성되는 도형이다. 타원은 원에 가깝냐 아니면 납작한 모양이냐의 개략적인 모습이 이심률에 의해 정해지는데, 이심률은 장축과 단축의 2개의 길이로 결정되기 때문이다.* 그래서 조머펠트는 보어가 제시한 각운동량의 양자화를 타원으로 확장하기 위해 양자화 조건을 하나 더 추가할 필요성이 있었다. 앞절에서 잠시 등장한 부양자수 l은 바로 이런 배경에서 탄생한 양자수이다. 이렇게 조머펠트는 전자가 원 외에도 타원의 궤도에 전자가 위치하였을 때의 에너지를 계산하기 위해 듣기만 해도 머리가 어지러울 상대성 이론까지 동원하였고, 그렇게 얻어진 이론적인 값은 실제 실험에서 얻어낸 결과와 일치하였다. 조머펠트의 가설은 정확했다.

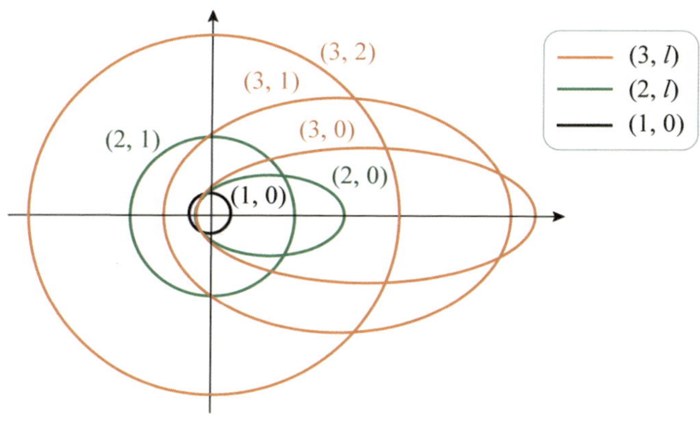

▲ 그림 19.29 $n=1$일 때 (1,0) (검은색 원), $n=2$일 때 (2,0)과 (2,1) (초록색의 타원과 원), $n=3$일 때 (3,0), (3,1), (3,2) (붉은색의 두 타원과 원)인 조머펠트의 전자 궤도 모형

보어의 모형은 전자의 궤도를 원으로 한정하다보니 타원의 궤도가 원과 겹쳐져서 드러나지 않았던 것이다. 주양자수의 원의 궤도에 벗어난 부양자수의 궤도에 해당하는 에너지는 약간 작을 뿐 비슷한 위치에 모여 있었다. 위의 그림에서 볼 수 있듯 가장 낮은 궤도인 $n=1$에서는 원의 궤도 (1,0)만이 존재하고, $n=2$의 궤도에서는 원의 궤도 (2,1) 외에 또 다른 타원 궤도 (2,0)이 있었다. 그리고

＊'3장 케플러의 행성법칙'에서 이심률을 이미 설명하였다.

$n = 3$에서는 원 궤도 (3,2)와 2개의 타원 궤도 (3,0)과 (3,1)이 존재했다. 조머펠트는 전자가 보어의 양자화한 궤도인 주양자수 n 외에 추가된 부양자수 l이 0, 1, ⋯, $n-1$까지의 값이 조합된 궤도에 위치할 수 있다는 사실을 알아냈다. 즉 보어의 모델에서 주양자수 n에는 총 n개의 에너지 준위가 중첩되어 있었다.

이렇게 전자가 존재하는 궤도가 원과 타원의 궤도라는 사실을 밝혀낸 조머펠트는 자신감이 충만한 상태로 다음 목표인 자기장으로 선들이 더욱 갈라지는 〈그림 19.28〉 ③의 제이만 효과의 해석에 도전하였다.

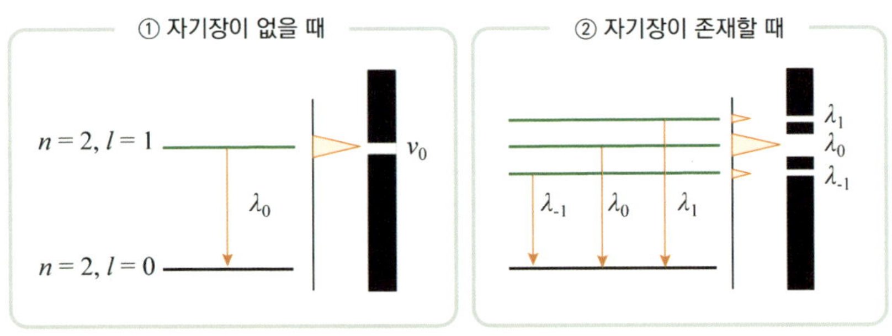

▲ 그림 19.30 제이만 효과

위의 그림은 제이만 효과를 더 구체적으로 표현한 것이다. 그림 ①은 자기장이 없을 때 $n = 2$, $l = 1$에 위치한 전자가 에너지를 잃고 $n = 2$, $l = 0$의 궤도로 옮겨가면서 파장 λ_0의 전자기파를 방출하는 보어의 모델이다. 그런데 자기장이 있는 그림 ②의 경우는 하나였던 $n = 2$, $l = 1$의 궤도가 세 갈래로 갈라지면서 세 개의 빛 λ_{-1}, λ_0, λ_1이 발생하는데, 이것이 제이만 효과이다. 왜 더 갈라지는 것일까?

전자기학에서 배웠던 지식을 떠올리면 그 원인을 추론할 수 있다. 외부 자기장을 가하기 전에 하나였던 궤도가 자기장을 가하였을 때만 분리된다는 것은 명백히 음의 전하를 띤 전자가 핵 주위를 움직이면서 자체적으로 발생하는 자기장이 있어서, 외부의 자기장과의 충돌로 방향이 비틀려져 에너지 차이가 발생하여 궤도의 분리가 일어난 것이 아닐까 추론할 수 있다.

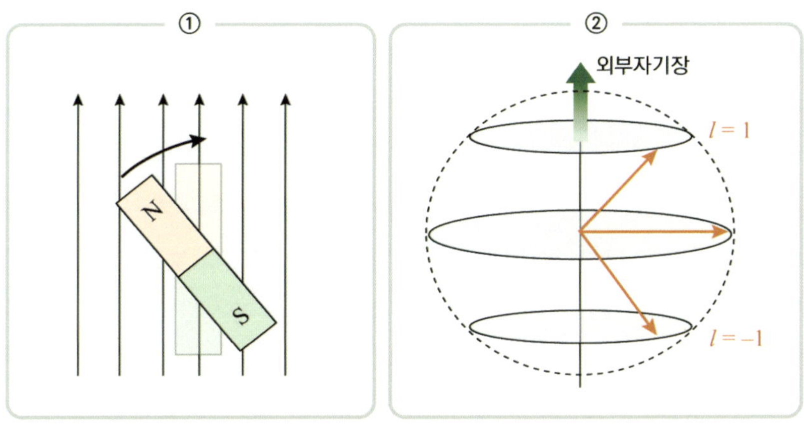

▲ 그림 19.31 ① 외부 자기장의 영향으로 자석에 가해진 회전력이 곧 자기모멘트, ② 주양자수 $n = 2$, 부양자수 $l = 1$에는 3개의 자기모멘트가 존재하여 외부 자기장에 의해 3개의 궤도로 분리된다.

막대자석을 외부 자기장 안에 임의적으로 놓으면 보통은 자석의 극의 방향과 자기장의 방향이 일치하지 않는다. 그러면 자석의 자기장과 외부 자기장이 충돌하면서 자석은 그림 ①과 같이 외부 자기장의 방향으로 정렬하려는 회전력을 받게 된다. 이 힘이 곧 자석이 지닌 자성의 세기인 자기모멘트이다.

전하를 띠고 있는 전자 역시 핵 주위를 공전하면서 생성된 자기모멘트가 외부의 자기장과 반응하여 에너지의 차이가 발생해 선들이 갈라지는 것이다. 그림 ②는 주양자수 $n=2$와 부양자수 $l=1$의 경우를 도시한 사례이다. 〈그림 19.29〉를 참조하면 원의 궤도로 공전하는 경우인데, 이 궤도는 사실 그림처럼 회전축과 직각의 자기모멘트 $l=0$ 외에 비틀어진 각도를 유지하며 회전하는 자기모멘트 $l=1$와 $l=-1$ 등 총 3개의 궤도가 존재한다. 외부 자기장이 없는 경우 이들은 모두 원의 궤도로 에너지는 동일하여 중첩된 상태로 존재한다. 그래서 스펙트럼을 관측하면 〈그림 19.28〉의 ②와 같이 $n=2$, $l=1$의 하나의 선으로만 나타나지만, 외부에서 자기장을 가하면 자기모멘트의 값에 따라 에너지의 미세한 차이가 발생하여 〈그림 19.28〉의 ③처럼 하나의 선이 3개의 선으로 갈라진다.

또 다른 궤도의 존재가 밝혀지면서 주양자수와 부양자수로만 전자가 위치할 수 있는 궤도를 모두 표현할 수 없게 되었다. 그래서 각각의 l에 대해 궤도의 방향에 따라 달라지는 자기모멘트를 구분하기 위해 자기양자수 m을 추가했다. 결과적으로 주양자수 n, 부양자수 m, 그리고 자기양자수 m의 조합으로 전자가 위치할 수 있는 궤도, 즉 전자들이 위치할 방이 정해졌다. 이때 n은 자연수이고, l은 0에서 $(n-1)$, m은 $-l$에서 l까지 가능하다.

전자의 궤도 문제는 여기에서 그치지가 않았다. 제이만은 외부 자기장에 놓였을 때 스펙트럼의 양상에 대한 실험을 더욱 세밀하게 측정하자 특이하게도 자기양자수의 2배로 더 갈라지는 것이 아니겠는가!

선들의 분리가 계속 이뤄져서 혼란스러울 수 있을 것 같다. 그래서 잠시 정리의 시간을 가져보겠다. 보어는 전자가 원의 궤도로 회전한다는 가정과 각운동량이 양자화되어 있다는 획기적 발상으로 주양자수 n에 해당하는 전자의 궤도 혹은 에너지 준위가 존재함을

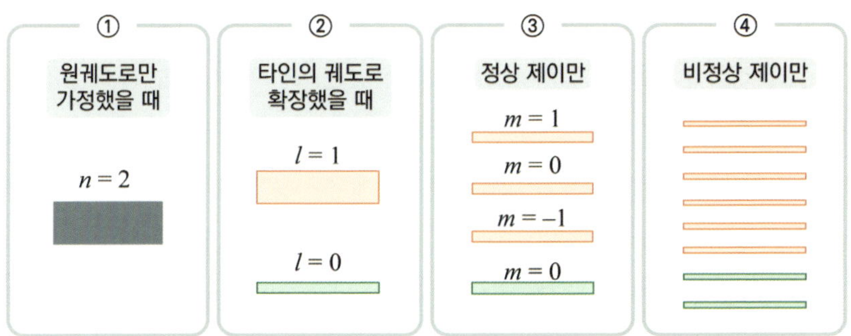

▲ **그림 19.32** 주양자수 $n = 2$에는 사실 8개의 전자의 궤도가 중첩된 상태이다.

알아냈다. 〈그림 19.32〉 ①은 주양자수 $n = 2$의 경우로서 보어의 모형에서는 단 하나의 선만 존재하는 것으로 나타난다. 실제 해상도가 떨어진 장비로 스펙트럼을 얻으면 전자의 궤도가 하나인 것으로만 나타난다.

하지만 해상도가 더 좋은 장비로 측정하자 보어의 모형에서 밝혀진 하나의 선이 2개의 선으로 분리되는 것을 관측했다. 비슷한 에너지를 가지다보니 2개의 궤도가 겹쳐진 것까지는 알지 못했던 것이었다. 이후 조머펠트가 타원 궤도로 확장시키면서 주양자수 $n = 2$의 궤도에는 타원 궤도가 중첩되어 있다는 것을 밝혀내며 부양자수 l을 도입하여 2개의 궤도로 분리되는지에 대한 이유를 밝혀낼 수 있었다. 하지만 이것도 착각하고 있을 뿐이었다.

제이만이 실험으로 부양자수 l 역시 또 다른 궤도들이 서로 겹쳐져 있음을 찾아낸 것이다. 자기장이 없을 때에는 $n = 2$, $l = 1$의 궤도가 하나의 궤도로 인식하고 있었지만, 외부 자기장을 가하자 3개로 나뉜 것이다. 그 원인은 전자의 자기모멘트와의 방향의 차이로 3개의 선으로 더 분리된 것이었다. 이런 제이만 효과로 또 다른 자기양자수 m이 필요해지면서 전자의 궤도는 주양자수 n, 부양자수 l,

자기양자수 m으로 표현되었다.

그런데 제이만은 추가적인 실험으로 그림 ③의 궤도들이 2배로 더 분리된다는 사실을 찾아낸 것이다.(그림 ④) 하지만 그림 ④의 현상은 고전적 이론으로 설명이 불가능하여 아무도 이 현상에 대해 설명하지 못하였다. 흑체의 복사 실험을 고전적으로 해석이 불가능하자 빛의 양자라는 듣도 보도 못한 가설로 해결하였듯 이 문제 역시 참신한 아이디어의 출현을 필요로 하였다. 그래서 고전이론으로 해석되는 부양자수에서 자기양자수로 분리되는 그림 ③을 정상 제이만 효과라 하고, 자기양자수에서 더 갈라져 고전적 이론으로 해석되지 않는 그림 ④를 비정상 제이만 효과라 한다.

65장

스핀의 시대

물질파

　빛이 파동이자 입자이기도 하다는 기묘한 결과에 한술 더 떠 빛을 포함 모든 물질이 입자이기도 하고 파동이기도 하다는 주장을 펼친 물리학 박사 과정의 한 학생이 등장했다. 프랑스 귀족 가문 출신인 루이 드브로이(1892~1987)는 물질도 빛과 같이 이중성을 갖고 있다는 물질파를 제안했다. 당구공을 비롯하여 모든 사물이 입자이며 동시에 파동이라는 파격적인 주징이다.

　이것은 또 무슨 궤변인가? 그의 주장대로 당구공도 파동이라면 2개의 당구공이 만났을 때 파동처럼 서로 보강과 상쇄 간섭이 일어나서 충돌 없이 각자가 가는 방향으로 진행하게 될 것이고, 우리 역시 파동이고 벽도 파동이므로 벽의 통과도 가능한 일이 될 것이 아니겠는가? 영화 속 상상의 세계에서만 가능한 일이 현실에서 일어날 수 있다.

　매우 황당하게 느껴지는 드브로이의 극단적인 주장, 그는 어떻게 이런 발상을 할 수 있었던 것일까? 대칭적인 사고의 확장이라면 가능한 상상이기는 하다. 광전효과로 오랫동안 파동이라 절대시되어왔던 빛이 입자적인 성질도 가지고 있다면, 사고의 전환으로 이미 입자라 여기는 물질도 파동적 성질을 가질 수 있지 않겠는가. 물론 충분히 생각해볼 수 있는데, 확대해석한다는 느낌을 지울 수가 없다.

플랑크가 흑체문제를 풀기 위하여 기타의 현이라는 정상파의 개념을 활용하였다는 점에 착안한 드브로이는 보어의 원자모델을 탄생시킨 각운동량의 양자화 개념을 음악의 세계에서 재해석하였다. 보어의 각운동량의 양자화가 기타와 같은 현악기의 줄에서 발생하는 정상파와 너무도 흡사하게 여겼던 것이다. 그래서 입자가 아닌 파동이라는 전자가 정상파를 이루는 궤도가 전자가 위치하는 곳이라고 생각하였다.

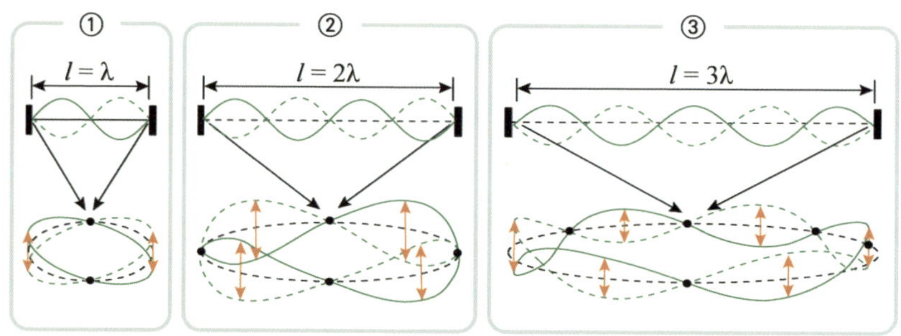

▲ 그림 19.33 파장의 정수배일 때 궤도에서 형성되는 정상파

〈그림 19.33〉은 모두 파장의 정수배인 정상파의 양 끝을 서로 동그랗게 말아 원의 형태를 만들었을 때 무난한 파동의 형태가 만들어지는 것을 보여주고 있다. 드브로이는 이렇게 전자가 파동이라 가정하여 파장의 정수배인 정상파여야 원자핵으로 추락하지 않고 계속 궤도를 유지할 수 있고, 반대로 정수배의 파장 조건을 갖추지 못하는 파동은 상쇄 간섭으로 소멸하게 되어 전자가 존재할 수 없는 궤도로 본 것이다.

보강간섭만이 전자가 존재할 수 있는 궤도이므로 파장의 정수배로 가능한 〈그림 19.33〉의 3개의 그림을 하나의 중심으로 모아놓

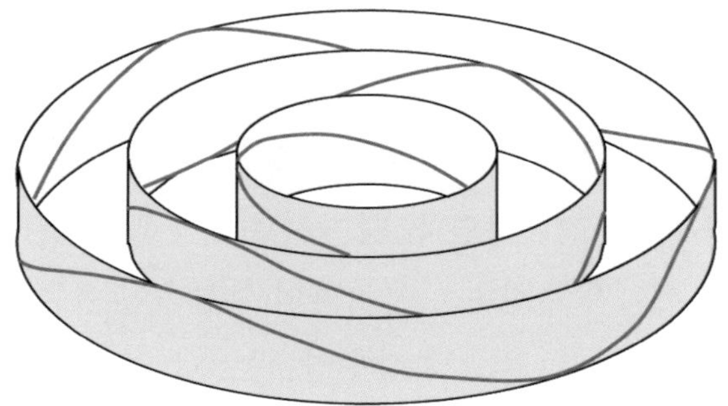

▲ 그림 19.34 궤도의 원둘레가 파장의 정수배로 주어진 〈그림 19.33〉의 3개의 궤도를 하나의 중심에 모았을 때의 전자궤도

은 위의 그림이 전자가 존재할 수 있는 궤도이다. 이렇게 핵 주위를 회전하는 전자가 입자가 아닌 파동인 정상파로 존재한다고 해석하자 가속 과정에서 에너지를 잃어 원자가 붕괴된다는 치유하기 힘든 문제도 처리하는 커다란 장점이 존재하였다. 자신의 생각에 확신을 가진 그는 특수 상대론 등 기존의 물리학 이론을 활용하여 물질이 파동일 때 아래의 수식에 해당하는 파장을 가진다는 결과를 얻었다.

〈식 19.35〉 $\lambda = h/mv$

1923년, 그는 모든 물질이 파동이라는 물질파 가설로 박사학위 논문을 제출했다. 하지만 물질이 파동이라는 주장은 아무리 좋게 해석해도 파격적이고 허무맹랑한 발상인지라 논문 통과는 난망이었다. 심사위원들은 고민하였다. 그의 논문을 탈락시키기도, 그렇다고 그의 주장이 틀렸다고 말할 명분도 없었다. 할 수 없이 그들은 당시 상대론의 업적으로 물리학의 지존의 자리에 위치한 아인슈타인에게 조언을 구하였다. 자신의 이론을 함축적으로 담은 그의 논문을 읽은 아인슈타인은 "정신 나간 소리로 들릴 수 있지만 절대적으로 견고한 이론이다. 드브로이가 마침내 거대한 베일의 한 장막을 걷어냈다."라고 격찬하였다. 당연히 그의 논문은 통과하였다.

일단 드브로이가 주장하는 물질파의 주장을 받아들여 당구공의 물질파를 계산해보자. 플랑크 상수인 h는 6.6×10^{-34}kg·m²/sec이다. 그리고 계산의 편의를 위해 당구공의 질량을 660g이라 놓고 속도는 10m/sec로 놓겠다. 그러면 당구공은 위의 드브로이의 〈식 19.35〉에 따라 약 10^{-34}m의 파장을 지닌 파동이다. 수치를 보면 원자 단위보다도 훨씬 작은 값이라 사실상 파동이라 보기 힘들다. 그래서 현실에서 당구공이 파동의 성질을 띨 수 없는 이유이기도 하다. 두 당구공이 충돌 없이 파동처럼 지나가거나, 우리가 벽을 뚫고 지나가는 일은 현실 세계에서 절대 일어날 수 없다.

하지만 전자는 그렇지 않다. 질량이 9.11×10^{-31}kg에 불과한 전자가 5×10^{6}m/sec의 속도일 때 물질파 파장은 1.15×10^{-10}m 정도이다. 물론 이 값 역시 상당히 작은 값이긴 하지만 우리가 사용하는 X선 파장 크기 정도이므로, 경우에 따라 파동의 성질이 충분히 나

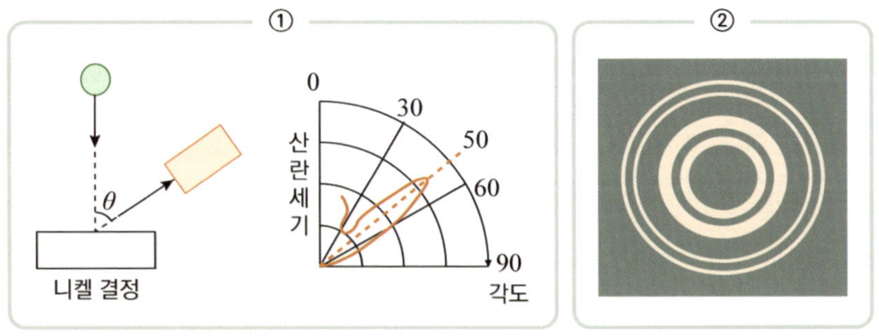

▲ 그림 19.36 ① 데이비슨-거머의 전자빔 산란 실험과 ② 톰슨의 전자빔의 회절 실험 결과

타날 수 있는 자격 조건을 지니고 있다.

그럼 정말로 전자는 파동일까? 하지만 전자를 발견하였던 실험 등 사실 당시에 행해진 모든 실험에서 전자가 입자라는 점은 명백한 사실이었다. 전자도 빛과 같이 파동의 성질도 지니고 있다면 간섭이나 회절 등과 같은 파동만이 지닌 성질이 드러나는 실험 결과가 현실적으로 필요했다. 그러던 1926년, 클린턴 데이비슨(1881~1958)과 레스터 거머(1896~1971)는 진공관에 관한 특허분쟁 문제를 해결하기 위해 니켈 단결정을 이용한 전자 산란 실험을 하였다. 〈그림 19.36〉 ①과 같이 니켈에 전자선을 입사시킨 후 각도에 따라 반사된 전자의 세기를 측정하였는데, 입사한 전자선과 $50°$의 각을 이룬 곳에서 튕겨 나오는 전자가 가장 많았다. 임의의 각이 아닌 특정 각도에서 전자가 가장 많이 발견되는 현상은 너무도 기이하였다. 곤혹스러워하던 그들에게 드브로이의 물질파는 구세주와 같았다. 그의 가설대로 전자를 파동이라 설정하여 간섭에 의한 효과로 자신들의 실험 결과를 해석하자, $50°$의 각도에서 보강간섭이 일어난다는 사실이 거짓말처럼 확인되었다. 이해는 되지 않지만 정말로 전자는 파동이었다. 실험의 동기는 달랐지만 그들은 드브로이의 물질파를 실험적으로 증명한 격이 되었고, 더불어 자신들의 실험 결과를 해석하는 데 성공하였다.[*]

그로부터 1년 후 원자 모형을 만들었던 톰슨의 아들이었던 조지 패짓 톰슨(1892~1975)이 드브로이의 주장의 진위를 확인하기 위해 전자가 원형의 슬릿을 통과했을 때 파동의 성질이 나오는지에 대한 실험을 하였다. 놀랍게 드브로이의 가설처럼 전자빔이 〈그림 19.36〉

---

[*] Davisson, C., Germer, L. H., 《Diffraction of Electrons by a Crystal of Nickel》. Physical Review, 30, 705 (1927).

②와 같이 파동에서나 나오는 회절 무늬가 나타났다. 특히 전자빔의 속도를 증가시키자 회절 무늬의 간격이 좁혀지는 현상이 관측되는데, 이것은 파장이 짧아지면서 생기는 현상으로 드브로이의 물질파의 〈식 19.35〉에 정확하게 부합한 결과였다. 톰슨의 실험 결과는 입자인 전자가 파동이라는 사실을 직접적으로 증명하였다. 당구공을 비롯하여 우주의 모든 물체는 정말로 파동이었다. 과학의 세계를 음악으로 표현하여 해결한 최고의 걸작인 물질파는 1929년, 자신의 창조주인 드브로이에게 노벨 물리학상을 안겨주었다.

멘델레예프의 주기율표

플랑크의 양자설, 아인슈타인의 광양자설, 보어의 각운동량의 양자화, 드브로이의 물질파 등 처음 접하는 원자의 세계를 설명하기 위해 나온 해석들은, 일치하는 면도 있지만 서로 모순적인 개념으로 충돌하기도 하였다. 뉴턴 역학과 같이 보편적이며 일관성 있는 성문화된 하나의 법칙으로 가는 관문이 정녕 예사롭지가 않다는 것을 반영하는 듯했다. 빛이나 전자, 나아가서 모든 물질이 입자이자 파동이라는 주장, 그리고 필요에 따라 고전 물리학으로 해석하고 상황이 바뀌면 양자라는 개념으로 해석하는 등 체계적이지 않고 상황에 따라 주먹구구식으로 해석하는 것처럼 보이다 보니, 추상적이면서도 철학적인 색채가 가득 담긴 담론이 난무하는 형국이었다. 고전역학이나 상대론을 보면 뉴턴과 아인슈타인 같은 대단한 한 명의 천재에 의해 체계가 잡혔지만 원자의 세계로 들어가는 길목에서 탄생한 이론들은 한 명이 아닌 여러 명의 업적들이 합쳐지다 보니 더욱 그런 상황을 부추기고 있었다.

인류의 천재들도 이러할진데, 일반인의 입장에서 원자들의 세계를 이해하는 것은 결코 쉽지 않다. 다행히 우리에게 힘이 되는 말이 있다. 우리의 영웅 파인만이 위안의 말을 건네주고 있기 때문이다.

"세상에 양자 역학을 이해하는 사람은 아무도 없다. 양자역학이 무엇인지 이해했다고 말하는 사람이 있다면, 그것은 새빨간 거짓말이다."

우리는 조금이라도 양자의 세계를 이해하기 위해, 사고의 확장성에서도 큰 장점을 지닌 보어의 모형을 기초로 다시 논의를 시작하기로 하겠다. 보어가 창안해낸 원자의 모형과 이를 더욱 확장시킨 조머펠트의 업적으로 전자는 정해진 궤도에서만 존재할 수 있다는 사실을 알게 되었다. 주양자수 n이 1이면 부양자수 l은 0만 가능하고, n이 2이면 l은 0과 1, 그리고 3이면 0, 1, 2가 되는 식이다. 또한 이렇게 분리된 선스펙트럼이 자기장에 의해 다시 몇 개의 줄기로 분리되는 제이만 효과로부터 새로운 자기양자수 m이 추가되면서, 부양자수 l이 0이면 자기양자수 m은 0, 그리고 1이면 $-1, 0, 1$이 된다는 사실까지 취득했다. 즉 주양자수, 부양자수와 자기양자수가 하나의 쌍이 되어 전자가 들어갈 수 있는 자리를 만든다는 것이다.

그런데 제이만 효과에서 알아낸 원자 내 전자가 핵 주위를 돌면서 자기모멘트를 만들어내고 있다는 사실로부터 오래 묵은(?) 수수께끼인 자석의 정체가 허물을 벗어내고 있다고 느껴지지는 않는가?

전자가 핵 주위를 공전하면 자연스레 전류의 고리가 형성되고,

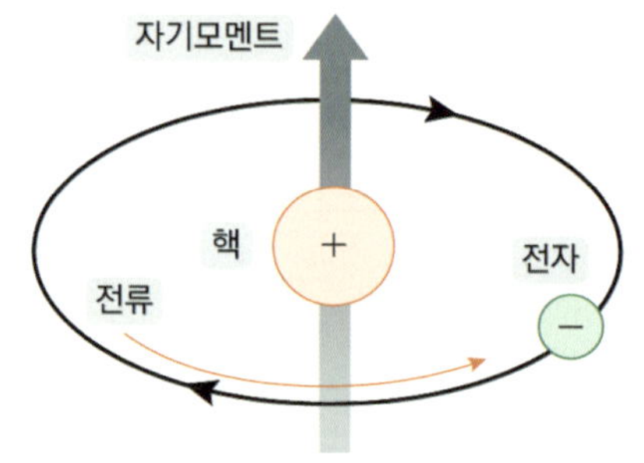

▲ 그림 19.37 핵 주위를 회전하는 전자로 인한 자기모멘트

여기에서 발생된 자기모멘트가 외부 자기장과 반응하여 중첩되어 있던 스펙트럼을 분리한다는 제이만 효과, 그렇다면 원자 자체가 이미 작은 소형의 자석임을 뜻하고, 모든 물질이 원자들로 이뤄졌다는 점에 모두 자석이 되어야 하지 않을까? 하지만 자석이 될 수 있는 물질은 극히 제한적이다. 또 다른 이유가 있다는 것이다. 하나가 해결되면 새로운 의구심이 발생하는 연쇄적인 과정이 학문을 발전시키는 원리이듯 아직 자석의 이야기는 끝나지 않았다. 자석 이야기는 좀 더 정보를 취득한 후 다시 진행하기로 하고, 전자가 자리하는 궤도로부터 완성된 주기율표에 대해 살펴보도록 하겠다.

〈그림 19.8〉의 주기율표는 어떻게 완성된 것일까? 어떤 규칙을 가지고 있기에 원자들을 저와 같이 배열한 것일까? 이제 우리가 주기율표의 존재에 대해 전혀 모른다는 가정하에서 수소, 산소, 질소 등 모든 원자들을 어떻게 배열하는 것이 효과적일지를 상상해보자. 가장 손쉬운 방법의 하나는 원자량의 순서로 죽 나열하는 방법이 되겠다. 특별할 것이 없다. 하지만 수소의 스펙트럼에서 발머가 관계식을 찾아냈고, 보어가 원자 모형을 구성한 것처럼 원자들의 배열에도 대칭을 선호하는 자연계의 본질적 속성이 비껴나갈 수는

n

n	1	2	3	4	5	6	7	8	9	10	11	12	13	14	15	16	17	18
1	1 H																	2 He
2	3 Li	4 Be											5 B	6 C	7 N	8 O	9 F	10 Ne
3	11 Na	12 Mg											13 Al	14 Si	15 P	16 S	17 Cl	18 Ar
4	19 K	20 Ca	21 Sc	22 Ti	23 V	24 Cr	25 Mn	26 Fe	27 Co	28 Ni	29 Cu	30 Zn	31 Ga	32 Zn	33 Ge	34 As	35 Br	36 Kr
5	37 Rb	38 Sr	39 Y	40 Zr	41 Nb	42 Mo	43 Tc	44 Ru	45 Rh	46 Pd	47 Ag	48 Cd	49 In	50 Sn	51 Sb	52 Te	53 I	54 Xe
6	55 Cs	56 Ba	71 Lu	72 Hf	73 Ta	74 W	75 Re	76 Os	77 Ir	78 Pt	79 Au	80 Hg	81 Tl	82 Pb	83 Bi	84 Po	85 At	86 Rn
7	87 Fr	88 Ra	103 Lr	104 Rf	105 Db	106 Sg	107 Bh	108 Hs	109 Mt	110 Ds	111 Rg	112 Cn	113 Nh	114 Fl	115 Mc	116 Lv	117 Ts	118 Og

57 La	58 Ce	59 Pr	60 Nd	61 Pm	62 Sm	63 Eu	64 Gd	65 Tb	66 Dy	67 Ho	68 Er	69 Tm	70 Yb
89 Ac	90 Th	91 Pa	92 U	93 Np	94 Pu	95 Am	96 Cm	97 Bk	98 Cf	99 Es	100 Fm	101 Md	102 No

▲ 그림 19.38 원소주기율표

없으므로 어떤 규칙에 의해 원자들을 배열하는 방법이 존재할 것이다.

과학자들 역시 처음에는 원자들을 원자량에 따라 일렬로 배열했다. 주기율표의 창시자로 알려진 러시아의 드미트리 멘델레예프(1834~1907)도 그러했다. 하지만 그가 다른 과학자들과 차별성을 가진 것은 화학적 성질이 유사한 원소들을 같은 줄에 묶는 방식으로 조정을 하였다는 점에 있다. 위의 오른쪽 그림에서 붉은색 테두리 안에 있는 텔루륨(Te)과 요오드(I)의 경우 원자량은 각각 127.60과 126.90으로 요오드가 더 가벼움에도 텔루륨 아래에 놓았는데, 요오드가 같은 줄의 왼쪽에 놓인 브롬(Br)과 화학적 성질이 더 가까웠기 때문이다. 즉 원자량에 따라 위에서 아래로 적으면서 동시에 비슷한 성질의 원소들을 같은 행에 묶어놓았다. 이렇게 규칙을 가지고 배열하자 빈 칸이 생기게 되었는데, 이는 당시까지 발견되지 않았지만 반드시 존재할 것으로 예상되는 미지의 원소가 위치할 곳이었다. 멘델레예프는 그 자리를 '?'(초록색 원)로 표시하여 빈 칸으

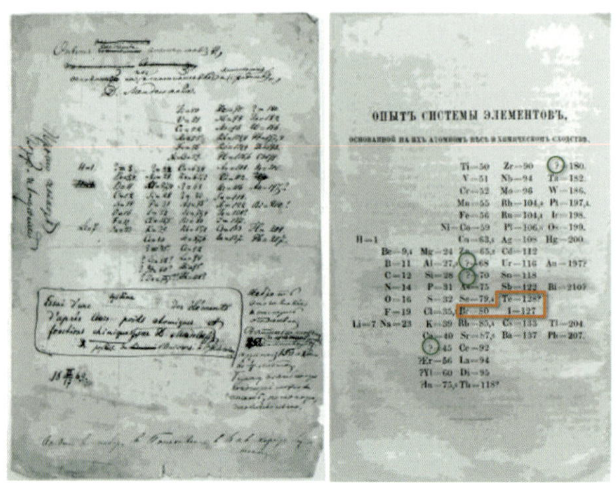

▲ 그림 19.39 멘델레예프가 1969년 주기율표 발표를 준비하는 과정에서 만든 주기율표 초안 원본(왼쪽)과 이를 알아볼 수 있게 정리한 인쇄물(오른쪽)[*]

로 남겼고, 실제 얼마 지나지 않아 예측한 원소들이 모두 발견되면서 그가 제작한 주기율표가 얼마나 대단한지 입증되었다.

보어가 재조정한 주기율표

멘델레예프가 만들어낸 초기 버전의 주기율표를 보어는 원자의 스펙트럼과 자신의 모형을 기반으로 전자들을 한 층 한 층 쌓아가면서 재구성하여 〈그림 19.37〉의 현재의 모습으로 재탄생시켰다. 여기에 결정적 기여를 한 정보가 원자의 크기와 이온화 에너지에 대한 2개의 실험 결과였다.

[*] Vladimir D. Shiltsev* and Elizaveta V. Shiltseva, 《Dmitrii Ivanovich Mendeleev (1834-1907): The Periodic Table and Beyond》, chrome-extension://efaidnbmnnnibpcajpcglclefindmkaj/https://lss.fnal.gov/archive/2020/conf/fermilab-conf-20-031-ad-apc.pdf

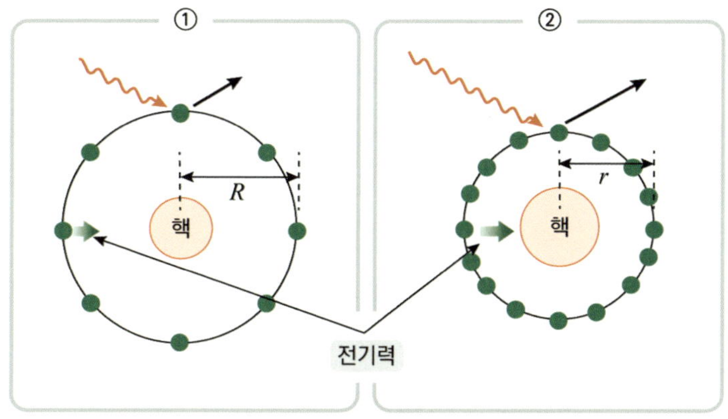

▲ **그림 19.40** $n = 1$의 궤도에 전자가 모두 모여 있을 때의 원자의 모형으로, 전자와 양성자의 개수가 ①은 8개, ②는 16개의 경우이다.

에너지가 낮은 상태가 안정적이라고 하였듯 흥분상태에 놓인 전자는 여분의 에너지를 방출하여 낮은 에너지로 안정화되려는 성질이 있다. 따라서 원자량이 커질수록 전자의 개수도 늘겠지만 모두 안정적인 바닥상태에 집중해서 모여진다. 그러니까 위의 그림의 두 원자에 속한 전자들은 개수에 상관없이 모두 $n = 1$의 가장 낮은 궤도에 위치할 것으로 충분히 예상할 수 있다. 그러면 전자의 수가 많은 원자일수록 핵에 동일한 개수의 양성자를 포함하므로 전자와 핵 사이의 전기력이 증가할 것임은 당연하다. 결국 전자의 개수가 작은 그림 ①의 원자에 있는 전자가 그림 ②에 비해 핵과 더 멀리 떨어져 있을 것이므로 원자의 크기도 더 클 것이다.

원자를 이온화하는 데 드는 에너지는 어떻게 될까? 이온화란 원자가 전기를 띤다는 것이다. 원자들은 기본적으로 전자와 핵 안의 양성자의 수가 동일하여 중성이지만, 외부의 영향으로 전자가 떨어지면 양성자의 수가 많아져 양의 전하를 가지게 되는데, 이런 상태가 바로 이온화이다. 그래서 이온화 에너지란 원자에서 전자를 떼어내 이온화시키는데 필요한 에너지를 말한다. 다시 〈그림 19.40〉으로 돌아가 보면, $n = 1$에 위치한 전자가 많아질수록 핵과의 강한 전기력으로 더욱 강하게 결속될 것이기에 이온화하는 데 필요한 에너지(위의 그림의 붉은색의 화살표)는 커질 것으로 충분히 추론이 가능하다. 그래서 그림 ②가 그림 ①보다 이온화 에너지가 더 크다.

그러면 우리가 추측한 것처럼 전자가 많을수록, 즉 원자번호가 커질수록 원자의 크기는 작아지고 이온화 에너지는 증가할까?

하지만 실제 측정된 원자의 크기와 이온화 에너지는 예상에서 벗어났다. 원자의 반지름을 측정한 위쪽 그래프를 보면 전체적으로 원자 번호에 따라 작아지는 경향을 보이기는 한다. 그러니까 원자 번호 3번 Li에서 10번 Ne까지, 11번 Na에서 18번 Ar까지, 위의 그림의 붉은 점선으로 구간을 나눴을 때 각 구간별의 추이는 간혹 튀는 지점도 있지만 대체적으로 예상과 일치하여 원자의 크기가 작아지고 있다. 확실히 전기력의 크기가 결정적 요인으로 작동한다는 사실을 확인시켜주는 대목이긴 하지만, 구간에서 구간으로 넘어갈 때는 완전히 우리의 예상과 벗어난다. 10번 Ne에서 11번인 Na, 그리고 18번 Ar에서 19번 K 등 구간에서 구간으로 넘어갈 때 원자의 크기가 갑자기 반대로, 그것도 크게 증가하는 양상을 보여주고 있다.

이온화하는 데 필요한 에너지 역시 동일한 패턴이었다. 똑같이 구간을 나눈 아래쪽 그림의 구간별 이온화 에너지의 추이는 전자의 수가 많아질수록 더 큰 에너지가 필요하다는 예측된 패턴을 반복하고 있다. 하지만 구간의 경계를 넘어갈 때 원자의 크기와 마찬가지로 급격한 변화를 일으켜 이온화 에너지가 확 작아졌다.

구역별로 나뉜 각각의 구간에서 원자의 크기와 이온화 에너지에 대한 실험 결과는 실험 전의 예상과 일치하여 크기가 작아지고, 이

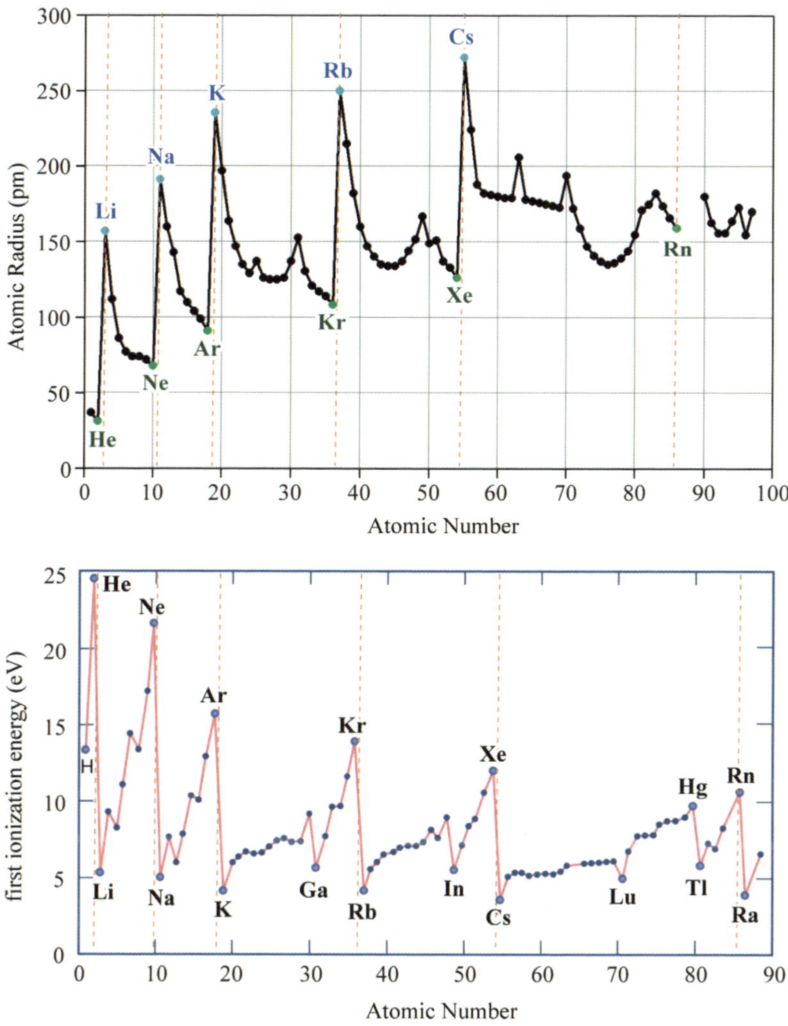

▲ 그림 19.41 원자번호에 따른 원자의 크기(Wisconsin)와 이온화 에너지(Britannica)

온화 에너지도 커진다. 그런데 구간에서 구간으로 넘어갈 때는 너무도 급격한 차이를 보여 오히려 원자의 크기는 커지고 이온화에너지는 작아지는 경향을 보이고 있다. 왜 그런 것일까? 이 결과를 보어는 어떻게 해석하였을까? 보어는 각운동량의 양자화로 형성된 궤도마다 채워질 수 있는 전자가 한정되어 있지 않을까라는 생각을 떠올렸다.

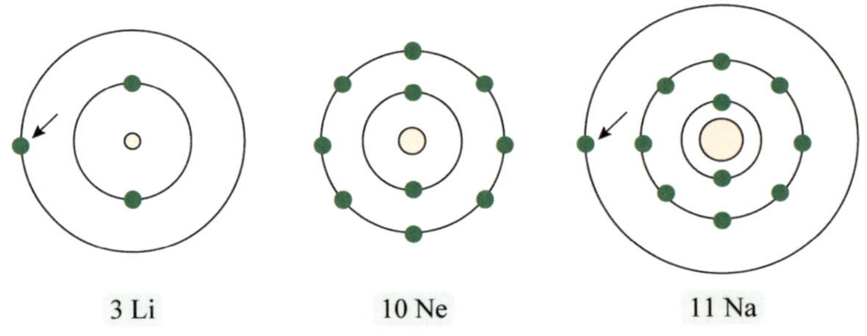

▲ 그림 19.42 원자번호가 증가할 때 원자의 크기와 이온화 에너지

전자가 1개와 2개인 H와 He은 주양자수 1의 궤도에 전자가 모인다. 예상대로 전자의 수가 하나 더 많은 He의 원자의 크기가 더 작고, 이온화 에너지는 더 커졌다. 그러다가 전자의 개수가 3개인 Li에서 반지름이 커졌다는 것은 주양자수 2의 궤도에 3번째 전자가 놓였다는 것이다. 그렇기에 원자의 크기가 커진 것도, 또 이온화 에너지가 작아진 것도 설명이 가능하다. 이후 원자번호 10번인 Ne까지 전자가 주양자수 2의 궤도에 하나씩 위치하게 된다면, 〈그림 19.40〉에서 추측한 것처럼 핵과의 쿨롱 힘이 커져 크기가 작아지고 이온화 에너지가 커지게 될 것이고, 실제 실험 결과도 일치한다. 그리고 원자번호 11번인 Na은 $n = 1$과 $n = 2$의 궤도에 각각 2개와 8개의 전자가 꽉 차게 되어서 나머지 하나의 전자가 $n = 3$의 궤도에 놓이면서 다시 원자의 크기가 커지고, 이온화 에너지가 작아진 것이다.

보어는 주양자수 궤도에 채워지는 전자가 제한되어 있다는 자신의 추론이 틀리지 않았음을 확신하였다. 원자들은 그의 지휘대로 움직이고 있었다. 그럼 보어는 어떤 악보로 원자들을 지휘하고 있던 것일까? 바로 주양자수, 부양자수, 자기양자수가 그의 악보를 구성하는 음표였다. 주양자수 $n = 1$은 부양자수가 0이고 자기양자수도 0인 오직 하나의 궤도만 존재하고, 주양자수 $n = 2$에서는 부양자수가 0과 1이고, 각각의 양자수에 대해 자기양자수는 0과 -1, 0, 1로 서로 짝을 지으면서 총 4개의 양자상태가 가능하다. 즉, 주양자수 n에 따라 양자 상태의 개수는 n^2이라서 $2n^2$의 전자가 자리한다는 것이다. 그래서 $n = 1$에서는 2개, $n = 2$에서는 8개의 전자만이 들어갈 수 있다고 해석하니 잘 들어맞게 된 것이다. 그런데 이 논리에 따르면 $n = 3$에서는 18개의 전자가 채워질 수 있으므로 원자 번호 29번인 Cu에서 다시 변화가 일어나야 맞지만 〈그림 19.41〉을 보면 특이하게 19번인 K이라는 점이 의아하다. 하지만 보어는 전혀 놀라워하지 않았다.

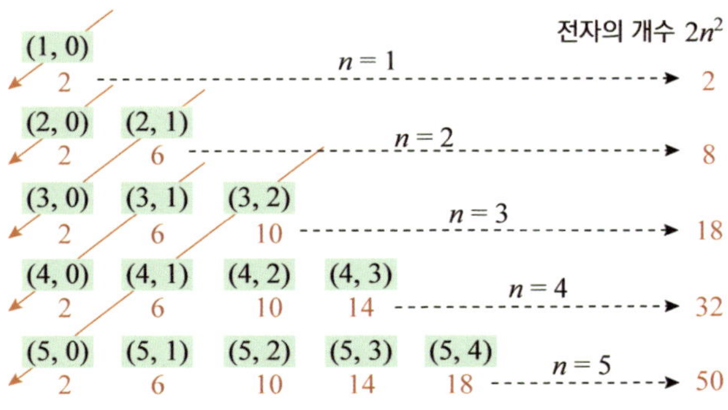

▲ 그림 **19.43** 양자 상태에 따른 전자의 개수와 에너지 순서

〈그림 19.43〉은 자기양자수까지 표현하면 너무 복잡하여 주양자수 n과 부양자수 l로만 표현한 양자 상태 (n, l)로, 그 밑에 적혀진

붉은색의 숫자는 각각의 궤도에 채워질 수 있는 전자의 개수이다. 가령 (5,3)의 양자 상태는 부양자수가 3이므로, 자기양자수는 -3에서 3까지 총 7개가 있고, 비정상 제이만 효과로부터 전자가 채워질 수 있는 전자의 총 개수는 2배인 총 14개이다. 그래서 주양자수 n에서 각 양자상태 밑에 수를 더하면 $2n^2$의 관계식이 성립함을 볼 수 있다.

그리고 추가된 음표가 궤도의 에너지이다. 전자의 속성이 낮은 에너지를 선호하여 낮은 에너지 궤도부터 순차적으로 채워지게 되므로 중요한 요소이다. 그런데 이론적인 계산에도 그러하지만 위의 〈그림 19.43〉의 화살표 순서로 에너지의 크기의 순서라는 점이다. 보통이라면 양자수의 궤도 (3,1)에서 (3,2)의 순서로 될 것 같았지만 오히려 (4,0)이 (3,2)보다 에너지가 더 낮다. 그래서 원자 번호 19번인 K은 (3,1)까지 전자를 채우면서 총 18개의 전자가 사용되고, 나머지 하나의 전자가 (3,2)가 아닌 주양자수 4의 궤도에 속하는 (4,0)에 위치하면서 원자의 크기와 이온화 에너지의 변화가 크게 일어난 것이다.

이렇게 보어는 각 궤도에 전자를 허용할 수 있는 개수가 제한적이라는 큰 틀에서 멘델레예프의 주기율표를 재정립하여 더욱 진화시켜서 우리에게 너무도 낯이 익은 〈그림 19.38〉의 주기율표를 완성할 수 있었다. 보어가 새롭게 단장한 주기율표는 그동안 설명하기 어려웠던 많은 원자들의 특성을 이해시키는 데 큰 도움을 주었다. 화학자들에게 엄청난 선물이었다.

파울리의 배타원리

막스 보른(1882~1970)이 "순수한 과학의 입장에서 보면 그는 아인슈타인보다 더 위대한 인물이라고 할 수도 있다"라고 평가한 과학자가 물리학계에 등장하였다. 막스 보른만 해도 파동함수의 해석에 대한 기초 연구로 양자역학을 크게 발전시켜 1954년 노벨 물리학상을 받은 천재 물리학자임에도 이렇게 극찬한 '그'는 누구일까? 21세의 나이에 아인슈타인의 상대성 이론에 대해 394개의 각주가 달린 237쪽의 논문을 완성하여 아인슈타인에 견줄 수 있는 유일한 천재라고 평가를 받은 볼프강 파울리(1900~1958)이다.

그런 그에게도 당연히 노벨 물리학상을 받게 한 업적이 있다. 고전적 이론으로 설명이 불가능하였던 '비정상 제이만 효과'에 숨겨진 진정한 본질이자 물질의 구조 이론의 기초가 되며 주양자수 n에 위치할 수 있는 전자의 개수가 $2n^2$이 될 수밖에 없는 이유가 되는 배타 원리이다.

파울리는 고전역학으로도, 각운동량의 양자화를 적절하게 혼합하여 만들어진 보어의 이론으로도 비정상 제이만 효과와 주양자수 궤도 n에 대해 $2n^2$의 규칙으로 채워지는 전자에 숨어 있는 행동의 비밀을 밝혀낼 수 없다고 판단하고 있었다. 그러던 1924년 어느 날, 에드먼드 스토너(1899~1968)라는 영국과학자가 《원자 에너지 준위 사이의 전자 분포》*라는 논문에서, 주양자수로 정해진 궤도에 전자가 가득할 때 각 양자 상태에 위치할 수 있는 전자의 수는 자기양자수마다 2배일 것이라는 가설을 주장했다. 그러니까 주양자수 n, 부

---

* E. C. Stoner, 《The distribution of electrons among atomic energy levels》, Philosophical Magazine 48, 719 (1924).

양자수 l, 자기양자수 m으로 결정되는 양자상태 (n,l,m)에는 전자가 들어갈 수 있는 방이 2개만 있다는 것이다.

파울리는 스토너의 논문을 보고 크게 깨닫는 바가 있었다. 드디어 원자의 속살을 들여다볼 수 있는 비밀의 문고리를 잡았을 수 있겠다고 확신했다. 파울리는 주양자수 n에 위치할 수 있는 전자의 개수 $2n^2$에서 바로 '2'라는 숫자가 고전적인 모형으로 해결을 못하게 만드는 결정적 인자라고 판단했다. 그는 왜 2가 들어간 것인지에 대해 의문을 가졌을까? 양자상태(n,l,m)에 채워지는 전자 2개가 혹시 무엇인가에 의해 구분되기 때문이지 않을까라는 생각에서 비롯되었다.

그러니까 전자에는 아직 밝혀지지 않은 2개의 값을 가지는 물리량이 있다는 것이다. 하나의 양자상태 (n,l,m)에 같은 물리량을 가지는 전자가 동시에 존재할 수 없고, 이중성의 두 값을 나눠가지며 위치할 것이라는 아이디어이다. 가령 전자의 이중성에 해당하는 두 값을 각각 a와 b라 할 때, 기존의 양자수 (n,l,m)은 서로 다른 양자상태의 (n,l,m,a)와 (n,l,m,b)로 나뉘고, 각 양자상태는 오직 하나의 전자만 위치한다는 발상이다. 이렇게 가정하면 〈그림 19.32〉 ④의 비정상 제이만 효과의 설명이 가능하였다. 그런데 어떤 물리량이기에 전자의 구분이 가능하다는 것일까?

태양 주위를 공전하는 행성이 일정한 궤도로 회전하기 위해서는 각운동량의 보존이 수반되었다. 보어의 원자 모형에서 전자 역시 특정 궤도에서 회전하기 위해서는 행성처럼 자신이 위치한 궤도의 각운동량을 지니고 있어야 안정된 상태로 존재할 수 있었다. 달리 말하면 전자는 핵이 허용한 궤도에 맞는 각운동량을 가지고 있어야 한다는 의미이다.

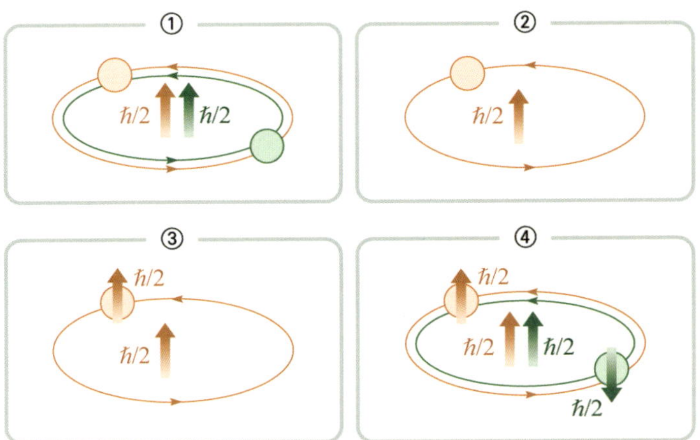

▲ 그림 19.44 원의 궤도 안의 화살표는 궤도 각운동량이고, 전자 위에 표시된 화살표는 전자 자체가 지닌 각운동량이다.

보어의 각운동량의 양자화의 조건을 충실히 따르려면 $n = 1$ 궤도에서 전자의 궤도 각운동량은 $\hbar$이어야 한다. 이는 2개의 전자이어도 성립해야 하는 조건이다. 즉, $n = 1$의 궤도에 두 전자가 동시에 위치하기 위해서는 궤도 각운동량의 합이 $\hbar$여야 한다는 의미이다. 따라서 그림 ①과 같이 각각의 전자가 궤도 각운동량 $\hbar/2$를 가지면 조건을 충족시킨다.

그런데 그림 ①의 상황은 전자 1개가 궤도에서 벗어나 하나만 존재하는 경우 바로 모순에 빠진다. (그림 ②) 따라서 궤도 각운동량 $\hbar/2$를 지닌 전자가 각운동량 $\hbar$를 채우기 위한 최선의 방법은 스스로 핵 주위의 회전을 더 빠르게 하여 증가시켜 $\hbar$의 값을 가지면 될 것으로 생각할 수 있다. 하지만 이것은 더욱 모순적인 상황에 빠진다. 이미 그림 ①에서 전자 하나의 각운동량이 $\hbar/2$이어야 $n = 1$의 궤도에서 공전이 가능하다고 하였는데, $\hbar$가 되면 회전속도가 증가하여 $n = 1$의 궤도를 벗어나게 되기 때문이다.

이 모순을 피하기 위해 파울리는 기본적으로 전자가 $\hbar/2$의 각운동량을 지니고 있다는 누구도 생각하기 힘든 파격적인 가설을 제시하였다. (그림 ③) 그러니까 전자는 핵 주위를 회전하면서 형성된 $\hbar/2$의 궤도 각운동량 외에 $\hbar/2$라는 자체적인 각운동량을 지니고 있어 전체적으로 각운동량 $\hbar$를 채운다는 것이다.

그런데 이렇게 되면 다시 그림 ①의 2개의 전자에서 문제를 발생한다. 각운동량의 합이 $2\hbar$가 되지 않겠는가. 파울리는 이 문제를 제거하기 위해 그림 ④와 같이 하나의 전자는 반대의 부호를 지닌 각운동량 $-\hbar/2$를 할당하였다. 그렇게 되면 자체 형성되어 있는 각운동량은 상쇄되고, 궤도 각운동량은 두 전자가 각각 $\hbar/2$이므로 전체 각운동량은 $\hbar$가 되어 보어의 각운동량의 양자화 조건을 충족시킨다.

파울리는 전자마다 $\hbar/2$와 $-\hbar/2$의 2개의 각운동량 중 어느 하나를 기본적으로 가지고 있고, 기존의 주양자수, 부양자수와 자기양자수로 정해지는 (n,l,m)의 양자상태에는 같은 각운동량을 지닌 전자들끼리는 서로 배타적인 관계라 같이 위치할 수 없다는 논리를 세웠다. 이것이 파울리가 주장하는 배타원리의 본질적 의미이다.

자기양자수 m에 2개의 전자만 있을 수 있다는 주장을 위해 내세운 〈그림 19.44〉의 논리는 한편으론 드브로이의 물질파처럼 황당한 발상이긴 하다. 상상하기 힘든 천재성이 한껏 번뜩이고 있지만, 결론에 맞추기 위한 작위적인 해석으로 비춰지기 때문이다. 그런데 역사적으로 이처럼 도무지 말로 되지 않는 상상을 하는 물리학자들이 꽤나 있다. 물론 거의 대부분 고려할 가치도 없는 아이디어였겠지만, 간혹 현실로 이뤄지는 경우 인류의 발전을 이끄는 대단한 업적이 된다. 달이 몰락한다는 뉴턴의 상상, 내가 자유낙하하

면 세상은 어떻게 보일까 하는 아인슈타인, 모든 물질이 파동이라
는 드브로이 등 이런 황당한 발상은 세상을 뒤집어놓을 수 있는 사
건으로 발전할 수 있다.

파울리는 이렇게 전자의 이중값에 해당하는 또 하나의 양자수를
추가시켜서, 기존의 3개의 양자수와 더불어 4개의 양자수로 정의된
에너지 상태에 전자 하나만 허용된다는 논리의 기본이 되는 배타원
리를 1925년 초에 발표하였다.[*]

스핀의 등장

파울리가 제안한 전자에 내재되어 있다는 각운동량은 정말로 존
재할까? 그럴 듯하지만 그의 머릿속에서 만들어낸 추론일 뿐이다.
의구심이 많이 드는 파울리가 제안한 이 가설이 입증되기 위해서는
당연히 실험을 통한 관측이 뒤따라야 한다. 비정상 제이만 효과가
배타원리의 정당성을 어느 정도 입증하고 있지만 좀 더 직접적인
증거가 필요하였다.

이후 파울리가 제안한 배타원리로 도출된 네 번째 양자수에 대
한 연구를 진행하고 있던 조지 울렌백(1900~1988)과 사무엘 구드스
미트(1902~1978)는 이중값이 지구의 자전처럼 전자의 자전, 즉 스
핀에 의한 각운동량일 것이라는 아이디어를 제시하였다.

그들은 전자가 자신의 중심축에서 시계 혹은 반시계 방향으로
회전하며 스스로 자기장을 만들어내는 자석이라는 주장을 펼쳤다.

---

[*] W. Pauli, 《Über den Zusammenhang des Abschlusses der Elektronengruppen im Atom mit der Komplexstruktur der Spektren》, Z. Phys. 31, 765 (1925).

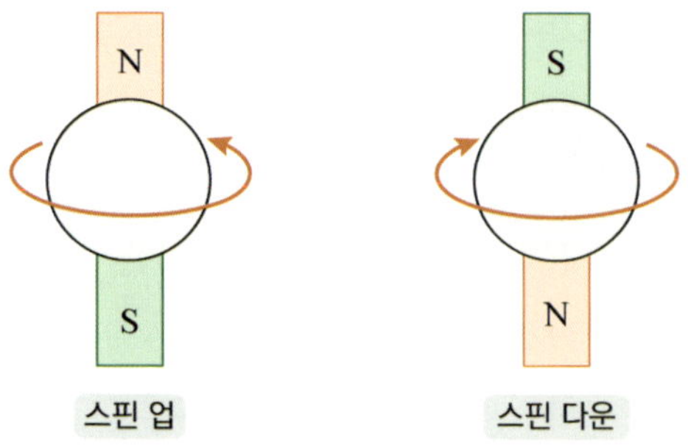

▲ **그림 19.45** 전자의 2가지 스핀 상태

위의 그림처럼 회전 방향에 따라 스핀 업과 스핀 다운 상태가 존재하고, 각각의 각운동량이 $\hbar/2$와 $-\hbar/2$로 파울리의 배타원리에 따라 같은 양자상태의 궤도에 같은 스핀 방향이 존재할 수 없다는 것이다. 그리고 서로 다른 방향의 스핀을 가진 두 전자의 에너지 차이가 곧 비정상 제이만 효과를 불러일으킨다고 주장했다.

전자가 핵 주위로 공전뿐만 아니라 자전을 한다는 것은 믿을 만한 것일까? 드브로이의 모델로 전자는 원자 내에 파동으로 존재해야 안정된 상태라 주장한 상황에서 전자가 핵 주위를 공전한다는 것도 믿기 힘든 상황에서, 다시 자전으로 각운동량을 가지고 있다고 하는 것은 쉽게 받아들이기 힘들다. 필요할 때는 입자라 하다가 애매하면 파동이라고 하면서 원자의 세계를 해석하려는 이중적인 잣대가 혼란을 더욱 가중시키고 있다. 분명 파동이 공전과 자전을 할 수 없다. 그렇다고 원자 내에 전자가 입자로 존재한다는 것도 밝혀진 것이 없다.

전자가 회전에 의한 각운동량이 존재한다는 가정은 확실히 납득하기는 쉽지 않다. 전자의 스핀은 마찰에 의해 회전속도가 늦춰질 것인데 항상 일정하다는 것은 이상하다. 로렌츠의 명확한 계산에 따르면 전자가 실제로 자전을 하여 그만큼의 각운동량을 만들기 위해서는 각속도가 빛의 속도의 10배에 이른다는 계산 값을 얻었다. 이 결과는 특수 상대론에 완벽하게 위배된다. 또한 그의 계산 결과는 실험으로 확인된 제이만 스펙트럼의 분리된 간격과 2배의 차이가 있는 등 모순적인 상황이 도처에 산재하여 전자의 자전을 곧이 곧대로 받아들이기에는 어려운 점이 많다.

어쩌면 전자의 자전, 즉 스핀은 고전역학이라는 틀에 길들여진 우리의 직관에 맞추려다보니 불가피하게 선택된 가정일 수 있다. 파울리와 보어 역시 전자가 자신의 축에서 회전하여 생긴 각운동량인 스핀을 온전하게 받아들이지 못하였다.

슈테른-게를라흐 실험

3개의 양자수 (n, l, m)로 정해진 궤도에 2개의 전자만 존재한다는 배타원리, 그리고 나아가 스핀이라는 새롭게 등장한 물리량에 의한 것이라는 주장이 입증되기 위해서는 당연히 실험이다. 정말로 전하를 띠고 있는 전자가 자전에 의한 스핀업과 스핀다운이 존재한다면 자체적으로 자기장을 발산할 것이고, 이 자기장은 외부의 자기장의 영향을 받아 서로 반대 방향으로 행동을 할 것이므로 충분히 실험으로 구현될 수 있을 터이다. 하지만 무턱대고 실험할 수 없는 노릇이다. 외부 자기장으로 전자가 두 방향으로 나뉘었다고 해도 이 원인이 스핀에 의한 효과만으로 발생한 것인지에 대한 확증이 있어야 한다.

실험에 영향을 줄 수 있는 대표적 요인이 전자가 고리 모양으로 회전하면서 당연히 발생하는 자성, 즉 핵 주위의 공전에 의한 궤도 자기모멘트이다. 이 물리량도 분명 외부 자기장의 영향을 받는 존재이므로 전자의 방향을 결정짓는 요인으로 충분한 자격이 있다. 외부자기장에 의해 전자의 방향이 달라지는 현상은 공전에 의한 것인지, 스핀에 의한 것인지, 아니면 두 효과가 동시에 발현하였는지를 분간할 수 없다. 따라서 스핀의 존재를 밝히기 위해서는 공전에 의한 자기모멘트가 소음이므로 제거되어야 할 필요가 있다. 다행스럽게 스핀에 의한 효과만을 보는 데 최적화된 물질이 있었다. 다름 아닌 은이었다. 은 원자는 특이하게도 전자의 궤도 각운동량이 없는 물질이었다.

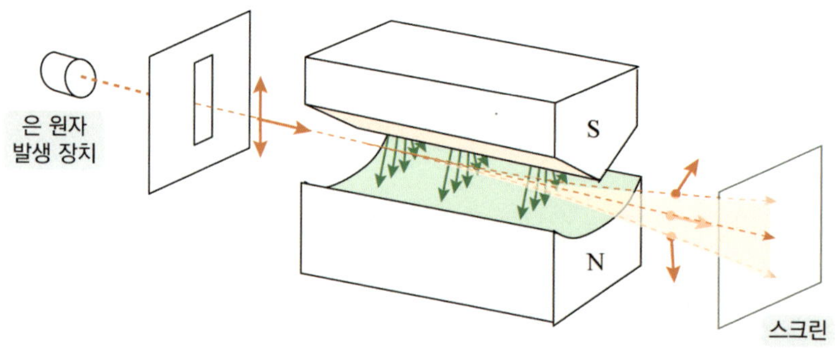

▲ 그림 19.46 슈테른-게를라흐 실험장치 모식도

독일의 물리학자 오토 슈테른(1888~1969)과 발터 게를라흐(1889~1979)가 위와 같이 자석 하나의 극은 뾰족하게, 나머지 하나의 극은 뭉글한 모양으로 불균일한 외부 자기장을 만들어 이 영역을 통과하는 은 전자 빔의 행동을 들여다보는 실험 장치로 스핀의 존재를 확인하는 실험을 1922년에 진행하였다.*

그들의 실험 결과는 그림의 맨 오른쪽 '실제 관측'처럼 놀랍게도

---

* W. Gerlach, O. Stern, 《Das magnetische Moment des Silberatoms》. Zeitschrift für Physik A 9, 353-355(1922).

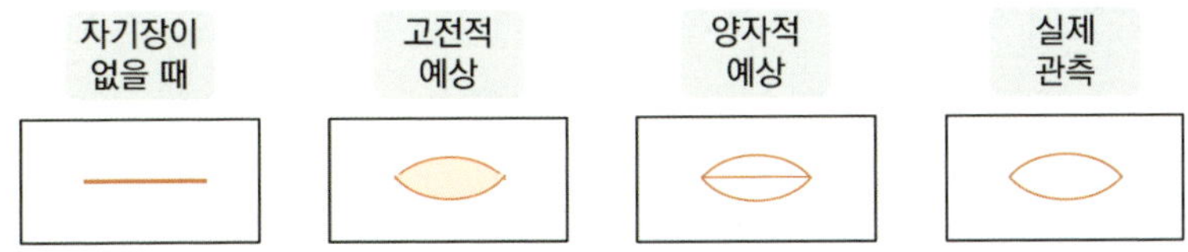

▲ **그림 19.47** 은 원자 빔이 남기는 예상 자취와 실제 결과

정확히 두 갈래로 나뉘었다. 전자의 공전이 자기장을 만들지 않는다는 것이 확실하므로 또 다른 무엇인가가 원자 내부에서 자기장을 만들어 외부 자기장과 작용하여 경로를 바꾼 것이다. 당연히 그 존재가 전자의 스핀이었고, 방향은 업과 다운의 두 종류가 있다는 사실로부터 마침내 스핀의 존재가 입증되었다.

그런데 사실 이들의 실험은 파울리가 배타원리와 스핀의 개념이 발표하기 전에 이뤄진 실험이었다. 이 실험이 1922년 행해졌다고 하지 않았는가. 그런데 배타원리와 스핀 개념은 1925년이므로 오히려 앞서 이뤄진 실험으로, 당연히 당시 물리학자들은 스핀에 대해 전혀 알지 못하였다. 그러니까 그들의 실험은 사실 스핀의 존재를 확인하기 위한 실험이 아니었다. 슈테른은 원자 내 전자의 행동이 정말로 보어와 조머펠트의 주장처럼 양자화되어 존재하는지에 대한 의구심을 풀기 위해 실험한 것이었다.

슈테른은 은에서 방출된 전자빔이 불균일한 외부의 자기장으로 분리시켰을 때 스크린에 어떤 무늬를 형성될지를 추측하였다. 자기장이 없을 때에는 당연히 〈그림 19.47〉의 '자기장이 없을 때'의 무늬가 나타날 것이다. 그리고 자기장이 있을 때에는 고전적 이론으로 각운동량이 연속적인 값을 가질 것이므로 불균일한 외부 자기장에 의해 빔이 골고루 퍼지게 될 것이므로 '고전적 예상'과 같은 무늬를 만든다. 하지만 보어ー조머펠트의 이론에 따라 전자의 궤도가 양자화되어 있다면 분명 분리된 무늬가 될 것이었다. 은 전자의 부양자수는 1로 알려져 있었기에 자기양자수는 －1, 0, 1이 가능하여 3가지의 양자 상태를 가지므로, 그림의 '양자적 예상'처럼 세 갈래로 갈라져야 했다. 그들은 이 무늬가 정말로 나타날 것인지가 너무도 궁금하였다. 그런데 실험 결과는 예상과 완전히 판이한 결과를 도출했다. 그림의 '실제 관측'과 같은 띠의 형태의 무늬였던 것이다. 전자가 양자화된 공간에 존재한다는 것이 맞다고 하더라도 세 갈래가 아닌 두 갈래로 갈라진 것은 매우 의아하였다.

그런데 1927년에 놀랍게 은 원자의 부양자수는 1이 아닌 0이라는 사실이 밝혀지면서 은 원자 빔이 절대 갈라질 수가 없다는 사실을 알게 되었다. 그러니까 자기양자수가 0이므로 그림에서 '고전적 예상'이나 '양자적 예상'의 빔이 나올 수가 없고, 자기장이 존재해도 나뉠 일이 없으므로 오직 '자기장이 없을 때'의 무늬만 가능한 것이다. 그런데 웬걸, 두 갈래로 나뉘어 있는 것이 아닌가. 공교롭다고나 할까, 이 시기에는 전자가 스핀을 가지고 있다는 사실을 받아들이고 있었던 상황이라 두 갈래로 갈라진 이유는 전자의 스핀에 의한 것임을 쉽게 판단할 수 있었다.

분명 슈테른－게를라흐 실험은 애초의 의도와는 전혀 예상하지 못한 실험 결과를 획득하였음에도 정말 아이러니하게 전자가 스핀이라는 속성을 내재하고 있다는 양자 효과를 직접적으로 보여주는 기념비적인 실험이 되었고, 또한 슈테른에게 노벨 물리학상을 선사하기까지 하였다.

전자가 지닌 각운동량은 정말로 전자의 스핀에 의한 것일까? 계속해서 전자에 관련한 이야기가 전개되겠지만 전자가 속한 양자의 세계는 솔직히 우리의 직감으로는 받아들이기 힘든 현상들이 상당하다. 스핀부터 이상하지 않은가! 전자가 각운동량을 지니고 있다는 것은 밝혀졌지만 공전한다거나 자전한다는 사실은 그 어디에도 없다. 고전적으로 각운동량은 회전해야만 가질 수 있는 물리량이라 편의상 전자가 회전한다는 가정에서 생각하는 것일 뿐이다. 그러면 스핀의 존재를 어떻게 받아들여야할까? 정말 전자가 자전하는 것일까? 사실 슈테른-게를라흐 실험이 입증한 것은 '전자가 실제로 회전한다'는 사실이 아니라, 전자가 고전적 운동과는 무관한 고유한 각운동량을 지닌다는 점을 확인한 것일 뿐이었다. 그러니까 스핀은 자전의 흔적이 아니라, 입자의 본질적 성질이며, 고전역학의 회전 개념으로는 더 이상 해석될 수 없는 양자역학 고유의 물리량이라는 것이다. 그래서 로렌츠가 행한 고전역학으로 절대 기술할 수 없으며 온전히 양자역학적 개념으로만 받아들여야 한다는 의미이다. 문제의 핵심은 스핀을 '자전'이라는 고전역학으로 이해하려한 초기의 해석에 있다는 것으로, 스핀은 운동의 결과가 아니라 입자가 정의될 때부터 부여된 내적인 물리량임을 의미한다. 전하량이나 질량처럼 물질 내에 이미 존재하는 물리량처럼 말이다. 그러니까 전자 자체가 이미 자기장이라는 물리량을 가진 물질이 된다는 것이다. 물론 전자기학에서 자기장은 전자가 움직여야만 생기는 것이었고, 그래서 자기장을 근원이 없다는 고전적 해석과 모순이 되지만 양자의 세계를 이해하기 위해서는 어느 정도 포기해야 할 부분이 있다. 실제 다음 장부터 소개될 전자가 속한 양자의 세계는 정말로 우리의 직감의 많은 부분을 포기하고 받아들일 수밖에 없는 내용으로 가득 찬다.

이렇게 전자의 양자 스핀이 정통 이론으로 받아들여지면서 물리학은 더욱 혼란스러워졌다. 합리적 추론과 일관된 이론은 존재하지 않고 직관과 추측으로 이뤄진 담론만이 만연하게 되었다. 고전적 해석과 양자적 해석을 통합하거나 아니면 완전히 개별적인 하나의 보편적 체계를 지닌 새로운 이론을 만들어내야 하는 것이 모든 물리학자들의 과제로 부여되었다.

20부

솔베이 전쟁

행렬역학과 파동역학, 그리고 불확정성 원리로 완성된
코펜하겐 해석으로 체계를 잡은 양자역학, 하지만 여러 가지 담론으로
더욱 혼돈 속에 빠졌지만 보어와 아인슈타인의 갈등을 거치면서
양자의 세계를 더 잘 이해하게 되는 과정을 담았다.

코펜하겐 해석을 주도적으로 이끌면서 양자역학의 체계를 세운 보어

2개의 양자이론

괴이한 이중 슬릿 실험

에너지의 불연속과 양자도약, 더불어 전자에 기본적으로 내재되어 있는 스핀의 존재 등 직관적으로 이해 가능한 고전역학과 완전히 동떨어진 현상으로 채워진 양자의 세계는 앞으로도 우리 앞에 자신들이 어떤 기묘한 모습으로 나타나더라도 놀라지 말라는 징표와 같았다. 실제로도 이후 드러난 양자의 세계는 우리의 직관적 이해를 경원시하는 현상으로 가득하여, 이를 둘러싼 해석은 물리학인지 철학인지 헷갈릴 정도로 상식을 넘어서는 담론들이 난무한다. 그리고 마침내 물리학의 제왕 아인슈타인과 양자역학의 수장 보어가 양자세계에 대한 각자 다른 철학적 관점으로 커다란 충돌을 일으켰다. 하지만 비온 뒤에 땅이 굳는다는 말이 있듯 양자역학은 이런 험난한 과정을 거치며 현대과학의 총아로 우뚝 설 수 있었다.

그런데 양자역학이 직관적으로 받아들이기 힘들다는 점에 대해 여러분은 얼마나 동의하실까? 솔직히 에너지의 양자화나 스핀이라는 물리량의 존재가 놀라운 사실이라고 하지만 그렇다고 하니까 그런가 보다 할 수도 있다. 지금부터 이야기할 이중 슬릿 실험은 양자물리학의 시작을 알린다고 여겨지는 실험 결과로 "양자역학의 모든 것이 이 실험 속에 들어 있다"라고 파인만이 말했다. 도대체 어떤 실험이기에 괴이하다고 하는 것일까?

천 원 정도 투자하면 배팅머신이 던져주는 야구공을 배트로 맞히는 게임을 즐길 수 있다. 이 배팅머신 앞에 공이 통과할 정도의 크기를 지닌 단일 슬릿을 놓아 공의 탄착점이 어떤 무늬가 만들어질지 상상해보자. 생각할 필요 없이 단일 슬릿 모양과 유사한 형태이다. 이중 슬릿의 경우는 어떠할까? 하나의 줄이 더 생길 뿐 특별할 것은 없다.

그러면 양자의 세계로 가서 공과는 비교도 되지 않을 정도로 작은 전자로 같은 실험을 하면? 이를 위해 배팅머신을 개량하여 전자를 대량으로 발사할 수 있는 전자머신으로 바꾸고, 이중 슬릿 뒤에는 전자를 맞으면 색이 변하는 사진 건판을 놓고 실험하겠다.

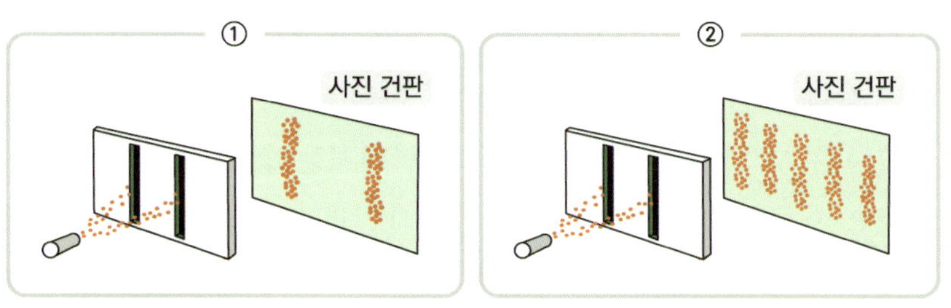

▲ 그림 20.1 이중 슬릿을 통과한 전자의 ① 예상되는 무늬와 ② 실제의 간섭무늬

직관적으로 예상한다면 비록 크기가 엄청나게 작더라도 전자도 공과 같은 입자인지라 마찬가지의 무늬를 만들어낼 것으로 충분히 기대할 수 있다. 비록 드브로이의 모델로 원자 내에 파동처럼 존재한다고 추측되고 있지만, 질량과 전하를 띠고 있는 전자가 입자라는 것은 명명백백한 사실인지라 야구공과 같은 탄착점을 만들 것으로 예상되기에 위의 그림 ①과 같은 2개의 막대무늬를 만들 것이다. 그런데 결과는 우리의 예상을 벗어났다. 놀랍게도 그림 ②처럼

여러 개의 막대무늬가 만들어진 것이다. 이 무늬는 파동이어야 해석이 가능한 토머스 영의 실험과 같은 결과이다. 이해는 되지 않지만 전자가 파동이라는 사실을 보여주고 있다.

사실 이 실험 결과는 우리에게 아주 놀라울 것까지는 아니다. 이미 65장에서 데이비슨-거머와 톰슨이 전자가 파동임을 실험으로 입증하였다는 사실을 접하였기에, 직감적으로는 받아들이기 힘들지만 말이다. 그럼 전자의 실체는 무엇일까? 입자일까 파동일까? 이해되지 않지만 어떤 경우에는 입자의 성질이 또 다른 경우에는 파동의 성질이 나타나는 것일까? 그러면 혹시 2개의 상태를 함께 관측할 수도 있지 않을까?

이해하기 힘든 이 현상에 대해 물리학자들은 고뇌하였다. 아무리 생각해봐도 전자는 입자여야 옳을 것 같았다. 그래서 물리학자들은 많은 전자들이 동시에 발사되면 서로 전기적 반발로 간섭하여 파동에서나 나타날 법한 위와 같은 무늬를 만들었을 거라는 생각에 이르렀다. 그래서 이 가설을 확인하기 위해 간섭이 원천적으로 일어나지 않도록 야구공의 배팅머신처럼 한 번에 하나씩만의 전자를 쏘기로 하였다. 전자가 다른 전자들로부터 전혀 방해를 받지 않기 때문에 간섭할 가능성을 애초부터 없애버린 것이다. 그런데 놀라운 이야기는 지금부터 시작된다.

스크린에 부딪히는 전자의 개수가 하나씩 늘어날수록 대량으로 발사된 경우와 마찬가지의 간섭무늬가 생겨나기 시작했다. 위의 그림처럼 〈그림 20.1〉 ②와 같은 간섭무늬가 서서히 형성되었다. 정말 신기한 일이다. 하나하나의 전자가 만든 무늬가 어떻게 파동에나 있을 간섭무늬를 만들어낼 수 있단 말인가? 정말로 전자가 파동이라서? 하지만 그렇다고 말하기는 쉽지 않다. 사진 건판에 찍힌 점들의 형태는 전자가 입자여야 생길 수 있는 흔적이기 때문이다. 전자가 입자라는 강력한 증거인 것이다. 그러면 입자인 전자 하나가 어떻게 간섭무늬를 만드는 지점에만 도착할 수 있단 말인가? 전자들은 간섭무늬 패턴을 보이기 위해 자신의 경로를 스스로 정한 것일까? 전자가 생명체도 아닌데 아무래도 말이 되지 않는다. 혹시 전자 하나가 분리되어 2개로 갈라져서 서로 간섭되어서? 최소의 입자인 전자가 분리되는 것도 도무지 받아들이기 힘들다. 그렇다면 스크린에 도달하기 직전까지는 파동이었다가 사진 건판을 만나는 순간 입자로 바뀐 것일까? 어차피 이해되지 않는 현상이라 별별 상상을 하더라도 반박하기 곤란하다.

　전자를 입자라고 굳게 믿었던 물리학자들은 전자가 만든 간섭무늬를 도무지 이해할 수가 없어서, 또 다른 실험을 준비하였다. 전자가 입자의 형태로 슬릿을 지나갈 것이라고 믿고, 이중 슬릿 중 어떤 슬릿을 통과하는지 확인해보기로 했다. 이를 위해 각각의 슬릿 앞에 전자 검출기를 달았다. 하지만 전자가 속한 양자의 세계는 결코

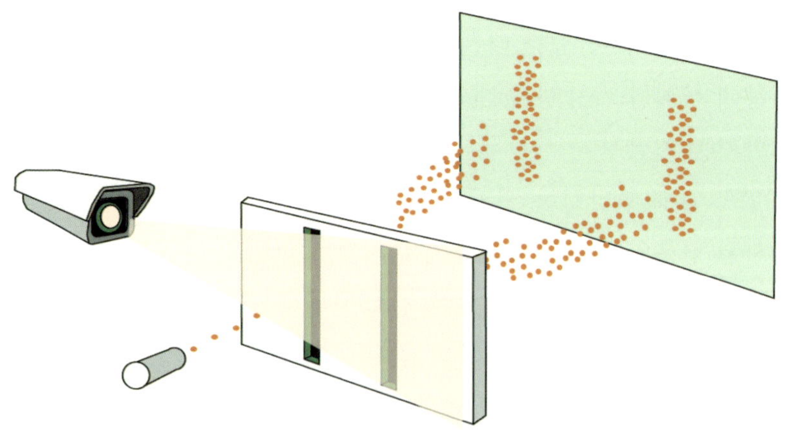

▲ 그림 20.3 관찰할 때 입자처럼 행동하는 전자

호락호락하지 않았다. 물리학자들의 상상을 뛰어넘는 신비로운 세계였다.

〈그림 20.3〉은 검출기 대신 감시카메라로 전자의 행동을 지켜보는 것으로 묘사했다. 그런데 이 실험 결과는 사실상 완전히 멘붕에 이르게 한 결과를 보여주었다. 불가사의하게도 갑자기 간섭무늬가 사라진 것이다. 전자는 야구공처럼 움직였다. 여러 개의 간섭무늬가 아니라 그림처럼 입자로서만 관측될 수 있는 2개의 띠가 형성되었다. 너무도 이상하여 카메라를 제거하자 다시 파동에서나 나타나는 간섭무늬가 모습을 드러냈다.

확실한 것은 어느 쪽을 통과하는지 알기 위해 설치한 검출기가 전자를 입자로 행동시키는 결과를 낳고 있었다. 전자는 자기가 감시되고 있다는 것을 알고 입자로 행동하기로 결정한 것일까? 이중슬릿에 대한 이런 일련의 실험 결과는 물리학자들에게 엄청난 과제를 부여하였다. 도대체 전자의 본질은 무엇일까? 입자인가 파동인가? 전자가 두 상태로 존재할 수 있다면 입자와 파동의 경계는 어디일까? 또한 전자들을 관찰하는 것이 어떻기에 전자의 행동 양식을 바꾸게 하는 것일까? 관찰자가 단지 관찰함으로써 파동의 기능이 붕괴된 것일까? 이렇게 직감적으로 받아들이기 힘든 현상이 양자 세계에서 발생하니 여러 해석이 난무할 수밖에 없었다.

하이젠베르크의 행렬 역학

원자 내에 존재하는 전자의 상태, 스핀이라는 물리량 등등 모두 이해되지 않지만 양자의 세계에 대한 비밀들이 하나씩 밝혀지면서 이들을 논리적이고 일관성 있게 설명할 수 있는 보편적인 역학 이론을 구축할 수 있는 기반이 잡혀나갔다. 이제 누가 양자 세계를 설명할 수 있는 이론을 창안하여 영광의 월계관을 차지할지가 초미의 관심사였다. 그런데 놀랍게도 1년이라는 짧은 시간 간격으로 2개의 양자이론이 세상에 모습을 드러냈다.

전자에 기본적으로 내재된 스핀의 개념이 처음 세상에 알려졌던 1925년은 '스핀의 시대'로 기억될 만한 커다란 성과였지만 최고의 상은 다른 업적에 넘겨줬다. 같은 해에 발표된《운동학적 역학적 관계들에 대한 양자 이론적 재해석》*의 논문에 담겨진 내용이 모든 물리학자들이 기다려왔고, 또한 자신이 주인공이 되기 위해 부단히 노력해왔던 원자들의 세계에서 벌어지는 역학을 기술하는 법칙을 소개하는 이론으로, 물리학에 가장 심오한 혁명을 가져올 내용이 듬뿍 담겨 있었기 때문이다. 이 논문을 쓴 이는 20대에 불과한 독일 출신의 젊은 물리학도 베르너 하이젠베르크(1901~1976)였다. 조머펠트의 제자였던 그는 8개월간 보어에게 지도를 받으며 원자에 관한 연구를 진행하면서, 원자 내 전자의 운동을 기술할 수 있는 수학을 완성해보기로 하였다.

고전역학에서는 직접적 대상인 물체에 대한 위치와 속도로 구성된 힘의 방정식으로 운동을 예측하였고, 실제 태양 주위를 공전하는 행성의 위치와 속도를 매순간 파악할 수 있었다. 그래서 물리학자들은 그동안 해왔던 연구의 관성으로 편안하고 익숙한 고전물리학의 틀에서 전자의 운동을 해석하려고 고민하였다. 하지만 하이젠

---

* 독일어로 쓰인 하이젠베르크의 《Über quantentheoretische Umdeutung kinematischer und mechanischer Beziehungen》은 독일어 물리학 저널 《Zeitschrift für Physik》에 1925년 7월 투고되었고, 같은 해 9월 출판되었다. 영어로는 《Quantum theoretical re-interpretation of kinematic and mechanical relations》이다. 이 논문에서 하이젠베르크는 고전역학에서는 실수로 정의된 '위치'를 '행렬'로 바꾸어 자신이 고안한 연산 법칙으로 물리 현상을 설명하였다.

베르크는 달랐다. 완전히 다른 관점에서 원자의 세계를 해석하려고 했다.

전자의 운동을 해석하기 위해서는 당연히 위치와 운동량에 대한 정보 등이 필요하다. 하지만 원자 내에 전자가 어디에 위치하고, 어떤 속도로 운동하고 있는지를 측정하는 일이 결코 쉽지 않았다. 그래서 물리학자들은 장비가 고도화되면 해결이 가능할 것이라 믿었다. 하지만 그는 설령 측정 장비가 발달하더라도 원자 내부의 위치와 속도를 고전적으로 동시에 정의하는 방식은 의미가 없다고 판단했다.

어떻게 그런 생각을 가졌는지 알 수는 없지만, 어쨌든 그는 기존의 고전역학의 창으로 해석하려는 편견의 사슬을 끊고, 직접적으로 관찰하고 눈으로 확인할 수 있는 실제의 물리량을 가지고 전자의 운동을 역으로 추적하는 방법을 모색했다. 그러니까 전자의 실제 정보를 알 수 없다고 가정하며, 대신 전자로 인해 발생되는 측정 가능한 현상들의 물리량으로 전자의 상태를 역으로 추론하자는 발상이다. 그런 그의 목적에 부합한 것이 보어의 모델에 따라 원소들에서 명확하게 발산되는 빛의 진동수와 세기에 대한 정보였다. 빛의 진동수는 전자가 궤도를 오고가면서 방출하는 에너지이고, 빛의 세기는 각 궤도에 위치한 전자들의 개수에 의존하므로, 모두 전자와 밀접한 관계에 놓인 측정 가능한 물리량이다. 그래서 에너지와 세기라는 측정 가능한 물리량을 통해 전자의 운동 상태에 대응되는 수학적 배열로 이론의 체계를 구축하면 자연스레 전자의 속도와 위치의 정보도 얻어낼 수 있으리라는 기대였다.

〈식 20.4〉 $\nu_{nm} = \dfrac{1}{h}(E_n - E_m)$

하이젠베르크는 가장 명확하게 밝혀진 수소 원자의 선스펙트럼에서 수학적 체계를 잡아나가기로 했다. 위의 식은 주양자수의 궤도 n에서 또 다른 m으로 전이하면서, 두 궤도의 에너지 차이에 해당하는 빛의 진동수의 값이다. 그는 ν_{11}, ν_{12}, $\cdots$, ν_{21}, ν_{22}, $\cdots$ 등의 값들을 자신만의 방식으로 배열하며 차근차근 수학의 체계를 세우면서 놀랍도록 어렵고 추상적인 과정을 이어나갔다. 그리고 마침내 진동수와 세기에 대한 정보로 전자의 위치와 운동량에 대한 수학적 배열 X와 P를 얻어내는 개가를 올렸다.

$$\langle \text{식 20.5} \rangle \quad \sqrt{2}\,X = \sqrt{\hbar} \begin{bmatrix} 0 & \sqrt{1} & 0 & \cdots \\ \sqrt{1} & 0 & \sqrt{2} & \cdots \\ 0 & \sqrt{2} & 0 & \cdots \\ \vdots & \vdots & \vdots & \ddots \end{bmatrix},$$

$$\sqrt{2}\,P = \sqrt{\hbar} \begin{bmatrix} 0 & -i\sqrt{1} & 0 & \cdots \\ i\sqrt{1} & 0 & -i\sqrt{2} & \cdots \\ 0 & i\sqrt{2} & 0 & \cdots \\ \vdots & \vdots & \vdots & \ddots \end{bmatrix}$$

그런데 그는 이해하기 힘든 문제에 봉착하였다. 기묘하게도 위치와 운동량의 배열의 곱하기 순서를 바꾼 XP와 PX가 다른 결과가 나온다는 점이었다.

$$\langle \text{식 20.6} \rangle \quad XP - PX = i\hbar$$

위치와 운동량의 곱의 순서를 바꾼다고 값이 달라진다는 것은 도무지 납득이 되지 않았다. 더구나 그 차이는 허수 i가 포함되어 있다는 사실도 정녕 신기한 일이었다. 그런데 행렬에 대해 약간이

나마 알고 있는 분이라면 〈식 20.5〉가 바로 행렬임을 알 수 있고, 따라서 〈식 20.6〉의 교환법칙이 성립하지 않는 것은 행렬의 대표적 특성으로 너무 당연하다는 사실을 알고 있으리라.

사실 하이젠베르크 시대에는 이미 행렬이라는 수학이론이 밝혀져 있었다. 단지 물리학계에서는 특별히 관심을 가지지 않는 수학이론이라 거의 알려지지 않았을 뿐이다. 그런 연유로 하이젠베르크역시 행렬을 체계적으로 배워본 적도 없고, 그래서 자신이 구성한배열이 행렬인지를 알지 못하였다. 비록 기초적인 수준이었겠지만전혀 모르는 상태에서 행렬을 스스로 재단하여 자신의 이론을 정립해 나갔다는 것은 그의 재능이 어떠한지를 가늠할 수 있는 척도가될 수 있겠다. 하지만 혼자만의 힘으로는 행렬의 모든 성질을 이끌어내기에는 명백한 한계가 있어서 더 이상 나아가는 데 버거울 수밖에 없었다.

하이젠베르크는 교환법칙이 성립하지 않는 이유까지 알아내지못하고, 일단 그 동안의 연구 결과를 정리하여 한 편의 논문[*]으로완성하여 발표하였다. 그가 제시한 양자현상을 다루는 새로운 운동학 이론은 고전역학과의 단절이었고, 탐구대상을 직접 관찰하는 것이 아닌 거기에서 파생된 측정 가능한 물리량으로 추론하여 해석한다는 완전히 새로운 패러다임이었다.

한편 하이젠베르크의 논문을 들여다본 보른은 그의 독창적 이론체계에 어리둥절했지만, 뛰어난 물리적 직감으로 거기에는 심오한비밀이 간직되어 있다는 점을 바로 깨달으며 흥분을 감출 수 없었다. 어쩌면 하이젠베르크의 구상이 양자세계의 다양한 문제를 해결

---

[*] W. Heisenberg, 《Über quantentheoretische Umdeutung kinematischer und mechanischer Beziehungen》, Zeitschrift für Physik 33, 879~893 (1925).

하는 이론적 틀을 만들 수 있을지도 모르겠다는 희망을 보았던 것이다. 보른은 하이젠베르크가 사용한 수학적 기술이 행렬임을 정확하게 진단하며 자신의 학생 중 수학에 능통한 파스쿠알 요르단(1902~1980)에게 도움을 청하였다. 그렇게 만난 세 사람은 하이젠베르크의 이론을 더욱 정교하게 다듬었고, 교환법칙이 성립하지 않는 현상을 더욱 체계적이며 세련되게 정리했다. 하지만 수학적으로 당연할지라도 물리적인 의미로 교환법칙이 성립되지 않는 이유까지는 아직 오리무중이었다.

세 사람이 이렇게 행렬이라는 수학으로 완성한 행렬역학은 양자의 세계를 설명할 수 있는 법칙이었다. 실제 파울리가 수소 원자의 선스펙트럼을 행렬역학으로 정확하게 계산해내면서 양자세계의 역학적 작동규칙을 설명하는 뉴턴의 힘의 법칙과 동등한 가치가 있음이 입증되었다. 하지만 행렬이라는 낯선 수학, 그리고 시각화가 불가능하다는 점 등은 가까이 하기에는 너무도 먼 존재였다. 파울리 역시 행렬역학이 너무 추상적이라고 불평을 할 정도였다.

슈뢰딩거의 파동역학

하이젠베르크의 행렬역학이 등장한 다음 해인 1926년 초 또 하나의 위대한 이론인 파동역학이 오스트리아의 에르빈 슈뢰딩거(1887~1961)에 의해 탄생하였다. 놀랍게도 파동역학은 하이젠베르크의 행렬역학처럼 전자가 속한 양자세계의 운동을 똑같이 기술할 수 있었다는 점에서 물리학계는 양자의 세계를 설명하는 2가지 이론을 동시에 가지게 되는 의아한 상황에 직면하였다.

파동역학은 행렬역학과 탄생배경이 완전히 달랐다. 슈뢰딩거는 원자 내 전자의 행동을 해석하기 위해 양자도약이나 불연속 등 직관적이지 않은 개념을 제거하고, 우리가 쉽게 이해가 가능한 기존의 물리학으로 설명해내는 방법으로 접근하였다. 이를 위해 비직관적인 양자의 개념을 도입할 수밖에 없게 된 근원이라 할 수 있는 입자와 파동이라는 이중적 개념을 피하고 보다 연속적인 기술을 얻기 위해 슈뢰딩거는 전자를 아예 파동으로 가정하였다.

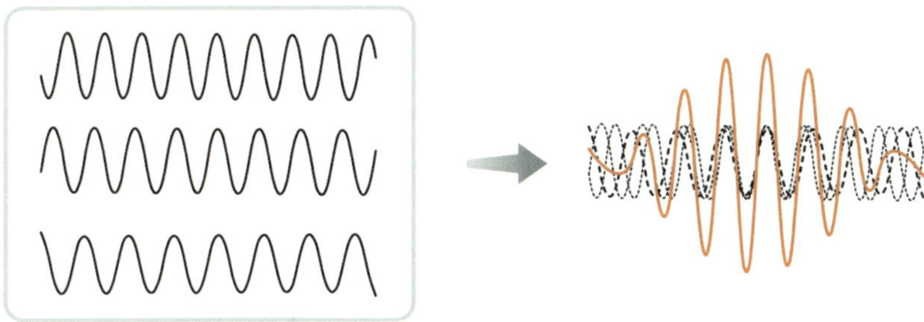

▲ 그림 20.7 3개의 파동 중첩으로 만들어진 파동 묶음(붉은색 실선)

슈뢰딩거는 입자인 전자가 파동처럼 행동이 가능하도록 여러 개의 파동이 겹쳐서 만들어진 파동묶음으로 대체했다. 위의 그림처럼 3개의 파동이 합쳐져 보강과 상쇄로 만들어진 오른쪽 그림의 붉은색의 파동묶음을 전자라 여겼던 것이다. 절묘한 합치라 할 수 있는 것이 상황에 따라 파동으로 혹은 입자로 해석할 수 있는 구조적 기반을 잡았다는 점이다. 그가 이런 접근법을 취한 것은 자신에게 크게 감명을 안겨다준 드브로이의 물질파 때문이었다. 전자가 정말로 원자 내에서 파동으로 존재할 수 있다면, 여러 개의 파동의 겹침에서 만들어진 파동묶음이 우리에게 입자로 비쳐지는 것이라는 발상이다. 이런 구상으로 그는 드브로이의 파동 ─ 입자 공식과 고전물리학의 파동방정식을 조합하면서 놀라운 수학적 기교를 발휘하여 전자를 파동으로 기술하는 파동방정식을 만들어내는 성과를 얻어내게 되었다.

$$\langle \text{식 20.8} \rangle \quad i\hbar \frac{\partial}{\partial t}\psi = \left(-\frac{\hbar^2}{2m}\nabla^2 + U\right)\psi$$

슈뢰딩거가 이끌어낸 위의 파동방정식의 위력은 대단하였다. 보어-조머펠트의 전자의 양자도약, 허용된 전자의 정상파에서 다른 정상파로 옮겨가면서 공명현상이 일어날 때 빛이 발생하는 현상 등을 비롯하여 하이젠베르크의 행렬역학으로 설명할 수 있는 모든 현상을 설명할 수 있었다. 사실상 양자세계의 설명이 가능한 2가지 이론이 짧은 시간 동안 탄생한 격이었다. 2가지 이론은 분명 물리학계에 엄청난 환호를 받았지만, 똑같은 세계를 설명하는 이론이 왜 2가지가 존재할까에 대해서는 어리둥절하였다. 분명 두 이론의 시작점은 달랐다. 전자가 입자냐 파동이냐의 문제처럼 행렬역학은 입자와 불연속적이라는 개념에 방점을 찍었다면 파동방정식은 파동과 연속적이라는 기반에서 만들어진 이론이었다. 완전히 서로 다른 탄생의 배경을 가졌다. 그럼에도 두 이론이 동일한 효과를 생산해내는 것은 너무도 신기했다.

하지만 하나의 세계를 설명하는 이론이 2개가 존재한다는 사실은 물리학자들에는 불편하였다. 지금까지 드러난 양자세계를 두 이론 모두 설명이 가능하다고 하지만, 앞으로도 계속 그러리라는 보장은 없다. 어떤 차이점이 있는지 밝혀야 할 필요가 있었다. 비상한 관심 속에서 슈뢰딩거는 자신의 이론과 하이젠베르크의 이론을 철저하게 비교하였고, 형식과 내용이 다르지만 수학적으로 동등하다는 사실을 밝혀냈다. 두 이론 중 어느 것이 옳을 것이냐의 논란은 의미가 없었다. 수학적 표현에서 차이가 있었을 뿐 동일한 이론이었던 것이었다. 어느 한쪽이 상처를 당할 것이라는 예상과는 달리 두 이론은 공존하게 되었다. 그래서 물리학자들은 이제 2가지 중 자신의 입맛에 맞는 이론을 이용하면 되었고, 자연스레 쟁점은 어떤 것이 사용하기 편한지로 운명이 갈릴 수밖에 없었다.

여러분이 보기에는 어떤가? 〈식 20.8〉의 슈뢰딩거의 파동방정식은 분명 낯선 수학 기호가 있기는 하지만 생소하다는 느낌은 그렇게 들지 않는다. 자세히 뜯어보면 뉴턴의 운동방정식처럼 그동안 사용해왔던 미분방정식의 또 다른 형태일 뿐이다. 물리학자들도 마찬가지였다. 익숙하지 않은데다가, 시각화도 허용하지 않는 추상적 형식인 행렬이라는 수학으로 무장된 하이젠베르크의 행렬역학과는 달리 슈뢰딩거의 파동방정식은 시각화에도 탁월한 강점을 보이고, 무엇보다 뉴턴 역학의 힘의 방정식과 같은 미분방정식으로 구성된 것이라 훨씬 더 가깝고 친근하게 느껴졌다. 허수라는 거북한 존재가 있기는 하지만 그리 큰 문제는 아니다. 그래서 이 싸움은 싱겁게 결말이 났다. 단순함 속에 담겨 있는 명료함이 가득한 파동방정식의 사용이 편리성 면에서 압도적이라 물리학자들에게 커다란 환영을 받았다.

파동함수의 물리적 의미

미분방정식의 형태를 띠고 있는 슈뢰딩거의 파동방정식, 그것을 풀어서 얻게 되는 해를 파동함수라 하고 $\psi(x,t)$라는 기호로 보통 표현한다. 파동함수는 당시까지 밝혀진 양자현상을 설명하는 데 손색이 없었다. 그러자 물리학자들은 궁금하였다. 도대체 어떤 존재이기에 이런 대단한 일을 해낼 수 있을까? 이렇게 파동함수의 의미를 둘러싼 논쟁이 물리학계를 들끓게 만들었는데, 오히려 이것이 사달이 되어 물리학계를 양분시켰다. 파동함수의 의미를 해석하면서 두 천재 물리학자 아인슈타인과 보어 사이에 엄청난 논쟁을 일으켰다. 우리는 두 물리학자들의 논쟁을 67장에서 살피기로 하고 먼저 싸움을 일으킨 배경이자 장본인인 파동함수에 대해 살펴보는 것이 순서가 되겠다.

파동함수의 물리적 의미는 무엇일까? 나의 얕은 생각으로는 슈뢰딩거가 드브로이의 물질파를 기반으로 파동방정식을 만들었다는 점에 유추하면, 파동함수는 혹시 전자의 모습을 기술한 것이 아닐까?

우리에게도 익숙해진 뉴턴의 운동방정식은 초기 조건을 대입하면 명확한 하나의 해를 얻을 수 있고, 미래까지 예측할 수 있는 강력한 도구이다. 하지만 같은 미분방정식의 하나인 슈뢰딩거의 파동방정식의 경우, 여러 개의 상태들이 중첩된 형태로 파동함수의 해가 표현된다. 바로 이 점이 사달을 불러일으켰다. 파동함수가 도대체 무엇을 의미하는 것이냐에 대한 호기심이 증폭되었고, 그 의미에 대한 해석에서 비롯되어 만들어진 코펜하겐 해석이 물리학계의 두 거장의 치열한 싸움을 불러일으킨 것이다. 그래서 파동함수를 전자의 형태가 아닐까라는 나의 얕은 생각은 바로 접어야겠다. 여러 모습의 전자가 동시에 나타난다는 점은 아무래도 어색하다. 그러면 전자의 위치인가? 이것 역시 전자가 파동함수의 개수만큼 동시다발적으로 위치한다는 것이므로 아닌 것 같다. 이렇게 파동함수가 어떤 물리적 의미를 담고 있는지에 대한 해석이 분분하였다.

이때 한 물리학자가 등장하였다. 바로 하이젠베르크의 행렬역학을 완성하는 데 지대한 공헌을 한 아인슈타인의 절친인 막스 보른이다. 그는 파동방정식 하나하나의 해를 고유상태라 하면서, 이들 고유상태들을 모두 합한 파동함수 $\psi(x,t)$의 제곱 $|\psi(x,t)|^2$이 전자가 발견될 확률분포함수라고 주장했다. 즉, 눈으로 보거나 사진으로 찍을 수 있는 실제의 파동이 아니라 전자가 어디에 위치할지에 대한 정보만을 담은 존재라는 것이다.

그런데 이것도 이상하지 않나? 아무리 눈에 보이지 않는 세계여도 엄연히 존재하는 전자를 정확하게 기술하지 못하고 확률로 이해한다는 것이 말이다. 그러면 다음에 일어날 일에 대한 예측이 불가하지 않을까? 뉴턴 역학으로 핼리 혜성이 76년의 주기를 가지기에 언제 다시 지구에 돌아올지를 명백하게 예측할 수 있는 것처럼, 과거를 통해 미래를 예상할 수 있는 이론을 구축하는 것이 물리학이 해야 할 일이거늘, 확률이라면 모든 것이 틀어져버리는 것이 아니겠는가? 파동함수가 다른 의미가 있든지 아니면 양자역학이 아닌 전자의 상태를 정확하게 기술하는 다른 이론이 존재하지 않을까? 바로 이런 생각을 아인슈타인이 가지고 있었다. 하지만 현재의 문명을 이룩하게 한 존재가 파동함수를 확률로 해석한 양자역학이라는 점에서 그의 생각이 틀렸다는 것은 입증되었다. 직감적으로 받아들이기 힘든 이중 슬릿 실험의 결과에서 보듯 양자역학은 기존의 물리학의 체계에서 벗어난 이론임에 틀림없다. 그래서 우리도 파동함수를 보른의 해석에 따라 확률로 이해해야 될 필요성이 있다. 그런데 이상한 점은 확률을 왜 파동함수의 제곱으로 한 것일까?

〈식 20.8〉의 파동방정식에 허수가 포함되어 있듯 파동함수 역시 허수가 포함된 복소수의 형태이기 때문이다. 55장에서 다뤘지만,

자연계에서 본디 존재함에도 우리의 수의 체계가 실수로 국한되다 보니 표현되지 못하는 물리량이 허수로 나타난 것이고, 그래서 이 물리량은 우리가 직접 측정할 수는 없지만 자연을 정확하게 해석하기 위해서는 필수적인 수학 요소이다. 따라서 실수로 표현이 불가한 숨어 있는 양인 허수를 포함한 복소수의 제곱, 즉 파동함수의 제곱이 의미 있는 물리량인 것이다. 보른은 1926년의 논문에서 이 같은 아이디어를 정리해 발표했고, 이 업적으로 1954년에 노벨 물리학상을 받았다.

보른의 파동함수의 확률해석에 동조한 보어와 하이젠베르크는 보른과 더불어 "관측되기 전의 전자는 여러 가지 위치에 있는 상태가 서로 겹쳐져 있고, 우리가 이 전자를 관측하는 순간 파동의 수축이 일어나 전자는 한 곳에서 발견된다."는 양자역학의 공리에 해당하는 해석을 내놓게 되었다. 이 해석에 따라 〈그림 20.2〉의 이중 슬릿 실험 결과를 설명한다면, 전자는 사진 건판에 도달하기 전까지는 파동의 성질을 지니고 있으며, 이 파동은 사진 건판에 도달하여 입자로 현현하기 전까지 간섭무늬를 만들 수많은 경로들의 고유상태로서 중첩되어 있고, 중첩된 존재가 바로 파동함수이며, 전자는 사진 건판의 어느 위치에서 도착하여 입자로 바뀌면서, 그 경로에 해당하는 고유상태만이 남을 뿐 나머지 고유상태들은 붕괴된다는 것이다.. 물론 그 경로는 확률에 따라 전자들이 선택하게 되고, 사진 건판에 도착하기 전까지 전혀 결정되지 않은 상태이다.

파동함수를 전자가 존재할 수 있는 확률로 해석한 점은 앞서 잠깐 언급했던 이유로 파동함수의 창안자인 슈뢰딩거는 당연하고, 아인슈타인 등 많은 물리학자들에게 상당한 거부감을 주었다. 과거를 알면 미래를 예측할 수 있다는 인과론에 입각하여 세상을 설명하던 물리학의 기조에 상반된 이질적인 확률의 개념은 물리학의 생태계에 전혀 어울리지 않는 매우 거북한 개념이었다. 물리는 우연의 가능성이 없는 완벽한 결정론을 다루는 학문으로, 주어진 시스템의 현재 상태와 그에 작용하는 힘이 알려져 있으면 앞으로 어떤 일이 일어날지 예측할 수 있어야 한다. 그것이 물리학이다. 이미 뉴턴 역학을 통해 체득된 사실이다. 던져진 동전이 앞면 혹은 뒷면이 나올 확률이 1/2임은 누구나 알고 있지만, 동전을 던졌을 때의 회전력, 주변 공기와의 저항과 바닥의 탄성 등 수많은 변수들의 초기 조건을 모두 알고 있다면 이론적으로 앞면이 나올지 뒷면이 나올지 정확하게 알아낼 수 있다. 이런 결정론은 물리학의 절대적 교리로 모든 결과에는 반드시 원인과 결과가 연결되어 있다는 인과성을 깊이 뿌리박히게 하였다.

그런데 원자 내 전자의 행동이 확률에 의해 결정된다는 논리는 물리학의 핵심적 교리에 흠집을 내는 주장이며 기초를 흔들어놓는 해석이다. 전자는 어디에선가 분명하게 위치할 것인데, 그것을 정하지 못하고 단순하게 확률로 처리하면 앞으로 무엇이 일어날지를 전혀 알 수 없다는 것이 아니겠는가. 전자를 모든 고유상태들의 중첩된 상태로 처리하는 해석은 존재론적 문제도 촉발시켰다. 엄연히 현실에 존재하는 전자를 규정할 수 없다는 것은 도무지 받아들이기 어려운 주장이었다. 직접적으로 실재하는 대상을 다루는 기존의 물리학의 본질에서 벗어나 유령처럼 실재하지 않은 존재를 다룬다는 의미가 되므로 물리학자들의 공감을 이끌어내기에는 부족하였다..

파동함수의 창안자 슈뢰딩거는 자신이 개발한 파동함수를 멋대로(?) 확률로 해석하는 것에 대해 불쾌하게 생각하였다. 드브로이의 불질파에 영감을 받아 원자 속 전자를 파동으로 기술하기 위해 파동방정식을 개발하였는데, 자신의 작품을 확률이라고 하는 것에 분개하였다. 슈뢰딩거에게 파동함수는 물리적 실체였다. 무엇보다 가장 큰 위협적인 존재는 물리학의 제왕 아인슈타인의 반발이었다. 그는 보른에게 "신은 주사위 놀이를 하지 않는다."는 편지를 보냈다. 아인슈타인 입장에서는 세상을 수학적으로 완벽하게 해석이 될 것이라는 믿음이 있었기 때문이다. 그의 승인을 얻지 못한 코펜하겐 해석은 이후 솔베이 학회에서 그의 공격에 엄청난 시련을 겪게 된다.

직관에서 크게 벗어나는 양자의 세계는 그 어떤 분야보다 물리학자들의 격한 논쟁이 되는 주제였다. 상대론만 해도 시공간에 대한 이해하기 힘들어 다양한 주장을 쏟아내기에 충분한 주제이지만 양자역학만큼은 쫓아오지 못한다. 상대성 이론은 최소한 인과율이라는 안전장치를 유지하고 있지만, 양자역학은 상식과 직관 외에 최소한의 인과율조차도 내버릴 것을 요구하고 있기 때문이다.

67장

철학인가 물리학인가?

불확정성 원리

24세의 나이에 뉴턴의 힘의 법칙에 버금가는 행렬역학을 발견하였음에도, 바로 뒤이어 나온 슈뢰딩거의 파동역학이 사용자의 편리성이라는 측면에서 크게 인기를 얻으며 자신의 것이 후순위로 밀려나는 것을 보는 하이젠베르크의 마음은 찢어지는 고통을 느낄 수밖에 없었다. 그랬기에 슈뢰딩거와 조금이라도 관련된 것은 받아들일 여유가 없었다. 그런 와중에 그에게 가장 영향을 많이 주며 자신과 뜻을 같이할 것이라 믿었던 보어마저 파동역학에 매료되는 것을 보며 더욱 참담함을 느꼈다.

사실 보어는 학자로서 진리를 밝히기 위해 애쓰는 인물로, 결코 어느 하나에 치우치지 않으며 각 이론이 지닌 가치를 통찰하고 본질적인 의미를 뽑아내 하나의 이론체계를 세우려고 노력하는 자세를 견지한 인물이었다. 빛이나 전자가 입자이자 파동의 특성을 보이고, 드브로이에 의해 물질조차 입자이면서 파동임이 밝혀진 마당에 두 가지 이론이 존재하는 것이 뭐가 이상하냐는 것이었다. 하이젠베르크의 행렬역학과 슈뢰딩거의 파동역학이 각각 입자와 파동이라는 측면에서 다른 수학의 언어로 쓰였을 뿐 모두 올바른 이론이고, 그래서 상황에 맞게 사용하기만 하면 된다고 하이젠베르크를 설득하였다. 실제 보어는 두 이론에 각각 감춰져 있는 진정한 물리적 의미를 깨내어 조화롭게 화해시키는 데 관심을 더 가졌다.

이처럼 대부분이 파동역학을 절대적으로 선호하는 분위기에서 하이젠베르크는 자신의 행렬역학으로 더 많은 진리를 캐내기 위한 노력을 이어나갔다. 비록 자신의 이론과 슈뢰딩거 이론이 궁극적으로 동치라 할지라도, 그 배경이 완전히 달랐다는 것은 자신의 이론에 심오한 의미가 숨겨져 있다고 보았다.

그는 행렬역학을 창안하기 전으로 돌아가 찬찬히 복기하였다. 전자에 대해 고전적으로 정의된 위치와 속도를 정확하게 측정하려는 것은 무의미하다고 판단했고, 그래서 측정 가능한 물리량을 이용해 전자의 위치와 속도를 유추하는 방법으로 행렬역학을 탄생시킬 수 있었다. 다행스럽게 완성된 행렬역학은 밝혀진 양자의 현상을 모두 설명할 수 있었고, 또한 슈뢰딩거의 파동역학과 등가였다. 이와 같은 사실은 자신의 가설이 진리라는 의미로, 전자의 위치와 운동량을 직접적으로 측정할 때는 정확한 값이 아닌 오차를 함유한 측정량만을 알아낼 수 있다는 것이기도 하다. 그래서 그는 자신이 만들어낸 〈식 20.6〉에 자신의 가설이 녹아 있을 것이라고 판단했다.

식은 위치와 운동량의 순서로 측정한 값과 운동량과 위치의 순서로 측정한 값 사이에는 분명한 차이가 존재함을 뜻한다. 측정 순서를 바꿨다고 왜 값이 달라지는 것일까? 이유는 전자의 위치와 운동량을 측정할 때 기본적으로 항상 오차가 포함되고 이것이 서로 영향을 주기 때문이라고 보았다. 가령 위치를 측정할 때 오차가 a 이고 운동량은 b라고 하자. 먼저 위치를 측정할 때 오차는 a인데, 다음에 측정되는 운동량의 오차는 이미 발생한 위치의 오차 a때문에 b가 아닌 다른 값이 될 수밖에 없다. 가령 그 값이 c라고 하면 전체적인 오차는 ac인 것이다. 이때 c의 값은 b보다 클 수도 작을 수도 있다. 역으로도 마찬가지이다. 운동량을 먼저 측정하면 이때의 오차는 b이지만 이것 때문에 위치의 오차는 a가 아닌 다른 값인 d가 되어 전체 오차는 bd가 된다. 즉, 앞의 결과가 뒤의 결과에 영향을 끼치므로 측정순서를 바꿀 때 다른 값이 나오는 것이다. 〈식 20.6〉이 말하는 물리적 의미는 위치와 운동량의 오차 사이에 분명한 상관관계가 있다는 강력한 반증이었다.

하이젠베르크는 위치와 운동량을 측정할 때 발생하는 오차의 원인을 관측이라고 여겼다. 전자를 관측하기 위해 쪼여준 빛 에너지에 의해 전자가 순식간에 자신의 위치와 속도를 바꿔버릴 것이 아니겠는가. 모든 물리현상은 관측이라는 과정을 거쳐 해석하는데, 관측이 전자의 상태에 심대하게 영향을 줘서 항상 불확정성이 뒤따를 수밖에 없다. 그렇다. 양자의 세계를 거시세계로 억지로 끄집어낼 때는 커다란 제약이 존재한다. 하이젠베르크는 자신의 추론에 따라 전자의 측정과정에서 발생할 수밖에 없는 위치와 운동량의 오차의 상관관계를 밝히기 위한 연구에 몰입했다. 그리고 마침내 전자의 위치 x와 운동량 p를 측정할 때 발생하는 각각의 오차 Δx와 Δp의 곱 $\Delta x\,\Delta p$가 언제나 $\hbar/2$보다 크거나 같아야 한다는 결과를 쥐게 되었다. 이것이 너무도 유명한 불확정성 원리로 또 다른 표현

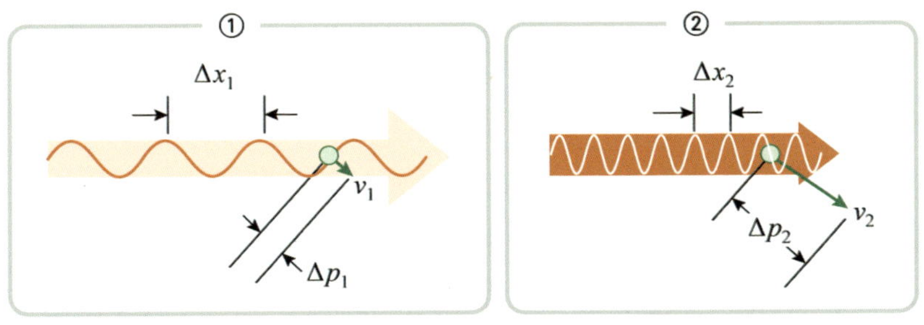

▲ 그림 20.9 불확정성 원리 $\Delta x\,\Delta p \geq \hbar/2$ ($\hbar = h/2\pi$) 혹은 $\Delta E \Delta t \geq \hbar/2$

은 운동량과 위치에 대응되는 변수인 에너지와 시간에 대한 $\Delta E \Delta t \geq \hbar/2$이다.

〈그림 20.9〉는 이해에 도움이 되기 위한 개념도일 뿐 현상을 반영하는 것은 아니다. 그림에서 파장이 큰 빛은 흐릿한 빛(왼쪽 그림)이고 반면 파장이 짧은 빛은 진한 색깔의 빛(오른쪽 그림)으로 묘사하였다. 왼쪽 그림 ①의 파장이 큰 빛이 전자에 의해 영향을 받았다고 할 때 전자는 파장의 길이 Δx_1 사이에 위치할 것으로 특정할 수 있고, 반면 파장이 짧은 그림 ②의 빛은 더 작은 Δx_2 사이에 있을 것으로 예상할 수 있다. 파장이 짧은 빛이 전자의 위치를 더 정확하게 알 수 있으므로 위치의 오차가 작다. 반면 빛의 에너지가 클수록 전자에 더 큰 속도의 변화를 일으킨다. 그래서 정지해 있던 전자가 빛으로부터 에너지를 받아 운동하였다고 할 때, 그림 ②의 전자가 빛으로부터 에너지를 더 많이 얻게 되어 그림 ①보다 속도의 변화가 더 심해진다. 즉, 전자의 위치에 대한 해상도를 높이려면 빛의 파장이 짧아야 하지만 반대급부로 에너지가 크기 때문에 전자의 속도에 더 영향을 끼쳐 운동량의 오차가 커지게 된다. 이처럼 불확정성의 원인은 측정 행위 과정에서 어쩔 수 없이 나타나는 교란으로, 위치와 운동량과 곱의 순서에 따른 $x \times p$가 $p \times x$의 차이는 양자 세계가 우리에게 부여한 불확정량이다.

하이젠베르크가 1927년에 주창한 불확정성 원리는 양자의 세계를 고전적인 거시세계로 끌고 들어올 때 피할 수 없는 오차이다. 양자의 세계는 완벽하게 자신의 모습을 보여주지 않고 일부분을 감춘 채 드러내기 때문에 에너지의 양자화나 양자도약, 전자가 입자였다가 파동이라는 이해하지 못하는 현상으로 우리의 눈에 나타나고,

인과율이나 결정론이 아닌 확률로 현상을 해석해야 한다는 강력한 메시지를 불확정성 원리가 우리에게 이야기하고 있는 것이다.

보어의 철학

자신이 구상한 원자 구조와 그곳에서 방출되는 복사선에 대한 연구 결과로 노벨 물리학상을 받으며 양자론의 가장 중심에 서 있던 보어. 그는 그동안의 과정들을 지켜보면서 모든 결과를 통합하여 일관되게 정립된 공리의 필요성을 절감하였다. 직관적으로 받아들이기 힘든 양자세계이다 보니 학자들마다 해석의 차이가 발생한 것은 공리와 같은 일관된 원칙이 필요하다고 보았다.

이런 엄청난 작업을 위해서는 시작이 되는 씨앗이 필요한데, 그는 고전역학을 선택지로 삼았다. 고전물리학을 완벽히 대체하는 새로운 혁명적 이론으로 대체하기보다는 이를 더욱 일반화해 양자현상까지 설명할 수 있는 이론으로 확장시키기를 원하였다. 이렇게 생각하게 된 동기는 그가 원자의 스펙트럼을 설명할 때 각 운동량의 양자화라는 가설만 고전역학의 개념에서 벗어났을 뿐, 이후는 철저하게 고전역학으로 해석하였던 경험에서 비롯되었다. 보어는 이 논리로 양자역학과 고전역학은 '대응원리'로 묶여 있다는 내용을 정리하여 1923년에 정식화하였다. 이 원리는 전혀 직감적이지 않은 양자이론을 극한으로 몰았을 때 우리가 감각할 수 있는 세계를 설명하는 고전역학으로 옮겨진다는 것으로, 실제 자신이 구축한 원자의 모형에서 주양자수 n이 대단히 클 때 고전역학으로 회귀된다는 것을 증명하여 대응원리의 타당성을 밝혔다. 우주라는 거대한 세계의 운동을 설명하는 일반 상대론이 광속보다 현저히 떨어질 때의 근사치가 뉴턴 역학으로 회귀한다는 점도 대응원리가 작동되는 사례가 되겠다. 즉, 새로운 이론은 적절한 근사 한계에서 기존 이론인 뉴턴 역학으로 재현해야 한다는 점에서, 대응원리는 강력한 일관성의 기준으로 기능한다.

고전역학을 씨앗으로 삼은 또 하나의 결정적인 이유는 관측에 있었다. 직접적으로 관측이 불가능한 원자의 세계에 속한 전자는 실험을 통해 빛과 같은 다른 매개체로 우리의 눈앞에 드러날 수밖에 없다. 그러다 보니 실제의 미시세계를 교란시켜 불확정성을 내포한 현상을 우리에게 나타나게 된다. 하지만 비록 오차가 존재하더라도 우리가 인지 가능한 거시세계에서 드러난 결과이므로 해석은 고전역학으로 해야 한다는 것이다. 그래서 하이젠베르크와 슈뢰딩거에 의해 완성된 양자역학의 체계를 가지고, 미시세계의 관측에서 일어난 교란에 의한 불확정성이 어떻게 거시세계에 투영되는지를 하이젠베르크의 불확정성 원리를 기초로 하여 두 세계를 연결하는 다리를 건설하려 하였다.

보어는 우선적으로 고전역학이 양자역학으로 넘어가는 데 있을 장벽이 무엇이지를 파악하기 위해 고전역학이 지닌 물리적 틀에 대해 숙고하였다. 고전역학은 관측대상이 어느 위치에, 어떤 시간에 측정하여 운동의 기술이 가능하도록 하는 시공간을 필요로 한다. 그리고 대상이 지닌 에너지는 항상 보존된다는 큰 틀에서 분명한 경로를 밟아 운동한다는 인과성을 기반으로 다져진 이론체계이다. 그러니까 관찰 등 외부적 요인에 의한 교란이 전혀 없는 고전역학에서는 관찰 장치를 고려하지 않고 대상의 운동을 기술해도 문제될 것이 없고, 또한 연속적인 추적이 가능하여 인과성에 의한 미래를 예측할 수 있다. 즉 보어는 고전역학을 시공간, 인과성, 연속성이라는 물리적 틀로 만들어진 학문으로 규정했다.

보어는 이렇게 고전역학을 완벽하게 통찰한 상황에서 본격적으로 양자의 세계를 들여다보았다. 양자의 세계는 관찰이나 측정이 대상의 상태를 변화시키는 요인으로 작동하여 불확정성이 내포된 결과를 거시세계에 투영하므로, 불연속의 개입이 필연적으로 뒤따를 수밖에 없다. 시공간으로 미래를 예측할 수 있다는 것은 연속성이라는 고리가 있어야 가능한데, 관측에서 불거진 불확정성은 시공간의 단절을 초래하고, 그 간격이 인과성의 고리를 끊게 하여 전자의 정확한 상태를 기술할 수 없게 되었다. 그래서 관찰 대상의 순수한 상태는 기술할 수 없고, 오직 확률로 추측할 수밖에 없다는 점이 고전역학과의 뚜렷한 차별성이다.

관측의 문제는 실재의 대상을 다루는가 아니면 비실재의 대상을 다루는가라는 철학적인 주제로 나아가게 되었다. 사과가 여러분 앞에 있다. 그런데 사과가 있다는 것을 우리는 어떻게 아는 것일까? 어두운 곳에서 사과가 있는지를 알 수 없다는 점을 생각하면 볼 수 있다는 것은 사과에서 반사된 빛을 우리의 눈이 인식하였기 때문이다. 그러면 빛은 우리에게 사물의 정확한 상태를 제대로 전달할까? 사과는 눈으로 인식한 크기가 맞을까? 또한 눈으로 본 위치에 존재할까? 만약 우리와 사과 사이에 볼록렌즈가 있다는 사실을 모른다면 사과는 실제의 크기보가 더 크게 보일뿐더러 위치도 더 앞에 있는 것처럼 보이게 된다. 허상을 보고 실재로 느끼는 것이다. 직접 만지지 않고 빛으로 인식하기 때문에 우리가 본 사과의 상태를 잘못 판단하는 것이다.

물론 거시세계에서는 볼록렌즈의 존재를 인지할 수 있지만 양자의 세계에서는 확실히 관측이 볼록렌즈와 같은 역할을 한다. 우리가 지각할 수 없는 작은 전자는 관측을 위한 빛에 의해 에너지를 얻어 더욱 빠르게 움직인다. A라는 위치에 있던 전자가 빛을 맞아 B라는 장소로 옮겨졌지만 우리는 A에서 반사된 빛을 보는 것이기에 전자가 그곳에 있다고 착각하고 있는 것일 뿐 실제 전자의 위치는 이미 다른 곳에 위치하고 있다. 비유하자면 1만 광년 떨어진 위치에서 관측된 별은 1만 년 전의 모습일 뿐 지금의 모습이나 위치가 아닌 것과 같다. 전자에서 반사된 빛으로 위치를 관측하는 그 찰나의 시간 사이에 이미 그 빛으로 에너지를 얻은 전자의 움직임이 달라졌기에 양자의 세계에 존재하는 전자의 실재는 결코 알 수 없고, 불확정성이 개입된 허상을 가지고 확률적으로 예측할 수밖에 없는 것이다.

즉 관측이란 단순한 보기가 아니라, 관측 대상과 장치 사이의 물리적 상호작용이며, 이러한 상호작용은 필연적으로 계의 상태를 변화시켜 미시세계의 순수한 상태를 그대로 알아내는 것은 불가능하다는 것이다. 그래서 양자세계에서는 위치와 운동량 같은 물리량의 동시 규정이 근본적으로 제한되어서 우리가 얻는 것은 대상 자체의 상태가아닌 것이다. 그리고 이런 한계는 단순한 기술적 미숙의 문제가 아니고 자연이 우리에게 허용하는 근본적 제약이라는 것이 보어의 입장이었다.

하지만 물리학 최고의 천재인 아인슈타인은 달랐다. 불확정성 원리라는 논리로 전자의 허상(?)을 기술하는 양자역학 자체가 잘못된 학문이라기보다는, 우리가 아직 방법을 알지 못해서 그렇지 실제 전자의 위치나 운동량을 정확하게 특정하여 뉴턴의 역학처럼 인과성과 결정론으로 설명이 가능한 이론이 따로 존재한다고 믿었다.

반면 보어는 직접 알아낼 수 있는 방법이 원천적으로 불가능한 물리량을 알아내려고 노력하는 것은 쓸모없다는 견해였다. 우리의 세계에 확률론적 결과만을 보여주지만 그럼에도 이것을 가지고 현상을 해석하는 데 충분한 만족감을 주었으면 되었지, 우리가 알 수 없는 물리량에 목멜 필요는 없다는 것이다. 과학자는 모름지기 관측하고 측정된 결과만으로 올바르게 해석할 수 있는 이론을 정립하면 되는 것이지, 알아낼 수 없는 존재를 가지고 왈가왈부할 필요가 없으며, 추상적인 실체를 쫓는 우(遇)에서 벗어나 우리의 눈에 보이는 실제적인 관측결과로 해석하는 것이 바람직한 방향이라는 주장이다.

상보성 원리

보어는 이중 슬릿에서 파동과 입자로 행동하는 전자의 이중성에 상당한 의문을 가지고 있었다. 고전물리학의 관점에 따르면 한정된 영역에 존재하는 입자와 일정 범위의 공간에 퍼져서 존재하는 파동은 완전히 배타적이고 모순적인 개념이다. 그런데 이 2가지 개념이 전자라는 한 개체에서 발견된다는 점은 너무도 기이했다. 입자로만 생각했던 전자가 파동도 가능한 것일까? 보어는 그 심오한 이유가 입자성과 파동성으로 각각 다르게 기술한 수학적 형식임에도 하이젠베르크의 행렬역학과 슈뢰딩거의 파동역학이 물리적으로 등가인 연유와 같다고 판단했다. 그렇게 두 수학적 기술을 조화시키기 위해 노력하던 와중에 하이젠베르크가 제안한 불확정성 원리는 한줄기 빛과 같은 존재였다.

불확정성 원리는 입자의 위치를 정확하게 측정할수록 운동량이, 역으로 운동량을 정확하게 측정할수록 위치의 불확실성이 커진다.

또한 짧은 시간에 측정할 때는 에너지의 불확정성이 커지고, 긴 시간에 걸쳐 측정할 때는 훨씬 정확한 에너지를 알 수 있다. 이처럼 불확정성 원리는 위치 – 운동량 불확정성과 에너지 – 시간 불확정성을 의미한다. 그리고 보어가 추가적으로 깨달은 것이 바로 입자와 파동의 이중성에 대한 것이다.

파동의 주기와 역수 관계인 진동수 ν와 파장 λ는 파동의 특징을 대표하는 물리량이다. 그리고 입자의 질량 m과 속도 v의 곱으로 정의된 운동량 $p = mv$는 명백히 입자에 대한 물리량일뿐더러 드브로이의 공식 $p = h/\lambda$에서 알 수 있듯 파동의 특징을 나타내는 물리량이기도 하다. 또한 운동에너지가 $mv^2/2$이므로 에너지는 입자의 특성을 나타내기도 하지만 빛의 에너지가 $E = h\nu$라는 점에서 파동 특성의 물리량이다. 즉, 운동량과 에너지는 입자와 파동의 속성을 모두 설명한다. 이런 사실을 불확정성 원리에 접목하자, 보어는 자신이 구상하는 양자역학의 핵심이 담겨 있다는 것을 알았다.

입자와 파동의 두 배타적 개념이 혼재되어 있는 운동량 p와 에너지 E, 그리고 파동을 나타내는 물리량 λ와 ν, 이들 변수들이 플랑크 상수 h를 매개로 서로 엮여 있는 $p = h/\lambda$과 $E = h\nu$, 그리고 불확정성 원리 $\Delta q \Delta p \geq \hbar/2$ 혹은 $\Delta E \Delta t \geq \hbar/2$, 이들 식에 담긴 의미는 무엇일까? 보어는 빛이나 전자가 우리의 직감에 맞지 않는 이상 행동을 하는 모든 원인이 불확정성 원리의 지배를 받고 있기 때문이고, 측정 등을 통해 현실 세계로 표출될 때 드러내 보이지 않는 한계를 결정하는 양이 플랑크 상수 h로 보았다. 그런 연유로 거시세계에 나타난 전자의 행동은 오차를 품게 될 수밖에 없고, 그 결과로 이중 슬릿의 실험처럼 파동성과 입자성이 서로 보완적으로 나타나는 것이 아닌가 하는 생각에 이르게 되었다.

그런데 양자 상태를 입자로 파악하고 행렬역학을 창안하여 물리학의 신동으로 떠올랐음에도 자신의 작품이 천대받고 있다는 현실에 격앙되어 있던 하이젠베르크는, 자신이 일궈낸 물리학의 역사를 바꿀 만한 또 하나의 대단한 업적인 불확정성 원리가 보어에 의해 다시 훼손되고 있다는 사실에 흥분하였다. 하이젠베르크 입장에선 불확정성 원리는 측정 과정에서 광자와 전자의 두 입자의 충돌로 수반되는 불연속성 및 불예측성으로부터 연유한다고 보았다. 그런데 자신의 스승인 보어가 파동역학을 적용해 불확정성의 연원이 파동과 입자의 이중성에 있다고 주장하니 흥분하지 않을 수 없었다. 슈뢰딩거의 파동방정식의 근간이 되는 파동의 개념이 자신의 이론에 덧칠되는 것을 용납하기 힘들었던 것이다.

하지만 보어는 불확정성의 물리적 의미에 대해 하이젠베르크가 입자와 불연속성만을 근거로만 해석하는 것에 반대했다. 관측할 때 사용되는 빛이 전자와 충돌하면서 위치의 불확정성을 만들어내므로 정확한 해석을 위해선 파동적 해석이 필요하다고 주장했다. 그의 눈에 비친 불확정성 원리는 관측 과정에서 입자와 파동의 두 상보적이면서 배타적인 개념이 충돌하여 입자 혹은 파동 중 무엇을 우리의 눈에 보이게 할 것인지 정하는 특별한 규정이었다. 이중 슬릿 실험 결과를 통찰한 그의 눈에 비친 전자는 입자와 파동의 성격을 동시에 보여주지 않는 존재였다. 전자는 관측하지 않으면 파동처럼 행동하고, 관측하면 입자로 발견되고, 두 개념이 동시에 측정되지 않는 서로 배타적이면서 보완적인 관계였다. 보어는 이를 상보성 원리라 칭하였다.

상보성 원리의 골자는 어느 한 대상을 관측할 때 입자와 파동의 두 개념이 동시에 나타나지 않고 어느 하나만으로 관측이 되고, 관찰에서 발생한 불확실성이 인과적 형식을 파괴시켜서 고전적 개념인 입자와 파동의 동시적 사용을 원천적으로 배제한다는 의미이다. 그래서 입자로 관찰된 어떤 대상이 나중에 파동으로 나타나면, 그 대상이 입자에서 파동으로 가는 인과적 과정을 찾는다는 것은 불확정성 원리에 의하여 불가능하며, 어떤 상태에서 입자이고 또 다른 상태에서 파동이라고 해서 대상의 물리적 변화과정이 있어야 한다는 것을 의미하는 것이 아니었다. 그러므로 대상의 파동성을 관찰하여 파동의 정보를 얻고, 그 뒤 대상의 입자의 성질을 관찰하고. 이후 다시 파동성을 관찰한다고 해서 앞서 관찰한 파동성에 관한 정보는 알 수 없을뿐더러 사라지는 메커니즘 자체도 존재하지 않는다.

정리하자면 입자와 파동이 동시성으로 나타나지도 않고, 어느 한쪽이 다른 한쪽을 파생시키는 것도 아니므로 두 물리량을 동시적으로 적용하는 것은 모순이며 오직 상보적으로만 적용할 수 있다. 이것이 하이젠베르크가 찾아낸 두 물리량의 곱의 순서를 바꿨을 때 다른 값이 나오게 된 연유이기도 하다. 이렇게 상보적인 관계로 우리의 눈앞에 모습을 드러내기 때문에 그 이전의 상태가 입자인지 파동인지 질문하는 것 자체도 무의미하며, 이중 슬릿의 결과가 우리의 눈에 괴이하게 보이게 된 이유이다. 이런 보어의 해석에 처음에 반대하던 하이젠베르크였지만 이후 그의 의견에 동의하며 코펜하겐 해석의 완성에 지대한 공헌을 하였다.

미래가 과거를 바꿔버리는 양자 괴물

보어의 상보성 원리는 기묘한 이중 슬릿 실험을 전자의 입장에서 바라보면서 얻게 된 깨달음이었다. 전자총에서 발사된 보어의 전자는 이중 슬릿을 지나 사진건판에 도달하기까지의 모든 경로 중에서 어떤 경로를 택할지 전혀 결정하지 않은 상태이다. 그리고 이러한 경로들이 모두 파동방정식의 해들이고, 파동함수는 전자가 어떤 경로로 진행할지를 확률의 값으로 정보를 담고 있는 존재이다. 즉, 모든 경로들로 진행할 전자들의 모습들이 중첩된 상태가 파동함수이다.

그리고 전자는 가능성이 있는 수많은 경로들에 대해 표본조사를 하여 어느 경로를 선택했는지가 사진건판에 도달하는 순간 결정되면서, 그 경로에 해당하는 파동함수만 남기고 모두 소멸된다. 관측 전에는 간섭효과를 일으키는 파동이었지만 사진건판에 도달하여 우리 눈에 보이는 흔적을 남기는 순간 입자로 둔갑한 것이다.

〈그림 20.10〉은 상보성 원리로 이중 슬릿을 해석할 때 발생할 때 아주 기묘하고 모순적 상황이 발생하는 사고 실험이다. 그림처럼 빛이 어느 슬릿을 통과하는지 알기 위해 슬릿으로부터 1만 광년 떨어진 스크린 뒤에 검지기를 위치시켰다. 검지기 'A'가 작동하면 위

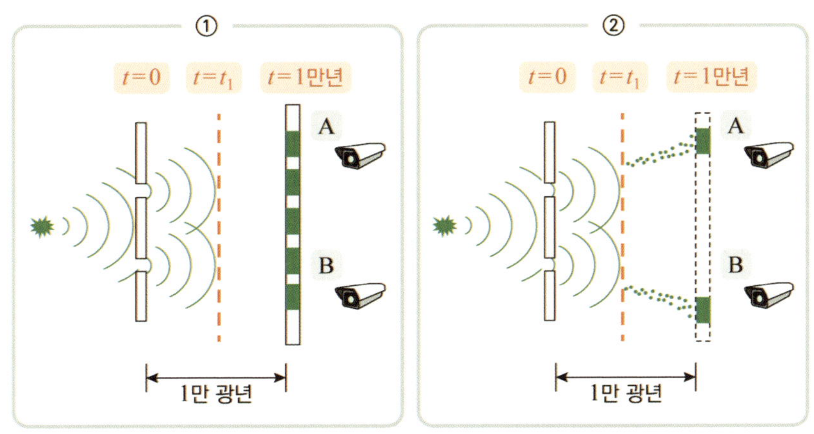

▲ 그림 20.10 스크린 뒤에 검지기를 위치하였을 때

쪽의 슬릿을 통과한 것이고, 'B'가 작동하면 아래쪽의 슬릿을 통과한 것이다. 처음엔 검지기가 스크린 뒤에 있으므로 슬릿을 지나가는 빛은 검지기를 확인할 수 없으므로 파동으로서 여행하게 된다. 이때 빛이 스크린에 도작하기 전인 $t = t_1$(그림의 붉은색)에 스크린을 치워버렸다. 그러면 파동이었던 빛은 갑작스레 관측을 당하는 처지가 되어 파동이 아닌 입자의 성질이 나타나야 한다. 여기서 상보성 원리에 위배되는 상황이 발생한다. 그 전까지 파동이었으므로 배타적인 두 성격이 하나의 현상에서 나타나게 되기 때문이다. $0 < t < t_1$에서는 파동, 그 이후 1만 년까지는 입자의 성질을 드러내는 그림 ②의 상황이 펼쳐진다. 스크린이 사라지는 사건이 발생하기 전은 파동, 사건 후는 입자라는 두 배타적인 성질이 동시에 구현되는 것이다.

이상한 점은 이뿐만이 아니다. $t = t_1$에서 스크린을 치워버린 사건을 파동인 빛은 어떻게 바로 자신이 감시당하고 있다는 것을 깨닫고서 입자로 행동할 수 있다는 것일까? 스크린이 사라지는 사건이 $t_1 = 5000$년 후라면 아직도 빛이 스크린에 도착하기 위해선 5000년이라는 시간이 필요하다. 그러면 스크린이 사라진 사건이 발생했는지 알지 못해야 하는 것이 당연한 게 아닐까? 계속 파동의 성질을 유지하고 있다고 해석해야 한다. 그런데 이것 역시 이상하다. 처음에 발사된 빛은 스크린 뒤에 검지기가 놓여 있어 자신이 관측당하고 있지 않다는 사실을 어떻게 알고 파동의 행동을 취하였을까? 1만 년이나 떨어진 위치의 상황을 바로 알고 있다는 것인데, 이 모든 것은 명백하게 광속 불변의 원리를 기반으로 한 특수 상대론에 위배된다.

앞뒤가 뒤죽박죽이 되는 상황이지만, 정신을 다잡고 상보성 원리에 입각하여 해석해보겠다. 전자는 스크린을 치워버린 순간 바로 입자로서 행동해야 하고, 또한 입자와 파동이라는 두 배타적 성질이 동시에 구현될 수 없다는 조건을 만족시키기 위해 파동으로서 지나온 과거를 지워버리고 입자로서 행동을 한 것으로 관측되어야 한다. 가만, 무슨 말인가? 보어의 상보성 원리를 지키기 위해서는 〈그림 20.10〉의 ②에서 $0 < t < t_1$ 동안 파동이었던 과거가 입자로 행동한 것으로 바뀌어야 한다는 말이 아닌가. 과거가 바뀌어버리는 도저히 납득이 되지 않는 일이 벌어져야 보어의 상보성 원리가 진실이다. 이런 어처구니없는 해석을 피하려면 상보성 원리가 잘못된 이론이어야 맞다. 하지만 상보성 원리를 버리더라도 전자가 1만 년이나 떨어져 있는 스크린 뒤의 감지기의 유무를 알아내는 일은 빛보다 빠른 정보의 교환이 이뤄져야 가능하다. 갈수록 맥락이 뒤엉켜 혼란스럽기만 하다. 우리는 완벽히 양자 괴물이 놓은 덫에 갇혀버린 격이다.

이 사고 실험의 진위 여부는 당연히 실험으로 밝혀져야 한다. 당시의 기술로는 수행하기 힘들었지만 기술 발전이 이뤄지면서 실제 실험을 통해 검증단계를 거칠 수 있게 되었다. 1978년 존 아치볼드 윌러(1911~2008)가 실험실 수준에서 확인이 가능한 장치를 구현하여 직접 확인하였다. 소위 '지연 선택 양자 지우개(delayed choice quantum eraser)'이라는 새로운 용어가 붙게 된 실험 결과는 보어의 상보성 원리가 진실임이 밝혀졌다.[*] 솔직히 우리의 직감으로 받아들이기 정녕 쉽지 않지만 말이다. 어쨌든 〈그림 20.10〉의 정확한 상황은, $t = t_1$에서 스크린을 치워버린 순간 파동이었던 빛의 모든 과

---

[*] J. A. Wheeler, "The 'Past' and the 'Delayed-Choice' Double-Slit Experiment", in A. R. Marlow, ed. Mathematical Foundations of Quantum Theory, pp. 9-48 (1978).

거가 순식간에 삭제되어 입자로 재편성된다는 것이 진실이다. 즉, 공시(共時)적으로 모든 순간적인 상황을 찍은 스냅 사진에는 입자와 파동의 동시발현이 불가능하지만, 시간의 흐름에 따른 통시(通時)적으로 보았을 때는 두 성질은 함께 나타날 수 있다는 것이다.[*] 이 실험 결과를 좀 더 이해하기 쉽게 도식화하면 아래와 같겠다.

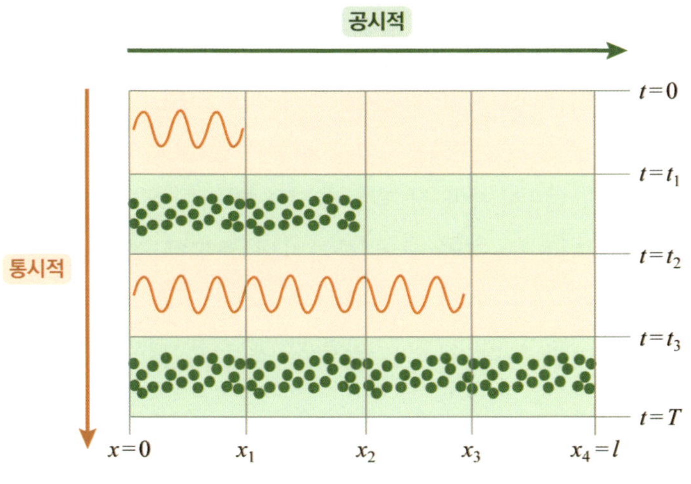

▲ 그림 20.11 보어의 상보성 원리에 따른 전자의 행동

$x = 0$과 $x_4 = l$의 영역을 특정시각 $t = 0$에서 찍은 사진이 맨 위의 옅은 붉은색 영역이다. 이때는 전자를 관측하지 않고 있으므로 $x = 0$에서 $x = x_1$까지 진행한 전자의 모습은 파동이다. 여기서는 이해를 돕기 위해 사진으로 설명하고 있는데, 사실 사진을 찍는 행위가 곧 관측이므로 모두 입자의 형태로 찍히는 것이 옳다. 잠시 양자의 현 상태를 고스란히 담을 수 있는 마법의 사진기라고 가정하

---

[*] 공시는 '함께 있는 시점'을 다루는 관점으로, 특정 시점의 대상을 횡단적으로 분석한다. 반면 통시는 '시간을 관통하는' 관점으로, 시간의 흐름에 따른 대상의 변화 과정을 종단적으로 분석한다는 의미이다.

겠다. $t = t_1$부터 전자의 상태를 실제로 관측한다고 할 때, 전자는 입자로 바뀔 것이고 상보성 원리에 따라 마찬가지 영역에서 찍은 사진 속 전자의 모습은 $x = 0$에서 x_2까지의 영역에서 입자로 변하여 있다. 파동이었던 과거가 바뀐 것이다. 그리고 다시 $t = t_2$에서 관측을 하지 않자 모두 파동으로 둔갑하였다. 즉, 공시적으로는 입자 혹은 파동 둘 중의 하나의 모습으로만 존재한다. 반면 통시적으로는 입자였다가 파동으로 변한다. $x = x_1$의 지점에서 시간의 흐름에 따라 빛의 상태는 파동과 입자가 번갈아 나타나고 있다. 이것이 대립적인 2개의 물리량이 상호 보완하여 세계를 형성한다는 보어의 상보성 원리이다.

보어의 상보성 원리는 더 나아가 전자가 실재하지 않는다는, 그러니까 관찰이나 측정이 이뤄지기 전까지 전자는 어디에도 존재하지 않는다는 실재론의 문제로 옮겨갔다. 측정 전에 전자의 속도나 위치 등 어떤 물리적 양을 묻는 것 자체는 의미가 없다. 관찰되지 않는 전자는 비실재하기 때문이다. 전자와 같은 양자 세계에 속한 기본 입자는 실재하는 존재가 아닌 우리의 세계에 실재화될 잠재력이나 가능성의 존재일 뿐이다. 가능성에서 실재로의 전환은 관찰의 행위 과정에서 일어난다. 그래서 양자역학은 바로 측정 장치와 독립적으로 존재하는 세계를 설명하는 학문이 아니라 측정의 행위로 양자의 세계에서 우리가 볼 수 있는 관측의 세계로 실체화되었을 때의 현상을 해석하는 학문이다.

1927년, 보어는 《양자 가설과 원자 이론의 최근의 전개》라는 제목의 강연을 통해 양자역학을 이해하기 위한 새롭게 정식화된 물리적 개념을 소개하였다. 그것이 앞서 52장에서 양자역학의 공리에 해당한 〈표 18.2〉의 일명 '코펜하겐 해석'으로, 보어는 하이젠베르크, 보른, 파울리 등과 함께 상보성의 틀에서 모든 요소들을 꿰어 맞춰 양자의 세계를 이해하기 위한 지침서이다. 하지만 코펜하겐 해석은 물리학의 제왕 아인슈타인을 비롯한 몇몇 물리학자들의 거센 반발을 불러일으켰다. 그들이 인정하지 않은 이유는 양자역학이 관측하기 전에는 모든 가능한 상태가 중첩되어 있고, 측정을 통해 어떤 상태가 나타날지는 우연과 확률의 지배를 받는다는 가능성만을 지니고 있는 실재하지 않는 대상을 다룬다는 점 때문이었다. 직관적으로 받아들이기 힘들고, 인과율을 깨뜨리며 확률로 해석하고, 관측되면 파동함수가 붕괴되고, 전자의 실재가 아닌 측정에 의해 교란되어 나타난 결과로 해석한다는 코펜하겐 해석은 도무지 납득이 되지 않았다.

최소작용의 원리

보어의 상보성 원리에서 빛이나 전자가 이중 슬릿을 지나가는 모든 경로를 탐색하고, 확률에 따른 통계적 분포를 따른다는 말은 정말일까? 빛이 출발하기도 전에 어떻게 모든 경로를 탐색할 수 있다는 말인가? 우리는 이에 대한 진위를 파악하기 위해 19장에서 사이클로이드 경로로 미끄럼틀을 만들어야 가장 짧은 시간에 내려올 수 있다는 최단강하 문제를 다시 소환할 필요가 있다. 그렇다고 여기서 왜 사이클로이드였는지에 대한 해법을 소개하자는 것은 아니다. 이 문제를 쉽게 해결하는 방법은 최소작용의 원리를 이용하는 것인데, 이 원리로 빛이 모든 경로를 탐색한다는 보어의 관점의 타당성을 살펴보려 함이다.

최소작용의 원리는 지금까지 다뤄왔던 고전역학, 파동을 다루는 광학, 전자기학, 그리고 지금 다루는 양자역학에 이르기까지 다양한 과학 분야를 하나로 묶어주는 핵심 개념이다. 무슨 원리이기에 이런 극찬을 받을 수 있는 것일까? 용어로만 느끼는 뉘앙스로 본다면, 작용이 무엇을 말하는지 모르지만 가장 작은 값이어야 된다는 의미일 것 같다. 실제 이렇게 느꼈다면 크게 틀리지 않는다. 최소작용의 원리는 자연이 가장 경제적인 방향으로 운동하는 속성을 정립화한 것이다.

프랑스의 수학자이자 물리학자인 모페르튀이(1698-1759)는 자연에서 일어나는 운동은 질량, 속도와 이동 거리를 곱하여 정의한 작용이라는 물리량의 소비를 최소화하려는 성향으로 움직이고 있는 것이 아닐까라는 주장을 폈다. 마치 자연은 비용을 아끼려는 것처럼 움직인다는 의미이다. 하지만 설혹 그렇다고 해도 왜 질량, 속도 및 거리의 곱으로 정한 것인지에 대한 명확한 이유가 부족하였고, 그러다보니 증명 과정의 논리성도 빈약하였다. 더군다나 이 원리는 라이프니츠가 먼저 발견했다는 주장까지 더해져 커다란 비판에 휩싸였다. 하지만 수학의 거장인 오일러와 라그랑주가 등장하면서 이야기는 180℃ 달라졌다. 그들은 방대한 미분학 기법을 이용해 물체의 운동이 가능한 무수히 많은 경로 중 모페르튀이가 정의한 작용값이 가장 작은 경로로 운동한다는 것을 증명해낸 것이다. 그리고 그들에 의해 범함수*의 최소 또는 최대를 찾아내는 변분법(變分法, calculus of variations)이라는 수학의 한 분야가 탄생했다. 변분법은 입력이 되는 함수의 미소 변화를 분석하여 오일러−라그

---

* 보통 함수라 하면 수를 입력받아 또 다른 수를 출력하는 경우가 일반적이지만, 범함수는 입력이 수가 아닌 함수로 받는 함수이다.

랑주 방정식을 통해 최적의 함수를 결정하는 데 사용되는 수학의
기교이다.

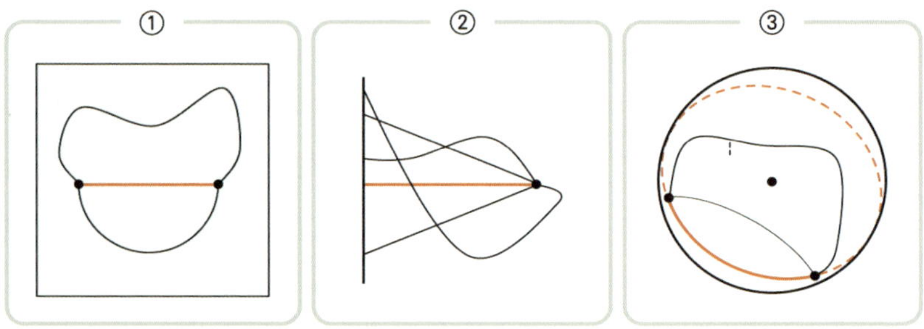

▲ **그림 20.12** ① 평면에서의 두 점, ② 직선과 외부의 점, 그리고 ③ 곡면 위의 두 점을 잇는 최단
경로

　평면상 두 점 사이의 최단경로는 두 점을 연결한 붉은색의 직선
이다. (그림 ①) 직선과 직선 밖 한 점 사이의 최단경로는 직선과 점
을 연결하는 수직인 붉은색 선분이다. (그림 ②) 구면 위의 두 점을
연결하는 최단경로, 즉 측지선은 두 점을 지나가는 대원의 일부분
인 붉은색의 호이다. (그림 ③) 지금 나열된 예들은 직관적으로 당연
한 사실이지만 수학적인 엄밀성으로 증명할라치면 난처하기 그지
없다. 이때 사용하는 방법이 바로 변분법으로, 최단강하 문제에서
기인하여 이런 종류의 문제를 해결하는 일반화된 방법을 찾고자 하
는 아이디어에서 비롯되어 만들어진 이론이다. 이후 본격적인 연구
는 오일러부터 시작되었고, 당시에 소년이었던 라그랑주가 개선책
을 오일러에게 제안하면서 완성되었다. 이후 해밀턴(1805~ 1965)이
변분법을 개량하여, 물체가 이동할 때의 경로는 운동에너지에서 위
치에너지를 뺀 라그랑지안의 시간 적분인 작용을 최소화하는 방식
으로 움직인다는 최소작용의 원리로 발전시켰다.

라그랑지안	$L = \sum 운동에너지 - \sum 위치에너지$
작용	$S = \int L\,dt = \int (T - V)\,dt$
오일러 – 라그랑주 방정식	$\dfrac{\partial L}{\partial q} - \dfrac{d}{dt}\left(\dfrac{\partial L}{\partial \dot{q}}\right) = 0$

흥미로운 건 최소 작용의 원리가 고전역학에만 머무르지 않고, 양자역학의 시대로 넘어가면서 작용이라는 개념은 오히려 더욱 중요한 역할을 맡게 되었다는 것이다. 플랑크가 흑체 복사를 해석하면서 얻어낸 플랑크 상수 h를 처음에는 작용상수라 명명한 것도, 작용이라는 개념에서 비롯되었다. 보어도 작용상수의 의미를 충분히 이해하였기에 특별한 이유 없이 각운동량의 양자화로 이용했다. 그러면 이 원리가 양자세계에서는 어떻게 작동되는지 살짝 들여다보겠다.

이중 슬릿을 통과하는 빛이나 전자들이 모여 간섭패턴을 만드는 것은 분명 슬릿이 2개 존재하였기에 발생한 것이다. 비록 어느 슬릿을 통과했는지는 알 수 없지만 말이다. 그런데 슬릿이 3개이면 어떻게 될까? 더 복잡한 간섭무늬를 만들겠지만 빛은 3개의 슬릿 중 어느 하나를 통과한 것만큼은 확실하다. 그럼 4개이면? 나아가 무한히 많이 슬릿이 있다면? 질문의 요지는 이렇다. 빛은 존재하는 슬릿의 뚫린 틈의 개수에 상관없이 모든 틈을 통과하여 간섭패턴을 만든다는 것이다. 빛은 모든 경로를 탐색하므로 틈이 아무리 많아도 통과할 가능성은 항상 존재한다. 정말로 빛은 모든 가능한 경로를 시도할까? 레이저에서 나오는 빛은 한 방향으로만 직진하지 않는가?

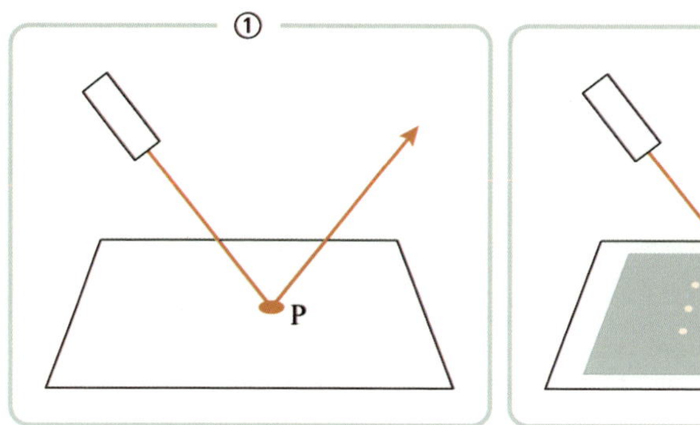 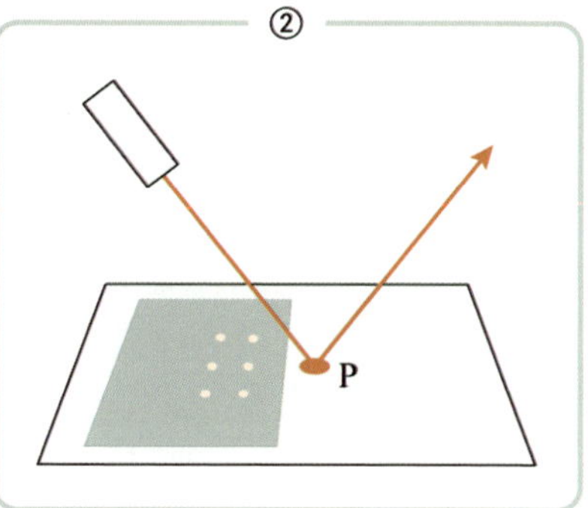

▲ **그림 20.13** 빛이 모든 경로를 탐색한다는 사실에 대한 실험 결과

최소작용의 원리에 대해 설명하는 동영상이 있다.* 직접 보시면 원리에 대한 이해가 더 쉬울 것이리라. 위의 그림은 거기에서 실험한 내용을 도시한 것이다. 그림 ①의 레이저는 P의 지점만 보강간섭으로 빛이 존재하고, 그 외는 전혀 빛이 존재하지 않는다. 상식적이고 당연한 일인지라 빛이 모든 경로를 탐색한다는 주장을 믿을 수가 없다. 그런데 간섭효과를 발생할 수 있는 슬릿으로 이뤄진 금속판을 레이저가 비추는 P의 지점을 벗어난 곳에 위치시키자 놀랍게도 간섭무늬 형태의 빛이 등장하는 것이다. 이해가 되지 않지만 빛이 모든 경로를 동시에 탐색하고 있다는 것은 사실이었다.

---

* https://www.youtube.com/watch?v=MfPhiRxnfRA

1차 솔베이 전쟁: 상보성 원리의 공격

양자역학을 마뜩지 않게 생각했던 아인슈타인이지만 양자역학이 미시세계의 실험 결과를 충분히 잘 설명한다는 사실은 부정하지 않았다. 단지 양자역학은 직접적인 대상이 아닌 비실재를 다루는 학문이므로 실재를 기술하는 다른 이론이 있다고 믿었다. 그래서 그는 양자역학의 오류를 찾아내는 대신 양자역학이 우주를 설명하는 궁극적인 이론은 될 수 없음을 입증하는 데 초점을 맞추었다. 아직은 무엇인지 아인슈타인 자신도 알 수 없지만 양자역학보다 미시세계를 더욱 실재적으로 설명이 가능한 심오한 이론이 어딘가에 분명히 존재한다는 믿음을 가지고 있었다.

양자역학에 대해 이런 철학을 가지고 있던 아인슈타인은 1927년 브뤼셀에서 개최된 제5차 솔베이 회의에서 그 구조적 모순을 지적하여 양자역학을 무너뜨리기로 했다. 주요 무기는 입자 혹은 파동 중 어느 하나의 형태로만 존재한다는 보어의 상보성 원리가 잘못되었다는 것을 보이기 위한 사고 실험이었다. 이중 슬릿 실험에서 파동에 의한 간섭무늬와 동시에 전자가 지나는 입자의 경로를 밝혀, 공시적으로 파동과 입자 모두 관측될 수 있다는 사실을 보여주고자 한 것이다.

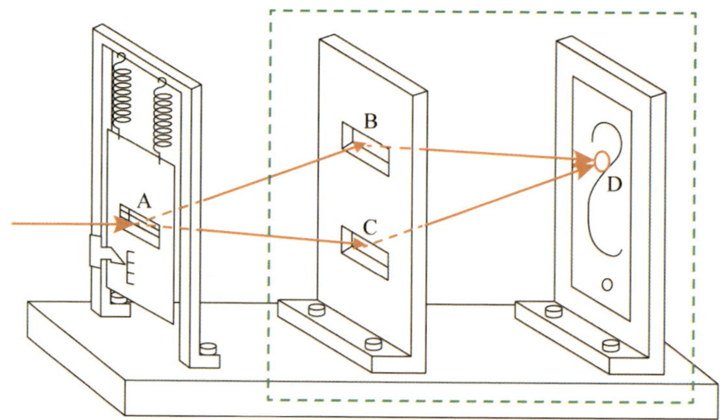

▲ **그림 20.14** 스프링이 달린 입구 판을 추가한 변형이중 슬릿 사고 실험 개요도. 1927년 아인슈타인이 제기한 문제를 풀기 위해 보어가 그린 그림

그림의 초록색 점선 내의 이중 슬릿 실험은 전자 하나씩만 슬릿을 통과하여 사진건판에 도달하는 〈그림 20.2〉와 같은 실험이므로 간섭무늬 패턴이 서서히 모습을 드러나게 된다.

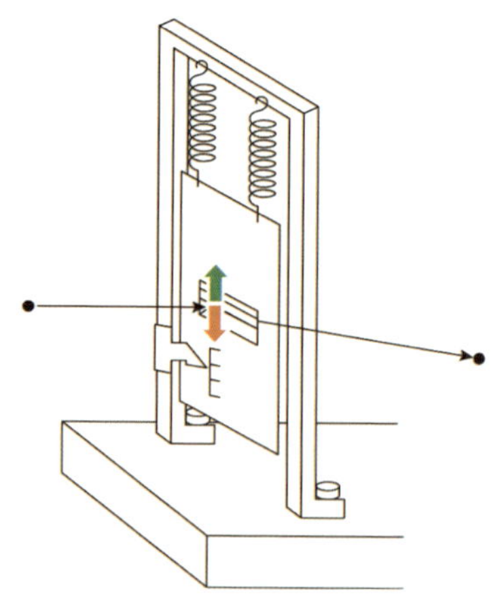

▲ **그림 20.15** 단일 슬릿에서의 운동량 보존

아인슈타인이 제안한 사고 실험과 기존의 이중 슬릿 실험의 차이점은 맨 앞에 전자가 지나는 궤적을 확인할 수 있는 단일 슬릿을 위치시켰다는 점이다. 이 부분만 떼어낸 위의 그림에서 볼 수 있듯 단일 슬릿은 전자가 이중 슬릿 중 어떤 슬릿을 통과하는지를 알 수 있게 정교한 장치로 제작되었다. 전자가 단일 슬릿을 통과하면서 발생한 충돌로 그림처럼 초록색 화살표로 움찔 움직였다면 운동량 보존에 의해 붉은색 화살표의 운동량의 변화가 생긴 전자는 이중 슬릿의 아래로 향했다는 것이 확인된다. 전자가 이중 슬릿 중 어느 쪽을 통과하였는지 알 수 있다는 것은 입자의 성질 때문이고, 또한 슬릿을 통과한 전자들의 흔적들이 만들어낸 간섭무늬는 파동적 성질이므로 두 배타적 성질이 동시에 구현되어 보어의 상보성의 원리를 깨뜨리게 된다.

상당히 그럴 듯한 아인슈타인의 주장에 보어는 어떻게 대처하였을까? 제대로 답을 하지 못하면 코펜하겐 해석의 근간이 흔들릴 수 있다. 우리는 보어의 반박을 보기 전에 단일 슬릿을 통과하는 전자의 운동이 기본적으로 불확정성 원리의 통제하에 놓일 수밖에 없음

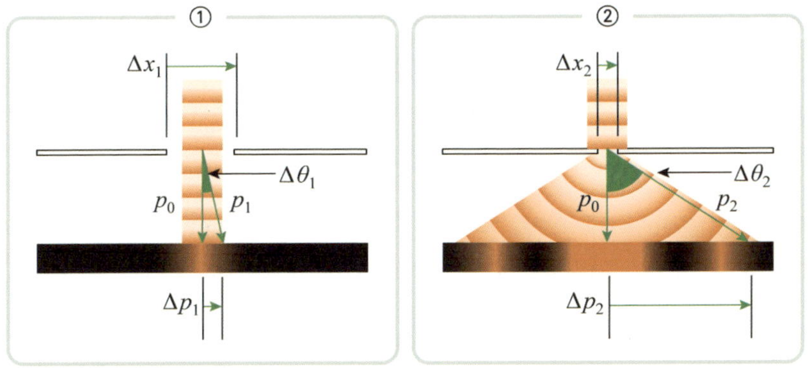

▲ 그림 20.16 단일 슬릿의 간격이 작을수록 전자의 위치 불확정인 양 Δx가 0에 가까워 위치의 정확도가 향상되는 반면 회절이 커져서 운동량의 불확정성 Δp가 커진다.

을 직관적인 관점에서 먼저 살펴보도록 하겠다.

그림 ①과 같이 단일 슬릿의 폭 Δx_1이 크면 전자의 빔은 아무런 방해를 받지 않고 지나가게 된다. 하지만 폭이 커서 전자의 위치의 범위가 Δx_1으로 폭이 작은 ②의 Δx_2보다 커서 정확히 어디에 위치하는지 알기가 힘든 단점이 있다. 그런데 폭이 작은 그림 ②의 슬릿을 통과하는 전자빔은 위치의 정확도는 커지는 대신 서로 전기력의 반발로 직선의 경로를 벗어나는 회절 현상이 더 많이 발생한다. 그래서 운동량의 변화의 폭 Δp_2가 ①의 Δp_1보다 커서 정확한 값을 알 수 없다. 즉 슬릿의 간격이 좁아질수록 전자의 위치 정확도는 커지는 반면 운동량의 변화가 커지는 불확정성 원리가 성립된다. 물론 이것에 대해서는 아인슈타인 등 모든 물리학자들이 동의하고 있는 사실이다.

보어는 이 실험의 세팅을 꼼꼼히 들여다보며 첫 번째 단일 슬릿에서 기본적으로 문제가 있다는 것을 빠르게 간파하였다. 〈그림 20.15〉에서 슬릿이 있는 판이 전자와 부딪혀 초록색 화살표 방향으로 움직였다고 하면 슬릿은 관성으로 위의 방향으로 일정 속도로 움직이게 된다. 그래서 다음에 날아오는 전자는 움직이고 있는 판에 부딪히는 것이라 처음과는 상황이 완전히 달라진다. 슬릿이 있는 판과 전자 사이에 서로 주고받는 운동량이 시시각각 변하여 전자가 어느 방향으로 꺾였는지를 알 수 없게 되는 것이다. 또한 슬릿판의 이동이 간섭무늬를 파괴해버린다고 주장했다. 즉, 〈그림 20.14〉에서 D의 지점은 'A→B→D'와 'A→C→D'가 서로 위상이 일치하여 보강간섭이 일어난다고 하자. 그런데 전자와의 충돌로 슬릿판이 이동한 상태이므로 A의 지점이 처음과는 위치가 달라져 다음 전자는 다른 경로를 따라 D에 도착할 것이다. 오히려 상쇄간섭이 일어날 수도 있는 것이다. 전자가 부딪히면서 일으킨 슬릿 판의 움직임은 경로의 길이를 변화시키므로 간섭무늬가 파괴되는 것이다.

보어는 이런 문제를 없애기 위해 아인슈타인이 제안한 사고 실험 장치를 오히려 친절하게 보완하는 여유까지 보였다. 〈그림 20.15〉의 단일 슬릿 판에 스프링을 달아 복원력에 의해 빠르게 원래의 위치로 돌아오도록 설계한 것이다. 이렇게 구성하면 슬릿이 빠르게 제자리로 돌아올 수 있어 경로의 변화가 생기지 않아 앞서의 문제를 해결할 수 있다. 하지만 슬릿이 빠르게 복귀하는 탓에 어느 방향으로 움직였는지 알 수 없어 고정된 단일 슬릿을 통과하는 상황으로 회귀되는 꼴이 된다. 즉 〈그림 20.16〉과 동일하여 불확정성 원리가 작동되어서 전자의 위치 추적에 어려움을 동반하므로 전자의 궤적을 알 수 없다. 그렇다고 슬릿이 위로 움직이는지 아래로 움직이는지 관측하기 위해 슬릿에 빛을 비추는 것은 오히려 슬릿과 전자에 빛의 에너지를 전달하게 되어서 눈금을 정확하게 읽지 못하게 하는 방해요인으로 작동한다. 관측이 교란을 일으키는 것이다. 슬릿의 흔들림은 전자와 빛의 두 요인으로 발생하여 전자가 어느 쪽으로 굴절되었는지 담보할 수 없다. 아인슈타인의 사고 실험은 결코 일어날 수 없었다. 그리 어렵지 않게 거둔 보어의 1승이었다.

보어는 아인슈타인이 공격한 이 사고 실험에서 상보성 원리가 정확하게 성립한다는 사실을 증명했고, 아인슈타인은 그런 보어의 논증을 수용할 수밖에 없었다. 그러나 양자역학의 불완전성을 확신하고 있던 아인슈타인이 결코 승복한 것은 아니었다. 1차전 패배 후 2차 전투를 준비했던 것이다. 자신의 논증을 더욱 개량하여 더 복잡하고 정교한 사고 실험 고안에 착수하였고, 3년 후 6차 솔베이 회의에서 2차 공격을 감행하였다.

광자 상자 사고 실험

1차 공격에 실패한 아인슈타인은 전의를 다지면서 1930년에 있었던 제6회 솔베이 학회에서 더욱 강력한 공격을 보어에게 가하기 위해 철저하게 준비하였다. 아인슈타인 입장에서는 도대체 알 수 없다는 것을 자랑스럽게 여기는 양자역학이 하나의 물리학 이론으로 자리 잡혀가는 것이 불만이었다. 그는 지난 실패를 교훈 삼아 이번에는 목표물을 바꿔 상보성이 아닌 시간−에너지의 불확정성 원리 $\Delta E \Delta t \geq \hbar/2$를 공격하였다. 코펜하겐 해석의 가장 근간이 되는 원리이므로 틀렸다는 것을 증명할 수 있다면 양자역학이 허물어지는 것은 당연지사였다. 그는 광자가 가득 찬 상자에서 광자가 하

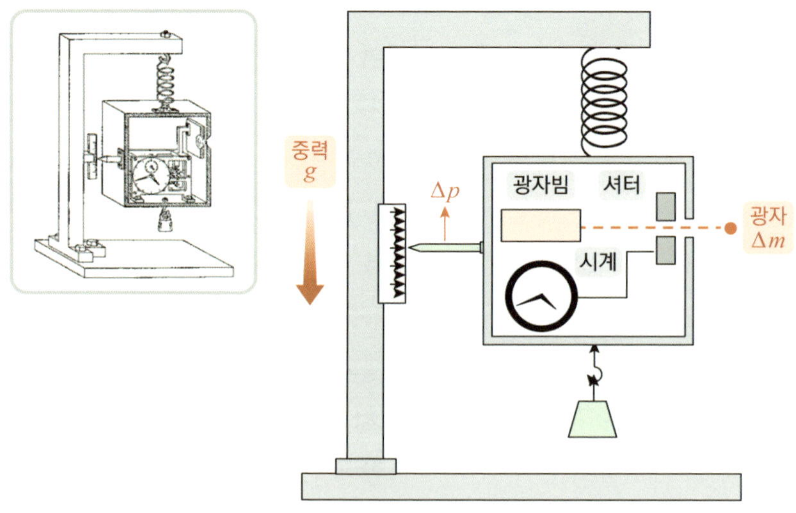

▲ 그림 20.17 아인슈타인의 광자 상자의 개략도. 상자 안은 보어가 그린 그림[*]

[*] 닐스 보어 기록 보관소 (https://www.marxists.org/reference/subject/philosophy/works/dk/bohr.htm)

나씩 빠져나가는 과정에서 광자의 탈출 시간과 에너지를 동시에 정확하게 측정할 수 있다는 사실로부터 $\Delta E \Delta t = 0$을 보이는 사고 실험을 준비했다.

광자로 가득한 상자에서 광자 하나가 빠져 나갈 수 있도록 아주 짧은 시간 동안 셔터가 열리고 닫히도록 상자 안의 시계가 제어하고 있다. 이 시계는 굉장히 짧은 시간도 측정할 수 있어 셔터가 열고 닫는 시간을 정확하게 잴 수 있다. 그리고 상자는 미세한 중량 차이도 감지할 수 있는 민감한 용수철에 매달려 있고, 아래에는 무게 측정에 도움을 줄 무게추가 달려 있다. 또한 상자 옆에는 상자의 질량 변화로 인한 용수철의 길이 변화를 확인할 수 있는 눈금자가 놓여 있어 질량의 변화를 정확하게 측정할 수 있다. 이렇게 실험 준비를 끝마쳤다.

상자 안에 있던 광자 하나가 빠져나올 만큼 짧은 시간 동안 셔터를 열어놓고 나오는 순간 닫았다. 이때 셔터에 연결되어 있던 시계는 광자가 빠져나가는 데 걸리는 시간을 정확하게 측정하였고, 또한 광자 하나가 빠져나간 상자의 질량의 변화 Δm를 측정하였다. 질량의 변화를 정확하게 알 수 있다는 것은 곧 아인슈타인의 에너지질량 등가 공식 $E = mc^2$에 따라 에너지의 정확한 값을 알 수 있다는 것이므로 ΔE는 당연하게 0이 된다. 또한 셔터의 열고 닫히는 시간 T의 제어가 가능하여 시간의 불확정도 Δt 역시 0이다. 결국 에너지의 불확정성 $\Delta E \Delta t$는 0으로, 하이젠베르크의 불확정성 원리가 성립될 수 없을뿐더러 질량의 변화 Δm에 중력가속도 g와 시간 T를 곱한 충격량 $\Delta m \cdot g \cdot T$을 계산하면 광자 1개가 가지고 있는 운동량 Δp를 정확히 알 수 있다고 주장했다.

아인슈타인은 자신의 승리를 확신했다. 어떤 논리적인 문제도 보이지 않았다고 판단하였고, 실제 이 사고 실험을 보어에게 제기하자 그는 상당한 충격을 받았는지 제대로 반박을 하지 못하였다. 정말로 보어는 당황하였다. 명확한 통찰로 얻어낸 양자의 현상을 설명할 수 있는 기본적인 공리가 무너질 위기에 처하였다는 것을 직감했다. 그는 여러 물리학자들에게 도움을 청하였다. "뭔가 잘못된 게 틀림없어요. 만약 아인슈타인이 옳다면 물리학은 끝장이에요." 하지만 이 말 속에는 분명한 믿음도 깔려 있는 것 같다. 반박 근거는 찾지 못할 수도 있지만 양자역학이 완벽한 학문이라는 확신을 말이다. 하지만 정말 제대로 답을 하지 못한다면 양자역학은 20세기 과학 최고의 거품이론이라는 불명예를 떠안고 사라질 운명에 처한 것도 사실이었다.

사고 실험에 담겨 있을 오류를 찾는 데 뜬 눈으로 밤을 지새우던 보어에게 한 줄기 빛이 내려왔다. 세상을 밝혀주는 빛이 아닌 자신의 뇌 안의 전자들의 움직임이 강렬한 불꽃을 발생시켜 확실한 정답의 길로 안내하는 빛이었다.

사실 따지고 보면 $\Delta E = 0$, $\Delta t = 0$이라는 진술은 물리적으로 증명된 사실이 아니라 아인슈타인이 이상적으로 설정한 사고실험에서 나온 결론일 뿐이다. 그러니까 용수철의 변화를 읽는 눈금으로 질량의 변화를 읽는 것이나 셔터의 열고 닫히는 시간의 측정이 완벽하게 가능하다는 가정을 전제로 한 아주 이상적인 상황에서 일어날 수 있는 일이다. 보어는 바로 이 점을 정확하게 간파하고 그가 결론을 이끌어내기 이한 이런 가정이 실제 물리 법칙과 모순됨을 보임으로써 그의 논증을 반박하려고 준비하였다.

광자가 방출되기 전 상자에 추를 달아 무게를 표시하는 바늘을 0의 눈금에 맞춰놓는다. 이제 시계가 작동하여 닫혀 있던 셔터의 문이 열리면서 광자 하나가 방출되어 질량의 변화가 일어나면서 바늘이 움직인다. 그런데 질량의 변화로 움직인 바늘의 눈금을 읽기 위해서는 빛을 비추는 것과 같은 측정과정이 필요한 데 이때 측정이 상자의 위치와 운동량 변화를 초래할 수밖에 없다. 상자의 운동을 최소화하기 위해 아주 짧은 시간 동안 측정하면 상자에 전달되는 운동량은 최소화할 수 있지만 측정으로 발생된 상자의 움직임이 멈춰지지 않게 되어 위치 측정의 오차 Δx가 커질 수밖에 없다. 반면 Δx를 개선하기 위해서 상자가 완전히 멈출 동안의 충분한 시간에 걸쳐 측정하면 이때 위치의 오차는 크게 개선되겠지만 상자에 그만큼 운동량의 전이가 많이 생겨 운동량의 불확정성 Δp가 커지게 된다. 결과적으로 상자와 연결된 바늘의 위치 불확정도 Δx, 그리고 상자의 운동량 불확정도 Δp 사이는 $\Delta x \, \Delta p \geq \hbar/2$라는 불확정성 관계식이 수반될 수밖에 없다.* 이 주장에는 아인슈타인도 충분히 인지하고 있었던 것이라 별 문제 없었다. 그리고 이때부터가 보어의 반격이 본격적으로 시작되었다. 그리고 그 반론은 아인슈타인이 더 이상 반격할 동기마저 꺾어버리는 결정타였다.

광자가 빠져나가면서 생긴 상자의 질량 변화가 m이면 상자에는 중력으로 인한 힘과 용수철의 탄성에 의한 힘의 평형이 깨지면서 광자가 빠져나가는 데 소요된 시간 T 동안 상자에 충격량을 가하게 된다. 충격량에 대해서는 23장에서 설명하였으므로 혹 기억이 나지 않는 분들은 다시 읽어보면 되겠다. 그런데 상자의 운동량 불확정

---

* 흔히 불확정성 원리는 본문에서처럼 측정 과정에서 미시계를 교란하기 때문에 생기는 한계로 설명되곤 한다. 그러나 이것은 불확정성의 한 측면일 뿐 본질은 아니다. 양자역학에서 불확정성 원리는 측정 오차가 아니라, 상태 자체가 갖는 분포 폭 사이의 구조적 제약이다. 다시 말해, 불확정성은 측정 행위가 만들어내는 인위적 효과가 아니라, 입자 자체가 갖는 물리적 성질에 기인한다.

도 Δp는 질량을 정밀하게 측정하는 과정에서 필연적으로 생기는 불확정성이므로 운동량과 동일한 물리량인 충격량도 같은 불확정도가 나와야 한다. 즉, 질량의 불확정성 Δm이 뒤따르게 되어 상자에는 $\Delta F = g\Delta m$의 불확정성이 뒤따르게 되어 근사적으로 다음과 같은 관계가 성립된다.

〈식 20.18〉 $\Delta p \approx \Delta m \cdot g \cdot T$

상자의 무게를 지시하는 계기판 바늘의 위치의 불확정성 Δx와 상자의 운동량 Δp의 불확정성에 따라 이미 $\Delta x \, \Delta p \geq \hbar/2$가 성립한다는 사실로부터 상자의 질량 변화 Δm의 불확정성이 나타날 수밖에 없고, 결국 에너지－질량 등가원리 $E = mc^2$에 따라 $\Delta E = \Delta m \cdot c^2$라는 에너지 불확정성이 수반된다. 아인슈타인의 주장과는 달리 ΔE는 0이 아니었다.

남은 것은 시간의 불확정성 여부이다. 그리고 여기까지 과정에 동의하는 아인슈타인에게 보어가 마지막 카운터펀치를 날렸으니, 그것은 뜻밖에도 인류 최고의 업적이자 아인슈타인 자신의 최고의 걸작인 일반상대론을 이용한 공격이었다. 일반상대론의 창안자의 앞에서 일반상대론으로 공격하는 너무도 충격적인 상황이 연출된 것이다. 일반상대론에 따르면, 동일한 중력 퍼텐셜이라고 해도 다른 높이에 놓인 시계는 서로 다른 속도로 흐른다는 사실을 38장에서 다뤘었다. 이 사실을 가지고 보어는 결정타를 날린 것이다. 상자에서 광자가 방출되어 질량 변화가 일어나면, 상자의 무게중심 위치가 x만큼 변하게 되므로 상자 내부의 시계 역시 x만큼 높이의 차이가 일어난다. 즉 시간이 다르게 흘러가게 된다는 것이다. 그런데 만약 정확한 위치를 알면 처음과 이후의 시간의 차이를 〈식 17.27〉로 정확하게 계산되겠지만 상자 위치의 불확정도가 Δx이므로 시간의 차이 역사 그만큼의 오차, 즉 $\Delta T = g\,T\Delta x / c^2$의 시간의 오차가 일어난다. 결론적으로 에너지의 불확정도 $\Delta E = \Delta m \cdot c^2$와 〈식 20.18〉로부터 아래의 관계식이 도출된다.

$$\Delta E \cdot \Delta T = \Delta m \cdot c^2 \cdot \frac{g\,T\Delta x}{c^2} \approx \Delta x \cdot \Delta p$$

이미 $\Delta x\,\Delta p \geq \hbar/2$이므로 에너지–시간 관계 $\Delta E \cdot \Delta T$ 역시 $\hbar/2$보다 더 크다는 불확정성 원리가 성립됨이 입증되었다. 아인슈타인은 놀라울 정도로 깔끔하게 입증한 보어의 논증을 수용할 수밖에 없었다. 무엇보다 자신의 이론으로 역공을 당하였으니 그 마음이 얼마나 착잡했을지 짐작하기가 힘들 정도다. 어쩌면 아인슈타인은 너무 양자역학이 지닌 허점만 찾으려다 보니 자신의 이론을 깜빡하는 어이없는 우를 범한 것이 아닐까 생각된다. 어쨌든 결과적으로 이번에도 보어는 아인슈타인의 공격을 막아냈다.

양자 얽힘

50대에 접어든 아인슈타인은 솔베이의 후유증으로 물리학계에서 이제 능력이 없는 퇴물 취급받는다는 사실을 익히 알고 있었다. 그럼에도 상대론이라는 위대한 업적을 달성하면서 물리학에 대한 뚜렷한 신념을 가지고 있던 그의 눈에 비치는 양자역학은 불완전한 이론이라는 편견을 철회하고 있지 않았다. 그래서 보어와의 논쟁을 새로운 국면으로 전환시킬 필요가 있다고 판단하며 또 다른 비장의 카드를 준비하였다. 그는 양자역학이라는 전선의 한 가운데가 아닌 물리학이 추구하는 학문의 본질적 측면에서 양자역학의 허점을 파고드는 쪽으로 전장을 새롭게 옮겨갔다.

자연의 세계는 설명이나 이론이 필요하지 않는 객관적 실재가 존재한다. 그 실재가 물리학 이론 탄생의 밑거름이었고, 당연히 물리적 의미가 충만하다. 그래서 교란으로 불확정성이 내포된 확률이라는 개념으로 비실재를 다루는 양자역학은 물리학의 본래 이상과는 거리가 멀다고 여겼다. 아인슈타인은 양자역학의 이 점을 공격하기로 했다. 이 목적 달성을 위해 그는 자신과 뜻을 같이 하는 물리학자들을 불러 모아 연합전선을 구축했다. 포돌스키(1896~1966)와 로젠(1909~1995)이 그의 요청에 합류하였고, 이들 세 사람은 양자역학의 오류를 찾기 위한 연구를 거듭하며 마침내 1935년, 양자역학이 물리학의 근본인 실재성과 국소성을 위배했다고 비판하는 내용의 논문《물리적 실제에 대한 양자역학적 기술이 완전하다고 여길 수 있는가?》*를 발표하였다.

아인슈타인이 이 논문에서 양자역학을 공격한 무기는 양자 얽힘이었다. 갑작스레 등장한 용어가 되겠는데, 아인슈타인이 양자역학의 불완전함을 증명하기 위해 전면에 등장시킨 핵심 쟁점으로, 불확정성 원리와 중첩을 포함한 코펜하겐 해석에서 자연스레 유도된 결론이다. 요약한다면 상호작용하여 얽혀지게 된 두 입자는 마치 서로 끈으로 연결된 것처럼 똑같이 행동하는 아주 기이한 현상이다. 얽힌 두 입자 중 어느 한쪽의 상태가 결정되면 다른 한쪽의 상태

---

* A. Einstein, B. Podolsky, and N. Rosen,《Can Quantum-Mechanical Description of Physical Reality Be Considered Complete?》, Phys. Rev. 47, 777-780 (1935).

도 그 즉시 결정된다는 것이다. 이런 양자 얽힘은 최근 더욱 각광을 받으며 기존 컴퓨터 성능을 뛰어넘는 양자 컴퓨터, 도청 시도가 원리적으로 탐지 가능한 양자 통신 및 암호화, 그리고 미세한 변화까지 감지하는 초정밀 양자 센서 개발을 가능하게 하여, 여러 분야에 혁명적인 변화를 가져올 잠재력을 지닌 물리 현상으로 각광받고 있다. 아이러니한 점은 양자역학의 실제적인 시작인 광양자설을 아인슈타인이 발견했다는 점에서, 묘하게도 양자역학의 발전에 크게 이바지한 격이다.

본격적으로 아인슈타인이 양자 얽힘으로 어떻게 양자역학의 모순점을 지적하는지에 대해 알아보도록 하자. 우리는 〈그림 20.19〉 ①과 같이 붉은색 혹은 초록색, 그리고 위로 향하는 '업' 화살표와 아래로 향하는 '다운' 화살표가 서로 양자적으로 얽혀 있는 물리량이라고 하겠다. 그러니까 색깔과 화살표는 스핀의 방향, 입자, 파동, 위치와 운동량 등 실제 얽혀질 수 있는 물리량들을 비유한 것으로,. 양자 얽힘은 두 입자 중 어느 한 입자의 색깔이 붉은색이면 다른 한 입자는 즉시 초록색으로, 혹은 '업' 화살표이면 '다운' 화살표

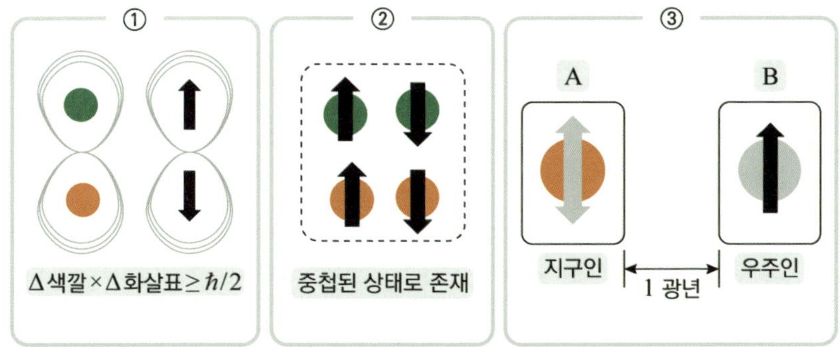

▲ 그림 20.19 ① 불확정성 관계에 있는 색깔과 화살표의 방향, 그리고 붉은색과 초록색, 화살표 방향은 양자 얽힘 상태, ② 점선의 4가지 상태가 중첩된 비실재의 공, ③ 양자 얽힘 되어 있는 두 개의 공을 1광년의 거리만큼 떨어뜨린 상황. 회색의 화살표와 원은 중첩된 상태를 표현한다.

로 결정된다는 것이다. 그림은 색깔과 화살표로 물리량을 대변하고
있어 정확한 비유는 아니라 할 수 있겠지만, 덧붙여 위치와 운동량
의 관계처럼 공의 색깔을 알게 되면 화살표의 방향을 알 수 없고, 방
향을 알면 색깔을 알 수 없는 서로 배타적인 두 물리량의 관계를 따
른다고 가정하겠다. 마치 위치와 운동량처럼 색깔과 화살표는 (Δ
색깔 $\times \Delta$ 화살표 $\geq \hbar/2$)의 불확정성 원리의 규약을 받는다고 비유
하자는 것이다.

이제 2개의 공 A와 B가 색깔과 화살표라는 두 물리량으로 양자
얽힘 되어 있어 A의 색깔을 확인하면 B의 색깔을 알 수 있고, A의
화살표 방향을 알면 B의 방향도 알 수 있다. 예를 들어 A가 붉은색
이면 B는 초록색, A의 화살표가 '업'이면 B는 '다운'이 되는 식이다.
물론 코펜하겐 해석에 따라 이들은 관측되기 전까진 그림 ②의 점
선의 상자와 같이 조합이 가능한 여러 가지 상태 중 어느 하나가 아
닌 모든 상태가 중첩되어 있고, 색깔과 방향은 불확정성 관계이므
로 한 번에 두 물리량을 동시에 정확하게 알아낼 수 없다. 따라서 먼
저 공의 색깔이 붉은색이라는 것을 관측한 다음 화살표 방향을 측
정하게 되면, 앞서 관찰한 이전 붉은색에 대한 정보는 더 이상 보존
되지 않게 되어 측정 선택에 따라 서로 다른 결과가 나타난다. 다시
공의 색깔을 관측하면 붉은색도 나오겠지만 초록색 공도 나타날 수
있다는 것이다.

이렇게 양자 얽힘 되어 있는 두 공을 각각 상자에 넣고, 공 A는
지구에 그대로 놓고 공 B만 1광년 떨어진 거리까지 이동시킨 상황
인 그림 ③으로 넘어가겠다. 먼저 지구에 있는 지구인이 공의 색깔
을 확인하자 붉은색의 공이 나왔다. 지구인은 양자 얽힘 되어 있는
공 B의 색깔을 확인할 필요도 없이 초록색이라는 것을 알 수 있다.

하지만 우주인은 그 사실을 알지 못한다. 그래서 지구인은 1광년 떨어진 우주인에게 상자 안의 공 B가 초록색이라는 정보를 담은 신호를 보냈다. 한편 지구인이 색깔을 확인하는 바로 그 시간에 우주인은 상자 안 공 B의 화살표 방향을 확인하였더니 '업'이었다. 당연히 지구인이 가지고 있는 공 A는 '다운'일 것이고, 이 사실을 모르는 지구인에게 우주인 역시 이 정보를 전달하였다. 두 사람은 1광년이라는 거리만큼 떨어져 있으므로 1년 후에 정보를 전달받을 수 있게 된다.

여기서 문제가 발생한다. 분명 지구인은 공 A의 색깔을 확인하는 동안에는 불확정성 원리에 의해 화살표의 방향은 알 수 없다. 그런데 1년 후 우주인이 보낸 정보를 받자 자신이 보고 있는 공 A의 방향이 '다운'임을 알게 되었다. 지구인은 실제로 두 물리량을 동시에 측정한 것은 아니지만, 측정 선택과 정보 교환을 통해 배타적인 두 물리량이 동시에 정해진 듯한 상황에 이르게 된다. 불확정성 원리의 제약을 받고 있는 색깔과 방향의 정확한 정보를 동시에 취득할 수는 없는데 모순적인 상황이 발생한 것이다. 당연히 우주인도 마찬가지다. 사실 굳이 1광년이라는 거리 차이를 둘 필요도 없이 지구인과 우주인이 같은 방에서 각각 다른 물리량을 측정하면 서로 두 물리량을 동시에 획득할 것이 아니겠는가.

EPR 역설

위의 내용이 세 사람의 머리글자를 딴 EPR 역설로 불확정성 관계에 있는 공의 색깔과 방향을 한 순간에 정확히 알 수 있다는 사실을 통해 물리적 실재론을 논쟁의 주제로 끌어올린 것이다. 그래서 논문 서두에서 "우리가 시스템을 교란시키지 않고 물리량의 값을 확실하게, 즉 확률이 1이 되도록 예측할 수 있다면, 그 물리량에 대응하는 실재적 요소가 존재한다."라고 서술하였다. 그러니까 A에서 어떤 물리량을 측정함으로써 그에 대응하는 멀리 떨어진 B의 물리량의 값을 정확히 알 수 있다는 사실은 측정과 무관하게 그 물리량이 이미 B에 실제로 존재하고 있어야 한다고 생각할 수밖에 없고, 측정 선택에 따라 배타적인 두 물리량을 정확히 예측할 수 있다는 이런 모든 사실은 A와 B의 물리량이 실재한다는 결론에 이른다. 그러나 양자역학은 이러한 두 물리량을 동시에 하나의 상태로 기술하지 못한다. 파동함수는 측정 선택에 따라 어느 하나의 물리량만을 확률적으로 기술할 뿐, 그 둘을 동시에 확정된 값으로 포함시키지 못한다. 바로 이 점에서 EPR 논문은, 양자역학이 파동함수만으로는 입자의 모든 물리적 성질을 다 담아내지 못하므로, 어딘가에 아직 밝혀지지 않은 추가적인 변수나 더 깊은 이론이 존재해야 한다는 주장을 펼친 것이다.

EPR 역설은 양자 얽힘이 빛의 속도를 넘어서, 아니 즉각적으로 반응한다는 점에서 물리학의 기본적 틀인 국소성의 원리*에 벗어난다는 점도 지적했다. 지구에 있는 통 속 공의 색이 붉은색이라는 것을 확인한 즉시 1광년 떨어진 통 속의 공의 색이 초록색으로 어떻게 바로 결정될 수 있다는 말인가. 빛보다 빠르게 정보 전달이 이뤄질 수가 있는 것인가? 아인슈타인은 이를 '유령 같은 원거리 액션(spooky action at a distance)'이라는 표현으로 비판하였다.

이렇게 EPR이 양자역학의 틈을 파고들며 허점(?)을 꼬집는 미묘

---

* 공간적으로 멀리 떨어져 있는 두 물체는 절대 서로 직접적으로 영향을 줄 수 없다는 물리학 원리

한 공격은 보어를 또 한 번 당혹시키기에 충분하였다. 반박이 생각
보다 만만치 않았다. 사실 실재성과 국소성에 대한 논쟁은 실험으
로 밝혀지는 것이 우선이지만, 당시의 기술로는 쉽지 않았기에 이
론을 바탕으로 누가 더 논리적이냐가 승부를 가름하는 요소였다.
보어는 EPR의 물리적 실재에 대한 비판을 반박하기 위한 재료로 슈
테른－게를라흐 실험 결과를 활용했다. 19장에서 스핀의 존재를
입증한 실험의 또 다른 확장판이다. 그들은 전자의 스핀으로 실험
하였는데, 앞서 공의 색깔과 화살표로 비유하여 실험을 소개하겠다.

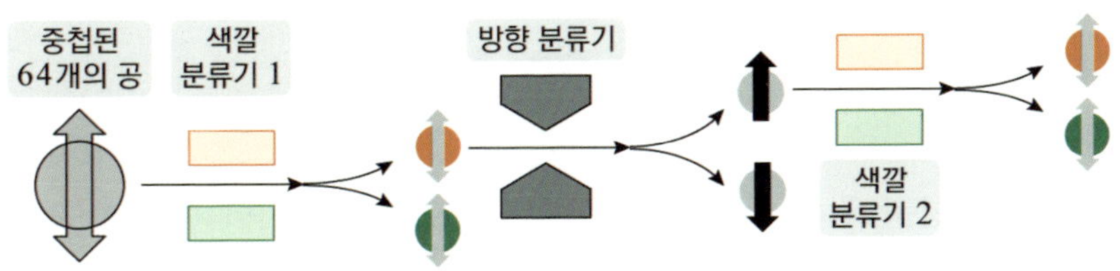

▲ 그림 20.20 슈테른-게를라흐 실험 개요도

64개의 중첩된 공을 색깔별로 나누는 '색깔분류기 1'에 통과시
켰다. 색깔별로 정확히 1:1의 비율로 분리할 수 있다고 가정하면,
32개의 공은 붉은색, 나머지 32개는 초록색의 공으로 나뉘게 된다.
이때 불확정성 원리에 의해 화살표가 어느 쪽을 향하는지는 알 수
없다. 분류된 붉은색의 공 32개를 이번에는 '방향분류기'를 지나게
하였다. 그러자 16개의 공은 '업', 나머지 16개의 공은 '다운'으로 나
뉘어졌다. 이중 '업'의 공만을 다시 색깔별로 분류하기 위해 '색깔분
류기 2'에 통과시켰다. 보통의 생각으로는 이미 붉은색의 공만을 분
류하였으므로 모두 붉은색이 되어야 한다. 그런데 코펜하겐 해석을
따르는 양자의 세계에서는 한 성질을 측정할 때 배타적인 다른 물
리량은 중첩상태로 바뀌므로, 빨간색이었던 공의 색깔은 '방향분류

기'를 통과하면서 앞서 관측한 색깔에 대한 정보는 더 이상 유지되지 않게 되어, 색깔은 다시 예측할 수 없는 상태가 된다. 그래서 색깔분류기 2'를 통과한 16개의 공들은 신기하게도 8개는 붉은색, 나머지 8개는 초록색으로 나뉜다.

보어는 이 실험을 통해 반박하였다. 중첩이 아닌 고전적 실재 상태로 존재한다면 이런 현상은 설명하기 어렵지만, 중첩된 비실재의 상태이기 때문에 발생한다는 것이다. 그래서 아인슈타인이 공박하는 핵심 논거인 물리적 실재는 그 기준이 잘못되었다고 반박했다. 어떤 물리량이 의미를 가지는지는 측정 장치의 배치와 실험 조건에 의해 비로소 정해지는 것이지 서로 다른 측정 조건에서 정의되는 물리량을 동시에 하나의 입자에 속한다고 가정하는 것 자체가 물리적으로 무의미하다는 것이다. 보어는 국소성의 원리에 대해서도 코펜하겐 해석에 따라 한쪽 입자의 상태가 결정되면 아무리 멀리 떨어져 있더라도 다른 쪽 입자의 상태가 즉시 결정된다며, 이는 국소성 원리에 위배되는 '유령 같은 원격작용'처럼 보이지만 양자 세계에서는 자연스러운 현상이라고 주장했다. 이처럼 보어가 양자역학, 아니 물리학에 가진 철학은 확고했다. 자연이 어떤 것인지를 밝히는 것이 물리학이 할 역할은 아니고, 우리가 자연에 대해 무엇을 말할 수 있는지를 찾아내는 것이고, 그래서 관측으로 드러난 사실에 집중하는 것이 물리학이 해야 할 본분임을 강조했다.

사실 보어의 주장은 코펜하겐 해석이 옳다는 전제하에서, 논리적으로는 틀리지 않지만 엄밀한 실험으로 입증이 필요한 대목이다. 물론 우리는 양자 지우개로부터 유령 같은 양자 얽힘이 사실일 수 있겠다고 여겨지지만 말이다. 어쨌든 보어는 아인슈타인의 주장을 일일이 반박하는 내용을 담은 논문을 의도적으로 그가 게재한 학술지에 보냈을 뿐만 아니라 제목도 동일하게 하였다.* 하지만 말로만 하는 주장인지라 아인슈타인은 당연히 납득할 수 없었고, 그래서 다음과 같이 반문하였다.

저 하늘에 달이 있다. 달은 실제로 존재한다. 그런데 코펜하겐 해석은 달을 관측하기 전까지는 존재하지 않는 것이고. 관측을 해야만 존재하는 거라고 한다. 그런데 달은 관측을 하든 말든 실제로 존재하지 않나? 위치나 운동량과 같은 물리량을 지닌 실제로 존재하는 달을 가지고 관측하지 않으면 없다고 하는 것은 받아들일 수 없다. 코펜하겐 해석은 관측하기 전까지의 물리량은 확률로 예측하고 관측하는 순간에 물리량을 확실하게 알 수 있다고 한다. 그런데 그 물리량마저 관측이 물리량을 교란시켜 정확한 값을 알 수 없다고 한다. 교란 없이는 관측 대상의 물리량을 측정할 수도 없고 측정했다한들 불확정성 원리로 정확하다고 할 수도 없다. 결론적으로 코펜하겐 해석의 양자역학은 완전성과 실재성 측면에서 불완전한 학문이다. 코펜하겐 해석이 미시세계를 정확하게 설명 못 하는 이유는 아직 우리가 이론과 수식 규칙을 찾아내지 못했기 때문이다. 그 규칙이 뭔지는 잘 모르겠지만, 나 아인슈타인은 이것을 숨은 변수라 하겠다.

물리학의 제왕 아인슈타인과 양자역학과 코펜하겐파의 수장 닐스 보어, 두 사람의 주장 중 과연 누구의 말이 맞을까? 아쉽게도 아주 오랜 시간 동안 누구의 말이 맞는지 확인할 수 없었다. 두 사람 모두 이론과 사고 실험을 기반으로 말싸움만 했기 때문이다. 하지

---

* N. Bohr, 《Can Quantum-Mechanical Description of Physical Reality Be Considered Complete?》, Phys. Rev. 48, 696 (935).

만 그들의 논쟁은 양자역학을 더욱 탄탄하게 탈바꿈시키는 데 지대한 공헌을 하였다는 점은 부정할 수 없다.

30년 만에 아인슈타인과 보어의 논쟁을 끝낼 한 사람이 등장하였다. 그는 바로 영국의 과학자 존 스튜어트 벨(1928~1990)이다. 그는 아인슈타인의 EPR 논문을 보고 깊은 감명을 받아 아인슈타인의 EPR 역설이 옳다고 생각했다. 그래서 1964년, 그는 양자 세계가 국소적 원리를 따르고 숨은 변수가 존재한다고 하였을 때, 반드시 만족해야 할 부등식을 찾아냈다. 양자의 세계가 이 부등식을 만족한다면 국소성 원리에 따라 양자 얽힘은 일어날 수 없는 현상이고, 또한 아인슈타인이 주장한 숨은 변수가 존재하므로 이를 찾아내 새로운 물리학 이론을 만들어내야 한다는 판결문이라 할 수 있다. 하지만 벨은 가상의 실험과 부등식만 제안했을 뿐이었다. 그럼에도 아인슈타인과 보어 사이에 벌어졌던 철학적 논쟁을 실제 실험으로 결판이 가능한 새로운 장으로 끌어들였다는 점에 의미가 있었다. 비록 두 사람은 모두 사망한 후였지만 벨의 이론 덕에 수십 년간 물리학 전체를 뒤흔들어놓았던 두 사람의 논쟁은 끝을 향해 치달았다. 그리고 마침내 1982년 프랑스 물리학자 알랭 아스페(1947~)가 실험에 성공하였다. 결과는? 자연은 국소적 실재론의 기대와 일치하지 않았다. 벨의 부등식은 위배되었고, 따라서 국소성과 실재성 가운데 적어도 하나는 포기해야 함이 드러났다. 양자의 세계는 벨의 부등식을 만족하지 않은 것이다. 벨이 아인슈타인의 가설이 옳다는 것을 입증하기 위한 연구 결과가 오히려 아인슈타인이 틀렸다는 반전이 일어난 것이다.

사실 벨 부등식이 아니더라도 우리는 이미 〈그림 20.10〉의 지연 실험 결과로 양자 얽힘이 비국소적으로 작동하는 양자의 신묘한 현상이라는 것을 받아들일 준비는 되어 있었다. 물론 우리의 직감으로는 전혀 그렇지 않지만 말이다. 이렇듯 보어는 아인슈타인을 비롯한 고전역학파의 숱한 공격을 효과적으로 방어하면서 코펜하겐 학파는 살아났다. 비록 아인슈타인의 옥새를 받는데 실패했지만 양자역학의 시대를 활짝 열게 하면서 현대 과학 발달의 초석이 되었다.

이제 길었던 이 책도 마무리할 단계이다. 아직도 양자역학에 관련된 이야기가 많이 남았지만 이 정도로 충분하다 하겠다. 물리학 이야기를 시작하면서 제시되었던 숙제를 해결해야 할 준비가 되었기 때문이다. 바로 자석의 수수께끼이다. 패러데이의 전자기 유도로 전기의 움직임이 자기장을 만들어낸다는 사실까지는 알아냈지만, 전혀 전기가 흐르지 않는 자석이 어떻게 자기력을 형성하는지는 이해하기가 힘들었다. 그 사실을 알기 위해서는 최첨단의 과학 이론인 양자역학이 필요하다는 것까지는 언급하였고, 양자역학에 대해 아주 기본적인 사실만 다뤘지만, 이 정도의 정보만이라도 자석의 수수께끼를 해결하는 데 크게 무리가 되지 않으리라.

자석에 대하여

전자에 대하여

생활 주변 어디에서나 볼 수 있는 너무도 흔하디흔한 자석은 양자역학의 원리를 이해하는 데 아주 훌륭한 교재이다. 또한 전자기학부터 시작하여 최첨단인 양자역학을 소개하기 위해 이 책의 이야기를 이끌어준 아주 훌륭한 소재이기도 했다. 그리고 이제 그 이야기의 끝에 도달하였다. 뉴턴과 그의 거인들, 그리고 그의 후예들의 업적을 쫓아가면서 쉼 없이 달려온 이 책도 마침내 그 여정의 끝을 자석의 이야기로 마치려고 한다.

양자의 세계는 관측 전에는 여러 상태가 중첩되어 있는 가능성만을 지닌 비실재의 세계로 오직 측정에 의해 나타난 결과만으로 해석하자는 것이 코펜하겐 해석의 주요 골자였다. 그렇기에 전자가 핵 주위를 공전한다든지 스스로 회전하기 때문에 스핀이 발생한다고 말할 수 없다. 더군다나 이런 해석은 전자가 입자여야 가능한데 입자라고 단정하기 어렵다. 이중 슬릿 실험으로 전자는 파동적 특성을 보여주지 않았는가. 자신은 입자와 파동의 이중성을 지닌 존재임을 밝히면서 물리학자들에게 자신의 본질을 재고하도록 강요하였다.

전자는 인간 입장에서 정말로 다가가기 힘든 존재이다. 전자의 정체를 밝히기 위해 이뤄진 역사에서 톰슨, 러더퍼드, 보어가 그린 전자의 모형은 전자를 어떻게 하든 이해하기 위해 추측과 단순화, 타협으로 이뤄진 한 단편일 뿐이다. 이해의 편의를 위한 환상에 불과했다. 그리고 괴이한 이중 슬릿 실험으로 관찰된 유령 같은 전자의 행동에서 밝혀진 사실로 전자는 파동함수로 다시 한 번 변신하였다. 파동함수는 단순한 추상이 아니라 공간에서 전자를 발견할 확률을 결정하는 물리적 현상으로, 우리가 바라볼 때만 입자로 존재하는 유령이었다.

이렇게 변천을 거듭하는 전자의 모습에서 우리는 과학이라는 학문의 한 단면을 깨닫게 된다. 모든 과학적 발견은 오늘날 우리가 진리로 여기는 것에 대한 더 깊은 이해를 향한 한 걸음이라는 것이다. 내일은 새로운 환상으로 거듭날 수도 있다. 새로운 발견은 우리가 알고 있다고 믿는 사실들에 대해 의심하게 만드는 존재이다.

그럼 전자가 확률파동함수라면 궤도각운동량이나 스핀을 어떻게 가지는 것일까? 너무 어렵다. 그래서 우리는 이해의 폭을 넓히기 위한 수단으로 편의상 전자가 러더퍼드가 제안한 태양계 행성처럼 자전과 공전으로, 그리고 보어의 각운동량의 양자화로 특정 궤도에서 핵 주위를 운동하고 있다고 가정하는 것은 결코 나쁜 선택은 아니다. 왜냐하면 이렇게 상상함으로써 전자의 많은 부분을 이해할 수 있는 장점이 있기 때문이다.

자, 그동안 얻어낸 정보를 가지고 자석이 어떻게 자기장을 만들어내는지 추측해보도록 하자. 자기장을 만들기 위해서는 전자가 움직여야 하고, 자전에 의해 내재된 스핀과 핵 주위를 운동하므로 전자를 지닌 원자 자체는 이미 작은 자석이다. 따라서 모든 물체는 자석이 될 충분한 조건을 가지고 있다. 하지만 현실은 그 수가 극히 제한적이라는 점에 아직 알아야 할 내용이 더 있다는 반증이다. 그 이

유를 알기 위해서 먼저 전자가 스핀이라는 성질 때문에 하나의 양
자 상태만 점유가 가능하다는 페르미의 배타원리에 대해 미진했던
부분을 짚고 넘어가보도록 하자.

보존과 페르미온

주양자수, 부양자수, 자기양자수로 정해진 궤도에 오직 2개의
전자가 '스핀 업'과 '스핀다운'으로 구별되는 다른 양자상태로만 배
치될 수밖에 없다는 것이 배타원리였다. 즉, 스핀양자수가 추가된
총 4가지의 양자수로 정해진 양자 상태에서는 오직 하나의 전자만
그 양자 상태를 점유할 수 있다. 그런데 전자는 왜 같은 양자 상태에
서는 2개 이상이 위치할 수 없는 것일까?

2명의 투수가 똑같이 생긴 야구공 A와 B를 대각선에 위치한 2명
의 포수 α와 β를 향해 던졌는데 중간 지점에서 2개의 공이 충돌했
다. 하지만 다행스럽게 모두 포수가 공을 잡았다는 사고 실험을 생
각해보자.

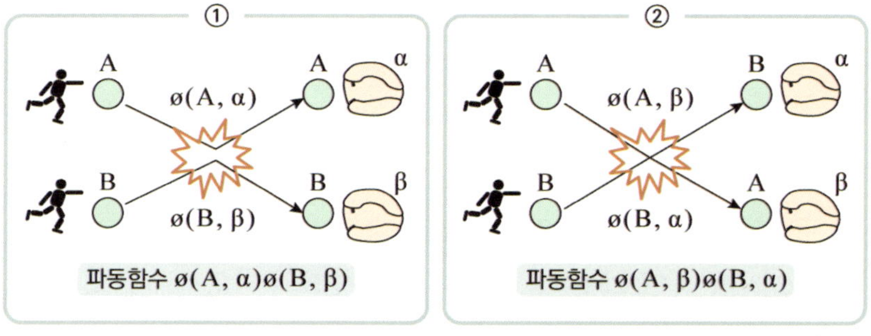

▲ **그림 20.21** 야구공 A와 B가 중간에 충돌을 일으키면서 α와 β의 포수에게 공이 전달되는 사
건의 경우

위의 상황에서 벌어질 수 있는 사건은 오직 두 가지이다. 야구공 A를 α의 포수가, 야구공 B를 β의 포수가 받는 그림 ① 혹은 반대로 야구공 A를 β의 포수가 야구공 B를 α의 포수가 받는 그림 ②이다. 이들 중 어떤 사건이 벌어졌는지는 사실 우리가 눈만 똑바로 뜨고 있어도 충분히 구분할 수 있다. 하지만 그렇게 되면 사고 실험의 취지가 망가지므로 눈 깜빡할 사이에 충돌이 벌어져 알기 힘든 상황으로 가정하자. 설혹 그렇더라도 고전 역학에서는 충돌이 일어나기 전의 공의 위치와 운동량, 충돌이 일어났을 때의 상황, 그리고 이후의 두 공의 위치와 운동량을 추적하면 어떤 공이 어떤 포수로 향했는지 정확하게 알 수 있다. 이것이 가능한 이유는 아무리 동일한 야구공이더라도 수많은 원자로 이뤄진 야구공의 배열까지 완벽히 동일할 수 없기 때문에 두 야구공의 구분이 가능하기 때문이다.

그러나 양자의 세계에서는 달라진다. 동일한 입자는 원천적으로 구별이 불가능하기 때문이다. 그 세계에서의 야구공은 바로 전자 혹은 광자나 양성자 등으로 물질을 구성하는 가장 기본적인 입자이다 보니 구별 자체가 원천적으로 불가능하고, 그래서 두 포수가 공을 받았지만 이 사건이 그림 ①인지 ②인지 도저히 구분할 수 없다.

이렇게 전자의 구분이 원천적으로 불가능한 상황에서 위의 사고 실험을 양자역학에서는 어떻게 처리할까? 잠시 양자 세계의 언어를 사용할 것이라 어려움을 느낄 수 있겠지만 찬찬히 따라가면 이해 못할 것은 없다. 전자 A를 포수 α가 받는 사건이 일어나는 상태의 파동함수를 $\phi(A,\alpha)$, 전자 B를 포수 β가 받는 상태의 파동함수를 $\phi(B,\beta)$라 하면 그림 ①의 전체적인 사건의 파동함수는 $\phi(A,\alpha)\phi(B,\beta)$가 된다. 이때 야구공을 받는 상황으로 묘사한 〈그림 20.24〉에서 포수 α와 β는 스핀의 값으로, α를 '업스핀', β를 '다운스핀'으로 생각하면 되겠다. 반대로 전자 A를 포수 β가 받는 파동함수를 $\phi(A,\beta)$, 전자 B를 포수 α가 받는 상태의 파동함수를 $\phi(B,\alpha)$라 하면 그림 ②의 사건의 파동함수는 $\phi(A,\beta)\phi(B,\alpha)$이다.

그런데 이 두 사건을 구분할 수 없고 두 입자가 아직 개별적으로 구분되지 않은 상태이므로 양자의 세계에서는 두 파동함수 $\phi(A,\alpha)$ $\phi(B,\beta)$와 $\phi(A,\beta)\phi(B,\alpha)$가 중첩되어 두 사건 중 어느 사건이 일어날지 알 수 없는 가능성만 지니고 있다. 이때의 파동함수를 $\psi(A,B)$라 놓겠다. 양자의 세계에서 전자 A와 B는 원천적으로 구분할 수 없으므로 두 공의 위치를 바꾸었다고 달라질 것은 전혀 없다. 다른 사건이 아닌 물리적으로 구분할 수 없는 동일한 상태로 인식하므로, 앞서의 두 파동함수에서 전자 A와 B를 바꾸더라도 동일한 두 파동함수 $\phi(A,\alpha)\phi(B,\beta)$와 $\phi(A,\beta)\phi(B,\alpha)$의 중첩된 상태로 표현이 가능하다. 이때의 파동함수를 $\psi(B,A)$로 놓자. 결론적으로 구분이 불가능한 전자의 속성으로 위치를 바꾸기 전의 파동함수 $\psi(A,B)$와 바꾼 후의 파동함수 $\psi(B,A)$는 동일하므로 두 파동함수를 제곱한 확률분포함수는 같아야 된다.

$$|\psi(A,B)|^2 = |\psi(B,A)|^2$$

두 개의 파동함수의 제곱이 똑같다는 것은 $\psi(A,B)=\psi(B,A)$ 혹은 $\psi(A,B)=-\psi(B,A)$임을 뜻한다. 따라서 $\phi_\alpha(A)\phi_\beta(B)$와 $\phi_\beta(A)$ $\phi_\alpha(B)$가 중첩된 $\psi(A,B)$는 대칭의 꼴이 되거나 혹은 음의 부호가 붙은 반대칭 함수가 되어야 한다.

<식 20.22>
① 대칭함수 $\psi_1(A,B) = \phi_\alpha(A)\phi_\beta(B) + \phi_\beta(A)\phi_\alpha(B)$
② 반대칭함수 $\psi_2(A,B) = \phi_\alpha(A)\phi_\beta(B) - \phi_\beta(A)\phi_\alpha(B)$

지금은 전자에 한정해서 설명하였지만, 위의 결과는 전자를 포함해서 광자나 양성자 등 양자의 세계에 속한 입자에 모두 적용된다. 이들 역시 구분이 가능한 입자가 아니기 때문이다. 그렇지만 광자와 전자(그리고 양성자)는 각각 다른 길을 걷는다. 입자가 지닌 고유의 성질인 스핀의 존재 때문인데, 스핀이 정수인 광자는 대칭파동함수를 따르지만, 스핀이 반정수(1/2, 3/2…)인 전자와 양성자는 반대칭파동함수여야 한다. 특히 전자의 경우는 양자상태 α와 β가 다르기 때문에 만약 전자가 α와 β가 같은 양자상태를 가진다면 반대칭함수 $\psi_2(A,B)$는 0이 되어 전자의 위치에 대한 정보를 담은 파동함수가 사라져버린다. 그래서 양자상태가 다른 전자의 파동함수는 <식 20.22> ②의 반대칭 함수여야 한다. 반면 광자는 같은 양자상태로 모일 수 있는 대칭 파동함수라서 하나의 상태에 얼마든지 많은 광자가 있을 수 있으므로, 수많은 광자가 같은 양자 상태에 놓일 수 있다. 이 특성 때문에 하나의 파장으로 강한 빛을 내는 레이저를 만들 수 있다.

이렇게 전자와 같이 반대칭 파동함수로 나타나는 입자를 페르미온이라고 부르고, 광자처럼 대칭 파동함수인 입자를 보존이라고 부른다. 보존과 페르미온을 구분하는 기준은 각 입자가 지닌 고유한 스핀의 값으로, 스핀이 정수인 입자는 보존이고, 반정수인 입자는 페르미온이다.

궤도 담금질

원자는 전자로 인해 2가지 종류의 자기장이 발생한다. 첫 번째는 전자가 핵 주위를 움직일 때 발생하는 자기장인 궤도 자기모멘트이고, 두 번째는 전자에 자체적으로 내재된 스핀 자기모멘트이다. 전자가 공전과 자전으로 발생한 궤도 자기모멘트와 스핀 자기모멘트는 원자 하나 하나가 미세한 자기모멘트를 지니고 있으므로 사실을 가리키고 있다.

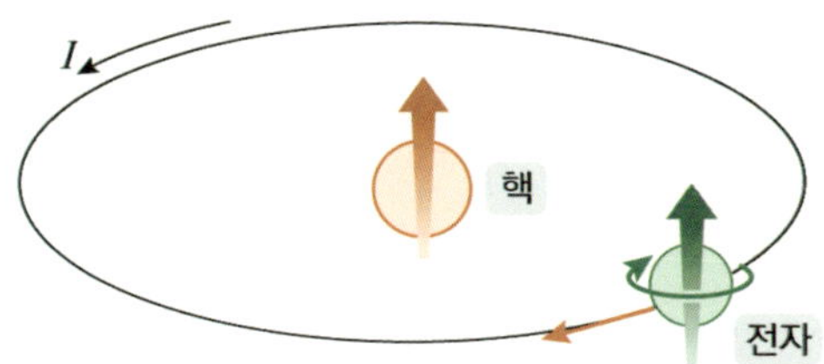

▲ 그림 20.23 전자가 핵 주위로 공전하며 고리 내부에 발생한 자기모멘트(붉은색 화살표)와 자전으로 형성된 스핀모멘트(초록색 화살표)

하지만 원자 하나가 만들어내는 자기장은 극히 작기 때문에 수많은 원자 자석들이 모여야 어느 정도의 자기력이 생긴다. 따라서 원자로 이뤄진 우리 주변의 모든 물체는 자석이 될 자질을 갖추고 있다. 그런데 자성을 띠는 물질은 극히 제한적이다. 가장 큰 이유는 단체생활 때문이다. 마치 독립적으로 존재하는 인간이 사회생활을 하는 경우와 비유할 수 있겠는데, 혼자 있을 때는 원하는 대로 행동할 수 있지만 두 사람이나 세 사람이 모였을 때는 행동의 제약이 조금씩 따르면서 필요 없던 예의도 지켜야 한다. 작게는 가족에서 시작하여 학교나 직장, 넓게는 국가를 형성할 정도로 인원이 많아지면 그 테두리 안에서 질서를 유지하기 위해서 더 많은 규칙이 필요로 한다. 전자로 구성된 원자들이 모여 이뤄진 세계도 그들만의 규칙이 존재한다. 당장 전자만 해도 배타원리에 의해 위치할 곳이 이미 제한되지 않았는가.

그러면 원자들이 모였을 때 어떤 규정이 생기는지 알아야겠다. 두 종류의 자기모멘트는 이론적으로 계산할 수 있고, 또한 실험으로도 확인할 수 있는데 실제로는 스핀 자기모멘트가 궤도 자기모멘트보다 약 2배정도 크게 나온다. 더군다나 물질을 구성하는 원자들은 서로 영향을 주기 때문에 각각의 물리량이 자기장에 미치는 효과는 많이 달라진다.

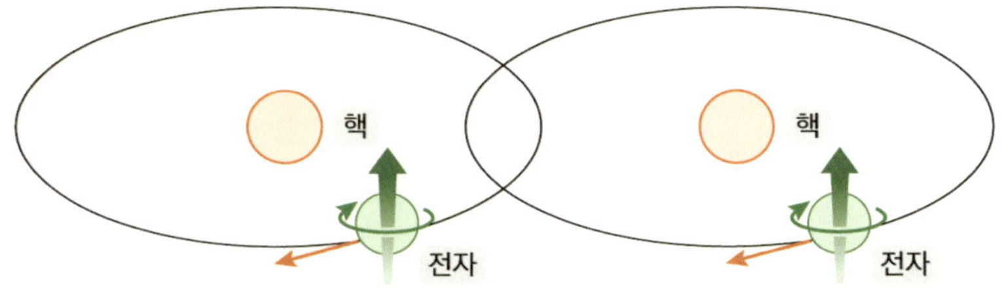

▲ 그림 20.24 두 원자가 가까워지면서 전자의 궤도가 겹치는 모습

원자들이 서로 결합을 할 때 전자의 공전 궤도가 그림처럼 겹치게 된다. 비록 2개의 원자에 대한 그림이지만 전자의 공전이 원활하게 이뤄지지 않을 것임을 쉽게 상상할 수 있다. 차들이 없는 곳에서 씽씽 달리다가 교통량이 많은 곳에서는 차들의 흐름을 질서 있게 유지되도록 신호등으로 통제하면서 가다 멈추기를 반복하는 것과 비유할 수 있겠다. 실제 수많은 원자들이 모이면 공전 궤도의 도로에 수많은 전자들로 정체되면서 움직임이 둔화된다. 그 결과 궤도 자기모멘트는 무시할 수 있는 정도로 작은 값이 되는데, 이런 현상을 전문 용어로 궤도 담금질(orbital quenching)이라 한다. 결과적으로 자석의 후보를 결정하는 주요 인자에서 궤도 자기모멘트는 크게

문제될 것이 없다.

교환상호작용

원자가 모였을 때 공전에 의한 전자의 움직임이 막히면서 궤도 자기모멘트는 크게 고려 대상이 되지 않게 되어 자석의 기능을 구현할 수 있느냐의 주요 인자는 스핀 자기모멘트가 된다. 이때 염두에 두어야 할 조건은 파울리의 배타원리이다. 그리고 이 원리로 자석이 될 수 없는 물질을 꽤나 솎아낼 수 있다.

먼저 궤도마다 모두 2개의 전자가 항상 쌍으로 꽉 차 있을 경우이다. 이때는 배타원리로 스핀이 각각 '업'과 '다운'으로 방향이 정반대의 전자가 쌍을 이루게 되어 스핀 자기모멘트가 상쇄되어버린다. 따라서 궤도마다 2개의 전자로 꽉 차 있는 원자들로 구성된 물질은 자석의 성질을 가지지 못한다. 그렇다고 쌍을 이루지 않은 전자가 존재하는 원자로 이뤄졌다고 해서 곧바로 자석이 되는 것은 아니다. 궤도가 겹치면서 궤도 자기모멘트의 효과는 지워졌지만 각각의 원자에서 쌍을 이루지 못한 전자의 스핀 자기모멘트의 방향이 같을 때는 강한 자력이 만들어질 수도 있지만, 반대 방향인 경우는 소거되어 강한 자성은 띠기 어렵게 된다. 남아 있는 전자의 스핀 자기모멘트의 방향이 같으냐 반대냐는 상당히 중요한 요인이다.

그럼 이런 방향을 결정하는 요인은 무엇일까? 에너지이다. 볼츠만 인자에서 에너지가 낮을수록 존재확률이 커진다고 하였듯 자연의 법칙은 에너지가 낮은 쪽을 선호한다. 스핀 자기모멘트의 방향도 에너지가 낮은 쪽을 선호하면서 결정되는데, 스핀 배열에 따라 달라지는 에너지 차이를 교환에너지(exchange energy)라고 한다.

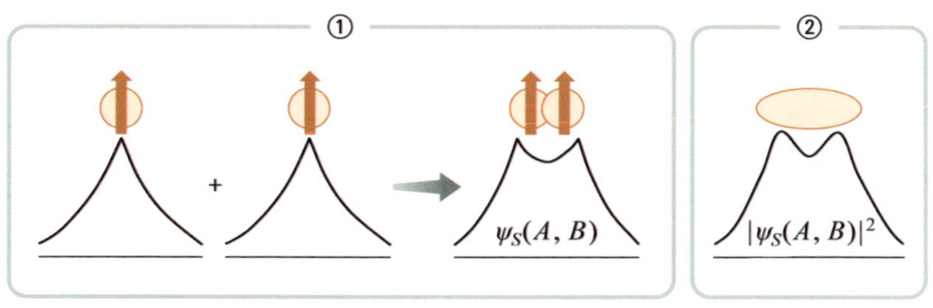

▲ **그림 20.25** ① 전자의 스핀 방향이 같을 때 파동의 중첩, ② 확률분포함수

같은 방향의 스핀을 가진 두 전자가 만날 때 각각의 파동함수는 그림 ①과 같이 중첩되어 파동함수 $\psi_S(A,B)$를 만들었고, 실제 전자가 위치할 확률은 파동함수의 제곱 $|\psi_S(A,B)|^2$이므로 그림 ②와 같다.

서로 반대 방향의 스핀을 가진 전자가 중첩되면 파동함수가 서로 역의 방향으로 상쇄간섭을 일으키기 때문에 진폭이 감소한다. 이때의 파동함수를 $\psi_A(A,B)$라 하면 전자가 위치하는 확률함수는 $|\psi_A(A,B)|^2$이다.

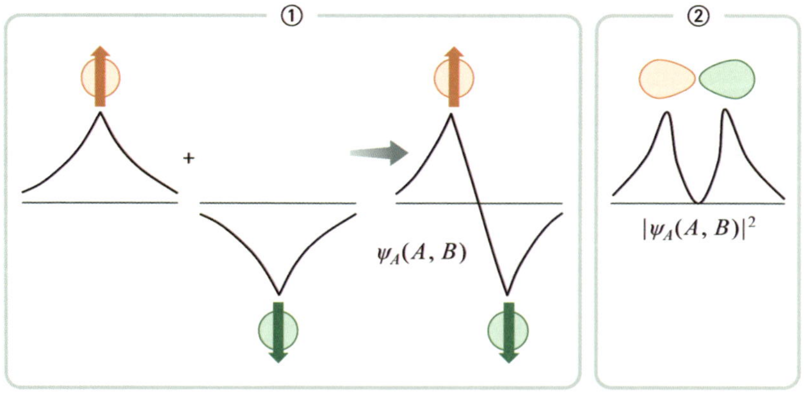

▲ **그림 20.26** ① 전자의 스핀이 반대 방향일 때 파동의 중첩, ② 확률분포함수

위의 두 그림을 비교하면, 〈그림 20.25〉와 같이 서로 같은 방향의 스핀을 가졌을 때 두 파동은 결합하면서 서로 보강간섭을 일으켜서 에너지 면에서 더 안정된 상태에 놓이게 되고, 서로 다른 방향의 〈그림 20.26〉은 상쇄간섭으로 전자가 존재하지 못하는 마디가 생기고, 이렇게 결합할 때는 높은 에너지로 흥분된 불안정한 상태이다. 실제 〈그림 20.26〉의 경우 전자가 존재할 확률분포가 더 넓은 위치를 점유하고 있다. 그래서 스핀이 같은 방향을 이룰 때 전자들의 에너지가 낮으므로 반대 방향일 때에 비해 더 안정적이다. 이렇게 원자 자석들이 뭉칠 때 같은 방향을 선호하는 현상을 교환 상호작용(exchange interaction)이라 하고, 이웃한 원자들의 스핀 방향을 결정하는 중요한 인자이다. 부연설명하자면, 같은 방향의 스핀을 가진 두 전자가 만날 때는 전체 파동함수가 반대칭 조건을 만족해야 하므로 공간 부분의 파동함수는 서로를 피하는 형태로 바뀌게 된다. 그 결과 두 전자는 평균적으로 서로 더 멀리 떨어져 존재하게 되고, 전하 사이의 쿨롱 반발 에너지가 줄어든다. 바로 이 때문에 스핀이 같은 방향을 이룰 때 전자들의 에너지가 반대 방향일 때보다 더 낮아지며, 더 안정된 상태가 된다. 하지만 오직 이 원리라면 전체적으로 자석이 될 수 있는 물질이 꽤나 많겠지만 그렇지 못한 이유 또한 배타원리에 기인한다.

위의 두 그림은 2개의 원자가 서로 겹칠 때 일어날 수 있는 상황이다. 먼저 그림 ①에서 왼쪽은 '스핀 업'의 전자가 그리고 오른쪽은 '스핀 다운'의 전자가 모두 가장 안쪽의 궤도에 위치하고 있다. 방향이 평행일 때 에너지가 더 낮은 안정된 상태라는 교환상호작용과는 달리 서로 다른 방향인 이유는 궤도가 겹치면서 각각의 원자에 속

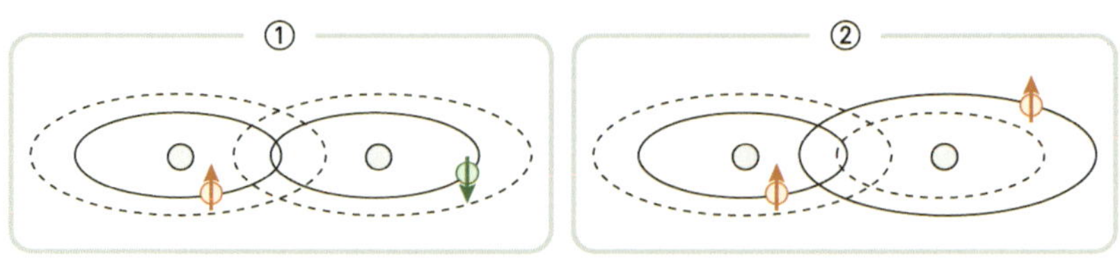

▲ **그림 20.27** 배타원리와 교환상호작용에 따른 스핀의 방향

한 전자는 같은 궤도에 놓인 격이 되고 교환상호작용보다는 배타원리가 훨씬 우선되는 규칙이라 서로 스핀의 방향이 반대인 상태로 존재하게 될 수밖에 없다. 결과적으로 자석이 될 수 없다.

반면 하나의 전자가 더 높은 궤도로 위치하였을 때는 배타원리가 작동될 근원이 사라졌으므로 이때는 교환상호작용으로 그림 ②와 같이 스핀이 같은 방향으로 놓이게 된다. 하지만 바깥쪽 궤도일수록 궤도 반경이 커져서 더 큰 운동에너지로 에너지가 높아지게 되어 불안정하다는 점에 존재할 확률이 떨어진다. 이처럼 원자들이 결합할 때 궤도 담금질이나 교환 상호 작용 등 여러 규칙으로 물질이 자력을 가질 수 있으려면 이외에도 여러 조건을 뚫고 지나가야 하므로 대부분의 물질은 자석의 조건에서 지워져 자성을 띠지 않는다. 이런 물질들을 반자성체(diamagnetic)라고 하여 납, 구리, 아연, 비스무트, 수정, 탄소, 물, 수소 등 상당수의 물질이 여기에 해당한다.

반자성체와 상자성체

궤도마다 전자가 쌍을 이뤄 스핀 자기모멘트가 반대 방향인 반자성체는 자기력을 상쇄하여 원천적으로 자성을 가질 수 없는 물질이었다. 그런데 50장에서 반자성체에 대해 언급한 적이 있지만, 자성을 전혀 띠지 않는 반자성체에는 매우 특이한 현상이 있다.

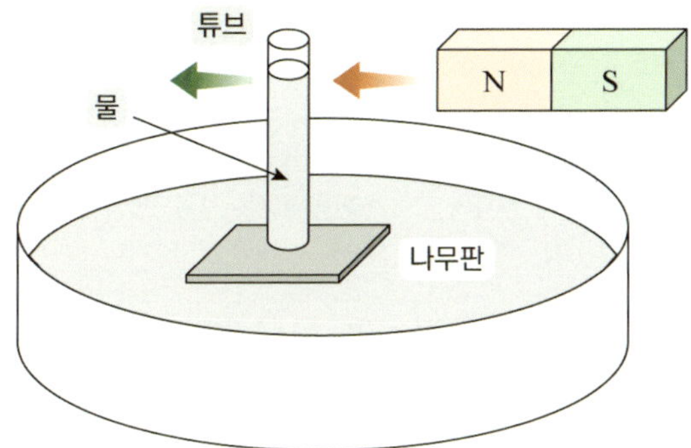

▲ 그림 20.28 물이 담긴 튜브에 자석을 가까이 하였을 때

집에서도 각자가 충분히 할 수 있는 실험이다. 물로 채워진 튜브가 끼워져 있는 나무판을 물 위에 띄워놓고 자성이 강한 자석의 N극을 붉은색 화살표의 방향으로 가까이 하게 되면 튜브가 자석에 반발하여 초록색 화살표 방향으로 밀리는 현상이 일어난다. 이상하지 않나? 반자성체인 물은 자성을 띠고 있지 않음에도 어떻게 자석에 밀릴 수 있을까? 그러면 반대로 자석의 N극이 아닌 S극을 가까이 하면 끌려오지 않을까? 하지만 이때도 튜브가 밀리는 현상이 일어난다. 물이 자석이라 하면 극성이 있어 외부의 자석의 극에 따라 인력 혹은 척력이 발생해야 됨에도 항상 밀린다는 것은 이례적이다. 왜 그럴까? 이는 물만 가진 특성이 아니고 반자성체인 물질이

지닌 공통적인 특성이다. 자석의 N극이건 S극이건 상관없이 항상
반대 방향으로 밀린다.

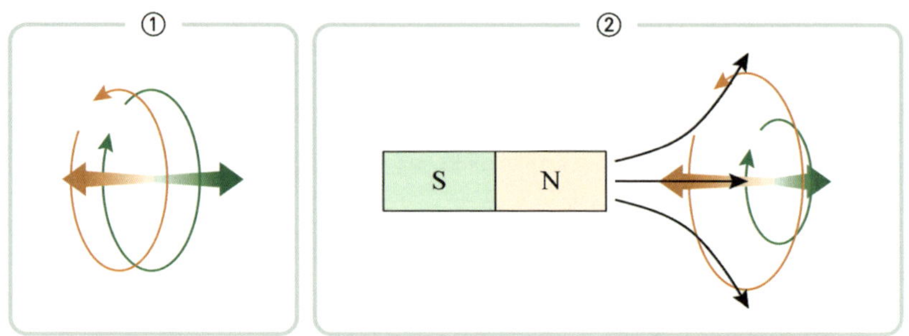

▲ 그림 20.29 ① 스핀의 방향인 반대인 전자가 쌍을 이뤄 형성된 자기모멘트의 쌍,
② 자석이 가까이 오면 두 전자의 고리가 만들어내는 자기모멘트의 세기가 달라진다.

반자성체는 반대방향의 스핀을 지닌 두 전자가 쌍을 이뤄 자기
모멘트가 상쇄되는 물질이다. 〈그림 20.29〉 ①과 같이 반대 방향의
스핀으로 발생한 자기모멘트가 상쇄되는 것이다. 그런데 그림 ②와
같이 자석을 가까이 가져가 보도록 하자. 이때 고리를 통과하는 자
속이 변하게 된다. 이 순간 우리는 무엇을 떠올려야 할까? 바로 패
러데이의 전자기 유도 법칙이다. 외부의 자석이 가까이 오면서 전
류의 고리 내부가 자기장의 변화를 감지하고, 이때 전류의 고리는
자기장의 변화에 상응하는 반대의 자기장을 인가하게 된다. 위의
그림처럼 자석이 인가하는 자기장과 반대 방향의 자기모멘트를 가
진 붉은색 고리는 내부로 진입하는 반대 방향의 외부 자기장에 의
해 감소된 양만큼을 벌충하기 위하여 더 강한 자기모멘트를 만들게
되고, 반면 같은 방향을 가진 초록색 고리는 외부의 자석에 의해 얻
어진 자기장만큼 감소된 자기모멘트를 만들게 된다. 따라서 각각의
전류의 고리가 만들어내는 자기모멘트의 차이가 자석과 반대방향

의 자기모멘트로 발현되어 밀리게 된다. 이런 현상으로 자석의 극성과 상관없이 항상 밀리는 것이다.

수분으로 주로 구성된 생명체는 모두 반자성의 성질을 지니고 있으므로 외부 자기장이 충분히 강하면 생명체를 수분에 의한 반자성을 이용하여 공중에 띄울 수도 있다. 실제 개구리로 이런 실험을 행하였는데, 유튜브에서 검색을 통해 쉽게 확인할 수 있다.

한편 튜브에 가까이한 자석을 치워버리면 원자 내에 유도된 자기장은 어떻게 될까? 외부의 자석에 의해 자화되어 자성을 가지게 된 물이 계속 자화된 상태를 유지할까 아니면 다른 일이 일어날까? 이번에는 반대의 현상이 발생한다. 자기장이 갑자기 썰물처럼 빠져나가면서 역의 방향으로 전자기 유도가 발생하여 자기모멘트의 강도를 감소하기 때문에 물은 자성을 잃게 되어 원래의 상태로 회귀한다. 반자성은 세기가 약할 뿐만 아니라 매우 일시적인 현상이다.

이제 짝지어지지 않은 전자로 자석의 성질을 지닌 원자들로 이뤄진 물질 중 하나인 산소에 대해 살펴보겠다.

산소에는 총 8개의 전자가 있는데 가장 낮은 에너지부터 전자가 채워지기 때문에 주양자수 $n=1$에 먼저 전자 2개, 다음으로 낮은

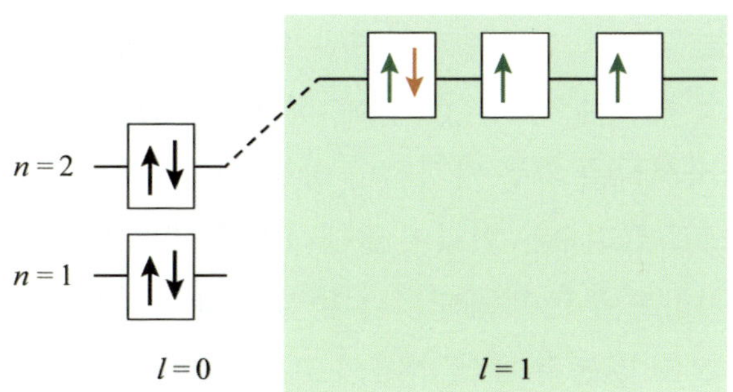

▲ 그림 20.30 산소의 바닥상태 전자 배치도

에너지인 $n=2$준위에 전자에 2개가 배치된다. 그리고 나머지 4개의 전자는 주양자수 $n=2$와 부양자수 $l=1$의 3개의 방에 위치하게 된다. 이때 같은 방에 있으면 서로 티격태격하게 되는데 마침 방이 3개이므로, 4개의 전자 중 3개가 먼저 각 방에 분산 배치된다. 그리고 스핀 자기모멘트 방향이 같을 때 에너지가 더 낮다는 교환 상호작용 법칙으로 같은 방향의 전자가 자리한다. 그리고 남은 하나의 전자가 배타원리에 따라 반대방향의 자기모멘트로 하나의 방에서 쌍을 이루게 된다. 즉 산소는 짝지어지지 않은 전자 2개를 가진 원자전자이다.

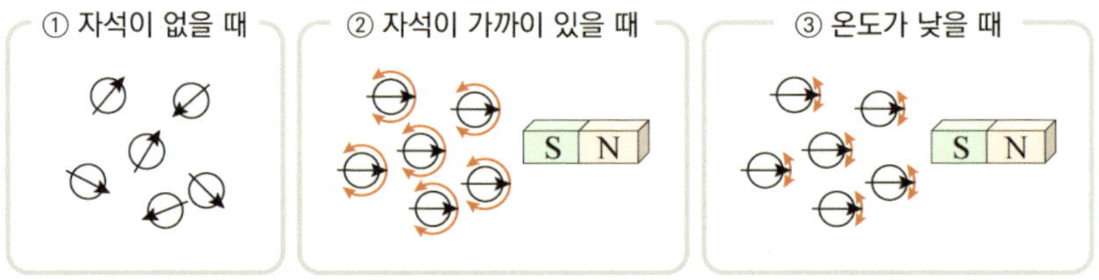

▲ 그림 20.31 ① 무작위로 배열된 원자 자석, ② 외부 자기장(회색 화살표)의 방향으로 정렬하였지만 온도가 높아 열적 요동이 큰 상황, ③ 온도가 낮아 열적 요동이 작아졌을 때

산소 원자가 작은 자석이더라도 자석이 되지 않는다. 이유는 전체적으로 원자들이 무작위 방향으로 분포되기 때문에 서로 상쇄되어 사라지는 것이다. (그림 ①) 하지만 강한 자석의 S극을 가까이 가져가면 산소 자석의 N극은 끌어당기고 S극은 밀쳐 회전시킨다. 그래서 산소 자석들은 외부 자기장의 방향으로 정렬되어 반자성과는 달리 자석으로 끌려오는 인력이 발생하게 된다. (그림 ②) 이런 현상을 상자성이라고 부르며 해당되는 물질을 상자성체라고 한다.

하지만 온도가 높을 때는 원자의 요동이 심히다 보니 정렬을 하였음에도 무작위성이 가미되어 의미있는 자력이 크게 형성되지 않는다. 반면 온도가 낮을 때는 열적 요동이 잠잠해져 정렬의 효과가 커져 꽤 의미있는 자력이 형성된다.

물론 짝을 이루지 않은 전자를 가진 원자로 구성되었다고 모든 물질이 상자성체처럼 행동하는 것은 아니다. 앞서 반자성체라고 소개한 구리, 금, 은은 사실 모두 짝을 이루지 않은 전자를 갖고 있어 상자성체이어야 함도 이들은 반자성체처럼 행동한다. 이유는 짝을 짓지 못한 전자에 의한 상자성도 있지만 쌍을 이룬 상당수의 전자들의 전자기 유도에 의한 반자성의 세기가 상자성보다 더 커지는 역전 현상에 기인한다.

강자성체

상자성체도 자석의 요건을 만족하지 못한다면 도대체 어떤 물질이 자석이 될 수 있을까? 엄밀하게는 짝을 이루지 않은 전자를 가진 원자 자석으로 구성된 상자성체가 자석의 후보이지만 모두 자석이 될 수 없었던 이유는 〈그림 20.31〉①과 같이 원자 자석이 무작위로 배열되어 있기 때문이다. 바로 이 점에 착안한다면 원자 자석이 하나의 방향으로 배열되면 자석의 요건을 충족하게 된다. 배타원리부터 시작해서 궤도 담금질, 교환상호작용 원리, 원자 자석의 배열 등 여러 조건을 뚫고 자석이 되는 물질을 미리 밝힌다면 원자번호가 26인 철, 27번인 코발트, 28번 니켈, 그리고 64번인 가돌리늄의 4가지 원소뿐이다. 그들은 짝을 이루지 않은 전자를 가진 원자 자석이고 동시에 자기모멘트가 하나의 방향으로 정렬되어 믿을 수 없을 만큼 강한 자력을 내뿜는다. 이런 성질을 강자성이라고 부르고 해당 물질을 강자성체(fcrromagnetic)라고 부른다.

그런데 의문점이 돌연 발생한다. 철이 자석이라고? 철이 자석에 끌리는 것은 맞지만 철 자체가 다른 물질을 잡아당기는 자력은 없지 않은가?

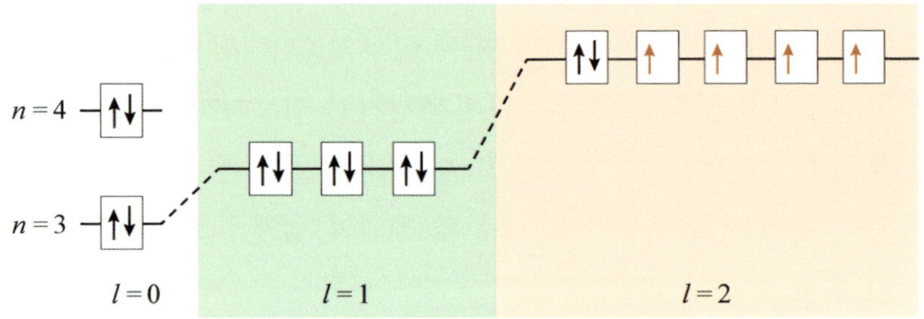

▲ 그림 20.32 철의 바닥상태 전자 배치도

26개의 전자를 지닌 철의 전자상태의 배치도가 〈그림 20.32〉이다. 주양자수 $n = 2$까지 전자 10개가 꽉 찬 후에 남은 전자 16개가 낮은 에너지를 지닌 방부터 우선적으로 채워지게 된다. 이때 특이한 점은 $n = 3$, $l = 2$의 궤도보다 주양자수가 더 큰 $n = 4$, $l = 0$의 궤도가 더 먼저 채워지는데, 이유는 이 양자상태의 에너지가 더 낮기 때문이다. 보어가 주기율표를 정리할 때 고려하였던 조건의 하나였다. 그래서 이들 방을 먼저 채우고 남은 6개의 전자가 $n = 3$, $l = 2$의 에너지 방을 채우면서 짝짓지 못한 전자가 4개 존재한다. 그리고 철의 원자 자석들은 인접한 원자와 포개어질 때 최외각의 짝지어지지 않은 전자들의 교환 상호작용이 강하게 작동하면서 스핀이 같은 방향으로 정렬하면서 강력한 자력을 가지게 된다. 그럼에도 철이 자석의 성질을 띠고 있지 않다는 점은 의아하다. 이유는 여러 개의 자기구역으로 나뉘었기 때문이다.

자기구역 안에서는 정렬된 스핀으로 강한 자력을 가지지만, 각

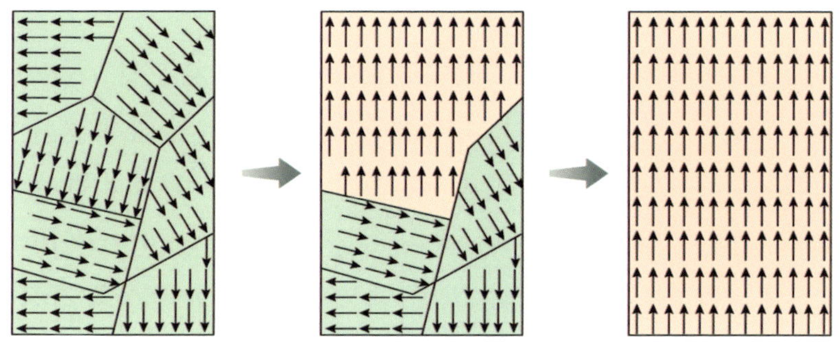

▲ 그림 20.33 철의 내부 스핀 배열 상태

각의 자기구역들은 독립적이어서 자화된 방향이 불규칙하여 전체적으로는 자기장이 모두 상쇄된다.(가장 왼쪽의 그림) 하지만 자석을 가까이하였을 때 외부 자기장으로 인해 자기 구역이 회전하면서 한쪽 방향으로 순차적으로 정렬되면서 결국 같은 방향으로 정렬된 강한 자성을 띠게 된다. 그리고 자석을 제거하면 계속 머물 이유가 없어졌기에 자기 구역은 원래의 무작위 방향으로 돌아가면서 자력도 잃게 된다.

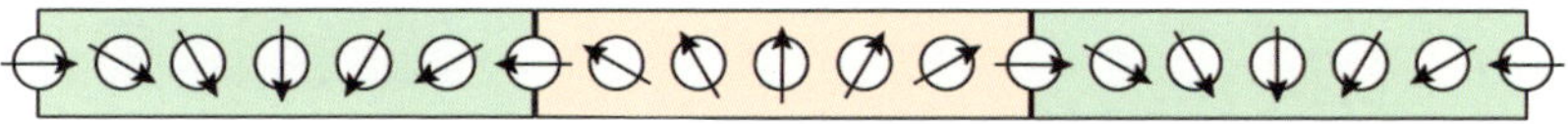

▲ 그림 20.34 약한 교환상호작용으로 자기구역이 형성되는 개념도

이렇게 자기구역이 형성되는 이유는 교환 상호작용이 근거리에서만 작동하기 때문이다. 스핀이 교환상호작용으로 인접한 스핀들을 완벽하게 정렬시키는 것이 아니라 약간의 차이가 있다. 위의 그림처럼 약간씩 자기모멘트의 방향이 틀어지면서 자기구역을 형성한다.

자기 구역들이 무작위로 배열되어 자성을 지니지 못하는 강자성체의 물질을 전 구역이 하나의 방향으로 정렬시켜 우리가 흔히 알고 있는 자석으로의 기능을 구현시키기 위해서는 어떻게 해야 할까? 대표적인 방법으로는 형상이방성을 이용하는 것이다. 이방성과 대비되는 용어인 등방성은 모든 방향에서 동일한 특성을 가진다는 말이고, 이방성은 하나의 방향이 존재함을 뜻한다. 자석이 양쪽으로 반대의 극성으로 방향성을 가진다는 점에서 자석은 이방성을 대표하는 물질이다. 등방성이면 모든 방향에 대해 대칭이라 자석이 만들어지지 않는다.

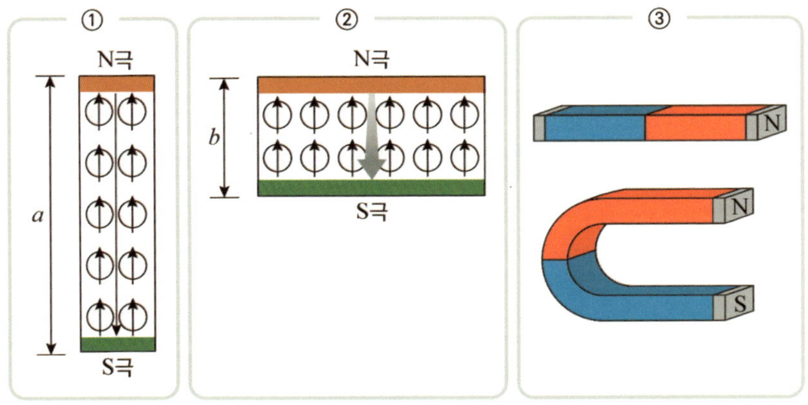

▲ 그림 20.35 형상이방성으로 만들어진 자석

그런데 자석의 양 끝인 N극과 S극은 외부로 자기장을 만들어내지만 자석 내부에 반대의 방향으로 자기장을 만들어낸다. 그림 ①과 같이 자석을 구성하는 모든 원자가 위쪽 방향의 자력을 만들어 자석의 위쪽은 N극이고, 아래쪽은 S극이라 할 때, 자석 내부에서는 형성된 극으로 인해 N극에서 S극을 향하는 붉은색 화살표 방향으로 자기장이 생긴다는 것이다. 이 자기장은 N극으로 향하는 원자 자석의 자기장 방향과 반대여서 원자 자석의 배열을 흐트러뜨려 자석의 자력 형성을 방해하게 만들어내는 반자화(demagnetization)를 일으킨다. 따라서 반자화가 작아야 더 강한 자석으로 구현될 수 있는데, 양쪽의 극에 의해 발생한다는 점을 착안하면 직감적으로도 극의 거리가 가까울수록 반자화의 세기가 강해지고 멀수록 약해질 것이다. 그림 ②와 같이 박막 형태의 자석의 경우에 N극과 S극의 거리가 짧아서, 즉 $a > b$라서 자석 내부에 생긴 붉은색 화살표의 반자화의 크기는 그림 ①의 검은색 화살표와 비교하여 강하다. 그래서 양극 사이의 거리가 더 긴 그림 ①의 반자화의 크기가 작아 자석의 효율이 더 좋다. 초등학교 시절 쉽게 접하였던 막대자석이나 말굽자석이 긴 모양인 데는 이런 이유가 숨어 있다.

그렇지만 우리 주변에는 박막형태의 자석도 있다. 심지어 막대자석보다 훨씬 더 강하다. 반자화가 훨씬 강한 박막 형태가 자성이 강한 이유는 형상이방성보다 자성을 결정짓는 더 큰 요인이 존재하기 때문이다. 바로 결정자기이방성성(crystalline magnetic anisotropy)이다. 결정자기이방성은 자화가 용이한 축 방향으로 정렬할 때의 에너지가 자화가 되기 힘든 축 방향으로 정렬할 때보다 에너지가 더 낮기 때문이다. 이 점을 고려하여 특정 방향으로 원자를 하나하나 쌓아 나가면서 일정한 방향성을 주어 강한 자성을 지닌 자석의 제작이 가능하다. 보통 희토류 물질인 네오디뮴의 경우가 결정자기이방성이 강하여 영구자석의 재료로 사용된다. 흔히 접하는 네오디뮴 자석은 네오디뮴과 철, 그리고 붕소를 2:14:1의 비율로 만들어진 것이다.

단순하게 여겼던 자석에 가장 최첨단의 물리학 이론인 양자역학으로 설명해야만 하는 비밀이 숨어 있다는 점은 놀라울 정도이다. 말굽이나 막대자석은 모양만 길게 하면 어느 정도 자성이 나타나지만 원자 하나하나를 적층하여 만들어진 네오디뮴 자석은 가장 자성이 강한 현대 과학이 만들어낸 자석의 총아이다. 하찮게 보이는 자석에도 양자역학이 활용되듯 사실 우리가 사용하는 모든 전자제품에는 양자역학의 원리가 녹아들어서 만들어졌다.

양자역학의 내용을 읽으면서 어느 정도 느끼셨겠지만 좁게 보면 우리 인간이 보이지 않는 미세의 입자인 전자의 운동을 해석하는 이론이라고도 볼 수 있는데, 현대 과학의 발전을 이룰 수 있었던 것이 전자를 통제할 수 있는 기술을 개발하였기 때문이다. 구리나 철과 같이 전기를 통하는 도체는 내부에 자유로운 전자들이 있어 이들이 움직이면서 전기를 생산한다. 하지만 너무도 쉽게 흘러버리는 전자들의 움직임 때문에 통제가 되지 않자 만들어낸 것이 반도체이다. 반도체는 필요한 부분에 원하는 만큼의 전자를 흘려보낼 수 있는 물질로 양자역학이 만들어낸 최고의 물질로, 이 반도체라는 개념과 불순물을 다루는 기술이 결합하자마자 마침내 1947년 전기신호를 증폭하거나 전류의 흐름을 조절하는 스위치인 트랜지스터가 탄생했다. 트랜지스터야말로 전자문명을 일으킨 20세기 최고의 발명품이다.

　이 책을 쓰기 위해 처음 펜을 들었을 때 미적분의 활용도가 가장 높은 뉴턴의 고전역학만을 이야기하려 하였다. 특히 수식을 충분히 쓰고 싶었지만 상대론이나 양자역학 등은 미적분 외에도 훨씬 많은 수학이 포함되어 있어 책에 담기에는 만만치 않다고 여겼다. 그런데 마음 한켠에 본인이 전공한 물리학 전반을 쓰고 싶은 마음이 자리하고 있었고, 또 책을 써내려가면서 가능하다고 판단되면서 마침내 2권에 물리학의 이야기를 적을 수 있게 되었다.

　분명 이 책은 미적분에 익숙하지 않은 분들에게는 단숨에 읽고 끝내기가 버거운 내용들로 가득하다. 가끔 앞의 부분을 일일이 확인해야 하는 수고도 해야 하고, 무엇보다도 수학이나 물리가 누가적(累加的) 학문이라는 속성 때문에 앞의 내용이 제대로 숙지되지 않은 상황에서 그것을 활용하는 단계에서는 여러분의 머릿속을 혼란스럽게 만들 소지가 다분하다. 하지만 내용 자체는 그 어떤 책보다 충실하게 그리고 시각화로 이해하기 쉽고 친숙하도록 구성하려 애썼다. 그래서 독자들에게 미적분과 물리학의 중요성을 일깨우고 또한 각자의 환경에서 주어진 정보로 어떻게 해야 새로운 아이디어를 구현할 수 있을지를 간접적으로 경험함에 부족함이 없을 것이다.

　대학 강단의 교수님들과 대화할 때 가끔 듣는 이야기가 있었다.

요즘 학생들은 이전보다 다방면으로 훨씬 똑똑하고 이론의 습득 능력도 탁월하다고 한다. 하지만 새로운 문제를 접하였을 때 이를 해결하려는 능력은 오히려 약해졌고 그런 능력을 지닌 학생 수도 많이 줄었다고 한다. 개인적인 의견이지만 나 역시 어느 정도 수긍하는 면이 있었다. 그리고 이것이 사실이라면 아마도 스마트폰과 인터넷 등의 폭발적인 발전 등으로 자신이 알지 못하는 정보를 쉽게 얻는 시대가 되면서 어렵고 지난한 과정을 거쳐야 답을 얻을 수 있는 문제를 기피하고, 자연스레 자신이 지닌 정보를 조합하여 문제를 해결하는 능력의 부재로 이어졌다고 판단된다. 주변에 널리고 널린 것이 정보이고 또한 이런 정보를 취득하는 것도 쉬운 현 시대에 살고 있는 우리에게 진짜로 필요한 정보만을 선별하여 활용하는 지혜가 절대적으로 필요하다.

저자가 가장 좋아하는 문구의 하나가 본문에서 등장했지만 "내가 더 멀리 볼 수 있었던 것은 거인들의 어깨 위에 서 있었기 때문이다"이다. 이 문장에는 매우 함축적인 의미가 담겨 있다. 단순하게 다른 사람들이 획득한 정보를 많이 취득하였다고 더 멀리 볼 수 있다는 것이 아니고, 정보가 지닌 의미를 많이 깨달을수록 더 나아가 통찰하였을 때에야 거인의 어깨 위에 서서 지혜를 발현할 수 있다는 것이다. 그러한 중요한 지혜를 습득하는 최고의 방법은 위인들이 어떤 지혜로 불멸의 업적을 성취하였는지를 배우는 것이 가장 좋은 방법이다.

개인적으로는 양자역학을 실제적으로 완성한 보어를 닮을 필요가 있다고 본다. 뉴턴이나 아인슈타인은 신계의 천재이기에 감히 평가하거나 따라한다는 것이 두렵지만, 인간계 최고의 천재인 보어의 모습은 어떤 분야건 성공을 꿈꾸는 수많은 이에게 표본을 제공하는 인물이라 감히 평할 수 있다. 자신의 문제를 해결하기 위해 주변의 모든 정보들의 진정한 의미를 깨닫고 마침내 양자역학의 시대를 개척한 보어가 걸었던 자취는 각 분야의 거인들의 어깨 위에서 바라보기 위해 어떻게 해야 할지 최고의 표본이 되지 않을까 여겨진다. 이 책이 여러분에게 미적분과 물리학에 대해 많은 것을 배우는 것은 물론 문제를 해결하기 위해 어떤 자세로 임해야 할지 알려주는 나침반과 같은 역할만 해도 소임을 다하였다고 할 수 있겠다.

이 책이 완성되기까지 꼬박 4년 가까운 시간이 소요되었다. 책의 분량을 생각하면 오히려 짧다고 여겨질 수 있는 그 시간 동안 책의 완성을 위해 노력했던 과정이 떠올랐다. 다양한 자료도 찾아보고, 물리학의 내용을 다시 숙지하면서 추억에 잠기기도 하고, 학창 시절에는 무의미하게 넘어갔던 식에 숨어 있는 의미를 새롭게 깨달았을 때 그때는 왜 그냥 넘어 갔을까라는 자책도 했다. 하지만 혼자서 주체하기에는 너무 많은 양이 되면서 뒷부분은 생략할까라는 생각도 들었지만 포기하지 않고 쉼 없이 달려왔다. 그렇게 할 수 있었던 것은 항상 나를 믿고 지켜봐준 아내와 세 딸 덕분이다. 가족에게 고마운 마음을 보내고 싶다. 그리고 이 책에 등장한 수많은 나의 거인들에게도 무한한 존경심과 감사함을 전하고, 무엇보다 책을 세상에 선보이게 하는 데 동의해주시고 열렬히 응원해주신 궁리출판은 물론 모든 분들께 깊이 감사드린다.

14부

Coxeter, H. S. M., 《Introduction to Geometry》, Second edition. New York: Wiley.(1989).

John B. Fraleigh,Neal E. Brand (지은이) | 김연수,유명준,유화종,최성락 (옮긴이),《현대대수학》, 경문사 (2009)

John Leslie, 《Elements of Geometry and Plane Trigonometry》, A. Constable & Company (1817)

고의관,《작은 수학자의 생각실험 1》, 궁리 (2015)

데이비드 L. 구드스타인 (글) | 강주상 (번역),《파인만 강의:태양 주위의 행성 운동에 관하여》, 한승 (2004)

15부

낸시 포브스·, 배질 마흔 공저 | 박찬, 박술 공역,《패러데이와 맥스웰》, 반니 출판사 (2014)

정동욱,《공간에 펼쳐진 힘의 무대》, 김영사 (2022)

L. Pearce Williams, "André－Marie Ampère", Scientific American, Vol. 260, 90－97 (1989)

Michael Faraday, 《Experimental Researches in Electricity》 (1831), (https://royalsocietypublishing.org)

Faraday's Diary. Edited by Thomas Martin, M.Sc., and published by order of the Managers of the Royal Institution of Great Britain, with a Foreword by Sir William H. Bragg, O.M., K.B.E., F.R.S. G. Bell and Sons, Ltd., London, Vols. VI, VII and Index.

16부

낸시 포브스·, 배질 마흔 공저 | 박찬, 박술 공역, 《패러데이와 맥스웰》, 반니 출판사 (2014)

정동욱, 《공간에 펼쳐진 힘의 무대》, 김영사 (2022)

Tapan K. Sarkar, and Magdalena Salazar－Palma, "Maxwell's Original Presentation of Electromagnetic Theory and Its Evolution", Handbook of Antenna Technologies

M. Norton Wise, "The Mutual Embrace of Electricity and Magnetism", Science 203, 1310~1318 (1979)

데이비드 보더니스(지은이) | 김희봉(옮긴이), 《E＝mc2》, 웅진 (2016)

17부

A. Michelson and E. Morley, "On The Relative Motion of the Earth and the Luminiferous Ether", Am. J. Sci. 333－345 (1887)

김재영, 《에테르와 상대성 이론》, 한국물리학회 (2017)

최무영, 《최무영 교수의 물리학 강의》, 책갈피 (2019)

조송현, 《우주관 오디세이》, 인타임 (2020)

FitzGerald, George Francis, "The Ether and the Earth's Atmosphere", 《Science》 13, 390 (1889)

김찬주, 《나의 시간은 너의 시간과 같지 않다》, 세로북스 (2023)

데이비드 보더니스(지은이) | 김희봉(옮긴이), 《E＝mc2》, 웅진 (2016)

릴리언 R. 리버 (지은이) | 휴 그레이 리버 (그림) | 김소정 (옮긴이), 《길 위의 수학자를 위한 아인슈타인의 상대성 이론》, 궁리 (2022)

표용수, 《미분기하학 개론》, 경문사 (2007)

김재영, 《상대성이론의 결정적 순간들》, 현암사 (2023)

데니스 브라이언 (지은이) | 승영조 (옮긴이),《아인슈타인 평전》, 북폴리오 (2004)

제임스 B. 하틀 (지은이) | 민건 (옮긴이),《중력 − 아인슈타인 일반 상대성 입문서》, 청범출판사 (2011)

18부

제러미 리프킨 (지은이) | 이창희 (옮긴이),《엔트로피》, 세종연구원 (2015)

박권 (지은이),《일어날 일은 일어난다》, 동아시아 (2021)

최무영,《최무영 교수의 물리학 강의》, 책갈피 (2019)

J. C. Maxwell,《Illustrations of the dynamical theory of gases. Part I. On the motions and collisions of perfectly elastic spheres》, Philosophical Magazine and Journal of Science, 19, pp.19−32, 1860.

J. C. Maxwell,《On the dynamical Theory of Gases》, Philosophical Transactions, 157, pp. 49−88, 1867.

루트비히 볼츠만 (지은이) | 이성열 (옮긴이),《기체론 강의 1》과《기체론 강의 2》, 아카넷 (2017)

19부

Stephen Gasiorowicz,《Quantum Physics》, John Wiley & Sons Inc., (2003)

민지트 쿠마르 (지은이) | 이덕환 (옮긴이),《양자혁명: 양자물리학 100년사》, 까치 (2022)

남영,《휘어진 시대1, 2》, 궁리 (2023)

아이작 뉴턴 저자(지은이) | 차동우 (옮긴이),《아이작 뉴턴의 광학》, 한국문화사 (2018)

존 그리빈 (지은이) | 강윤재,김옥진 (옮긴이),《사람이 알아야 할 모든 것 과학》, 들녘 (2004)

Zeeman, P., 《The Effect of Magnetisation on the Nature of Light Emitted by a Substance》. Nature 55, 1424 (1897)

로버트 루트빈스타인, 미셸 루트비스타인 (지은이) | 박종성 (옮긴이), 《생각의 탄생》, 에코의서재 (2011)

Dirac, Paul A. M., 《On the Theory of Quantum Mechanics》, Proceedings of the Royal Society A. 112 (762), 661 (1926).

이강영 (지은이), 《스핀 – 파울리, 배타 원리 그리고 진짜 양자역학》, 계단 (2018)

20부

민지트 쿠마르 (지은이) | 이덕환 (옮긴이), 《양자혁명: 양자물리학 100년사》, 까치 (2022)

베르너 하이젠베르크 (지은이) | 유영미 (옮긴이) | 김재영 (감수), 《부분과 전체》, 서커스(서커스출판상회) (2016)

Ian J. R. Aitchison, David A. MacManus, and Thomas M. Snyder, 《Understanding Heisenberg's 'magical' paper of July 1925: a new look at the calculational details》, Am. J. Phys. 72, 1370~1379 (2004)

W. Heisenberg, 《On the quantum – theoretical reinterpretation of kinematical and mechanical relationships》, 1925

M. Born, W. Heisenberg and P. Jordan, 《On Quantum Mechanics II》, Zeitschrift für Physik, 35, 557 – 615 (1926).

김유신 (지은이), 《양자역학의 역사와 철학》, 이학사 (2012)

N. Bohr, 《The Quantum Postulate and the Recent Development of Atomic Theory》, Nature V. 121, 580~-590 (1928)

Niels Bohr, 《Discussion with Einstein on Epistemological Problems in Atomic Physics》, The Library of Living Philosophers, Volume 7, Albert Einstein: Philosopher – Scientist. Open Court. pp. 199—241 (1949) (https:

//www.marxists.org/reference/subject/philosophy/works/dk/bohr.htm)

A. Einstein, B. Podolsky, and N. Rosen, 《Can Quantum−Mechanical Description of Physical Reality Be Considered Complete?》, Phys. Rev. 47, 777 (935)

N. Bohr, 《Can Quantum−Mechanical Description of Physical Reality Be Considered Complete?》, Phys. Rev. 48, 696 (935)

J.S. Bell, 「On the Einstein Podolsky Rosen Paradox」, 『Physics』 Vol. 1, No.3 pp. 195−200 (1964).

P. A. M. Dirac, 《On the Theory of Quantum Mechanics》, Proc. R. Soc. Lond. A 112, 661 (1926)

14부 (43~47장)

인명	생애	업적	본문(장)
아르키메데스	기원전 287?~212	아르키메데스의 나선	43
케플러	1571~1630	행성의 운동법칙	46
뉴턴	1642~1726	관성의 본질적 의미	44
갈루아	1811~1832	갈루아 이론 세움	43
파인만	1918~1988	양자전기역학을 창시한 천재 물리학자	46, 47

15부 (48~49장)

인명	생애	업적	본문(장)
탈레스	기원전 625~547	그리스 기하학의 시조, 전기현상 발견	48
길버트	1544~1603	전기와 자기 현상을 체계적으로 연구한 최초의 학자	48
쿨롱	1736~1806	전하 사이의 쿨롱의 법칙 발견	48
갈바니	1737~1798	갈바니즘 이론	48
볼타	1745~1827	볼타 전지 개발	48
비오	1774~1862	비오-사바르 법칙	48
앙페르	1775~1836	앙페르 법칙	48
외르스테드	1777~1851	전류에 의한 자기력 발생을 처음 발견	48
데이비	1778~1820	패러데이의 스승으로 전기화학 연구	49
사바르	1791~1841	비오-사바르 법칙	48
아라고	1786~1853	원판과 철침의 자화	48
패러데이	1791~1867	전자기 유도 법칙 등 전자기학의 법칙을 실험으로 밝혀낸 실험의 대기이자 전자기학의 아버지	49

16부 (50~52장)

인명	생애	업적	본문(장)
호이겐스	1629~1695	호이겐스의 원리	50
뉴턴	1642~1726	빛의 스펙트럼 연구	50
영	1773~1829	영의 이중슬릿실험	50
앙페르	1775~1836	앙페르–맥스웰 법칙	52
가우스	1777~1855	가우스 법칙	52
패러데이	1791~1867	패럿이 효과, 전자기 유도 법칙	50,52
맥스웰	1831~1379	전자기학의 법칙 완성	51,52
헤르츠	1857~1894	전자파 발견	16

17부 (53~57장)

인명	생애	업적	본문(장)
유클리드	기원전 330?~275?	유클리드 기하학	57
갈릴레이	1564~1642	상대성 원리	53
라부아지에	1743~1794	질량보존의 법칙	55
가우스	1777~1855	곡면 이론	57
리만	1826~1866	상대성 이론 완성에 절대적 기여를 한 리만기하학의 창시자	57
몰리	1838~1923	마이켈슨–몰리 실험으로 빛 속도의 불변성 입증	53
마이켈슨	1852~1931	마이켈슨–몰리 실험으로 빛 속도의 불변성 입증	53
로렌츠	1853~1928	로렌츠 변환, 로렌츠 힘	53,54
랑주뱅	1872~1946	쌍둥이 역설 제안	
그로스만	1878~1936	아인슈타인의 일반 상대론 완성에 지대한 공헌	57
아인슈타인	1879~1955	특수 상대론과 일반 상대론 창안	54,55,56,57

18부 (58~61장)

인명	생애	업적	본문(장)
라그랑주	1736~1813	라그랑주 승수법	60
브라운	1773~1856	브라운 운동 현상 발견	60
카르노	1796~1832	카르노 기관	58
마이어	1814~1878	에너지 보존 법칙 발견	58
줄	1818~1889	줄의 법칙	58
헬름홀츠	1821~1294	에너지 보존 법칙	58
클라우지우스	1822~1888	열역학에서의 엔트로피 법칙	58,61
켈빈	1824~1907	절대온도 정의	58
맥스웰	1831~1379	맥스웰-볼츠만 분포와 맥스웰의 도깨비	본문(장)
슈테판	1835~1893	슈테판-볼츠만 법칙 유도	59
마흐	1838~1916	실증주의 철학으로 물리학을 연구	60
볼츠만	1844~1906	통계적 기반에서 엔트로피를 정의	59,60,61

19부 (62~65장)

인명	생애	업적	본문(장)
뉴턴	1642~1726	빛의 입자설 주장	63
라부아지에	1743~1794	질량보존의 법칙	64
프루스트	1754~1826	일정 성분비의 법칙	64
돌턴	1766~1844	원자설	64
옹스트롬	1814~1874	분광학 발전을 이끌며 태양스펙트럼 연구	64
키르히호프	1824~1887	흑체 내의 물리현상에 대한 키르히호프 법칙 발견	62
발머	1825~1898	수소 스펙트럼의 수로부터 발머 공식 유도	64
멘델레예프	1834~1907	주기율표 창시자	65
레일리	1842~1919	레일리-진스 법칙	62

인명	생애	업적	본문(장)
J.J.톰슨	1856~1940	전자의 발견과 푸딩형태의 원자 모형 제시	64
헤르츠	1857~1894	광전효과 실험	63
플랑크	1858~1947	빛의 양자설을 제안	62
레나르트	1862~1947	음극선에 대한 연구의 공로로 1905년 노벨 물리학상을 수상	63
빈	1864~1928	빈의 변위법칙	62
제이만	1865~1943	정상 및 비정상 제이만 효과 발견	64
조머펠트	1868~1951	보어의 원자모형을 더욱 발전시켜 궤도 및 자기 양자수 도입	64
러더퍼드	1871~1937	산란실험으로 태양계 모양의 원자모형 제시	64
진스	1877~1946	레일리-진스 법칙	62
아인슈타인	1879~1955	특수상대론과 일반 상대론 창안	63
데이비슨	1881~1958	이중슬릿 실험으로 전자의 파동성 입증	65
보른	1882~1970	파동함수의 확률적 해석 제안	65
보어	1885~1962	양자화된 원자 모형	64
슈테른	1888~1969	스핀의 존재를 입증한 슈테른-게를라흐 실험	65
게를라흐	1889~1979	스핀의 존재를 입증한 슈테른-게를라흐 실험	65
콤프턴	1892~1962	콤프턴 산란 실험으로 빛의 입자성 증명	63
드브로이	1892~1987	물질파 개념 도입	65
J.P.톰슨	1892~1975	전자의 회절 실험	65
거머	1896~1971	이중슬릿 실험으로 전자의 파동성 입증	65
파울리	1900~1958	파울리의 배타원리	65
울렌백	1900~1988	스핀 개념 제안	65
구드스미트	1902~1978	스핀 개념 제안	65

인명	생애	업적	본문(장)
모르페튀이	1698~1759	작용량 개념 도입	67
해밀턴	1805~1865	라그랑지안 개발	67
아인슈타인	1879~1955	5, 6차 솔베이 회의 때 양자역학이 불완전한 이론임을 입증하려고 사고실험 제시	68
하이젠베르크	1901~1976	행렬역학 및 불확정성 원리	67, 68
보른	1882~1970	파동함수의 확률적 해석 제안	66
보어	1885~1962	대응원리 및 상보성원리 등으로 양자역학의 체계를 집대성한 코펜하겐 해석 완성을 주도	67, 68
드브로이	1892~1987	물질파 개념 도입	66
포돌스키	1896~1966	아인슈타인과 함께 EPR 역설 주장	68
파울리	1900~1958	파울리의 배타원리	69
하이젠베르크	1901~1976	행렬역학 및 불확정성 원리	66, 67
로젠	1909~1995	아인슈타인과 함께 EPR 역설 주장	68
벨	1928~1990	벨의 부등식	68
아스페	1947~	벨의 부등식으로 양자얽힘 현상 입증	68

소용돌이 35~36, 113~114, 117~118,
　128, 174~177, 183, 193~194, 198, 217
속도 35, 40~45, 48~49, 52~57, 59~60,
　64~65, 67, 75, 78, 81~90, 136, 156,
　161, 171~172, 177, 181, 199~201,
　204, 211~214, 217~221, 226, 230,
　236~238, 241, 243~251, 255~257,
　260~261, 263, 275~277, 286~292,
　308, 320, 331, 356~362, 367~368,
　377~378, 391, 404, 424~428, 445,
　448, 462, 464, 477, 494~495, 508,
　510, 516, 523, 525, 532, 538
　　각속도 41~43, 53~54, 67~68, 289,
　　　481
　　등속도 49, 55, 211, 217, 259, 289,
　　　293, 303
　　면적속도 74~75, 77
　　선속도 41, 43, 53
　　탈출속도 60, 63
　　평균속도 359~360, 368
솔레노이드 99~100, 117, 136~139
솔베이, 에르네스트 325
　　솔베이 전쟁 529
　　솔베이 회의 250, 325~326, 529,
　　　533~534, 539
수소 111, 320, 333, 433, 440~443, 446,
　449, 451, 466, 496, 498, 562
수직이등분선 89~92
슈뢰딩거, 에르빈 268, 325~326,
　498~500, 502, 504~507, 512
　　슈뢰딩거 방정식(파동역학) 498,
　　　501~502, 507~508, 515, 517
슈베덴바인 33
슈테른-게를라흐 실험 481, 484~485,
　545
　　슈테른, 오토 482~484
　　게를라흐, 발터 482
슈테판, 요제프 356~357
스털링 근사 375

스토너, 에드먼드 475~476
스펙트럼 153, 400, 402~403, 405,
　411~413, 441~443, 446~447,
　449~452, 456~457, 465~466, 468,
　481, 496, 498, 511
스푸트니크 71
스핀 479~485, 489, 493~494, 541, 545,
　551~554, 556, 559~562, 564,
　568~569
　　스핀 다운 480~481, 553~554, 561,
　　　563, 566
　　스핀모멘트 557~559
　　스핀 업 480~481, 553~554, 561
시간 변화율 42~43, 77, 188
시간 지연(시간 팽창) 247, 250~252,
　277, 280, 284~286, 304~305
시간의 화살 345
시공간 215, 243, 246, 256, 259,
　262~263, 269, 277, 279, 287~291,
　293, 296, 304, 308, 310, 315~317,
　321, 506, 512~513
　　시공간 간격 259, 262, 263, 264,
　　　265, 268, 296, 310, 315
　　시공간 공변성 261
　　휘어진 시공간 279, 287, 290, 296,
　　　298~299, 305, 309, 316~317
쌍둥이 역설 250~252, 259
쌍성펄사 322

ㅇ

아라고, 프랑수아 121, 140
아르키메데스 32, 34, 38, 93
　　아르키메데스 곡선 35~37, 39~40
아리스토텔레스 47, 216
아스페, 알랭 548
아인슈타인, 알베르트 50, 70, 160, 164,
　198, 207, 210~211, 227, 232~239,

빛과 수의 시대2

1판 1쇄 찍음 2026년 3월 17일
1판 1쇄 펴냄 2026년 3월 31일

지은이 고의관

펴낸곳 궁리출판 | 펴낸이 이갑수

등록 1999년 3월 29일 제300-2004-162호
주소 10881 경기도 파주시 회동길 325-12
전화 031-955-9818 | 팩스 031-955-9848
홈페이지 www.kungree.com
전자우편 kungree@kungree.com
페이스북 /kungreepress | 트위터 @kungreepress
인스타그램 /kungree_press

ⓒ 고의관, 2026.

ISBN 978-89-5820-917-1 93400
ISBN 978-89-5820-918-8 93400(세트)

이 도서는 2025년 문화체육관광부의 '중소출판사 도약부문 제작지원' 사업의 지원을 받아
제작되었습니다.